Das Bleichen der Pflanzenfasern

Von

Dr. W. Kind

Abteilungsvorsteher an der Preußischen Höheren
Fachschule für Textilindustrie in Sorau N/L.

Dritte,
vermehrte und verbesserte Auflage

Mit 83 Textabbildungen

Springer-Verlag
Berlin Heidelberg GmbH

ISBN 978-3-642-89943-0   ISBN 978-3-642-91800-1(eBook)
DOI 10.1007/978-3-642-91800-1

Vorwort.

Die seit dem Erscheinen der zweiten Auflage 1922 zu berücksichtigenden zahlreichen Veröffentlichungen und Neuerungen, sowie mannigfache eigene Arbeiten, die mir an der Entwicklung der Bleichereitechnik beteiligte Kreise dankenswerterweise ermöglichten, nötigten zu einer starken Umgestaltung der vorliegenden Auflage in allen Teilen. Um den bisherigen Umfang des Buches einzuhalten, wurden vielfach Kürzungen vorgenommen, ältere und überholte Veröffentlichungen nach Möglichkeit kurz gefaßt; endlich kam häufig Kleindruck in Anwendung.

Wie bei den ersten Auflagen steht der Chemismus des Bleichens im Vordergrund der Erörterungen. Das Bestreben blieb darauf gerichtet, eine kritische Darstellung aller Reaktionen und Verfahren zu bringen. Zahlreiche Hinweise auf die Originalveröffentlichungen bis zum Herbst 1931 werden ein Nachschlagen erleichtern.

Die dritte Auflage stellt inhaltlich ein neues Hand- und Lehrbuch dar, bei dem die in den früheren Auflagen bewährte Einteilung beibehalten ist. Die neue Übersicht über den Stand der Technik und der Bleichereichemie wird im Betriebe und bei Untersuchungen mit Vorteil zu Rate gezogen werden können. 83 Abbildungen von Maschinen, Kurvenzeichnungen, Wiedergaben von Gewebeschäden usw. vervollständigen die Ausführungen.

Nachdem die zweite Auflage bereits länger vergriffen war, hat die Verlagsbuchhandlung Julius Springer die Neuausgabe übernommen. Für die gute Ausstattung des Buches ist dem Verlage zu danken.

Sorau, N.-L., Mai 1932. **Dr. W. Kind.**

Inhaltsverzeichnis.

Die Chemikalien der Bleiche.

Das Wasser.

Ruf und Entwicklung vieler großer Bleichanstalten sind in der Vorzüglichkeit ihres Gebrauchswassers begründet. Bei Neuanlagen ist die Frage, ob geeignetes Wasser für das Bleichen und für Dampfkesselspeisezwecke in genügenden Mengen stets zu beschaffen sein wird, aufs sorgfältigste zu prüfen. Chemisch reines H_2O kommt freilich in der Natur nicht vor. Grundwasser und Quellwasser haben je nach Beschaffenheit des Bodens verschiedene Salze aufgenommen, Tagewasser, wie z. B. Flußwasser, kann zudem durch mechanische Verunreinigungen trübe sein. Je klarer ein Wasser und je geringer sein Gehalt an Eisen, Kalk und Magnesia, sowie an organischen Substanzen ist, um so geeigneter erscheint es für Bleichzwecke.

Ein durch Schwebestoffe, Ton, Sand usw. getrübtes Wasser, wie z. B. Flußwasser nach Regenfällen, ist zu klären, da sich die Trübstoffe sonst auf dem Bleichgut absetzen. Dies namentlich bei ruhendem Gut und zirkulierender Flotte, so daß vor allem die Apparatbleiche ein klares Wasser erfordert. Man läßt trübes Wasser in großen Behältern oder Teichen sich absetzen und filtriert es nötigenfalls durch Kiessand, Holzwolle. Filterpressen kommen hier weniger in Betracht als offene oder geschlossene Kiesfilter mit Rückspülung, wie solche z. B. von Halvor Breda, Berlin-Charlottenburg, A. L. G. Dehne, Halle und L. & C. Steinmüller, Gummersbach geliefert werden. Durchsichtigkeit und Färbung wären zahlenmäßig durch Prüfen einer größeren Wasserschicht von etwa 30 cm in Glaszylindern unter Vergleich mit klarem und künstlich gefärbtem oder auch getrübtem Wasser bestimmbar. Bei längerem Stehenlassen zeigt es sich, ob eine selbsttätige Klärung zu erwarten ist — Niederschlag von weißen Kalksalzen oder von braunen Eisenverbindungen —, oder ob eine Zugabe von Chemikalien wie Aluminiumsalz erforderlich wäre und ob eine durch Huminsubstanzen bedingte gelbe Verfärbung nicht verschwindet.

Die Brauchbarkeit eines Betriebswassers wird in erster Linie nach dem Gehalt an Kalk- und Magnesiasalzen, den Härtebildnern, beurteilt. Wir unterscheiden zwischen vorübergehender = temporärer, und bleibender = permanenter Härte. Erstere ist durch kohlensauren Kalk und Magnesia, letztere durch die schwefelsauren Verbindungen, seltener durch andere Salze, wie Chloride, verursacht. Neutrales Kalzium- und Magnesiumkarbonat — $CaCO_3$ und $MgCO_3$ — sind in reinem Wasser schwer löslich, gehen aber in einem Wasser mit freier Kohlensäure als doppeltkohlensaure Salze $Ca(HCO_3)_2$ und $Mg(HCO_3)_2$ in Lösung. Da beim Stehen an der Luft, schneller beim Kochen, diese Bikarbonate wieder zerfallen, so scheidet sich $CaCO_3$ ab, die Härte „geht vorüber".

Die schwefelsauren Salze — es kommt vorwiegend $CaSO_4$, Gips, in Betracht — werden beim Kochen nicht unlöslich, die Härte „bleibt". Sehr wohl kann die Gipshärte durch Zusatz geeigneter Chemikalien, z. B. durch Soda, beseitigt werden, so daß der Ausdruck „bleibende Härte" leicht irreführend wirkt und besser von „Karbonat"- und „Nicht-karbonat"-Härte gesprochen wird.

Deutsche Härtegrade geben die Grammzahl Ätzkalk CaO oder die äquivalente Menge MgO in 100 l (also $1° = 1$ g CaO in 100 l Wasser oder 10 mg CaO in 1 l Wasser), französische Grade die Grammzahl von kohlensaurem Kalk $CaCO_3$ in 100 l Wasser an. England legt bei der Berechnung 1 Grain $CaCO_3$ in 1 Gallone Wasser zugrunde. Vergleich zwischen deutschen, englischen und französischen Härtegraden:

deutsch	englisch	französisch
0,56	0,7	1,0
0,8	1,0	1,43
1,0	1,25	1,79

Die Kalk- und Magnesiasalze, zu denen noch in geringerem Umfange Eisen- und Aluminiumsalze als Härtebildner treten, können auf den Wandungen des Dampfkessels den gefürchteten Kesselstein hervorrufen, sofern sie sich nicht als Schlamm abscheiden. Im Bleichereibetriebe kommt es zu Niederschlägen beim Arbeiten mit alkalischen Laugen und zu einem Mehrverbrauch an Säure. Vor allem treten Umsetzungen mit Seife ein, es bilden sich unlösliche und störende Kalkseifenschmieren. Durch die Niederschläge geht ein beträchtlicher Teil der angewandten Chemikalien verloren, das Bleichgut selbst wird durch die anhaftenden und durch Spülen schlecht zu entfernenden Seifen leicht fleckig und neigt mehr zum Vergilben. Kalkabscheidungen können der Ware andererseits einen harten Griff geben und den Glanz beeinträchtigen. Ausnahmsweise mag ein reinweißer, also nicht durch Rost verfärbter Niederschlag von kohlensaurem Kalk dazu beitragen, dem Gewebe ein weißes, mehr kreidiges Aussehen zu verleihen.

In 1 m³ Wasser von 10° Karbonathärte gehen durch Umsetzung verloren: 100 g Ätzkalk oder 143 g Ätznatron.

$$Ca(HCO_3)_2 + CaO = 2\,CaCO_3 + H_2O$$
$$Ca(HCO_3)_2 + 2\,NaOH = CaCO_3 + Na_2CO_3 + 2\,H_2O.$$

Im letzteren Falle entstehen allerdings 189 g Natriumkarbonat. Für 1 m³ eines gleich harten Wassers mit Gehalt an Gips sind 189 g Soda zum Weichmachen erforderlich.

$$CaSO_4 + Na_2CO_3 = CaCO_3 + Na_2SO_4.$$

1 g CaO zersetzt etwa 15 g Seife, der Theorie nach macht 1 m³ eines 10° harten Wassers also 1,5 kg Kernseife unwirksam.

Die Abscheidungen bedeuten nicht nur einen großen Mehrverbrauch an Chemikalien, es ist zudem das Entfernen der Niederschläge durch Spülen nur unvollkommen möglich, der Mehrverbrauch an Säuren zum Auflösen des Kalziumkarbonates verteuert das Arbeiten noch weiter. Die Härte des Wassers sollte deshalb dem Bleicher bekannt sein, sie muß von Zeit zu Zeit neu ermittelt werden, um Betriebsschwierigkeiten vorzubeugen oder diese aufzuklären, falls Schwankungen vorkommen.

Vor allem soll man eine Wasserprobe analysieren, deren Zusammensetzung nicht von Zufälligkeiten abhängt. Handelt es sich z. B. um die Neuanlage eines Brunnens, so ist das Wasser aus dem Bohrloche längere Zeit auszupumpen. Es bleibt zu beachten, daß sich mitunter die Reinheit eines Wassers in den verschiedenen Jahreszeiten oder selbst in kürzeren Zwischenräumen ändert. So wird die Härte eines Bachwassers oder Flusses durch Trocken- und Regenperioden beeinflußt, da Regenwasser weich ist.

Härtebestimmungen pflegt man in der Praxis mit einer Seifenlösung von bestimmtem Gehalt auszuführen. Hartes Wasser gibt erst nach Zugabe eines Überschusses von Seifenlösung beim Schütteln einen beständigen Schaum. Aus der verbrauchten Anzahl Kubikzentimeter Seifenlösung läßt sich die Härte an Hand von Tabellen folgern. Da diesem Verfahren gewisse Mängel anhaften, bevorzugt der Chemiker das Titrieren mit Normallösungen usw. Wegen analytischer Einzelheiten sei auf Handbücher wie Heermann, Färberei- und Textilchemische Untersuchungen, verwiesen, welch letzteres Buch ebenso bei anderen Untersuchungen heranzuziehen ist. Es sei der Bleicher daran erinnert, daß alle Maßanalysen die richtige Kenntnis des Titers voraussetzen!

Die Härtebildner lassen sich durch Zugabe geeigneter Chemikalien als Kalziumkarbonat und Magnesiumhydroxyd aus dem Wasser bis auf eine gewisse Resthärte abscheiden, denn Kalziumkarbonat und Magnesiumhydroxyd sind nicht völlig unlöslich. Zusatz der theoretisch errechneten Chemikalienmenge liefert deshalb nicht ein Nullwasser.

1000 l von 10° d. H. bedingt durch Kalziumbikarbonat $Ca(HCO_3)_2$
verlangen . . . . 100 g Ätzkalk
1000 l von 10° d. H. bedingt durch Magnesiumkarbonat $Mg(HCO_3)_2$
verlangen . . . . 200 g Ätzkalk
1000 l Wasser von 10° d. H. bedingt durch Kalziumsulfat $CaSO_4$
verlangen . . . . 189 g Soda

Es treten hierzu noch andere Reaktionen, so verbraucht die im Wasser vorhandene freie Kohlensäure ihrerseits Ätzkalk. Die drei vorstehenden Berechnungen, welche sich auf 100%ige Chemikalien beziehen, sind ausschlaggebend. Die Einwirkung auf die Härtebildner verläuft jedoch träge, wenn das Wasser nicht angewärmt und nicht mit einem gewissen Überschuß an Fällungsmitteln gearbeitet wird.

Wie wesentlich das Anwärmen ist, wies z. B. schon Dr. Teuchert bei Versuchen zur Reinigung von Halleschem Leitungswasser für Kesselspeisezwecke nach.

Hallesches Leitungswasser von 18,9° d. H., davon 15° Kalk- und 3,9° Magnesiahärte.

	Nach der Reinigung noch vorhanden °	Von der Härte entfernt °	%
a) Reinigung mit Kalk und Soda in der Kälte, sofort filtriert	17,5	1,4	7,4
b) Reinigung mit Kalk und Soda in der Kälte, nach zwei Stunden filtriert . .	6,1	12,8	67,7
c) Reinigung mit Kalk und Soda bei 80° C, sofort filtriert	4,1	14,8	78,4

Bei Verwendung eines 10 %igen Überschusses der Reagenzien ließ sich die Härte noch weiter herunterdrücken, bestenfalls wurde ein Wasser mit 1,5° Resthärte erzielt.

Sofern das enthärtete Wasser in der Bleicherei zu Beuchzwecken dienen soll, kann man mit einem größeren Überschuß an Alkalien arbeiten, hätte jedoch gegebenenfalls die Alkalität des Filtrates beim Ansatz der Beuchlaugen zu berücksichtigen. Zweckmäßig steht ein größerer Vorratsbehälter für das Reinwasser oberhalb der Kieranlage, damit das geklärte Wasser ohne Pumpe in den Kessel einlaufen kann. Größere Mengen von Wasser müssen in einer besonderen Laugenküche, welche Kalksättiger mit Rührwerk, Sodalöser und die nötigen Absatzbecken oder eine Filteranlage aufweist, gereinigt werden, bzw. wäre ein automatisch arbeitender Wasserenthärtungsapparat aufzustellen. Das gereinigte Wasser soll man regelmäßig auf Resthärte und Überschuß an Lauge prüfen, denn größere Alkalität eines zum Auswaschen dienenden Wassers kann das Vergilben weißer Ware veranlassen, abgesehen von den erwachsenden Mehrkosten. 100 cm³ des enthärteten Wassers sollen bei Zugabe von Phenolphthalein als Indikator nur eine schwache Rosafärbung zeigen, die durch wenige Tropfen einer $^1/_{10}$ Säure wieder verschwindet. Große Bedeutung erlangte das Permutitverfahren zum Enthärten, das Filtrieren durch basisches Aluminiumnatriumsilikat in Sandform. Das Natrium ist leicht gegen Kalkmagnesia austauschbar, d. h. bei der Filtration von hartem Wasser durch die Permutitmasse tauschen sich die Härtebilder gegen Natrium aus. Das Filtrat enthält nur mehr die entsprechenden Natriumverbindungen, welche keinen Anlaß zu Abscheidungen geben. Aus dem Natriumbikarbonat kann allerdings beim Kochen unter Freiwerden von Kohlensäure eine äquivalente Menge Natriumkarbonat entstehen, was nicht immer wünschenswert ist. Ein Enthärten mit Permutit oder dem noch reaktionsfähigeren Novopermutit empfiehlt sich vor allem für Wasser mit vorwiegender Sulfathärte. Ist nach Durchlauf einer gewissen Wassermenge der Permutitsand erschöpft, reagiert das Filtrat wieder mit Ammonoxalat, so läßt sich der Sand durch Behandeln mit konzentrierter Kochsalzlösung immer wieder auffrischen, da hierbei der Vorgang umgekehrt verläuft, Natrium wieder aufgenommen wird und Kalk mit dem Abwasser austritt. Die Erforderlichkeit eines Auffrischens hängt von der Wasserhärte ab, bei härterem Wasser erschöpft sich naturgemäß das Natrium schneller. Ein für den voraussichtlichen Verbrauch entsprechend groß gewählter Filter liefert unabhängig von Härteschwankungen ein Nullwasser. Erscheint im Hinblick auf die Kosten der Anlage das Reinigen des gesamten Wassers nicht angängig, so bleibt zu erwägen, ob man nicht das Gebrauchswasser für Seifenbäder usw. enthärten soll. Über Untersuchung, Reinigung von Wasser für textile Zwecke gibt die Veröffentlichung von Dr. M. Kehren und Dr. H. Stommel „Die Wasserverhältnisse des Industriebezirks M.-Gladbach" 1929 weitgehend Aufschluß.

Bleichereiwasser muß möglichst eisenfrei sein; es soll unter 0,1 mg/l Fe und unter 0,05 mg Mangan enthalten, denn schon minimale Mengen von

Eisen genügen, um der Bleichware einen unerwünscht gelben Ton zu
geben, zumal mit örtlichen Anhäufungen von Niederschlägen gerechnet
werden muß. Namentlich Grund- und Quellwasser aus Moorboden ist
eisenhaltig. Auch hier kommt es vor, daß die Reinheit des Wassers zeitweise schwankt oder plötzlich durch Änderung des Grundwasserstandes
Schwierigkeiten erwachsen. Das zumeist als kohlensaures Eisenoxydul
gelöste Eisen scheidet sich mehr oder weniger leicht beim Stehen oder
besser beim Durchlüften zufolge Einwirkens des Luftsauerstoffes in Form
eines flockigen Eisenoxydschlammes ab. Man reinigt daher solches
Wasser durch Rieseln über Koksmassen u. dgl., um den Schlamm
durch Sand abzufiltrieren, oder man benutzt besondere Filterapparate,
in denen eine schnellere Oxydationswirkung durch Einpressen von Luft
erreicht wird. Findet sich das Eisen an organische Säuren, wie Humin-
säure, gebunden, so hält die Abscheidung schwerer, ein Durchluften
genügt nicht immer, man hat noch Kalk oder ein anderes Fällungs-
mittel zuzusetzen, wie überhaupt mit dem Enthärten gleichzeitig ein
Enteisenen durchführbar ist. Nach einem Enteisenen mit Preßluft wird
gegebenenfalls das Wasser im Rohrnetz wieder rostig, weil die freie
Kohlensäure die eisernen Leitungsrohre angreift, wenn das Filtrat
reichlich freie Kohlensäure und Sauerstoff enthält. Mitunter sind hierbei Eisenbakterien beteiligt, die zufolge ihrer schleimigen Beschaffenheit
sich auf der Bleichware absetzen. Eisenrohre können im Laufe der Zeit
völlig zerfressen werden. Andererseits kommt es an anderen Stellen
wieder zu Anhäufungen von Rostabscheidungen, so daß die Leitungen
zu verstopfen drohen, gleichwie durch Druckstöße im Rohrnetz Rost-
schlamm fortgeführt werden und Flecken auf dem Bleichgut verursachen kann. Rostungen sind vor allem in Eisenleitungen zu beachten,
durch die Nullwasser fließt, denn hier kann es nicht zur Bildung eines
schützenden Überzuges von Kalkniederschlag auf dem Metall kommen.
Zugabe von etwas Wasserglas wirkt hier vorbeugend. Neuere Erfahrungen lassen die Verwendung von Aluminium anraten.

Eisen ist nachweisbar mit Ferrozyankalium (Berlinerblau-Reaktion)
oder mit Rhodansalz (Rotfärbung). Da es sich bei Wasser um geringe
Spuren von Eisen handelt, so ist eine größere Menge Wasser einzudampfen, um den Rückstand zu prüfen. Neben Eisen findet sich zuweilen Mangan, dessen Beseitigung in ähnlicher Weise wie das Enthärten zu erfolgen hat. Es wurde ein Gehalt von 0,05 mg Mangan im
Liter als maximale Grenze für Bleichereiwasser genannt.

Ein durch organische Substanzen verunreinigtes Wasser ist für
Bleichzwecke ebenfalls weniger geeignet, da die Bleichware eher einen
gelblichen Ton annimmt. Die aus moorigem Boden stammenden, von
faulendem Gras usw. in Teichen herrührenden organischen Stoffe
lassen sich schwierig beseitigen. Es sind Zusätze von Kalk oder anderen
Fällungsmitteln, bzw. von Oxydationsmitteln zu machen. Algen-
anhäufungen in Bassins lassen sich durch Zufügen kleiner Mengen von
Chlorlauge begegnen. Die Firma Elektrolyser-Bau A. Stahl in Aue
(Sachsen) empfiehlt den Wasserwerken die Verwendung von Elektrolyt-
Lauge. Der Verbrauch an $KMnO_4$ bei der Titration läßt auf die Menge

der organischen Substanzen nur bedingte Schlüsse zu, fraglich bleibt die Art der oxydablen Stoffe und ihre etwaige Bedeutung für die Bleichware.

In Ausnahmefällen hat man mit Verunreinigungen besonderer Art zu rechnen, so z. B. mit Schwefelwasserstoff aus faulendem Teichboden mit Blei oder anderen Metallen aus der Apparatur. Des weiteren wäre die Möglichkeit zu prüfen, ob etwa Abwässer von Fabriken die Reinheit des Bleichwassers zeitweise verändern. An solche Möglichkeiten ist vorwiegend bei plötzlich auftretenden und wieder verschwindenden Unregelmäßigkeiten zu denken.

Mit den analytischen Zahlenwerten einer quantitativen Untersuchung weiß der Praktiker selten etwas anzufangen, ihm fehlen Vergleichszahlen für gutes und schlechtes Wasser, er kennt keine Maximalgrenzen für Härte, Eisen, organische Substanzen. Sehr lehrreichen Aufschluß, auch in Ergänzung einer Analyse, über die Brauchbarkeit eines Wassers gibt eine Eindampfprobe. 500—250 cm³ (filtriertes?) Wasser werden in einer Porzellanschale auf dem Wasserbade eingedampft, um den bei schlechterem Wasser gelblich, bräunlich gefärbten Rückstand von 1—2 g gebleichter Baumwolle oder Leinen aufsaugen zu lassen. Aus einer eintretenden stärkeren Verfärbung und an einem sandigen, kalkigen Griffe der getrockneten Fasern kann der Bleicher auf geringere Verwendbarkeit des Wassers schließen, zumal wenn er gleichzeitig denselben Versuch mit einem Wasser von bekannter Beschaffenheit macht, oder wenn er in dieser Weise das Wasser von zwei Brunnen vergleicht. Verschärft wird solche Untersuchung noch, wenn man zu dem Wasser eine kleine Menge reiner Kernseifenlösung zugibt und die Probe bei 110° nachtrocknet und auf Vergilben prüft. Auch können Versuche angebracht sein, ob sich das Rohwasser leicht enthärten und von Eisen und organischen Stoffen reinigen läßt. Man gibt zu 1 oder 2 l des fraglichen Wassers die errechneten Chemikalienzusätze oder durchlüftet das Wasser und prüft nun die Beschaffenheit des Filtrates. Solche Kleinversuche sind jedoch nicht ganz zuverlässig, eingearbeitete Filter liefern meist bessere Ergebnisse.

Die Frage, welchen Wasserbedarf eine Bleicherei hat, ist nicht ohne weiteres zu entscheiden; dies hängt mit von der Art des Bleichgutes, von der Einrichtung bzw. der Arbeitsweise ab. Gering gerechnet soll bei der Apparatbleiche das dreißigfache vom Gewicht des Bleichgutes anzunehmen sein, doch kann die Zahl auf das hundertfache und für Leinen mit den wiederholten Bleichgängen noch weit höher ansteigen.

Über den Wasserverbrauch von Strangwaschmaschinen berichtete C. F. Theis[1] in seinem Werke „Die Strangbleiche". Es wurden zur einmaligen Wäsche von 100 m von mit $^1/_2$—$^3/_4$° Bé starker Säure vorbehandelter Baumwollbleichware, (= 13 kg) etwa 350 l Wasser beim Waschen im festen Strang, beim Arbeiten mit losem Strang vielleicht 15% weniger benötigt. Maschinenfabriken nannten 1000 l Wasser in der Minute für eine Maschine mit festem Doppelstrang und 130 m Geschwindigkeit und 500 l Wasser je 120 m bei losem Strang. Als Gesamtverbrauch an Wasser fand Theis: bei 6000 kg Gewebe ($^2/_3$ vorgebleichte baumwollne Farbware und $^1/_3$ Weißware) in einem an wasserreichem Flusse gelegenen Unternehmen

---

[1] Theis: Die Strangbleiche baumwollener Gewebe. 1905.

1400 m³, eine zweite, auf Brunnenwasser angewiesene Bleicherei kam für die gleiche Menge von 6000 kg (aber zu $^2/_3$ Weißware und $^1/_3$ zum Teil vorgebleichte Farbware) mit 1100 m³ aus. Mit der Annahme, daß die Farbware ein gleiches Wasserquantum verlangte wie die Bleichware, d. h. 6 Wäschen, berechnete sich demnach ein Verbrauch von 3000 bzw. 2400 l Wasser auf 100 m. In diesen Zahlen war der Bedarf an Wasser für Kesselspeisezwecke, Appretur usw. eingeschlossen. Für die Apparatbleiche von 1000 kg Leinengarn auf etwa $^3/_4$ Weiß schätzte die Maschinenfabrik C. A. Gruschwitz den Verbrauch auf 220 m³, während der Bedarf sonst höher sei. Die heutigen Einrichtungen arbeiten im allgemeinen sparsamer, das Wasser wird besser ausgenutzt. Die Zittauer Maschinenfabrik AG. nimmt als durchschnittliche Zahlen an:

1000 kg loser Baumwolle vollweiß etwa 100 m³,
1000 kg Baumwollgarne etwa 90/100 m³
1000 kg Baumwollstückware etwa 100 m³

Die Mohrbleiche benötigt für 1000 kg Baumwollware etwa 70 m³ Wasser. Der Wasserverbrauch von Strangwaschmaschinen hängt naturgemäß von der Durchlaufgeschwindigkeit des Stranges oder des etwaigen Doppelstranges ab und schwankt dementsprechend in weiten Grenzen, zwischen 10—50 m³ in der Arbeitsstunde.

Beseitigung der Abwässer.

Die „Schnellbleichen", unter denen man wohl anfänglich gegensätzlich zur Rasenbleiche die mit Chlorlaugen arbeitenden Anlagen verstanden wissen wollte, zu denen jedoch auch Betriebe rechnen, welche keine Chlorbleichmittel verwenden, bedürfen nach § 16 der Gewerbeordnung für das Deutsche Reich einer behördlichen Genehmigung, weil man insbesondere in dem Einleiten von chlorkalkhaltigen Abwässern eine große Gefahr für die Fischzucht erblickte.

„Zur Einrichtung von Anlagen, welche durch die örtliche Lage oder die Beschaffenheit der Betriebsstätte für die Besitzer oder Bewohner der benachbarten Grundstücke oder für das Publikum überhaupt erhebliche Nachteile, Gefahren oder Belästigungen herbeiführen können, ist die Genehmigung der nach den Landesgesetzen zuständigen Behörde erforderlich.

§ 17. Dem Antrag zur Genehmigung müssen die zur Erläuterung erforderlichen Zeichnungen und Beschreibungen beigefügt werden."

In der technischen Anleitung (1895) heißt es: Übelstände werden bei diesen Gewerbebetrieben hauptsächlich durch die Ableitung der unreinen, teils freie Alkalien, Seifen, Harze und andere organische Stoffe, teils Säuren und Chlorverbindungen enthaltenden Abwässer herbeigeführt. Es ist daher auf die unschädliche Beseitigung dieser Abgänge, einen genügenden Luftwechsel in den Bleichereien sowie auf ausreichende Kondensation etwa entwickelter schädlicher Dämpfe und Gase Bedacht zu nehmen.

Hierzu äußerte sich der Preußische Gewerberat von Rüdiger in seinem Buche „Die Konzessionierung gewerblicher Anlagen": „Bei dergleichen Anlagen werden oft Einsprüche erhoben; dieselben sind aber selten begründet. Die Erfahrung hat gelehrt, daß der Betrieb der Chlorbleichen für die Gesundheit der damit beschäftigten Arbeiter nicht nachteilig ist, geschweige denn für die weiteren Umgebungen."

Nachdem kein Reichsgesetz die Frage regelt, kommen für die einzelnen Länder verschiedene Wassergesetze in Betracht[1].

Für Preußen sind unter Aufhebung zahlreicher älterer Gesetze und Verordnungen die wasserrechtlichen Verhältnisse privater und öffentlicher Natur einheit-

---

[1] Die Literatur über Wasser bzw. Abwasser ist sehr umfangreich. Ein die Textilindustrie besonders berücksichtigendes Buch schrieb im Auftrage des Vereins der deutschen Textilindustrie, Düsseldorf 1905, Adam: Der gegenwärtige Stand der Abwässerfrage. Als Nachschlagewerke seien genannt: Bunte, H.: Das Wasser. 1918. Böhm: Gewerbliche Abwässer. 1928. (Angaben über Textilabwässer jedoch zum Teil irrig!) Einen kürzeren Überblick bietet: Haselhoff: Wasser und Abwasser, Zusammensetzung und Untersuchung, — Sammlung Göschen. 1909. Die Untersuchungsmethoden werden u. a. behandelt von Grünhut. Des weiteren gibt es Kommentare zu den verschiedenen Wassergesetzen. So für das neue preußische Gesetz von Kloess.

lich durch das am 1. April 1914 in Kraft getretene Wassergesetz geregelt worden, wobei Gewerbeordnung und Reichssanitätsgesetze bestehen blieben.

Die für den Bleicher wesentlichen Paragraphen werden, zum Teil gekürzt, wiedergegeben.

§ 2 teilt die Wasserläufe in 3 Ordnungen, je nach ihrer wirtschaftlichen Bedeutung, ein. Wasserläufe erster Ordnung sind die bisher als Ströme und Kanäle bezeichneten Gewässer. Zu den Wasserläufen zweiter Ordnung gehören die Nebengewässer, welche von größerer wirtschaftlicher Bedeutung sind. (Dieselben finden sich in dem vom Oberpräsident der Provinz aufgestellten Verzeichnis.) Wasserläufe dritter Ordnung sind die im Verzeichnis nicht aufgeführten natürlichen und künstlichen Kleingewässer. Die Quellen der Wasserläufe gehören als Bestandteile zu diesen, sofern sie sofort und in geregeltem Laufe abfließen. Wasserpolizeibehörde ist für Wasserläufe erster Ordnung der Regierungspräsident, für Wasserläufe zweiter Ordnung und die nicht zu den Wasserläufen gehörenden Gewässer der Landrat, in Stadtkreisen die Ortspolizeibehörde. Für Wasserläufe dritter Ordnung die Ortspolizeibehörde.

§ 19. 1. Es ist verboten, Erde, Sand, feste und schlammige Stoffe in einen Wasserlauf zu bringen. Ebenso ist verboten, solche Stoffe an Wasserläufen abzulagern, wenn die Gefahr besteht, daß diese Stoffe hineingeschwemmt werden. Ausnahmen kann die Wasserpolizei zulassen. (Chlorkalkschlamm?)

§ 22. 1. Die Errichtung oder wesentliche Änderung von Anlagen in Wasserläufen erster und zweiter Ordnung (= größere Wasserläufe) bedarf der Genehmigung.

§ 24. 1. Für den Schaden, der durch unerlaubte Verunreinigung eines Wasserlaufes entsteht, haftet der Unternehmer der Anlage, von der die Verunreinigung herrührt. Die Haftung ist ausgeschlossen, wenn der Unternehmer zur Verhütung der Verunreinigungen die im Verkehr erforderliche Sorgfalt beobachtet hat.

§ 50. 1. Sind von der beabsichtigten Benutzung des Wasserlaufes nachteilige Wirkungen zu erwarten, durch die das Recht eines anderen beeinträchtigt werden würde, und lassen sie sich durch Einrichtungen verhüten, die mit dem Unternehmen vereinbar und wirtschaftlich gerechtfertigt sind, so ist die Verleihung nur unter der Bedingung zu erteilen, daß der Unternehmer diese Einrichtungen trifft. Auch ist ihm deren Unterhaltung aufzuerlegen, soweit diese Unterhaltungslast über den Umfang einer bestehenden Verpflichtung zur Unterhaltung vorhandener, demselben Zwecke dienender Einrichtungen hinausgeht.

2. Sind solche Einrichtungen nicht möglich, so ist die Verleihung zu versagen, wenn derjenige, der von der nachteiligen Wirkung betroffen werden würde, der Verleihung widerspricht. Dies gilt jedoch nicht, wenn einerseits das Unternehmen anders nicht zweckmäßig oder doch nur mit erheblichen Mehrkosten durchgeführt werden kann, andererseits der daraus zu erwartende Nutzen den Schaden des Widersprechenden erheblich übersteigt und, wenn ein auf besonderem Titel beruhendes Recht zur Benutzung des Wasserlaufes zusteht, außerdem Gründe des öffentlichen Wohles vorliegen.

§ 57. Ist zu erwarten, daß die beabsichtigte Benutzung des Wasserlaufes den Gemeingebrauch unmöglich machen oder wesentlich erschweren würde, so ist, wenn diese Wirkung durch Einrichtungen (usw. siehe § 50) verhütet werden kann, dem Unternehmer aufzuerlegen, solche Einrichtungen herzustellen und zu unterhalten (§ 50).

§ 182. Für die Wasserläufe sind zur Eintragung von Rechten bez. Benutzung und von Zwangsrechten Wasserbücher anzulegen. Eintragungsfähig sind nur Rechte, sofern binnen 10 Jahren nach Inkrafttreten des Gesetzes ihre Eintragung beantragt wurde. (Solche Eintragungen, für die inzwischen die Frist abgelaufen ist, können bei ungenauer Fassung Anlaß zu Streitigkeiten geben. Wenn z. B. verlangt ist, daß das Abwasser „neutral" abfließen soll. Hierbei ist schon die Art des Indikators wesentlich, geringe Reste Soda und Seife wären zu gestatten!)

Dieses Gesetz bietet den Behörden die Handhabe zu scharfem Vorgehen gegen die chemische und die ihr verwandten Industrien. Bei den sich häufig widerstreitenden Interessen der Anlieger an einem Bach- oder Flußlauf erwachsen leicht Streitigkeiten, zumal die Gefährlichkeit der gewerblichen Schmutzwässer vielfach überschätzt wird. Ein Abwasser aus einer Färberei pflegt in hygienischer und gewerblicher Beziehung recht harmlos zu sein, denn die Farbstoffe sind meist kaum schädlich. So sind die Abläufe der Baumwollbleichen im allgemeinen wenig bedenklich, weil sie durch die Spülbäder sehr verdünnt werden, die Säuren und Alkalien sich gegenseitig größtenteils neutralisieren und die aus den Fasern aufgenommenen Fremdstoffe ungefährlicher Natur sind. Meist werden diese Abwässer schwach alkalisch reagieren, Seifenniederschläge, Faserteile und Trübstoffe organischer Verbindungen in starker Verdünnung mit sich führen. Ein schädlicher Gehalt an freiem Chlor, das freilich schon in sehr geringen Mengen für die Fischzucht gefährlich erscheint, ist selten nachzuweisen, da die Chlorflotten soweit wie möglich ausgebraucht werden und beim Mischen mit den an organischen Stoffen reichen Kochlaugen eine Nachreaktion statthat. Ein Ablassen der Chlorkalkrückstände muß freilich als unstatthaft ausgeschlossen bleiben, schon wegen der Verschlammung. (Bei Hochwasser?) Im übrigen wolle man die anfallende Menge an Schlamm und gelösten Stoffen zum Vergleich mit den für das Wasser des Vorfluters in Betracht kommenden Gewichtsmengen stellen. Selbst bei geringen Abdampfrückständen, z. B. 0,3 g im Liter, bringt 1 m³ Wasser schon 300 g mit. Beträgt die Wasserführung 1 und mehr Kubikmeter in der Sekunde, so gibt die Rechnung Zahlen, hinter denen die Abgänge aus der Bleiche zu verschwinden pflegen. Würde man Chlorkalkschlamm mit fortspülen, so wäre unter Umständen der Nachweis von Chlor im Abwasser zu führen, da der sich beim „Ansetzen" des Chlorkalkes bildende Schlamm noch ungelösten unterchlorigsauren Kalk einschließt. Bei sehr nachlässigem Arbeiten, Einspülen von Chlorkalkschlamm könnte durch Zusammentreffen mit gleichzeitig abgelassener Säure schlimmstenfalls Chlorgas frei werden. Größere Mengen von Chlor kommen auch vorübergehend in Betracht, wenn man eine öfters aufgefrischte Lauge wegen Anreicherung von Verunreinigungen ablassen muß, obschon sie noch einen größeren Gehalt an Aktivchlor aufweist. Die im normalen Betriebe abfließenden Flotten sind zu einem großen Teil aufgebraucht, keinesfalls sind die Ansatzmengen der Chemikalien den Berechnungen für die Verunreinigung des Abwassers zugrunde zu legen. Eine Gefährdung des Vorfluters durch Chlorabgänge ist nur auf einer kürzeren Strecke zu erwarten, denn das aktive Chlor wird bald durch Oxydation der gelösten organischen Stoffe verbraucht. Ebeling, vgl. Chem.-Ztg. 1931, S. 500, weist darauf hin, daß freies Cl in kaltem Wasser bedenklicher ist, da es weniger schnell verschwindet, aufgebraucht wird.

Eine einzelne Analyse von einem Abwasser gibt schwerlich ein richtiges Bild, die Zusammensetzung der Abwässer eines Betriebes schwankt je nach den augenblicklich abfließenden Flotten, die bald Säure, bald Lauge oder Bleichmittel enthalten, wenn nicht ein gewisser Ausgleich in einem größeren Sammelteich stattfindet. Immerhin bleibt eine gewisse Überwachung der Abwässer angezeigt, um sowohl Streitigkeiten mit den Nachbarn vorzubeugen, wie um etwaigen Vergeudungen von Chemikalien zu begegnen. Durchschnittswerte lassen sich nicht vorschreiben, wird doch das Beuchen und das Bleichen verschieden ausgeführt, die Mengen der Faserbegleitstoffe, so von Baumwolle und Flachs, sind sehr ungleich, ihnen müssen sich jedoch die Chemikalienmengen anpassen. Hat man bei Baumwolle mit etwa 5% Faserfremdstoffen zu rechnen, so kann der Gewichtsverlust bei Vollbleiche von Flachs auf 20% und mehr steigen. Aus stark geschlichteten Geweben treten hierzu noch Prozentsätze an Stärke usw. Wenn bei Baumwolle der Chemikalienverbrauch bis etwa 8% geht, so waren die Verbrauchsziffern in der Leinengarn- und Stückbleiche noch höher. Als ungefähren Bedarf zum Bleichen einer 500 kg-Partie von mittelhellem Flachs nannten früher Ledebur und Trebbe (1883):

Garn Nr.	6			10			20			30			40			60		
Rundgang	Soda	Chlorkalk	Säure	Soda	Chlorkalk	Säure	Soda	Chlorkalk	Säure	Soda	Chlorkalk	Säure	Soda	Chlorkalk	Säure	Soda	Chlorkalk	Säure
I.	75	50	15	65	45	13	60	40	12	50	35	11	45	30	10	40	25	9
II.	20	20	12	18	18	10	16	16	10	14	15	9	12	14	8	10	13	8
III.	15	17	10	13	13	8	12	13	8	11	12	8	10	11	7	9	10	7
IV.	12	15	8	11	11	7	10	11	7	9	10	7	8	9	6	8	8	6

Zu diesen maximalen Chemikalienmengen — sie sollen nur als Anhalt dienen, denn bei den veränderten neueren Verfahren sind die Zahlen niedriger einzuschätzen, — treten die gelösten Pektinstoffe usw. Vor allem enthalten die ersten Kochlaugen erhebliche Mengen organischer Substanzen, so daß insbesondere die schwarzen Kochlaugen der Leinengarnbleiche als bedenklicher anzusehen wären, falls keine Vorklärung in Teichen und keine weitgehende Verdünnung im Vorfluter in Betracht kommt. Wie weit die Behauptung zutrifft, daß in Abwässern neben den Verunreinigungen durch Chemikalien die Fasern für die Fischzucht durch etwaige Auflagerung auf den Kiemen nachteilig sind, bleibe dahingestellt.

„Die Grundlagen der Klärung und Reinigung textilindustrieller Abwässer" erörterte neuerdings an Hand von Beispielen K. Bochter in der Leipzig. Mschr. Textil-Ind. 1931 S. 341, 365 u. f. Bochter berechnete, welche Mengen von Chemikalien und Abwasser bei einer Produktion von 5000 kg Baumwollgewebe möglicherweise in den Ablauf kommen. Er kommt zum Ergebnis, daß es bei reinen Bleichereibetrieben verhältnismäßig leicht gelingt, durch Zusammenfassen sämtlicher Abwässer, von denen die Abläufe aus der Entschlichtung und Kocherei infolge ihres hohen Gehaltes an faulfähigen organischen Substanzen als solche bedenklich sind, so zu verändern, daß für die Beurteilung ein wesentlich günstigeres Bild entsteht.

Die Beurteilung der Schädlichkeit ist davon abhängig zu machen, ob eine Verwendbarkeit des Wassers für den Haushalt und für die Viehtränke, für Fischzucht oder für den gewerblichen Gebrauch gesichert sein soll, oder ein Verschlammen des Wasserlaufes und eine Schädigung der Kanalisation zu befürchten ist, sofern nicht der Vorfluter als Schmutzabwasserleitung eines Industriebezirkes gilt, an dessen Reinhaltung geringe Anforderungen gestellt werden. Bei der Einleitung von Abwässern spielt der Begriff des „Gemeinüblichen" eine Rolle, d. h. beim Einleiten von Abwässern in einen öffentlichen Wasserlauf soll der unterhalb liegende Uferbesitzer sich diejenigen Zuleitungen, mögen sie in einer bloßen Vermehrung des Wasservorrates oder in der Beimengung fremder Stoffe bestehen, gefallen lassen, welche das Maß des Regelmäßigen, Gemeinüblichen nicht überschreiten, selbst wenn dadurch die absolute Verwendbarkeit des ihm zufließenden Wassers zu jedem beliebigen Gebrauche irgendwie beeinträchtigt wird. Wie weit eine bestimmte Art der Zuleitung nach Stoff und Umfang das Maß des Gemeinüblichen überschreitet, kann nur nach den tatsächlichen Umständen des Einzelfalles beurteilt werden. Die Feststellung des „Gemeinüblichen" ist subjektiv, so daß die Anforderungen der Polizeibehörden betreffs Reinigung der Abwässer häufig weit auseinandergehen.

Was die Beeinträchtigung der Fischerei anbelangt, so ist darauf hinzuweisen, daß hier häufig andere Ursachen als das Einleiten von Schmutzwasser in Betracht kommen, z. B. Einbau von Turbinen, Flußkorrektionen, Fischkrankheiten, Hochwasser u. dgl. Zuzugeben wäre, daß die Abwässer vor allem bei niedrigstem Wasserstande gefährlich werden und daher etwaige Untersuchungen betreffs maximaler Verunreinigungen auf Zeiten einer Trockenperiode Bezug nehmen müssen. Bei der Abwasserfrage ist ausschlaggebend, in welchem Umfange man mit einer Verdünnung im Vorfluter zu rechnen hat.

Auf Grund von Versuchen mit verschiedenen Fischarten aufgestellte Grenzzahlen haben nur bedingten Beweiswert, da die Fische je nach Art und Größe ungleich empfindlich sind. Solchen Versuchen haftet zudem etwas Problematisches an, schon weil Fischwasser einen gewissen Grad von organischen Verunreinigungen besitzen muß, denn in „chemisch reinem Wasser" sterben die Fische infolge Nahrungsmangels nach 3—4 Tagen ab. Sehr wesentlich ist der Gehalt an Luftsauerstoff, den Abwässer mit oxydabelen Stoffen zu sehr sinken lassen. In einem sauerstoffarmen Wasser kommt es deshalb zu Fäulnisvorgängen. Diese zeigen sich erst mitunter nach einer gewissen Entfernung vom Abwassereinlauf, wenn sich etwa an ruhigen Stellen des Flußlaufes die Sinkstoffe anhäufen. Bei folgenden Werten nach Haselhoff, mg/l, war ein Erkranken von Fischen zu beobachten:

Sauerstoff 2,8 cm³/l, das ist etwa $^1/_3$ des üblicherweise gelösten Luftsauerstoffes.

Schwefelsäure 35—50 mg, Salzsäure 50 mg, Ätzkalk 23 mg, Kochsalz 15 g, Soda 0,5 g ?

Als Anhalt mögen auch noch die Beobachtungen von C. Weigelt dienen:

0,07 g gelöschter Kalk je l, Forelle nach 26 Min. tot;
0,03 g gelöschter Kalk je l, Forelle nach 44 Min. heftig erregt;
3 g Kristallsoda je l, Forelle nach 5 Min. Seitenlage;
2 g Kristallsoda je l, Forelle nach 3 Min. unruhig;
0,0005 g Chlorkalk je l, Forelle nach 3 Stunden tot;
0,1 g Schwefelsäure je l, Forelle sofort Seitenlage, Schleie keine Wirkung.
0,01 g Schwefelwasserstoff je l, Forelle nach 5 Min. Rückenlage.

Chlorlauge bedeutet für die Fischzucht eine sehr große Gefahr, und es sind Fälle bekannt, daß durch unvorsichtiges Ablassen von Chlorkalkschlamm der Forellenreichtum in Bächen vernichtet wurde.

Daß durch die Bleichereiabwässer der Vorfluter für Verwendung im Haushalt oder für landwirtschaftliche Zwecke unbrauchbar wird, dürfte in Anbetracht der großen Verdünnung seltener in Frage stehen. Jedenfalls darf der Bleicher nicht zu ängstlich sein. So kann er z. B. darauf hinweisen, daß man Chlorlaugen anderweitig benutzt, um hygienisch nicht einwandfreies Wasser für Trinkzwecke zu verbessern, keimfrei zu machen, also die Zuleitung von Abwässern aus Chlorbleichen nicht grundsätzlich wegen etwaiger Chlorspuren zu beanstanden ist. Die Schwimmbäder setzen in dosierter Menge Chlorlauge zum Wasser, um das warme Wasser rein zu erhalten. G. Ebeling von der Landesanstalt für Binnenfischerei sagt, es solle freies Cl auf größeren Wasserstrecken besonders während der kalten Jahreszeit in Mengen von 0,1 mg/l nicht mehr nachweisbar sein.

Was die Weiterverwendbarkeit des Vorfluters für gewerbliche Zwecke betrifft, so hat man hier von Fall zu Fall zu entscheiden. Handelt es sich z. B. um Kesselspeisewasser, so wäre zu ermitteln, ob die Härte ungünstig verändert wird. Mit letzterem ist im allgemeinen ebensowenig wie mit dem Vorkommen freier Säure zu rechnen, schon weil sich im Wasser des Vorfluters und im Schlamm genügende Mengen von kohlensaurem Kalk finden, um saure Abwässer nach kurzem Lauf abzusättigen. Von dem in einem Sammelteich gemischten Gesamtabwasser wird man wegen der stark alkalischen Beuchlauge weniger eine saure als eine alkalische Reaktion zu erwarten haben, einer Gefährdung durch Säure läßt sich also durch Mischen der Abwässer begegnen. Es ergeben sich somit keine Bedenken wegen etwaiger Turbinenanlagen usw. Inwieweit neutrale Salze, Chlorspuren und organische Verunreinigungen sowie Trübstoffe zu berücksichtigen sind, hängt von den örtlichen Verhältnissen ab. Chlorreste verschwinden, namentlich bei wärmerer Witterung bald, zufolge Reaktion mit oxydablen Schmutzstoffen. Für eine Untersuchung wäre die fragliche Wasserprobe erst unmittelbar vor der neuen Verbrauchsstelle zu nehmen, um die etwa eingetretene Reinigung berücksichtigt zu wissen.

Strenger wäre die Abwasserfrage zu beurteilen, wenn eine zweite Bleiche oder eine Färberei auf den Wasserlauf angewiesen oder zu erörtern ist, inwieweit andere, oberhalb liegende gewerbliche Betriebe das Wasser für eine Bleiche verderben könnten. Neben den Abgängen aus der Bleiche selbst wird man an etwaige Wasserverunreinigungen aus Appretur- und Färbereibetrieben zu denken haben, da diese mit der Bleiche verbunden zu sein pflegen.

Gleichwie bei der Bewertung eines frischen Wassers aus einer Brunnenanlage empfiehlt es sich, neben den Analysen, die zahlenmäßig den Gehalt an Salzen, Härte usw. vor und nach Einlauf des Abwassers dartun — solche Abwasseranalysen können sich auf die wesentlichen Bestandteile beschränken, Vollanalysen sind unnötig —, Eindampfversuche anzustellen. Letztere lassen am besten und einfachsten erkennen, ob und inwieweit Bleichware beeinträchtigt wird. Ebenso vermag sich der Praktiker bei neu geplanten Anlagen ein Bild von den voraussichtlichen Eigenschaften des später durch Ablaugen veränderten Wassers zu machen, indem er Kochlaugen usw. in Anlehnung an die zu berücksichtigenden örtlichen Verhältnisse entsprechend mit Reinwasser verdünnt und dann nach einer gewissen Reaktionszeit (filtriert?) auf dieser Gewebeprobe eindunstet. Grenzwerte für das unverdünnte oder für das durch das Wasser des Vorfluters verdünnte Abwasser aufzustellen, hält schwer, jedenfalls ist hier die örtliche Lage von bestimmender Bedeutung[1].

Reinigung der Abwässer. Dank der Selbstreinigung der Flüsse vermag jeder Vorfluter eine gewisse Menge eines Abwassers aufzunehmen und dauernd unschädlich zu machen. Schmutziges, gefärbtes oder übelriechendes Wasser wird langsamer oder schneller wieder klar und rein. Es handelt sich bei Abwässern vor allem um die Beseitigung der organischen Stoffe, die durch ihre Anhäufung Fäulnis hervorrufen, sofern es an Sauerstoff zu ihrer schnellen Oxydation mangelt. Anorganische Verunreinigungen sind weniger zu beachten, wenn nicht etwa eine hohe Konzentration — Chlorkalkschlamm — in Betracht kommt, da Säuren und Laugen mit den Härtebildnern des Wassers in Reaktion treten können. Die Selbstreinigung des Wassers beruht vornehmlich darauf, daß die sich schnell vermehrenden Bakterien und Algenpilze, weiterhin auch Pflanzen und niedrige Lebewesen, die organischen Stoffe aufbrauchen. Für diese Vorgänge ist eine gewisse, mit von der Verdünnung abhängige Einwirkungszeit erforderlich.

Bei nicht genügender Aufnahmefähigkeit des Vorfluters bzw. auf behördliches Ersuchen wäre eine Reinigung der Bleichereiabwässer vorzusehen. Der gegebene Weg ist meist das Mischen und Absetzenlassen der Betriebswässer in Klärteichen. Die alkalischen Laugen mit ihrem Gehalt an organischen Stoffen werden durch die sauren Flotten zu einem großen Teile neutralisiert, die gelösten Faserverunreinigungen fallen aus und gehen mit den sich bildenden anorganischen Niederschlägen in den Schlamm. Das vorgeklärte Wasser wird zweckmäßig noch durch eine Koksschicht filtriert und weiter durchlüftet, indem es bei möglichst großer Oberfläche langsam von den höheren Becken in die tieferen rieselt, wobei der Luftsauerstoff auf die organischen Stoffe oxydierend einwirkt. Die Größe der Absatzbecken sollte derart bemessen sein, daß die Durchflußgeschwindigkeit nicht zu groß wird, damit sich die feinen Trübstoffe ausscheiden können. Bei sehr großen Kläranlagen rechnet man mit 10 mm/s. Um den Schlamm leichter wegzuschaffen, wären nötigenfalls Doppelbecken vorzusehen. Durch zweckmäßige Führung der Strömungsrichtung läßt sich der Reinigungsgrad günstig beeinflussen. Bei mangelnder Grundfläche wurde schon mit Erfolg versucht, das durchmischte Wasser in schräg stehenden Kesseln bei senkrechtem Durchfluß nach oben zu klären und die Abwässer auf Oxydationsfiltern von Koksschichten und Kies „biologisch" nachzureinigen. Biologische Verfahren haben ebenso wie Rieselfelder für die Bleichereipraxis nur bedingte Bedeutung. K. Bochter tritt für eine biologisch-oxydative Nachbehandlung des neutralen und mechanisch vorgeklärten Abwassers auf Tropfkörpern ein. Durch Zugabe von Chemikalien ein besseres Ausfällen der gelösten Verunreinigungen zu erreichen, erscheint meist nicht erforderlich. Jedenfalls darf man von einer Zugabe von Kalk keinen generellen Erfolg erwarten, da das Wasser vielleicht schon alkalisch reagiert und möglicherweise schon Kalk enthält. Wird auf bessere Entfärbung gesehen, so wäre an ein weiteres Zusetzen von Chlorlauge zu denken.

Daß die ersten Kochlaugen der Leinenbleiche mit ihrem hohen Gehalt an gelösten Stoffen am ehesten als bedenklich zu gelten haben, kam bereits zum Ausdruck. Bei weitgehenden Anforderungen an die Reinigung der Abwässer sollte wenigstens die Erlaubnis zu erreichen sein, die schwachen Laugen und Spülbäder nach ihrem Mischen im Klärteich zum Ablauf zu bringen, um die Menge des besonders zu reinigenden Abwassers klein zu halten. Dies würde allerdings eine getrennte Kanalisation erfordern, in die dann auch vielleicht der Chlorkalkschlamm eingeleitet werden könnte. Die örtlichen Verhältnisse sind so verschieden, daß sich keine Normen aufstellen lassen, es sei auf die Erörterungen von K. Bochter nochmals hingewiesen.

---

[1] In Baden wurde zufolge der Landesfischereiordnung vom Jahre 1888 z. B. grundsätzlich verboten, in Fischwasser einzuleiten: Flüssigkeiten, die in einem stärkeren Verhältnis als 1 : 1000 (beim Rhein 1 : 200) Säuren oder alkalische Substanzen enthalten, chlorkalkhaltige Wässer, Flüssigkeiten und Dampf über 50° C. Während es also erlaubt wäre, unbegrenzte Mengen von Wasser mit 0,99 g Säure, aber nicht 1 l mit 1,1 g Säure, in einen Bach zu leiten, ist jedes Chlorkalkabwasser und selbst 1 l reines Wasser von 51° C ausgeschlossen?!

Nach Freiberger-Mathesius — DRP. 282232, vgl. auch DRP. 322992 — sollten die Beuchlaugen in der Baumwollbleiche sogar wieder durch Kaustifizieren mit Ätzkalk und folgendes Behandeln mit Hypochlorit in der Wärme verwendbar zu machen sein, derart, daß die Lauge keine oxydierende Eigenschaft erhält; erforderlichenfalls sind noch reduzierende Mittel Bisulfit, Eisenvitriol zuzusetzen. Z. B. sind 5000 l Beuchlauge mit 80 kg Ätzkalk aufzukochen und zur abgesetzten, abgezogenen Lösung ist soviel unterchlorigsaures Natron zuzugeben, daß auf 1 l etwa 1 g Cl kommt. Man erwärmt nochmals und fügt dann 3 l Natriumbisulfit Lauge 35° Bé zu. Die lichtgelbe Lauge enthält im wesentlichen Ätznatron. Zugabe von Ton u. dgl. unterstützt die Kaustifizierung bzw. Klärung. Eisensalz, das reduzierend und durch voluminöse Niederschläge klärend wirkt, läßt das Reinigungsvermögen noch verbessern.

Bereits H. Keller, DRP. 215127, wollte durch Kochen mit Ätzkalk die gebrauchten Laugen entfärben, klären und kaustifizieren. Derartige Verfahren haben sich wegen der Kosten nicht durchgesetzt, zudem hält es schwer, die Verunreinigungen filtrierbar oder leicht absetzend abzuscheiden.

Prüfung des Abwassers. Es fragt sich, ob die Untersuchung einer Mischprobe oder mehrere Einzelanalysen erforderlich wären. Reaktion, Geruch, Klarheit und Farbe, Abdampf- und Glührückstand, Schwebe- und Sinkstoffe sind zu bestimmen, insbesondere ist auf Chlor und Oxydierbarkeit — Reduktionsvermögen — mit Permanganat zu prüfen. Ein direkter Schluß auf die Art der organischen Substanzen und ihre Fäulnisfähigkeit ist jedoch nicht zu ziehen, wenn unbekannt bleibt, welche Verhältnisse im Vorfluter herrschen.

Als Beispiele für die Bedeutung der Abwasserfrage seien einige Streitfälle mitgeteilt.

a) Nach einer sich fast über 20 Jahre hinziehenden Prozeßführung und nachdem schon eine erhebliche Abfindung gezahlt worden war, wurde die Stadt Bielefeld 1920 zur Zahlung von etwa 120000 RM. an die klagende Weberei-Bleicherei G. verurteilt. Letztere behauptete, durch Zuleitung von verschmutztem Oberflächenwasser aus der Kanalisation — die eingeschalteten Klärteiche genügten bei Regenwetter nicht — dauernd Schaden zu leiden, die Ersatzforderung war mit 400000 RM. beziffert. Weil strittig, ob an der Verschmutzung des Bachwassers nicht noch weitere angrenzende Gemeinden oder Privatpersonen beteiligt seien, und da die Feststellung der bleichereitechnisch schädlichen Verunreinigungen trotz Hunderten von Kontrollanalysen nicht eindeutig erschien (?), zog sich die Streitsache jahrelang hin. Der Prozeß verursachte etwa 100000 RM. Kosten!

b) Eine der bedeutendsten deutschen Leinengarnbleichen in ländlicher Umgebung mußte vor dem Kriege auf Veranlassung der Behörden eine Batterie großer Eindampfkessel für die gesamten Schwarzlaugen (erste Kochlaugen) mit einem Aufwand von 70000 RM. bei 10000 RM. jährlichen Betriebskosten aufstellen, weil aus der großen Klärteichanlage kein völlig farb- und geruchloses Wasser abfließe. Die eingedampften Laugenrückstände wollte man in großen Kalzinieröfen veraschen, um die Alkalien zurückzugewinnen. Solche „chemische Fabrik" lieferte jedoch eine durch Rost rotbraun verfärbte unreine und unbrauchbare Soda. Bei den gestiegenen Kohlenpreisen war dieses Verfahren auf die Dauer nicht durchzuführen. Neuerdings will man bemängeln, daß die geklärten Abwässer noch etwas schäumen. Es ist bekannt, daß geringe Spuren von gelösten Eiweißstoffen Anlaß zur Schaumbildung geben, solches Verhalten kann jedoch kein Beweis für eine bedenkliche Verunreinigung sein.

c) Die in einem Gebirgstale gelegene Leinenbleiche K. sollte die Ablaugen in großen Klärkesseln, welche als Ersatz der erheblichen Raum beanspruchenden Flachbecken dienten, nötigenfalls unter Zugabe von Kalk und Chlorlaugen mit folgender Nachreinigung des Wassers in offenen biologischen Tropfkörpern und Koksfiltern entfärben und soweit reinigen, daß die Filtrate frei von Säure und Alkalien abfließen und nicht mehr als 35 g gelöste anorganische Salze auf 1 m³ enthalten. Einer Analyse zufolge enthielt das frische Betriebswasser einen Glührückstand von 90 mg im Liter, somit schon oberhalb der Bleiche 90 g! Hingegen war ein Sauerstoffverbrauch des geklärten Abwassers bis zu 600 mg für 1 l gestattet, also ein außergewöhnlich hoher Wert. Diese Vorschriften waren von den

Behörden auf Klagen einer zweiten unterhalb liegenden Bleiche hin erlassen worden. Es hatten jedoch in Wirklichkeit die Abwässer einer oberhalb gelegenen Papierfabrik die Betriebsschwierigkeiten bedingt, da diese neben gelösten organischen Substanzen viel Zellstoffasern mit sich führten.

d) Bei einer vierten Streitsache soll eine Bleiche die Schuld tragen, daß der Bachlauf, insbesondere die Stauwehranlage einer 30 Minuten unterhalb gelegenen Maschinenfabrik verschlammte und die Bleiche daher für die Reinigung aufkommen. Dabei besteht die Verschlammung im wesentlichen nur aus Sand und Erde, da die Uferböschungen durch Hochwasser jeweils stark mitgenommen werden. Erklärlicherweise setzen sich die abgeschwemmten Teile bei Anstauungen wieder größtenteils ab.

Schwefelsäure (H_2SO_4).

Schwefelsäure kommt meist in einer Stärke von 60—66° Bé in den Verkehr. Sie bildet eine schwere, ölige, wasserhelle oder gelblich bis bräunliche, stark wasseranziehende Flüssigkeit. Organische Substanzen, wie Zellulose, werden zufolge Wasserabspaltung zersetzt, verkohlt, karbonisiert.

Spez. Gewichte von Schwefelsäurelösungen bei 15°.

Spez. Gew.	Grad Bé	100 Gew.-Teile enthalten Proz. H_2SO_4	Kilo H_2SO_4 im Liter
1,007	1	1,9	0,019
1,014	2	2,8	0,028
1,022	3	3,8	0,039
1,029	4	4,8	0,049
1,045	6	6,8	0,071
1,060	8	8,8	0,093
1,075	10	10,8	0,116
1,162	20	22,2	0,258
1,263	30	34,7	0,438
1,383	40	48,3	0,668
1,530	50	62,5	0,956
1,711	60	78,1	1,336

Die Konzentrationen über 60° Bé sind unscharf mit Aräometer zu bestimmen. Das spezifische Gewicht 1,84 wird als Kennzeichen der 66grädigen Säure angesehen, die man als 93—95% verrechnet.

Neben dem Baumé-Aräometer ist die Senkspindel nach Twaddle in den Bleichen im Gebrauch. Die Twaddlegrade lassen sich leicht errechnen, da 1° Tw. = spez. Gew. 1,005, 2° Tw. = 1,010, 10° Tw. = 1,050 usw. Aräometermessungen sind an bestimmte Temperaturen gebunden und setzen reine, ölfreie Senkspindeln voraus.

Schwefelsäure ist die technisch wichtigste, billigste und stärkste Mineralsäure. Mit Ausnahme von Blei lösen sich alle Metalle in dieser Säure leicht auf, Bleisulfat ist schwer löslich. Konzentrierte Säure über 1,65 spezifisches Gewicht greift Eisen nicht mehr an. Selbst sehr verdünnte Lösungen schwächen beim Eintrocknen die Pflanzenfasern, weshalb jegliche Spuren mit größter Sorgfalt auszuwaschen sind.

Konzentrierte Säure ist beim Verdünnen stets langsam unter Umrühren in Wasser zu gießen, das Wasser darf nie in die zu verdünnende konzentrierte Säure gegossen werden, weil sonst infolge der starken

Erhitzung ein Umherspritzen der Säure zu befürchten ist! Es sind möglichst von einem Manne bedienbare Ballonkipper zu verwenden.

Erkennung. Bariumchlorid scheidet einen in verdünnter Salz- oder Salpetersäure unlöslichen Niederschlag von Bariumsulfat ab.

Verunreinigungen, welche in der Bleicherei bei einer gewissen Anhäufung von Nachteil sein können: Eisen = Ferrozyankali gibt die Berlinerblau-Reaktion. Blei = in den Ballons setzt sich ein weißer Schlamm ab. Beim Verdünnen scheidet sich schwefelsaures Blei ab, da dieses in schwachsauren Lösungen weniger löslich ist. Bleisulfat wird durch Schwefelwasserstoff schwarz gefärbt. Man hat acht zu geben, daß keine schwarze Asphaltmasse vom Ballonverschluß mit in die Bäder gerät, sonst setzt sich aus der zirkulierenden Flotte schwarzes Pulver auf den Fasern ab. Ebenso kann eine Verfärbung von einem Schutzanstrich der Kesselwagen usw. herrühren.

Gehaltsbestimmung. In der Technik meistens mit dem Äräometer, besser durch Titration mit eingestellten Lösungen.

Da bei Verwendung von $^1/_1$ oder $^1/_{10}$ n-Flüssigkeiten sich für den Arbeiter gewisse rechnerische Schwierigkeiten ergeben, so empfiehlt es sich, die Titerflüssigkeiten derart einzustellen, daß der Grammgehalt im Liter oder der Prozentgehalt unmittelbar aus der verbrauchten Kubikzentimeterzahl der Titerflüssigkeit hervorgeht. So gibt bei Titration von je 10 cm³ Säurebad die Kubikzentimeterzahl den Schwefelsäuregehalt in Gramm im Liter an, wenn man eine Lauge von 8,163 g NaOH je 1000 benutzt. (49 g H_2SO_4 : 40 g NaOH = 100 g H_2SO_4 : 81,63 NaOH.)

Zu der gleichen Vereinfachung führt das Titrieren mit Normalflüssigkeiten, falls man von der zu untersuchenden Lösung eine dem Titer angepaßte Menge nimmt. Titriere ich z. B. von einem Säurebad eine 49-cm³-Probe mit $^1/_1$ nNaOH, so beträgt der Laugenverbrauch für jedes Gramm Säure im Liter 1 cm³. Ein saures Abwasser mit der Neutralisationszahl 2,4 würde also 2,4 g freie Schwefelsäure im Liter enthalten.

Ausgearbeitete Tabellen vereinfachen des weiteren das Ansetzen oder das Verstärken von stehenden Bädern. Die Tabellen geben an, wieviel Liter oder Kilogramm der konzentrierten Säure noch zu 1 m³ bzw. zu der Flüssigkeit im Bassin zuzugeben wären, um die vorgeschriebene Stärke zu erreichen. Das in der Technik gebräuchliche Messen der Flüssigkeitshöhen im Bassin ist bei geringen Niveauunterschieden zu ungenau.

Salzsäure (HCl).

Die Salzsäure des Handels zeigt 20° Bé. Technische Salzsäure ist häufig durch geringe Mengen von Eisen etwas gelb verfärbt. Neben Eisen kommt noch Schwefelsäure als Verunreinigung in Frage. In roher Salzsäure soll der Schwefelsäuregehalt nicht über 1% betragen. Salzsäure greift metallene Gefäße und Leitungen an. Sie gibt mit Blei ein in der Kälte zwar schwer lösliches Bleichlorid, dieses ist aber nicht unlöslich genug, um als schützender Überzug das darunter liegende Metall vor weiterer Zerstörung zu sichern, wie dies eine durch Schwefelsäure gebildete Schicht Bleisulfat vermag. Beim Arbeiten mit Salzsäure empfiehlt sich zunächst ein Zusatz von etwa 10%iger Schwefelsäure, um Bleirohre und mit Blei ausgefütterte Gefäße zu schonen, (bis sich eine genügende Schutzschicht von Bleisulfat gebildet hat). Vor Schwefelsäure hat die Salzsäure den Vorteil, ein leicht lösliches Kalksalz zu bilden, während schwefelsaurer Kalk (Gips) verhältnismäßig schwer löslich ist (1:400). Zum Entkalken gekochter und gechlorter Bleichware muß deshalb Salzsäure theoretisch empfehlenswerter erscheinen. Wegen des billigeren Preises wird aber meist Schwefelsäure genommen, und diese Säure genügt auch vollkommen, wenn nicht etwa sehr starke Kalkabscheidungen in Lösung gebracht werden sollen. Gleich der Schwefelsäure schädigen Spuren eintrocknender Salzsäure die Zellulose.

Erkennung. Silbernitrat gibt in Salpetersäure unlösliches, in Ammoniak lösliches Chlorsilber.

Verunreinigungen. Schwefelsäure: Baryumchlorid, Eisen: Berlinerblau-Reaktion (nicht über 0,03 % Eisen).

Gehaltsbestimmung. Durch Ermittlung des spezifischen Gewichts, besser durch Titration mit Normalflüssigkeiten.

Spez. Gewichte von Salzsäurelösungen bei 15° C.

Spez. Gewicht	Grad Bé	Grad Twaddle	100 Gew.-Teile enthalten HCl	Kilo HCl im Liter
1,005	0,7	1	1,15	0,012
1,007	1,0	1,4	1,50	0,016
1,010	1,5	2	2,15	0,022
1,015	2,1	3	3,12	0,032
1,020	2,7	4	4,13	0,042
1,030	4,1	6	6,15	0,064
1,040	5,4	8	8,16	0,085
1,050	6,7	10	10,17	0,107
1,060	8,0	12	12,19	0,129
1,080	10,6	16	16,15	0,174
1,110	13,0	20	20,01	0,220
1,163	20,0	—	32,10	0,373
1,180	22,0	36	35,39	0,418
1,200	24,0	40	39,11	0,469

Essigsäure (CH₃COOH).

Technische Essigsäure kommt in verschiedenen Einstellungen in den Handel. Es ist zu beachten, daß bei der Prüfung mit dem Aräometer die über 7° Bé hinausgehenden Werte zwei verschiedenen Stärken entsprechen. Eine Säure von 8° Bé kann etwa 48 % ig und 98 % ig sein. Die durch ihren stechenden Geruch erkennbare flüchtige Essigsäure ist in reinem Zustande farblos, mitunter aber durch brenzliche, unangenehm riechende Stoffe sowie durch Metalle verunreinigt und schwach gelb gefärbt; sie kann auch Mineralsäuren (und Ameisensäure?) enthalten. Essigsäure ist im Gegensatz zu Schwefelsäure und Salzsäure eine mildwirkende Säure, welche Pflanzenfasern beim Trocknen oder Dämpfen kaum angreift. Eine Verunreinigung durch Schwefelsäure oder Salzsäure erscheint deshalb sehr bedenklich. Wegen des höheres Preises kommt nur eine beschränkte Verwendung in Frage.

Ameisensäure (HCOOH).

Die farblose, stechend riechende, stark ätzend wirkende, wie Essigsäure flüchtige Ameisensäure kann erstere ersetzen. Sie ist die stärkste organische, durch ihr Reduktionsvermögen gekennzeichnete Säure. Die Konzentration, meist 85 % ig, wird durch Messen mit dem Aräometer, besser durch Titrieren ermittelt. 85 % = 1,1954. Es hängt in erster Reihe von der Kostenfrage ab, ob Ameisensäure verwendbar ist.

Oxalsäure, Zuckersäure $(C_2H_2O_4 \cdot 2\,H_2O)$.

Die Kristalle der farblosen Zuckersäure, auch Kleesäure genannt, geben in heißem Wasser eine konzentrierte Lösung. Oxalsäure, eine stärkere Säure als Essigsäure, ist ein bekanntes Mittel zum Lösen von Rostflecken, da sie nicht in gleichem Maße wie Schwefelsäure und Salzsäure die Faser beim Eintrocknen gefährdet oder zerstört. Immerhin schwächen eintrocknende, stärkere Säurelösungen die Faser, so daß es sich sehr wohl empfiehlt, die Oxalsäure vor dem Trocknen gut auszuwaschen. Gleich der freien Säure ist ihr saures Kaliumsalz, Kleesalz, stark giftig.

Erkennung. Kalziumsalze geben einen weißen, in Salzsäure löslichen, in Essigsäure unlöslichen Niederschlag.

Gehaltsbestimmung. Die käufliche Säure ist ziemlich rein, ihr genauer Gehalt wäre durch Titration mit Lauge oder mit Permanganat zu ermitteln.

Verhältniswerte der Säuren.

Schwefelsäure 66° Bé (95%)	Salzsäure 20° Bé (32%)	Essigsäure 30%	Ameisensäure 85%	Oxalsäure 99%
100	221,1	387,7	109,8	123,5
45,2	**100**	175,3	65,0	55,8
25,8	57,0	**100**	27,1	31,8
95,3	210,8	369,5	**100**	117,6

Ätznatron, Natriumhydroxyd (NaOH).

Kaustische Soda, Seifenstein, Laugenstein bildet in Lösung die wichtige Natronlauge. Geschmolzenes, weißes Ätznatron kommt in großen Blechtrommeln oder als konzentrierte Lauge von 37—43° Bé in den Handel. Die feste Trommelsoda zu einer konzentrierten Lauge zu lösen, macht gewisse Schwierigkeiten. Zunächst ist die spröde Masse in Stücke zu zerschlagen, zweckmäßig unter Auflegen eines Schutztuches, um das Abfliegen von Splittern zu vermeiden. Sollen die Stücke mit wenig Wasser zu einer konzentrierten Lauge gelöst werden, so bedecken sie sich mit einer schweren Laugenschicht, welche ein weiteres Auflösen trotz Erwärmens oder Einleitens von Dampf erschwert. Es gelingt leichter die Trommelsoda in kurzer Zeit zu lösen, wenn man Dampf auf den Trommelinhalt bläst. Es wird hierzu die Sodatrommel unter Verwendung von zwei Eisenbahnschienen aufrecht über einen eingemauerten Kessel mit eisernem Auslaufstutzen und Hahn gestellt. Nach Entfernen des Deckels soll das Fülloch der Trommel über der Öffnung eines Dampfrohres liegen. Der Dampf löst die kaustische Soda auf, die in den Kessel tropfende Lauge ist so konzentriert, daß sie beim Erkalten alsbald zu einem Block kristallwasserhaltigen Natriumhydrates erstarren würde, wie käufliche konzentrierte Lauge im Winter in den Fässern zu einem Kristallbrei erstarrt, der durch Lagern in einem warmen Raume wieder aufzutauen ist. Man füllt daher den Kessel zuvor etwa zur Hälfte mit kaltem Wasser und stellt die Lauge im Kessel später durch Zusatz von Wasser auf die gewünschte Grädigkeit ein. Das Auflösen von kaustischer Soda kann auch durch Anbringen eines weitmaschigen Eisenrostes in gewisse Höhe über dem Kesselboden erleichtert werden. Die entstehende konzentrierte Lauge sinkt nach unten, die Natriumbrocken bleiben von der schwächeren, besser lösenden Flüssigkeit umspült. Lösekessel liefern die Maschinenfabriken. Keinesfalls darf festes Ätznatron in dem Beuchkessel auf das Fasergut geworfen werden, denn örtliche Schäden in der Ware wären die Folge!

Ob sich die Selbstherstellung von Natronlauge lohnt, hängt von den jeweiligen Umständen ab. In früheren Zeiten „kaustifizierte" der Bleicher die Soda im Betriebe, indem er Kalkmilch und Sodalösung miteinander mischte und von dem entstehenden Kalziumkarbonatschlamm abzog. $Ca(OH)_2 + Na_2CO_3 = CaCO_3 + 2NaOH$. Um eine rationelle Ausbeute zu erhalten, wäre der Kalkniederschlag gut auszulaugen, wofür in den Bleichereien oft die geeignete Apparatur fehlt. Da zudem die Beseitigung des Kalkschlammes Schwierigkeiten bereitet, so ist man von der Selbstherstellung abgekommen[1]. Die chemische Industrie stellt heute Ätznatron vorwiegend auf elektrolytischem Wege durch Zersetzen von Kochsalz her.

Ätznatron zieht aus der Luft Wasser und Kohlensäure an, sollte also möglichst in verschlossenen Gefäßen aufbewahrt werden. Der Gehalt an reinem Natriumhydroxyd bewegt sich bei der Handelsware in weiten Grenzen, zwischen 77 und 99%. Die „Grädigkeit" wird in der Technik verschieden ausgedrückt, da man auf Prozente an Natriumkarbonat oder Natriumoxyd umrechnete. Chemisch reines Ätznatron ist demnach als 132,4grädig — auf Natriumkarbonat Na_2CO_3 bezogen — zu bezeichnen, und als 77,5grädig — auf Natriumoxyd Na_2O verrechnet. Der Welthandel verkauft kaustische Soda nach englischen Graden auf Na_2O bezogen unter Einrechnung von vorhandenem Karbonat, Silikat, Aluminat. Überdies stützen sich die englischen Grade auf abweichende Molekulargewichte, 64 statt 62 für Na_2O, und 108 statt 106 für Soda. Daher hat chemisch reines NaOH den englischen Titer 78,52 statt 77,5. Die Einbeziehung des Gehaltes an Soda in den Titer führt zu Unsicherheiten in der Bewertung. So wären z. B. die 3 Muster

    1. NaOH 96%ig im engl. Titer = 75,36
    2. NaOH 94,5 + Na_2CO_3 2%ig im engl. Titer = 75,36
    3. NaOH 93% + Na_2CO_3 4%ig im engl. Titer = 75,37,

obschon 1. eine hochwertigere Ware ist.

Verunreinigungen. Natriumkarbonat, Natriumchlorid, Natriumsulfat, Natriumsilikat (Wasserglas), Aluminat (Tonerdenatron) und Eisen. Ein größerer Gehalt an ersteren Salzen bedingt eine Verminderung der Alkalität. Stärkere Verunreinigung durch Eisen darf wegen der Bildungsmöglichkeit von Rostflecken in der Bleichware nicht gestattet sein. In feuchtem Ätznatron bedeutet das Wasser eine Wertverminderung.

Gehaltsbestimmung. Titration mit eingestellter Säure. Es bleibt zu beachten, daß auch Soda, Silikat und Aluminat alkalisch reagieren und deshalb die Analyse in geeigneter Weise anzustellen ist, um neben der Gesamtalkalität den wirklichen Ätznatrongehalt zu erfahren. Siehe S. 21. Bei der Probenahme fragt es sich, ob nicht von verschiedenen Stellen Muster zu wählen wären. Eine Prüfung mit dem Aräometer gibt nur bei Fehlen von größeren Mengen Soda, Glaubersalz usw. annähernd richtige Zahlen, da diese ebenfalls das spezifische Gewicht erhöhen.

---

[1] Eine genaue Beschreibung der zweckmäßigen Kaustifizierung von Soda in der Bleicherei gab F. Erban in Öster. Wollen- und Leinenindustrie 1906, S. 1368.

Es sei daran erinnert, daß die Aräometer meist nur für kalte, nicht für heiße Flüssigkeiten ausprobiert sind!

Spezifische Gewichte von Ätznatronlaugen bei 15°.

100 Gewichtsteile enthalten

Spez. Gewicht	Baumé	Twaddle	NaOH	g/l NaOH
1,007	1	1,4	0,61	6
1,014	2	2,8	1,20	12
1,022	3	4,4	2,00	21
1,029	4	5,8	2,71	28
1,036	5	7,2	3,35	35
1,075	10	15,—	6,55	70
1,162	20	32,4	14,37	167
1,263	80	52,6	23,67	299
1,383	40	79,4	34,96	493
1,530	50	106,—	49,02	750

Übliche Umrechnungen:

100 kg kaustische feste Soda vom Titer 131% = 99 kg NaOH
100 ,,   ,,   ,,   ,,   ,,   ,,   128% = 96 ,,   ,,
100 ,,   ,,   ,,   ,,   ,,   ,,   125% = 94 ,,   ,,
100 ,,   ,,   ,,   ,,   ,,   ,,   120% = 90 ,,   ,,
100 kg Natronlauge vom Titer 50% oder 43° Bé = 38 kg NaOH
100 ,,   ,,   ,,   ,,   45% ,,   40° ,,   = 34 ,,   ,,
100 ,,   ,,   ,,   ,,   43% ,,   39° ,,   = 32 ,,   ,,
100 ,,   ,,   ,,   ,,   40% ,,   37° ,,   = 30 ,,   ,,

Soda, kohlensaures Natron, Natriumkarbonat (Na_2CO_3).

Die an feuchter Luft sich zu harten Klumpen zusammenballende Soda wird heute zumeist nach dem Solvay-Ammoniakverfahren gewonnen. Die nach dem Le Blanc-Verfahren oder durch Umkristallisation von Solvay-Soda hergestellte Kristallsoda hat 10 Moleküle Kristallwasser, auf 37,1% Natriumkarbonat kommen 62,9% Wasser. Diese Kristallsoda verwittert an der Luft, sie zerfällt zu Pulver und verliert einen großen Teil ihres Wassers, durch Kalzinieren wird sie wasserfrei. Kleinbetriebe bevorzugten die wasserhaltige Soda, weil sie sich leichter auflösen läßt als kalzinierte Soda, denn letztere bildet beim Lösen oft harte, schwer lösliche Klumpen. Aber Kristallsoda stellt sich bei Berechnung auf gleiche Alkalität teurer, 100 Teile kalzinierter Soda sind rund 270 Teilen Kristallsoda gleichwertig. Bei den heutigen Vorschriften bedeutet „Soda" stets wasserfreies Natriumkarbonat. 270 Teile Kristallsoda = 100 Teile wasserfreie Soda, 100 Teile Kristallsoda = 37 Teile wasserfreie Soda unter Annahme von 100%iger Ware.

Kristallsoda kommt mit 36—37% und Ammoniaksoda mit 95—98% in den Verkehr. Man handelte die Soda früher vielfach nach Graden. Wie bei Ätznatron drückt die Grädigkeit entweder den Prozentgehalt an Karbonat (deutsche Grade) oder den Prozentgehalt an Natriumoxyd (englische Grade) aus. 100 Na_2CO_3 = 58,5 Na_2O = 59,2 Na_2O englisch.

In Wasser löst sich Natriumkarbonat unter Wärmeentwicklung auf. Die größte Löslichkeit liegt bei 32,5°.

100 Teile Wasser lösen bei:

0°	10°	20°	30°	32,5°	35°	79°	100°
7,1	12,6	21,4	38,1	59	46,2	46,2	45,1

Teile Na_2CO_3.

Soda ist in ihrer Wirkung einer gemilderten Natronlauge gleichzuachten, sie findet Verwendung, wenn das stark alkalische Ätznatron die Fasern zu gefährden droht.

Erkennung. Die alkalisch reagierende Lösung entwickelt gegensätzlich zur Natronlauge beim Übergießen mit verdünnten Säuren Kohlensäuregas, das beim Einleiten in Kalkwasser Trübung hervorruft, mit Kalksalzen oder Bariumchlorid entsteht ein in verdünnter Salzsäure löslicher Niederschlag.

Verunreinigungen. Gute Soda muß weiß aussehen und sich farblos und ohne großen Rückstand — Sand, Kohle usw. — in Wasser lösen. Als Verunreinigung findet man in Solvay-Soda neben einem Gehalt an Bikarbonat noch Kochsalz und Eisen, in Le Blanc-Soda Glaubersalz, früher auch Ätznatron und Schwefelnatrium, in oft beträchtlichen Mengen, so daß solche Soda schärfer war und eben deshalb Zellulose oder Färbungen in unerwarteter Weise angreifen konnte. (Prüfung auf Ätznatrongehalt: Die mit Bariumchlorid im Überschuß versetzte Sodalösung färbt Phenolphthalein rot, da das Hydroxyd nicht mit Bariumchlorid reagiert, während Natriumkarbonat sich restlos mit $BaCl_2$ umsetzt.) Eine größere Verunreinigung durch Schwefelnatrium wäre unerwünscht, Spuren sind belanglos. Prüfung auf Schwefelnatrium mit Bleiazetatpapier. Von einer durch Eisenoxyd stark verunreinigten gelben Soda wären Rostflecke in der Bleichware zu befürchten. Die Soda zeichnet sich heute durch gleichmäßige Beschaffenheit aus, vordem war mitunter stark durch Kochsalz verunreinigte Solvay-Soda im Handel, jetzt weist aus kalziniertem Natriumkarbonat hergestellte Kristallsoda zuweilen unverhältnismäßig hohe Beimischungen von wertlosem Glaubersalz auf, um härtere Kristalle zu erzielen.

Die Sodafabriken wollen die Soda vor der Analyse ausgeglüht wissen, der Titer soll sich auf die Trockensubstanz beziehen, sonst werde nicht berücksichtigt, daß die Soda auf der Bahn und während des Lagerns Feuchtigkeit und Kohlensäure anziehen konnte. Gegen diesen Handelsgebrauch wäre nichts einzuwenden, wenn das Produkt den Abnehmern durch den Handel gegebenenfalls mit entsprechendem Übergewicht geliefert und berechnet würde. Da dem oft schwerlich der Fall sein wird, empfiehlt es sich, das Anlieferungsgewicht feststellen zu lassen, um bei zu geringer Alkalität der ungeglühten Probe reklamieren zu können. Technische Soda enthielt bis zu 8% Bikarbonat, daneben noch einige Prozent Feuchtigkeit. Der Bikarbonatgehalt mindert nicht nur die Alkalität, sondern ist bei gewissen Arbeitsvorgängen von Belang, siehe S. 23 bei Wasserglas und S. 63 bei Eau de Javelle.

Gehaltsbestimmung. Titration mit eingestellten Säuren. 1 cm³ n-Säure = 0,053 g Na_2CO_3, Methylorange als Indikator. Zur Entfärbung von Phenolphthalein wird nur die Hälfte der Säure gebraucht, da das als Zwischenprodukt gebildete Bikarbonat $Na_2CO_3 + HCl = NaHCO_3 + NaCl''$ gegen Phenolphthalein neutral reagiert.. Eine Titerlösung mit 9,25 g H_2SO_4/l zeigt je Kubikzentimeter = 0,01 g Natriumkarbonat an. Aräometrische Bestimmungen von Sodalaugen geben keine genauen Zahlen, wenn andere gelöste Salze vorhanden sind.

Spezifische Gewichte von Sodalösungen bei 15°.

Spez. Gew.	Baumé	Gewichts-Prozent Na_2CO_3	$Na_2CO_3 \cdot 10\,H_2O$	g/l Na_2CO_3
1,007	1	0,67	1,807	6,8
1,014	2	1,33	3,587	13,5
1,022	3	2,09	5,637	21,4
1,029	4	2,76	7,444	28,4
1,036	5	3,43	9,251	35,5
1,045	6	4,29	11,570	44,8
1,060	8	5,71	15,400	60,5
1,075	10	7,12	19,203	76,5
1,116	15	10,95	29,532	122,2

In der Bleicherei wurde der konzentrierte Sodaansatz häufig zu einem gewissen Prozentsatz mit Ätzkalk kaustifiziert, verkocht, um die Lauge vom Schlamm, dem kohlensauren Kalk abzuziehen. Wie bei der Herstellung von Natronlauge, siehe S. 18, wäre Wert darauf zu legen, den Schlamm gut auszuwaschen, da sonst erhebliche Anteile verloren gehen. Unter Annahme einer Soda mit 95% und eines Ätzkalkes mit 90% errechnen sich bei restloser Umsetzung folgende Werte:

100 Teile Soda + 5 Teile Kalk = 86,5 Teile Na_2CO_3 (= 91,0 Soda 95%) + 6,2 Teile NaOH,

100 Teile Soda + 10 Teile Kalk = 78 Teile Na_2CO_3 = 82,9 Soda + 12,8 Teile Hydroxyd,

100 Teile Soda + 25 Teile Kalk = 52,4 Teile Na_2CO_3 = 55,2 Soda + 32,1 Teile Hydroxyd.

100 kg Soda 95% + 25 kg Kalk 90% lassen sich demnach durch 52,4 kg Soda 95% + 32,1 kg Ätznatron (100%) ersetzen. In Anbetracht der meist sehr ungenügenden Verkochung hat der Bleicher jedoch keine quantitative Umsetzung zu erwarten, ein erheblicher Teil des Kalkes tritt nicht in Reaktion. Ein geordneter Betrieb sollte aber über die jeweilige Kaustizität der Kochlaugen unterrichtet sein, den Gehalt an Soda und Ätznatron ermitteln.

A. Titration mit eingestellter Säure unter Verwendung von Phenolphthalein und Methylorange als Indikatoren. Phenolphthalein zeigt die ganze Menge Ätznatron und die halbe Menge Soda an, da der Umschlag schon bei der Überführung in Bikarbonat erfolgt.

a) $NaOH + Na_2CO_3 + 2\ HCl = 2\ NaCl + NaHCO_3 + H_2O$.

Methylorange schlägt erst bei Überschuß von freier Mineralsäure nach Rot um.

b) $NaOH + Na_2CO_3 + 3\ HCl = 3\ NaCl + CO_2 + 2\ H_2O$.

Werden z. B. bei Titration einer 20-cm^3-Laugenprobe 9-cm^3-n-Säure verbraucht, um Phenolphthalein zu entfärben, und sind weitere 6 cm^3 zuzusetzen, um Methylorange zu röten (Gesamtverbrauch 15 ccm), so gibt der Unterschied 15 — 9 = 6 die Hälfte der vorhandenen Soda an. Demnach sind zu verrechnen:

2 × 6 cm^3 = 12 cm^3 auf Karbonat 12 × 0,053 = 0,636 g Soda,
15 — 12 cm^3 = 3 cm^3 auf Hydroxyd 3 × 0,04 g = 0,120 g Ätznatron.

1 l enthält somit 31,8 g Karbonat und 6 g Hydroxyd. Die Soda-Kalklauge ist zu $^1/_5$ kaustifiziert, da von 15 cm^3 Gesamtsäureverbrauch 3 cm^3 auf Ätznatron kommen.

Diese Titration ist nicht ganz scharf, die beiden Teilreaktionen verlaufen nicht immer in gewünschter Weise getrennt, zuverlässigere Werte liefert die Vorschrift B.

B. Ermittlung der Gesamtalkalität unter Verwendung von Methylorange und Titration des Hydroxyds nach Ausfällen des Karbonats mit Bariumchlorid, das nur mit Soda reagiert. Z. B. Gesamtalkalität = 15 cm^3 n-Säure, Hydroxydalkalität = 3 cm^3 n-Säure, folglich 15 — 3 cm^3 = 12 cm^3 Säureverbrauch für Soda.

In gleicher Weise sind gebrauchte, etwa wieder zu verwendende Beuchlaugen auf noch vorhandene Alkalien zu prüfen, um die Flotten durch konzentrierte frische Stammlauge wieder auf die richtige Alkalität zu bringen. Hierbei stören die farbig gelösten Faserverunreinigungen die Beobachtung des Indikatorumschlages von Methylorange, wenn man verdünnte Lösungen zu überwachen hat, für deren Neutralisation $^1/_{10}$ n-Säure als schwächere Titerflüssigkeit dient. Dunkle Ablaugen sind zu verdünnen, um den Umschlag besser zu erkennen. Anstatt mit Normalsäuren läßt sich mit einer Schwefelsäure arbeiten, die im Liter 10 oder 1 g konz. Schwefelsäure enthält, um die Alkalität im direkten Vergleich mit dieser Säure stellen zu können. Der Molekulargleichung zufolge neutralisieren 10 g Schwefelsäure 95% = 7,75 g NaOH und 10,3 g Na_2CO_3.

„Bleichsoda" ist eine wasserhaltige Soda mit einem gewissen Gehalt an Wasserglas. Für Bleichereien wird es sich empfehlen, nicht mit in der Zusammensetzung zunächst unbekannten Mischungen zu arbeiten, zumal eine selbst hergestellte Mischung aus Soda und Wasserglas bei niedrigeren Gestehungskosten denselben Zweck erfüllt.

Ätzkalk, Kalziumoxyd (CaO).

Die Beschaffenheit des durch Brennen von Kalkstein gewonnenen Ätzkalkes hängt sehr vom Ausgangsmaterial ab. Kalk kann durch wechselnde Mengen von Magnesium, Tonerde und Eisen verunreinigt sein und Beimischungen von Steinen, Sand und Kohle enthalten. Ätzkalk zieht begierig Wasser an, durch Wasseraufnahme entsteht unter Wärmeentwicklung der gelöschte Kalk, Kalziumhydroxyd $Ca(OH)_2$. Kalk ist sachgemäß zu löschen, um einen gleichmäßigen Kalkbrei zu erhalten, der mit weiterem Wasser die Kalkmilch gibt. Zweckmäßig wird ein gewisser Vorrat an gelöschtem Kalk in einer Grube vorrätig gehalten. Guter Ätzkalk soll nach Stadlinger mindestens 85—90% löschbares Kalziumoxyd enthalten. Es wurden aber Handelssorten mit nur 50—60% löschbarem Kalk gefunden.

Kalk muß beim Löschen einen gleichmäßigen „fetten" Brei liefern. Das geklärte Kalkwasser enthält zufolge der Schwerlöslichkeit des Hydroxyds nur etwa 1,3 g/l CaO, deshalb verwendet man meist Kalkmilch. Die Löslichkeit ist nicht unerheblich von der Temperatur abhängig, und zwar in kaltem Wasser größer. So fand Herbig bei 5° C bis 1,46 g, bei 10° 1,42 g, bei 20° 1,34 g, bei 30° nur 1,20 g[1]. Für höhere Temperaturen wurden anderweit genannt: 60° C —0,879, 80° —0,746, 100° —0,576 g. Die bedeutend geringere Löslichkeit in heißen Flotten soll beim Beuchen von Belang sein (?).

Kalk zieht aus der Luft auch Kohlensäure an und verliert dadurch bei längerem Aufbewahren an Wert. Vergleichende Prüfungen ergaben jedoch, daß Kohlensäure bei grob gemahlenem Kalk in 20 Tagen nicht tiefer als etwa 10 cm eindringt. Auf Kalkhydrat bildet sich ebenso eine dünne Schutzschicht von kohlensaurem Kalk. Die Wasseraufnahme hängt von der Lagerung ab. Bei einem hochgradigen, in kleinen Kästen gelagerten Stückkalk fiel der Gehalt in 60 Tagen von 97,2 auf 83,6%, wobei das Wasser stark, die Kohlensäure weniger anstieg[2].

Erkennung von Kalklösungen. In alkalischer Lösung, die sich beim Stehen an der Luft durch Einwirkung von Kohlensäure trübt, ruft Soda einen weißen, in Säure löslichen, flockigen Niederschlag hervor.

Verunreinigungen. Sandkörner u. dgl. können die Ursache mechanischer Beschädigungen beim Passieren gekalkter Ware durch Quetschwalzen werden. Kalkmilch wäre nötigenfalls durch ein feines Metallsieb zu passieren. Kalk soll möglichst eisenfrei sein, damit sich keine Rostniederschläge auf der Ware absetzen.

Gehaltsbestimmung. Zur genaueren Untersuchung ist ein größeres Durchschnittsmuster mit Säure zu titrieren. Man nimmt von einer Kalkmilch 10 : 500 einen aliquoten Teil und neutralisiert mit 1 n-Säure, von der 1 cm³ 0,028 g CaO anzeigt. Die Ermittlung des spezifischen Gewichtes liefert leicht ungenauere Werte, da alle Verunreinigungen mitgewogen werden und der Kalk sich schnell zu Boden setzt.

Gehalt der Kalkmilch an Ätzkalk.

Grad Bé	Gewicht von 1 l	g/l CaO	Grad Bé	Gewicht von 1 l	g/l CaO
1,5	1,0085	10	4,7	1,0315	40
2,7	1,017	20	5,7	1,039	50
3,7	1,0245	30	10,35	1,075	100

Ammoniak, Salmiakgeist (NH₃).

Die wässerige Lösung von Ammoniak, Ammoniumhydroxyd NH_4OH, ist ein mildes aber doch durchgreifendes Reinigungsmittel. Schon wegen des Preises kommt dieses „flüchtige Alkali" für den Großbetrieb nur ausnahmsweise in Frage. Man wendet das durch seinen Geruch gekenn-

---

[1] Herbig: Ztschr. f. angew. Ch. 1920 S. 237.
[2] Whetzel: Ztschr. f. angew. Ch. 1918 S. 304.

zeichnete Alkali ausnahmsweise an, wenn von einer nichtflüchtigen Substanz wie Soda, Natronlauge abgesehen werden soll. Über die Wirkung als Antichlor siehe Seite 150.

Verunreinigungen. Spuren organischer Basen von unangenehmem Geruch und Rhodanverbindungen, welche mit Eisenoxydsalzen eine Rotfärbung geben, sind technisch belanglos.

Gehaltsbestimmung. Das spezifische Gewicht sinkt mit zunehmender Konzentration. Salmiakgeist 10% ig = spez. Gewicht 0,960, 25% ig = spez. Gewicht 0,910 oder 30% ig = spez. Gewicht 0,895. Aus Ammoniaklösungen verdunstet zunächst NH_3, die Lösungen werden schwächer, bis etwa eine 6%ige Flüssigkeit entstand, dann steigt der Anteil des verdampfenden Wassers.

Wasserglas, Natriumsilikat.

Wasserglas pflegt aus einem wechselnden Gemisch von Natriumtri- und Tetrasilikaten, $Na_2Si_3O_7$ und $Na_2Si_4O_9$ zu bestehen. Handelsüblich gilt ein Wasserglas von der Zusammensetzung $1 Na_2O:3,3\ SiO_2$ und darüber als „neutral". Wasserglas ist „alkalisch", wenn das Verhältnis von $Na_2O:SiO_2$ unter der Trisilikatgrenze liegt. Nach anderer Meinung jedoch erst bei Überschuß von NaOH über Monosilikat. Die gebräuchliche Handelsware, eine konzentrierte Lösung von 37—40° Bé stellt eine sirupdicke, farblose oder durch einen Eisengehalt schwach gefärbte Flüssigkeit vor. Für die genaue Beurteilung ist analytisch festzustellen: Gesamte Kieselsäure und Alkalität, da von deren Verhältnis die Menge des dissoziierenden Hydroxyds abhängt, denn das Silikat spaltet sich in Natronlauge und Kieselsäure. Festes Wasserglas wird selten verwendet, weil es in Wasser nur langsam in Lösung geht.

Wasserglaslösungen reagieren stark alkalisch, sie werden von Säuren, sogar durch die schwache Kohlensäure, sowie durch eine Reihe von Salzen, wie von Bikarbonat (Verunreinigung der Soda) zersetzt[1], indem sich gallertartige Kieselsäure abscheidet. Wasserglas ist deshalb in gut geschlossenen Gefäßen aufzubewahren, um Zersetzungen durch die Kohlensäure der Luft zu vermeiden.

Wasserglas wird mitunter zur Kochlauge zugegeben. Man hat das Silikat als Ersatz für Seife angesprochen, doch muß seine Verwendung in größeren Mengen als nicht ganz unbedenklich gelten. Durch die sich abscheidende Kieselsäure bzw. die kieselsauren Kalksalze (aus hartem Wasser) können die Fasern spröder und rauher werden, so daß der Griff der Bleichware leidet. Diese Zersetzung des Silikates hängt von der Basizität mit ab, von dem Verhältnis $SiO_2:NaOH$. Im Tetrasilikat kommen 2 NaOH auf 4 SiO_2, im Trisilikat schon auf 3 SiO_2, und durch Zugabe von weiterer Alkalilauge läßt sich die Kieselsäure noch besser in Lösung halten, wobei die Wasserglaslauge jedoch entsprechend schär-

---

[1] In welchem Grade ein Bikarbonatgehalt die Abscheidung von Kieselsäure beeinflußt, zeigen nachstehende Zahlen: 10 g Wasserglaslauge (27,3% SiO_2 + 8,03% Na_2O, also ein Gemisch von Tri- und Tetrasilikat) wurden in je 500 cm³ Leitungswasser von 12° d. H. unter Zugabe von Soda $^1/_2$ Stunde gekocht. Die abgeschiedene und filtrierte Kieselsäure betrug: 1. 10 g Wasserglas mit 2,73 g SiO_2 = Spur SiO_2, 2. 10 g Wasserglas + 10 g Soda = 0,885 g, 3. 10 g Wasserglas + 9 g Soda + 1 g Bikarbonat = 1,368 g.

fer wird. Die zunächst feinkolloidalen Kieselsäureabscheidungen können in gewissen Grenzen sehr wohl die Reinigungskraft der Laugen steigern, da sie auf die Schmutzstoffe und Rostabscheidungen absorbierend wirken, das Festsetzen des Schmutzes in den Fasern verhindern. Dadurch, daß Wasserglas ein Verfärben von Wäsche, von Bleichware durch Rostabscheidungen aus eisenhaltigem Wasser hintanhält, erklärt sich die Verwendung von „Bleichsoda", zumal dieselbe sich auch als Enthärtungsmittel wirksamer erweist. Eine besondere Bedeutung besitzt Wasserglas in der Sauerstoffbleiche als Stabilisierungsmittel.

Seifen.

Zur Seifenherstellung dienen mancherlei Öle und Fette pflanzlicher und tierischer Art. Der Gehalt an Fettsäuren bedingt in erster Linie den Waschwert, von Bedeutung ist aber auch die Art der Fettsäuren, da hiervon das Reinigungsvermögen, die Löslichkeit, die Schaumfähigkeit mit abhängt, nicht unwesentlich ist die etwaige Färbung und der Geruch, denn Rückstände können die geseiften Waren minderwertiger machen. Über die Benennung von Seifen herrscht vielfach Unklarheit, anerkannte Normen gibt es noch nicht. Kernseifen sind Natronseifen, die aus dem Seifenleim durch Aussalzen abgeschieden wurden. Aus dem Seifenleim, durch Erstarren desselben, fallen die Leimseifen an. Durch Füllen mit Wasser und alkalischen Lösungen entstehen die geschliffenen Seifen mit fraglichem Gehalt an Fettsäure. Am reinsten, von den Bestandteilen der Abfallaugen getrennt, sind die Kernseifen. Herkunftsbezeichnungen deuten nur gewisse Arten von Seifen an. So ist unter Marseiller Seife eine gute Kernseife zu verstehen, die anfänglich in Südfrankreich aus Olivenölen hergestellt wurde. Handelsüblich erfolgt die Bewertung der Seifen nach ihrem Gehalt an Fettsäuren (einschließlich Harzsäuren), nicht nach Prozenten an Reinseife oder Fett. Kernseifen sollen nach den Normungsvorschlägen im frischen Zustande mindestens 60% Fettsäure aufweisen. Durch Austrocknen steigt der Gehalt, es bleibt bei Lieferungen das jeweilige Gewicht mit zu berücksichtigen. Leimseifen, gefüllte Seifen, sind nur 15—45%ig, ohne daß der hohe Wassergehalt sofort auffallen muß. Kaliseifen sind in der Regel weich und als Schmierseifen bekannt, die Technik stellt aber auch halbfeste Kaliseifen für Sonderzwecke her. Schmierseifen werden als Leimseifen gewonnen und enthalten daher bis zu einem gewissen Grade die Verunreinigung der Abfallauge, sie sind schärfer alkalisch abgerichtet. Die Bezeichnung „reine Schmierseife" sollten nur Erzeugnisse mit über 38% Fettsäure führen. Auch Schmierseifen lassen sich weitgehend „strecken". Ehedem diente hierzu neben Wasserglas ein scharf alkalischer Stärkekleister. Silberseifen sind Kali-Natronseifen, Verwendung von Talg läßt Körner von schwerlöslichen Stearinabscheidungen bilden. Unter Seifenpulver ist ein Gemisch wechselnder Zusammensetzung von Seife, Soda, Wasserglas zu verstehen. Vorwiegend aus Soda und Wasserglas sich zusammensetzende Pulver müßten besser den Namen Waschpulver führen. Durch Zugabe von Bleichmitteln, wie Perborat, zu Seifenpulvern werden die „selbsttätigen“ Waschmittel, wie Persil, erhalten. Von gemahlener Kernseife, Kernseifenpulver, wäre wenigstens ein Gehalt von 60% Fettsäure zu verlangen. Seifenflocken sind besonders hochwertige Erzeugnisse mit über 80%.

Der Bleicher kann zwar seine Seifen für Beuchzwecke selbst herstellen, zumal es angeht mit einem gewissen Alkaliüberschuß zu arbeiten und die Seifenlösung unmittelbar zu verwenden. So wären z. B. 150 kg Olein mit 60 kg Natronlauge 40° Bé derart zu verkochen, daß man zu der in 400 l Wasser gelösten heißen Lauge die Fettsäure unter Rühren allmählich einträgt und solange kocht, bis ein gleichmäßiger Leim entstand, der mit weiteren 400 l Wasser verdünnt wird. Immerhin ist es fraglich, ob sich nicht der Bezug fertiger Seife empfiehlt, schon weil die Seifenfabriken die Marktlage besser auszunutzen wissen und ein nebenbei betriebenes Seifensieden verhältnismäßig größere Betriebskosten verursacht. Erst recht, wenn es sich etwa um das Sieden und Abrichten neutraler, für Appreturzwecke verwendbarer Seifen handelt. Wegen etwaiger Einzelheiten muß auf die Fachbücher verwiesen werden[1]. Da es in Baumwollbleichereien früher vielfach üblich war Harzseifenlaugen zu kochen, seien einige Angaben gemacht.

Nach Theis, Strangbleiche, werden in einem großen eisernen Kessel 100 Teile Kolophonium mit 25 Teilen Ätznatron in 1000 Teilen Wasser verkocht. Die durch indirekten Dampf zum Sieden gebrachte und 4—5 Stunden lang bei gelindem Kochen erhaltene Masse muß gleichmäßig, ohne körnige Beimischung sein. Anderen Vorschriften zufolge ist das Harz mit der drei- bis fünffachen Menge Soda zu verseifen. Eine gute, restlose Verseifung ist unbedingt erforderlich, da sonst später Harzabscheidungen, Harzflecke auf der Ware entstehen können. Angeblich soll solche Kolophoniumseife das schwer zu entfernende Baumwollwachs sowie andere Ölschmieren, die sich mit Laugen von Soda, Ätznatron, schwer beseitigen lassen, leichter löslich machen. Nach neueren Anschauungen wirken Ölseifen ebensogut oder noch besser emulgierend. Die Bleichwirkung harzhaltiger Seifen ist bestritten. Bei vergleichenden Waschversuchen mit harzhaltigen und reinen Fettseifen fand sich z. B., daß erstere sogar eine mehr gelbliche Wäsche gaben. Harzhaltige Seifen bilden zudem mit hartem Wasser, namentlich mit den Magnesiasalzen, Niederschläge, die ein stärkeres Vergilben der Ware herbeiführen. Harzhaltige Seifen liefern andererseits unter gewissen Bedingungen einen beständigeren Seifenschaum. Kolophonium dürfte vor allem seiner Billigkeit wegen Eingang in die Seifenfabrikation gefunden haben.

Wie weit das Reinigungsvermögen der Seifen vom Fettansatz abhängt, ist trotz vielfacher Versuche nicht eindeutig geklärt. Es handelt sich hier um verschiedenartige Vorgänge, Emulgierungsvermögen, Beeinflussung der Oberflächenspannung, die Art des zu beseitigenden Schmutzes spricht mit, wesentlich ist die Temperatur, die Konzen-

---

[1] Herbig: Die Oele und Fette in der Textilindustrie. — Schrauth: Handbuch der Seifenfabrikation. — Ubbelohde Goldschmidt: Technologie der Seifenfabrikation.

tration der Lösung, die Gegenwart von anderen Alkalisalzen, die Härte des Wassers. Äußerst belangreich ist das Verhalten von Seifen gegenüber hartem Wasser. Kalk- und Magnesiasalze geben durch Umsetzung mit den fettsauren Alkalien unlösliche, nichtschäumende Kalk- und Magnesiaseifenschmieren. Solche Abscheidungen bedeuten nicht nur einen Verlust des Waschmittels, sondern sie werden der Anlaß zu Flecken und tragen zum Vergilben der Bleichware bei. Um die Härtebildner des Wassers nicht mit den teuren Seifen in Reaktion treten zu lassen, werden Soda und andere Alkalien zur Seife bzw. zur Lösung gegeben. Wenn sich hierdurch die Bildung der Niederschläge verringern läßt, und die Abscheidungen weniger kleben und leichter abspülbar ausfallen, so reagiert von einem Seifen-Sodagemisch doch in erster Reihe die Fettseife mit den Kalksalzen. Es ist deshalb zweckmäßiger, hartes Wasser vor Zugabe von Seife mit Soda und anderen geeigneten Mitteln weich zu machen. Selbst mit einem größeren Überschuß von Alkalien läßt sich das Enthärten von kaltem Wasser nicht glatt bewerkstelligen, so daß ein Arbeiten mit Mischungen von Seife und Soda mit Verlust verbunden bleibt.

Die vorteilhafte Eigenschaft, gegen hartes Wasser weniger empfindlich zu sein, besitzen Türkischrotöl und andere sulfonierte meist aus Rizinusöl gewonnene Spezialprodukte. In den letzten Jahren kamen zahlreiche „kalkbeständige" Seifen auf den Markt, denen wegen ungleichen Sulfurierungsgrades eine verschiedene Kalk- (Säure-) Beständigkeit zugesprochen wird, Avirol, Monopolseife, Prästabitöl, Türkonöl u. a., als besonders kalkbeständig gelten Gardinol, Hydrosan, Igepon und Intrasol. So soll die Mitverwendung von Hydrosan bewirken, daß sich aus Kalk- und Magnesiasalzen kolloide Komplexe bilden, durch welche die Teilchengröße der Kalkseife verkleinert und den Verhältnissen bei der Lösung von Seife in destilliertem Wasser weitgehend angenähert wird. Dem Hydrosan sind noch Stabilisatoren oder Peptisationsmittel, wie Harnstoff u. dgl., Abbauprodukte verschiedener organischer Salze oder von Leim und Pflanzenschleimen beigemischt, um den kolloidalen Zustand der Kalkseife zu unterstützen. Da von einer absoluten Kalkbeständigkeit kaum zu sprechen ist, es doch zu Abscheidungen beim Aufkochen der Bäder oder bei stärkerem Verdünnen zu kommen pflegt, wäre die Anregung, von „Emulsionsseifen" zu sprechen, aufzunehmen. Mit einer Abscheidung von Kalkseifen hat man nicht zuletzt beim Spülen, beim Verdünnen der Seifenflotten zu rechnen, weniger im Seifenbade selbst. Wenn bei Verwendung sogenannter kalkbeständiger Seifen die Bildung von klebrigen, auf der Ware haftenden Kalkschmieren vermindert bleibt, so ist das Ausspülen der feinverteilten Niederschläge allerdings ein großer Vorteil.

Die Textilhilfsmittel werden für die verschiedenartigsten Zwecke genannt. Daß das Netzvermögen und die Kalkbeständigkeit usw. bei den einzelnen Marken nicht gleichmäßig gut sind, wäre bei den jeweiligen Verwendungszwecken zu berücksichtigen. Über die Bestimmung des Netzvermögens, der Kalkbeständigkeit, die Wirkung beim Beuchen gibt es eine große Literatur, die Jahrgänge der Fachpresse ab 1923 brachten mancherlei Sonderaufsätze. Neben den Netzmitteln auf Fettbasis gibt es eine Anzahl von fettlosen Produkten, die vorwiegend auf alkylierte Naphthalinsulfosäuren (gleich aromatische Sulfosäuren) zurückgehen, wie Nekal. Diese gegen hartes Wasser unempfindlichen Mittel fanden in der Textilindustrie vielfach Verwendung. Nekal kommt als solches in der Bleicherei zum Ansetzen von netzenden Chlorlaugen in Frage, ist aber auch gegebenenfalls ein Bestandteil von Beuchölen mit gleichzeitigem Zusatz von Fettlösern. Die „Kaltbleiche" hat durch die Verwendungsmöglichkeit derartiger Zusätze steigende Bedeutung erlangt. Ein Abkochen bleibt vorzuziehen, wenn Wert auf ein völliges Auslaugen und Entfernen der Faserverunreinigungen gelegt wird.

Die Zugabe von Seife zu Beuchlaugen soll nicht nur das Beseitigen von öligen Schmutzflecken erleichtern, sondern allgemein das Emulgieren von nicht oder schwer alkalilöslichen Faserverunreinigungen erleichtern, so daß ein Abschwächen der Laugenkonzentration und ein Verringern der Kochzeit möglich sei. Nichtkalkempfindliche Seifen hätten hier unbedingt den Vorzug, fraglich bleibt, wieweit sich der Ausfall der Ware ohne erhebliche Verteuerung verbessern läßt. Die Wirkung von Seife gegenüber Fetten und Schmutz läßt sich durch Zugabe von Fettlösungsmitteln steigern. Als erstes derartiges Produkt wurde Tetrapol, eine klare Lösung von Monopolseife mit 12—16% Tetrachlorkohlenstoff bekannt. An Stelle von Tetrachlorkohlenstoff trat später Perchloräthylen. Es gibt heute eine überaus große Zahl von Fettlöserseifen mit Gehalt an gechlorten oder hydrierten Kohlenwasserstoffen oder mit Zusätzen von Petroleumdestillationsprodukten, Benzol, Terpentinöl usw. Die Möglichkeit, die Wirkung von Koch- und Waschlaugen durch Fettlöser verbessern zu können, ist schon längst bekannt. Höher siedende und nicht feuergefährliche, durch Seife und Alkohole „wasserlöslich" gemachte Flüssigkeiten verdienen den Vorzug. Es darf jedoch nicht übersehen werden, daß der Siedepunkt der Fettlöser bei Gegenwart von Wasserdampf fällt, es lassen sich alle diese Mittel mit Wasserdampf abdestillieren. Durch Auflösen des an sich in Wasser unlöslichen Kohlenwasserstoffes in Seife oder sulfonierten Ölen unter Mitverwendung von Alkoholen, sind klare Lösungen herstellbar, die bis zu einem gewissen Grade mit Wasser verdünnbar sind, ohne daß sich der Fettlöser abscheidet, oder es kommt nur zur Bildung von milchigen Emulsionen, in denen der Fettlöser in sehr feiner Verteilung bleibt. Fraglich bleibt jedoch, wie weit die Wasserlöslichkeit geht, ob die Emulsionen sich nicht zu leicht entmischen, der Fettlöser aufrahmt und sich absondert oder bei höherem spezifischem Gewicht zu Boden fällt. Die ausgeschiedenen Tropfen können sich in den Textilien bei der Zirkulation festsetzen. Es ist gegebenenfalls das Verhalten von Beuchölen bei entsprechender Verdünnung in hartem Wasser unter Erwärmen und bei Zugabe der vorgesehenen Alkalien zu versuchen. Terpentinöl, Tetralin wird ein auf „Ozonisierung" beruhendes Bleichvermögen nachgerühmt?

Der Gehalt an Fettlösern schwankt bei den Handelserzeugnissen in erheblichem Umfange, es finden sich Gemische mit wenigen Prozenten und andererseits Pro-

dukte mit 90%. Neben den gechlorten Kohlenwasserstoffen Tri- und Perchloräthylen, haben hydrierte Kohlenwasserstoffe, wie Tetralin, vorzugsweise Verwendung gefunden, dann auch Terpentinöl oder seine Fraktionen. Die einzelnen
Fettlöser sind durch ihren Siedepunkt und ihr spezifisches Gewicht gekennzeichnet.

Tetrachlorkohlenstoff Siedepunkt 78,5 — Trichloräthylen (Tri) 85 — Perchloräthylen 121 — Tetrachlorazetylen 147 — Benzol 80 — Toluol 111 — Terpentinöl
155—160 — Benzin 100—180 — Tetralin 205—210 — Hexalin 160.

Wegen Untersuchung von Textilseifen und Netzmitteln wären die einschlä-
gigen Bücher einzusehen, so P. Heermann: Färberei- und textilchemische Untersuchungen und Herbig: Die Öle und Fette in der Textilindustrie. Vorwiegend ist
festzustellen: Löslichkeit, Geruch, Fettsäuregehalt und Art der Fette, Zusätze
und Netzvermögen. Der Trockenverlust ist nicht immer als Wasser anzusprechen,
da Fettlöser beteiligt sein können. Ein gewisser Gehalt an freiem Alkali hat bei
der Verwendung für Bleichzwecke weniger Bedeutung, da doch meist mit alkalischen
Lösungen gearbeitet wird. Wesentlich ist, ob sulfonierte und kalkbeständige
Produkte vorliegen. Eine vergleichende Bewertung auf Grund von Betriebsversuchen läßt sich nicht aufstellen, es fehlen die Unterlagen, doch vgl. S. 98.
Nur über die Zusammensetzung der Produkte sind einzelne Hinweise zu bringen,
bei der stets weiter anwachsenden Zahl der Produkte hält es schwer, eine Übersicht
zu behalten. Der Prozentgehalt an Fettlöser bewegt sich vielfach in recht niedrigen
Grenzen, so daß es schwer fällt, von derartigen Mitteln eine besondere Wirksamkeit
zu erwarten. Wenn sich z. B. bei „Beuchölen" als wirksame Bestandteile 20 bis
25% Türkischrotöl und 4—6% eines Fettlösers finden, so ist schlechterdings von
einer Verbesserung der Beuchlauge durch Zugabe von 2—3 g solchen Öles je Liter
nicht zu sprechen. Die nachstehenden Angaben gehen zumeist auf Herbig zurück.
Daß von irgendwelchen Produkten vielfach mehrere Marken, durch Buchstaben
gekennzeichnet, im Handel sind und somit die Zusammensetzung wechseln kann,
bleibt zu beachten. Der Vortrag von G. Landolt: Neuere Hilfsprodukte in der
Textilindustrie bringt gleichfalls eine größere Zusammenstellung der verschiedenartigen Hilfsmittel zum Entschlichten, Beuchen, Netzen usw. Textilberichte 1930
S. 610 u. 788.

Avirol AH und KM: Sulfuriertes Rizinusöl.
Benzitseife: Seife (82% Fett), 3% Kohlenwasserstoff.
Cykloran O: Seife + 50% (?) höheren Alkohol.
Cykloran M: Seife + über 50% (?) höheren Alkohol.
Flerhenole: Sulfuriertes Rizinusöl + aromatische Sulfonsäure + Trichloräthylen.
Floranit M: 47,4% Seife + sulfuriertes Öl + 52,6% flüchtige Anteile (Amyl-
    alkoholazetat).
Gardinol: Fettalkoholsulfonat.
Geneucol: Sulfuriertes Öl + Kohlenwasserstoff.
Hexoran: Sulfuriertes Öl + 90% Tetrachlorkohlenstoff.
Hydraphtal: Seife + Tetralin.
Hydrosan: Sulfuriertes Öl + Harnstoff usw.
Igepon: Seifenkörper mit maskierter Carboxylgruppe.
Isomerpin: Sulfuriertes Öl.
Lanaclarin: Aromatische Sulfosäure + Chlorkohlenwasserstoff.
Lanadin: Seife + Trichloräthylen.
Lanapol: Seife + Chlorkohlenwasserstoff.
Laventin BL: Arom. Sulfosäure + Terpen.
Lenocal: Sulfurierte Produkte + ?
Monopolseife: Sulfuriertes Öl.
Nekal: Aromatische Sulfosäure.
Neomerpin: Sulfuriertes Öl + Kohlenwasserstoff (Methylhexalin).
Neomerpin N: Aromatische Sulfosäure.
Oranit: Aromatische Sulfosäure.
Penterpol: Sulfuriertes Öl + 80% Terpentin.
Perlano: Sulfuriertes Öl + Kohlenwasserstoff.
Perpentol: Sulfuriertes Öl + 90% Tetralin.
Pertürkol: Sulfuriertes Öl + 14% Perchloräthylen.

Prästabitöle V, VA, G, GA, BM: Sulfuriertes Öl + ?
Prästabitöl KN: Aromatische Sulfosäure.
Tetrapol: Sulfuriertes Öl + 12—16% Perchloräthylen.
Terpinopol: Sulfuriertes Öl + 5% Terpentinöl + Ammoniak.
Terpinopol BF: Terpentinöl + Emulgator.
Türkonöl: Sulfuriertes Öl.
Verapol: Seife, teilweise sulfuriert (30% Fettsäure + 8% Xylol).

Diastase-Produkte.

Diastatische Fermente, wasserlösliche eiweißartige Substanzen, Enzyme, können Stärke abbauen, sie löslich machen. Diese Fermente finden sich in keimendem Samen, in der Bauchspeicheldrüse — Pankreas, in der Leber, sowie im Mundspeichel und auch in gewissen Pilzen. Als Ausgangsmaterial für die Herstellung von technischen Diastaseprodukten diente zunächst gekeimte Gerste = Malz. Da im Gebrauch bequemer und sicherer als selbstbereitete Auszüge aus zerriebenem Malz fraglichen Wirkungswertes, kamen Malzextrakte in Aufnahme. Zuerst wurde das von der Diamalt AG., München, gelieferte Diastafor bekannt, ein sirupartiger, braungelber, enzymreicher Auszug aus Spezialmalz. Weiter seien genannt Lindomalt, Maltoferment, Textilomalt u. a. Degomma von Röhm & Haas, AG., Darmstadt, Novofermasol der Diamalt AG., Viveral der I. G. Farben (Kalle & Co.), und andere Fabrikmarken sind im Großbetrieb hergestellte Produkte aus Bauchspeicheldrüsen. Eine dritte Gruppe bildet die Bakteriendiastase oder Pilzamylase, die Biolase von Kalle & Co., Biebrich. Dieses Bakterienpräparat wird an der Oberfläche von stickstoffreichen Stoffen, wie Kleie, in Reinkulturen gewonnen.

Die Enzyme spalten Stärke hydrolytisch auf ohne mit der Stärke oder deren Abbauprodukten eine beständige Verbindung einzugehen[1]. Sofern keine die Wirksamkeit aufhebenden Nebenreaktionen in Betracht kommen, baut Diastase katalytisch ein hohes Vielfaches ihres Gewichtes an Stärke ab.

Die Wirksamkeit hängt sehr von der Temperatur ab. Die günstigste Arbeitstemperatur liegt bei Malzdiastasen und für Biolase bei 60—65°, für tierische Fermente etwas tiefer. Bei höheren Temperaturen werden die Enzyme abgetötet, nur die Biolase ist weniger empfindlich und verträgt ein Erhitzen auf 80° und mehr. Es darf Diastafor, Degomma usw. nie kochend heiß gelöst werden! Ebenfalls ist die Reaktion sehr wichtig, denn Alkalien, starke Säuren und auch Schwermetalle beeinträchtigen die Enzyme in ihrem Abbauvermögen. So sollen Kupferspuren in destilliertem Wasser die diastatische Kapazität, jedoch weniger die Verzuckerungszeit hemmen und ebenso gewisse antiseptische Zusätze in der Schlichte ungünstig sein[2]. Andererseits können kleine Zusätze von Kochsalz und ähnlichen Neutralsalzen bei den tierischen

---

[1] Hamburg: Die Enzyme des Malzes und ihre Verwendung in der Textilindustrie. Els. Textilbl. 1912 S. 11. — Pollak: Über Diastasepräparate und deren Anwendung. Chem.-Ztg. 1916 S. 13. — Siehe auch Seite 89.

[2] Schenk: Malzextrakte, Verzuckerungszeit und diastatische Kraft, Hemmungserscheinungen bei der Bestimmung. Chem.-Ztg. 1927 S. 814.

Diastasen einen günstigen Einfluß haben. Die Wyla-Werke ließen sich die Mitverwendung von Gallensalzen schützen, DRP. 359597. Die Zugabe von Salz verbessert anscheinend die Wirksamkeit, wenn die Ionenkonzentration ungünstiger ist. Malzprodukte sollen am besten in weichem Wasser mit wenig Härtegraden wirken, tierische Enzyme hingegen ihre beste Wirksamkeit in härterem Wasser zeigen. Die Einwirkung erfolgt im allgemeinen verhältnismäßig sehr rasch, der Bleicher sorgt jedoch besser für eine längere Einwirkungsmöglichkeit, um die Schlichte ausreichend beeinflußt zu wissen. Die Zeitdauer richtet sich nach dem Schlichtegehalt, nach der Konzentration und der Temperatur des Bades. Wenn angängig, wird über Nacht eingelegt, obschon das Behandeln der Ware in Fließarbeit erstrebenswert erscheint. Da kleine Mengen von Alkali die diastatische Wirkung hemmen, würde alkalisch geschlichtete Ware besser ein schwaches Essigsäurebad vorher erhalten, denn organische Säuren gelten bis zu 0,15% als ohne Einfluß.

In den technischen Diastaseprodukten können sich je nach den Fabrikationsbedingungen mehrere verschiedenartige Enzyme von typischer Sonderwirkung finden. Es handelt sich neben der Peptase, welche Eiweiß abbaut, Tryptase in tierischen Produkten, und neben Pektase — Propektinase —, die Pektinkörper löslich machen soll (?), und neben einem oxydierenden Ferment Oxydase vorwiegend um Diastase. Von der Diastase nahm man früher an, sie bestehe noch wieder aus 2 oder 3 verschiedenen Fermenten, welche Stärkekleister — nicht verkleisterte Stärke wird nur langsam angegriffen — löslich machen, verflüssigen und in Dextrin und schließlich in Maltosezucker verwandeln.

Die Säureempfindlichkeit liegt nach H. Wesenberg[1] für die Pankreasamylase bei $p_H = 6{,}8$, für Malzdiastase bei $p_H = 5$, und die Aktivitätskurve der Biolase besitzt eine breite optimale Zone zwischen $p_H = 5{,}4$ und 7, so daß Biolase entgegen den Angaben von H. Bundesmann[2] nicht als besonders säureempfindlich zu gelten hat. Anderen Messungen zufolge kommt für Malzamylase ein p_H-Wert 4,4 und für Pankreasamylase von 8—8,5 optimal in Frage. Es wird die jeweilige Pufferung mitsprechen und die Art der Analysen. Beim Arbeiten in destilliertem Wasser mit Pufferung gab Degomma bei 6,8—7 die beste Verzuckerung, die Wirksamkeit bei 4—4,5 und 9—9,5 war nur noch gering, bei 5,5 und 8 zur Hälfte vorhanden. Diastafor arbeitete am besten bei 5, sehr wenig bei 2,5 und 8, der Halbwert lag bei 3,8 und 6,7—7,3.

Bei längerem Liegen der imprägnierten Waren sollen z. B. 2—4 kg Diastafor genügen, um 100 kg Schlichte löslich zu machen.

Da eine Bewertung der Entschlichtungsmittel nach der äußeren Beschaffenheit nicht möglich ist, sind die enzymatischen Wirkungen vergleichend zu prüfen. Als nebeneinander in Betracht kommende Eigenschaften wären gegebenenfalls zu beurteilen: Verflüssigungsvermögen, Abbauvermögen zu Dextrin und zu Zucker. Weil der Verflüssigungsgrad eines Stärkekleisters schwieriger zu beurteilen war, zog man zunächst vor, die mit Fehlingscher Lösung nachweisbare Maltosemenge als Qualitätsfaktor zu ermitteln. Für den Bleicher mag es fraglich sein, ob der Abbau der Stärkeschlichte bis zum Zucker gehen muß und nicht schon ein Löslichwerden der Stärke genügt. Zu einer einheitlichen Bewertung der Stärkeaufschließungsmittel ist man noch nicht gekom-

---

[1] Wesenberg: Über enzymatische Entschlichtungsmittel. Leipzig. Mschr. Textil-Ind. 1930, S. 34.

[2] Bundesmann: Über enzymatische Entschlichtungsmittel. Leipzig. Mschr. Textil-Ind. 1929 Sonderheft 3.

men, denn wir sind über die Abbauprodukte der Stärke und ihr Verhalten noch ungenügend unterrichtet, obschon eine größere Zahl neuerer Arbeiten vorliegt. Die nach verschiedenen Untersuchungsverfahren erhaltenen Werte sind nur relativ und nicht miteinander vergleichbar. Kalle & Co. als Hersteller von Biolase und Viveral empfehlen ersteres Mittel wegen seiner Beständigkeit gegen höhere Temperaturen zum Entschlichten nicht vorgenetzter, mit schwer aufschließbarer Mais-, Weizen- oder Reisstärke geschlichteter Waren, während Viveral von rascher Wirkung sich bei billigen Kosten auch für die kontinuierliche Arbeit empfehle.

Das Abbau-Verzuckerungsvermögen läßt sich bestimmen durch Ermittlung der Grammzahl Stärke, welche 1 g Diastasepräparat innerhalb einer halben Stunde aus einer dreiprozentigen Pfeilwurzelstärkelösung bei 37,5° verzuckert. Die Kontrolle erfolgt mit Jod. Die auf Jodzusatz eintretende Blaufärbung geht in violett, rot, farblos über. An Stelle von Pfeilwurzelstärke ist auch ein Kartoffelstärkekleister verwendbar. — Man füllt von einem gleichmäßig verkochten aber frischem Kleister $^{10}/_{1000}$ je 50 cm³ in mehrere, in einem Wasserbad gleichmäßig auf 65° vorgewärmte Stöpselflaschen und fügt von den zu untersuchenden Diastaselösungen ungleiche Mengen von 10—20 cm³ zu. In Abständen von einigen Minuten pipettiert man 3 cm³ in Reagenzgläser, säuert mit Essigsäure zum Unterbrechen der diastatischen Wirkung an, füllt mit Wasser auf 10 cm³ und gibt etwa 1 cm³ $^1/_{50}$-n-Jod zu. Bei den Proben, welche gleiches Rotviolett aufweisen, werden die Minutenzahlen verglichen. Durch weitere Versuche läßt sich ermitteln, welche Konzentrationen für gleichen Abbau in der Zeiteinheit anzuwenden sind. Wenn 0,05 g Aufschließungsmittel die blaue Jodfärbung von Stärke in 6 Minuten verschwinden lassen, deutet dies ein Abbauvermögen von 50 g Stärke durch 1 g in 30 Min. an. Es läßt sich die Verzuckerung durch das Kupferreduktionsvermögen von Fehlingscher Lösung feststellen. Mit einer gegen reine Maltose ausprobierten Fehlinglösung ist die Fermentwirkung zu ermitteln.

Viskosimetrisch wird nach Liepatoff[1] der Wert bestimmt, indem man zu 600 cm³ eines 3%igen Kleisters einen bestimmten Zusatz macht und in Zeitabständen mit Essigsäure versetzte Proben von 50 cm³ auf die Ausflußgeschwindigkeit mit dem Englerschen oder Ostwaldschen Viskosimeter prüft. Viskositätsmessungen und Zuckerbestimmungen unter Verwendung der verschiedenartigsten Aufschließungsmittel machten Haller[1] und seine Mitarbeiter. Eine umfangreiche Untersuchung widmete auch Nopitsch[1] diesen Vorgängen. Wegen Einzelheiten sind die Originalarbeiten einzusehen.

Will der Praktiker sich ein Bild davon machen, wie Diastase auf Stärkekleister verflüssigend einwirkt, so lassen sich dahingehende Versuche anstellen, daß zu 7 g in 100 cm³ Wasser verkleisterter Kartoffelstärke 3 cm³ oder mehr einer 4%igen Fermentlösung kommen. Unter Rühren der angewärmten Lösung wird die Verflüssigung verfolgt, auf die Schnelligkeit der von den Glasstäben fallenden Tropfen geachtet[2].

Für den Bleicher ist die Frage wichtig, ob Diastase auch die Zellulose beeinflußt. M. Nopitsch[3] stellte fest, daß die Enzyme die Faser nicht angreifen. Von den möglicherweise vorkommenden Enzymen wäre nur Zellulase als die Faser abbauend in Betracht zu ziehen, doch findet sich dieses Ferment kaum in den technischen Produkten. Die Versuchs-

---

[1] Liepatoff: Textilber. 1927 S. 541. — Haller u. Hohmann: Textilber. 1926 und 27; vgl. auch Hesse: Textilber. 1926 und Haller, Hackel, Frankfurt 1927. — Nopitsch: Studien über Schlichten und Entschlichten. Textilber. 1926/27.
[2] Siehe z. B. Tagliani, G. Neue Diastasepräparate und ihre Bedeutung für die Textilindustrie. Ztschr. f. angew. Ch. 1921 S. 69.
[3] Nopitsch, M.: a. a. O.

zahlen von Nopitsch sprachen für eine gewisse reinigende Wirkung auf die Fasern, weil sich bessere Permanganatzahlen ergaben. Hingegen fanden R. G. Fargher[1] und seine Mitarbeiter bei einer im englischen Textilinstitut ausgeführten umfassenden Prüfung über das Einweichen der Baumwolle, daß Enzym-Einweichflotten nicht allein Zellulose, sondern gleichfalls den Begleitstoffen gegenüber unwirksam sind, also Fett, Eiweiß, nicht verändern, weshalb das Weiß derart vorbehandelter Baumwolle nicht besser ausfiel als von einem nur mit Wasser vorgeweichten Bleichgut, vgl. S. 92. Nach Ehrlich wirken Enzyme ebensowenig auf Pektine ein.

Um die entschlichtete Ware auf Freisein von Stärke zu prüfen, wird ein Abschnitt mit Jod-Jodkalilösung behandelt. Die Tiefe der Blaufärbung deutet die Menge der noch vorhandenen Stärke an. Tagliani[2] tränkte Gewebeabschnitte mit einer Lösung von 0,5 g Jod, 1 g Jodkali, 100 g Methylalkohol 50% und einigen Tropfen konzentrierter Schwefelsäure. Üblicher ist die Verwendung einer wässerigen Jodlösung 1:1000, mit Hilfe von Jodkali erhalten. Ein völliges Entschlichten hält sehr schwer, gewisse Reste von Stärke bleiben leicht zurück, da vielleicht von Fettstoffen eingeschlossen, doch dürften geringe Reste als belanglos gelten. Eine schnell eintretende, dunkelblaue Färbung der mit Jod betupften Probe deutet auf hohen Stärkegehalt, Hellblau läßt auf schwache Stärkereste schließen, braunrote Färbung Abbau bis zu Dextrin und Zucker annehmen, gelbe Jodfärbung zeigt völlige Entschlichtung an. Es ist nicht ganz gleich, ob man die Stoffproben mit Jod betupft oder erst eine wässerige Abkochung mit Jod prüft. Erstere Reaktion erscheint schärfer. Durch Auswägen von rohen und von entschlichteten Proben wird ebenfalls die Wirksamkeit der Mittel aufklärbar sein. Bei solchen Wägungen hat man darauf zu achten, daß die Gewebe gleiche Feuchtigkeit besitzen, nicht etwa teilweise ausgetrocknet sind. Ob beim Arbeiten mit pflanzlichen oder tierischen Fermenten der Griff der Ware ungleich weich ausfällt, wie Praktikerkreise annehmen, erscheint recht strittig und zweifelhaft.

Diastatische und andere Fermente wurden auch zum Aufschließen von Bastfasern und zum Vorbehandeln von Baumwolle in Vorschlag gebracht, wie nachstehende Patente zeigen. Die angestrebten Wirkungen sind jedoch sehr skeptisch zu beurteilen, es bleibt zu bedenken, daß Enzyme nur ein streng begrenztes Einwirkungsvermögen auf einzelne Stoffe besitzen.

36781 und 85760 Verwendung von Pankreas und Pepsin, 215444 von Hefe, 312730 und 325887 von Malz, von tryptischem (Pankreas) Enzym (Degomma) zum Aufschließen oder Rösten[3].

296762 Farbenfabriken von Fr. Bayer & Co., Erhöhung der Kapillarität und Netzfähigkeit von Baumwollgeweben durch Behandeln mit Diastasepräparaten; Trikot soll dauernd saugfähiger sein. (Warum?)

297324 O. Röhm: Verfahren zum Behandeln von Zellulose mit Enzymen und Alkalien für feine Papiere aus besonders reiner Zellulose.

---

[1] Fargher, Hart u. Probert: Das Einweichen der Baumwolle, siehe Spinner u. Weber 1927 Heft 24.

[2] Tagliani u. Krostewitz: Einige Bemerkungen über die Vorbereitungsoperationen beim Beuchen baumwollener Gewebe. Färber-Ztg. 1912.

[3] Vgl. Krais, P.: Ztschr. f. angew. Ch. 1919 S. 25.

315398 P. Krais und O. Röhm: Glänzendmachen und Bleichen von Fasern durch Vorbehandeln mit Enzymen (?).

316098/995 O. Röhm: Rohe oder vorgekochte Baumwolle einige Stunden bei 20—40° C in 1%iger, schwach alkalischer neutraler oder saurer Enzymlösung zwecks leichterer Bleichbarkeit vorbehandeln.

316414. Verein der Spiritusfabrikanten. Verwendung von Preßsaft von Kartoffeln mit verschiedenartigen Enzymen, Oxydasen, Reduktasen, Lipasen, um alle durch Enzyme angreifbaren Verbindungen abzubauen.

337531. C. Dietrich will Kartoffelpreßsaft als Fleckwasser verwendet wissen.

349655. A. Bloidin und I. Effront befreien Textilfasern von stärkeartigen-, gummi-, gelatineartigen Stoffen mit Hilfe von Bakterien wie Bact. subtil.

Über das Patent 279993 A. Lehmann bzw. Diamalt-Gesellschaft: Zugabe von Malzpräparaten (Kromocon) zu Chlorlaugen zwecks Aktivierung siehe Chlorbleiche S. 139.

Wasserstoffsuperoxyd (H_2O_2).

Wasserstoffsuperoxyd[1] kommt in Form farbloser, wässeriger Lösungen von verschiedener Stärke und Reinheit in den Handel, denn das reine (100%) Produkt ist zu leicht explosiv. Bis vor einer Anzahl von Jahren wies die technische Lösung nur 3% auf. Die Flüssigkeiten sind durch gewisse Zusätze haltbar zu machen, um Verunreinigungen aus der Fabrikation oder aus den Behältern, die vielleicht schon in Spuren katalytisch einen Zerfall hervorrufen, wirkungslos zu machen. Diese Zusätze sind vielfach saurer Natur, denn alkalische Lösungen erweisen sich als leichter zersetzlich. Die 3%ige Lösung mit 97% Wasser und nur 1,4% abspaltbarem, aktivem Sauerstoff führte auch die Bezeichnung 10 Volumenprozente, weil sie etwa das 10fache Volumen ihres Gewichtes Sauerstoffgas entwickelt. 68 g H_2O_2 = 32 g O_2 = 22,4 l. Die heute lieferbaren konzentrierteren Marken mit 15, 30 und 40% haben in der Technik jene in den Apotheken usw. noch übliche 3%ige Lösung verdrängt, da die Frachtkosten sich viel günstiger stellen. Das konzentrierte technische Wasserstoffsuperoxyd 30% enthält meist 300 g H_2O_2 im Liter, daher die Bezeichnung H_2O_2 konzentriert 30 Volumenprozente — im Gegensatz zu einer Ware H_2O_2 konzentriert 30 Gewichtsprozente, bei der auf 1 kg bezogen wird. Bei einer Dichte von etwa 1,111 ergibt die Umrechnung, daß 1 kg des 30%igen Wasserstoffsuperoxyds etwa 270 g H_2O_2 enthält, also 27 Gewichtsprozente aufweist. Ein Liter hat 141 g aktiven Sauerstoff, 40%ige Ware hingegen 188 g. Die konzentrierte Lösung würde bei der Zersetzung also etwa 100 Volumina Sauerstoffgas geben, gemessen bei 0° und 760 mm Druck. Die ältere Volumina-Rechnung kann Anlaß zu Verwechslungen geben!

Wasserstoffsuperoxyd ist bei sachgemäßer Lagerung an kühlem, jedoch frostfreiem und vor direktem Licht geschütztem Ort gut haltbar,

---

[1] v. Girsewald: Anorganische Peroxyde und Persalze, 1914. — Birkenbach: Die Untersuchungsmethoden des Wasserstoffsuperoxyds, 1909. — Außer dieser Buchliteratur seien nachstehende Aufsätze genannt: Kausch: Das Wasserstoffsuperoxyd und die es ergebenden Verbindungen und Präparate. Elsäss. Textilblatt 1911. — Kind: Die Peroxyde als Bleichmittel. D. Färber-Ztg. 1915. — Wäser: Fortschritte der anorganischen Großindustrie 1905—1912. Chem.-Ztg. 1913 S. 1543; 1915 S. 959; 1919 S. 881.

die Gefahr eines Einfrierens besteht nicht. Die Ballons sind nicht fest zu verschließen, ein Sicherheitsverschluß soll den etwaigen Überdruck von freigewordenem Sauerstoffgas ausgleichen lassen. Nach Untersuchung von vier verschiedenen Fabrikaten[1] ist zwar ein gewisser Unterschied in der Lagerfähigkeit vorhanden, der Rückgang war bei kalter Aufbewahrung innerhalb 2 Monaten belanglos, bei 7—16° C sank der Wert um etwa 0,2—0,8%. Die Art der Stabilisierung, meist Phosphatzusatz bei einem Eindampfrückstand von 0,1—0,5%, spricht hierbei mit. Wasserstoffsuperoxyd ist auch in gut geteerten Holzfässern oder in blanken, mit Bernsteinlack gefirnisten Zinngefäßen lagerbar. Angeblich wirkt von Metallen Zinn am wenigsten zersetzend ein, es kann sogar die Haltbarkeit von Lösungen günstig beeinflussen, DRP. 206566 von R. Wolffenstein. Auch für Nickel und Aluminium wurde Patentschutz erteilt, vgl. Seite 162. Je reiner die Ware, desto besser hält sie sich. Auch mechanische Verunreinigungen wie Korkstücke, Strohteilchen, erhöhen die Zersetzlichkeit.

Die für Peroxyd technisch bedeutungsvolle leichte Zersetzlichkeit zufolge Katalyse ist in neutralen und alkalischen Lösungen weit größer als in angesäuerten Flüssigkeiten. Eine Reihe von Substanzen, so namentlich Schwermetalle bzw. deren Salze, wirken gewissermaßen vergiftend auf das Peroxyd ein, machen es krank und bringen es unter Abspalten von Sauerstoffgas zum Zerfall. Die Herstellung von konzentrierten Lösungen sowie das Haltbarmachen derselben war vor Klarlegen der katalytischen Einflüsse schwierig. Es lassen sich heute 50 und höher prozentige Lösungen herstellen, wegen zunehmender Gefahr einer stürmischen Zersetzung sieht die Technik im allgemeinen aber hiervon ab und bleibt bei 40%. Die Katalyse beim Bleichen wird im Abschnitt „Sauerstoffbleiche" behandelt, vorweg sei auf die Verfahren zum Haltbarmachen, zum Stabilisieren der Wasserstoffsuperoxydlösungen eingegangen, denn Haltbarkeit und Bleichgeschwindigkeit stehen in engstem Zusammenhange.

Unter Katalyten versteht man Reaktionsbeschleuniger, deren Gegenwart in geringen Mengen genügt, um eine sonst sehr träge, kaum beachtbare Reaktion auf das Vielfache zu steigern, so daß eine anhaltende Zersetzung von immer weiteren Molekülen der betreffenden Verbindung stattfindet, ohne daß der Katalyt hierbei aufgebraucht wird. Praktisch gesprochen: Katalyte räumen den chemischen Widerstand einer Reaktion weg, sie beschleunigen den Reaktionsverlauf, wie dies ein Erwärmen zu tun vermag. Nach Bredig beeinflußt 1 g Atomplatin noch in einer Verdünnung von 70 Millionen Liter deutlich katalytisch die mehr als millionenfache Menge von Wasserstoffsuperoxyd. Das Platin beteiligt sich selbst scheinbar an der Reaktion nicht, es ist nach der Reaktion unverändert vorhanden, seine Gegenwart allein hat den Zerfall ausgelöst. In alkalischer Lösung sind katalytisch noch wirksam:

Mangan in Verdünnung von 10000000 l,
Kobalt in Verdünnung von 1000000 l,
Kupfer in Verdünnung von 1000000 l.

Spuren von Eisenoxyd lösen bei starkem Alkaliüberschuß eine weniger auffallende Reaktion aus, wohl aber in saurer Lösung, während die anderen Metalloxyde ihre volle Zersetzungskraft in alkalischer Lösung zeigen. Peroxyd soll in

---

[1] Willrath: Über die Haltbarkeit von Wasserstoffsuperoxydlösungen beim Lagern. Chem.-Ztg. 1930 S. 51.

alkalischer Lösung besser gebunden sein, die Zersetzungsgeschwindigkeit durch verdünntes Alkali gesteigert werden? Organische Fermente besitzen ein entsprechendes Verhalten.

Wirken die Katalyte als Gifte schon in geringen Spuren, so reagieren andere Stoffe als Antikatalyte, d. h. sie halten die Giftwirkung hintan. Wesen und Bedeutung der Katalyte und Antikatalyte bleiben dem Praktiker oft fremd, da derartige Reaktionen nicht den gewohnten molekularen Reaktionsvorgängen beim Neutralisieren usw. entsprechen und vielfach — glücklicherweise — die Gefährlichkeit katalytischer Einflüsse durch andere zufällig vorhandene Stoffe behoben wird.

Um die Beständigkeit der Peroxydlösungen zu erhöhen, sind mannigfache Vorschläge gemacht worden. Die technischen Produkte werden zumeist mit Schwefelsäure, Phosphorsäure, Oxalsäure und anderen sauren Verbindungen angesäuert. Freie Schwefelsäure in einer Konzentration von 0,00066 g/l soll die Haltbarkeit schon merklich beeinflussen. Solche große Empfindlichkeit gegen Reaktionsschwankungen erklärt, daß bei Versuchsreihen leicht Einzelwerte aus der Reihe treten, bleibt ja mit Spuren von Alkali aus dem Glase zu rechnen. Andererseits besitzt die Reinheit des Wassers große Bedeutung. Kondenswasser pflegt nämlich aus der Apparatur stammende Spuren von Kupfer zu enthalten, wobei die Menge der Verunreinigungen von den jeweiligen Zufälligkeiten abhängt. Abel fand in gewöhnlichem destillierten Wasser 0,000038% Cu[1]. Derartig geringe Verunreinigungen beeinflussen unter Umständen erheblich die Haltbarkeit von Peroxydlösungen. Umgekehrt wirken z. B. die Härtebildner des Wassers günstig, so geringe Mengen von Magnesiumsilikat. Die Deutsche Gold- und Silberscheideanstalt in Frankfurt a. M. ließ sich deshalb die Zugabe von Magnesiumsilikat schützen (DRP. 284761).

Zum Stabilisieren wurden genannt: Alkohol, Äther, Gerbsäure, Stearinsäure, Benzoesäure 0,1 g/l, Sulfobenzosäure, Harnsäure, Barbitursäure, Pyrogallussäure, Azetanilid, Guajakol und verschiedene Ester, weiter Kolloide wie Kleister, Tragant usw., ferner Monopolseife und auch Salze, wie Kochsalz, sodann Glyzerin, Naphthalin, Kampfer u. dgl. Von neueren Patenten seien angeführt: Strontiumhydroxyd 318134; Traubenzucker 318135; Anilin 318220, Hypophosphit 325861. Pyrophosphat + Chlorid oder Silikat 518402, vgl. S. 172. Solche Zusätze haben vom bleichereitechnischen Standpunkte aus zum Teil fraglichen Wert, tritt doch z. B. mit Anilin in alkalischer Lösung eine starke Verfärbung ein. Die Bedeutung von Katalyten, Stabilisatoren, Reaktion, Temperatur für die Haltbarkeit von Peroxyd zeigen spätere Vergleichsreihen, S. 164.

Wasserstoffsuperoxyd, das die chemische Technik durch Elektrolyse von verdünnter Schwefelsäure gewinnt, könnte der Bleicher aus Bariumsuperoxyd durch Ausfällen des Bariums mit Schwefelsäure bereiten: In einem mit Blei ausgekleideten Holzfaß sind 11 kg konzentrierte Schwefelsäure 66° Bé mit 30 l Wasser zu verdünnen und nach dem Abkühlen mit 1,5 kg konzentrierter Salzsäure 20° Bé zu versetzen. Hierzu gibt man in kleinen Teilen 17,5 kg gut mit 20 l Wasser angeteigtes Bariumperoxyd und sucht durch Rühren und allmähliche Zugabe von 40 kg Eis die sich erhitzende Lösung unter 20° C zu halten. Mitverwendung von Salzsäure beschleunigt die Reaktion. In der fast neutralen Lösung kann die überschüssige Schwefelsäure durch Natriumphosphat abgestumpft werden. Nach Trennen vom Bodensatz ist auf etwa 3 Gewichtsprozent zu verdünnen, die Ausbeute beträgt gegen 70 l. Im allgemeinen bleibt heute vorzuziehen, das fertige Produkt zu kaufen, da bei der Selbstherstellung aus nicht reinen Materialien leicht Verluste zufolge Katalyse eintreten.

Untersuchung von Wasserstoffsuperoxyd.

Die mit Schwefelsäure angesäuerte Lösung färbt beim Schütteln mit Kaliumbichromat und Äther letzteren blau. Titansäure wird rot gefärbt, Permanganat in saurer Lösung entfärbt und aus angesäuerter Jodkalilösung wird Jod frei gemacht. Die beiden letzten Reaktionen dienen vorwiegend für die quantitative Bestimmung. Es ist dabei zu beachten, daß $KMnO_4$ auch mit organischen Stoffen, wie Oxalsäure oder gelösten Faserverunreinigungen, reagieren kann, so daß sich

---

[1] Vgl. z. B. Chem.-Ztg. 1914 S. 91.

die jodometrische Titration mitunter besser eignet. Wasserstoffsuperoxyd ist des weiteren volumetrisch in ähnlicher Weise wie Chlorlauge analysierbar, siehe S. 56:

$$2\,KMnO_4 + 3\,H_2O_2 + 3\,H_2SO_4 = K_2SO_4 + 2\,MnSO_4 + 8\,H_2O + 5\,O_2.$$
$$2\,KJ + H_2O_2 + H_2SO_4 = K_2SO_4 + 2\,H_2O + 2\,J.$$

1 cm³ $^1/_{10}$ Normallösung zeigt 0,0017 g H_2O_2 an. Bei Titration von 25 cm² einer Lösung 20/500 = 1 cm³ bzw. 1 g der Stammflüssigkeit mit einer $KMnO_4$ Lösung 1,86/1000 läßt 1 cm³ Permanganat = 0,001 = 0,1% g H_2O_2 finden. Wegen des schwankenden Titers der Permanganatlösung bleibt eine Überprüfung angezeigt. Für die Jodtitration nimmt man etwa 1 g bzw. die passende Menge der Verdünnung, versetzt mit etwa 20 cm³ Schwefelsäure 1:3, gibt überschüssiges Jodkali zu und mißt nach frühestens 5 Minuten das Jod mit Thiosulfat und Stärke als Indikator. Ein weiteres Verfahren, welches in Gegenwart oxydabeler Stoffe anwendbar sein soll, ist auf der Bildung von Pertitansäure aus Titantrichlorid gegründet, für die Technik ausreichend ist jedoch das Titrieren mit Permanganat, wobei die durch vorhandene organische Stoffe bedingte Nachreaktion außer Betracht zu bleiben hat. Die Reaktion hat als durchgeführt zu gelten, wenn nach schnellem Zufließen der Permanganatlösung die rote Farbe nur zögernd verschwindet, da jetzt die gelösten organischen Verunreinigungen Sauerstoff verbrauchen. — Für Untersuchungen von Sauerstofflösungen empfiehlt die Chemische Fabrik Pyrgos als handliche Einrichtung einen Oxometer, der dem Chlorometer ähnlich ist, siehe Seite 55.

Mangels leicht oxydabeler Substanz, d. h. in Gegenwart reiner ausgebleichter Zellulose, zeigt Wasserstoffsuperoxyd eine ziemliche Beständigkeit, wie bereits A. Scheurer[1] nachwies. Scheurer tränkte 10 g gebleichten Kattuns mit je 10 g Wasserstoffsuperoxyd und titrierte später die in Wasser eingelegten Proben mit 3%iger Permanganatlösung. War der Verbrauch an $KMnO_4$ unmittelbar nach der Imprägnation 25,8—24,2 cm³, so betrug derselbe nach Verdunsten der Hälfte an Flüssigkeit noch 17,6. Es hatte also eine Konzentration — auf noch vorhandene Flüssigkeit bezogen — um 20% stattgefunden. Nach Trocknen an der Luft blieb ein Verbrauch von 11,4—9,6 cm³; weiteres Erhitzen auf einer mit Stoff überzogenen Trommel ließ den Bedarf auf 7,6 cm³ fallen. Durch Dämpfen ging die Reaktion nach und nach zurück, sie betrug aber nach 16 Minuten immer noch 1,6 cm³.

Bei Zugabe von Natronlauge zur Ermittlung der Reaktion einer sauren Peroxydlösung bildet sich nach Endemann und Röder[2] zunächst $Na_2O_2 \cdot H_2O$, das sofort in NaOOH und NaOH zerfällt. Nur letzteres reagiert in der Kälte gegenüber Phenolphthalein. Die direkte Titration liefert die Hälfte der tatsächlich vorhandenen Säuremenge, weshalb mit NaOH-Überschuß in der Wärme zu arbeiten und mit Säure zurückzutitrieren wäre. L. Wöhler und W. Frey[3] erkannten diese Ausführungen nicht ganz an und empfahlen im allgemeinen die direkte Titration unter Verwendung von Methylorange als Indikator. Da dieser bei Gegenwart schwacher Säure unscharf reagiert, ist in solchem Falle Phenolphthalein zu nehmen. Weil Peroxyd jedoch als schwache Säure wirkend den Endpunkt der Titration verzögert, ist eine gewisse Korrektur anzubringen: für 25 cm³ einer 1,5%igen H_2O_2-Lösung macht derselbe nach Zufügen von 25 cm³ $^1/_{10}$ n NaOH und Rücktitration mit Säure 0,25 cm³ $^1/_{10}$ NaOH aus, für eine 3%ige Lösung 0,38 cm³ $^1/_{10}$ NaOH. Das Peroxyd wäre auch durch Kochen oder katalytisch vor der Analyse zersetzbar.

Natriumsuperoxyd (Na_2O_2).

Das gelblich-weiße Pulver zieht an der Luft Wasser an und geht unter Abgabe von Sauerstoff durch Aufnahme von Kohlensäure in Natriumkarbonat über. Beim Eintragen in Wasser entsteht unter starker

---

[1] Scheurer: Ber. Industr. Ges. Mülhausen 1907 S. 336.
[2] Endemann: Bestimmung der im Wasserstoffsuperoxyd enthaltenen Säuren. Färber-Ztg. 1909 S. 309.
[3] Wöhler u. Frey: Ztschr. f. angew. Ch. 1910 S. 2353.

Temperaturerhöhung Wasserstoffsuperoxyd und Natronlauge: Na$_2$O$_2$ 2 H$_2$O = H$_2$O$_2$ + 2 NaOH. Die sich bildende alkalische Wasserstoffsuperoxydlösung kann bei Vorhandensein katalytisch wirksamer Fremdstoffe einer Zersetzung anheimfallen. Durch Auflösen in verdünnter kalter Säure mit Vermeiden einer Temperatursteigerung, langsames Eintragen in kalte Säure wird ein Sauerstoffverlust vermieden und neben Wasserstoffsuperoxyd das Natriumsalz der entsprechenden Säure erhalten. Trocken aufbewahrtes Natriumsuperoxyd ist gut haltbar und weder selbst entzündlich noch brennbar. Unter Umständen kann es indessen organische Substanzen wie Holz, Stroh usw. zur Entzündung bringen, es ist darauf zu achten, daß kein feuchtes Stroh oder Papier in die Vorratsbüchsen gerät. Auch konzentriertes Wasserstoffsuperoxyd ist insofern feuergefährlich, als schmutziges Verpackungsmaterial, namentlich bei Gegenwart von Eisen als Katalyt einer lebhaften Oxydation durch H$_2$O$_2$ anheimfällt, so daß bei derartigen Produkten mit Aktivsauerstoff in so hoher Konzentration einige Vorsicht beim Umgang zu beobachten ist. Die Haltbarkeit wird von katalytischen Verunreinigungen beeinflußt. Das neuerdings von der Deutschen Gold- und Silber-Scheideanstalt gelieferte Produkt zeichnet sich durch geringere Empfindlichkeit gegen katalytische Einflüsse aus. Das Pulver ist mit einer reinen und trockenen verzinnten Metallschaufel der Blechverpackung zu entnehmen und schnell in emaillierten, trockenen Eimern oder dergleichen abzuwiegen, weil Feuchtigkeit zersetzend wirkt; nach Entnahme des Pulvers ist die Büchse wieder zu verschließen. Natriumsuperoxyd soll in kleinen Anteilen in kaltes Wasser bzw. die verdünnte, kalte Säurelösung eingestreut werden, denn bei unvorsichtigem Eintragen treten größere Verluste an Sauerstoff ein, auch bleibt wegen eines Herumspritzens von Flüssigkeit achtzugeben. Die Bleichflotte ist nach dem Ansetzen gut umzurühren, damit nicht ungelöste Teilchen örtlich die Ware gefährden können. Die Scheideanstalt empfiehlt einen besonderen Lösebottich mit Rührwerk aufzustellen.

Zum Regeln der Alkalität der Lösung dient Schwefelsäure. Man rechnet 1^1/$_3$ kg Schwefelsäure 66° Bé zum Neutralisieren. Früher wurde auch Magnesiumsulfat empfohlen, damit sich das weniger leicht zersetzliche Magnesiumsuperoxyd, das den Sauerstoff beim Erwärmen langsam abgibt, oder schwer lösliches Magnesiumhydroxyd (MgOH)$_2$ und H$_2$O$_2$ bildet. Wegen der entstehenden Niederschläge kam der Bleicher von einem Abstumpfen mit Magnesiumsalz ab. Zum Einstellen der Reaktion finden heute Wasserglas und Natriumtriphosphat Verwendung, wenn das Bleichen in schwach alkalischer Flotte zu erfolgen hat. Die Technik verlangt eine Anpassung der Alkalität an die Art des Bleichgutes, somit sehen die Vorschriften zum Teil vor, nur einen bestimmten Prozentsatz des Alkalis mit Säure zu neutralisieren. Unstatthaft wäre die nachträgliche Zugabe von Wasserglas zu einer mit überschüssiger Schwefelsäure bereiteten Lösung wegen Abscheidung von Kieselsäure.

Natriumsuperoxyd steht in Wettbewerb mit Wasserstoffsuperoxyd. Da das Handelsprodukt früher nur etwa 90—95%ig und beim Auflösen mit gewissen Verlusten an Sauerstoff zu rechnen war, wurde von der einen Seite erklärt, ein Teil Na_2O_2 sei nur 11 Teilen der üblichen 3%igen Wasserstoffsuperoxydlösung gleichwertig, während die Hersteller ein Wertverhältnis von 1:13 nannten. Das heute lieferbare Na_2O_2 der **Scheideanstalt** mit 98% gibt keine großen Lösungsverluste mehr, es gilt als etwa 20%ig auf Sauerstoff bezogen. Das Produkt rieselt wie Sand von der Schaufel, sinkt im Wasser leicht unter, so daß das Eintragen weniger Schwierigkeiten macht als früher, als das Peroxyd staubte, mehr auf der Oberfläche des Wassers schwamm, und dadurch Auflöseverluste entstanden. Die Beständigkeit ist auch in alkalischer Flotte gut. 1 kg Na_2O_2 entspricht im Sauerstoffgehalt 1,42 l = 1,56 kg Wasserstoffsuperoxyd 30% oder 1,06 l = 1,20 kg H_2O_2 40%. Zu berücksichtigen hat man, daß 1 kg Na_2O_2 gleichzeitig 1 kg Ätznatron (78:80) in der Lösung bedeutet. Wenn keine Frachtkosten das Wasserstoffsuperoxyd verteuern, so wird die Lösung ihrer einfachen Anwendung wegen vielfach vorgezogen, die jeweiligen Kosten der Reaktionseinstellung bleiben aber zu berücksichtigen. Während bei Na_2O_2 mit Säure das Alkali abzustumpfen ist, erfordert hingegen H_2O_2 eine Zugabe von Alkali.

Das Auflösen und Stabilisieren der Na_2O_2-Flotten war Inhalt mancher Patente, zumal im Hinblick auf die Verwendung zum Bleichen der Wäsche. Für Waschbleichmittel haben sich jedoch perborathaltige Mischungen durchgesetzt, denn in Substanz auf die Wäsche geratenes Peroxydpulver bedeutet eine Fasergefährdung. Derartige Vorschläge erlangten für die Großbleiche keine Bedeutung. Ebensowenig eine in allen Teilen homogen verbleite Einrichtung zum Einmahlen des Peroxyds in verdünnte Schwefelsäure. Durch völliges Neutralisieren oder Ansäuern geht alles Alkali verloren, zum Bleichen ist jedoch eine gewisse Alkalität erforderlich und so wird man die Lösung zweckmäßiger nicht völlig neutralisieren. Wesentlich ist die Reinheit des Wassers, so kann Kondenswasser wegen Gehaltes an Kupfer ungünstiger sein als ein Wasser mit Kalk-Magnesia.

Nachweis und Gehaltsbestimmung erfolgen nach den für H_2O_2 angegebenen Reaktionen unter sachgemäßem Ansetzen der Lösungen. Von Verunreinigungen sind Tonerde und Eisen zu nennen, welch letzteres wegen Katalysegefahr bedenklich ist.

Natriumperborat $(NaBO_2 \cdot H_2O_2, 3\ H_2O)$.

Perborat, dem man früher die Formel $NaBO_3 \cdot 4\ H_2O$ gab, ist nach **Foerster**[1] als ein Metaborat mit angelagertem Wasserstoffsuperoxyd und Kristallwasser aufzufassen. Die Handelsprodukte werden üblicherweise durch Angabe des Gehaltes an aktivem Sauerstoff gekennzeichnet, die reine Ware soll 10,4% abspaltbaren Sauerstoff haben. Es gibt verschiedene Marken, zum Teil mit Eigennamen, von ungleichem Gehalt[2]. Die im allgemeinen recht gute Haltbarkeit hängt sehr von katalytisch wirksamen Verunreinigungen ab. Da konzentrierte Lösungen mit kaltem Wasser nicht so leicht herstellbar sind, wennschon die Löslichkeit in 20°

---

[1] **Foerster**: Über Natrium-Perborat. Ztschr. f. angew. Ch. 1921 S. 354.
[2] **Jungkunz**: Über Perborate des Handels. Seifensieder.-Ztg. 1919 S. 813.

warmem Wasser etwa 2,5% beträgt, wurde früher verschiedentlich vorgeschlagen, zum raschen Lösen verdünnte Schwefelsäure mitzuverwenden. Solche Arbeitsweise wäre unzweckmäßig, da hierbei das Alkali verloren geht, jedoch zum Bleichen von Pflanzenfasern eine alkalische Reaktion nötig ist. Die konzentrierten wässerigen Lösungen sind stärker zersetzlich, es empfiehlt sich, sie bald zu verdünnen oder zu stabilisieren. Ein zu heißes Lösen verbietet sich wegen der eintretenden Abspaltung von Sauerstoff. Perborat ist in verdünnter Lösung als ein Gemisch von Wasserstoffsuperoxyd + Borax + Natronhydroxyd aufzufassen.

$$4\,NaBO_2 \cdot H_2O_2 \cdot 3\,H_2O = 4\,H_2O_2 + Na_2B_4O_7 + 2\,NaOH + 11\,H_2O.$$

Als handliches Sauerstoffsalz, das im Gegensatz zu Natriumperoxyd eine schwach alkalische Lösung gibt, deren Haltbarkeit durch Borsäure günstig beeinflußt wird, hat Perborat große Verwendung gefunden. Des höheren Preises wegen weniger in der Großbleicherei, als für Mischungen mit Seifen und Waschpulvern. (Persil enthält neben Seife, Soda, Wasserglas, 10% Perborat.) Wie Wasserstoffsuperoxyd unterliegt Perborat in seinen Lösungen und auch in den trockenen Mischungen katalytischen Einflüssen, denen man durch Zugabe von Stabilisatoren, wie Wasserglas, begegnet. Über derartige gleichfalls für die Bleichtechnik wichtige Zusätze siehe „Sauerstoffbleiche".

Über Vorteile und Nachteile der sogenannten selbsttätigen Waschmittel gehen die Meinungen auseinander. P. Heermann fürchtete den Sauerstofffraß insbesondere bei katalytischer Verunreinigung der Wäsche durch Kupfer. Demgegenüber ist zu sagen, daß durch die Mitverwendung von Bleichsauerstoff die mechanische Bearbeitung der Wäsche und das örtliche Fleckenputzen eingeschränkt werden kann und Kupfer nur selten in Gebrauchswäsche gerät. Bei sachgemäßer Verwendung und bei Regeln der Sauerstoffwirkung durch Stabilisatoren tritt jener Wäscheverschleiß nicht ein, so daß bei dem Verlangen nach einer reinweißen und fleckenfreien Wäsche Persil andere Waschmittel stark verdrängen konnte.

Die Gehaltsbestimmung von Perborat gründet sich auf die Reaktionen von Wasserstoffsuperoxyd. Borsäure ist durch grüne Flammenfärbung einer mit Alkohol-Schwefelsäure versetzten Probe erkennbar.

Andere Persalze, wie Perkarbonat, das während der Kriegsjahre als Ersatz für Perborat diente, jedoch eine schlechtere Haltbarkeit aufweist, Perphosphat und Persilikat (?) bieten zumeist bleichereitechnisch keine Vorteile. Die billigeren Persulfate[1], Perphosphate, welche nicht als Salze des Wasserstoffsuperoxydes aufzufassen sind, besitzen kein ihrem Sauerstoffgehalt entsprechendes Bleichvermögen und gefährden zudem die Faserfestigkeit, so daß sie sich als Bleichmittel für Textilien nicht einführten. Neuerdings, Amerikanisches Patent 1750657 der AG. Höllriegelskreuth, wurde eine Mischung von Wasserstoffsuperoxyd und Ammonpersulfat als geeignet für das Bleichen von Fasern genannt.

Kaliumpermanganat (KMnO$_4$).

Die tiefviolettroten, beinahe schwarz aussehenden Kristalle von Permanganat, auch Chamäleon genannt, lösen sich in Wasser (etwa 1:16) mit purpurvioletter Farbe. KMnO$_4$ spaltet in saurer Lösung aus zwei Molekülen 5 Atome Sauerstoff, in neutraler bzw. alkalischer Lösung hingegen nur 3 Atome Sauerstoff ab.

a) $2\,KMnO_4 + 3\,H_2SO_4 = K_2SO_4 + 2\,MnSO_4 + 3\,H_2O + 5\,O$

b) $2\,KMnO_4 + 3\,H_2O = 2\,KOH + 2\,MnO_2 \cdot H_2O + 3\,O$

Es wäre jedoch beim Bleichen in einer überaus stark sauren Lösung zu arbeiten, sollte die Flüssigkeit klar bleiben und sich kein Mangandioxyd-Hydrat auf den Fasern und in der Lösung abscheiden, daher kommt es in angesäuertem Bade zu einer Verfärbung der Fasern durch MnO$_2$. Ein zweites Bad muß folgen, um den braunen Niederschlag

---

[1] Kind: Persulfate als Bleichmittel. Textilber. 1921 S. 325.

von der Faser wieder zu lösen. Hierfür dient meist schweflige Säure, die den braunen Niederschlag leicht löst. Das entstehende Mangansulfat ist gut auszuwaschen. Da beim Bleichen in neutraler oder namentlich in alkalischer Lösung eine größere Schädigung des Bleichgutes befürchtet werden muß, säuert der Bleicher das Bad an, man suchte auch schon die Reaktion beeinflussende Salze wie Magnesiumsulfat zuzugeben. Siehe Permanganatbleiche.

Gehaltsbestimmung. Titration mit eingestellter Oxalsäure. Ein größerer Gehalt an unlöslichen Verunreinigungen vermindert den Wert.

Natriumbisulfit $(NaHSO_3)$.

Das saure, schwefligsaure Natrium kommt entweder in konzentrierter Lösung (38—40° Bé) oder in fester Form in den Handel. Die durch einen Gehalt an Eisen meist gelblich gefärbten Laugen sind während der kälteren Jahreszeit an einem mäßig warmen Orte aufzubewahren, damit kein Salz auskristallisiert und die überstehende Flüssigkeit nicht in verminderter Stärke zur Verwendung gelangt. Bisulfit fest bzw. Bisulfit in Pulver, auch als Metasulfit und Pyrosulfit bezeichnet, ein farbloses und nach schwefliger Säure riechendes Kristallpulver, ist in trockenem Raume ebenso wie die konzentrierte Lösung gut haltbar. Das Salz läßt sich zwar nicht ohne Schwierigkeit zu einer hochkonzentrierten Lauge lösen, es verdrängt jedoch die Handelslösung wegen der geringeren Kosten. Es ist das Stärkeverhältnis von Bisulfit in Pulver zu 38/40° Lauge etwa 260:100, d. h. aus 100 kg Bisulfitpulver können 260 kg Bisulfit 38—40° Bé hergestellt werden.

Schwefligsaures Natrium und die daraus frei gemachte schweflige Säure finden in größerem Umfange zum Bleichen von tierischen Fasern, wie Wolle, Verwendung. Beim Bleichen von Baumwolle glaubte man durch Zugabe von Bisulfit einer Oxyzellulosebildung im Kier vorbeugen zu können. Bisulfit, ein wesentliches Hilfsmittel beim Arbeiten mit Permanganat, ist besonders als Antichlor bekannt. Das Bleichvermögen von Bisulfit beruht auf seiner Reduktionskraft. Die Farbstoffe werden jedoch vielfach nicht zerstört, sie bilden sich unter dem Einfluß des Luftsauerstoffes zurück, die Fasern vergilben wieder, wenn die durch Reduktion farblos und löslich gewordenen Verunreinigungen unvollständig ausgelaugt wurden.

Gehaltsbestimmung. Titration mit $^1/_{10}$ n-Jodlösung. Aräometermessungen sind bei frischen Laugen, deren Sulfit nicht schon zu einem größeren Teil in Sulfat übergegangen ist, einwandfrei. Meist hat man mit einem gewissen Gehalt an Sulfat zu rechnen.

Spezifische Gewichte der Lösungen von Natriumbisulfit bei 15°.

Vol.-Gew.	Grad Bé	NaHSO₃ %	SO₂ %	Vol.-Gew.	Grad Bé	NaHSO₃ %	SO₂ %
1,008	1	1,6	0,4	1,068	9	6,5	3,9
1,022	3	2,1	1,3	1,116	15	11,2	6,8
1,038	5	3,6	2,2	1,210	25	20,9	12,9
1,052	7	5,1	3,1	1,345	37	38,0	23,6

Natriumhydrosulfit ($Na_2S_2O_4$).

Die als Reduktionsmittel in der Färberei unentbehrlich gewordenen Hydrosulfite wurden auch für Bleichereizwecke in Vorschlag gebracht. Einmal zum Aufhellen, Bleichen von Fasern, wie Hanf, Jute, dann namentlich zum Beseitigen von Flecken. Ds es verschiedene Marken gibt, ist auf die genaue Bezeichnung zu achten, Hydrosulfit konz., Hydrosulfit Z, Blankit, Burmol. Für die Bestimmungen des Reduktionswertes eignet sich sehr gut das Hydrosulfometer der Chemischen Fabrik Pyrgos, ein dem Chlorometer, vgl. S. 55, ähnlicher, graduierter Zylinder. Die zu verwendende Maßlösung ist eine eingestellte Rhodan-Eisenlösung[1].

Natriumthiosulfat ($Na_2S_2O_3$).

Unterschwefligsaures Natrium, Natriumhyposulfit, war früher als Antichlor bekannter, um die Reste von Chlor bzw. Hypochlorit, welche durch Spülen unvollständig zu entfernen sind, unschädlich zu machen. Die in Wasser leicht löslichen Kristalle geben eine Lösung, welche durch Salzsäure und andere Säuren unter Abscheidung von Schwefel freie schweflige Säure liefert: $Na_2S_2O_3 + SO_2 + S$. Die Zersetzungsgleichung für unterchlorige Säure + Antichlor hätte zu lauten: $Na_2S_2O_3 + 4\,HOCl + H_2O = Na_2SO_4 + H_2SO_4 + 4\,HCl$, doch spaltet die entstehende freie Säure in Sekundärreaktion weitere Moleküle Thiosulfat in schweflige Säure und Schwefel. Wegen der unerwünschten Abscheidung von Schwefel wird heute zumeist Bisulfit als Antichlor verwendet. Ob der ausgefällte Schwefel bei längerem Lagern in freie Schwefelsäure übergeht und somit die Fasern gefährdet, ist noch zweifelhaft, doch siehe Zänker und Färber[2].

100 Teile Natriumthiosulfat machen als Antichlor 114,2 Teile Chlor unschädlich, wenn keine Nebenreaktion statthat. 100 Teile Natriumbisulfit binden als Antichlor 68,1 Teile Chlor. Nach H. Strunk[3] wird bei Abwesenheit freier Säure und bei geringem Überschuß an Thiosulfat die Hälfte zu Tetrathionsäure, die andre Hälfte zu Schwefelsäure oxydiert. Bei großem Überschuß ist die Reaktion unregelmäßig. 1 g Cl erforderte 0,87—1,58 g Thiosulfat. Technisches Thiosulfat hat zwar einen niedrigen Preis, aber wegen der Sekundärreaktionen verschiebt sich das Bild, man zieht meist Bisulfit vor.

Chlorkalk.

Chlorkalk wird durch Überleiten von Chlorgas, das die Technik vorwiegend durch Elektrolyse von Chloralkalilösungen gewinnt, über gelöschten Ätzkalk im Großbetriebe hergestellt. Es hält schwer, hierbei den gesamten Kalk mit Chlor zu sättigen. Deshalb

---

[1] Vgl. Textilber. 1929 S. 804.

[2] Zänker u. Färber: Die Bildung von freier Schwefelsäure aus Schwefel. Färber-Ztg. 1914 S. 361.

[3] Strunk: Chem.-techn. Repert. 1913 S. 456.

hinterbleibt stets etwas Kalziumhydroxyd. Die übliche Formel des Chlorkalkes $Ca\langle{}^{OCl}_{Cl}$, beim Auflösen mit Wasser in unterchlorigsaures Kalzium und Chlorkalzium zerfallend $= 2\ CaOCl_2 + H_2O = Ca(OCl)_2 + CaCl_2 + H_2O$ ist deshalb nicht ganz zutreffend, denn der Gehalt an Kalziumhydroxyd gelangt in der Formel nicht zum Ausdruck.

Der Wert des Chlorkalkes hängt von seinem Gehalt an unterchlorigsaurem Kalzium ab, doch drückt die Technik die Wertigkeit in der prozentualen Angabe des „wirksamen, aktiven, verfügbaren" Chlors aus, worunter die aus Chlorkalk mit Salzsäure oder Schwefelsäure abscheidbare Menge Chlor zu verstehen ist.

$$CaOCl_2 + H_2SO_4 = CaSO_4 + H_2O + Cl_2 \quad \text{oder}$$
$$CaOCl_2 + 2\ HCl = CaCl_2 + H_2O + Cl_2.$$

Besser würde es sein, den Gehalt an aktivem Sauerstoff anzugeben, denn es handelt sich beim Bleichen meist nicht um eine Chlor-, sondern um eine Sauerstoffwirkung. Früher waren die Gay-Lussac-Grade gebräuchlich, welche die aus 1 kg Chlorkalk gewinnbare Chlorgasmenge in Litern auf 0° und 760 mm reduziert angeben.

Vergleich der Gradbezeichnungen von Chlorkalk.

Franz. Grade	Chlor %	Franz. Grade	Chlor %
65	20,65	100	31,78
70	22,24	105	33,36
75	23,83	110	34,95
80	25,42	115	36,54
85	27,06	120	38,13
90	28,60	125	39,72
95	30,19		

Die Gewichtsprozente Chlor berechnen sich aus den französischen Graden durch Multiplikation mit 0,318, denn 1 l Chlorgas wiegt bei 0° und 760 mm Druck 3,18 g. Die Division der Gewichtsprozentangaben durch 0,318 liefert französische Grade. Guter technischer Chlorkalk enthält selten mehr als 37—38% bleichendes Chlor, durchschnittlich nur 35% = 110° franz. H. Ditz fand in gutem technischen Chlorkalk 40,40% bleichendes Chlor, 4,90% freies CaO, 4,45% $CaCO_3$, 0,35% $CaCl_2$, 17,56% H_2O. Im Handel sind auch Produkte mit wesentlich geringerem Gehalte an Bleichchlor, mit Kalkpulver gemischte oder nicht mit Chlor gesättigte Marken. Die I. G. Farben-Industrie AG., Frankfurt a. M., vermag durch Einleiten von Chlorgas in Kalklauge höherprozentige Produkte mit 70% Aktivchlor herzustellen[1]. Perchloron kommt in Betracht, wenn die Frachtkosten den Bezug eines hochwertigen Bleichkalkes rätlich machen. Perchloron, ein trockenes Pulver mit 70—75% wirksamem Chlor ist in Wasser leicht löslich und hinterläßt nur wenig mineralischen Rückstand. Seine gute Lager-

---

[1] Vgl. DRP. 188524, 195896 und 282746. — Siehe auch Chem.-Ztg. 1916 S. 377.

beständigkeit auch in Tropen hat Perchloron insbesondere in ausländischen Bleichen einführen lassen. Beim Ansetzen im Verhältnis 1 : 20 wird eine Stammlösung mit 35—37 g Cl im Liter erhalten, die nach Erfordernis zu verdünnen ist.

Die Chlorkalkfabriken garantieren nur einen bestimmten Minimalgehalt am Versandort, weil Chlorkalk beim Lagern zurückgehen kann. Schon O. N. Witt — Chemische Technologie — empfahl die stärkste Marke zu wählen, weil diese am haltbarsten und deshalb am vorteilhaftesten sei. Analysenproben sind aus der Mitte des Fasses und der größeren Sicherheit halber von mehreren Stellen zu nehmen, da das Pulver nicht immer gleichmäßig ist. Für die Probenahme dient ein aus $1^1/_2''$ Gasrohr durch Aufmeißeln in der Längsrichtung hergestellter Stecher. Die Längsöffnung soll etwa 25 mm breit sein. Der untere Teil des Stechers wird etwas zugespitzt und geschärft, ebenso eine Seite der Längsöffnung. Man nimmt aus einer Anzahl geöffneter oder angebohrter Fässer Proben durch Eintreiben des Stechers bis in die Faßmitte und sieht von den gezogenen Einzelmustern eine größere Durchschnittsprobe zu erhalten. Wegen seiner Zersetzlichkeit ist der bemusterte Bleichkalk sofort in verschließbare, gut trockene Glasflaschen einzufüllen und in der Kälte und im Dunkeln bis zur Analysierung aufzubewahren.

Guter Chlorkalk bildet ein weißes, gleichmäßiges, steinfreies Pulver von eigentümlichem Geruch. Aus der Luft wird Kohlensäure und Wasser angezogen, der Gehalt an aktivem Chlor vermindert sich, das Pulver geht allmählich in eine schmierige, weniger wirksame Masse über. Um Chlorverluste möglichst zu vermeiden, soll das Bleichpulver trocken und gleich den Chlorlaugen kühl und vor Licht geschützt aufbewahrt werden. Der Zerfall vermag sogar explosionsartig zu verlaufen.

Solche Zersetzung kann ganz plötzlich bei an heißen Sommertagen warm in Fässer verpacktem Chlorkalk eintreten. Die Explosionen beruhen auf stürmischer Entwicklung von Sauerstoff. Das Reichsverkehrsministerium schreibt vor, Chlorkalk dürfe bei Aufgabe zur Eisenbahnbeförderung keine Merkmale von Selbstzersetzung zeigen. In den Monaten April bis September muß in den Frachtbriefen bescheinigt werden, daß der Bleichkalk vor der Anlieferung bereits 4 Tage in den Fässern gelagert hat. Dem Umstande, daß die Zersetzung stürmisch verlaufen kann, sollte der Bleicher bei Lagern von Vorräten Rechnung tragen, da die Entzündung von Packmaterial schon Brände verursachte. So geriet nach Possanner in einer Papierfabrik ein Waggon Chlorkalk infolge von Selbstentzündung in Brand. Beim Zerfall von Chlorkalk: $2\,CaOCl_2 = 2\,CaCl_2 + O_2$ wird eine bedeutende Wärmemenge frei, der freie Sauerstoff kann organische Substanz, im obigen Falle das Holz der Fässer, zur Entzündung bringen. In einem zweiten von Possanner angegebenen Falle war insofern ein äußerer Anlaß vorhanden, als ein auf dem Chlorkalkfaß stehender Ballon mit Leinöl zerbrach und das Leinöl bei Berührung mit dem Kalk entzündet wurde. Man findet heute noch in vielen Betrieben eine große Gleichgültigkeit oder Unwissenheit solcher Gefahr gegenüber. Wie wesentlich die Art des Lagerns von Chlorkalk ist, ging aus Untersuchungen hervor, denen zufolge der Gehalt an Aktivchlor bei zwei großen 500 kg Fässern ungleichmäßig fiel, wenn das eine Faß nach der Chlorkalkentnahme gut mit Papier und Deckel verschlossen wurde, während das andere offen blieb. Der in dem ersten Faß befindliche Chlorkalk änderte nur unbedeutend seinen Gehalt, während in dem offenen Fasse das Aktivchlor in derselben Zeit — 14 Tage im Sommer — von 31,65% auf 30,40% zurückging. Nach Ebert kann es vorkommen, daß bei ein und derselben Sendung Chlorkalk der Inhalt eines Fasses noch fast unverändert ist, während sich in dem anderen bereits der größte Teil des Bleichkalkes bis auf

Spuren zersetzte. Chloridfreies Hypochlorit soll sich anders als gewöhnlicher Chlorkalk verhalten[1].

Beim Anrühren mit wenig Wasser erhitzt sich Chlorkalk und gibt einen steifen Brei. Mit etwa 20 Teilen Wasser läßt sich eine Lösung erzielen, d. h. es hinterbleibt hierbei ein Rückstand, der neben vorhandenen, tonigen und steinigen Verunreinigungen vorwiegend aus kohlensaurem Kalk und aus schwer löslichem Ätzkalk besteht. Der hinterbleibende Satz schließt jedoch noch bleichende Chlorreste ein, die durch Auswaschen nur unvollständig auslaugbar sind. Wennschon sich meist der Bezug des Bleichpulvers am billigsten stellt, so können gewisse Verhältnisse, wie die Nähe einer Chlorkalkfabrik, den Bezug bzw. die unmittelbare Darstellung von Chlorkalklösung aus Chlor und Kalkmilch empfehlen. Derart flüssige Chlorkalklösung soll im Sommer durchschnittlich bis auf etwa 14° Bé und im Winter unter günstigen Bedingungen bis auf 16° Bé gebracht werden können. Ornstein hebt im DRP. 453617 hervor, daß beim Einleiten des Chlors stets $Ca(OH)_2$ im Überschuß als aufgeschlämmte Base vorhanden sein muß. Bei Überschuß von Chlor setzt die entstehende freie unterchlorige Säure das Hypochlorit je nach Temperatur und Konzentration schnell in Chlorat um.

Zum Auflösen des festen Chlorkalkes ist kaltes Wasser zu verwenden. Unrichtig wäre es, den Chlorkalk mit Wasser zu kochen, um eine konzentrierte Lösung zu erhalten. Es treten sonst beim Erhitzen größere Verluste ein, aus dem bleichkräftigen unterchlorigsauren Salze bildet sich unter Mitwirkung freier unterchloriger Säure — siehe S. 115 — nichtbleichendes chlorsaures Salz, Kalziumchlorat: $6\,CaOCl_2 \longrightarrow Ca(ClO_3)_2 + 5\,CaCl_2$. Bei solcher Reaktion entstehendes chlorsaures Kalzium hat keinen praktischen Bleichwert, weil der Chlorat-Sauerstoff bei der üblichen Anwendungsweise nicht „aktiv" wird.

Man löst im Betriebe das Bleichpulver zu einer konzentrierten Lauge, um dieselbe nach dem Absetzen auf die erforderliche Stärke zu verdünnen. Kleinere Mengen von Chlorkalk können in einem Eimer durch Zurühren von Wasser „angesetzt" werden, um unter Benutzung eines alten Reisigbesens sich bildende Klumpen zu zerteilen.

1 Teil Chlorkalk liefert mit 5 Teilen Wasser eine Lauge von etwa 14—16° Bé, mit 10 Teilen Wasser entsteht eine etwa 8grädige Lauge, erst mit 20 Teilen läßt sich das Pulver besser in Lösung bringen, doch hinterbleibt immer ein gewisser Satz, wie schon erwähnt wurde.

Vorrichtungen für das Ansetzen größerer Chlorkalkmengen liefern verschiedene Maschinenfabriken.

Die Abb. 1 zeigt eine Anlage, in welcher die mit Chlorkalk beschickte Siebtrommel in dem mit Wasser gefüllten Bottich läuft. Der Chlorkalk geht als feiner Schlamm durch die Öffnungen bzw. löst er sich auf, größere unlösliche Teile bleiben in der Trommel zurück und werden nach und nach zermahlen. Zum Zerteilen und Zerkleinern des Kalkes kann man einige Kugeln oder Steine mit einfüllen. Übereinander angeordnete Absatzgefäße dienen dazu, eine schlammfreie Lauge zu

---

[1] Vgl. Chem. Zbl. 1914 II S. 750.

gewinnen, denn die Chlorflotten müssen völlig geklärt sein, ungelöste Teile von Bleichkalk würden die Ware örtlich gefährden, Anlaß zu Löchern geben. Ein Chlorkalkauflöser für ganze Fässer baut die Firma G. D. Bracker Söhne, Hanau (Main). Dieser Auflöser soll den Vorteil haben, daß jede Staubentwicklung beim Entleeren des Fasses vermieden bleibt. Ebenso liefert die Maschinenfabrik Gebrüder Bellmer in Niefern (Baden) einen Apparat zum Lösen größerer Mengen von Bleichpulver. Verwendung von mehreren übereinanderliegenden, treppenartig angeordneten Behältern, in denen die Kalkmilch sich absetzen kann, und die geklärte Lauge durch den höher liegenden Ablaßhahn vom Bodensatze gut zu trennen ist, sichert eine einwandfreie Beschaffenheit der Chlorlauge. Ein zweites Auslaugen des Chlorkalkes ist üblich, um das restliche, nicht in Lösung gegangene Bleichchlor und die eingeschlossene Lauge zu gewinnen. Der Schlamm wird später durch ein Bodenventil herausgespült

Abb. 1. Chlorkalkauflösetrommel.

und bei Abwasserschwierigkeiten in einer Klärgrube getrennt aufgefangen. Für die Hähne und Leitungen ist nach Möglichkeit Steinzeug zu wählen oder es sind geschwefelte Bleirohre zu verwenden, denn die konzentrierten Laugen greifen sonstige Armaturen stark an. Neuestens wird „Haveg“ vorgeschlagen = Bakelit-Asbest. Es empfiehlt sich nicht zuviel Chlorkalk auf einmal anzusetzen und die Lauge auf dem Schlamm stehenzulassen, denn sonst wird letzterer sehr fest. Es sollten wenigstens zwei Bassins vorhanden sein, ein Ansatzbottich und ein zweiter Vorratsbehälter, in welchem man die Kalkmilch verdünnt und nachklären läßt. Der zweite Auszug ist naturgemäß viel schwächer, er kann zum Anrühren des frischen Chlorkalkes benutzt werden, wenn sich im Betriebe keine geeignete Verwendung findet. Dieser zweite Auszug ist verhältnismäßig stärker alkalisch und besitzt deshalb eine andere Bleichenergie wie eine aus konzentrierter Stammlauge auf gleichen Cl-Gehalt eingestellte Flotte, vgl. S. 48.

Dem DRP. 196896 zufolge bildet Kalzium-Hypochlorit mit Kalziumhydroxyd basische Verbindungen von den Formeln $Ca(OCl)_2 \cdot 2\,Ca(OH)_2$ und $Ca(OCl)_2 \cdot 4\,Ca(OH)_2$, die gut kristallisieren und durch größere Unlöslichkeit ausgezeichnet sind. Da diese Verbindungen anscheinend in jedem Chlorkalk vorkommen, so wird hierdurch verständlich, daß der Chlorkalkschlamm meist noch aktives Chlor enthält. Auch die nachträglichen Trübungen in Chlorkalklaugen sollen auf das Entstehen solcher schwerlöslichen Verbindungen zurückzuführen sein. Chlorkalkschlamm hatte zufolge einer Untersuchung von Lunge und Schäppli die Zusammensetzung: $Ca(OH)_2$ 59,28%; $Ca(CO)_3$ 27,81%; $CaOCl_2$ 5,98%; Al_2O_3 und Fe_2O_3 1%; Wasser 5,42%. Wieviel aktives Chlor durch den Schlamm verlorengeht, hängt von der Arbeitsweise und dem Chlorkalk selbst ab, der nicht immer gleichmäßig absetzt. Dr. E. G.[1] rechnete auf eine Ausbeute von 2400—2500 l Lauge zu 8° Bé mit 40 g/l Cl, aus einem 300 kg Faß 35grädigen Chlorkalks. Andere Fachkreise nehmen an, daß von 35% des Handelsproduktes nur 30% ausgenutzt werden. Der ausgelaugte Kalkschlamm hat keinen Wert, auch zunächst nicht als Kalkdünger, weil Reste von Aktivchlor den Pflanzenwuchs beeinträchtigen. Ein Einleiten des Schlammes in einen Bach- oder Flußlauf ist nur ausnahmsweise statthaft. Man läßt den Schlamm in Gruben gut absetzen und etwas eintrocknen, um die stichfestere Masse später abzufahren. Verwitterter Kalk kann als Düngekalk oder für andere Zwecke dienen.

Beim Leeren der Fässer ist nach Möglichkeit ein Verstauben zu vermeiden, da Chlorkalkpulver ebenso wie Chlorgas die Atmungsorgane angreift und bei längerer Einwirkung sogar Blutspeien hervorrufen kann. Arbeitern, welche häufiger in die Lage kommen, Chlor einzuatmen, ist reichlicher Genuß von kalter Milch zu empfehlen, ferner Inhalieren von Wasserdampf. Bei etwaigen Unglücksfällen wäre der Arbeiter sofort an die frische Luft zu bringen und nach Erfordernis künstliche Atmung einzuleiten. Ein vorsichtiges Inhalieren eines Gemenges von Alkohol und Äther soll vorteilhaft sein. Die Stärke der Chlorvergiftung hängt wesentlich von der Gewöhnung des Bleichers an Chlor ab, die Empfindlichkeit der Schleimhäute nimmt bei wiederholter Chloreinwirkung ab. Doch kann andererseits eine gewisse chronische Chlorvergiftung eintreten. (Ängstliche Gemüter sind darauf hinzuweisen, daß kurzes Einatmen von schwach chlorhaltiger Luft in Amerika als erprobtes Vorbeugungsmittel gegen Influenza usw. gilt.) Bewährt haben sich Vorrichtungen, bei denen das geöffnete Chlorkalkfaß in einer über dem Auflösebottich angebrachten und in einer staubdichten Kammer stehenden Kippvorrichtung eingespannt wird. Der Arbeiter entleert das Faß langsam durch Drehen einer Handkurbel von außen, wobei Glasfenster gestatten, das Ausleeren zu überwachen. Das Anrühren des Bleichkalkes soll jedenfalls nicht im Bleichraume selbst erfolgen. Etwa verstaubendes und auf Textilien fallendes Pulver verursacht zu leicht Schäden, in der Stückware würden kleine Löcher die Folge sein. Weil Chlorkalkpulver auf das Bleichgut gestreut, oder weil mit trüben Chlorlaugen unsachgemäß gearbeitet wurde, glauben Laienkreise vielfach, ein „Chloren" müsse stets verderblich für die Ware sein, so daß sie bei irgendwelchen Fehlern dem Arbeiten mit Chlor alle Schuld beimessen wollen. Häufig mit Unrecht.

Frische Chlorkalklösungen weisen den Geruch des Pulvers auf, sie besitzen einen herben Geschmack und reagieren alkalisch. Konzentrierte Laugen sind gewöhnlich grüngelb, verdünnte Lösungen farblos, zuweilen durch Spuren von Mangan etwas rot verfärbt. Nach älteren Untersuchungen sollte die rote Verfärbung auf einen Gehalt an eisensaurem Kalzium zurückzuführen sein. Neuere Arbeiten bestätigen jedoch, daß es sich um Permanganat handelt. Die Verfärbung tritt namentlich bei heißem Auflösen des Kalkes auf und zeigt sich in wenig alkalischen, sauren Bädern. Nach J. Auerbach[2] können alkalische Chlorlaugen

---

[1] E. G.: Elsäss. Textilbl. 1912 S. 450.
[2] Auerbach: Die Zersetzung von Chlorbleichlaugen. Ztschr. f. ges. Textilind. 1929 S. 378.

schon Manganverbindungen aus Glas lösen. Natriumhypochlorit in Glasballons nimmt unter Umständen allmählich. eine Rosa- bis Rotfärbung infolge Natriumpermanganatbildung aus dem Manganat-Silikat des Glases an. An sich belanglos, kann die rote Lösung eine bleichenergische Lösung andeuten und zu einer gewissen Vorsicht mahnen. In alkalischer Chlorlauge bildet sich im übrigen allmählich aus Eisenhydroxyd eisensaures Salz. Rost und rostiges Wasser wirken jedoch kaum katalytisch zersetzend auf Hypochlorit ein.

Chlorkalklösungen trüben sich an der Luft und scheiden kohlensauren Kalk ab, denn gleich dem Pulver ist die Lösung durch Säuren leicht zersetzlich und schon die in der Luft vorkommenden geringen Mengen von Kohlensäure beeinflussen das Hypochlorit. $2\,CaOCl_2 + CO_2 + H_2O = 2\,HOCl + CaCl_2 + CaCO_3$. Größere Mengen von Salzsäure, Schwefelsäure usw. machen aus Chlorkalk und seinen Lösungen Chlor frei: $CaOCl_2 + H_2SO_4 = CaSO_4 + HOCl + HCl$ und $HOCl + HCl \longrightarrow H_2O + Cl_2$. Das entstehende Chlor wirkt gleichfalls oxydierend, indem die im Sinne der Gleichung $Cl_2 + H_2O \longrightarrow HOCl + HCl$ gebildete unterchlorige Säure wieder Aktivsauerstoff abspaltet.. Auf der unterchlorigen Säure als Sauerstoffverbindung beruht auch die Bleichwirkung von „Chlorwasser". Direkte Faserchlorierungen kommen in der Bleicherei weniger in Betracht, gegebenenfalls eine Chlorierung der Zellulosebegleitstoffe. Im normal verlaufenden Bleichprozeß soll das unterchlorigsaure Salz nur der Träger des wirksamen Sauerstoffes sein, der bei seinem Freiwerden aus unterchloriger Säure seine Bleichkraft entfaltet. Die Hypochlorite als Salze der sehr schwachen unterchlorigen Säure bilden in wässeriger Lösung zufolge Hydrolyse ClO'-Ionen bzw. freie HOCl, welch letztere nun freien aktiven Bleichsauerstoff abspaltet. $ClO' + H_2O \longrightarrow HClO + OH'$; $2\,HClO \longrightarrow 2\,HCl + 2\,O$. Da die Oxydationsprodukte saurer Natur sind und sich die freie Säure stets wieder zurückbildet, so werden weitere Moleküle Hypochlorit beeinflußt, wenn die Reaktion einmal eingeleitet ist, der Prozeß läuft weiter, sofern nicht vorhandenes freies Alkali die Säure durch Neutralisieren abfängt, vgl. S. 115. Nebenbei und insbesondere bei Fehlen von Bleichgut bewirkt freie HOCl eine Oxydation von vorhandenem Hypochlorit bzw. des Hypochloritions über Chlorit zu Chlorat: $2\,CaOCl_2 + 4\,HOCl \longrightarrow Ca(ClO_3)_2 + CaCl_2 + 4\,HCl$. Gegebenenfalls kommt es auch zu einer Entwicklung von Sauerstoffgas. Alkalische Laugen sind weit haltbarer, aber dementsprechend auch weniger bleichenergisch. Dissoziationsgrad und somit die Haltbarkeit und Bleichenergie hängen von den jeweiligen Verhältnissen, so von der Temperatur, ab. Je saurer die Lösung, um so schneller erfolgt die Zersetzung in Chlorid und Chlorat, d. h. stark saure Lösungen besitzen wieder eine bessere Haltbarkeit, wie späteren Erörterungen zu entnehmen. Die Umsetzungsreaktionen wären zweckmäßig als Ionengleichungen zu schreiben. Auf den Chemismus ist S. 114 weiter eingegangen.

Der Gehalt der Chlorkalklaugen an freiem $Ca(OH)_2$ hängt von der zum Lösen verwendeten Wassermenge ab. Die Schwerlöslichkeit des Kalziumhydroxyds mit etwa 1 : 800 bedingt, das beim Ansetzen mit wenig Wasser nur wenig Ätzkalk in Lösung gehen kann. Nimmt man hingegen reichlich Wasser, so kann sich bei genügender Lösungszeit entsprechend mehr Hydroxyd lösen. Eine mit viel Wasser bereitete Lauge, wie solche z. B. bei erneutem Auslaugen des Chlorkalkschlammes anfällt, stellt trotz geringer Chlorkonzentration eine mit $Ca(OH_2)$ gesättigte Lösung dar, die deshalb haltbarer ist als eine aus konzentriert angesetzter Lauge durch stärkeres Verdünnen mit Wasser auf gleichen Gehalt an wirksamem Chlor eingestellte Flüssigkeit. Die bleichende Chlorverbindung löst sich größtenteils schon in wenig Wasser, der Prozentgehalt an Kalziumhydroxyd bleibt hingegen für die Volumeneinheit annähernd derselbe, sofern dem Chlorkalk genügend Zeit zum Auflösen gegeben wird.

A. 25 g Chlorkalk mit 1000 cm³ Wasser angesetzt und filtriert: Cl-Gehalt im Liter 5,86 g mit 0,873 g CaO.

B. 50 g Chlorkalk mit 1000 cm³ Wasser angesetzt und filtriert: 11,36 g Cl mit 0,884 g CaO.

C. 100 g Chlorkalk mit 1000 cm³ Wasser angesetzt und filtriert: 21,8 g Cl mit 0,918 g CaO.

Die Menge der gelösten freien Base ist in den Chlorkalkstammlösungen auch bei ungleichen Mengen von Wasser zum Ansetzen praktisch konstant, wennschon gewisse Schwankungen durch die Arbeitsweise bedingt sind.

Die verschieden starke Alkalität von Chlorlaugen hat für die Haltbarkeit und Bleichgeschwindigkeit Bedeutung. Obige Lösungen zeigten nach 20 Tagen noch folgende Werte für Chlor: A. 4,97 g Cl = 15,15 % Verlust; B. 10,61 g Cl = 7,50 % Verlust; C. 20,73 g Cl = 4,89 % Verlust. Würden diese Laugen auf gleichen Gehalt an aktivem Chlor eingestellt worden sein, so hätte die aus C verdünnte Lösung die schlechteste Haltbarkeit gezeigt, da sie nach dem größeren Wasserzusatz schwächer alkalisch sein mußte. Zwei Beispiele:

I. Chlorkalk konzentriert angesetzt und filtriert, mit Wasser eingestellt auf 4,10 g Cl.

II. Chlorkalk verdünnt angesetzt, filtriert, 4,20 g Cl.

I. Verlust nach 8 Tagen, offen aufbewahrt, 13,17 %.

I. Verlust nach 8 Tagen, geschlossen aufbewahrt, 11,22 %.

II. Verlust nach 8 Tagen, offen aufbewahrt, 7,62 %.

II. Verlust nach 8 Tagen, geschlossen aufbewahrt, 4,05 %.

Hypochloritlösung mit 4,5 g/l Cl, und zwar an NaOCl-Lauge (deren Verhalten aber entsprechende Rückschlüsse auf Chlorkalk ziehen läßt), welche durch Zusätze auf verschieden starke Alkalität eingestellt wurde, zeigte bei gewöhnlicher Temperatur und im Dunkeln folgende Werte[1]:

| | Hypochloritlösung mit 4,5 g/l Cl = 1,2 g Hypochloritsauerstoff | | | Hypochloritsauerstoff in Prozenten seiner ursprünglichen Menge | | | | |
| | | | | nach 7 Tagen | | nach 14 Tagen | | nach 2 Monaten im Dunkeln |
Nr.	Zusatz	Wasserstoffionenkonzentration	Reaktion	im Licht	im Dunkeln	im Licht	im Dunkeln	
1.	—	—	stark alkalisch	57,0	99,0	25,8	92,4	92,4
2.	Na.bikarbonat	etwa 9,5	gerade nicht mehr alkalisch	29,0	33,7	—	—	—
3.	Kohlendioxyd	,, 8,5	schwach alkalisch (Phenolphtalein)	30,0	42,0	—	27,0	—
4.	Natronlauge	,, 11,6	deutlich alkalisch (Phenylnitramin)	75,3	94,0	46,5	62,0	—

[1] Kolthoff: Nach J. Auerbach a. a. O.

Die stärker alkalische Lösung hält sich im Dunkeln gut, die Selbstzersetzung im Licht war aber größer als die einer weniger alkalischen Lösung. Vgl. auch S. 129. Das Verhalten zweier technischer Chlornatronlaugen mit ungefähr 134 g Cl und 2,5 g Ätznatron im Liter beim Aufbewahren in Glasballons im Freien bei wenig Sonnenschein und mäßiger Temperatur erläutert die Kurvenzeichnung. Der Ballon A war am Oberteil gekalkt, also praktisch lichtundurchlässig bzw. lichtreflektierend, während Ballon B ohne Lichtschutz war. Wirksam scheint das sichtbare Licht zu sein, mit ultravioletten Strahlen allein konnte keine besondere Abnahme erzielt werden, wesentlich wird auch die Wärmestrahlung beim Belichten sein.

Beim Aufbewahren von Chlorlaugen in der Praxis verlieren frische Stammlaugen von Chlorkalk, sofern katalytfrei, wenig, da sich an der Oberfläche eine dünne Schutzschicht von kohlensaurem Kalk bildet, die den Zutritt der Luftkohlensäure hintanhält, und da eine genügende Anfangsalkalität vorhanden ist[1]. Altlaugen hingegen sind vielleicht an sich saurer geworden und erleiden eine ungünstige Beeinflussung durch die aufgenommenen oxydabelen Faserverunreinigungen. Die Höhe der letzteren ist wieder vom Zustande des Bleichgutes abhängig, ein weniger vorgekochtes Gut macht die Chlorflotte stärker sauer und schmutziger. In welchem Umfange die Technik mit Verlusten zu rechnen hat, zeigen Betriebszahlen aus Leinengarnbleichen, bei denen die Reelbäder bzw. Flotten aus dem Zirkulationsapparat besonders einer schnellen Selbstzersetzung unterliegen können.

Chlorverluste während der Nacht bzw. 20 Stunden
von Reelflotten.

Nach dem Bleichen von 450 kg oder 625 kg	g/l Cl		Verlust	Flottenmenge m³	Gesamtverlust kg Chlor
	abends	morgens			
Werggarn Nr. 10	1,77	1,20	0,57	5,04	2,86
Flachsgarn Nr. 30	2,41	1,77	0,64	5,60	3,57
Werggarn Nr. 14	1,90	1,05	0,85	8,00	6,80
Flachsgarn Nr. 40 (2 Tage)	1,45	0,45	1,00	8,00	8,00

Maximal errechneten sich 8—9,60 kg Aktivchlor, das sind gegen 24—30 kg Chlorkalk. In einem anderen Betriebe wurden die während eines längeren Stillstandes während der Weihnachtsfeiertage eintretenden Verluste ermittelt. Die aus der Rollerei nach dem letzten Chloren in den Sammelbehälter zurückgepumpte Chlorlauge von etwa 3 m³ wies folgende Werte auf:

	g/l Cl	Rückgang	Gesamtverlust kg Chlor
23. Dezember	3,60	—	—
24. ,,	2,72	0,88	2,64
25. ,,	2,24	+ 0,48	4,08
26. ,,	1,84	+ 0,40	5,28
27. ,,	1,52	+ 0,32	6,24

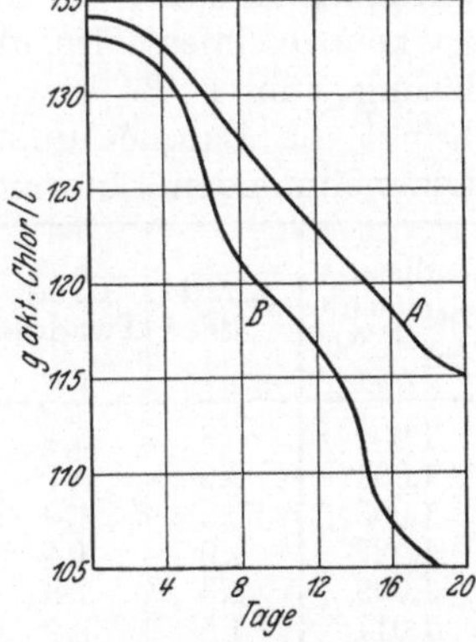

Abb. 2. Rückgang des Chlorgehaltes nach J. Auerbach.

Der Verlust von 6,24 bei einem anfänglichen Vorrat von 10,80 kg ist als ein durch die viertägige Arbeitspause bedingter Ausnahmefall anzusprechen. Schwächere Lösungen verlieren verhältnismäßig weniger. Im Durchschnitt errechnete der Betrieb bei 2,5—3 m³ gesammelter Rücklauge einen Verlust von 1,5 kg Chlor über Nacht. Die Stabilisierung alter Flotten durch Zugabe von Alkali hat fraglichen Erfolg, bei Chlorkalk wurde früher das Einrühren von Schlämmkreide

---

[1] Kind, W.: Chlorverluste. Dtsch. Leinenindustrielle 1925 S. 547.

vorgeschlagen, da Natronlauge-Soda sich auch mit Kalk umsetzen. Es erscheint jedenfalls angebracht, die weiterzuverwendende Altlauge gesondert aufzubewahren, nicht mit konzentrierter Stammflotte schon abends aufzufrischen und für die geplante Verwendung am nächsten Tage einzustellen, da die Verluste sonst ungünstiger werden als bei Zusatz der Stammlauge unmittelbar vor dem Bleichen. Katalytische Beeinflussung durch Metall bleibt auch zu vermeiden. Bei Chlorkalkflotten mag sich zwar die Zersetzung in geringen Grenzen halten, wenn Kalkniederschläge die blanken Metallflächen verdecken. Möglichst kühle Lagerung ist angezeigt, weil Temperaturerhöhung das Auftreten freier HOCl zufolge Dissoziation fördert und damit die Umwandlungsgeschwindigkeit in Chlorat.

Untersuchung der Chlorbleichmittel auf Bleichchlor.

Wenn der Praktiker sich vielfach mit einem Spindeln der Lösungen begnügt, so reicht für frische Laugen von gutem Chlorkalk diese einfache Prüfung im allgemeinen aus, denn an der Hand von Tabellen oder aus der Erfahrung weiß der Bleicher, welche Chlormenge dem gefundenen spezifischen Gewicht entspricht und welche Dichte in Anwendung kommen soll. Da aber die Dichte der Chlorlaugen nicht ausschließlich durch das gelöste Hypochlorit, sondern durch die gesamten in der Lösung vorhandenen Salze bedingt wird, und da die Chlorlaugen keineswegs reine Lösungen der unterchlorigsauren Salze vorstellen, so erhält man ungenaue und mitunter völlig falsche Werte. Eine alte oder erschöpfte Bleichflotte kann noch ebenso hoch spindeln wie eine frische Lauge, ohne erhebliche Mengen von Aktivchlor zu enthalten, weil die Zersetzungsprodukte des Hypochlorits größtenteils in Lösung bleiben. Die Aräometerprobe liefert bei Natriumhypochloritlaugen gleichfalls unsichere Werte, sie muß bei Elektrolytlaugen aus Kochsalz völlig versagen, denn die Salzlösung vor der Elektrolyse besitzt fast das gleiche spezifische Gewicht, wie die an Aktivchlor angereicherte Elektrolytflüssigkeit. Es sollte sich der Bleicher daran gewöhnen, die Bleichlaugen durch die Angabe, wieviel Gramm wirksames Chlor sich im Liter finden, zu kennzeichnen. Im allgemeinen gilt als Regel, daß eine Chlorkalklösung von 1° Bé etwa 4 g/l Cl enthält. Die nachstehende Tabelle bringt die Baumé- und Twaddle-Grade mit den in frischen Laugen anzunehmenden Chlormengen.

Spez. Gewicht bei 15° C	Grad Bé	Grad Twaddle	Wirksames Chlor g/l	Spez. Gewicht bei 15° C	Grad Bé	Grad Twaddle	Wirksames Chlor g/l
1,002	0,3	0,4	1,0	1,018	2,5	3,6	10,0
1,004	0,5	0,7	2,0	1,022	3,0	4,4	12,0
1,005	0,8	1,0	3,0	1,029	4,0	5,9	17,0
1,007	1,0	1,4	4,0	1,045	6,0	9,0	28,0
1,009	1,3	1,8	5,0	1,060	8,0	12,0	36,0
1,011	1,5	2,2	6,0	1,075	10,0	15,0	46,0
1,013	1,8	2,6	7,0	1,091	12,0	19,2	55,0
1,014	2,0	2,8	8,0	1,108	14,0	21,6	66,0

Für die chemische Analyse von Chlorkalk und von Chlorlaugen eignen sich verschiedene Verfahren. Zum qualitativen Nachweis von aktivem Chlor dient meist Jodkalistärkelösung oder damit getränktes Papier, ebenso Jodzinkstärkelösung[1]. Chlor macht aus Jodkalium Jod frei, letzteres färbt die Stärke tiefblau, so daß geringe Spuren von Chlor oder von unterchlorigsauren Salzen erkennbar sind. Es sei jedoch darauf aufmerksam gemacht, daß nicht ausschließlich Chlor solche Blaufärbung hervorruft, z. B. reagieren in ähnlicher Weise Wasserstoffsuperoxyd und salpetrige Säure. Zur Unterscheidung von Peroxyd wäre die Titansäurereaktion heranzuziehen. Vgl. S. 36 u. 147 betr. Chloramin.

Als ein empfindliches Reagens für Chlor wurde weinsaures Toluidin genannt. Träufelt man eine wässerige Lösung von Weinsäure und Toluidin auf ein Gewebe, so entsteht bei Gegenwart geringer Cl-Spuren ein dunkles Blau, bei größeren Mengen bildet sich ein blau geränderter, orangefarbiger Fleck. Für die Untersuchung von schwachen Cl-Lösungen ist die Reaktion gleichfalls geeignet. Besser soll sich noch Benzidin eignen, 0,02 mg/l Cl nachweisbar sein, gegen 0,1 mg mit Jodkali-Stärke. **Für den qualitativen Nachweis erscheint die Jodstärkereaktion zumal wegen der einfachen Ausführung völlig ausreichend.**

Quantitativ wird der Gehalt an wirksamem Chlor durch Ermitteln des Verbrauches an Titerflüssigkeit von bekanntem Wirkungswert bestimmt. Von den Untersuchungsverfahren werden hier die gebräuchlichen und bestgeeigneten ausführlicher besprochen.

a) **Verfahren nach Penot-Lunge:** Verwendung von arseniger Säure. Chlor führt arsenige Säure in schwach alkalischer Lösung quantitativ in Arsensäure über: $4\,Cl + As_2O_3 + 5\,H_2O \longrightarrow 2\,H_3AsO_4 + 4\,HCl$. Der Endpunkt der Reaktion ist mit Jodkalistärke festzustellen. Zur Bereitung einer $^1/_{10}$-n-As_2O_3-Lösung wiegt man nach älterer Vorschrift 4,950 g reine arsenige Säure ab, kocht mit etwa 10 g Natronbikarbonat und 200 cm³ Wasser bis zur völligen Auflösung, setzt nach dem Erkalten noch 10 g Bikarbonat zu und verdünnt auf 1 l. Die Lösung ist im allgemeinen gut haltbar, sie soll in der Wärme durch den Luftsauerstoff schneller oxydiert werden, was eine Minderung des Titers bedeutet. Nach Z. Kertesz darf die arsenige Säure kein Sulfid aufweisen, das Bikarbonat muß frei von Ammoniak sein, NH_3 würde beim Titrieren wesentliche Fehler durch Bildung von Chloraminen und Hydrazin verursachen[2]. Da arsenige Säure nicht ganz glatt mit Bikarbonat in Lösung zu bringen ist, nimmt man besser ein wenig heiße Natronlauge zu Hilfe, um nach Neutralisieren durch Salzsäure (Phenolphthalein als Indikator) 20 g Bikarbonat nachzugeben. Klagen über mangelnde Titerbeständigkeit, über Rückgänge bis 50% innerhalb eines Jahres, hatten wohl in katalytischen Einflüssen ihre Ursache. Es

---

[1] Jodkalistärkelösung oder Papier wird hergestellt, indem man 1 g Stärke mit Wasser anschüttelt, in kochendes Wasser eingießt und dann die Flüssigkeit von etwa 100 cm³ weitere 5 Minuten erhitzt und später 0,5 g Jodkali zugibt. Mit der Lösung sind Filtrierpapierstreifen zu tränken, die an einem staub- und säurefreien Ort vor Licht geschützt, nicht zu heiß getrocknet werden. Durch Vermehren der Jodkalimenge läßt sich die Empfindlichkeit des Reagens steigern.

[2] Vgl. Ztschr. f. angew. Ch. 1923 S. 595 — Deiss, E.: Zur Bestimmung des Titers von Arseniklösungen. Chem.-Ztg. 1914 S. 413.

mag rätlich sein, ältere Lösungen mit frischen zu vergleichen oder gegen andere volumetrische Lösungen einzustellen.

Die Vorschrift zur Untersuchung von Chlorkalk empfiehlt 7,1 g des gut durchgemischten Chlorkalkmusters in einem Porzellanmörser mit wenig Wasser zu einem völlig gleichmäßigen Brei anzurühren und nach Verdünnen mit mehr Wasser alles in einen Literkolben zu spülen und nach gutem Umschütteln des Inhaltes für die Einzelanalyse 50 cm³ = 0,355 g Chlorkalk in ein Becherglas zu pipettieren. Nach allgemeinem Handelsgebrauch wird der ungelöste Teil mittitriert. Die $^1/_{10}$-n-Arsenlösung soll unter fortwährendem Umschwenken der Chlorlauge zulaufen. Ist man nicht mehr weit von dem zu erwartenden Endpunkte entfernt, so wird mit einem Glasstab ein Tropfen der Flüssigkeit auf Jodkalistärkepapier gebracht. Bei größerem Überschuß an Chlor zeigt sich nur ein gefärbter Rand, sonst wird vorsichtig, je nach Tiefe der blauen Farbe, Arsenlösung nachgesetzt und das Tüpfeln wiederholt, bis sich das Papier kaum oder gar nicht mehr bläut. Es bleibt zu beachten, daß starke Chlorlaugen oder Flüssigkeiten mit reichlich Ätznatron keine Verfärbung mit Jodkalistärke geben, da Jodat entsteht. Die Empfindlichkeit der Jodstärkereaktion ist bei Gegenwart größerer Mengen von Jodkali gesteigert. Um die zeitraubendere und wegen Fehlens eines sichtbaren Indikators etwas unsichere Endreaktion beim Tüpfeln zu vermeiden, titriert man soweit, bis auf dem Papier kaum noch eine Blaufärbung eintritt, gibt nun 1 cm³ einer Jodkalistärkelösung zu und titriert die blaue Lösung bis zur Entfärbung fertig. Umgekehrt kann man auch zu 25 cm³ der Arsenlösung etwas Jodkali und Stärkelösung zufügen und nach Verdünnen mit $^1/_2$ l Wasser die zu untersuchende Chlorflüssigkeit bis zum Eintreten der Blaufärbung zulaufen lassen. Die Titration von 0,355 g Chlorkalk läßt eine Umrechnung wegfallen, denn 1 cm³ $^1/_{10}$ As$_2$O$_3$ zeigt jeweilig 1% bleichendes Chlor an.

Die Ausrechnung der Analysen geht auch zu vereinfachen, wenn man nicht mit $^1/_{10}$-Normallösung und dem Titer 0,00355 arbeitet, sondern eine eingestellte Lösung verwendet, die je Kubikzentimeter 0,01 g Cl anzeigt. Solche Maßlösung hätte 13,94 g/l As$_2$O$_3$ zu enthalten. Ebenso ermöglicht das Titrieren einer passend gewählten Flüssigkeitsmenge eine einfachere Berechnung. Z. B. zeigt bei Titration von je 3,55 cm³ (entsprechende Vollpipette) jedes Kubikzentimeter $^1/_{10}$ As$_2$O$_3$ unmittelbar 1 g wirksames Chlor im Liter an. Durch Zusammenstellen der Chlorausrechnungen in Form einer Tabelle erspart man dem Arbeiter das Multiplizieren. Der Bleicher sieht vielfach überhaupt von einem Ausrechnen des Cl-Gehaltes in Gramm je Liter ab. Es genügt ihm vorzuschreiben, daß die Flotten bzw. Analysenproben eine gewisse Anzahl Kubikzentimeter der Titrierflüssigkeit verbrauchen. Der Arbeiter hat demnach die Bleichflotten nur auf den vorgesehenen Verbrauch an Reagenzlösung einzustellen, z. B. 12 cm³, 16 cm³ usw., Zahlen, deren Bedeutung allerdings dem Betriebsleiter bekannt sein müßte.

A. Ehrenfried[1] empfahl folgende sehr brauchbare Änderung:

---

[1] Ehrenfried: Die Bestimmung des aktiven Chlors in Hypochloritlaugen. Textilber. 1929 S. 801.

Die Chlorprobe wird zunächst mit einem Überschuß von $^1/_{10}$ n-As_2O_3 versetzt, so daß also Jodkalistärkepapier keine Reaktion mehr zeigt. Nach Zugabe von einigen Tropfen Methylorange ist mit Salzsäure stark anzusäuern, um nunmehr den Überschuß von As_2O_3 mit $^1/_{10}$ n-Kaliumbromat bis zum Verschwinden der Farbe zurückzutitrieren: $3\,As_2O_3 + 2\,KBrO_3 + 2\,HCl = 2\,KCl + 2\,HBr + 3\,As_2O_5$. Nach völliger Oxydation der arsenigen Säure entsteht freies Brom, das die Farbe des Methylorange zerstört: $KBrO_3 + 5\,HBr + HCl = HCl + 3\,H_2O + 3\,Br_2$. Die Werte stimmen mit der Tüpfelprobe überein. Außer der schnellen und bequemen Durchführbarkeit besitzt das Verfahren den Vorteil, daß man die Proben mit As_2O_3 stehen lassen kann, ohne eine weitere Zersetzung der Chlorlösung befürchten zu müssen. Insbesondere für Reihenversuche sowie bei geringen Chlorresten ist dieses Verfahren sehr wertvoll. Z. B. werden zu einer Chlorlaugenprobe nach Zugabe von $^1/_{10}\,As_2O_3$ bei 50—70 cm³ Volumen etwa 10—15 cm³ konzentrierte Salzsäure zugefügt, um mit $^1/_{10}$ Bromat — 2,7837 g/l $KBrO_3$ — langsam unter Umrühren, gegen Ende tropfenweise, bis zum Verschwinden der Rosafärbung zu titrieren. Durch Abzug der verbrauchten Kubikzentimeter $^1/_{10}\,KBrO_3$ von der $^1/_{10}\,As_2O_3$ Kubikzentimeterzahl berechnet sich der Chlorgehalt.

b) **Verfahren nach Bunsen:** Verwendung von Jod-Thiosulfat. Chlorkalk scheidet aus einer Jodkalilösung bei Zusatz von Salzsäure eine dem wirksamen Chlor äquivalente Menge Jod aus, die im überschüssigen Jodkalium gelöst bleibt und mit $^1/_{10}$ Thiosulfatlösung — Stärke als Indikator zum Schluß zugesetzt — zurücktitriert wird.

$$Cl_2 + 2\,KJ = 2\,KCl + J_2,$$
$$J_2 + 2\,Na_2S_2O_3 = Na_2S_4O_6 + 2\,NaJ$$
$$\text{Natriumthiosulfat} \quad \text{Tetrathionsaures Natron} + \text{Na.Jodid.}$$

Bei sorgfältiger Ausführung pflegt die Analyse sichere, jedoch etwas höhere Zahlen als das Verfahren a zu geben. Man hat diese Ausführung für das Untersuchen von „flüssigem", durch das Einleiten von Chlorgas in Kalkmilch hergestelltem Chlorkalk empfohlen, da überschüssiger Kalk bei der Untersuchung nach Penot stört, weil aus Bikarbonat hier Soda bzw. Ätznatron entsteht, wodurch der Reaktionsverlauf beeinflußt wird. Der nicht unerhebliche Verbrauch an Jodkali macht diese Arbeitsweise kostspieliger, so daß sich die Technik ihrer heute weniger bedient.

c) **Verfahren nach Kertesz:** Verwendung von Nitrit. Als billige und sichere Arbeitsweise, ohne stark giftige Hilfsmittel, empfahl Z. Kertesz[1] das Titrieren mit Natriumnitrit.

$$NaNO_2 + CaOCl_2 = NaNO_3 + CaCl_2.$$

Untersuchungen von H. Kauffmann[2] haben gezeigt, daß ein Gehalt der Flotten an Ätznatron schon bei 0,4 g/l NaOH die Werte höher aus-

---

[1] Kertesz: Bestimmung des bleichenden Chlors mit Nitritlösung. Ztschr. f. angew. Chem. 1923 S. 595.

[2] Kauffmann: Das Einstellen der Bleichflotten. Leipzig. Mschr. Textil-Ind. 1927 S. 40.

fallen läßt und den Umschlag unsicher macht. Kauffmann empfiehlt deshalb, die Alkalität durch Zugabe von Borsäure unschädlich zu machen.

d) Verfahren nach Theis: Verwendung von Indigo. Das Oxydationsvermögen verdünnter Chlorlaugen läßt sich mit einer für die Praxis ausreichenden Genauigkeit durch Ausbleichen von Indigo in stark saurer Lösung überwachen. Es ist jedoch die Chlorlösung zur verdünnten, nicht zu schwach angesäuerten Indigolösung zuzufügen, um genügend zuverlässige Werte zu erhalten. Indigoblau wird durch Chlor zerstört, in gelbes Isatin verwandelt. Der Molekularformel zufolge benötigen 266 Teile Indigo 142 Teile Chlor oder 1,873 g Indigo $= 1$ g Chlor, doch ergibt sich bei der Titration ein von den jeweiligen Versuchsbedingungen abhängiger, höherer Verbrauch. Zweckmäßig vergleicht man zunächst die Indigotitration mit dem Ergebnis einer As_2O_3-Analyse, probt den Wert der Indigolösung bei bestimmter Versuchsanordnung aus. 3 g Indigo rein, in feiner Pulverform, sind mit etwa 30 g konzentrierter Schwefelsäure durch längeres Erwärmen im Wasserbade zu lösen und mit Wasser auf etwa 1 l aufzufüllen. Entsprechende Verwendung kann lösliches Indigokarmin finden. Daß die Ergebnisse bei Zufügen der Chlorlösung zur blauen Indigoflüssigkeit abweichen, erklärt sich zum Teil durch die Zersetzlichkeit des Hypochlorits zufolge Säurewirkung der stark sauren Titrierflüssigkeit. Hierbei ist schon die Art des Zufließens, ob tropfenweise oder strahlenweise, von Einfluß, ebenfalls die Verdünnung. Wenn z. B. 5 cm³ Chlorkalklösung bei tropfenweiser Titration 2,5 cm³ Indigo verbrauchten, d. h. bei vorheriger Zugabe von 10 cm³ Wasser schon 3,7 cm³, so waren die Werte bei raschem Zufluß 5,1 — unverdünnt — und 7,7 cm³ — verdünnt. Nur ein langsames, tropfenweises Arbeiten gibt unter Vorlegen verdünnter Indigolösung zuverlässige Werte. Dies bedingt ein jeweiliges Füllen der Bürette mit der zu untersuchenden Chlorlauge, eine etwas umständliche Arbeitsweise. Wegen der möglichen größeren Fehler mahnten auch E. Ristenpart und P. Wieland[1] zur vorsichtigen Anwendung der Indigolösung. Bei ihren Vergleichen fanden sie die Titrationen mit arseniger Säure als zuverlässigst.

	Penot	Bunsen	Theis	Lunge volumetrisch
Chlorlauge 27,8 g/l Cl	27,8	27,12	20,53	29,86
verdünnt 16,68 g/l Cl . . .	27,95	27,45	20,42	30,74
verdünnt 5,86 g/l Cl . . .	27,65	27,16	20,89	28,19

Dem Bleichereipraktiker muß es erwünscht sein, an dem Ausbleichen der blauen Indigolösung die Wirksamkeit der Chlorflüssigkeit mit den Augen verfolgen zu können. Um die unhandlicheren Büretten zu entbehren, benutzte er deshalb gerne „Chlorröhren", graduierte Glasröhren von $1^1/_2$ cm lichter Weite und 50 cm Länge oder kleineren Formats mit je 0,2 cm³ Einteilung. Nach Einfüllen von 10 oder 20 cm³ Chlorflotte wird Indigolösung in kleinen Anteilen unter Umschütteln bis zur

---

[1] Ristenpart u. Wieland: Die Überwachung der Chlorbäder in den Bleichereien. Leipzig. Mschr. Textil-Ind. 1922 S. 216.

schwachen Blaufärbung zugefügt. Je weniger nötig, um so schwächer
ist die Bleichlauge. Besser erscheint es, in umgekehrter Reihenfolge zu
arbeiten, die blaue Lösung im Meßrohr mit Chlorflüssigkeit auszubleichen.
Ähnlich läßt sich eine Bestimmung mit Thiosulfat nach Bunsen
ausführen. Die mit Chlorröhren erhaltenen Werte sind zunächst mit
einwandfreien Titrationsanalysen zu vergleichen, um die Meßröhren
zu „eichen".

e) Verfahren Pyrgos. Den Anforderungen des Betriebes angepaßt
ist das Chlorometer der Chemischen Fabrik Pyrgos, Radebeul.
Man hat das Natriumarsenit-Verfahren mit dem
Ausbleichen von Indigo verbunden, die Indigo-
menge jedoch auf ein Minimum reduziert, so daß
die blaue Farbe nur als Indikator
das Ende der Reaktion zwischen
Chlor und Arsenit erkennen läßt[1]. An
Stelle von Arsenlösung kann auch
Thiosulfat oder Nitrit treten, zunächst
war eine Mischung von Thiosulfat
und Indigo gewählt[2]. In einem gra-
duierten Schüttelzylinder wird die zu
untersuchende Chlorflotte bis zu einer
Marke eingefüllt. Stärkere Lösungen
sind entsprechend zu verdünnen oder
es ist ein zweiter Zylinder mit zweckdienlicher Teilung zu verwenden. Zur
Beschleunigung der Reaktion gibt
man einige Tropfen „grüner Säure"

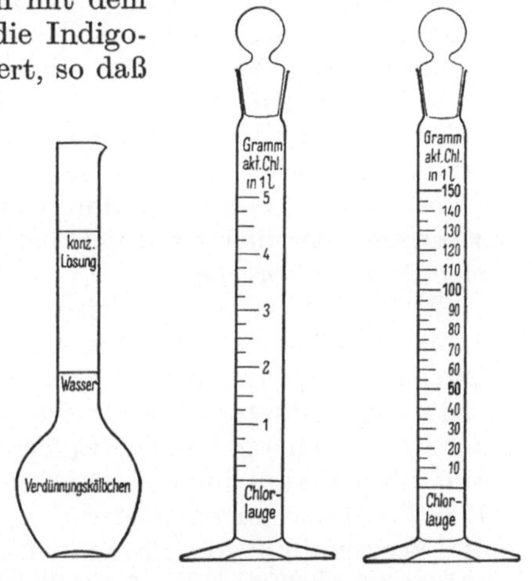

Abb. 3. Chlorometer.

= salzsaurer Kupferlösung zu, worauf
man strichweise soviel Maßlösung zusetzt, bis die blaugrüne Farbe
beim Umschütteln bestehen bleibt. Der Flüssigkeitsstand gibt den
Gehalt der Flotte unmittelbar in Gramm je Liter an, sofern nicht
eine durch das Verdünnen bedingte Umrechnung zu berücksichtigen ist.
Glaszylinder und Titrierflüssigkeiten liefert die Fabrik Pyrgos.

f) Verfahren nach Gay-Lussac. Nach der in Frankreich noch
üblicheren Analyse läßt man eine salzsaure Lösung arseniger Säure
— 4,409 g/l As_2O_3 — unter Verwendung von Indigoblau als Indikator
auf die Chlorprobe einwirken. Die Lösung ist derart eingestellt, daß
10 cm³ Arsenlösung 10 cm³ Chlorgas von 0° C und 760 mm Druck entsprechen. Werden z. B. 8,5 cm³ einer Chlorkalklösung 1 : 1000, also 0,085 g
Chlorkalk zum Ausbleichen von 10 cm³ blauer Arsenlösung verbraucht,
so bedeutet dies, daß 0,085 g Chlorkalk bei der Zersetzung 10 cm³ Chlorgas entwickeln können. 1 kg Chlorkalk demnach 117,6 l = franz.
Grade (= 37,33% Cl). Die Analyse ist ungenau, da die arsenige Säure
in verdünnter saurer Lösung nur unscharf reagiert, der Endpunkt der

---

[1] Hausner: Das aktive Chlor und seine Bestimmung mit dem Chlorometer.
Spinner u. Weber 1928 Nr. 49.

[2] Hausner-Feibelmann: Einfache Methode zur Bestimmung des wirksamen Chlors in Bleichlaugen. Chem.-Ztg. 1927 S. 373, 729.

Entfärbung undeutlich ist und die Chlorkalkanschüttelung sich zudem leicht entmischt.

g) **Volumetrisches Verfahren nach Lunge.** Bei Zugabe von überschüssigem Wasserstoffsuperoxyd tritt nach der Gleichung $CaOCl_2 + H_2O_2 = CaCl_2 + H_2O + O_2$ eine Sauerstoffentwicklung ein, so daß aus dem Gasvolumen auf die Stärke der Chlorlauge zu schließen ist. Die mit einem Nitrometer schnell ausführbare Untersuchung liefert jedoch etwas höhere Werte als das Verfahren nach Penot. Der Theorie nach entspricht 1 cm³ Gas bei 0° C und 760 mm Barometerstand 0,003167 g Chlor. 3,167 cm³ einer Bleichlauge mit 1 g Aktivchlor im Liter geben demnach 1 cm³ Gas. Für die Betriebskontrolle genügt es, 3 cm³ für die Analyse zu nehmen, bei schwächeren Flotten besser 15 cm³, man hat dann aber das abgelesene Gasvolumen durch 5 zu teilen, um den Cl-Gehalt in Gramm je Liter zu erfahren. Bei zu kleinen Gaszahlen wirken sich Versuchsfehler zu sehr aus. Vorschläge, die Chlorlauge im Volumeter durch Zugabe von Katalyten wie Kobalt zu zersetzen oder den Gasdruck bei Zersetzung mit Peroxyd zu messen, bieten keine Vorteile.

Richtige Analysenergebnisse bei irgendwelchen Verfahren sind nur dann zu erwarten, wenn die Titerzahl in Ordnung geht. Da volumetrische Lösungen verderben können und eine Nachprüfung in den hierfür nicht eingerichteten Bleichereien meist nicht recht möglich ist, so mag der im Betriebe gefundene Chlorgehalt nicht allzuselten etwas fraglich sein, doch sind geringe Abweichungen als belanglos in Kauf zu nehmen. Um die Maßlösungen überprüfen und leicht anfertigen zu können, ist die Verwendung von „Fixanal"-Substanzen anzuraten. Die für die volumetrische Lösung erforderliche, in einem Glasrohr eingeschlossene Chemikalienmenge ist von der Chem. Fabrik Haën in Hannover beziehbar, so daß sich die Verwendung einer Analysenwaage usw. erübrigt. Für die beständige Betriebskontrolle empfiehlt es sich, einen Titriertisch einzurichten mit Bürette, welche mit einer größeren Vorratsflasche der Maßlösung in Verbindung steht, um das Nachfüllen zu erleichtern und die Lösung vor Luftzutritt zu schützen.

So wesentlich der Gehalt an Aktivchlor in den Bleichbädern ist, so hängt der Bleichausfall doch noch von anderen Arbeitsbedingungen mit ab, es bleiben Reaktion der Flotten, Temperatur usw. zu berücksichtigen.

Bestimmung der Reaktion von Chlorlaugen.

Die Kenntnis der jeweiligen Reaktion ist für den Bleicher wichtig, da von ihr Haltbarkeit und Bleichenergie wesentlich beeinflußt sind. Eine angesäuerte Lösung erweist sich als weit bleichkräftiger. So wird eine Methylenblaulösung durch eine Flotte mit freier unterchloriger Säure schnell gebleicht, während eine neutrale oder schwach alkalische Lauge die Färbung langsam beeinflußt. Wenn nur Alkali oder Erdalkalihydroxyd in einer Bleichlauge zu bestimmen ist, kann dies unter Anwendung von Phenolphthalein durch direkte Titration mit Säure in etwa geschehen, da die rote Färbung bei Gegenwart von freiem Alkali langsam beeinflußt wird. Man verdünnt 10 cm³ der Chlorlauge mit 150 cm³ kaltem ausgekochtem Wasser (kohlensäurefrei), färbt mit einigen Tropfen Phenolphthalein an und titriert mit Schwefelsäure. Da freiwerdende unterchlorige Säure an der Einfallstelle den Indikator zerstört, so ist nach Bedarf Phenolphthalein nachzugeben, um sich zu vergewissern, ob die Reaktion beendet ist.

Genauer läßt sich die Reaktion nach Zersetzen der den Indikator beeinflussenden Bleichlauge mit Wasserstoffsuperoxyd titrieren. Ein Überschuß von Wasserstoffsuperoxyd schadet nicht, doch ist zu beachten, daß an sich sehr leicht Nebenreaktionen bei Verwendung einer Lösung eintreten, welche Phosphorsäure u. dgl. zum Stabilisieren enthält. Zu der abgemessenen Menge Bleichlauge von 10—50 cm³ gibt man 5 cm³ einer $^1/_{10}$ n-Ätznatronlösung, dann 10 cm³ Wasserstoffsuperoxyd bzw. einen genügenden Überschuß, so daß keine Gasentwicklung mehr eintritt und weiter einige Tropfen Phenolphthalein. Die rote Lösung wird mit der eingestellten Titriersäure in der Kälte bis zu einem kaum merklichen roten Stich zurückgemessen. Eine saure, nicht mit Phenolphthalein reagierende Probe wäre sinngemäß mit eingestellter NaOH-Lösung zu titrieren. Bei fraglicher Neutralität des Peroxyds empfiehlt es sich, eine gleiche Menge desselben ohne Zugabe von Bleichlauge zu prüfen, um den Säuregehalt in Rechnung stellen zu können. Die vorgenannte Reihenfolge soll man einhalten, damit keine Kohlensäure frei wird und zugleich mit dem Sauerstoff entweicht. Phenolphthalein wäre nach Bedarf nachzugeben, wenn der Indikator durch freie unterchlorige Säure ausgebleicht wird. Bei Untersuchung von 10 cm³ Chlorflotte entspricht 1 cm³ $^1/_{10}$ HCl = 0,0028 g CaO bzw. 0,004 g NaOH, jedes verbrauchte Kubikzentimeter Säure zeigt also 0,28 CaO bzw. 0,4 g Alkali als NaOH im Liter an. Wenn in Natriumhypochloritlaugen neben NaOH noch Soda in Betracht kommt, so wird das freie Hydroxyd nach Zugabe von Bariumchlorid zum Ausfällen des Karbonats mit Phenolphthalein als Indikator bestimmt. Eine zweite Titration mit Methylorange bis zum Umschlage der Farbe von Gelb auf Weinrot läßt die Gesamtalkalität finden. Durch Abzug der für NaOH bei der ersten Titration gebrauchten Kubikzentimeterzahl von der für die Gesamtalkalität erforderlich gewesenen Verbrauchsmenge erfährt man den Gehalt an Soda durch Multiplizieren mit 0,0053 g.

Ein anderes Untersuchungsverfahren läßt sich auf der Messung des freiwerdenden Alkalis bei Zugabe von Jodkali zu unterchloriger Säure bzw. zu unterchlorigsaurem Salz begründen. Nach den Gleichungen

1. $NaOCl + 2 KJ + H_2O = NaCl + 2 KOH + J_2$,

2. $HOCl + 2 KJ = KCl + KOH + J_2$

macht unterchlorigsaures Salz die doppelte Menge Alkali frei.

C. A. Schwalbe bestimmte freie Säure in Chlorkalkflotten, indem er von einer aus äquivalenten Mengen Natriumsulfit und Soda (25,22 g $Na_2SO_3 + 7 H_2O$ + 10,6 g $Na_2CO_3 : 1000$) bestehenden Lösung zur Bleichlauge so viel zugibt, daß Jodkaliumstärkepapier nicht mehr gebleicht wird. Ein Überschuß der alkalischen Sulfitlösung bleibt zu vermeiden, um alsdann unmittelbar mit Lackmus auf freie Säure prüfen zu können.

Wegen Einzelheiten ist auf analytische Handbücher zu verweisen, vgl. z. B. Heermann: Textilchemische Untersuchungen.

Als sehr wesentlich für den Bleichvorgang hat man die Ionenkonzentration erkannt, der p_H-Wert besitzt ausschlaggebende Bedeutung, vgl. S. 116.

Unterchlorigsaures Natron (NaOCl).

Die Natriumverbindung der unterchlorigen Säure kennt der Bleicher nur in Lösung. Es hält schwer, das reine feste Salz, nach Muspratt und Smith $NaOCl.6 H_2O$ zu gewinnen, weil beim Eindampfen der Laugen sich das Hypochlorit in Chlorid und Chlorat umsetzt.

$$3 NaOCl \rightarrow 2 NaCl + NaClO_3.$$
Hypochlorit   Chlorid   Chlorat

Die Umwandlung verläuft nach Foerster in schwach alkalischer Lösung über chlorigsaures Salz, — wegen Einzelheiten siehe Ztschr. f. Elektrochem. 1917 S. 137, man vgl. auch S. 115. Bei Einwirkung von Chlor auf Natriumhydroxyd entsteht zunächst immer NaOCl, solange die kalte oder warme Lösung nur in allen Teilen freies Alkali enthält, was zufolge örtlicher Übersättigung mit Cl_2 an der Eintrittsstelle des Gases nicht immer durchführbar ist: $Cl_2 + H_2O = HClO + HCl$. Die Geschwindigkeit der Chloratbildung wird durch Temperatur und Hypochloritkonzentration gesteigert, sie hängt in erster Reihe von der Ansäuerung ab.

Solange hohe Kosten für Ballon und Fracht den Bezug von verdünnten Bleichlaugen zu sehr verteuerten, suchte der Bleicher Chlornatronbleichlaugen im Betriebe selbst herzustellen. Nachdem es der chemischen Industrie inzwischen gelang, unter wesentlicher Verbilligung kochkonzentrierte Laugen von genügender Haltbarkeit zu liefern, hat NaOCl wegen seiner technischen Überlegenheit den Chlorkalk in den letzten Jahren vielfach aus den Betrieben verdrängt. So ist namentlich die Griesheimer Bleichlauge (I. G. Farbenindustrie) bekannt geworden. Die Natronbleichlauge von 25° Bé enthält etwa 150—160 g Aktivchlor im Liter, bei einer Alkalität von etwa 3 g/l NaOH. Es besitzt die in Ballons oder Topfwagen lieferbare Lauge bei sachgemäßer Aufbewahrung eine gute Haltbarkeit, d. h. sie ist kühl und vor Licht geschützt zu lagern, vgl. S. 49. Zum Abfüllen der Lauge aus Topfwagen bedient man sich zweckmäßig eines Hebers, kann aber auch einen einfachen, vorher mit Wasser gefüllten Gummischlauch benutzen.

Für die Herstellung im Betriebe kommen 3 Verfahren in Betracht:

I. Einleiten von Chlorgas in Alkalilaugen.

II. Umsetzen von Chlorkalk mit kohlensaurem Natron.

III. Elektrolyse von Kochsalzlösungen.

I. Das Einleiten von Chlorgas in kalte alkalische Flüssigkeiten, wie Lösungen von Pottasche oder mit Ätzkalk kaustisch gemachte Pottasche (Kalilauge) und in Laugen von Ätzkalk, Soda, Natronlauge war die älteste Herstellungsweise von Bleichflüssigkeiten. Wegen der technischen Schwierigkeiten der Chlorgaserzeugung aus Braunstein und Salzsäure gab der Bleicher solches Verfahren auf, zumal der von chemischen Fabriken gelieferte Chlorkalk weit billiger war. Wenn die

Verwendung des Natriumsalzes wünschenswert erschien, so bereiteten sich die Betriebe „Chlornatron" durch Umsetzen des Bleichkalkes mit Soda. Nachdem die chemische Großindustrie komprimiertes, flüssiges Chlor in Stahlflaschen zu verhältnismäßig billigen Preisen liefern konnte, wurde die Herstellung von Natriumhypochlorit durch Einleiten des Gases in Natronlauge wieder aktueller.

Nach der Molekulargleichung $2\,NaOH + Cl_2 = NaOCl + NaCl + H_2O$ soll neben Hypochlorit die äquivalente Menge Kochsalz entstehen. Die Reaktion nimmt aber gegebenenfalls einen anderen Verlauf, indem sich das nicht mehr bleichkräftige chlorsaure Salz, Chlorat, bildet, denn die Alkalilauge erhitzt sich beim Einleiten des Chlorgases und es entsteht leicht freie Säure. Im Anschluß an die Erörterung der Preisaufgabe „Wie ist flüssiges Chlor am besten für Papierstoffbleiche zu verwenden?" haben zuerst Vogel und Hübner[1] die wesentlichen Bedingungen für das Gelingen erörtert. Es ergaben sich folgende Forderungen: a) Die Lösung muß stets alkalisch sein. b) Es darf nirgends freies Chlor im Überschuß auf NaOH oder NaOCl einwirken, weil sich sonst nach der Gleichung $H_2O + Cl_2 + NaOCl = NaCl + 2\,HOCl$ in großer Menge freie unterchlorige Säure bilden würde. Hübner hielt deshalb eine sachentsprechende, vor allem mit Kühlung arbeitende Apparatur und eine ständige Kontrolle für erforderlich, damit das Chlor gleichmäßig verteilt wird und nirgends ein Überschuß an Chlor vorhanden ist. Es frage sich, ob ein gewöhnlicher Arbeiter imstande sei, die Fabrikation sicher zu überwachen. Denn wird mit dem Einleiten des Gases zu frühzeitig aufgehört, so daß noch freies Ätznatron vorhanden ist, so besitzt die Lauge eine geringe Bleichgeschwindigkeit, enthält die Lösung schon freie Säure, so ist die Bleichgeschwindigkeit bei entsprechend geringer Haltbarkeit der Lauge viel größer. Zur Vermeidung von Fehlposten bleibt also ein Überwachen der Flottenreaktion empfehlenswert.

O. Gaumitz[2] beschrieb eine einfache Anlage, die für die Verarbeitung von 80 kg Bombenchlor ausreicht, um Laugen bis zu 50 g Cl im Liter herzustellen. Für höhere Konzentrationen wäre ein die Herstellung nicht unerheblich verteuerndes Kühlen nötig. Die Chlorbombe wird zunächst gewogen, um unter Berücksichtigung der Tara das reine Gewicht zu ermitteln. Man läßt dann eine gewisse Menge in die Natronlauge unter Benutzung eines Gasmessers eintreten, etwa 9—10 kg stündlich in eine Lauge von beispielsweise 1000 l mit bestimmtem, durch Titration bekanntem Gehalt an NaOH. Die Bleichlauge muß alkalische Reaktion behalten (Phenolphthaleinpapier), etwa 3—4 g im Liter. Da beim Vergasen des Chlors zufolge starker Abkühlung ein Einfrieren des Chlors im Flaschenhals und dadurch Flüssigkeitsstöße und Schaden an Apparaturen usw. möglich werden, soll die gegen Umfallen durch lösbare Mauerschellen gesicherte Bombe mit Wasser berieselt

---

[1] Nussbaum u. Ebert: Beiträge zur Papierstoffbleiche. Papierfabr. 1907 S. 174.

[2] Gaumitz: Die Herstellung von Natriumhypochloritlaugen aus flüssigem Chlor. Färberkalender 1925.

werden. 1 kg Chlor benötigt 1,126 kg Ätznatron. Eine Bedienung ist nur zu Anfang und gegen das Ende zu erforderlich. Die Hauptschwierigkeit liegt in der richtigen Erfassung des Endpunktes, da bei geringstem Chlorüberschuß eine Zersetzung der Bleichlauge eintritt, bei größerem Alkaligehalt die Lauge aber wieder eine geringere Bleichenergie aufweist. Um geregelte Mengen von Chlorgas und Lauge in Reaktion treten zu lassen, sind verschiedentlich Vorschläge gemacht worden. So hat Braam eine Apparatur angegeben, zwei kommunizierende Gefäße zum Messen und Absorbieren des Gases vorgesehen[1]. Die Chemische Fabrik Buckau, Ammendorf-Halle, empfiehlt zur Überwachung der Herstellung einen Chlordosierungsmesser, eine Tauchelektrode nach Patent E. Müller[2]. Von zwei Kohlenelektroden taucht die eine in die zu chlorierende Lauge, die andere in eine aus wenig Chlorkalk hergestellte, sich in einem kleinen Tongefäß befindende Lösung. Das Tongefäß taucht gleichfalls in die zu chlorierende Lauge und verbindet somit beide Elektroden flüssig miteinander zu einem galvanischen Element. Ein angeschlossenes Galvanometer zeigt den Spannungsunterschied der beiden Flüssigkeiten an und setzt eine Klingel in Bewegung, sobald dieser Unterschied ausgeglichen ist und der Zeiger durch Null der Skala geht. Dies ist der Endpunkt der Reaktion. Es kann die Aufstellung des Galvanometers mit Signalvorrichtung bei entsprechender Leitung an jeder Stelle des Betriebes erfolgen, was für die Überwachung sehr zweckmäßig sein mag. Die Chlorierung erfolgt am besten in einem Steinzeuggefäß, das mit einem eisernen Kühlmantel umgeben ist, um mit Wasser die Temperatur der Lauge niedrig, unter 38° C halten zu können und hochkonzentrierte Laugen zu gewinnen, die Stärke der einzufüllenden Lauge ist entsprechend zu wählen.

Über die Selbstherstellung von Bleichlauge machten auch K. Katzer und A. Heinisch[3] Angaben. Eine theoretische Studie: „Beitrag zur Verwendung des flüssigen Chlors für Bleichzwecke" veröffentlichten W. Minajeff, P. Fomin und G. Jakimow[4]. Einem französischen Patent 679749 zufolge — Zellstoff-Waldhof — kann man das Chlor auch in Abfallaugen von der Merzerisation und der Zellstoffkochung einleiten, die ausgeschiedenen organischen Stoffe abtrennend. Es fragt sich jedoch, ob solche Herstellung für die Textilbleiche zuverlässig ist.

Wird Chlor in einer Lösung von Soda eingeleitet, so entsteht neben Kochsalz und Bikarbonat freie unterchlorige Säure: $Na_2CO_3 + Cl_2 + H_2O = NaCl + NaHCO_3 + HOCl$. Bei weiterem Einleiten von Chlor zersetzt sich das gebildete Bikarbonat unter Entwicklung von Kohlensäuregas: $NaHCO_3 + Cl_2 = NaCl + CO_2 + HOCl$. Laugen mit einem Gehalt an freier Säure müssen eine große Bleichenergie besitzen und zogen deshalb die Aufmerksamkeit der Techniker auf sich.

Nach DRP. 207258 von Dr. N. Vogtherr und H. Knorr sollten solche „chlorifizierten", von Soda und Ätznatron freie Bleichlaugen eine hervorragende Ver-

---

[1] Vgl. Textilber. 1929 S. 464.

[2] Müller: Fortschritte in der potentiometrischen Maßanalyse. Ztschr. f. angew. Ch. 1928 S. 1176.

[3] Katzer, u. Heinisch: Ztschr. f. ges. Textilind. 1929 S. 194.

[4] Minajeff, Fomin u. Jakimow: Leipzig. Mschr. Textil-Ind. 1929 S. 72.

besserung darstellen. Das Patent schrieb vor: In eine Sodalösung ist in der Kälte solange Chlor einzuleiten, bis Entwicklung von CO_2 eintritt. Zu diesem Zeitpunkte wird zufolge der vorstehenden Formelgleichungen die Hälfte des vorhandenen Natriumkarbonats (unterVerwandlung seiner anderen Hälfte in Natriumbikarbonat) in Natriumchlorid und unterchlorige Säure umgesetzt sein. Man unterbricht die Chlorzufuhr und gibt zur Flüssigkeit solange Natronlauge zu, bis die CO_2-Entwicklung aufgehört hat und Phenolphthalein eine starke Rötung gibt. Dann ist der Alkaliüberschuß durch Einleiten von CO_2 vorsichtig zu neutralisieren. — Solche Lauge, namentlich als Desinfektionsmittel vertrieben, soll bei guter Haltbarkeit keine „ätzenden" Eigenschaften besitzen und deshalb die Fasern nicht angreifen (?) aber trotzdem aktiver sein als andere Laugen[1].

Solvay Patentlauge.

Die Deutsche Solvay-Werke AG. Bernburg glaubten die Herstellung von Bleichlaugen unter Verwendung von verflüssigtem Chlor durch Einleiten des Chlorgases in die gegenüber Natronlauge weit billigere Sodalauge rationeller gestalten zu können, zumal hier sehr bleichenergische Lösungen entstehen.

DRP. 234838: Läßt man Chlor durch Alkalilauge absorbieren, so erhält man gemäß der Gleichung $2\,NaOH + Cl_2 = NaOCl + NaCl + H_2O$ beständige Laugen, welche aber die Unannehmlichkeit des Mangels an freier unterchloriger Säure aufweisen. Findet die Einwirkung auf Natriumkarbonat statt, $Na_2CO_3 + Cl_2 + H_2O = NaCl + NaHCO_3 + HOCl$, so ist andererseits alles Chlor in Form von unterchloriger Säure vorhanden, so daß die Lösung zwar sehr rasch bleichen kann, aber sehr wenig beständig ist, und man schon bei der Gewinnung starke Cl-Verluste hat. Die Übelstände werden durch Einwirkenlassen von Cl_2 auf sodahaltige Ätznatronlauge beseitigt. Die freie HOCl neben NaOCl enthaltende Lauge ist recht gut haltbar, selbst wenn ein erheblicher Prozentsatz freier Säure vorliegt. In Ausgestaltung des Verfahrens und der Apparatur wurden weiter die Patente 273795 und 274871 gewonnen.

Verfahren zur kontinuierlichen Darstellung von Hypochloritlauge aus Chlor und Alkalilauge, dadurch gekennzeichnet, daß man entsprechende Mengen von Chlorgas und Alkalilauge gleichzeitig in fertige Bleichlauge einleitet, da letztere Chlor besser absorbiert, und das neugebildete Hypochlorit dauernd abführt.

Als Absorptionsgefäß dient ein Schlangenrohr aus Steinzeug, Porzellan, um größte Kühlfähigkeit mit kleinstem Flüssigkeitsvolumen zu vereinigen. Chlorgas und Natronlauge treten in einregulierter Menge am unteren Ende des schlangenförmigen Röhrenkühlers getrennt ein, die fertige Bleichlauge fließt am oberen Ende beständig ab. In der Stunde kann man 10 kg Chlorgas und 90 l Natronlauge mit 131 g/l NaOH zu 98 l Bleichlauge mit 100 g akt. Chlor im Liter verarbeiten.

Patent 306193 betrifft die Gewinnung dünner Bleichflüssigkeiten aus reiner Sodalösung. Ganz neuartige Beobachtungen führten zur Empfehlung von sauren Chlorlaugen. Durch Einwirkung von Chlor auf Sodalösung entstehen nach folgenden Gleichungen Bleichlösungen:

$$1.\quad Na_2CO_3 + Cl_2 + H_2O = NaCl + HOCl + NaHCO_3.$$
$$2.\quad Na_2CO_3 + 2\,Cl_2 + H_2O = 2\,NaCl + 2\,HOCl + CO_2.$$

Beide Reaktionen liefern Versuchen zufolge wirtschaftlich wenig geeignete Bleichflüssigkeiten. Die erstere ist zu zersetzlich — siehe DRP. 234838 — die zweite, in Konzentrationen von 15—25 g Cl im Liter gut herstellbar, bleicht überraschenderweise so langsam, daß sie technisch kaum verwendbar ist, obschon sie das gesamte aktive Chlor in Form von freier unterchloriger Säure enthält. Hingegen lassen sich durch Mischen der beiden Reaktionsflüssigkeiten oder einfacher durch stufenweise Chlorierung von Sodalauge Bleichflüssigkeiten erhalten, die technisch sehr brauchbar sind. Je nach dem zu behandelnden Bleichgut wären 1,25—1,5—1,7—1,9 Moleküle Cl_2 auf 1 Molekül Na_2CO_3 zur Einwirkung zu

---

[1] Vgl. auch Rasser, Hypochloritlauge und „Antiformin". Chem.-Ztg. 1923 S. 37.

bringen. Die Abstimmbarkeit von einem Laugentyp zum anderen erfolgt durch Ändern des Gehaltes der Sodalösung, im übrigen wird die Menge des einzuleitenden Chlors und der zufließenden Sodalösung beibehalten. In kleinen Absorptionstürmen aus Steinzeug können 3—30 kg Chlor restlos gebunden werden. Die Reaktionslauge ist sofort zu verdünnen, ein Versand kommt nicht in Frage, da hierfür zu zersetzlich, obschon die stark sauren Bleichlaugen bedeutend besser haltbar als die alkalischen Sodableichungen sein sollen. Bei Verwendung einer Sodalauge von 12,2 kg Na_2CO_3 im Kubikmeter und einer stündlichen Zuleitung von 2,4 kg Chlor zu 176 l Sodalösung (= 1,7 Molekül Cl_2 auf 1 Molekül Na_2CO_3) war eine Bleichlauge mit 12,4 g aktivem Cl im Liter zu erhalten. Diese war sofort zu verdünnen, daß sie höchstens 4 g Cl im Liter enthielt, besser noch auf die zum Bleichen benötigte Konzentration von 1—1,5 g. Nach Freude beeinträchtigte die bei Verwendung sehr schwacher Bleichbäder ein schönes Weiß liefernde Lauge die Fasern nicht mehr wie Chlorkalk. Wegen ihres Gehaltes an freier Säure — die Menge des $NaHCO_3$ tritt zurück — kommt ein Angreifen der Bleirohre durch Bildung von Bleisuperoxyd in Betracht, so daß Blei für Leitungen und Armaturen nach Möglichkeit nicht zu verwenden wäre. Auffälligerweise erweist sich eine Bleichflüssigkeit, welche neben wenig gelöster freier Kohlensäure nur HOCl und NaCl enthält, als verhältnismäßig gut haltbar und deswegen weniger bleichkräftig, während eine Lauge nach der Gleichung 2 mit $NaHCO_3$ sich zu schnell zersetzt und als für die Bleichereitechnik unbrauchbar gilt. Außer den nebeneinander laufenden Zersetzungsgleichungen

1. $HOCl = HCl + O$,
2. $3\,HOCl = HClO_3 + 2\,HCl$,
3. $6\,HOCl + NaCl = NaClO_3 + 3\,Cl_2 + 3\,H_2O$,
4. $HOCl + HCl = H_2O + Cl_2$ (die Entwicklung von freiem Chlor ist bemerkbar), werden andere Reaktionen in Frage gestellt. Über Versuche mit Patentlauge siehe S. 124 und die Ausführungen über saures Chlorieren, S. 119.

Wegen der technischen Schwierigkeiten sind bislang nur vereinzelte Bleichen zur Verwendung von verflüssigtem Chlor übergegangen. Ein Bleichen mit Chlorgas kommt kaum in Frage, vgl. S. 113.

Eau de Javelle.

Kalkfreie Bleichlaugen lassen sich durch Umsetzen von Chlorkalk mit Soda herstellen: $CaOCl_2 + Na_2CO_3 = NaOCl + NaCl + CaCO_3$. Unlösliches Kalziumkarbonat scheidet sich ab, und die geklärte Flüssigkeit ist bei Verwendung von genügend Na_2CO_3 kalkfrei. Diese Lauge führt in der Technik den Namen Eau de Javelle, welche Bezeichnung ursprünglich einer im Dorfe Javel bei Paris durch Einleiten von Chlor in Pottaschelauge oder Kalilauge bereiteten Bleichlösung zukam[1]. Anstatt Soda kann auch schwefelsaures Natron, Glaubersalz, zum Niederschlagen von schwerlöslichem Gips dienen[2]. Soda hat den Vorzug, den Schlamm besser abzusetzen. Ein Gemisch von Soda mit billigem Glaubersalz kann zweckdienlich erscheinen. Auch mit Ätznatron läßt sich der Bleichkalk umsetzen, doch wird die Verwendung des teuren Ätznatrons keine Vorteile bieten. Sieber schlug vor, zum Trockenchloren — vgl. S. 131 — zu 25 l Chlorkalklauge 4° Bé 2,5 kg Natriumphosphat und 57,5 l Wasser zu geben, um nach dem Absetzen 70 l Flotte zu erhalten. Die Lösung verändert Alizarinrot-Druck nicht.

Die in den Lehrbüchern und früher in der Fachpresse zu findenden Vorschriften zur Darstellung von Eau de Javelle zeigten große Verschiedenheiten hinsichtlich der Mengenverhältnisse von Chlorkalk und Soda und ebenso bezüglich der Bereitungsweise. Nach den einen Angaben fallen Laugen an, in denen noch nicht

---

[1] Labarraque gab später 1820 an, an Stelle der teuren Kali- die billigeren Natronbleichlaugen zu verwenden.

[2] Buller, L. M., u. L. Naquenne mischten nach DRP. 145745 60 Teile Chlorkalk mit 40 Teilen gepulvertem kristallisiertem Natriumsulfat, um aus dem in Formen gepreßten Produkt konzentrierte Eau de Javelle-Lauge zu gewinnen. Neuerdings nahmen die Mathieson Alkali Works in New York ein Patent, Chlorkalk mit Natr. fluorid umzusetzen. DRP. 498743.

aller Kalk ausgeschieden ist. Nach anderen Vorschriften machte ein Überschuß von Soda die Bleichlauge stark alkalisch. Ein Arbeiten mit Glaubersalz böte den Vorteil, daß durch einen Überschuß die Lauge nicht alkalisch würde. Im allgemeinen soll zu Chlorkalk nur die zur Ausfällung des Kalkes erforderliche Sodamenge kommen. Die Vorschriften hätten sinngemäß dahin zu lauten, daß eine filtrierte Probe weder mit Soda noch mit Chlorkalzium einen Niederschlag liefert. Bedeutung hat neben dem Mengenverhältnis der Chemikalien die Form, in welcher Chlorkalk zur Bereitung der Lauge dient. Es ist nicht gleichgültig, ob man Soda zur Chlorkalkmilch oder zu klarer, schlammfreier Chlorkalklösung zusetzt. In einer vom Kalksatz getrennten Chlorlauge kann nur das gelöste Kalziumhydroxyd mit Soda reagieren und Ätznatron bilden, während in einer Chlorkalkmilch auch das ungelöste, nur suspendierte Kalziumhydroxyd der Umsetzung zugängig sein muß. Infolgedessen schwankt die Alkalität beträchtlich, je nachdem der Zusatz der Soda zu Chlorkalkbrei oder zu konzentrierten klaren Lösungen erfolgte. Als Vorschriften seien hier angeführt: Man gibt 600 g Solvay-Soda zu 1 kg Chlorkalk oder zu 5 l Chlorlauge von 14° Bé. — 50 kg Chlorkalk in 250 l Wasser verrührt, werden mit 30 kg Soda in 100 l Wasser gemischt; Auffüllen mit Wasser auf 500 l liefert nach dem Absetzenlassen 300 l klare Bleichlauge von 7,5—8° Bé. Es empfiehlt sich, den Schlamm erneut auszuziehen, um nicht zuviel Lauge mit dem Schlamm zu verlieren.

Die Umsetzungsverhältnisse werden jedoch noch verwickelter infolge von Sekundärreaktionen. Bei vergleichenden Untersuchungen[1] fand sich, daß sogar Lösungen entstehen, die fast gänzlich frei an gelöster Basis und selbst schwach sauer gegen Phenolphthalein sind. Die Erklärung geht dahin, daß, soweit nicht ein Bikarbonatgehalt der Soda mitspricht, zuerst entstandenes Natriumhydroxyd mit Chlorkalk weiter reagiert, wobei $Ca(OH)_2$ wegen seiner schweren Löslichkeit im Niederschlage eingeschlossen bleibt.

$$Ca(OH)_2 + Na_2CO_3 = 2\,NaOH + CaCO_3 \quad \text{und}$$
$$2\,NaOH + CaOCl_2 = Ca(OH)_2 + NaOCl + NaCl.$$

Es zeigen Javelle-Laugen je nach Art ihrer Bereitung stark verschiedene Reaktionen und demgemäß verschiedene Haltbarkeit und Bleichvermögen. So hatte eine aus klarer Chlorkalkstammlauge 29 g Cl/1000 mit Soda umgesetzte Lösung nach Verdünnen auf 4 g Cl/1000 eine schwach saure Reaktion (als CaO berechnet im Liter — 0,028 g CaO), während eine aus Chlorkalkmilch 10,3 g Cl/1000 mit Soda ausgefällte und durch Wasserzusatz auf gleiche Stärke 4 g Cl/1000 eingestellte Flotte stark alkalische Reaktion zeigte (+ 0,168 g/l CaO). Nach Theis — Strangbleiche — beobachteten Bleicher wiederholt, wie Lösungen von unterchlorigsaurem Natron sich plötzlich zersetzten und für Bleicharbeit völlig unbrauchbar wurden, ohne daß sie sich über die Ursache der Erscheinung Rechenschaft zu geben wußten. Nach Sünder war diese rasche Zersetzung auf einen Gehalt an Bikarbonat in der zur Umsetzung dienenden Soda zurückzuführen. Solcher Zerfall ist vorwiegend nur zu erwarten bei heißem Ausfällen, wenn sich aus Bikarbonat freie Kohlensäure abspaltet. Es kann dann die Lauge sogar einen starken Geruch nach freier unterchloriger Säure aufweisen. Den Kalk mit Bikarbonat auszufällen, wie dies Holbing in seinem Buche, Fabrikation der Bleichmaterialien, vorschlug, da sich der Niederschlag schneller absetze, ist deshalb keine empfehlenswerte Arbeitsweise. Die meisten Vorschriften der Literatur empfehlen auf 1 kg Chlorkalk in Form von Milch 0,6 kg kalzinierte Soda als warme Lösung zu nehmen. Die Sodalösung darf nicht zu heiß sein. Es sei hier darauf hingewiesen, daß Soda beim Lagern erhebliche Mengen von CO_2 aus der Luft aufnimmt (vgl. S. 20).

Die Selbstherstellung von NaOCl-Laugen aus Chlorkalk hat heute nicht mehr die frühere Bedeutung. Die Betriebe ziehen vor, konzentrierte NaOCl-Laugen zu kaufen, falls sie nicht etwa Chlorlauge durch Einleiten von Cl_2 in Natronlauge bereiten oder Kochsalzlösung elektrolysieren. Um frühere Arbeitsweisen des Großbetriebes zu kennen, sei eine ältere Vorschrift von Thies-Herzig wiedergegeben, die ein schwaches Ansäuern der kalkfrei gemachten Lauge vorsieht, um

---

[1] Kind u. Weindel: Vergleichende Untersuchungen von Chlorbleichlaugen. Leipzig. Mschr. Textil-Ind. 1908.

eine bleichkräftigere Lauge zu haben. 290 kg Chlorkalk 33% werden mit Wasser auf 1100 l vermahlen und dieser Chlorkalkmilch 175 kg Ammoniaksoda 98%, in 500 l Wasser heiß gelöst, zusammen mit so viel kaltem Wasser zugesetzt, daß sich im ganzen 2000 l ergeben; nach halbstündigem Rühren läßt man über Nacht absetzen, gibt auf den Satz 4—5 mal Wasser, so daß die Ausbeute 5000 l Lauge von 4,2—4,6° Bé (= etwa 18—19 g/l Cl) beträgt. Die Lösung enthält noch etwas Kalk, der durch weitere 4—5 kg Soda ausgeschieden werden kann, sie ist alkalisch und dadurch monatelang haltbar. Zum Neutralisieren sind je Liter der Lösung etwa 4,5—4,8 g Schwefelsäure 60° Bé erforderlich, die selbstverständlich nur im verdünnten Bade zugesetzt werden dürfen. Um 10% der unterchlorigen Säure freizumachen, müßte man je Liter noch weiter 1,5 g Schwefelsäure 60° Bé zugeben. Will man sich vor freiem Alkali sichern, so wäre — wenngleich weniger sparsam — klare Chlorlösung statt Chlorkalkmilch mit Soda zu versetzen; 14000 l 5° Bé benötigen 54 kg Ammoniaksoda in 299 l Wasser. Aus der ebenso starken Lösung machen 1,5 g Schwefelsäure je Liter 10% der unterchlorigen Säure frei.

Diese Vorschriften trugen der schwankenden Reaktion nur bedingt Rechnung. Um 10% der unterchlorigen Säure einer Lösung mit 18,8 g aktivem Chlor im Liter freizumachen, wären etwa 1,5 cm³ Schwefelsäure erforderlich.

Ein mit Ätznatron umgesetzter Chlorkalk $CaOCl_2 + 2\,NaOH = 2\,NaOCl + Ca(OH)_2$ war das in elsässischen und französischen Bleichereien eingeführte „Chlorogène[1]“. Der Bleicher verdünnte die Flüssigkeit mit etwa 10% wirksamem Chlor auf eine Stärke von etwa 0,25—0,20%. Namentlich zum Bleichen von loser Baumwolle, Vorgespinst und feinen Garnen unter Verwendung besonderer Apparate, in welchen das Material abwechselnd der Einwirkung von Chlorlauge und Luft ausgesetzt wird, empfahl man Chlorogène. Selbst ohne Beuchen sollte ein genügendes Weiß unter größter Schonung der Faserfestigkeit und bei geringem Gewichtsverluste — gegensätzlich zu Chlorkalkbleiche — erzielbar sein. Durch die Verwendung von Ätznatron zum Abscheiden des Kalkes tritt eine Verteuerung des unterchlorigsauren Natrons ein. Eine stark alkalische Chlorflotte mag aber andererseits in der Kaltbleiche mitunter brauchbar sein. Einfacher erscheint es jedoch heute, konzentrierte Griesheimer Chlorlauge mit der zweckentsprechenden Menge Natronlauge zu alkalisieren.

Herstellung von Elektrolytlaugen.

Bei der elektrolytischen Zersetzung von Kochsalzlösung entsteht an der Anode Chlor und an der Kathode unter Freiwerden von Wasserstoffgas Ätznatron. Falls Chlor und Natronlauge nicht durch ein Diaphragma oder anderweitig im Zersetzungsapparat getrennt bleiben, bildet sich NaOCl.

$$Cl_2 + 2\,NaOH \longrightarrow NaOCl + NaCl + H_2O.$$

Die Versuche, mit Anwendung des elektrischen Stromes zu bleichen, gehen nach Engelhardt bis in den Anfang des 19. Jahrhunderts zurück. Schon 1820 bleichte Brand Kaliko zwischen zwei Platinplatten. Halbwegs ernst zu nehmende Verfahren tauchten zum erstenmal 1883 auf, in welchem Jahre an der Universität Glasgow rohe Leinwand durch Kochsalzlösung gezogen wurde, worauf man durch die nassen Stoffe Strom schickte und auf diese Weise am Stoffe selbst die Erzeugung von unterchlorigsaurem Natron bewirken wollte. Hermite ist als der Pionier der elektrischen Bleiche anzusehen. Aus dem Jahre 1883 stammt das erste Patent Hermites zur elektrischen Herstellung von Bleichlauge. Die übergroßen Erwartungen erfüllten sich anfänglich nicht, und erst nach Jahren konnte die in verbesserten Apparaten hergestellte Elektrolytlauge erfolgreich mit Chlorkalk in Wettbewerb treten.

Unter „elektrischer Bleiche“ verstehen wir nur die Erzeugung von Hypochloritlösungen durch Elektrolyse von Kochsalz. Die unmittelbare Einwirkung eines elektrischen Stromes auf etwa in Salzlösung ruhendes Bleichgut kommt nicht in Frage, denn derartige direkte Verfahren bewährten sich wegen zu großen Strom-

---

[1] Knecht-Löwenthal: Handbuch der Färberei.

verbrauches nicht[12]. Die „indirekte" elektrische Bleiche hatte sich hingegen dank der rastlosen Bemühungen der Konstrukteure von Zersetzungsapparaten eine gewisse Einführung in die Praxis zu verschaffen gewußt. Nach B. Waeser[3] waren 1920 etwa 1500 Kilowatt für die elektrolytische Gewinnung von Bleichlauge in der Textilindustrie installiert. Damit konnten bei 10stündiger Arbeitszeit rund 2300 kg aktives Chlor täglich hergestellt werden. Es entspricht dies einem Jahresverbrauch von etwa 300 Waggon Chlorkalk. In der Papier- und Zelluloseindustrie waren weitere 3200 Kilowatt installiert.

Über die elektrische Bleiche besteht eine umfangreiche Literatur, von der hervorzuheben ist:

Ebert, W., u. J. Nussbaum: Hypochlorite und elektrische Bleiche, praktisch angewandter Teil. (367 Seiten.) 1910. In dieser Monographie ist die Praxis der elektrolytischen Gewinnung von Bleichflüssigkeit umfassend besprochen, so daß dieses Buch als Nachschlagewerk dienen kann. — Der theoretische Teil findet sich in den zugehörigen Monographien von V. Engelhardt und E. Abel.

Engelhardt, V.: Die Betriebskosten der Chloralkalielektrolyse. Chem.-Ztg. 1911 S. 573. — Prausnitz, P. H.: Studien über die elektrolytische Herstellung von Natriumhypochlorit. Ztschr. f. Elektrochem. 1912 S. 1025.

Der Chemismus der Elektrolyse von Kochsalzlösung läßt sich durch Molekulargleichungen nur unvollständig zum Ausdruck bringen, Ionengleichungen sind hier am Platze. Wegen Einzelheiten sei jedoch auf das Werk von Ebert und Nussbaum verwiesen, um hier nur die wesentlichsten Punkte zu erörtern.

In einer wässerigen Kochsalzlösung hat man die aus den NaCl-Molekülen entstandenen Ionen Na· + Cl′ sowie die Ionen H· und OH′ des Wassers anzunehmen. Beim Durchleiten eines elektrischen Stromes entsteht bei genügender Spannung an der negativen Elektrode unter Entwicklung von Wasserstoffgas eine alkalische Lauge Na· + OH′. An der Anode, dem positiven Pol, bildet sich durch Entladung der Chlorionen primär Chlor Cl_2, das in der Elektrodenflüssigkeit gelöst bleibt, bei ungünstigen Bedingungen aber gasförmig entweichen kann. Cl_2 reagiert mit den noch vorhandenen OH′-Ionen in der Nähe der Anode unter Bildung eines Gleichgewichtes Cl_2 + OH′ = HOCl + Cl′, liefert also unterchlorige Säure, welch letztere aber in der Flüssigkeit weiter nach der Gleichgewichtsformulierung HOCl + OH′ = ClO′ + H_2O reagiert. Es bildet sich an der Anode eine saure Flüssigkeit, an der Kathode eine alkalische Lauge von Natronhydroxyd mit OH-Ionen. Durch Vermischen der beiden sauren und alkalischen Zonen zufolge Diffusion entsteht dann unterchlorigsaures Natron. Die „ideale" Durchmischung ohne Verlust an Säure oder Alkali ist jedoch technisch schlecht erreichbar, durch Reibung an den Wänden usw. verzögert sich der Ausgleich. Verschiedene Nebenreaktionen lassen die Stromausbeute hinter der Theorie zurück. Zur Abscheidung von 1,322 g Chlor aus einer geeigneten Lösung wäre theoretisch eine Amperestunde erforderlich.

Ohne hier auf alle Nebenreaktionen einzugehen, ist hervorzuheben, daß ClO-Ionen leicht durch positive Elektronen unter Bildung von Chlorat, Chlorid bei Freiwerden von Sauerstoff entladen werden.

Wenn sich bei der Elektrolyse neutraler Kochsalzlösung Hypochlorit bzw. ClO-Ionen bilden, so nimmt mit deren Anreicherung die Möglichkeit der Umwandlung in Chlorat zu. Es läßt sich praktisch die Flüssigkeit nur bis zu einem gewissen Grade an bleichendem Hypochlorit anreichern, mit der längeren Elektrolysendauer wird die Stromausbeute schlechter. Die Reduktion des Hypochlorites kann durch Bildung dünner Schutzdiaphragmen, von Niederschlägen auf der Elektrode, verhindert werden. Schon die sich aus hartem Wasser abscheidenden Niederschläge von Kalk und Magnesia wirken günstig. Gleichmäßigere Membranen bildeten sich durch Zugabe von Chlorkalzium + Türkischrotöl DRP. 205087 oder + Harzseife DRP. 141372.

---

[1] Patent 283822, Krantz, sah sogar die Verwendung von Wechselstrom vor, um Gewebe im Bade zu reinigen, zu entfetten, zu bleichen und aufzulockern.

[2] L. Elkan Erben, Patent 315845, wollten zwar durch Elektrolyse einer saponinhaltigen Kochsalzlösung Waschgut reinigen, da die Gasbläschen die Fasern reiben und der Saponinschaum das Durchdringen der Fasern fördere (?).

[3] Waeser: Chlorbleichlaugen. Textilber. 1920 S. 80.

Von Bedeutung ist, daß die Reaktion des Elektrolyten meist durch Gehalt an freier HOCl schwach sauer wird, da Kalk und Magnesia ausfallen. Die freie unterchlorige Säure beeinflußt nicht nur den Elektrolysenverlauf, sondern bedingt auch eine größere Bleichenergie, worauf im Abschnitt „Wirkung der Chlorlaugen" näher eingegangen ist.

Als beste Bedingungen für die Elektrolyse gelten hohe Stromdichte und Chloridkonzentration, niedrige Temperatur und neutrale Reaktion des Elektrolyten. Von Chlorlösungen sind schwach saure Lösungen leicht zersetzlich, da freie unterchlorige Säure und Temperatursteigerung die rasche Umwandlung in Chlorat beschleunigen. Vgl. S. 114, 126.

$$NaClO + 2\ HClO \longrightarrow NaClO_3 + 2\ HCl$$
$$2\ HCl + 2\ NaOCl \longrightarrow 2\ HClO + 2\ NaCl.$$

Diese für alle Hypochloritlaugen zutreffenden Gesetzmäßigkeiten haben wegen der etwaigen stärkeren Reaktions- und Temperaturschwankungen für die Elektrolyse doppelte Bedeutung.

Bei der Elektrolyse ist stark zu kühlen, denn nur ein verhältnismäßig geringer Teil der aufgewandten Energie wird für die Bildung des Hypochlorits ausgenutzt, die auftretende Wärme ist zu unterdrücken. Eingebaute Thermometer erlauben einen gewissen Schluß auf den geregelten Verlauf der Elektrolyse zu ziehen. Diese Thermometer sind derart ausgestaltbar, daß bei Erreichen eines Maximums (40° C?) durch Kontaktschluß ein ausgelöstes Klingelzeichen den Wärter herbeiruft.

Der Nutzeffekt der Elektrolyseure hängt von einer Reihe Bedingungen ab. Kleine, vielleicht dem Bleichereipraktiker unwesentlich erscheinende Abweichungen vermögen die Elektrolyse ungünstig zu gestalten. Deshalb wurden die mit Apparatlauge zu erzielenden Erfolge verschieden beurteilt, zumal gewisse Veröffentlichungen nicht unparteiisch waren. Die auf den vielseitigen Erfahrungen der Konstruktionsfirmen beruhenden Bedienungsvorschriften sind streng zu befolgen. Es sei an dieser Stelle nochmals auf das Buch von W. Ebert und J. Nussbaum bezüglich Einzelheiten und Zweckmäßigkeiten der Ausführung, wie Auflösen des Salzes, Installation usw. hingewiesen. Um über die jeweiligen Verbesserungen im Bilde zu bleiben, wird es sich zudem empfehlen, wegen der Leistungen etwaiger neuerer Apparate rückzufragen.

Für die Beurteilung eines Apparates zur elektrolytischen Herstellung von Bleichlauge sind folgende Erwägungen anzustellen:

1. Salzverbrauch je Kilogramm aktives Chlor.
2. Kraftverbrauch je Kilogramm aktives Chlor.
3. Chlorausbeute in einer bestimmten Zeiteinheit.
4. Konzentration der Elektrolytlauge.
5. Anschaffungskosten der Einrichtung.
6. Haltbarkeit des Apparates, Vertriebs- und Reparaturkosten.
7. Haltbarkeit der Elektrolytlauge.

1. Der größere Teil des Salzes dient nur zur Verringerung des elektrolytischen Widerstandes und trägt dazu bei, daß der Chlornutzeffekt nicht durch schädliche Reaktionen an der Anode beeinträchtigt wird. Je höher die Salzkonzentration, desto geringer wird der Kraftverbrauch je Kilogramm Elektrolytchlor. Theoretisch würde nur 0,82 kg Kochsalz für 1 kg „aktives" Chlor — in NaCl freier Bleichlauge — erforderlich sein.

(NaCl $\longrightarrow$ NaOCl; analysiert: NaOCl + 2 HCl = NaCl + 2 Cl.) Aber die Apparate benötigen schon etwa 3 kg Salz, und in der Technik schwankte der Salzverbrauch für 1 kg Bleichlor zwischen 3 und 15 kg NaCl. Als Denaturierungsmittel für Steinsalz dienen Petroleum, Soda, Seife, Farbstoffe oder Bleichlauge.

2. Der Kraftverbrauch — von unregelmäßigen Verlusten durch Nebenschlüsse usw. abgesehen — hängt von der Apparatkonstruktion und dem Salzgehalte des Elektrolyten ab. Die theoretische Stromausbeute wird nie erreicht. Ein Kraftverbrauch von 1,25 Kilowattstunden für 1 kg aktives Chlor — bei einem Salzverbrauch von 0,82 kg — entspräche der Theorie. Da bei höheren Salzkonzentrationen der Kraftverbrauch sich verringert, bleibt zu erwägen, ob es zweckmäßig erscheint, eine höhere Salzkonzentration zu wählen, um mit geringerem Kraftbedarfe zu arbeiten.

Die nachstehenden Zahlen sind nach W. Ebert und J. Nussbaum die Mittelwerte zahlreicher Betriebsergebnisse der Elektrolyseure System Siemens & Halske.

Bei Verwendung einer Salzlösung von	10 kg Salz in 100 l		Kraft	Salz	Zusammen	10 kg Salz in 100 l		Kraft	Salz	Zusammen
werden für 1 kg aktives Chlor benötigt	Kilowattstunden	Kilogramm Salz	Pf.	Pf.	Pf.	Kilowattstunden	Kilogramm Salz	Pf.	Pf.	Pf.
bei einer Bleichlaugenkonzentration von										
15 g/l aktives Cl	5,65	6,67	23,8	20,0	43,8	5,29	10,00	25,4	13,3	38,7
20 g/l „ „	6,13	5,00	25,0	15,0	40,0	5,56	7,50	27,6	10,0	37,7
25 g/l „ „	6,72	4,00	26,5	12,0	38,5	5,88	6,00	30,2	8,0	38,2
30 g/l „ „	7,79	3,33	28,7	10,0	38,7	6,38	5,00	35,0	6,7	41,7
35 g/l „ „	10,07	2,86	32,1	8,6	40,7	7,14	4,28	45,3	5,7	51,0

1 Kilowattstunde = etwa 1,5 Pferdekraftstunde oder 1 Pferdekraftstunde = etwa $^2/_3$ Kilowattstunde. Der Kraftverbrauch ist unter Zugrundelegung einer Zellenspannung von 6 Volt berechnet. Es war hier angenommen, daß 1 Kilowattstunde 4,5 und 1 kg Salz 2 Rpf. kostet. Demnach würde man am besten danach streben, eine Lösung von 10 kg Salz in 100 l auf eine Chlorstärke von 20 g im Liter zu bringen. Bei längerer Elektrolysendauer wird die Ausbeute durch Chloratbildung unrationell.

3. Die Fabriken liefern Elektrolyseure in verschiedenen Größen. Man hat zu beachten, daß die Leistung oft Schwankungen und dauernden Störungen unterliegt, deren Ursachen mannigfacher Natur sein können. Insbesondere bei Verwendung von Kohlenelektroden nimmt die Leistungsfähigkeit mit Abnutzung der Kohlen ab, so daß für rechtzeitige Erneuerung zu sorgen bleibt.

4. Eine hohe Chlorkonzentration ist wünschenswert, um die Lauge weitgehend verdünnen zu können, damit die Bleichflotte bei niedrigem spezifischem Gewicht leicht in das Bleichgut eindringen kann. (Es wächst die Azidität, die Temperatur steigt an, und die erhöhte Hydrolyse hat vermehrte Bildung von freier, unterchloriger Säure zur Folge, damit werden die Bedingungen für eine schnellere Umwandlung in Chlorat günstiger). Die Durchflußgeschwindigkeit des Elektrolyten, die Dauer der Elektrolyse bei Apparaten mit Laugenzirkulation und ebenso die Stromstärke — bei Überspannung werden selbst Platinelektroden zerstört — müssen den ausgeprobten Bedingungen angepaßt bleiben.

Dauer der Elektrolyse in Stunden	Ampere	Volt	g/l aktives Chlor	kg/h aktives Chlor erzeugt	Kilogramm im Durchschnitt	Nutzeffekt in Prozent	für 1 kg aktives Cl wurden gebraucht		1 kg Chlor kostet
							Kilowattstunden	Kilogramm Salz	Rpf.
0	120	110	0,6[1]	—	(3,17)	(100)	(4,2)	∞	—
1	120	120	10,0	3,01	3,01	94,9	4,6	18,4	46,0
2	118	118	18,1	5,60	2,80	88,6	5,0	9,9	29,7
3	118	118	25,3	7,90	2,63	83,7	5,3	7,0	24,6
4	117	119	31,6	9,92	2,48	79,1	5,6	5,6	22,4
5	116	120	37,0	11,65	2,33	74,5	6,0	4,7	21,5
6	118	120	41,6	13,12	2,19	70,1	6,4	4,2	21,2
7	115	119	45,3	14,30	2,04	65,6	6,8	3,9	21,4
8	117	120	48,0	15,17	1,90	61,0	7,4	3,6	22,0
9	116	120	49,8	15,74	1,75	56,3	8,0	3,5	23,0

[1] Der Apparat war bereits früher längere Zeit in Betrieb gewesen und wurde normal in Betrieb gesetzt. Infolgedessen fand sich schon etwas Chlor in Lösung.

Die erzielten Chlorkonzentrationen schwanken bei den verschiedenen Typen zwischen 5 und 50 g/l, doch kommen für die Technik Konzentrationen von 20 g und mehr kaum in Frage.

Die Konstanten in vorstehendem Beispiele sind:

a) Spezifisches Gewicht der verwendeten Salzlösung bei 24°: 1,112 = 17,3 kg NaCl in 100 l Salzlösung;
b) Volumen der Lauge: 320 l;
c) Mittlere Laugentemperatur: 22°;
d) Mittlere Stromstärke während der Elektrolyse: etwa 118 Ampere;
e) Zahl der hintereinandergeschalteten Zellen: 20;
f) Theoretisch zu erwartende Menge Chlor, im Mittel je Stunde: 3,12 kg; (118 × 1,323 g × 20 = 3,12 kg; 1 Amperestunde = 1,323 g Cl.)
g) Klemmenspannung des Elektrolyseurs im Mittel: 118 Volt;
h) Preis der Kilowattstunde: 2 Rpf. ⎫ für   das   Beispiel   angenommene
i) Preis des Salzes je Kilogramm: 2 Rpf. ⎭   Werte.

Mit der längeren Elektrolysendauer sinkt der Stromnutzungseffekt. Nach 9 Stunden sind 15,74 kg Cl erzeugt worden, während die Theorie 9 × 3,12 = 28,08 kg verlangt, es beträgt die Stromausbeute also nur etwa 56%. Der letzten Spalte zufolge wäre die Herstellung einer Lauge mit etwa 40 g/l aktiven Chlors am empfehlenswertesten. Unter Berücksichtigung aller praktischen Verhältnisse erscheint aber eine Elektrolyse, welche 15—30 g/l Cl liefert, zweckmäßig.

5. Gegenüber den hinsichtlich Salzverbrauchs günstiger arbeitenden Platinapparaten haben die Elektrolyseure mit Kohlenelektroden den Vorteil der Billigkeit. Außerdem kommt die etwaige Reparatur für eine Pumpe, sowie die allgemeine Installation in Betracht.

6. Vor den Kohlenelektroden haben die teuren Platin-Iridiumelektroden den Vorzug, haltbarer zu sein. Doch kann auch Platin bei zu großer Spannung der Zerstörung anheimfallen. Die jetzt fast ausschließlich Verwendung findenden Graphitkohlen bewähren sich besser als die früher benutzten Kunstkohlen, immerhin bleibt mit einer Erneuerung nach 1—2 Jahren zu rechnen. Die Kohlenelektroden unterliegen vorwiegend der Abnutzung an der Anode, weshalb Schuckert & Co. eine Platinelektrode als positiven Pol und eine Graphitelektrode als negativen Pol wählten.

Außer den Ersatzkosten für Elektrodenverschleiß kommen Reparaturkosten bei richtiger Bedienung weniger in Frage. Über die Haltbarkeit der Apparate machen die Fabriken verschiedene Angaben, jedenfalls ist die Abschreibung nicht zu vernachlässigen. Obwohl im allgemeinen sachgemäß installierte Apparate keiner teuren Wartung bedürfen — sehr wohl bleibt die Elektrolyse analytisch zu überwachen —, so macht doch die Reinigung des Elektrolyseurs bei den verschiedenen Apparattypen ungleiche Schwierigkeiten. Kalkabscheidungen erschweren die Zirkulation der Flüssigkeit oder setzen die Wirkung herab und können für die Elektroden selbst schädlich werden. Bei den reinen Platin- oder Kohlenapparaten ist durch Umschalten, „Umpolen" des Stromes, der Kalk entfernbar, sonst hat man mit Wasser auszuspülen bzw. mit Salzsäure die Kalkniederschläge zu lösen oder abzubürsten.

Nachdem der Platinpreis nach dem Kriege auf etwa 20 RM. je Gramm gestiegen war, sank er zwischendurch auf etwa 5 RM. Derartige Schwankungen können bei dem Metallwert eines größeren Elektrolyseurs zu erheblichen Verlusten führen.

7. Die Reaktion der Elektrolytlaugen schwankt. Von der Reaktion der fertigen Lauge hängt aber die Haltbarkeit und ebenso die Bleichgeschwindigkeit stark ab. Da saure Lösungen in ihrem Gehalt an Bleichchlor schnell zurückgehen, können beträchtliche Verluste entstehen, wenn solche Laugen nicht bald zur Verwendung gelangen oder alkalisiert werden. In den Berichten der Industriellen Gesellschaft Mühlhausen 1904 wurden z. B. Überwachungszahlen veröffentlicht, denen zufolge der abends im Mittel mit 15,42 g Cl im Liter festgestellte Wert am nächsten Morgen auf 14,46 gefallen war.

Nachstehende Zahlen wurden bei Versuchen mit einem Kohle-Platinapparat beobachtet.

500 ccm Lauge	Azidität: Gehalt an HOCl in g/l	Gehalt an Chlor in g/l im Liter Untersucht nach				
		sofort	2 Stunden	1 Tag	3 Tagen	8 Tagen
Typ	1,869	19,8	11,9	3,18	2,38	1,12
+ 2,5 cm³ Natronlauge (NaOH 1:10)	1,326	19,6	14,8	3,95	1,98	1,02
+ 5 „ „ „	0,775	19,5	17,4	8,5	3,28	0,82
+ 10 „ „ „	— 0,392	19,3	19,1	19,0	18,4	17,4
+ 15 „ „ „	— 1,695	19,0	18,8	18,7	18,3	18,1
+ 20 „ „ „	— 2,796	18,9	18,7	18,6	18,1	17,9

(Die ersten drei Laugen sind sauer, die letzten drei alkalisch.)

Die Azidität der Lauge aus neueren Schuckert-Apparaten mit 15—30 g/l Chlor war 0,003—0,01 normal = 0,1575—0,525 g/l HOCl. Kleine alkalische Zusätze aus einer Tropfflasche gaben unter gleichzeitiger Erhöhung der Leistung eine neutrale bis schwach saure Bleichlauge von besserer Haltbarkeit. Andernfalls empfiehlt es sich, zur Lauge je nach der Konzentration der Bleichlauge, ihrem Gehalt an freier Säure und der Temperatur 0,5—1 g Ätznatron je Liter zuzusetzen.

Da Haltbarkeit und Bleichenergie von der Reaktion der Laugen abhängen, so wird es bei den vorkommenden Schwankungen erklärlich, daß die Bewertung und der Vergleich von verschiedenen Apparatlaugen untereinander oder mit Chlorkalk oft ungleich ausfiel.

Von Einfluß auf die Zersetzungsgeschwindigkeit des Elektrolyts sind wie bei allen Hypochloritlaugen des weiteren Temperatur, direkte Belichtung und Gehalt an Neutralsalzen. Größere Bedeutung haben etwa katalytisch den Zerfall des Hypochlorits in Chlorid und Sauerstoff beschleunigende Substanzen. Ein derartiger Zerfall der unterchlorigsauren Salze tritt ausnahmsweise auf, da solche Selbstzersetzung durch die energetische Schwierigkeit unmittelbarer Gasbildung gehemmt wird. Abel schreibt:

„Bedeutendere Beträge erreicht diese Selbstreduktion erst unter dem Einflusse katalytisch wirkender Substanzen, zu denen fast alle Oxyde der Schwermetalle oder deren Salze, insbesondere Nickel- und Kobaltoxyd, aber auch Eisen- und Kupferoxyd gehören. Es kann sich bei der technischen Elektrolyse sehr wohl ereignen, daß derartige Verunreinigungen, zumal bei mangelhafter Isolation, aus den Stromleitungen, Stromanschlüssen, Klemmen usw. in den Elektrolyten hineingeraten. Durch ähnliche Zufälle sank gelegentlich die Chlorausbeute um mehr als 40%." (Man vergleiche die Ausführungen über Katalyse, S. 139.)

Nach Inbetriebsetzung des Apparates sind die ersten Laugen meist leichter zersetzlich, weil dieselben wohl mehr Fremdstoffe aufgenommen haben. Es wird deshalb nach längeren Betriebsunterbrechungen empfehlenswert sein, die ersten Laugen getrennt aufzufangen und sofort zu verdünnen und zu verwerten, oder aber mit Ätznatron zu versetzen.

Die Beurteilung der Leistungsfähigkeit von Elektrolyseuren und die Beantwortung der Frage: wie sind die Kosten der elektrischen Bleiche gegenüber Chlorkalkbleiche?, sind von so vielen Umständen abhängig, daß eine allgemeine Erklärung nicht zu geben ist. Die niedrigeren Chlorkalkpreise haben jedenfalls die Mehrzahl der Bleicher bestimmt bei der alten Chlorkalkbleiche zu bleiben und deren Nachteile in Kauf zu nehmen, oder aber sich anderweit Chlornatronlauge zu beschaffen.

Auf die Vorzüge der „elektrischen Bleiche" bzw. der Verwendung von Chlornatron gegenüber Chlorkalk wird an anderer Stelle eingegangen. Bei der Besprechung der Apparattypen haben ältere Konstruktionen keine Berücksichtigung mehr gefunden.

Es sind nach ihrem Bau 3 Hauptgruppen von Elektrolyseuren zu unterscheiden gewesen:

1. Reine Platin- (bzw. Platin-Iridium-) Elektroden-Apparate.

2. Platin-Kohlen-Elektroden-Apparate, welche nur am positiven Pole Platin, am negativen dagegen Graphit verwenden.

3. Kohle-Elektroden-Apparate mit Graphit an beiden Polen.

Platin bzw. dessen Legierung sowie Kohle, Graphit sind die einzigen für die wesentlichen Apparatteile, die Elektroden, brauchbaren Stoffe. Platin ist das geeignetere Material, Platinelektroden geben auch einen besseren Nutzeffekt. Der hohe Preis erschwerte jedoch seine Verwendung, selbst ·Type 2, welche nur am positiven Pol Metall verwendet, ist in der Anschaffung kostspielig. Gebaut werden Elektrolyseure von den Firmen Siemens & Halske, AG., Wernerwerk, Berlin-Siemensstadt, von Arthur Stahl, Aue (Sachsen) und von E. Weichert, Augsburg-Göppingen.

1. Der mit Platin-Iridium-Netzelektroden bipolar ausgestattete Elektrolyseur System Siemens & Halske, Bauart Dr. Kellner, wird derzeit nicht gebaut. Die Salzlösung zirkulierte solange durch den Elektrolyseur, welcher aus einer Sandsteinwanne mit waagerecht angeordneten netzförmigen Elektroden besteht, mittels Pumpe bis zum Erreichen der gewünschten Konzentration von 20—25 g Cl.

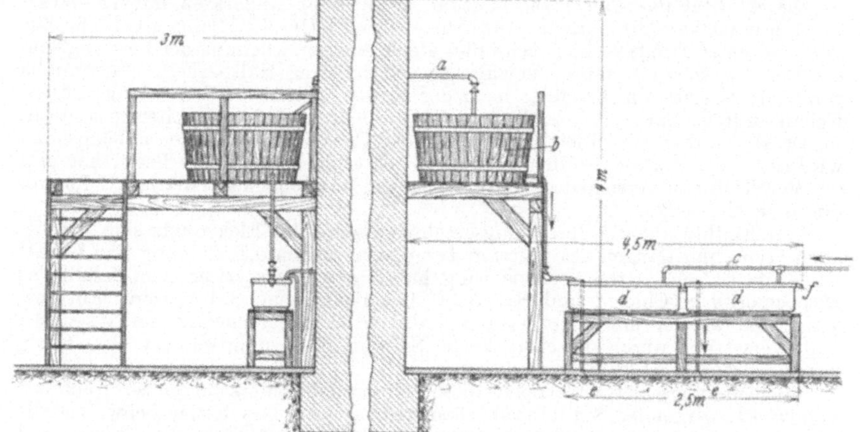

Abb. 4. Schema einer Bleich-Elektrolyseur-Anlage nebst Salzloseeinrichtung.
a = Wasserleitung. b = Salzlösung. c = Kühlwasser-Zuleitung. d = Elektrolyseur.
e = Kühlwasser-Ableitung. f = ausfließende fertige Bleichlösung.

Die Lauge wurde außerhalb des Elektrolyseurs in einem mit Hartbleischlangen versehenen, betoniertem Kühlgefäß gekühlt. Ein eingesetztes Kontaktthermometer und ein Druckregler für den Salzzufluß dienen zur Sicherung und Überwachung der geregelten Zersetzung. Der zum Anschluß an 110 oder 220 Volt Gleichstrom für Stromstärken von 30—120 Ampere gebaute Apparat arbeitete recht ökonomisch.

E. Weichert baut einen ohne Kühlung arbeitenden Platinelektrodenapparat mit 24 Zellen, um die einzelnen Elektroden bei 110 Volt Anschluß nicht zu überlasten, da nach Weichert bei Überschreiten einer Spannung von 5 Volt in der Zelle Platin abgestoßen wird. (Gleich der Kohle in den früheren Kohlenfadenlampen.) Der Elektrolyseur liefert im Liter 8—10 g Chlor, die Stundenleistung ist 500 g bei 17 Ampere und 110 Volt unter Verbrauch von 7 kg Salz je Kilogramm Aktivchlor. Um höhere Konzentration von 18—20 g/l Cl zu erzielen, wird eine 11° Bé starke Salzlösung wiederholt über den Apparat geführt, wobei die Lauge zu kühlen ist. Ergibt der erste Durchlauf 10 g im Liter, so steigt der Gehalt beim zweiten Durchlauf auf etwa 15, beim weiteren auf etwa 17,5 und dann auf 19 g. Mehr und mehr wird die elektrische Kraft in Wärme umgesetzt, so daß um so besser zu kühlen ist. Ein Steigen der Konzentration verringert deshalb die rationelle Stromausnutzung. Großer Wert ist nach Weichert auf Verwendung einer gereinigten Salzlösung zu legen, ein Verkalken der Elektroden soll vermieden bleiben. Der Strom soll deshalb alle 5—6 Stunden in umgekehrter Richtung durch den Apparat gehen, um die an den senkrecht stehenden Elektroden doch noch angesetzten Niederschläge abzustoßen, denn desto geringer werde die Erwärmung, desto höher die Ausbeute.

2. Der vom Wernerwerk gebaute Bleichelektrolyseur System Siemens-

Schuckert besitzt senkrecht angeordnete Elektrodenpaare, die aus den Graphitplatten und Platinblechen als positivem Pol bestehen. Die ebenfalls durch Glas-
zwischenwände in eine Reihe Zellen unterteilten Elektrolyseurgefäße sind in Steinzeug ausgeführt. Die Kühlung erfolgt entweder innerhalb des Elektrolyseurs
durch Glaskühlschlangen oder in besonderen Kühlgefäßen durch Bleikühlschlangen.
Man gibt zur Bildung eines Diaphragmas kleine Zusätze zur Salzlösung, um Re-

Abb. 5. Bleich-Elektrolyseur, System Siemens-Schuckert mit Innenkühlung.

duktionsverluste zu verhüten. Die Herstellung der Bleichlauge mit etwa 18 g Cl
im Liter erfolgt in einmaligem Durchlauf. Der zum Anschluß an 110 oder 220 Volt
Gleichstrom bestimmte Apparat wird für Stromstärken von 20—150 Ampere gebaut. Die bipolaren Elek-
trodenelemente sind in den
für 55 Volt bestimmten
Steinzeugwannen zwecks
Reinigung leicht heraus-
nehmbar angeordnet. Zwar
ist mit einem gewissen Verschleiß der Graphitplatten
zu rechnen, dafür stellt sich
der Apparat billiger in der
Anschaffung als Bauart 1.
Die Leistungen sind besser
als die von reinen Kohlen-
elektrolyseuren.

3. Kohlen-Elektrode-
Apparate lieferte zuerst
nach System Haas und
Dr. Oettel die Firma
Elektrolyserbau Arthur
Stahl in Aue. Nachdem die
Edelmetalle im Preise sehr
stiegen, fertigten die anderen
Fabriken später gleichfalls
Apparate mit Graphitelek-
troden an. Von A. Stahl
wurden in mehreren Typen
schon über 1000 Apparate
gebaut. Der für kleinere
Betriebe und für Waschan-
stalten bestimmte Elektrolyseur liefert bei einmaligem

Abb. 6. Elektrolyseur-Anlage von Elektrolyserbau A. Stahl.

Durchfluß der Salzlösung durch die Zellen eines etwas schräg gestellten Steinzeug-
troges ohne Kühlung eine Bleichlauge bis zu 6,5 g Cl im Liter. Durch Anordnung
zweier derartiger Apparate hintereinander mit Zwischenschalten einer Kühlein-
richtung läßt sich zwar eine höhere Konzentration erzielen, der Salzverbrauch
bleibt aber immer noch verhältnismäßig hoch, weshalb für größeren Bedarf die
zweite Konstruktion mit Laugenzirkulation empfohlen wurde.

Bei der zweiten Bauart ist der kastenförmige Zellenelektrolyseur derart in das Laugenbassin eingebaut, daß durch das Aufschäumen des entweichenden Wasserstoffgases die Lösung unter Verwendung von Überlaufröhren durchmischt wird. Im Laugenbassin liegen ein oder zwei Kühlschlangen aus Blei, welche die Temperatur niedrig halten. Bei solcher Konstruktion macht sich eine zeitweilige Säuberung erforderlich, um die eine Zirkulation erschwerenden Kalkabscheidungen wieder zu lösen. Eine Elektrolysendauer von 8 Stunden gibt 850 l mit je 12 g Cl, das sind insgesamt 10,2 kg Cl, wobei die Salzlösung 15° Bé stark sein soll. Je Stunde errechnet sich ein Salzverbrauch von 17 kg bei einem Stromverbrauch von etwa 1 Kilowatt. Siemens & Halske erzeugen in einer Steinzeugwanne mit Graphitelektroden bei einmaligem Durchlauf eine Lauge mit etwa 4—5 g aktivem Chlor im Liter. Je nach der Apparatgröße schwanken die Bedarfsziffern. Ein Elektrolyseur mit 3 kg Aktivchlor Ausbeute in 10 Betriebsstunden benötigt 700 l Salzlösung mit 35 kg Salz und einem Energieverbrauch von 2 Kilowatt. E. Weichert baut verschiedene Größen mit Stundenleistungen bis 800 g Cl. Wegen rationellerer Ausnutzung von Kraft und Salz empfiehlt Weichert aber die, wenn in der Anschaffung auch teuere, Aufstellung von Platinelektroden-Elektrolyseuren.

Für Großbleichereien (Papierstoffabriken) wurde die getrennte Gewinnung von Natronlauge und Chlorgas, das in Kalkmilch oder Natronlauge eingeleitet wird, als die ökonomischere Elektrolyse bezeichnet, da 1 kg aktives Chlor nur etwa 3,4—4 kW/h und etwa 1,8 kg Salz benötigt. Von den getrennten Verfahren, die in der chemischen Industrie eine sehr große Bedeutung erlangten, kommt das Verfahren Billiter (Siemens & Halske) in Betracht. Es ist möglich, durch Einleiten des Chlorgases in Natronlauge hochkonzentrierte Bleichlaugen zu erhalten. Doch haben bislang nur verschiedene Papierfabriken solche Einrichtung geschaffen, welche einer dauernden chemischen Überwachung bedürfen wird. Falls die Selbstherstellung von Chlorlaugen in Betracht kommen soll, bevorzugen die Textilbleichen ein Einleiten von verflüssigtem Chlor in Natronlauge oder in Sodalösung. Die Mehrzahl der Bleichen ist jedoch dazu übergegangen, konzentrierte Chlornatronlauge zu kaufen.

Die seinerzeit gehegten Erwartungen, daß die elektrische Bleiche den Chlorkalk aus den Betrieben verdrängen werde, trafen nicht ein. Die Anschaffungs- und Betriebskosten wogen die Vorteile der Verwendung einer kalkfreien Lauge nicht auf. Die Platinpreise sind zwar nach dem Kriege wieder erheblich gefallen, immerhin bedeutet die Aufstellung eines Elektrolyseurs mit Platinelektroden die Festlegung eines größeren Kapitals. Nur vereinzelte Bleichen haben die Elektrolyse im Hinblick auf die Möglichkeit vorhandene Wasserkraftanlagen auszunutzen, aufgenommen. V. Engelhardt nannte 1911 in der Chemiker-Zeitung die Kosten der elektrischen Kraft als entscheidend, er nahm seinerzeit 3—4,5 Rpf. für die Kilowattstunde an.

Aktivin.

Unter dem Namen Aktivin führte die Chemische Fabrik Pyrgos, Dresden-Radebeul, Paratoluolsulfonchloramidnatrium $CH_3 \cdot C_6H_4 \cdot SO_2 \cdot N {<}^{Cl}_{Na}$ bzw. -Imidnatrium als Textilhilfsmittel ein[1]. Es wird auch als Chloramin T und Miamin von Fahlberg, List & Co., Magdeburg, geliefert. Das Molekulargewicht beträgt 227,6 mit 3 Molekülen Kristallwasser 281,7. In Wasser löst sich das weiße Pulver leicht auf mit neutraler Reaktion. Dieses organische Oxydationsmittel enthält 1 Atom „aktives" Chlor, doch ist seine Beständigkeit verhältnismäßig sehr groß, seine wässerige Lösung verliert beim Kochen nur etwa 10% seines Chlorgehaltes, das Salz läßt sich im kochenden Wasser umkristallisieren. Bei Gegenwart oxydabeler Stoffe ist die Zersetzungsgeschwindigkeit größer, immerhin viel geringer als von einer Hypochloritlauge, wie das Kurvenbild zeigt. Sogar beim Beuchen natronlaugehaltiger Aktivinlösungen schreitet die Zersetzung des Aktivins verhältnismäßig langsam fort, eine solche Beuchflotte zeigte nach 4 Stunden bei

---

[1] Feibelmann: Aktivin, eine neue Form des aktiven Chlors. Chem.-Ztg. 1924 S. 297.

1,5 at Überdruck noch eine geringe Menge unverbrauchten Chlors. Alkalien erhöhen die Beständigkeit des Aktivins, Säuren bewirken eine milchige Trübung der wässerigen Lösung, die sich beim Stehen zu weißen Nädelchen von Aktivindichlorid zu $CH_3C_6H_4SO_2NCl_2$ verdichtet. Durch Hydrolyse entsteht in saurer Lösung unterchlorige Säure, in wässeriger Lösung Sauerstoff, unter Bildung von $CH_3 \cdot C_6H_4 \cdot SO_2 \cdot NH_2$, nach der Gleichung $CH_3 \cdot C_6H_4 \cdot SO_2 \cdot N(Cl)Na + H_2O = CH_3 \cdot C_6H_4 \cdot SO_2 \cdot NH_2 + NaCl + O$. Aktivin und seine Lösungen sollen vor der Einwirkung des Lichtes geschützt bleiben.

Bei der weit geringeren Bleichenergie, der eine geringere Beeinflussung der Fasern entspricht, erscheint Aktivin mit anderen Chlorbleichmitteln, wie Chlorkalk oder Chlornatron, nur bedingt vergleichbar. Die Herstellerin empfiehlt es für Sonderzwecke, so als Zusatz zur Beuchflotte, für die Buntbleiche, für das Bleichen von Mischgeweben, für das Entschlichten und Aufschließen von Stärke usw. Ein unmittelbarer Ersatz für Chlorlauge kann das „gezähmte" Chlor schon wegen seines Preises nicht sein. Wisch, Französisches Patent 679 749, will im übrigen durch Zugabe von Magnesiumsalzen, so von Phosphaten, die Wirksamkeit der Flotten verbessern können.

Den Gehalt an aktivem Chlor zeigen Titrationen mit $^1/_{10}$ n As_2O_3 in bikarbonat-alkalischer Lösung an oder mit $^1/_{10}$ $Na_2S_2O_3$, um das aus angesäuerter

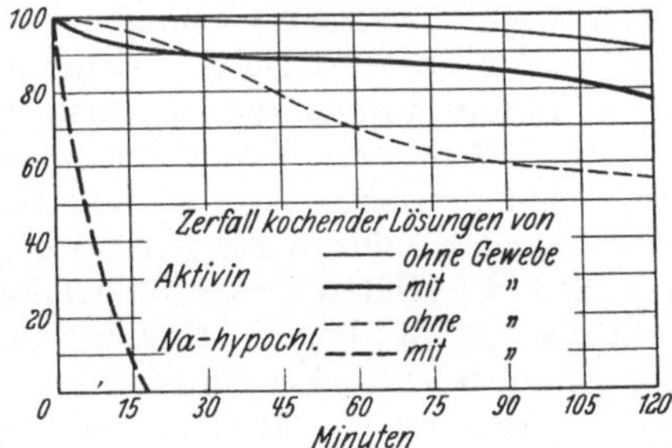

Abb. 7. Zerfall von Aktivin- und Chlorlaugen.

Jodkaliumlösung freigemachte Jod zurückzumessen. Bei ersterer Arbeitsweise soll die Aktivinlösung zu der Arsenitlösung fließen, bis zugefügte Jodkaliumstärke blau wird, es wird also von farblos nach blau titriert. 1 cm³ $^1/_{10}$ As_2O_3 = 0,01408 g Aktivin = 0,00355 g Aktivchlor. Das technische Produkt weist etwa 25% Aktivchlor auf, denn ein Molekül spaltet ein Atom Aktivsauerstoff ab. Um Aktivinbäder, die bei manchen Arbeiten nicht erschöpft werden und nach Auffrischen mit neuem Aktivin wiederholt verwendbar sind, auf einfachem und schnellem Wege mit genügender Genauigkeit zu untersuchen, haben Krais und Meves[1] ein Schnellverfahren unter Verwendung eines dem Chlorometer (siehe S. 55) ähnlichen Zylinders ausgearbeitet. Wegen Einzelheiten wäre die Aktivinbroschüre der Firma Pyrgos einzusehen.

Bei Untersuchung von Aktivin und irgendwelchen Mischungen können die durch Ansäuern der Lösung ausgeschiedenen Zersetzungsprodukte „Fett" vortäuschen, da dieselben mit Fettlösungsmitteln extrahierbar sind.

Peraktivin[2], Toluolsulfondichloramid mit einem Zusatz an Soda ist ein weißes, schwach nach Chlor riechendes Pulver, mit 30% aktivem Chlor, das jedoch den gleichen Preis wie Aktivin hat. Peraktivin löst sich nur in alkalischen Flüssigkeiten, so in der zehnfachen Menge Sodalösung von 10%, eignet sich deshalb als Zusatzmittel zur Beuche unter Druck oder zum Auskochen von Baumwollwaren mit Natronlauge ohne Druck, um die Waren mit 2 kg Peraktivin auf 1000 kg Baumwolle aufzuhellen. Die Beständigkeit ist sehr groß, alkalische Lösungen lassen sich ohne nennenswerte Zersetzung kochen, wenn keine sauerstoffaufnehmende Ware zugegen ist. Eine stärkere Vorbleiche soll man bei besonderer Nachbehandlung der mit Natronlauge vorgekochten Baumwolle mit 1 g Peraktivin im Liter erzielen. Die Herstellerin empfiehlt Peraktivin insbesondere für Kunstseidenbleiche. 1 g/l unter nachträglicher Zugabe einer geringen Menge Essigsäure zum Abstumpfen der Reaktion verbessere gleichzeitig das Egalisieren beim späteren Auswaschen. Wegen Einzelheiten sei auf die Vorschriften der Chemischen Fabrik Pyrgos verwiesen.

---

[1] Krais u. Meves: Einfache Methode zur Bestimmung von Aktivin. Textilber. 1925 S. 608.

[2] Feibelmann: Peraktivin. Textilber. 1931 S. 263.

Die Wirkung der Chemikalien.

Die Wirkung der Säuren.

Die in der Bleicherei benutzten verdünnten Lösungen anorganischer Säuren haben bei kalter Anwendung als gefahrlos für die Textilien zu gelten, sie werden aber beim Erwärmen bedenklich und greifen die Fasern beim Eintrocknen an, indem sie die Zellulose in mürbe Hydrozellulose verwandeln. Verfasser beobachtete nach mehrtägigem Einlegen in kalte Salzsäurelösungen bis zu 5° Bé keine auffallenden Änderungen der Garnfestigkeit. Da die Fasern beim Auswässern hartnäckig Säurespuren zurückhalten können, sind die Versuchsbedingungen sehr wichtig. W. Zänker[1] konnte trotz wochenlangen Wässerns die Schwefelsäure nicht vollständig aus der Baumwolle entfernen. Eine etwaige Karbonathärte des Wassers muß bei solchen Arbeiten belangreich sein, vgl. S. 149. Andere Forscher wollen jedoch bei Prüfung auf Hydrozellulose durch die Kupferzahl und durch Festigkeitsbestimmungen der Baumwolle auch schon bei längerer Einwirkung verdünnter kalter Säuren eine gewisse Beeinflussung gefunden haben.

Technisch belangreich wäre, zu wissen, ob die eine oder andere Säure schwerer auswaschbar ist und deshalb die Fasern mehr gefährdet. Bleicherkreise glauben, Schwefelsäure lasse sich aus Baumwollgeweben leichter auswaschen wie flüchtige Säure, etwa Salzsäure. Bei vergleichenden Untersuchungen im Laboratorium fanden sich nur kleine unbedeutende Unterschiede zuungunsten der Salzsäure. Je 100 g Baumwollgarn waren in $1\frac{1}{2}$ l $\frac{1}{5}$ n-Schwefelsäure = Salzsäure gesäuert und nach gleichzeitigem guten Ausschleudern wiederholt in je $1\frac{1}{2}$ l destilliertem Wasser 5 Minuten gespült worden. Die sauren Spülwässer benötigten zur Neutralisation von je 100 cm³

    1. Bad HCl 3,7 cm³, H_2SO_4 3,6 cm³ $\frac{1}{10}$ NaOH
    2. Bad HCl 0,9 cm³, H_2SO_4 0,5 cm³
    3. Bad HCl 0,2 cm³, H_2SO_4 0,1 cm³

Das Flottenverhältnis des kalten Säurebades zum Bleichgut hat keine Bedeutung für die Beeinflussung der Faserfestigkeit; es wäre ein Absäuern in kurzer oder langer Flotte in dieser Hinsicht belanglos. Mit einem Überschuß an Säure ist immer zu arbeiten, um die angestrebte Wirkung, so das Auflösen von Niederschlägen oder das Neutralisieren der Laugenreste usw., zu erreichen.

Wie die Faserfestigkeit durch verdünnte Mineralsäuren beeinflußt wird, zeigen einige Tabellen von Alb. Scheurer[2]; die Zahlen der zweiten Reihe geben die Kilowerte an, wenn die Proben eine Viertelstunde mit Sodalösung 2:1000 kochend nachbehandelt worden waren. Die Sodakochung führte zu einer weiteren Schwächung der meisten Proben,

---

[1] Zänker u. Schnabel: Über den Nachweis von freier Schwefelsäure auf Baumwolle. Färber-Ztg. 1913 S. 260.

[2] Scheurer, A.: Mülhausener Ber. 1888.

weil durch das Alkali zunächst noch verkittend wirkende hydrolysierte
Zellulose herausgelöst wird.

Nr. 1: Festigkeit des unbehandelten Gewebes 24,4 24,1
Nr. 2: $^1/_4$ Stunde behandelt mit 2 g Schwefelsäure 66° Bé/1000 bei 80° 24,0 23,5
Nr. 3: $^1/_2$ Stunde behandelt mit 2 g Schwefelsäure 66° Bé/1000 bei 80° 24,0 22,6
Nr. 4: 1 Stunde behandelt mit 2 g Schwefelsäure 66° Bé/1000 bei 80° 22,0 17,9
Nr. 5: $^1/_2$ Stunde behandelt mit 4 g Schwefelsäure 66° Bé/1000 bei 80° 22,6 21,5
Nr. 6: $^1/_2$ Stunde behandelt mit 2 g Schwefelsäure 66° Bé/1000 bei 90° 20,1 21,1

Eine Lösung von 2 g Schwefelsäure von 66° Bé/l hatte demnach bei 80°
wenig geschadet, etwas mehr nach einstündiger Einwirkungsdauer. Bei
einer Temperatur von 90° trat eine schnellere Schwächung ein und schon
nach einer halben Stunde war eine Festigkeitsabnahme von 20% zu finden.

Vor allem leidet die Festigkeit der Fasern beim Eintrocknen von
Mineralsäure. Geringe Spuren können im Verlaufe längerer Zeit die
Festigkeit bei gewöhnlicher Temperatur stark beeinträchtigen, viel
schneller noch beim Erwärmen. Daher ist auf sorgfältiges Auswaschen
oder Neutralisieren der Säure vor dem Trocknen zu achten, mit Indikatorlösung oder mit Reagenzpapier die Bleichware zu prüfen. Bei
alkalischer Nachbehandlung von säuregeschädigter Zellulose kann es
sich nur mehr darum handeln, der Faserzerstörung durch etwa noch
reaktionsfähige Säure eine Grenze zu setzen. Eine bereits erfolgte
Faserbeeinflussung ist nicht wieder zu beheben, es bleibt im Gegenteil
mit einem weiteren Festigkeitsabfall durch die alkalische Nachbehandlung zu rechnen, da das Alkali abgebaute Zellulose auflöst. Der Grad
der Faserschwächung hängt von der Zeitdauer der Einwirkung ab.
E. Lang[1] fand bei Versuchen mit gebleichtem Zwirn, daß die Schwächung sofort nach dem Trocknen bei gewöhnlicher Temperatur einsetzte,
um mit der Zeit ziemlich regelmäßig fortzuschreiten.

Auf 1 l Wasser in	Festigkeitsverlust nach						
	1 Tag %	2 Tgn. %	4 Tgn. %	7 Tgn. %	14 Tgn. %	28 Tgn. %	60 Tgn. %
5 g Schwefelsäure. . .	21	24	28	30	34	39	44
2 g 66° Bé	18	22	22	19	22	25	30
1 g 66° Bé	12	19	19	17	19	21	29

Lang hatte die Zwirne mit den Lösungen genetzt und soweit abgewunden, daß die bleibende Feuchtigkeit 60% vom Warengewicht
ausmachte. Die Baumwolle enthielt also bei dem letzten Versuche nur
0,06% Schwefelsäure. Neuere Versuche mit einem Baumwollgewebe,
dessen Anfangsfestigkeit von 3,64 kg mit 100% eingesetzt ist, zeitigten
nach Aufbewahren der mit schwachen Schwefelsäurelösungen getränkten
bzw. bei Zimmertemperatur getrockneten Stoffe folgende Verluste:

Schwefelsäure	1. Woche %	2. Woche %	3. Woche %
0,15 g/l	5,0	18,0	19,0
0,30 ,,	8,9	18,5	19,2
0,60 ,,	24,9	29,8	41,7
1,25 ,,	29,8	37,0	51,5
2,50 ,,	34,2	40,5	53,8

[1] Lang: Elsäss. Textilbl. 1910 S. 635.

Sehr wesentlich ist bei einer Säureeinwirkung neben der Temperatur der Feuchtigkeitszustand der Fasern. Die Hydrozellulosebildung soll namentlich bei feuchter Wärme rasch vor sich gehen.

Da in der Praxis mit einer sehr langen Lagerzeit zu rechnen ist, sind Faserschädigungen sogar durch geringe Säurespuren zu befürchten. Die Schäden machen sich erst nach und nach bemerkbar. So war ein nach dem Bleichen bzw. dem Säuern ungenügend ausgewaschenes Leinengarn anfänglich nur wegen schlechter Spulbarkeit in der Weberei aufgefallen; eben dieses Garn vermorschte beim Aufbewahren im Schrank derart, daß nach 1 Jahre schon beim Anfassen Faserstaub abfiel und von Festigkeit nicht mehr zu sprechen war. Um sich über etwaige schlechte Lagerbarkeit zu unterrichten, ist neben der Reaktionsprüfung eine Probe im Trockenschrank auf 105° zu erhitzen oder ein Gewebeabschnitt heiß zu plätten und dann die Festigkeit später zu überprüfen. Nachweis von Säure mit Farbstoffindikatoren spricht keineswegs immer für gefährliche Mineralsäuren, es handelt sich vielfach nur um sauer reagierende organische Verbindungen, so vielleicht um Essigsäure, die zum Griffigmachen der Waren Verwendung fand. Von anorganischen Säuren soll nur Borsäure selbst bei größeren Konzentrationen nicht schaden, weshalb solche Säure schon zum Nachbehandeln gebleichter Ware in Vorschlag kam, zumal sie den Glanz (Ramie) erhöhe (?). Der Preis dieser Säure macht solchen Vorschlag undurchführbar, abgesehen von der fraglichen Wirksamkeit.

Eintrocknende organische Säuren sind weit ungefährlicher, immerhin kann die Festigkeit der Fasern durch Oxalsäure und ähnliche zum Entfernen von Rostflecken gebräuchliche Säuren leiden. Es empfiehlt sich jedenfalls, auch solche Säuren vor dem Trocknen auszuwaschen, sonst sind solche Stellen z. B. bei heißem Bügeln gefährdet. Nur ein Eintrocknen von Essigsäure oder Ameisensäurelösungen, von Milchsäure, kann für Baumwolle und Leinen als unbedenklich gelten. Der höhere Preis und ihre geringere Wirksamkeit lassen die Verwendung organischer Säuren aber nur ausnahmsweise zu.

Der Bleicher befürchtet nicht nur eine Faserschwächung durch freie Säuren, sondern des weiteren auch durch Salze, welche wie Magnesiumchlorid, Zinksulfat, gegebenenfalls freie Säuren abzuspalten vermögen. Da die Abspaltung von Salzsäure erst bei Temperaturen von über 100° zu erwarten sein soll (?), so wird das Sengen und heiße Plätten der mit Magnesiumchlorid geschlichteten Waren als gefährlich angesehen. Pflanzenfasern sind nach Schwalbe[1] und Schepp[2] befähigt, die hydrolytische Spaltung von Magnesiumchlorid zu begünstigen. Die abgespaltene Säure sei aber erst nachweisbar, wenn durch totale Zerstörung der Faser ihre Absorptionskraft überwunden ist. Sengversuche ergaben, daß kleine Zusätze von Magnesiumchlorid in der Schlichte weniger

---

[1] Vgl. Schwalbe, C. G.: Die Hydrolyse der Zellulose und des Holzes vermittels Säure als ein Quellungs-, Alterungs- und Oberflächenproblem. Ztschr. f. angew. Ch. 1924 S. 218.

[2] Schwalbe u. Schepp: Zur Kenntnis der hydrolytischen Spaltung von Chlormagnesiumlösungen. Ber. Dtsch. Chem. Ges. 1925 Nr. 58 S. 1354.

bedenklich sind. Es mag dabei die Art der Sengware mitsprechen, ein feiner Stoff kommt an sich leichter zu Schaden, vgl. S. 280 und S. 305.

In der Hydrozellulose von der Formel $C_{12}H_{22}O_{11}$ (?) sieht man ein Zwischenprodukt in der Reihe der Abbaureaktionen, die von der Zellulose $C_6H_{10}O_5$ zum Traubenzucker, Glukose, $C_6H_{12}O_6$ führen. Während von einer Mehrzahl von Forschern die Hydrozellulose nicht als eine einheitliche Substanz aufgefaßt wird, sondern als ein Gemisch wechselnder Zusammensetzung von unveränderter Zellulose mit einem adsorbierten Bestandteil von Glukose-Dextrin-Charakter gilt, halten andere Kreise die Hydrozellulose für ein einheitliches Abbauprodukt mit kleinerem Molekulargewicht als Zellulose $(C_6H_{10}O_5)$ [1].

Der chemische Nachweis von Hydrozellulose beruht vorwiegend auf einem Ermitteln des Reduktionsvermögens. So stellte H. Kauffmann[2] durch Bestimmen der Permanganatzahl fest, daß kalte Salzsäure bis zu 10% im Verlauf von mehreren Stunden noch keine Schädigung ausübte, daß hingegen verdünnte Säuren bei höheren Temperaturen der Baumwolle schon sehr gefährlich werden. Auch die Kupferzahlbestimmungen sprechen für solches Verhalten. Nach M. M. Tschilikin, Chemie des Entschlichtens, vgl. S. 95, erleidet die Zellulose erst bei höheren Konzentrationen und Temperaturen eine Schädigung durch Abbau.

Es finden die Säuren in der Bleiche verschiedenartige Verwendung. Einmal zum Neutralisieren von Alkalirückständen, dann zum Lösen von Kalk- und Eisenniederschlägen, jedoch namentlich zum „Absäuern" nach dem Chloren, um aus noch nicht in Reaktion getretenem Hypochlorit freie unterchlorige Säure zwecks Aktivierung abzuspalten. Weiter kann man Schlichte mit Säuren aufschließen, da dieselben verzuckernd auf die Stärke wirken. Während hierfür früher ausschließlich kalte Säurelösungen dienten, brachte M. Freiberger[3] auch heiße, dafür schwächere Säuren in Vorschlag, um die gewünschte Wirkung in kürzerer Zeit zu erzielen. Solches Arbeiten ist nur mit besonderer Vorsicht durchführbar und erfordert teilweise eine entsprechende Apparatur. Es soll dann aber in kurzer Zeit mit dem vierten Teil an warmer Säure der gleiche Erfolg wie beim kalten Säuern in einer Konzentration von 1—2° Bé zu erreichen sein, ohne daß eine Faserschwächung eintritt. Die Schwefelsäure hat dabei eine Temperatur von über 40° und selbst von 95° bei Anwendung eines Säuredämpfers. Solche Arbeitsweise verlangt jedoch eine Begrenzung auf eine geringe Zeitdauer und somit eine gute Überwachung. Die Angreifbarkeit mancher Metalle durch Säure bleibt bei den maschinellen Einrichtungen zu berücksichtigen. Für Säuretröge u. dgl. empfiehlt sich eine Gummierung oder ein Überziehen mit Haveg-Masse.

Einige besondere, patentiert gewesene Vorschläge betreffend Verwendung von Säure wären hier zu erwähnen, um zu zeigen, wohin die Bestrebungen gehen. Die

---

[1] Vgl. Ost u. Brettschneider: Ztschr. f. angew. Ch. 1921 S. 422.

[2] Kauffmann: Veredelungsuntersuchungen. Textilber. 1923 S. 385.

[3] Freiberger: Ergebnisse verschiedener Chlorverfahren. Ztschr. f. angew. Ch. Bd. 1 (1921) S. 397. — Neue Fortschritte in der Baumwollbleiche. Textilber. 1924 S. 397.

Verfahren haben vorwiegend Bezug auf das Aufschließen von Rohfasern, doch soll das spätere Bleichen wesentlich erleichtert sein. Das Aufschließen von Bastfasern beschäftigte während der Kriegsjahre zahlreiche Kreise. Der Mehrzahl der Verfahren war von vornherein nur problematischer Wert beizumessen. Zumeist sollte durch ein wirksames Beuchen die Verbaumwollung zu erreichen sein, bei den nachstehenden Patenten ging man von der Erwägung aus, daß Säure auf Holz und andere Inkrustierungen der Zellulose relativ stärker einwirkt als auf die Zellulose selbst.

Als ein älteres derartiges Patent ist das Röstverfahren Baur Nr. 29646 zu nennen. Flachs war mit Salzsäure vorzubehandeln, um die Pektinstoffe zu zerlegen, welche als Kalziumsalze die Fasern angeblich verkleben, was das Isolieren der Bastfasern sowie deren späteres Bleichen erleichtere. — Es war keine Rentabilität festzustellen.

In Anlehnung an das Karbonisieren in der Wollindustrie wollte F. Gebauer Gewebe nach Tränken mit Schwefelsäure 4° Bé einem kurzen Heißdämpfen unterwerfen und hierdurch Schlichte sowie Baumwollsamenschalen hydrolysieren und weich machen. — Eine solche Behandlung gefährdet die Zellulose zu sehr, um betriebstechnisch ausführbar sein zu können.

Das gleiche hat für DRP. Nr. 325885, Deutsche Wollentfettung, AG. Oberheinsdorf, zu gelten. Da angeblich die holzigen Verunreinigungen von Bastfaserabfällen nach einem Tränken mit Schwefelsäure 1° Bé die Säure bei kurzem Spülen schwerer abgeben, könne solcher Rohstoff durch Karbonisieren von den holzigen Teilen gereinigt werden. — Es ist unmöglich, die Säurewirkung nur auf die Nichtzellulosestoffe zu beschränken.

Die Patente Nr. 331802/336637 von Dr. Possanner v. Ehrenthal sehen vor, die Inkrustierungen durch Vorbehandlung mit warmen Säuren oder sauren Salzen zu spalten. Ähnlich ist ein Verfahren von G. Odrich Nr. 327912, Spinnfasern und Zellstoff aus Leinstroh, Jute u. dgl. mit sauren Sulfitlaugen aufzuschließen. — Die Bestrebungen, die Bastfasern durch teilweises Lösen der verkittenden Inkrustierungen und Beseitigen der verholzten Teile zu verbaumwollnen, zu kotonisieren, führten nicht zu den erwarteten Erfolgen.

Daß ein Vorsäuern das Bleichen etwas begünstigen kann, ist den Leinenbleichern bekannt, welche gern Garne und Gewebe in schwacher Salz- oder Schwefelsäure vorweichten. Die Technik kam aber davon ab, da sich die Kosten nicht recht lohnten.

Eine besondere Auslegung gaben Thies-Herzig dem Patent Nr. 56705, Dämpfen der mit Flußsäure getränkten Waren zwecks Löslichmachens der Kieselsäure und Aufschließens der Schlichte. Kieselsäure findet sich jedoch in den Fasern nur in belanglosen Mengen. Etwas anderes ist es mit dem Lösen von Verunreinigungen, wie Rost. Solche Vorbehandlung könnte zweckmäßig sein, sofern die Kostenfrage dies gestatten würde.

Die Wirkung der Alkalien.

Verdünnte Laugen sind von geringer Wirkung auf Zellulose, wie schon aus dem Merzerisieren mit konzentrierter Natronlauge gefolgert werden kann. Heiße Lösungen können jedoch bei Gegenwart von Luftsauerstoff einen Faserabbau und Oxyzellulosebildung bewirken, was eine Gewichtsminderung und Schwächung der Fasern bedeutet. Dabei nimmt die Fasergefährdung mit steigender Laugenstärke schnell zu. Zellulose vermag aus den Lösungen Alkali und Erdalkali (Kalk) aufzuspeichern, die absorbierten Basen sind schlecht auswaschbar. Nach Einlegen von je 100 g abgekochten, trockenen Baumwollgarnes in $1\frac{1}{2}$ l kalte $\frac{1}{5}$ n-Na_2CO_3 und $\frac{1}{5}$ n-NaOH ging der Alkaligehalt einer 20-cm³-Probe bei Natronlauge nach 10 Minuten auf 18,9 cm³ $\frac{1}{5}$ n-NaOH zurück, während der Titer der Sodalösung unverändert blieb. Das Auswaschen der gleichzeitig zentrifugierten Garne war bei Soda schneller beendet. (Über die Absorption von Alkali beim Beuchen siehe weiter S. 86, über Leinen S. 255). Alkalizellulose ist gegen Luftzutritt empfindlich, bei höheren Temperaturen erfolgt selbst bei Luftabschluß ein Abbau, besonders ist die Bildung morscher Zellulose bei gleichzeitiger Einwirkung von heißen Laugen und Luft zu befürchten. So verbrennen die obersten Lagen des Beuchgutes im Druckkessel, falls sie nicht mit Flüssigkeit bedeckt und deshalb der Wirkung des lufthaltigen Dampfes ausgesetzt sind. Die Konzentration der Laugen ist hierbei sehr wesentlich. Während 1—2% ige Beuchlaugen (bei nicht zu langer Einwirkung?) als ungefährlich gelten, führten hingegen 4—5% ige Lösungen schon zu beträchtlichen Schwächungen, höhere Konzentrationen soll der Bleicher nur in gut entlüfteten Druckkesseln anwenden. Nach M. Robinoff[1] erfährt Zellulose schon durch Kochen mit Wasser unter Druck geringe Änderungen, eine durch den Beuch- oder Bleichprozeß bereits etwas beschädigte Baumwolle wurde sogar ziemlich stark angegriffen, hydrolysiert — vor allem bei Temperaturen über 150° C. Auch die Dauer der Einwirkung verdünnter Laugen spricht mit. M. Freiberger[2] stellte unter Verwendung von Brunnenwasser fest, daß Mako in Gegenwart von Luft 0,52%, bei Abwesenheit jedoch nur 0,31% Zellulose durch Kochen verlor. Beim Beuchen eines Rohgewebes mit Natronlauge ohne Einwirkungsmöglichkeit von Luftsauerstoff ergab sich ein Verlust von 8,2% gegen 12% bei Luftgegenwart. — Die in der Bleicherei üblichen verdünnten Lösungen besitzen nur eine unbedeutende Schrumpfkraft. An sich neigen die Textilien zufolge Aufquellens zum Einlaufen, wobei der Drall des Gespinstes und die unter Ausspannen erfolgte Verarbeitung der Garne in der Weberei wesentlich sind. Eine „Merzerisation" kommt in der Bleiche kaum in Betracht, sofern nicht in ganz unsachgemäßer Weise die zum Kochen bestimmte konzentrierte Lauge auf die Ware gegossen wird, weil man glaubte, die Lauge im Kessel selbst verdünnen zu können. Erst recht ist es nicht statthaft, ungelöste Alkalien wie Ätznatron oder Soda auf die in den Kessel bereits eingebrachte Ware zu werfen. Solche Arbeitsweise würde in verstärktem Maße Leinen gefährden, das viel empfindlicher als Baumwolle gegen Alkali ist.

Ein Werturteil bezüglich Reinigungsvermögens und Faserbeeinflussung durch alkalische Flotten läßt sich nur bedingt auf einen einzelnen Versuch gründen. Die Wirkung von Waschmitteln lassen erst häufig wiederholte Waschungen voll und ganz erkennen, zumal wenn es sich um gebleichte Stoffe als Versuchsmaterial handelt. Die ersten Wäschen bzw. Kochungen bewirken zunächst vielfach ein stärkeres Verflechten und Verfilzen der Fasern und erhöhen damit die Reißfestigkeit. Solche Verbesserung hat man dann schon auf ein Entfernen oder Verändern der Wachsstoffe zurückgeführt wissen wollen, da mit Benzol oder dergleichen entfettete Baumwollgarne eine höhere Reißfestigkeit zeigten. (?) Des weiteren machen sich gewisse Nebenreaktionen vielleicht erst nach und nach geltend. So inkrustieren gegebenenfalls die aus hartem Wasser sich bildenden Niederschläge

---

[1] Robinoff: Über Einwirkung von Wasser und Natronlauge auf Baumwollzellulose. 1912.

[2] Freiberger: Über die Entwicklung der modernen Bleichverfahren. Färber-Ztg. 1911 S. 319.

mehr und mehr die Fasern, verleihen ihnen einen rauhen Griff und verkleben die einzelnen Fasern mehr, so daß eine bessere Reißfestigkeit die Folge sein kann, ohne daß hier von einer chemischen Einwirkung zu sprechen wäre. Andererseits vermag eine etwa durch häufig wiederholtes Waschen zunehmende stärkere Inkrustierung die Sprödigkeit der Fasern zu steigern und dadurch den Gebrauchswert der Gewebe zu beeinträchtigen. Wo die Grenze zwischen günstiger und ungünstiger Inkrustierung liegt, ist fraglich. Die Verwendung von weichem Wasser bleibt den Wäschereien dringend zu empfehlen. Die Beobachtung, daß eine Beuchlauge die Festigkeit von Gespinsten nach einmaliger Wirkung nicht beeinträchtigte, gestattet also nur in sehr fraglicher Weise Rückschlüsse auf die Ungefährlichkeit zu ziehen. Zudem hängt vielleicht ein stärkeres Verfilzen von einem sehr lebhaften Flottenumlauf ab. Solche außergewöhnlichen Abweichungen stellen sich vor allem bei kleineren Laboratoriumsversuchen ein, weil das viele Hantieren die Gespinste in ungewohnter Weise aufrauht.

Die Beuchlaugen haben die Aufgabe, alle durch alkalische Flotten lösbaren oder emulgierbaren Verunreinigungen zu entfernen. Da in den alkalischen Laugen die Fasern aufquellen, bewirkt schon das Netzen eine gewisse Lockerung des Schmutzes, sowie ein Erweichen der Samenschalen und verholzten Bestandteile, was das Eindringen der Flüssigkeiten, das Überführen der eingetrockneten Pektin- und Eiweißstoffe in lösliche Alkaliverbindungen, sowie das Emulgieren oder Verseifen der fettigen Verunreinigungen erleichtert. Die Stärke der Alkalilauge bzw. die Hydroxylionenkonzentration, welche letztere von der Art der Alkaliverbindung und von der Temperatur abhängt, ist sehr wesentlich.

Gegensätzlich zu der Auffassung, daß zum Entfernen der Nichtzellulosestoffe — abgesehen von der restlichen Färbung — ein Arbeiten mit alkalischen Flotten, und zwar zweckmäßig ein Druckkochen erforderlich ist, erklärte F. H. Thies[1], das Beuchen müsse auch mit Neutralsalzen bei Temperaturen unter 100° C möglich sein, da der zu beobachtende Verbrauch an Alkali „zum Verseifen" der Verunreinigungen nicht mit der Theorie in Einklang zu bringen sei. Bei vorentschlichteter Ware mache der Gehalt an Nichtzellulose etwa 1% (?) aus, von dem zur Kochung benutzten Alkali werde jedoch bis 2% verbraucht, wie eine Titration mit Phenophthalein als Indikator bei Zugabe von $BaCl_2$ zeige. Während ein einfacher Zucker oder eine niedermolekulare Fettsäure rechnerisch nur etwa den 40. Teil ihres Gewichtes an Alkali benötigen würde, ergibt sich für die relativ geringen Mengen an Nichtzellstoffen also das gleiche oder doppelte Gewicht an Alkali, von dem ein Teil aber auch von der Schlichte aufgespeichert werden dürfte. Thies will bei zirkulierenden Flotten keine Abschwächung gefunden haben. Etwa früher beobachtete Alkalispeicherungen der Fasern beim Beuchen im Kier seien dadurch zu erklären, daß infolge des dem Abblasen parallel gehenden starken Verdampfens das Bestreben der gelösten Stoffe auszufallen, von der absorbierenden Baumwolle stark unterstützt wird. Es gelang Thies, die Nichtzellulose bei genügend langer (3 Tage) Durchführung des Beuchens mit Neutralsalzlösung weitgehend zu beseitigen. Wesentlich schneller führte ein ganz kurzes Vorkochen mit schwachem Alkali zum Ziel. Die Temperatur des Beuchens soll für den Ausfall nicht von der bisher angenommenen Bedeutung sein. Es sei möglich, mit intermittierend einwirkenden Neutralsalzflotten zufolge steten Wechsels von Druck-

---

[1] Thies: Über das Kaltbeuchen und das Beuchen mit Neutralsalzen. Textilber. 1920 S. 205. — Die Baumwollbleiche am Vorabend einer grundsätzlich neuen Entwicklung. Textilber. 1922 S. 257, 349. — Siehe auch Freiberger an gleicher Stelle S. 348 u. 447. Freiberger betont, daß man auf eine mechanische Wirkung der Gasblasen, die sich aus einer schwachen Peroxydflotte entwickeln könnten, schwerlich rechnen dürfte. Ein „Absprengen" der fast molekularfein in der Baumwolle verteilten Verunreinigungen sei im Sinne der Auffassung von Thies nicht zu erwarten.

differenzen und Konzentrationsänderungen, Einwirkung von Gasen bei 70—80° C zu beuchen.

Über die Kaltbeuche mit Neutralsalzen ist einstweilen nichts weiter bekannt geworden.

Nach dem Kriege gingen vielfach die Bestrebungen dahin, die Dampfkosten zu mindern, oder ohne jedes Vorbeuchen sofort kalt zu bleichen. So sollte ein Beuchen ohne hohe Temperaturen bei Steigern des Flottendruckes durch Einpressen von Gasen (Luft) oder Flüssigkeit möglich sein, vgl. Patentübersicht. Derartige Verfahren erlangten weniger Bedeutung als die Kaltbleiche bei der man unter Zugabe von Alkalilauge oder von Netzmitteln die nicht vorbehandelte Ware sofort chlort. Als Kaltbleiche hat man auch die „Mohrbleiche“ bezeichnet, bei der ein Kochen zwar wegfällt, jedoch ein Erhitzen der Sauerstoffflotte erforderlich ist, so daß der Name „Warmbleiche“ angebracht wäre. Es ist zwar möglich, die Nichtzellulosestoffe durch kaltes Auslaugen weitgehend zu entfernen, Beckmann gelang es, Stroh durch zwölfstündiges Einweichen in Natronlauge auf Kraftstrohfutter zu verarbeiten. Abgesehen davon, daß Versuche mit Flachs im Großbetriebe kein genügend gleichmäßiges Gut lieferten, lassen die Kosten des Mehrverbrauches an Natronlauge die technische Bedeutung fraglich erscheinen. Über die Kaltbleiche mit stark alkalischen Chlorlaugen siehe S. 126.

Umfassende Untersuchungen über die reinigende Wirkung der beim Beuchen von Baumwolle Verwendung findenden Laugen stammen von Alb. Scheurer. Die in den Berichten der Mülhausener Gesellschaft 1888 veröffentlichte Abhandlung bietet heute noch gewisses Interesse, neuere Arbeiten nehmen auf jene Veröffentlichung gerne Bezug. Die mit kleinen Mengen ausgeführten Versuche gestatten jedoch nur im bedingten Grade Rückschlüsse auf die Vorgänge im Großbetriebe, die Anschauungen über die Vorgänge beim Kochen haben sich stark gewandelt, man sieht nicht mehr im „Verseifen“ der Verunreinigungen die wesentliche Aufgabe der Laugen. Die nachfolgende auszugsweise Wiedergabe stützt sich auf das Handbuch der Färberei von Knecht-Löwenthal.

Beim Bleichen sind zwei Vorgänge zu unterscheiden: die Verseifung der Fettstoffe und das Ausbleichen der Farbstoffe. Um ein gleichmäßiges Weiß zu erhalten, muß dem eigentlichen Bleichen das Entfernen der Fette vorausgehen, andernfalls die in den Fasern vorhandenen fettigen Verunreinigungen die Farbsubstanz vor der Einwirkung der Bleichmittel schützen. Z. B. behält Rohbaumwolle beim Chloren ihre Naturfarbe, wenn ein Talgflecken nur unvollständig verseift war. Mit der besseren Entfettung lassen sich die Farbstoffe der Rohfasern leichter mit Laugen und Bleichmitteln entfernen. Auch das Sonnenlicht bleicht die Naturfarbstoffe nach einem Vorkochen des Gewebes schneller aus.

Beim Beuchen handelt es sich keineswegs nur um das Verseifen der in den Rohfasern enthaltenen Fettstoffe, sondern auch um das Entfernen der in der Spinnerei und Weberei auf die Ware gelangten Verunreinigungen von Öl, Schmiere, der Andreher usw. Schwierig fällt vor allem das Lösen der unverseifbaren Mineralöle. Die in der Faser vorkommenden Naturfette sind zwar nicht so leicht verseifbar wie Olivenöl, aber doch unschwerer zu entfernen als Talg. Über die „Verseifungsgeschwindigkeit“ verschiedenartiger Fettflecken von Talg, Mineralölen sowie Mischungen von Mineralölen und Pflanzenölen sollten die bei Temperaturen von 100 und 120° mit kleinen Gewebeproben (2 mal je 100 cm²) ausgeführten Versuche

Aufschluß geben, wobei Scheurer die Verseifung als vollständig ansah, wenn die Proben sich im Wasser sofort und gleichmäßig netzten.

Ergebnisse der Versuche bei 100°.

Zusätze je Liter	Zur Verseifung erforderliche Zeit in Stdn.	
	Naturfettstoffe der Baumwolle	Talgflecke
10 g Solvay-Soda	32	58
10 g Solvay-Soda	14	36
5 g Ätznatron	18	34
10 g Ätznatron	18	34
5 g Solvay-Soda + $7^1/_2$ g Ätznatron.	13	32
10 g Solvay-Soda + $2^1/_2$ g Harz . . .	36	62
5 g Ätznatron + $2^1/_2$ g Harz	18	18
10 g Ätznatron + $2^1/_2$ g Harz	6	6
10 g Ätzkalk	6	12
60 g Baryumhydroxyd	$3^1/_2$	$3^1/_2$

(Mit Baryt aber nur eine unvollständige Verseifung erreichbar.)

Ätznatron verseifte die Fette doppelt so schnell wie Soda, Konzentrationen von 5 und 10 g gaben kaum Unterschiede. Hingegen zeigten sich bei den verschieden starken Sodalaugen beträchtliche Änderungen. Zusatz von Kolophoniumharz zu Ätznatron konnte die Verseifung beschleunigen, die Sodakochung jedoch nicht abkürzen. Eine gute Wirkung zeigte Ätzkalk, als die gekalkten Gewebeproben mit Salzsäure gesäuert und mit Alkohol zum Lösen der Fettsäuren nachbehandelt worden waren. Alkohol löst freie Fettsäuren, aber nicht das unveränderte Fett. (?)

Ergebnisse der Versuche bei 120° (ohne Laugenzirkulation).

5 g Ätznatron	4 Stdn.	16 Stdn.
10 g Ätznatron	4 „	16 „
5 g Ätznatron + $2^1/_2$ g Harz . .	4 „	8 „
10 g Ätznatron + $2^1/_2$ g Harz . .	4 „	8 „
10 g Ätzkalk	2 „	4 „

Kaustische Soda mit oder ohne Harzzusatz hatte die Naturfette in 4 Stunden, Talg erst in 16 bzw. 8 Stunden lösen können. In weniger als 2 und 4 Stunden wurden Naturfette und Talg von der Kalklauge verseift. Kalk entfaltete eine sehr günstige Wirkung ohne Laugenumlauf. Zur raschen und vollständigen Verseifung hielt Scheurer deshalb am besten das Kochen mit Kalk oder mit kaustischer Soda und Harz geeignet.

Versuche über die Verseifbarkeit von Baumwollsaatöl und ebenso von Gemischen aus Talg und Baumwollsaatöl oder freier Ölsäure ergaben, daß die Gegenwart leicht verseifbarer Öle das Entfernen von schwerer in Lösung zu bringenden Fetten wesentlich fördert. Dasselbe gilt für das Beseitigen von Mineralölflecken. Vgl. die Angaben über Ölflecke, S. 275.

Verseifung der Fettstoffe durch Solvay-Soda, kaustische Soda und Gemische.

Die früher gebräuchliche Leblanc-Soda war ein stark ätznatronhaltiges Produkt (bis 20% NaOH) und deshalb wirksamer als reine Solvay-Soda. Erklärlicherweise hing die Wirkung mit von dem Gehalt an Ätznatron ab. Da reine Natronlaugen schlechter netzen sollen, sei es zweckmäßig, Laugen zu verwenden, welche etwa zu drei Viertel aus Ätznatron und ein Viertel aus Soda bestehen, denn Soda erhöht in ähnlicher Weise wie Seife die reinigende Kraft. (?!)

Verseifung der Fettstoffe mit Ätzkalk.

1837 gab M. Dana an, das Bleichgut mit Kalk vorzukochen und dann mit Soda bzw. ursprünglich mit Pottasche nachzubeuchen, nicht aber mit kaustischer

Soda zu kochen, wie dies bis dahin üblich war. A. Scheurer-Rott änderte das Verfahren noch weiter ab, indem er nach dem Kalken zunächst mit Schwefelsäure oder Salzsäure behandelte. Diese Änderungen erwiesen sich als eine sehr wertvolle Verbesserung der älteren Arbeitsweise, die bei großer Gefahr des „Verbrennens" leicht fleckige Waren gab, wenn die Kalkseifen ungenügend zersetzt wurden. Beim Kochen mit Kalk soll sich unlösliche Kalkseife bilden, welche nach dem Verfahren Dana mit Soda in Kalziumkarbonat und Fettsäure umgesetzt wird. Unvollständig verseifte Reste konnten zusammen mit den Fettsäuren leichter bei der zweiten Kochung mit gelöst werden. Das Absäuern läßt aus den Kalkseifen gleichfalls Fettsäure auf der Faser entstehen, die neben Resten von Neutralfett durch Soda in Lösung zu bringen sind. Um den Reaktionsverlauf klarzustellen, führte A. Scheurer weitere Kalkkochungen aus.

Verseifung der Naturfette durch Ätzkalk bei 100°
(10 g/l CaO).

1. Welche Zeit ist zur Verseifung durch CaO erforderlich?	Kalkkochen, Absäuern mit Salzsäure	Zur Verseifung erforderlich 6 Stunden
2. In welchem Umfange läßt sich durch folgende Umsetzung mit Soda die Kalkkochung abkürzen?	Kalkkochen, 1 Stde. Abkochen mit 10 g Soda/1000	4 Stunden
3. In welchem Maße verkürzt ein zwischengeschaltetes Absäuern die Kalkkochung	Kalkkochen, Absäuern mit Salzsäure und Abkochen mit 10 g Soda/1000	1 Stunde

Die Proben wurden in Zwischenräumen von 1 Stunde beobachtet.

Die günstige Wirkung der Umsetzung mit Soda und vor allem des eingeschalteten Absäuerns ist ersichtlich. Ähnliche Versuche über die Entfernbarkeit von Talgflecken zeitigten weniger große Unterschiede, zu 1: 10—12 Stunden, zu 3: 4—6 Stunden.

Verseifung durch Ätzkalk unter Druck.

Den ersten Versuchen zufolge verseift Ätzkalk beim Kochen unter Druck auch ohne Laugenumlauf die Naturfette schneller. Da Kalk im heißen Wasser schwerer löslich ist als im kalten, hatte man früher angenommen, es werde sich beim Erwärmen von zirkulierender Lauge auf den oberen Stücken Kalk niederschlagen und anreichern, indem die oberen Gewebeschichten als Filter wirken. A. Scheurer fand jedoch, daß die Gewebe zum Schluß gleichmäßig mit 1,6 g Kalk je Kilogramm imprägniert waren und die klare Laugenflüssigkeit bei einem Gehalt von etwa 1 g freiem Ätzkalk insgesamt 5 g Kalk in Lösung — an organische Substanz gebunden — aufwies.

Wenn schon derartige Versuche sehr von den jeweiligen Umständen abhängen, so folgerte Scheurer doch, daß das Gewebe aus der Kalkmilch die Hälfte bis ein Drittel des Kalkes aufnimmt und die Anreicherung des Alkalis auf der Faser die Verseifung beschleunigt, der Kalk sauge die Fette sozusagen auf. Die Schwerlöslichkeit von CaO wäre demnach für die Verseifung sogar förderlich. Da mit steigender Temperatur die zunehmende Schwerlöslichkeit eine weitere CaO-Konzentration auf der Faser mit sich bringt, so müßte das Erhitzen der Kalklauge von größerer Bedeutung als eine stärkere Laugenzirkulation sein. Anders würden die Verhältnisse beim Kochen mit Soda liegen. Hier macht sich ein kräftiger Laugenumlauf erforderlich, damit die anfänglich gebildete Seife keinen gelatinösen, die noch nicht angegriffenen Fettstoffe vor weiterer Einwirkung schützenden Überzug abgibt.

Auf Grund seiner Versuche und seiner Erfahrungen in der Praxis erklärte Scheurer: Das Beuchen von Baumwollgeweben ist ausführbar,

6*

1. durch eine einzige Kochung mit Ätznatron und Harzseife; 2. durch Kochen mit Kalk und nachfolgendes Absäuern sowie ein zweites Beuchen mit sodahaltiger Lauge. Das erste Verfahren verlangt einen guten, gleichmäßigen Laugenumlauf, sonst kann das Gewebe besonders bei großen Partien fleckig werden. Das zweite Verfahren verspricht größere Regelmäßigkeit, weil weniger von ungünstigen Zufällen abhängig, denn die nachfolgenden Behandlungen gleichen etwaige beim ersten Kochen gebliebene schlechte Stellen aus. Das erzielte Weiß ist reiner und mindestens ebenso gut wie die Bleiche eines zweimal mit Natron und Harz gekochten Gewebes.

Indessen hat die Natronlaugenkochung wegen der kürzeren Arbeitszeit das Kalkkochen von Baumwolle verdrängt, — über das Kochen von Leinen mit Kalk siehe S. 258. Man hat dabei zu bedenken, daß ein Kochen unter Druck erst ab 1886 in der Technik aufkam. Die Apparatur der Kessel ist heute so vervollkommnet, daß man ein Verbrennen oder ein ungleichmäßiges Beuchen zufolge Widerstandes der zusammengepreßten Massen weniger zu befürchten hat. Eine gute Laugenzirkulation bleibt vorauszusetzen. Weil die Kochlaugen sich jeweils den leichtesten Weg suchen, an den Kesselwandungen oder durch „Kanäle" herabsickern, welch letztere sich selbst bei sorgsamem Einbringen der Baumwolle schwer gänzlich vermeiden lassen, so wirkt die Flüssigkeit auf die inneren Lagen des Bleichgutes in fraglichem Grade gleichmäßig ein, man darf deshalb die Beuchzeit nicht zu sehr verkürzen. Die Kochdauer steigt mit der zu beuchenden Materialmenge an, denn hohe Schichten bieten einen größeren Widerstand, und um so länger wird der Bleicher die Einwirkungszeit auszudehnen haben, um einen gewissen Ausgleich zu erreichen, Rohstellen zu vermeiden.

Späteren von A. Scheurer mit A. Brylinski in den Berichten der Mülhausener Gesellschaft 1898 veröffentlichten Versuchen zufolge gelang es zusammengefaltete Baumwollstoffproben bei einer Temperatur von $140° = 3,5$ at auch ohne Laugenumfluß in 4 Stunden zu entfetten. Die Lösung enthielt etwa 10 g Ätznatron und 2,5 g/l Harz. Beim Beuchen ohne Harzzusatz soll ein Erfolg nur möglich sein, wenn das Gewebe nicht zusammengefaltet und gepreßt ist. C. F. Theis (Breitbleiche) äußerte ablehnend, er habe einmal gelegentlich des Versagens der Rotationspumpen in einem großen Gebauerschen Sektionskessel die Ware 4 Stunden bei 3,75 at in der Lauge lassen müssen. Beim Ausfahren zeigte sich, daß die Ware unregelmäßig durchgekocht blieb. Große Partien enthielten noch fast unangegriffene Schalen. Allerdings war der Lauge von 8 g Solvay-Soda und 4 g festem Ätznatron im Liter kein Harz zugesetzt gewesen. Somit erscheint der Druck von 3,5—3,75 at ohne Laugenumlauf nicht zu genügen.

Die Vergleiche über die Wirksamkeit der verschiedenen Alkalien wurden von R. Weiss[1] auf Strontiumhydroxyd ausgedehnt. Dieses soll im Gegensatz zu Bariumhydroxyd, das vor Kalk keinen Vorteil bietet, besser verseifend wirken und ein reineres Weiß liefern. Eine praktische Bedeutung hat solche Feststellung im Hinblick auf die Kosten nicht. Wenn die Saugfähigkeit, welche bei Baumwolle von der Reinheit und der Zahl der Kapillarräume abhängt, der Beurteilung zugrunde liegt, so soll sich als Beuchmittel von den Alkalien Lithiumoxyd, unter den alkalischen Erden Barium-, Strontium- und Kalziumoxyd namentlich in Gegenwart von Türkischrotöl bewähren, wie A. Koehler[2] bei Kleinversuchen festgestellt haben will. Siehe jedoch auch S. 89.

---

[1] Weiß: Mülhausener Ber. 1902. — Färber-Ztg. 1920 S. 87.

[2] Über den Einfluß der Beuche und Bleiche auf die Kapillarität der Baumwolle. Dissertation. Dresden 1908.

Über die Unterschiede zwischen Kalk- und Natronkochung haben
später Thies-Freiberger ausführlich geschrieben. Bei der Kalkbeuche wird die
Baumwolle vermöge der geringen Löslichkeit des Kalziumhydroxyds während des
ganzen Kochprozesses mit einer alkalischen Kalkmilchpaste umhüllt. Dadurch
bleibt die Baumwolle davor geschützt, daß sich die Fasern aufdrehen, der Stoff
wird nicht so flaumig wie beim Kochen mit verdünnter Natronlauge, was sich
bei späteren Ausfärbungen in der Weise zeigt, daß ein kalkgekochtes Gewebe
einen gesättigteren, volleren Farbton aufweist. Die schwache Alkalität des Kalk-
hydrates läßt die in den Zellen enthaltene Luft nur allmählich zur Reaktion gelangen, so daß vorerst die leicht oxydierbaren Verbindungen, wie auch die Farbstoffe der Rohbaumwolle angegriffen werden. Die Ware gelangt deshalb weißer
zum Chloren als nach einer Natronbeuche und liefert ein bläuliches Weiß. Namentlich bei stärkerer Natronlauge erfolgt bei Gegenwart von Luft schneller ein Angriff
der Zellulose. Die Alkalität der Kalklauge soll überall die gleiche bleiben, bei verdünnter Natronlauge erhalten jedoch die im Kessel entfernter liegenden Stücke
anfangs nur Wasser, da die Zellulose Alkali absorbiert, abfiltriert (?). Dies erfordert ein Verlängern der Kochdauer, was wieder zu einer Beeinträchtigung der
Warenfestigkeit führen kann. Verwendung kalter Lauge soll des weiteren ein geringeres Streckmaß der fertigen Ware zeigen, so daß diese und andere Gründe
dazu geführt haben, heiße stärkere Laugen unter guter Entlüftung zu verwenden. —
Wieweit jedoch bei der Kalkbeuche eine mechanische Wirkung mitspricht, bleibt
dahingestellt. Man darf auch nicht eine mit Kalk vorgekochte, gesäuerte und mit
Natron fertig gekochte Ware mit einer nur einmal mit Natron gekochten
Baumwolle vergleichen. Reine Kalkbeuche kann nur ausnahmsweise als ausreichend gelten, die gechlorte Ware würde kein befriedigendes Weiß geben.

Im Zusammenhang hiermit seien zunächst ältere Ausführungen von G. Ullmann[1] im Auszuge wiedergegeben: Hochdruckbeuche ist für ein stark schalen-
haltiges Material erforderlich. Die Schalen zerfallen vollständig nur bei Druckkochung. Zermürbt werden sie schon durch längeres Kochen bei gewöhnlichem
Druck. Hochdruckbeuche gestattet die Kochzeit abzukürzen. Die Kochungen
werden jedoch in der Technik vielfach zu sehr ausgedehnt. Durch Einbringen
genetzter Ware in den Kessel lassen sich Rohflecken vermeiden, ein Abkürzen
des Beuchens ist möglich. Die Art und Größe der Apparatur hat wesentlichen
Einfluß. Wenn ein Kochkessel üblicher Einrichtung für 1000 Pfund Bündelgarn
ein durchgekochtes Garn bei 1,5 at Überdruck in $2^1/_2$ Stunden liefert, so ist beim
Kessel für 4000 Pfund mit einer Kochzeit von 8 Stunden bei 2 at zu rechnen. Mit
der Vermehrung des Kochgutes steigt die Höhe des Materialblocks. Laugenzirkulation und Durchkochen werden beträchtlich erschwert. Namentlich die
unteren Lagen des Bleichgutes sind zu stark zusammengepreßt. Die neueren
Konstruktionen gestatten die Verarbeitung größerer Bleichposten in angemessen
kurzer Zeit, weil die Flottenzirkulationsgeschwindigkeit durch stark wirksame
Pumpen verbessert wurde. Je schneller der Gesamtumlauf der Flotte vor sich
geht, um so kürzer ist die benötigte Kochdauer.

Während man früher ein stetes Bedecktsein des Gutes mit Lauge
für unbedingt erforderlich hielt, kam bei dem von Thies-Herzig 1890
und später von Freiberger-Mathesius ausgearbeiteten Beuchsystem
eine stärkere aber kürzere Flotte zur Anwendung, die Kessel wurden
jeweilig nur zur Hälfte mit Lauge gefüllt. Solche Arbeitsweise erschien
jedoch nur bei völliger Entlüftung der Apparatur, Verwendung von
Vakuum, möglich. Diese Kochung sollte dem Gut mehr den Charakter
von kalkgebeuchter Ware geben, die Gewebe weniger flusig ausfallen
lassen. Man wollte die Ware zudem durch Vorbeuchen mit alter Flotte
in einen „reduzierenden" Zustand überführen. Jede Beuchflotte nimmt
nämlich durch Lösen von verzuckerter Stärke, von Oxyzellulose usw.

---

[1] (Ullmann), N. G.: Über Baumwollbleicherei. Österr. Wollen- u. Leinen-
Industrie 1910 S. 500.

ein Reduktionsvermögen an, worauf das Auslaugen von Indigo und anderen reduzierbaren Farbstoffen beruht. Anfänglich ging sogar die Auffassung dahin, es sei notwendig, die Fasern durch einen gewissen, nicht auswaschbaren Gehalt an Erdalkalisalzen — Kalk und Magnesia aus hartem Wasser — schwach alkalisch zu machen, eine jedoch nicht aufrecht zu haltende Annahme. Die Thies-Bleiche verdankte ihre Erfolge der Anwendung einer Ätznatronlauge von 4% bei weitgehender Entlüftung, wobei die Flotte mit Hilfe von Vakuumkessel und Pumpe als kleinblasiger Schaum durch das Gut bewegt wurde. (Daß Schaum leicht in Fasermassen eindringt, geht aus der Möglichkeit des leichteren Durchfärbens von Spulen in farbigem Schaum hervor.) Freiberger-Mathesius gestalteten das Verfahren noch besser aus. Rüsselableger zum schnellen, gleichmäßigen Einschichten des gut vorentschlichteten Beuchgutes in den Kier, schnell laufende Waschmaschinen usw. ließen das Verfahren für die Massenfertigstellung unter Ausnutzung aller Materialien ausgestalten. Da beim Vorbehandeln, Entlüften, in Altlauge sich deren Verunreinigungen auf frischem Beuchgut wieder niederschlagen können, wenn das Alkali zu sehr aufgebraucht ist, so erachtete Freiberger eine regenerierte Altlauge als bestgeeignet zum Vorbehandeln. Das dahin gehende Patent, vgl. S. 13 wurde jedoch nicht aufrechterhalten, die Mehrkosten lohnten sich wohl nicht.

Um Alkalilaugen unter sparsamer Verwendung bei höheren Temperaturen „konzentriert" auf die Fasern wirken zu lassen, hat man vielfach versucht, das Beuchen durch ein „Dämpfen" der laugengetränkten Ware zu ersetzen. Die Vorschläge von Köchlin, Pieper, Cross u. a. — vgl. Theis, Breitbleiche — betreffen mehr die hierfür erforderliche konstruktive Ausgestaltung der Kessel, namentlich für die Breitbleiche in Fließarbeit. Allgemeinere Einführung haben solche Vorschläge nicht gefunden, da sich keine Vorteile gegenüber dem üblichen Beuchen ergaben, vor allem die Gefahr der Oxyzellulosierung ungenügend auszuschließen war.

Natronlauge und Soda wurden die gebräuchlichen Beuchmittel, Kalk ist nur in der Leinenstückbleiche üblicher geblieben. Wie aus der Patentübersicht hervorgeht, wurden hin und wieder andere Chemikalien vorgeschlagen. Das Beuchen mit Schwefelnatrium, mit Aluminat u. dgl. brachte jedoch keine wesentliche technische Verbesserung. Fettige Verunreinigungen sucht man gegebenenfalls unter Mitverwendung von Seife bzw. von Fettlöserseifen besser zu beseitigen. Leider begrenzt deren Preis einen größeren Zusatz, kleine Mengen haben jedoch problematischen Wert.

Bei analytischer Kontrolle des Alkaliverbrauchs in Kochlaugen stört die gelbbraune Verfärbung das Erkennen des Indikatorumschlages, sofern Methylorange oder ähnliche Farbstoffe in Betracht kommen. Einmal hilft hier schon ein stärkeres Verdünnen, sonst empfiehlt es sich, einen geeigneteren Indikator zu wählen, so Bromthymol- und Bromphenolblau, das über einen schmutziggraugrünen Ton in Gelb übergeht, — letzteres ähnelt Methylorange als Indikator. Minajeff und Juschkow[1] veröffentlichten ausführliche Untersuchungen über die Vorgänge im Beuchkessel, sie machten Angaben über das Bestimmen der Alkalität, der gelösten organischen Stoffe usw. Die Verringerung der Alkalität von NaOH-Flotten beruht vorwiegend auf der Bindung an organische Extraktivstoffe, Karbonat entsteht nur in geringem Umfange, wie folgende Zusammenstellung dartut.

---

[1] Minajeff u. Juschkow: Praktische Methoden zur Untersuchung der Vorgänge im Beuchkessel. Leipzig. Mschr. Textil-Ind. 1930 S. 330, 478.

	Kaustisches Alkali g	Kohlensaures Alkali g
Probe, 10 Minuten nach Beginn des Beuchens entnommen	13,3	1,04
Nach 11 Stunden Beuchen	2,47 (?)	1,14
Nach 13 Stunden Beuchen	1,94 (?)	1,22

Die Kohlensäure stammte scheinbar aus der in der Ware enthaltenen Luft.

Über den tatsächlichen Bedarf an Alkali herrscht noch keine einheitliche Auffassung. Ob eine 2%ige Kochung mit NaOH am vorteilhaftesten ist, wie russische Forscher erklärten, wird von anderer Seite angezweifelt. Vgl. z. B. Chem. Techn. Übersicht Chem.-Ztg. 1929 S. 73 und die folgende Besprechung russischer Arbeiten.

In einer großen Experimentalarbeit hat M. Tschilikin[1] die beim Beuchen von Baumwollgeweben mit Natronlauge unter Druck sich abspielenden Vorgänge zu klären gesucht, die gelösten Faserbegleitstoffe isoliert. Tschilikin betont, daß das Abkochen nicht vorwiegend als ein Verseifungsprozeß der Verunreinigungen anzusprechen ist. Zur Hauptmenge sind dieselben überhaupt nicht verseifungsfähig, das Baumwollwachs besteht vorwiegend aus nicht verseifbaren Kohlenwasserstoffen und hochmolekularen, festen Alkoholen. In der Beuchlauge finden sich die hochmolekularen Ester der Rohbaumwolle unverseift wieder. Nur die Glyzeride gehen in Seife über. Da die technisch in Betracht kommenden schwachen Seifenlösungen keine große Emulsionskraft haben, können sie nicht alle wachsartigen Substanzen in kolloidale Lösung überführen, sondern hier ist eine stickstoffhaltige Säure von großem Emulgierungsvermögen beteiligt. Diese Säure, als ein schwarzes Pulver gewonnen, ist in Wasser unlöslich, mit brauner Farbe leicht löslich in Alkalien und Karbonaten. Es ist diese Amidosäure der Träger der Färbung und des Geruches der Beuchflotten. Gegenüber Methylorange als Indikator reagiert die „schwarze Säure" neutral. Beim Neutralisieren der Beuchflüssigkeit fallen die Emulgatoren und mit ihnen alle verseifbaren Substanzen aus. Die Emulsionskraft der Beuchlauge wächst während des Kochens stark an und erreicht gegen Ende des Kochens ihr Maximum. Beim Erkalten unter 70° sinkt die Alkalität der Lösung infolge der Absorption des Ätznatrons durch die Baumwolle. Gleichzeitig verringert sich die Emulsionskraft beträchtlich, und die kolloidal gelösten Substanzen schlagen sich unter Aufhellen der Lauge zum Teil auf der Ware nieder. Aus 100 Teilen des beim Neutralisieren erhaltenen Niederschlages wurden 7,5% „schwarze Säure" gewonnen, die wohl aus dem Protoplasma der Faser entstand, denn sie weist über 6% Stickstoff auf. Die Reinherstellung hält schwer, es handelt sich vermutlich um eine Tyrosinverbindung. Wegen Einzelheiten der chemischen Untersuchung wolle man die Textilberichte einsehen. Nach Tschilikin bewirkt das Abkochen mit Natronlauge folgendes:

1. Die Verseifung aller Olein-Palmitin- und Stearinglyzeride.

2. Nur in geringem Maße die Verseifung wachsartiger Substanzen, der Ester von Cerotin-, Carnauba- und Melissinsäure, deren größter Teil unverseifbar bleibt.

3. Die Bildung von Natronsalzen aus den Zersetzungsprodukten stickstoffhaltiger Substanzen.

4. Die Bildung von Natronsalzen der Säuren, die bei der Zersetzung von Pentosanen, wie Pflanzengummi, in Anwesenheit von Ätznatron entstehen.

5. Die Bildung von Alkalizersetzungsprodukten, von Hexosan, wie der Stärke und ähnlichen Schlichtemitteln.

6. Hauptsächlich aber das Emulgieren und Überführen in kolloidale Lösung der a) Kohlenwasserstoffe, wie $C_{30}H_{62}$, b) Gossyp-, Ceryl- und Carnaubylalkohole, c) der Ester dieser letzteren mit Carnauba-, Zerotin- und Melissinsäure.

Ob jedoch die aus Beuchlaugen gewinnbaren Substanzen in ihrer Menge und Wesensart noch den ursprünglich vorhandenen Faserbegleitstoffen entsprechen, bezweifelte schon M. Freiberger im Anschluß an die Ausführungen von Tschi-

---

[1] Tschilikin: Chemie des Beuchens. Textilber. 1928 S. 397.

likin, denn die Art des Beuchens, nicht zuletzt die Entlüftung muß hier von großem Einfluß sein. Gleichfalls sprach Pomeranz die Vermutung aus, das Ätznatron werde zu tief eingreifend einwirken, um aus den in den Kochlaugen gefundenen Bestandteilen die ursprüngliche Art der Faserbegleitstoffe folgern zu können[1].

Eine weitere Experimentaluntersuchung, welche Aufschluß über den Bedarf an Alkali geben soll, verdanken wir P. Victoroff[2]. Auf 2400 kg Baumwolle als Beuchgut errechnen sich bei Verwendung von 3% 75 kg Ätznatron. Bei einem mittleren Fett-Wachsgehalt der vorentschlichteten Ware von 0,57% — zur Hälfte nur verseifbar! — verlangen die 14,25 kg Fett mit einer mittleren Verseifungszahl von 80 nur 0,82 kg Natron. Mit der Annahme, es handle sich bei den stickstofffreien Substanzen — 5,79% — nur um Pektin, errechnet Pomeranz für 150 kg einen theoretischen Verbrauch von 14 kg Natron zum Verseifen bzw. Neutralisieren entstehender Galakturon- und Essigsäure, vgl. S. 315. Weitere 1,5% Protein gleich 0,24% Stickstoff oder 6 kg N in der Beuchpartie sollen zur Bildung des Natriumsalzes der Amidosäure 17 kg Natron benötigen. Der Gesamtbedarf wäre somit 31,82 kg. Demnach bliebe ein Überschuß von mehr als 50%. (Bei der Berechnung ist nicht an NaOH-Verbrauch durch Schlichtereste gedacht, andererseits haben wir mit weit weniger Pektin zu rechnen, dafür mit Hemizellulose, nicht reifer, unfertiger Zellulose.) Ein wesentlicher Anteil der Lauge muß jedoch den Versuchen von Victoroff zufolge von der Baumwolle absorbiert werden, Titrationen sprechen dafür, daß sogar nur 20% der Lauge chemisch gebunden wurden, weitere 60% entfallen auf Absorption und restliche 20% bleiben unverbraucht. Der Anfangsgehalt der beiden Kochlaugen mit 13,216 g NaOH im Liter fiel nach 1 Stunde Beuchdauer auf 4,985 bzw. 5,915 g. Nach 8 Stunden waren die Zahlen 2,712 und 5,373 g. Die Messungen mit dem Potentiometer auf elektrischem Wege ergaben, daß der NaOH-Verbrauch nach einer gewissen Zeit kaum noch ansteigt, es stellt sich ein Gleichgewicht ein. Sauerstoffzahlen (Kaliumpermanganat) ließen die Menge der gelösten Verunreinigungen in der Beuchflotte verfolgen. Bei der ersten Beuche war das Gleichgewicht, demnach die Reinigung der Ware, nach 4—5 Stunden erreicht. Der Sauerstoffverbrauch betrug 2,799 g je Liter. Die gespülte Ware gab in der zweiten Kochung nach 4 Stunden die Sauerstoffzahl 0,7100, denn abgesehen von dem Verbrauch für restliche Verunreinigungen und für die mehr und mehr in Lösung gehende Zellulose hatte die Frischlauge bereits einen Wert von 0,4466, weil eine schon in der Merzerisation gebrauchte Ablauge zum Beuchen gedient hatte. Wenn theoretisch bei diesem Einzelbeispiel die Beuche nach 4 Stunden in einem Kessel von Mather-Platt als beendigt gelten konnte, so hat man in der Praxis jedoch eine längere Beuchzeit vorzusehen, um mit größerer Sicherheit auf ein genügendes Durchkochen rechnen zu dürfen. Hierbei ist der Flottenumlauf von großer Bedeutung. Eben deshalb arbeiten die neueren Kesselsysteme mit abwechselndem Flottenumlauf unter Verwendung starker Pumpen. Man kann die Laugenstärke nicht auf die theoretisch errechnete Verbrauchszahl mindern. Sonst ist eine ungenügende Reinigung die Folge bzw. müßte die Beuchdauer sehr ausgedehnt werden. — Was das Arbeiten mit dem Potentiometer anbelangt, so soll eine erfahrene Bedienung erforderlich sein, und der große Zeitaufwand von 2 Stunden für jede Messung die Anwendung erschweren.

Eine Verbesserung der Beuchflotten erstrebt man weiterhin durch Zusätze, welche das Entfernen der fettigen Verunreinigungen erleichtern, da von deren Entfernung der Bleichausfall im wesentlichen abhänge, ungenügend entfettete Ware sich schlechter netzen und durchfärben lasse. Neben Baumwollwachs, über dessen Zusammensetzung auf S. 316 nachzulesen ist, sind es die beim Schlichten und Verweben aufgebrachten Fette und Ölschmieren, deren Beseitigung im normalen Bleichgang schwer hält. Dieser Frage ist ein Unterabschnitt gewidmet, siehe S. 97, vorweg sei auf das grundsätzliche Problem eingegangen, auf den Unterschied von Kalk- und Natronkochung. Nach G. Ullmann[3] war die alte Kalkkochung wirk-

---

[1] Siehe Leipzig. Mschr. Textil-Ind. 1927 S. 425 u. 521.

[2] Victoroff: Versuche zur Anwendung des Potentiometers bei der Beurteilung des Beuchprozesses. Textilber. 1931 S. 638.

[3] Ullmann: Verfahren zum Auskochen vegetabilischer Fasern mit und ohne Druck. Textilber. 1931 S. 577.

samer als eine Natronbeuche, denn die Verseifung der Fette verlaufe schneller,
wie u. a. aus der Seifenfabrikation bekannt. Da die Kalkkochung jedoch ein
weiteres Nachbeuchen mit Natron bei zwischengeschaltetem Absäuern verlangt
und deshalb von der Technik zumeist aufgegeben wurde. empfiehlt Ullmann mit
einem Gemisch zu beuchen, das aus Kalk oder einer sonstigen Metallverbindung,
ferner aus ätzenden oder kohlensauren Alkalien und weiter aus einem Zusatzstoffe
besteht, welch letzterer die auf der Faser gebildeten Metallseifen zu emulgieren,
zu lösen vermag. Als bestgeeignet empfiehlt U. Produkte vom Gardinoltyp, die
unter dem Namen Sirial von der AG. H. Th. Böhme, Chemnitz, hergestellt
werden.

Neben Sirial B, einer Kombination von Aluminium mit dem Fettalkoholsulfonate gibt es eine Marke K, die der Kalkmilch zuzusetzen wäre, wenn man ein
Kalkbeuchen bevorzugt. Die Mitverwendung von Sirial soll den Beucheffekt beim
offenen Kochen dem durch Druckkochen erreichbaren nähern und weiter die Vorteile des drucklosen Kochens mit dem der Sauerstoffbehandlung vereinen lassen.
Als Bedarfsmengen werden für das Kochen unter Druck von Sirial B etwa 0,5
bis 0,7% genannt, für Kalkkochung unter Druck etwa 0,4%, bei Kochungen auf
dem Jigger oder Haspel sind etwa 1%, in der Apparatbleiche 1,4—1,8% zu nehmen.
— Wegen Erfordernis, das Manuskript abzuschließen, muß hier auf die ausführliche Veröffentlichung von G. Ullmann, in welcher Bezug auf Versuche von
Professor Kollmann genommen ist, verwiesen werden.

Das Einweichen und Entschlichten.

In der Stückbleiche erschwert nicht zuletzt die Kettschlichte das
Reinigen der Ware. Handelt es sich doch um oft erhebliche Schlichte-
mengen, da man die Ketten bis über 20% beschwert, ein Satz, der allerdings bei Bleichware nicht vorkommen sollte, denn es ist hier zweck-
widrig derart stark zu schlichten. Der Schlichter trägt leider dem späteren Bleichen nicht immer in der zu wünschenden Weise Rechnung,
indem er Zusätze verwendet, deren Auflösen unnötige Schwierigkeiten
macht, denn die unverseifbaren Öle und Wachse und Paraffine schließen
zudem ihrerseits die Stärke ein und erschweren somit den Zutritt der
Lösungsmittel. An sich mag es fraglich sein, ob es stets wünschenswert
wäre die Waren völlig zu entschlichten, wird doch das gebleichte Gewebe meistens mit Stärkemassen nachappretiert. Für „naturelle"
Ausrüstungen könnte ein Entfärben der Gewebeverunreinigungen genügen, sofern dies ausführbar wäre, um die Schlichtmasse in der Ware
zu lassen und dadurch an Appreturmasse zu sparen. Es ist jedoch meist
angezeigt oder erforderlich, die Verdickungsmittel weitgehend zu entfernen, weil die Bleichflotten sonst keinen Zugang zu den auszublei-
chenden Fremdstoffen finden und der nicht gelöste Appret in fraglicher
Weise die Lagerbeständigkeit des Weiß beeinflußt. Bei zu färbender
oder zu bedruckender Bleichware macht sich ein gutes Entschlichten
erforderlich, damit die Ware sich schnell netzt und der Farbstoff.leicht
in die Fasern eindringt. Rauhware empfahl Freiberger hingegen
weniger gut zu entschlichten, da sich das Gewebe dann besser rauhen
läßt und griffiger ausfällt.

Die zur Hauptmenge aus Stärke und Stärkepräparaten, daneben
aus Fetten und Seifen sowie aus Kaolin, Talkum, Bittersalz und anderen
Salzen bestehende Schlichte durch ein Beuchen völlig zu lösen, hält
selbst bei unter Druck ausgeführten Kochungen schwer. Es erscheint
richtiger, die Ware nach Möglichkeit vor dem Beuchen zu entschlichten

und überhaupt jedes Gut vorzuweichen, damit die Alkalilauge reiner bleibt und entsprechend wirksamer die anderen Verunreinigungen lösen kann, so daß sich die Konzentration der Laugen und die Kochdauer herabsetzen läßt. Eine kurze Vorbehandlung der Gewebe mit heißem oder kochendem Wasser mit anschließendem starken Abpressen wird vor allem empfohlen, wenn die Ware durch eine Imprägnierungsflotte laufen soll. Das Vorwaschen entfernt den Sengstaub und einen großen Teil der aus der Spinnerei-Weberei stammenden Unreinigkeiten. Wesentlich ist ferner, daß schwere Gewebe nach einem Vorentschlichten nicht mehr so stark durch Falten- und Knitterbildung beim Beuchen leiden, weil sie weicher geworden sind.

Der Bleicher entschlichtete anfänglich die Rohwaren durch Vorwaschen in warmem Wasser und längeres Ablegen auf Haufen oder Einschichten in Kufen. Das Waschen entfernte die löslichen Stoffe schon großenteils, in der genetzten, zugedeckten Ware trat beim mehrtägigem Liegen eine durch den Geruch gekennzeichnete saure Gärung ein, die aber von einer nicht unerheblichen Wärmeentwicklung begleitet, mitunter zu Faserschwächungen führte. Der Verlauf der Gärung war von der Temperatur und von anderen Umständen abhängig, so daß solches Arbeiten als zu unzuverlässig galt. Das Entschlichten ließ sich mit Hefe — 1 kg auf 10000—20000 kg — verbessern, rationeller erwies sich die Einwirkung von Diastase auf verkleisterte Stärke[1]. In den Bleichen bürgerte sich von Malzextrakten wegen seiner bequemen und seiner gegenüber Gerstenmalz fraglicher Beschaffenheit zuverlässigeren Anwendung zunächst Diastafor gut ein. Laut verschiedenen Patentangaben sollte ein Vorbehandeln von Baumwolle mit Fermenten die Bleichbarkeit begünstigen, vgl. S. 32. O. Röhm erkannte, daß außer Bauchspeicheldrüse-Enzymen weitere ähnliche Fermente wie Papayotin und Rizinusfermente oder die frischen Organe und Pflanzenteile verwendbar seien, wie dieselben zum Entweichen der Wäsche empfohlen wurden. Weiter erlangte Biolase, eine Pilzzüchtung, für die Textilveredelung Wert. Auch Effront und Boidin wollen mit Bakterienenzymen in schwach alkalischen Flotten bei 30—90° C arbeiten, DRP. 320571 und 349655.

Die Wirksamkeit der Enzyme ist an gewisse Temperaturen gebunden, Diastase büßt ihr Stärkeauflösevermögen bei Temperaturen von über 70° C ein. Eine alkalische Reaktion vermindert gleichfalls die Wirkung oder hebt sie auf. Nach den Untersuchungen von A. Scheurer setzten 8 g Seife auf $4^{1}/_{2}$ l die Wirksamkeit eines 40° warmen Bades während einer Zeitdauer von 2 Stunden um 75%, 4 g Seife um die Hälfte und 2 g Seife um 25% herunter. Alkalisch geschlichtete Ware sollte deshalb zunächst durch schwache Säure genommen werden. Die Schlichte vollständig zu lösen, macht unerwartet große Schwierigkeiten. P. Krais fand bei Laboratoriumsversuchen, daß aus einem Gewebe mit etwa 12% Schlichte durch Diastafor 10% entfernbar waren, ein

---

[1] Eine ältere Zusammenstellung der Literatur findet sich in der Dtsch. Färber-Ztg., 1914, S. 51. Erban: Über die Bedeutung von Mikroorganismen, Bakterien und Fermenten in der Textilindustrie.

kleinerer Anteil der Stärke aber trotz langen Spülens im Stück zurückblieb. Die letzten, erst durch heiße Natronlauge lösbaren 2% sind wohl durch unlösliche Fette oder andere Zusätze festgehaltene und eingeschlossene Reste von Stärke. Der Verbrauch an Diastafor betrug bei diesen Versuchen 0,637% vom Gewicht der Baumwolle.

Die Arbeitsvorschriften für die aus Malz gewonnenen Diastaseprodukte gehen dahin, daß die Ware je nach der Beschwerung mit der 1—4 kg in 1000 l Wasser enthaltenden Flotte im Strang auf der Säuremaschine bei 60—65° imprägniert oder auf dem Jigger bzw. Foulard breit geklotzt und dann mehrere Stunden, am besten über Nacht, in einem Bottich abgelegt wird. Die Ware soll von der Diastaforlösung bedeckt sein. Nach Erfordernis wäre also Flotte oder warmes Wasser nachzusetzen. Um die günstige Temperatur von etwa 60° längere Zeit zu erhalten, deckt man den Bottich zu. Am anderen Morgen wird das Gewebe auf der Waschmaschine ausgewaschen und in den Beuchkessel eingelegt. Das Entschlichten kann auch im Kessel selbst unter Zirkulation und Anwärmen im Vorwärmer vorgenommen werden. Gut wird es jedenfalls sein, die gelöste Schlichtmasse auszuspülen.

Die aus der Bauchspeicheldrüse gewonnenen Produkte zeichnen sich durch hohe Verzuckerungs- sowie Verflüssigungskraft aus. Die Pankreasmittel enthalten Natriumsulfat und Chlorid, ersteres als Träger für das Ferment Amylase, letzteres zur Aktivierung, da die Wirksamkeit bei Gegenwart von Chlorid größer ist. Deshalb sollen der mit Leitungswasser bereiteten Lösung von Novofermasol gegebenenfalls je Liter Flotte noch 3—4 g Kochsalz oder Chlorkalzium zugesetzt werden. (Bezüglich etwaiger Beeinflußbarkeit durch Denaturierungszusätze sind Kontrollen angebracht.) Die weitere Zugabe von Salz zu Degomma gilt hingegen als nicht erforderlich. Für Viveral E conc. wird ein Zusatz von 50 bis 100 g Kochsalz auf 100 l empfohlen, wenn man gezwungen ist auf langer Flotte zu arbeiten, in der Regel kommt man mit 0,1—0,2% Viveral vom Gewicht der Ware aus. Als günstigste Entschlichtungstemperatur für tierische Diastasen erwies sich 55° C, Temperaturen über 60° C sind zu vermeiden. Wie bei allen stärkeabbauenden Fermenten ist die Wirkung nicht ausschließlich an diese Temperatur gebunden, nur erfolgt der Abbau bei zu geringer Erwärmung langsamer, so daß eine längere Einwirkungszeit angebracht ist. 10—20 g Pankreasprodukt in 100 l Wasser gelten als ausreichend beim Arbeiten unter Ablegen. Beim Entschlichten auf dem Jigger oder einer Breitwaschmaschine mit einem Lauf ist der Ansatz auf 40—50 g zu erhöhen, doch richtet sich die Bedarfsmenge auch nach dem Stärkegehalt der Ware und der Apparatur. H. Tomann und G. Jenny, Basel, Schweizer Ferment AG., wollten einen Kontinubetrieb sichern, indem sie die vorgenetzte, ausgepreßte Ware durch eine diastasisch wirksame Lösung nehmen und den wieder abgepreßten Stoff einer plötzlichen Temperaturerhöhung in einer Heizkammer auf Heizrohren oder in einer sonst geeigneten Weise unterwerfen, um die Entschlichtungsmittel voll auszunutzen. DRP. 448 494. Eine Einwirkungszeit von 1 Minute sollte unter spärsamer Ausnutzung des Enzyms und ohne jedes Ablegen genügen. Hintenach wäre nur in üblicher Weise auszuwaschen. Dieses Verfahren scheint jedoch in der Technik keine Aufnahme gefunden zu haben, die Einwirkung genügte nicht.

Außer den enzymatischen Entschlichtungsverfahren haben andere Arbeitsweisen für das Ausschließen der Stärke Bedeutung. Das Behandeln mit Säure, 'mit alkalischen Flotten, den gebrauchten Beuchlaugen, namentlich das Arbeiten mit Oxydationsmitteln, insbesondere mit den gebrauchten Sauerstoffflotten, stand in den letzten Jahren zur Erörterung. Die Art des Gutes bleibt wesentlich. Daß die Schlichtrezepte der Webereien sehr zu schwanken pflegen, erschwert die vergleichende Beurteilung der Verfahren. Eben deshalb gehen oft die Urteile auseinander wie auch die analytischen Untersuchungen zur Bewertung des Stärkeabbauvermögens nicht einheitlich sind und die beteiligten Fabriken jeweilig Sondervorzüge für ihre Produkte in Anspruch nehmen. Bereits Scheurer stellte Laboratoriumsversuche über das Auflösungsvermögen von Schlichte durch Säure, Malz bzw. Diastafor und Chlorlauge an. Nach diesen Untersuchungen sollte Salzsäure bei gleicher Azidität wirksamer sein. Chlorkalk bewährte sich nicht besonders. Es genügten 2% Malz zum Entstärken. M. Battegay fand Diastafor extra dem Malz erheblich überlegen, wie auch die Kostenfrage zu ungunsten von Gerstenmalz ausfiel. Systematische Versuche über das Vorreinigen von Baumwolle durch Behandeln mit Wasser, Säure und Enzymen haben R. G. Fargher, L. R. Hart und L. E. Probert vom englischen Textilinstitut 1927 angestellt[1].

Der durch Absäuern mit $^1/_{10}$ nHCl über Nacht bei 20° C eintretende Gewichtsverlust schwankte bei sieben amerikanischen Baumwollarten zwischen 1,5—2,6%, er betrug im Mittel 2,2%. Für südamerikanische Baumwollarten 1,5—2,6%, für ägyptische Sorten 2—3,7% mit dem Mittelwert 2,6%; indische Sorten verloren 2,2—4,2%, im Mittel 3,2%. Das Einweichen in Wasser war fast eben so wirksam. Wie zu erwarten, erhöhte warmes Einweichen den Gewichtsverlust, so ergaben sich für amer. Upland die Zahlen

	20°	40°	60°	90°
Salzsäure	1,5	1,45	1,95	—
Wasser	1,4	1,6	1,7	2,3

Wasser und vor allem verdünnte Salzsäure lösen die mineralischen Bestandteile der Baumwolle auf, bei Bestimmung der Aschen ergaben sich entsprechend niedrigere Werte für die mit Säure vorbehandelten Fasern. Immerhin entfernt Wasser schon etwa 84% der anfänglich vorhandenen mineralischen Stoffe, der Aschengehalt ging beim Wässern auf 0,15—0,25% von einem Anfangswert 1—1,5%, beim Säuern auf einen Rest von 0,02—0,06% zurück. Salzsäure und Schwefelsäure verhalten sich ziemlich gleich, Essigsäure blieb zum Teil zurück.

Stickstoffbestimmungen zufolge mindert das Einweichen in Wasser den Eiweißgehalt in weiten Grenzen um 7—31%, verdünnte Salzsäure um 16—35%. Ein Steigern der Temperatur verbessert die Zahlen, jedoch nicht so durchgreifend wie etwa erwartet.

	Rohbaumwolle	Säure	Wasser	Prozentual entfernt	
Upland 20° C	0,172	a) 0,131	b) 0,142% N	a) 24,1	b) 17,7
60° C	0,172	0,107	0,108	37,7	37,6
90° C	0,172	—	0,108	—	37,6

[1] Vgl. Spinner u. Weber 1927 H. 24.

Wasser und verdünnte Säuren lassen das Reduktionsvermögen, die Kupferzahl nach Braidy, im ähnlichen Grade auf 0,3—0,5% fallen, eine ägyptische Art blieb auf 1,05 bei 1,76 Anfangswert. Obgleich eine hohe, vor allem auf Pektinstoffe deutende Kupferzahl meist mit einem großen Einweichverlust parallel geht, herrscht hier keine strenge Gesetzmäßigkeit, ebensowenig zwischen Kupferzahl und gelösten stickstoffhaltigen Faserverunreinigungen.

| | Kupferzahl | | | Einweich-verluste | Gelöste, nicht stickstoffhaltige Verbindungen |
	roh	gesäuert	gewässert		
Texas . . .	1,15	0,35	0,34	1,28	0,9
Indische Bw.	2,97	0,47	0,44	2,7	2,1

Entgegen anderweitigen Annahmen bewirkt kaltes Säuern keine Aufspaltung, Hydrolyse der Fette. Die Menge des nach einem vorangegangenen Säuern mit Tetrachlorkohlenstoff usw. ausziehbaren Fettes ist zwar etwas größer, da wohl eine kleine Menge vorhandener Magnesiaseife (?) zersetzt werden muß. Wesentlich sind die jeweiligen Analysenbedingungen. Es bedarf eines stundenlangen Extrahierens, um die Fette restlos auszuziehen, bei eingeschaltetem Absäuern fällt die Ausbeute immer etwas höher aus. Ein Faserangriff erfolgt bei kaltem Einweichen in verdünnten Säurelösungen nicht. Selbst bei viertägiger Behandlung einer alkalisch vorgekochten Faser in einer Lösung von 25 g/l HCl bei 40° C stieg die Kupferzahl nur gering an, so daß ein kaltes Säuern die Zellulose jedenfalls nicht schädigt.

Bedeutung des Einweichens für das spätere Abkochen. Der mit Natronlauge erreichbare Bleichgrad wird durch ein Vorweichen verbessert, soweit Gewichtsverlust, restlicher Wachsgehalt, Anfärbbarkeit durch Methylenblau als Wertfaktoren dienen. Das Weiß vorgesäuerter Ware war besser, entscheidend bleibt aber die Art des Kochens. Vorsäuern ist wirkungsvoller als Wässern. Das Säuern darf jedoch nicht zu einem Faserabbau führen, anderenfalls wird das Weiß nach dem Kochen und Chloren schlechter, Gewichtsverlust und Festigkeitsrückgang ungünstiger sein. Die auf Hydrozellulose zu verrechnende Kupferzahl soll 0,2 nicht übersteigen. Durch Säuern wird die Methylenblauaufnahme zunächst vermindert, was für ein Auflösen der als Beize wirkenden Faserverunreinigungen spricht. Die Methylenblauzahl — Millimole Methylenblau von 100 g Trockenfaser aufgenommen — muß deshalb mit Vorsicht für die Bewertung eines Verfahrens herangezogen werden. Der Abkochverlust nach Beuchen mit 1% NaOH bei 100° C betrug z. B. ohne und mit kaltem Vorsäuern: Upland 5,5 bzw. 6, Texas 6 und 6,3%, Sakel 6,4 und 6,8, Broach 7,5 und 7,9%. Als Kennzeichen der gekochten Garne ergaben sich:

		Wachs	Kupferzahl	Methylenblau
Texas offen 6 Std. gebeucht	nicht vorgeweicht. . . .	0,36	0,03	1,10
	in Wasser vorgeweicht .	0,22	0,04	1,07
	in 10 g/l H_2SO_4 vorgeweicht	0,18	0,02	0,94
	unter Druck gekocht, nicht vorgeweicht. . .	0,20	0,01	0,91
	in Wasser vorgeweicht .	0,15	0,03	0,90
	in H_2SO_4 vorgeweicht .	0,11	0,04	0,85

Ägyptische Baumwolle a) in kalten, b) in warmen Säurelösungen vorgeweicht, wobei im letzteren Falle ein verschieden starker Faserangriff erfolgte, lieferte die Werte:

| Kupfer-zahl | nach offenem Kochen | | | nach Druckkochung | | |
	Wachs	Kupfer	Methylenblau	Wachs	Kupfer	Methylenblau
a) 0,51	0,22	0,07	1,20	0,13	0,03	1,04
b) 0,69	0,23	0,08	1,18	0,15	0,07	1,03
0,80	0,20	0,11	1,16	0 14	0,04	1,02
0,95	0,18	0,17	1,26	0,13	0,05	1,09

Einweichen mit Enzymen. Die diastatischen Produkte besitzen nur eine Sonderwirkung gegenüber Stärke, sie beeinflussen die Fasern nicht, ebensowenig die Fette, Pektine, Proteine, wie unter anderem die Methylenblauzahlen, welche den Gehalt an restlichen Faserbegleitstoffen kennzeichnen sollen, folgern lassen. Es traten den Kontrollzahlen zufolge sogar gewisse Verschiebungen ein, indem sich Eiweiß oder Fett auf den Fasern niederschlug, da die tierischen Enzymprodukte fetthaltig sind. Eine Beeinflussung von Schlichtetalg oder dergleichen fand also nicht statt. Eine nennenswerte Spaltung der Neutralfette war nicht zu verzeichnen. Das spätere Weiß der mit Enzymen vorbehandelten Baumwollgarne übertraf nicht den Ausfall der mit Wasser entsprechend vorgeweichten Proben.

Amerikanische Baumwolle	Gewichts-verlust %	Rückgang des Stickstoffge-haltes (Ei-weißverbdg.) %	Fett und Wachs %	Kupferzahl
Malz 40° C	1,6	18	0,52	0,31
Wasser 40° C	1,7	35	0,43	0,30
Diastafor 60° C . . .	1,7	34	0,43	0,30
Wasser 60° C	1,7	38	0,42	0,30
Rapidase 86,5° C. . .	2,3	48	0,38	0,30
Wasser 86,5	2,3	38	0,42	0,29
Novofermasol in 0,5%				
Kochsalz 55—60° C.	1,7	45	0,64	0,31
Kochsalz 0,5%	1,8	43	0,42	0,30
Polyzime 40° C	2,2	40	0,47	0,30
Wasser	1,7	35	0,43	0,30

	Nach offenem Kochen		Nach Druckkochung	
	Methylenblau	Kupferzahl	Methylenblau	Kupferzahl
Diastafor 60° C . . .	1,05	0,05	0,85	0,02
Novofermasol 60° C .	1,05	0,05	0,87	0,02
Wasser 60° C	1,04	0,05	0,88	0,02
Malz 40° C	1 02	0,05	0,84	0,01
Polyzime 40° C . . .	1,05	0,07	0,86	0,01
Wasser 40° C	1,04	0,05	0,86	0,01
Rapidase 86,5° C. . .	1,08	0,05	0,86	0,02
Wasser 90° C	1,04	0,05	0,90	—

Eine sehr umfangreiche Untersuchung widmete auch M. Nopitsch[1] der Frage „Wirken die modernen enzymatischen Entschlichtungsmittel faserschädigend?"

Dies war zu verneinen. Wohl rechnet Nopitsch mit einer gewissen Vorreinigung der Ware. Neuerdings erschien über die Chemie des Entschlichtens auch eine größere Arbeit von M. M. Tschilikin[2]. Tschilikin tritt für das Arbeiten mit Enzymen ein. Insbesondere hat sich M. Freiberger[3] mit der Frage, welche Vorgänge sich beim Entschlichten und Beuchen von Baumwollware abspielen, befaßt.

---

[1] Nopitsch: Studien über Schlichten und Entschlichten. Textilber. 1926 u. 1927.
[2] Tschilikin, M. M.: Textilber. 1931 S. 29.
[3] Freiberger: Einiges über die Rolle der Fette in den Reinigungsprozessen der rohen Baumwolle. Färber-Ztg. 1915 S. 285; 1916 S. 114. — Neueste Fortschritte in der Baumwollbleiche usw. Textilber. 1924 S. 397; 1928 S. 506; 1929 S. 124.

Nach Freiberger erfolgt die Spaltung der Stärke mit diastatischen und anderen Mitteln unvollkommen und nicht einheitlich, da sie aus zwei Grundkörpern besteht, von welchen der eine, die Amylase, auf der Basis eines Dihexosans, der andere, das Amylopektin, als Phosphorsäureester eines Trihexosans aufgebaut sein soll. Beim Entschlichten eines ruhenden Warenpacks mit Überpumpen wirken die anderen die Diastase begleitenden Fermente, wie Pektinase, Lipase usw. auf die übrigen Faserverunreinigungen, insbesondere auf die von der Zirkulation im Pack bevorzugten Teile ein (?). Es finden sich selbst in Beuchkesseln neuester Konstruktion nach dem Kochen beispielsweise Unterschiede von 18% und mehr an alkoholätherlöslichen Fettkörpern. Noch vielmehr gibt die Kufenarbeit Anlaß zu Ungleichheiten. Das Vorsäuern ließ je nach der Einwirkung 8—17% weniger an Fett in der Bleichware finden. Proteine, die eingetrockneten Reste des Pflanzeneiweiß, werden durch das Vorsäuern weniger günstig beeinflußt. Das Aufschließen mit Oxydationsmitteln, wie Aktivin, verlangt behufs Entfernung der stark kolloidalen Schlichte ein nachheriges Behandeln mit heißem Wasser. Es erscheint Freiberger geeigneter, zweierlei Entschlichtungsverfahren zu verbinden, statt eins bis zur Spitzenleistung zu führen. Fette und fettartige Körper sollen durch Alkalien beim Beuchen verseift oder emulgiert werden, hierzu trägt die beim Beuchen selbst entstehende Seife und ebenso die Lösung des Holzgummis in Natronlauge bei. Da Baumwolle jedoch gleich einem Filter die emulgierten Substanzen zurückhält, macht sich ein guter Flottenumlauf bzw. ein Wiederholen des Beuchens erforderlich. In der Netzfähigkeit erblickt Freiberger ein Kennzeichen des Entfettungsgrades, weiter sei die Alkoholätherzahl zu bestimmen. Die Pektine spricht Freiberger als Mischungen von Pentosan (Xylan) und Estern an. Das Pentosan ist in wasserlöslichem Holzzucker, Xylose, überführbar. Der Ester enthält Galaktose und ein Erdalkalisalz eines Derivates der Galakturonsäure. Dieses Gemisch weist gegenüber Chemikalien verschiedene Widerstandsfähigkeit auf, Pektin ist aber leichter hydrolisierbar als Zellulose. Es bilden sich bei Einwirkung der Basen Pektinsäuren, die Entfernung von in der Ware gebliebenen Resten hält nach einem zwischengeschalteten Oxydieren leichter. Über die Untersuchung der Bleichwaren auf restliche Verunreinigungen und auf Netzfähigkeit siehe S. 313 u. 329.

Das Entschlichten mit Säure bedingt bei Verwendung verdünnter kalter Lösungen von 1—2° Bé eine längere Einwirkungszeit. M. Freiberger[1] suchte deshalb ein warmes Säuern unter Abschwächen der Lösungen einzuführen, um Strangware als laufendes Band unter kurzem Ablegen zu behandeln. Die hierfür gebaute Apparatur läßt sich auch für Diastaselösungen oder andere Bäder verwenden. Warmes Säuern greift bei kurzer Einwirkung die Faser nicht an. Nach Freiberger kann sogar ein feuchtes Dämpfen vorgesehen sein. M. M. Tschilikin hat die Wirkung von Säuren zum Entschlichten in einer umfassenden Arbeit[2] behandelt. Tschilikin prüfte die Menge verzuckerter Stärke durch Titrieren nach Auerbach und Bodländer (Jodverbrauch). Diesen Untersuchungen zufolge wird die Stärke bei den üblichen Arbeitsbedingungen chemisch nicht angegriffen, hydrolysiert, zu Glukose abgebaut. Es wird nur das Auswaschen der Schlichte erleichtert, die Stärke als solche leichter auswaschbar gemacht. Eine Faserschädigung ist erst bei höheren Konzentrationen und höheren Temperaturen zu befürchten. Das warme Entschlichten mit Säure hat sich jedoch wohl wegen Befürchtung von Unregelmäßigkeiten weniger in der Praxis eingebürgert, das Arbeiten mit diastatischen Mitteln oder die Verwendung von oxydativ wirksamen Lösungen wurde gebräuchlicher.

Von Oxydationsmitteln sind stark wirkende Lösungen mit Chlorlaugen nur kalt oder höchstens schwach warm anwendbar, da andernfalls ein Übergreifen der Wirkung auf die Faser, eine Oxyzellulosierung zu befürchten ist. Selbst die Anwendung von schwachen Chlorflüssigkeiten zum Entschlichten unter Anwärmen der zirkulierenden Flotte wird bedenklich, da die gesteigerte Reaktionsgeschwindigkeit sich örtlich an den zunächst mit der Flotte in Berührung kommenden Faser-

---

[1] Freiberger: Verschiedene Veröffentlichungen. Färber-Ztg. 1915—1916. — Ztschr. f. angew. Ch. 1921 Bd 1 S. 397. — Textilber. 1931 S. 697.

[2] Tschilikin, M. M.: Textilber. 1931 S. 29.

teilen äußern wird. Nur bei gesicherter gleichmäßiger Einwirkung kann warmes Chlorieren zum gleichzeitigen Aufschließen der Stärke mit einem gewissen Anbleichen in Betracht kommen (vgl. S. 137). Wohl ist die Verwendung von konzentrierteren Cl-Laugen in der Kaltbleiche angängig. Es gelangen stark alkalisierte Laugen, nötigenfalls unter Zugabe von Netzmitteln zur Anwendung, um in einem Arbeitsgang Fremdstoffe aufzuschließen und zu entfärben, so daß hintennach nur auszuwässern ist. Solche Kaltbleiche hat vor allem für das Bleichen von nicht beuchechter Buntware gewisse Bedeutung erlangt, bei der Kaltbleiche bildet der geringere Gewichtsverlust einen besonderen Vorteil. Weitere Einzelheiten siehe S. 239.

Längeres Einlegen in die noch warmen Flotten von der Sauerstoffbleiche liefert ebenfalls eine gut entschlichtete Ware. Der restliche Aktivsauerstoff findet hier eine Ausnutzung, die Stärke wird abgebaut, der Sauerstoff sichert die Ware vor einer fauligen Gärung und verhütet ein Auslaufen der Küpenfärbungen zufolge etwaiger Reduktionswirkungen der alkalischen Laugen. Über Mohrbleiche usw. siehe S. 226.

Vorwiegend als ein Verbessern des Entschlichtens ist das Warmbehandeln mit Aktivin anzusprechen. Nach Vorschrift der chemischen Fabrik Pyrgos werden zum Entschlichten bestimmte Baumwollgewebe von der Senge aus nach Passieren der Waschmaschinen direkt in den ausgekalkten Beuchkessel geführt, um sie hier mit einer Lösung von Aktivin in gebrauchter Lauge oder entsprechend verdünnter Merzerisierlauge bzw. in 2%iger Sodalösung zu behandeln. Auf 100 kg Ware sind etwa 1,5 kg Aktivin zu nehmen. Die Lösung wird unter 2—3stündigem Zirkulieren auf 80—90° erhitzt, das Gut bleibt über Nacht in der Aktivinflotte, dann wird mit Frischwasser abgedrückt, und nun kann ohne Umpackung das Beuchen der vorgereinigten, schon helleren Ware folgen. Anstatt des Beuchkessels sind hohe Holzgefäße mit Doppelboden und Pumpe (am besten aus Ton) oder große Entschlichtungsbottiche verwendbar. Die durch Einleiten von Dampf bis nahe zum Kochen erhitzte Aktivinlösung läßt man tagsüber auf das Gut einwirken und steigert vor Feierabend die Temperatur nochmals, um die Flotte am nächsten Tage abzulassen und die Strangware auf der Maschine auszuwaschen. Mischgewebe oder Stoffe aus Kunstseide (nicht Azetatseide) werden ohne Mitverwendung von Alkalien auf der Haspelkufe oder dem Jigger mit 1—3 g/l Aktivin möglichst kochend 1 Stunde lang behandelt, wenn angängig auf 2 Kufen mit Vor- und Nachbehandlung. Nötigenfalls sollen 3 g/l Seife zugefügt werden. Buntware kann eine ähnliche Behandlung erhalten. Noppen sollen sich besser entfernen lassen, wenn die Stoffe zuvor mit 10%iger Natronlauge, die zum Schutz der Färbungen so viel NaOCl enthält, daß sie 1 g/l Cl aufweist, vorgebleicht und nach dem Spülen mit Aktivinlösung nachgekocht werden. Da Aktivin den Sauerstoff langsam abspaltet, ist ein Kochen im Druckkessel möglich, wie zuerst R. Haller[1] erprobte. Die Kochflotte besteht aus Natronlauge von 2—3° Bé in der für 1000 kg Ware mittlerer Qualität 2,5 kg Aktivin gelöst sind. Nach Haller hatte die Aktivinzugabe eine bessere Reinigung bewirkt, so daß ein Abschwächen des Beuchens von 4—6 Stunden auf 3 Stunden bei 1,5—2 at Druck in einer Lauge von 1° Bé in Betracht kommt. Insbesondere sollen Kochflecken durch mooriges Wasser vermieden bleiben. Bei 5 kg Aktivin auf einen Kessel von 2000 kg wurde das Oxydationsmittel von den Faserbegleitstoffen aufgebraucht, eine Faserschwächung war nicht zu verzeichnen.

Es bleibt bei Kochungen unter Zugabe von Bleichmitteln zu beachten, daß nicht zuletzt die Flotten als solche „gebleicht", d. h. reiner erhalten werden. Dunkle Kochbrühen verleihen der Beuchware leicht nachträglich ein schmutziges Aussehen. Ob tatsächlich die Ware selbst soweit besser gereinigt ist, als man aus ihrem Aussehen zunächst folgert, mag fraglicher sein. Es sind die späteren Chlorbedarfsmengen und der endgültige Bleichgrad zu bewerten, wobei — gleichwie beim Ansatz der Beuchlaugen — zumeist ein erheblicher Überschuß an Chemikalien zu wählen ist, um den Erfolg zu sichern. Wenn heute Oxydationsmittel zu den Beuchlaugen gegeben werden, so steht dies anscheinend in einem Gegensatz zu den Erfahrungen der Technik, denen zufolge Ware schon „verbrennt", wenn

---

[1] Haller u. Seidel, Ztschr. f. angew. Ch. 1928, 698.

Luft im Kessel eingeschlossen blieb. Es verbrennen die oberen Warenschichten, die nicht von Lauge bedeckten Teile, im lufthaltigen Dampf, weil sie einem starken örtlichen Faserangriff unterliegen. Um solche Oxyzellulosierung zu verhüten, ist vielfach versucht worden, den Sauerstoff durch Zugabe von Bisulfit, Hydrosulfit oder Rongalit abzufangen. Mit bedingtem und fraglichem Erfolg, da es sich um eine örtliche Wirkung des aktivierten Luftsauerstoffes handelt. Eben deshalb sollte sich Schwefelnatrium wegen seines Reduktionsvermögens zum Kochen eignen (?). Wenn man Aktivin und Peroxyde in den Kochlaugen mitverwendet, so muß eine geregelte Einwirkung gesichert sein, bei zu großer „Aktivität" stellen sich örtliche Schäden ein. Das Stabilisieren der Sauerstoffflotten ist deshalb sehr wichtig. Wegen ihrer leichten Zersetzlichkeit dürfen Hypochlorite den Kochlaugen nicht beigegeben werden, die Gefährdung der Fasern in der Nähe der Dampfzufuhr wäre zu groß. (Eben diese Oxyzellulosierungsgefahr ist bei einer Koch-Chlorbleiche in den Waschanstalten zu fürchten!) Die Sauerstoffbleiche, bei der jedoch ein direktes Kochen nicht in Frage kommt, sondern nur ein Erwärmen bis etwa 95° C, findet eine ausführliche Besprechung ab S. 160; siehe auch Luftbleiche S. 182.

Das Entfernen der Fettstoffe. Schwierigkeiten beim Beuchen macht das Entfernen des Pflanzenwachses sowie der öligen Verunreinigungen. Das Verhalten des Baumwollwachses beim Bleichen haben zuerst E. Knecht u. J. Allan[1] aufzuklären gesucht. S. Higgins[2] berichtete über die Eigenschaften von Flachswachs, das dem ersteren ähnlich ist. M. Freiberger a. a. O. veröffentlichte in der Färberzeitung eine größere Untersuchung. Die Frage, wie weit sich die fettigen Verunreinigungen entfernen lassen, ist in den letzten Jahren von verschiedenen Seiten bearbeitet worden. Es stand zur Erörterung, in welchem Grade durch Zugabe von Seifen und Fettlösern eine reinere Ware unter Mindern der Kochzeit und Abschwächen der Laugen und eben hierdurch eine Schonung der Ware mit geringerem Gewichtsrückgang zu erhalten ist. Nicht zuletzt handelt es sich um das Beseitigen von öligen Schmierflecken, die einem Abkochen mit alkalischen Laugen schwer weichen. An sich würde eine weitgehende Lösung der fettigen Verunreinigung mit Benzin und anderen Fettlösern möglich sein. Diese Flüssigkeiten als solche anzuwenden, um das Bleichgut in ähnlicher Weise wie Kleidungsstücke in den „chemischen Waschanstalten" mit Benzin zu entfetten, bedingt besondere Extraktionsapparate unter Rückgewinnung des Lösungsmittels. Es erscheint überdies fraglich, ob solche Technik notwendig ist, bzw. die Kosten nicht von vornherein zu hoch werden. Dahingehend sind die nachstehenden Patente zu würdigen, ähnliche Vorschläge tauchen hin und wieder in der Literatur auf.

DRP. 272775 Fr. Gebauer und 273018 H. Gohy, Wegnez-Verviers. Die breitgeführten Gewebe werden in Fließarbeit zuerst mit einer stärkemehllösenden Flüssigkeit (Malz, warme Säure) getränkt, dann unter Luftabschluß mit fettlösenden Kohlenwasserstoffen oder deren Emulsionen unter gleichzeitiger Wiedergewinnung der flüchtigen Lösungsmittel behandelt und anschließend zur Entfernung der gelösten Stoffe, Harze und Wachse, durch Waschflüssigkeit geführt.

Die Verwirklichung des Verfahrens scheitert schon an den zu großen Verlusten des Lösungsmittels, das am besten mit Wasser mischbar sein sollte, um die feuchte Ware zu durchdringen.

Das zweite Patent sieht eine Maschine mit 2 Kammern vor, um in der ersten das ununterbrochen durchgeführte Gut mit Fettlösungsmitteln zu behandeln, in

---

[1] Journ. Soc. Dyers Colourists 1911.

[2] Journ. Soc. Chem. Ind. 1914 S. 902. — Vgl. Kind: Spinner u. Weber 1913 H. 32.

der zweiten das Lösungsmittel durch Verdampfen zurückzugewinnen. — Das Entfetten von Wolle mit Fettlösungsmitteln ist schon länger in der Technik bekannt. Nur bei stark öligem Material, Abfällen, werden solche Verfahren in Betracht kommen können[1].

F. Schoof, DRP. 426120, will exotische chlorophyllhaltige Geflechte, Hutstumpen usw., vor dem Bleichen mit Azeton, Chloroform, Benzol, Alkohol, Äther u. dgl. behandeln, um das Blattgrün zu entfernen, wodurch die sonst langwierige Sonnenbestrahlung in einigen Tagen ausführbar sei.

Mackenzie, Robinson, Lumsden, Fort, Brit. Pat. 221296, behandeln pflanzliche Gespinste und Gewebe mit fettlösenden organischen Lösungsmitteln, da das weitere Bleichen dann sehr erleichtert sei, die Ware mehr geschont bleibe und beim Ausrüsten besser ausfalle (Leinen-Beetle-Appretur?). Angeblich ist der Gewichtsverlust bei derartiger Bleiche viel geringer, da die „Hemizellulose" in den abgeschwächten Beuchlaugen nicht gelöst werde, doch könne ein späteres scharfes Waschen nachträglich die Gewichtsabnahme, mehr als sonst gewohnt, beschleunigen. Vgl. S. 244.

Die Vorschläge gehen deshalb mehr dahin, das Entfernen der Fettstoffe und Annetzen der Ware durch Zusätze von Lösungsmitteln zu unterstützen. Als solche waren genannt Petroleum, Benzin, Phenol, Anilin, Alkohol, Terpentinöl, Tetrachlorkohlenstoff, Trichloräthylen, Perchloräthylen, Tetrakarnit, Tetralin und ähnliche Kohlenwasserstoffe, welche wegen ihrer Unlöslichkeit in Wasser mit Seife und anderen Hilfsmitteln „wasserlöslich" gemacht werden. Petroleum und Benzin sind wegen zu niedrigen Siedepunktes und Feuergefährlichkeit besser auszuscheiden. Es ist aber auch bei den höher siedenden Flüssigkeiten sehr wohl zu bedenken, daß der Wasserdampf die Siedetemperatur des Fettlösers herabsetzt; lassen sich ja Tetralin u. dgl., im Wasserdampfstrom glatt abdestillieren. Die Flüchtigkeit der Fettlöser hat wegen der narkotischen Wirkung ihrer Dämpfe gewisse Bedenken! Selbst bei Verwendung von Fettlöserseifen zum örtlichen Fleckenputzen werden gegebenenfalls Klagen der Arbeiterinnen über Kopfschmerzen laut. Für gute Lüftung bleibt Sorge zu tragen, vielleicht läßt sich eine abwechselnde Beschäftigung einrichten. Phenol und Anilin haben sich nicht bewährt. S. R. Trotman gab sogar an, daß durch Zugabe von 5% Kresol zu Ätznatron die Wirkungen des Beuchens um 23% geschwächt wurde. Die „wasserlöslich" gemachten Produkte spielen bei den Verbesserungsvorschlägen für das Beuchen eine große Rolle. Daß Petroleum in Zusätzen von 0,5—1 l auf die Partie das Durchkochen erleichtere, ist in der Bleichereitechnik schon länger behauptet worden. Man darf jedoch von so kleinen Zusätzen keine großen Wirkungen erwarten. Bestimmend ist hier mit die Preisfrage der Fettlöserseife. Unbestreitbar besitzt Seife ein gutes Reinigungsvermögen gegenüber fettigen Schmutzstoffen, aber kleine Mengen zeigen keine auffallende Wirkung, zumal mit gewissen Nebenreaktionen und Verlusten zu rechnen ist.

Was den Wert der verschiedenen Seifen beim Beuchen anbelangt, so bedingt der Gehalt an Fettsäure in erster Reihe den Seifenpreis. Die Art der Fettsäure spricht mit, denn ein dunkles, schlecht riechendes

---

[1] In Beziehung stehen hier gewisse Vorschläge zum Aufschließen von Fasern, wie Flachs, durch Behandeln im Druckkessel unter Mitverwendung von Petroleum, gechlorten Kohlenwasserstoffen. — Peufaillit Röste.

Fett kann zu großen Schwierigkeiten Anlaß geben, wenn Reste in der
Ware bleiben. Türkischrotöl, Monopolseife und andere sulfonierte Pro-
dukte aus Rizinusöl, die „modernen" Fettalkoholsulfonate haben vor
den gewöhnlichen Seifen den Vorzug, nicht so empfindlich gegen hartes
Wasser zu sein. Es ist dies ein nicht zu unterschätzender Vorteil, weil
Kalkseifenschmieren nicht nur einen direkten Verlust an Fettseife
bedeuten, sondern solche Abscheidungen auch die Quelle vielfacher
Störungen sind, indem sie Flecken verursachen und das Eindringen der
Laugen in das Beuchgut aufhalten.

Verfahren, das Reinigen der Fasern in erster Linie oder ausschließlich durch
Seifen zu erzielen, haben sich nicht eingeführt. So wollte G. Hertel, DRP. 75435,
die Ware (Garn) mit Türkischrotöl imprägnieren, trocknen und dann mit Ätznatronlauge 6 Stunden bei 2 at kochen, um nach dem Spülen nochmals kochend
abzuseifen. Auf diese Weise sollte bei amerikanischer Baumwolle ohne Anwendung
von Chlor ein $^3/_4$ Weiß zu erhalten sein. Infolge des hohen Verbrauches an Türkischrotöl und Seife ist dieses Einseifen der Bleichware zu teuer. Dasselbe gilt für
die Bleichmethode von G. Saget, welcher die Ware zuerst mit 8% Türkischrotöl
imprägnierte, trocknete und $1^1/_4$ Stunden bei 0,5 at dämpfte, um nach Ausspülen
in heißem Wasser in bekannter Weise mit Kalk zu beuchen. Das Türkischrotöl
sollte auch gleichzeitig (?) mit der Kalkmilch angewendet werden können.
A. Scheurer fand 1903, daß bei stark fleckiger Ware nur das Ölen mit folgendem
Dämpfen vollen Erfolg hat, der Ölzusatz zu den Beuchlaugen aber keine flecken-
freie Bleichware sichert. Besondere Wirkungen irgendeiner Seife zuzuschreiben,
geht nicht an. So kann eine Seife ebensowenig die Schalen und Noppen auflösen, wie dies einmal von der Dedege-Seife der Diamaltgesellschaft behauptet
wurde[1].

Über die Wirksamkeit der Fettlöserseifen als Beuchöle sind die Meinungen sehr geteilt. Während manchen Veröffentlichungen zufolge der
Reinheitsgrad erheblich besser werde und die Beseitigung von Schmier-
ölflecken schon bei kleiner Zugabe leicht falle, wird dies von anderen
Kreisen angezweifelt und bestritten. Die Veröffentlichungen nehmen für
das eine oder andere Produkt besondere Vorzüge in Anspruch. So sollen
Beuchöle mit einem Gehalt an Tetralin oder dergleichen wie Perpentol
der chemischen Fabrik Oranienburg einerseits eine Faserschutzwirkung
äußern, andererseits der Emulsion ein Ozonisierungsvermögen und
damit eine Bleichwirkung zukommen lassen, vgl. z. B. K. Lindner
und R. Konrad[2].

Lindner fand, daß auf je 30 cm³ Lösungsmittel bei zweistündigem kräftigem
Schütteln mit 150 cm³ einer 1% Jodkalilösung + 20 cm³ n-Schwefelsäure technisches Tetralin soviel Jod frei machte wie 5,2 cm³ $^1/_{10}$ $Na_2S_2O_3$ entspricht
= 2,92 cm³ Sauerstoff = 0,01 g Cl, während Terpentinöl nur einen Bruchteil
lieferte. Neben Laboratoriumsversuchen liefen große Bleichposten. Bei letzteren
war ein Mindern der Kochdauer von 4 auf 3 Stunden möglich, wenn Baumwoll-
krepp mit 2,8% Ätznatron bzw. 2,8% + 0,3% Perpentol gekocht wurde. Dabei
sei die zweite Ware, die weiter auch unter Zugabe von Perpentol gechlort wurde,
im Weiß, Griff und Festigkeit besser ausgefallen. Ebenso soll das Beuchen und
Bleichen von Linters durch Perpentol verbessert worden sein. 5% NaOH bei
8 Stunden gegen 3,5% NaOH + 0,5% Perpentol bei 7 Stunden unter Verwenden
einer Bleichflotte von 1° Bé bzw. 0,75° Bé mit besserer Lagerbeständigkeit, Gewichtsverlust usw.

---

[1] Erban: Dtsch. Färber-Ztg. 1910 S. 924.
[2] Lindner: Textilber. 1927 S. 359. — Konrad: Leipzig. Mschr. Textil-Ind.
1927 S. 437.

Demgegenüber fielen eigene Versuche mit Baumwolle und Flachs, vgl. S. 244, unter Verwendung einer ganzen Anzahl von Beuchölen weniger vorteilhaft aus[1]. Kleinversuche mit 300 g Baumwolle bei warmem Auswässern mit destilliertem Wasser — nur Nr. 2 wurde sofort mit kaltem Leitungswasser gewässert — lieferten z. B. folgende Werte:

	Fettgehalt der gebleichten Garne in %	
	amerik. Baumwolle	ostind. Baumwolle
Rohgarn	0,42	0,34
1. mit Wasser offen gekocht	0,28	0,26
2. mit Wasser offen gekocht, kalt gespült . . .	0,32	0,26
3. mit Wasser unter 1 at Druck gekocht. . . .	0,30	0,25
4. 6% Soda 1 at	0,29	0,22
5. 3% Ätznatron	0,26	0,19
6. 6% Soda + 3% F. M.	0,24	0,19
7. 6% Soda + 10% F. M.	0,13	0,11
8. 10% F. M.	0,52	0,23
9. 6% Soda + 3% Marseiller S.	0,22	0,16
10. 3% Ätznatron + 3% F. M.	0,21	0,14
11. 3% Ätznatron + 3% N. B.	0,21	0,15

Erst bei Zugabe von 10 % des Beuchöles F. M. war eine sichtliche Wirkung eingetreten. Beim Arbeiten mit 10% ohne Alkalisierung fiel der Extraktionswert der amerikanischen Baumwolle sogar höher aus, da vermutlich eine Abscheidung von Kalkseifen auf der Faser eintrat. Großversuche unter Zugabe von Probegeweben und Garnen zu den normalen Bleichposten lieferten ebenfalls keine eindeutig für die Wirkung der Beuchöle sprechenden Ergebnisse, soweit die Bestimmung der Fettreste und die Abmusterung der nach dem Chloren erhaltenen Weißgrade als entscheidend gilt.

Nicht zuletzt sollen die Beuchöle das Entfernen von Schmieröl- flecken erleichtern, verbessern. Es handelt sich meist um unverseif- bare Mineralöle mit Eigenfärbungen, Gehalt an Metallschmutz, Metall- seifen. Sehr schlecht entfernbar sind die graphithaltigen Öle, welche bei der Herstellung von Wirkwaren und Spitzen auf die Stoffe geraten. Erschwerend wirkt hierbei, daß vielleicht die Öle durch längeres Lagern der Stücke und durch das Sengen „verharzen" und in die Fasern ein- dringen, so daß ihre Entfernung nun schwieriger hält als bei frischen Flecken. Selbst verseifbare größere Ölflecke lassen sich nicht so restlos „verseifen", wie oft erwartet wird. Eben deshalb geben Kettenglätten mitunter Anlaß zu Flecken, siehe S. 277. Wie beim Putzen öliger ört- licher Flecken die jeweilige mechanische Behandlung mitspricht, so macht sich beim Beuchen im Kessel die Flottenzirkulation geltend, bei Kontrollen von Abschnitten aus verschiedenen Lagen des Kessels stellen sich meist erhebliche Unterschiede ein. Betriebsversuche beim Kochen von Linters unter Einlegen von 40 cm im Quadrat großen Stoff- proben aus mit Spinnschmelze gesponnener ostindischer Baumwolle — Fettgehalt 2,8% —, die mit je 2 cm³ Braunkohlenteeröl befleckt waren und nach heißem Trocknen und gewisser Lagerzeit noch 1,21 g Teeröl finden ließen, führten nach $3^1/_2$stündiger Kochung mit 2,5% NaOH bei 2,5 at günstigenfalls zu einem Entfernen von 60,3% des

---

[1] Kind: Versuche mit Beuchölen. Textilber. 1927 S. 1024; 1930 S. 777.

Gesamtfettes bei einem der mit Beuchöl PE gekochten Lappen. Dem zweiten zugehörigen Abschnitt kam der Wert 49,6% zu. Die ohne Beuchöl gekochten Abschnitte ordneten sich mit 58,1—42% in der Mitte der Versuchsreihe ein und standen nach dem späteren Bleichen keineswegs an unterer Stelle. Es ging bei den unter Zugabe von 4 Fettlösern gekochten Geweben der Wirkungswert bis zu 39,5% hinunter. Ebensowenig sprachen Betriebsversuche in einer Leinenbleiche für die Möglichkeit, Mineralöle oder Gemische von solchen mit Rüböl (verseifbare Webstuhlöle?) und selbst reine Rübölflecke glatt zu entfernen. Die neueren Versuche in zwei Baumwollstückbleichen bestätigten, daß ein restloses Entfernen von Mineralöl und Gemischen nicht möglich ist. Es macht sich im allgemeinen ein scharfes Kochen notwendig und restliche Flecke bleiben örtlich unter Verwendung der nicht zu weitgehend verdünnten Fettlöserseife nachzubehandeln. Selbst dann fragt es sich, ob nicht in der Bleichware nach längerem Lagern wieder ein gewisses Vergilben eintritt. Wohl mag bei Mitverwendung von Beuchölen und Netzmitteln das Einlegen der Ware, das Netzen erleichtert sein und hierdurch das Auftreten von Kochflecken etwas hintangehalten werden. Durchschlagende Erfolge sind jedoch nur bei Verwendung von nicht zu geringen Zusätzen zu erwarten. „Kalkbeständige" Seifen hätten den Vorteil das Auswaschen zu erleichtern, vgl. S. 26. Bei Werturteilen über irgendwelche Hilfsmittel ist zu bedenken, daß die Technik zu allermeist mit einem Überschuß an Chemikalien arbeitet, um den Erfolg zu sichern. Sehr wohl mag im Einzelfalle mit einer geringeren Menge auszukommen sein. Wenn die Zugabe eines Hilfsmittels die Kochung abschwächen ließ, so bedarf es erst der Gegenversuche, ob die Änderung nicht auch ohne den Zusatz möglich ist.

Als Sondermittel prüfte P. P. Victoroff[1] die naphthensulfosauren Verbindungen Kontakt und Epifasol, von denen erstere als Spaltungsmittel in der Fettsäurefabrikation bekannt ist, auf ihre Verwendbarkeit beim Beuchen. Es ließ sich durch Zugabe dieser Verbindungen der Beucheffekt, die Netzfähigkeit verbessern. Um jedoch alles Wachs entfernt zu wissen, war ein Dämpfen der scharf alkalisierten Waren nötig. Die Verwendung solcher Zusätze kommt für uns wenig in Frage.

Eine umfangreiche Untersuchung über die zum Abkochen von Baumwolle in Betracht kommenden Laugen bzw. ihre Wirkung verdanken wir auch R. Haller[2]. Durch Kleinversuche in einem Druckautoklaven bei 3 at und 6stündiger Dauer wurde zu ermitteln gesucht: Veränderung von Flotte und Gut nach dem Beuchen, Fasergewichtsverlust, Bleichgrad, Kapillarität, Veränderung der mitgekochten Färbungen Indigo, Indanthren, Pararot, Kongokorinth, Festigkeitsbeeinflussung, Entfernung der Schalen. Aus den Versuchen folgerte Haller: Für einfaches Bleichen ergibt eine Kochung in NaOH 3° Bé die günstigsten Erfolge, eine solche in Kalk vermag sie niemals zu ersetzen. Dagegen gibt eine kombinierte Kalk-Laugenkochung oder aber eine erste Kochung mit Ablauge, gefolgt von einer zweiten in reiner Lauge, für Zwecke der Vollbleiche die besten Werte. Zusätze, insbesondere von Türkischrotöl zur Kochlauge wirkten günstig auf die Saugfähigkeit der gebeuchten Gewebe, dann aber auch wegen ihrer fettlösenden Eigenschaft auf den nach dem Chloren erzielten Bleichgrad, sind also in diesem Falle

---

[1] Victoroff: Der Einfluß der Naphtha-Sulfosäuren bei der Entschlichtung von Baumwollgeweben. Textilber. 1925 S. 333.

[2] Haller: Über die Einwirkung von Wasser, Alkalien und Salzen auf rohe Baumwollgewebe unter Druck. Textilber. 1924 S. 29.

unbedingt zu empfehlen. (Es bleibt hierbei zu beachten, daß Haller von den Zusätzen bis 10 cm³ je Liter nahm!)

Vereinzelt kam die Annahme auf, es lasse sich die „entfettende" Wirkung der Flotten durch Zugabe von Tonerde, Magnesia u. dgl. verbessern. Die Tonwaschmittel besitzen zwar ein gewisses Absorptionsvermögen, ihre Wirksamkeit entspricht jedoch nicht den Erwartungen, und es wäre ein Anreichern dieser Pulver auf der Ware zu befürchten, was zu einer Verschlechterung des Weißtones führt, sofern das Pulver nicht reinweiß ist. Noch befremdender sind Vorschläge, Kalkseife oder Kieselsäure beim Aufschließen von Bastfasern im Faserinnern abzuscheiden, damit diese Niederschläge die Inkrusten absorbieren. DRP. 146956 und 324333. Ebensowenig ist Vorschlägen, die „ätzende Schärfe" von Beuchlaugen durch Erhöhen der Viskosität mit Leinsamenschleim usw. aufzuheben, Wert beizumessen. Solche Zusätze dürften die Wirksamkeit der Laugen nur abschwächen.

Eine weitere Schwierigkeit macht das Entfernen und Ausbleichen der Baumwollsamenschalen und Blattreste. Auch hier soll angeblich Zugabe von Seifenfettlösern und Netzmitteln zu den Beuchflotten das Erweichen der Schalen fördern oder sichern. Vielfache Vergleichsversuche des Verfassers mit Netzmitteln usw. zeigten bei Anpassung an die Bleichereipraxis keine derart hervortretende Wirkungen, an sich mag die Zugabe von Seife oder sulfonierten Ölen die Beuchwirkung fördern, sofern die Zusatzmengen nicht zu gering sind. Im allgemeinen verspricht eine Druckkochung mit Natronlauge ein genügendes Erweichen. Vorteilhaft macht sich ein eingeschaltetes Chloren zwischen zwei Beuchen geltend.

Eine streng vergleichende Kritik der in ihren Einzelheiten mannigfach schwankenden „Beuchrezepte" ist kaum möglich. Meist hält ein Einschätzen von Vorschlägen auf Grund bekannter Verfahren nicht schwer. Eine Reihe vermeintlich wertvoller Neuerungen prüfte C. F. Theis, die Ergebnisse sind bei Besprechung der Festigkeitsänderungen S. 106 wiedergegeben, obschon die Verfahren zumeist nur einen historischen Wert besitzen. Dann ist auf die Zusammenstellung der Beuchpatente zu verweisen, S. 267. Weiter hat 1910 M. E. J. Müller, Mülhausen in verschiedenen Betrieben gebeuchte Stoffe auf Schlichtereste untersucht, da beim Ausfärben vorkommende Ungleichheiten auf einem unvollständigen Entschlichten beruhten, indem sich zufolge schlechter Zirkulation der Kochlauge an manchen Stellen Schlichtebestandteile festgesetzt hatten. Die Ergebnisse waren nur bedingt vergleichbar, schon weil die Apparatur in den einzelnen Betrieben nicht die gleiche war. Es fiel die große Passivität der Schlichte auf, selbst bei den unter Druck gekochten Geweben fanden sich meist noch leichte Spuren.

Um die Gegenwart von Stärke nachzuweisen, wurde Jodchlor benutzt. Man brachte auf den Stoff einen Tropfen einer 1%igen Jodkalilösung und ließ auf die genetzte Stelle einen Tropfen Chlorlauge von etwa 4 g/l Cl fallen. Die geringste Spur Stärke wird durch eine violette Färbung oder nur selten durch eine violette Zone angezeigt. Wenn der Stoff viel Stärke enthält, geht die Farbe von Blauviolett nach Dunkelblau. Auf einem stärkefreien Gewebe ist der Fleck durch freigewordenes Jod nur grau oder bräunlich.

Mit besonderen Schwierigkeiten kann das Beuchen von Buntware verknüpft sein. Die alkalische Flotte nimmt durch die in Lösung gegangenen, abgebauten, verzuckerten Schlichtestoffe ein Reduktionsvermögen an, gleichwie gegebenenfalls die Fasern durch ihren Gehalt an Pektin oder dergleichen und nicht zuletzt bei eingetretener Oxyzellulosierung stark reduzierend wirken. Dadurch gehen leicht reduzierbare Küpenfärbungen wieder in die alkalilöslichen Leukoverbindungen über. Die Färbungen drücken ab. Um solcher Wirkung vorzubeugen, sind einerseits Zusätze oxydativer Art, wie Peroxyd, andererseits von organischen Substanzen, die jene Reduktionswirkung abfangen, vorgeschlagen worden. So hat die Sauerstoff- und Aktivinbleiche insbesondere für Buntware Beachtung gefunden. Da lösliche Stärke sehr zum Verküpen der Farbstoffe beiträgt, ist es angezeigt, Buntware gut zu entschlichten. Hierzu dienen die enzymatischen Mittel oder die aktiven Sauerstoff abspaltenden Lösungen, so die Altlauge der Mohrbleiche. Jedes stark alkalische Erhitzen bleibt zu vermeiden. Deshalb sieht man auch von einem Kochen ab und sucht ohne jedes Beuchen nach dem Kaltbleichverfahren zu arbeiten. Einzelheiten sind in dem Abschnitt über Buntbleiche nachzulesen.

Nach Versuchen von S. R. Trotman[1] zeitigte eine unreine Beuchlauge mit Gehalt an Kochsalz, Tonerde usw. einen schlechteren Beuchausfall. Der Gewichtsverlust war beim Kochen mit unreinen Laugen ein geringerer, das Weiß ein schlechteres, weil die Auslaugung weniger gut ausfiel. Bei eisenhaltigen Laugen mag überdies eine Beeinflussung des Farbtones, ein Abdunkeln eintreten. Abgesehen von der Verwendung der Altlaugen zum Vorweichen von Stückware oder zum Entlüften ist verschiedentlich vorgeschlagen worden, dieselben mit Kalk u. dgl. zu reinigen und in den Betrieb zurückzunehmen. Ob die Anreicherung an Salzen nicht stört, bleibe dahingestellt. Es bilden sich zudem voluminöse, schlecht absetzende oder schwer filtrierende Niederschläge, so daß solches Reinigen Schwierigkeiten mit sich bringt. Die Kochlaugen einzudampfen und auf Soda zu verarbeiten, erscheint nicht vorteilhaft. Selbst das Eindampfen der stärkeren Kochlaugen aus der Flachsgarnbleiche erwies sich als undurchführbar, vgl. S. 13. Nach M. Freiberger[2], welcher die alte Beuchflotte heiß mit Kalk behandeln und dann mit Chlorlauge die braunen Verunreinigungen unter Vermeidung eines Überschusses an Oxydationsmitteln zerstören wollte, schützt solche Lösung zufolge ihrer reduzierenden Eigenschaften die Zellulose besser vor der Oxydation beim Kochen im lufthaltigen Kessel.

Als Analysen für gebrauchte Flotten nannte Freiberger 3,2 g freies NaOH, 5,8 g gebundenes NaOH = zusammen 9 g, 3 g Holzgummi (mit Alkohol fällbar aus neutraler Lösung), 2,33 g Fettsäure (Ätherextrakt), 0,94 g anorganische Substanz, und zwar 0,17% Fe_2O_3, 0,53% Al_2O_3, 0,24% SiO_2, 9,78 g organische Substanz, 22,9 g Abdampfrückstand. Einer gebrauchten Beuchlauge mit 9,5 g NaOH frei, 6,5 g NaOH gebunden, 0,69 g Holzgummi steht eine gereinigte Lauge mit 12,8 g NaOH frei, 2,8 g Soda, 0,08 g Holzgummi gegenüber. — Das Aufbereiten der alten Laugen hat sich in der Technik nicht einbürgern können.

Gewichtsverlust.

Der Abkochverlust der Baumwollarten schwankt mit der Menge der Faserbegleitstoffe, in zweiter Reihe kommt ein Lösen von Zellulosesubstanz in Frage, wobei die Einwirkungsbedingungen der Lauge mitsprechen. Über das Verhalten reiner Baumwolle bei Kochen mit

---

[1] Trotman: Journ. Soc. Chem. Ind. 1910 S. 249. — Vgl. Leipzig. Färber-Ztg. 1910 S. 221.

[2] Freiberger: Natronbeuchlauge und ihre Wiederbrauchbarmachung. Textilber. 1921 S. 345. Vgl. S. 13.

Wasser wird auf die ausführlichen Untersuchungen von M. Robinoff[1] „Über die Einwirkung von Wasser und Natronlauge auf Baumwollzellulose" Bezug genommen, vgl. S. 79.

Aus Versuchen mit Natronlaugekonzentrationen von 1—9% sowohl bei gewöhnlicher als bei erhöhter Temperatur bis 179° ging hervor, daß die Löslichkeit in der Kälte sehr gering ist, sie bleibt bis zu 9%igem Ätznatron unter 1%. In der Hitze ist eine Lauge von 4% schädlicher als von 3% und 5%, was sich deutlich beim Beuchen von roher Makobaumwolle mit 2-, mit 4- und 6%iger Lauge zeigte. Dabei ist die Temperatur von 135° gewissermaßen eine Grenztemperatur, über die man nicht hinausgehen sollte, da alle Veränderungen der Baumwolle in chemischer Hinsicht (Kupferzahl) und die Löslichkeit mit Erhöhung der Temperatur rasch zunehmen und bei 135° schon Beträge von 3—4% erreicht werden. Der große Unterschied im Verhalten reinster normaler Baumwolle und veränderter Baumwolle zeigt sich vor allem bei Einwirkung hochkonzentrierter Natronlauge in Siedehitze, wobei erstere fast gar nicht angegriffen wird.

Wie aus den S. 92 wiedergegebenen Zahlen über die beim Einweichen zu erwartenden Verlustzahlen ersichtlich ist, muß der Kochverlust von dem Gehalt der Baumwolle an Fremdstoffen abhängen. Das englische Textilinstitut hat weiterhin bei Versuchen unter Benutzen eines kleinen Beuchkessels folgende Werte für eine verschiedenartig gekochte Texasbaumwolle gefunden. Dieses Baumwollgarn mit einem Anfangsgehalt von 0,49% Wachs verlor schon bei sechsstündigem kalten Wässern 2,4% an Gewicht.

Behandlung	Gewichtsverlust	Wachsgehalt
Beuchen mit Natronlauge 1%, 6 Std.		
50° C	4,1	0,49
100° C	5,2	0,36
116° C + 0,7 at.	6,7	0,21
125° C + 1,4 at.	7,0	0,20
137° C + 2,1 at.	7,2	0,18
141° C + 2,8 at.	7,1	0,17
Beuchen mit 1% Natronlauge bei 1,4 at		
2 Std.	6,6	0,30
4 Std.	6,7	0,22
6 Std.	7,0	0,20
12 Std.	7,1	0,23
Offenes Beuchen, 6 Std.		
Natronlauge 1%	5,2	0,36
Natronlauge 2%	6,3	0,26
Natronlauge 3%	6,4	0,19
Druckkochen bei 1,4 at, 6 Std.		
Natronlauge 0,5%	6,7	0,20
Natronlauge 1,0%	7,0	0,20
Natronlauge 2,0%	7,0	0,28
Natronlauge 3,0%	7,3	0,24
Druckkochen bei 2,8 at, 6 Std.		
Natronlauge 1%	7,1	0,17
Natronlauge 3%	8,1	0,32
Kochungen mit verschiedenen Laugen		
Offenes Beuchen, 6 Std.		
Kalk 0,7%	5,0	0,40
Soda 1,3%	5,1	0,49
Ätznatron 1,0%	5,2	0,36

[1] Vgl. Schwalbe, C. G.: Die chemischen Eigenschaften reiner Baumwollzellulose. Färber-Ztg. 1913 S. 433.

Behandlung	Gewichtsverlust	Wachsgehalt
Druckkochen bei 1,4 at, 6 Std.		
Wasser	4,2	0,48
Kalk 0,7%	6,1	0,28
Soda 0,65%	7,0	0,32
Soda 1,3%	6,6	0,31
Ätznatron 0,5%	6,7	0,20
Ätznatron 1,0%	7,0	0,20

Diesen Versuchen zufolge würde ein verlängertes Kochen keine erheblichen Verbesserungen bewirken. Es bleibt jedoch zu bedenken, daß ein Behandeln von großen Posten eine längere Flottenzirkulation erfordert, um das Gut in allen Teilen durchzukochen.

M. Freiberger[1] bestimmte den Gewichtsrückgang von Baumwollstoff, wie solcher bei verschiedenartigen Verfahren in den einzelnen Arbeitsstufen eintritt. Neben Fett und organischer Substanz wurde die Menge des Holzgummiextrakts ermittelt. Die Beuchlauge kann und soll die Stoffe von stärker saurem Charakter, wie Pektinsäure lösen. Es werden zunächst die Faserbegleitstoffe gelöst, dann erst die Baumwolle, bei genügender Zirkulation ist an jeder Stelle im Kessel ein Überschuß an Ätznatron vorhanden. Auf jeden Fall muß ein Überschuß an nicht gebundenem Alkali erhalten bleiben, da sich sonst aus der gesättigten Beuchlauge wieder Verunreinigungen auf der Faser abscheiden. In der Halbbeuche, d. h. beim Arbeiten mit weniger Alkali, werden die schwachsauren Verbindungen und Abbauprodukte, z. B. das Xylan, zum Teil wieder auf dem Stoff ausgefällt. Halbgebeuchter Stoff enthält deshalb noch viel Holzgummi (= vorwiegend Pektinsäure?). Zu große Überschüsse an Ätzalkali bleiben zu vermeiden, da sich bei Gegenwart selbst geringer Mengen Luft Oxyzellulose bildet, die von der Lauge mehr und mehr gelöst wird.

Um die Oxyzellulosierung und damit Gewichtsverluste zu vermeiden, ist vorgeschlagen worden, Bisulfit oder Hydrosulfit der Kochlauge zuzugeben. Wennschon solche Reduktionsmittel der Oxydation entgegenarbeiten, so sichert eine Zugabe von wenigen Kilogramm doch nicht Teile des Kochgutes, die etwa im lufthaltigen Dampfraum liegen. Auf ein gutes Vorentlüften bleibt größter Wert zu legen. Hierzu die Altlauge zu verwenden, welche reduzierende Eigenschaften aufweist, hat namentlich Freiberger empfohlen, doch darf diese Lauge nicht zu sehr verunreinigt sein, damit sich keine Abscheidungen auf dem Frischgut niederschlagen. Um das Gut durch Abkürzen der Kochdauer geschont zu wissen, werden Fettlöserseifen zur Lauge gegeben. Über dahingehende Versuche ist im vorangegangenen Abschnitt zu lesen, die Gewichts- und ebenso die Festigkeitsänderungen sind dort miterörtert. Von Belang ist bei Versuchen auch die Flottenlänge, namentlich bei Verwendung alkalischer Sauerstoffbäder, siehe S. 168. Für die Technik ist vor allem die Frage des Gesamtbleichverlustes, der durch die Wirkungen des Kochens plus Bleichens (Chlorens) entsteht, von Belang;

---

[1] Freiberger: Beispiele für die Bestimmung des Holzgummis in verschieden gereinigter Baumwolle. Färber-Ztg. 1917 S. 81. — Die Ökonomie mit Zellulose und Ätznatron beim Beuchen. Baumwollind. 1918 S. 38 u. 55.

hierüber bleibt an anderen Stellen nachzulesen. An sich hängt der Gewichtsverlust vorwiegend von der Technik des Beuchens ab. Deshalb sucht man neuerdings die Hochdruckkochung einzuschränken. Da bei der Sauerstoffbleiche alkalisches Auslaugen und Bleichen verbunden sind und eine schärfere Kochung wegfällt, stellt sich der Bleichverlust gegebenenfalls günstig, vgl. S. 239. Über Koch- und Bleichverluste von Leinen siehe S. 254.

Festigkeitsänderungen.

Nachstehende Versuchsreihen können nur bedingt die Änderungen der Festigkeit, mit welchen beim Abkochen der Textilien zu rechnen ist, andeuten. Es ist die Art des Bleichgutes neben der technischen Ausgestaltung der Beuchkessel von bestimmender Bedeutung für den Ansatz der Flotten, Universalvorschriften hierfür und Normen für die Festigkeitsverluste kann es nur bedingt geben. Die Versuchswerte sind also nur Beispiele.

Alb. Scheurer stellte fest, daß bei Abschluß von Luft Baumwollkattun nach 8stündiger Einwirkung von 150° heißer Lauge nicht wesentlich geschwächt war. Es genügte jedoch die Gegenwart geringer Luftmengen, um eine Zerstörung des Gewebes durch Bildung von Oxyzellulose zu bewirken. Scheurer fand es notwendig, seine Proben vor dem Kochen mit Alkohol zu netzen, um die in den Poren eingeschlossene Luft zu vertreiben. Systematische Versuche über Festigkeitsänderungen von Baumwollgeweben, die mit Soda, Kalk, Natronlauge gekocht oder mit Natronlauge gedämpft wurden, veröffentlichte C. F. Theis in seinem Werke „Breitbleiche“.

Die hier wiedergegebenen Zahlen sollten die Zweckmäßigkeit eines Zusatzes von Bisulfit aufklären. Für Laugen mit nicht mehr als 28 g/l Ätznatron = 4° Bé) erwies sich Bisulfit als wirksam. Mit stärkeren Laugen trat eine zunehmende, durch Bisulfit nur teilweise zu behebende Schwächung ein. Wesentlich war die gleichmäßige Einwirkung des Dampfes. In dem erstkonstruierten Dämpfapparate zeigten die aus verschiedenen Lagen entnommenen Proben Festigkeitsunter-

Nesselgewebe	Kette kg	Schuß kg	Mittel kg
Rohgewebe	51	45,6	48,3 = 100
Hochdruckkessel Na_2CO_3 8 Stunden	40,2	39,9	40,1 = 83,0
„　　　　　$Ca(OH)_2$ 8 Stunden	43,7	35,7	39,7 = 82,2
„　　　　　1. Soda und 2. Kalk	40,9	35,6	38,2 = 79,1
Offen gekocht NaOH 4° Bé 1 Stunde	36,5	38,8	37,7 = 78,0
Auf Rahmen gedämpft 5 Stunden 1 at			
NaOH 4° Bé ohne Zusatz	35,3	29,5	32,4 = 67,1
„　 4° Bé + 10 g/l $NaHSO_3$	38,8	35,7	37,3 = 77,2
„　 6° Bé ohne Zusatz	32,5	24,0	28,3 = 58,6
„　 6° Bé + 10 g/l $NaHSO_3$	30,2	28,2	29,2 = 60,5
„　 8° Bé ohne Zusatz	28,3	23,5	25,9 = 53,6
„　 8° Bé + 10 g/l $NaHSO_3$	28,2	19,5	23,9 = 49,5
„　10° Bé ohne Zusatz	31,5	23,8	27,7 = 57,4
„　10° Bé + 10 g/l $NaHSO_3$	35,8	25,5	30,7 = 63,6

schiede, d. h. die oberen Lagen der glatt aufgewickelten Warenrolle hatten mehr gelitten, namentlich in den ohne Bisulfit gedämpften Stücken.

Die Ergebnisse sind im ganzen als ungünstig zu bezeichnen, es war vermutlich bei den Dämpfversuchen nicht möglich, die Luftsauerstoffwirkung auszuschließen. Vielleicht brachte der Dampf selbst Luft mit. Daß stärker alkalische Zellulose sehr leicht Sauerstoff aufnimmt, ist durch anderweitige Versuche bekannt geworden.

Von Belang erscheinen ferner Untersuchungen, in welchem Umfange Druck und Temperatur ohne Fasergefährdung gesteigert werden könnten, um die Zeitdauer der Behandlung zu kürzen. Theis klotzte mit den in der Zusammenstellung aufgeführten Chemikalien Nesselgewebe und dämpfte einmal während 4 Stunden mit 2 at Überdruck, das andere Mal während 1 Stunde mit 8 at. Die ersten Proben waren im Großbetrieb ausführbar, für die zweite Versuchsreihe bei 8 at diente ein kleines, auf den Dampfkessel aufgeschraubtes Eisenrohr. Das 90 cm breite Gewebe war nach dem Dämpfen, Absäuern und Waschen auf 86 cm eingelaufen. Ein in richtiger Weise durchgeführtes „trockenes Dämpfen" würde diesen Untersuchungen zufolge nicht mehr als ein Auskochen im Hochdruckkessel schaden. Einzelne Proben wiesen eine größere Festigkeit als das Rohgewebe auf, welche Beobachtung nicht als anormal zu gelten hat, da bei eintretender besserer Verfilzung der Einzelfasern die Garnfestigkeit zu steigen pflegt. Es bleibt immer mit Ungleichmäßigkeiten der Gewebe zu rechnen, in der Rohware kann die

4 Stunden bei 2 at	Kette	Schuß	Mittel	Vergleichszahl	1 Stunde bei 8 Atm.	Kette	Schuß	Mittel	Vergleichszahl
1000 l Wasser . 15 kg NaOH fest 5 l Bisulfit 36° 1 l Tetrachlorkohlenstoff	67,7	52,0	59,8	= 107,7	1000 l Wasser . 15 kg NaHO fest 5 l Bisulfit 36° 1 l Tetrachlorkohlenstoff	64,0	50,0	57,0	= 102,8
1000 l Wasser . 15 kg NaOH fest 5 l Bisulfit 5 l Alkohol denatur. 90%	66,4	52,6	59,5	= 107,2	1000 l Wasser . 15 kg NaOH fest 5 l Bisulfit 36° 10 l Alkohol denatur. 90%	61,0	48,6	54,8	= 98,7
1000 l Wasser . 20 kg NaOH fest 7 l Bisulfit 36° 5 l Türkischrotöl	61,7	57,0	59,3	= 106,8	1000 l Wasser . 20 kg NaOH fest 7 l Bisulfit 36° 5 l Türkischrotöl	63,0	51,0	57,0	= 102,8
1000 l Wasser . 20 kg NaOH fest ¹/₂ l Benzin	65,0	45,4	55,2	= 99,5	1000 l Wasser . 20 kg NaOH fest 1 l Benzin	57,3	48,7	53,0	= 97,1
Auf gewöhnliche Weise im Hochdruckkessel 10 Stunden	57,3	48,3	52,8	= 95,1	Rohware auf 86 cm berechnet	60,0	50,0	55,5	= 100

Kettenschlichte von Einfluß sein, Festigkeitsprüfungen verschiedenartiger Waren sind überhaupt nur bedingt vergleichbar!

Jedenfalls bleiben im Betriebe Temperaturen von 150° (= 4,7 at) besser zu vermeiden, da die Zellulose zu sehr gefährdet erscheint. In der Praxis herrscht die Auffassung, daß schon Temperaturen über 130° bedenklich sind. Von Bedeutung werden stets sein: Entlüftung des Kessels, Laugenumlauf und in gewissem Grade auch die Flottenlänge. (Nach Laboratoriumsversuchen von A. Koehler soll zwar die Temperatur bzw. der Druck zugunsten der Verkürzung der Beuchdauer bis auf 7 at erhöht werden können?)

Meist finden sich bei den Patenten und Empfehlungen von irgendwelchen Hilfsmitteln für die Kochlauge allgemeine Angaben über besonders gute Schonung der Faserfestigkeit, doch pflegen Nachweise über vergleichende Festigkeitsprüfungen zu fehlen, oder dieselben erscheinen nicht kritikfrei. Eine gewisse Beurteilung einer Anzahl von Verfahren bezüglich Wirksamkeit und Faserschonung ermöglichten die von C. F. Theis ausgeführten Dämpfproben. Die hinzugefügten Bemerkungen über die meist nur noch historisch wertvollen Verfahren und Patente und über die Dauer der letzteren kennzeichnen vielfach den praktischen Wert der vermeintlichen Erfindungen.

Nr.	Die Stücke wurden bei 2 at Überdruck 4 Stunden gedämpft	Schalen und Samenkapseln am besten gelöst	Nach dem Chloren frischeres Weiß	Festigkeit kg			
				Kette	Schuß	Mittel	
1.	Scheurer 1000 l Wasser . . 5 kg NaOH fest 5 l Bisulfit 36°	—	hier	60,3	53,7	57	DRP. 27745 (Köchlin) erloschen wegen Nichtzahlung der Gebühren nach 2 Jahren. — Zusatz von Bisulfit.
2.	Scheurer 1000 l Wasser .. 13 kg NaOH fest 2,5 kg Kolophonium 5 l Bisulfit 36°	—	hier	63,7	49	56,3	Wirkung von Kolophoniumseife.
3.	H. Köchlin 1000 l H$_2$O . . . 15 kg NaOH fest 5 l Bisulfit 36° 0,8 kg Chlorkalk	—	—	64,7	54,7	59,7	DRP. 25804 und 27745, erloschen wegen Nichtzahlung der Gebühren nach 3 Jahren. — Bleichen durch Dämpfen.
4.	Thompson und Rickmann 1000 l Wasser . . 15 kg NaOH fest 5 l Bisulfit 1 kg Kaolin	hier	—	58	45,6	50,3	DRP. 32704, erloschen wegen Nichtzahlung der Gebühren nach 2 Jahren. — Vermeidung von Siedeflecken durch Zusatz von Kaolin.
5.	Bruckbaeck 1000 l Wasser . . 15 kg NaOH fest 5 l Bisulfit 1 kg Zinnsalz	hier	—	68	51	59,5	Patentiert 1827. — Zusatz von Zinnsalz. — Zinnsalz soll die ätzende Wirkung der Kochlaugen aufheben (reduzierend wirken).

Nr.	Die Stücke wurden bei 2 at Überdruck 4 Stunden gedämpft	Schalen und Samenkapseln am besten gelöst	Nach dem Chloren frischeres Weiß	Festigkeit kg			
				Kette	Schuß	Mittel	
6.	Hertel 1000 l Wasser . . 20 kg NaOH fest 7 l Bisulfit 5 l Türkischrotöl	hier	hier	61,7	57	59,3	DRP. 75435, erloschen wegen Nichtzahlung der Gebühren nach 6 Jahren. — Anwendung von Türkischrotöl zum besseren Auskochen.
7.	Hertel 1000 l Wasser . . 15 kg NaOH fest 7 l Bisulfit 15 l Türkischrotöl	—	—	67,7	47,2	57,5	
8.	Hertel 1000 l Wasser . . 10 kg NaOH fest 5 l Bisulfit 10 l Türkischrotöl	—	hier	62	46,6	54,3	
9.	Geisenheimer 1000 l Wasser . . 15 kg NaOH fest 5 l Bisulfit 2 l Wasserglas	—	hier	67	51	59	Zusatz von Wasserglas zur Vermeidung gelber Kochflecken bei hartem Wasser.
10.	Endler 1000 l Wasser . . 15 kg NaOH fest 10 l Bisulfit 10 g Gewerbesalz	—	hier	70	50,3	60,2	Engl. Pat. 14252. — Zusatz von Salz zur Beschleunigung des Aufschließens der Pektinstoffe.
11.	Mathieu 1000 l Wasser . . 20 kg NaOH fest 0,5 l Benzin	hier	hier	65	45,4	55,2	DRP. 61668, erloschen wegen Nichtzahlung der Gebühren nach 2 Jahren. — Zusatz von Benzin zwecks besseren Auskochens der Fettstoffe.
12.	Croß & Parkes 1000 l Wasser . . 10 kg NaOH fest 60 kg Wasserglas 8 kg Seife 8 kg Rüböl 5 l Bisulfit	—	hier	60,7	51	55,8	DRP. 121787, erloschen wegen Nichtzahlung der Gebühren nach 5 Jahren. — Dämpfen von Geweben, welche mit einer alkalisch., halbflüssigen Emulsion imprägniert sind.
13.	1000 l Wasser . . 15 kg NaOH fest 5 l Bisulfit 1 l Tetrachlorkohlenstoff	hier	—	67,7	52	59,8	Zusatz fettlösender Flüssigkeiten zwecks besseren Auskochens.
14.	1000 l Wasser . . 15 kg NaOH fest 5 l Bisulfit 5 l Alkohol denatur.	beste Probs	—	66,4	52,6	59,5	
15.	1000 l Wasser . . 15 kg NaOH fest 3 l Glyzerin	hier	—	61,4	52	56,7	C. O. Weber empfahl den Zusatz von Glyzerin zur Entfernung von Mineralölflecken.
16.	Im Hochdruckkessel unter Flottenzirkulation (System Gebauer) 10 Stdn. gekocht	hier	—	58	42,6	50,3	Auffallend schlechtes Ergebnis.

An Vergleichzahlen von im Großbetriebe unter gleichen Bedingungen gebeuchten Baumwollgarnen fehlt es in der Literatur, allgemeine Angaben sind ohne kritischen Wert. Meist scheint eine gewisse Festigkeitszunahme des Gespinstes um 5—15% bei vorsichtigem Kochen einzutreten, doch gelangen in Einzelfällen Zunahmen von 30% und weit darüber zur Beobachtung. So zeigte ein lose gesponnenes Baumwollstrickgarn Festigkeitszunahmen bis 200%. Die Verbesserung der Reißfestigkeit beruht zu einem geringeren Teil auf dem Einlaufen und somit einem Dickerwerden der Garne, im wesentlichen ist dieselbe in einer größeren Verflechtung der Fasern zu suchen. Bei allen derartigen Vergleichen sind die Ergebnisse von einer Reihe von Umständen beeinflußt, wie von der Stapellänge, dem Drall, der Laugenzirkulation usw., die Zahlen sind nicht ohne weiteres zu verallgemeinern. Geht der Drall etwa beim Herauslösen von Einzelfäden aus einem Gewebe zurück, so kann dies eine Verminderung der Reißfestigkeit zur Folge haben, da die Fasern nicht mehr die erforderliche Verspinnung besitzen. Dies bleibt bei Festigkeitsprüfungen sehr wohl zu beachten. Festigkeitsbeeinflussungen würden vielfach erst nach wiederholter Laugeneinwirkung, also z. B. nach vielmaliger Wäsche, voll und ganz in Erscheinung treten.

Über den Gewichts- und Festigkeitsrückgang von Flachsgespinsten durch das Kochen und Bleichen siehe S. 323.

Die Wirkung der Bleichmittel.

Die durch Auslaugen oder Beuchen mit alkalischen Flotten nicht restlos entfernbaren farbigen Verunreinigungen sind auszubleichen, wenn eine reinweiße Zellulose verlangt ist. Gegebenenfalls gelangen zwar die Bleichmittel sofort zur Anwendung, um den beim Auskochen eintretenden größeren Gewichtsverlust zu vermeiden, oder es wird angestrebt, Auslaugen und Bleichen zwecks Abkürzung des Verfahrens zu vereinigen. Die übliche Arbeitsweise besteht jedoch in einem Beuchen mit folgendem Chloren. Zum Ausbleichen dienen vorwiegend Oxydationsmittel. Mit ihnen läßt sich ein beständigeres Weiß erzielen. Die Oxydation führt zu einer Zerstörung der farbigen Substanzen, bei Reduktionsmitteln bleibt hingegen damit zu rechnen, daß die zunächst entfärbten Verunreinigungen sich zufolge späterer Oxydationswirkung des Luftsauerstoffs wieder in farbige Körper zurückverwandeln und somit die Fasern vergilben, falls die Fremdstoffe ungenügend ausgewaschen waren. Zwar hätte die Reduktionsbleiche den Vorteil, daß eine Fasergefährdung durch überschüssige Chemikalien nicht zu befürchten ist, während bei der Oxydationsbleiche die Wirkung leicht über das Ausbleichen der Faserbegleitstoffe hinausgeht und es zu einer Oxyzellulosierung des Bleichgutes kommt.

Das Arbeiten mit Reduktionsbleichmitteln ist deshalb öfters in Vorschlag gebracht worden. So versuchten wohl zuerst Koechlin und Saget in Anlehnung an die Zellstoffbleiche, Baumwollgewebe mit Kalziumbisulfitlaugen — auf 1 l Wasser 100 g Kalk und 500 g Bisulfit

40° Bé — zu tränken und 1—2 Stunden unter Druck zu dämpfen oder zu kochen, um dann zu waschen, zu säuern und zu spülen. Die Ergebnisse genügten nicht. Für Sonderzwecke finden zwar seit langem Reduktionsmittel Anwendung. Bisulfit dient zur Ergänzung der Permanganatbleiche, Bisulfit oder Hydrosulfitverbindungen wurde die Aufgabe gestellt, einer Oxyzellulosierung beim Beuchen durch den Luftsauerstoff vorzubeugen (?). Hydrosulfite, Blankit hat man für das Aufhellen von Flachs, Jute, sowie zum Abziehen der farbschmutzigen Mitläufergewebe in der Druckerei empfohlen oder hat dieselben in solchen Fällen versucht, wenn Chlorlauge nicht anwendbar erschien. So beim Bleichen von Stoffen mit Wolle und Seide, da diese nicht mit Chlorlaugen behandelt werden dürfen. Schweflige Säure, zum Bleichen von Wolle und Seide früher mehr in Gebrauch, glaubte man ebenfalls zum Bleichen von Baumwollkopsen und von Flachsgarn mitverwenden zu sollen, DRP. 88 945, 124 677, oder zum Aufhellen von Jute verwerten zu können, DRP. 513 374. C. Bochter u. a. nahmen Patente, um insbesondere Leinen mit Bisulfit in verschiedenster Weise zu behandeln, im Vakuum arbeitend oder Fettlöser u. dgl. zusetzend. An Stelle von Bisulfit wäre das wirksamere Hydrosulfit zu nehmen, wie auch verschiedentlich empfohlen wurde. Blankit der I. G. Farbenindustrie sollte zum Nachbleichen dienlich sein, das Weiß heben, Rostflecke beseitigen, als Antichlor Vorteile zeigen. So schrieb z. B. E. Ristenpart[1] über Versuche mit Blankit. Die gehegten Erwartungen erfüllten sich jedoch nicht. Auch Vorschläge, die Hydrosulfitbleiche durch irgendwelche Zusätze zu verbessern, um die Flotten zu stabilisieren, so mit Wasserglas[2] erlangten bisher keine Bedeutung. Blankit hat gewisse Anwendung zum Aufhellen von Bindfäden u. dgl. gefunden.

Von den Oxydationsmitteln besitzen bislang die Verbindungen der unterchlorigen Säure eine überragende Bedeutung. Hinter ihnen blieben Sauerstoffbleichmittel, Permanganat oder andere aktiven Sauerstoff liefernde Chemikalien zurück, da ihr Preis höher oder ihre Verwendung mit technischen Mängeln verbunden war. Gebräuchlicherweise wird das Bleichen schlechtweg mit „Chloren" bezeichnet, obwohl dieser Ausdruck selbst für ein Arbeiten mit Chlorlaugen unzutreffend ist. Denn einmal wird nicht mit Chlor, sondern mit Lösungen von Salzen der unterchlorigen Säure gearbeitet, und zudem handelt es sich beim Bleichen mit Chlorlaugen gleichfalls vorwiegend um Oxydationsvorgänge, nur bedingt ist von einem „Chlorieren" zu sprechen.

Ungünstige, bei unsachgemäßer Anwendung der Chlorbleichmittel gemachte Erfahrungen gaben vielfach den Anlaß, andere Oxydationsmittel zum Bleichen vorzuschlagen. Letzten Endes ist jedes Oxydationsmittel anwendbar. So sollten mit Salpetersäure oder mit Königswasser, einer Mischung von Salpetersäure und Salzsäure, oder mit salpetriger Säure — DRP. 101 285, Tabary — Vorteile zu erzielen sein. Jardin wollte sogar die salpetrige Säure aus Zuckersirup und Salpetersäure hergestellt wissen. Bonneville, DRP. 16 036, ließ in phantastischer

---

[1] Ristenpart, E.: Leipzig. Mschr. Textil-Ind. 1925 S. 20.
[2] Vgl. Textilber. 1925 S. 960.

Weise Salpetersäuredämpfe auf mit Zucker imprägnierte Baumwolle einwirken. Schon die große Giftigkeit von Dämpfen der salpetrigen Säure würde ein derartiges Bleichen technisch sehr erschweren. (Zum Aufschließen von Holz usw. wird neuerdings Salpetersäure genommen[1].) Wesentlich ist die Reaktionsgeschwindigkeit eines Bleichmittels, nicht der Energieinhalt, die Bildungswärme der Verbindung allein. Der Kalorienwert genügt nicht zur Bewertung.

Als ein die Faser „unverändert" lassendes Oxydationsmittel empfahlen Hamburger und Kaesz (Prof. E. Murmann) Chlordioxyd in Gasform oder in wässeriger Lösung, DRP. 413 338. Auf 1 kg Baumwolle — in Wasser verteilt — sollen 60—80 g ClO_2 kommen. 1 kg Jute benötigte mindestens 15 g bis zum Erreichen eines „semmelblonden" Tones. Für das weitere Nachbleichen war Chlorlauge oder Permanganat vorgesehen. Die Herstellung dieses Gases aus Kaliumchlorat und Schwefelsäure wäre nicht ungefährlich, bei Verwendung von Oxalsäure läßt sich zwar ein durch seinen Gehalt an CO_2 nicht mehr explosives Gas gewinnen. Es mag Chlordioxyd ein mildes Bleichmittel sein, vgl. L. Kollmann[2], für ein Arbeiten mit derartigen Gasen sind die Bleichen aber nicht eingerichtet. Es ist abwegig, wegen der bei unsachgemäßer Verwendung von Chlorlaugen möglichen Faserschädigung irgendwelche Chemikalien heranzuziehen. Vor allem hat die Preisfrage der Chemikalien Bedeutung, und hier schneidet bisher die Chlorbleiche am günstigsten ab. Sehr wohl haben die Sauerstoffbleichmittel steigende Anwendung gefunden, insbesondere für die sogenannte Kombinationsbleiche, worunter das Vorbleichen mit Chlorlaugen unter Nachbehandeln der Textilien mit Sauerstoffbädern zu verstehen ist. Die Sauerstoffbleiche als solche ist in neuerer Zeit Gegenstand vieler Untersuchungen gewesen, da in Wettbewerb mit der Chlorbleiche stehend. Die Chemikalienkosten allein sind nicht entscheidend, welche Technik jeweilig vorzuziehen wäre, in Betracht kommt auch die Apparatur und der Warenausfall. Der wesentliche Unterschied der Verfahren besteht darin, daß das Chloren im allgemeinen kalt zu erfolgen hat und ein Beuchen vorangehen muß, sofern nicht durch Mitverwendung von Netzmitteln usw. das Eindringen der Flotte und das Auslaugen gebessert wird. Die Sauerstoffbleiche vereinigt Beuchen und Bleichen gewissermaßen. W. Schramek und W. Schubert[3] wollen deshalb in der alkalischen Peroxydbleiche bei 80—90° C einen hochwertigen Ersatz der Beuch-Chlorbleiche sehen, da das Auskochen unter Druck zu einem um etwa 2% höheren Gewichtsverlust führe.

Chlorbleiche.

Das Bleichvermögen des 1774 entdeckten Chlorgases war derart auffallend, daß der Gedanke, mit seiner Hilfe die langwierige Rasenbleiche zu ersetzen, nahe lag. Man erkannte jedoch bald, daß ein durchgreifendes Bleichen der Pflanzen-

---

[1] Vgl. Ztschr. f. angew. Ch. 1926 S. 337.

[2] Kollmann, L.: Untersuchungen über die Einwirkung von Chlordioxyd auf Faserstoffe. Ztschr. f. ges. Textilind. 1926 S. 631.

[3] Schramek u. Schubert: Über die Gewichtsverluste in der H_2O_2-Bleiche im Vergleich mit der Beuch-Chlorbleiche. Leipzig. Mschr. Textil-Ind. 1931 S. 313.

fasern besser nach einer vorherigen alkalischen Abkochung erfolgt und ließ deshalb Chlorgas auf das feuchte, noch mit Alkali getränkte Gut einwirken. Da bei reiner Chlorbleiche ein gutes Weiß nur schwer und mit größeren Festigkeitsverlusten der Fasern zu erreichen war, erwies es sich als zweckmäßiger, das Chloren mit einem abwechselnden Auslegen auf den Rasen bei eingeschaltetem wiederholten Beuchen mit Pottasche u. dgl. zu verbinden, um den Arbeitsgang gegen früher erheblich abzukürzen. Das Bleichen mit gasförmigem Chlor hätte wegen der Giftwirkung der Gase eine geschlossene Apparatur erfordert. Ein Bleichen mit wässeriger Chlorlösung, sogenanntem Bleichwasser, war deshalb schon ein gewisser Fortschritt. Das gesundheitsgefährliche Einatmen von Chlorgas blieb aber auch hierbei noch nicht genügend vermieden. Zudem machte die Herstellung von Chlorgas aus Salzsäure und Braunstein in den Bleichen Schwierigkeiten, und so wurde dieses „Chloren" in den Betrieben durch weniger gefährliche und einfachere Arbeitsweisen ersetzt. Es ist zwar später wiederholt versucht worden, die Chlorgasbleiche einzuführen, so um Kopse u. dgl. „trocken" zu bleichen, und der heute mögliche Bezug von komprimiertem, flüssigem Chlor hat neue Erfindungen angeregt, indessen hat sich bislang kein derartiges Verfahren bewährt. Die Bestrebungen, mit Chlorgas zu bleichen, sind als wenig aussichtsreich zu bezeichnen, schon weil eine gleichmäßige Gaseinwirkung nur auf ein als flaches Band durch die Chlorkammer laufendes Gut gesichert erscheint. Ein „trockenes" Chloren ist überhaupt nicht möglich, denn völlig trockenes Chlor bleicht gar nicht. Erst die aus Chlor und Wasser nach der Gleichung $Cl_2 + H_2O \longrightarrow HOCl + HCl$ sich bildende unterchlorige Säure kann als Bleichmittel gelten. Es erübrigt sich, hier auf die älteren Vorschläge und Patente 5243, 12749, 21137, 46811, 69733, 104504, 176089 näher einzugehen, es sei auf die Abhandlung von F. Erban[1] hingewiesen.

In neuerer Zeit versuchten Gierisch, Krais und Waentig Einzelfasern aus Bastfaserbündeln unter Entfernung vorhandener Holzteile und Inkrusten zu gewinnen, indem sie die vorher aufgeweichten Rohfasern (Rohgarne und Rohgewebe?) mit Chlor und verdünnten alkalischen Lösungen behandelten. Das Verfahren DRP. 328031 bezweckte insbesondere die Gewinnung von Einzelfasern — Kotonisieren von Flachs — im Ausführungsbeispiel III wird aber auch die Verarbeitung von rohem, mit schwacher Natronlauge genetztem Leinengewebe beschrieben. Bei einem Chlorverbrauch von 3% sollen sich die Inkrusten durch folgendes Kochen leicht entfernen und die Fasern leicht fertigbleichen lassen. (Chlor dient auch zur Feststellung des Verholzungsgrades von Fasern, indem man die Chloraufnahme ermittelt[2].) DRP. 370212, P. Waentig, sah ein Behandeln von Pflanzenstoffen mit gasförmigem Chlor in Mischung mit einem indifferenten Gas oder abwechselnd mit diesem vor. DRP. 380942 ließ das Chlor bei Gegenwart von Wasser oder von Salzlösung auf die Pflanzenfasern einwirken. Mit Chlor, teilweise sogar mit naszierendem Chlor bei verschiedenartigster Nachbehandlung, wollte man insbesondere Flachsabfälle aufschließen, kotonisierte Fasern gewinnen. So A. R. de Vaines, DRP. 382518, 397360, 398040.

Bei Laboratoriumsversuchen ließ W. Herbig[3] Chlorgas auf vorher mit Natronlauge getränkte Baumwollgarne einwirken und fand, daß unter bestimmten Bedingungen ein gutes Weiß ohne Faserschwächung zu erhalten war. Die Versuche und Berechnungen sind jedoch problematischer Natur. Nachprüfungen lehrten, daß ein gleichmäßiges Bleichen von größeren Strähnen in dicker Lage nicht möglich ist. Beim Bleichen von Stückware im laufenden Band ergaben sich apparative Schwierigkeiten, um die Einwirkungsdauer nicht zu kurz zu bemessen. Zudem wird in der Bleichereipraxis ein Arbeiten mit Gas leicht Anlaß zu Mißständen geben.

Schon 1785 fand Berthollet, daß die durch Einleiten von Chlor in alkalische Flüssigkeit herstellbaren stärkeren und weniger zersetzlichen Bleichlaugen sich in der Bleicherei als weniger gefährlich für Arbeiter und Fasern erweisen. Über erste

---

[1] Erban: Die Verwendung der Reaktionen zwischen Faserstoffen und Gasen in der Textilindustrie. Chem.-Ztg. 1909 S. 169.

[2] Waentig: Dresdener Forschungshefte 1922. Ztschr. f. angew. Ch. 1928 S. 638. — Gierisch : Ztschr. f. angew. Ch. 1919 S. 173.

[3] Herbig: Bleichen mit gasförmigem Chlor. Ztschr. f. ges. Textilind. 1924 S. 285.

Versuche mit Chlor und Chlorlaugen zu bleichen, gibt das Buch von Chaptal[1] Aufschluß. Nach dem ersten Herstellungsorte Javel bei Paris wurde die mit kaustifizierter Pottasche bereitete Lauge als Eau de Javelle bekannt. Von 1798 stammen Patente zur Herstellung von Chlorkalklaugen. Solche durch Einleiten von Chlor in Kalkmilch erhaltene Flüssigkeiten waren billiger und verdrängten das teuere Eau de Javelle. Labarraque empfahl 1820, die Pottasche bzw. Kalilauge durch die billigeren Natronverbindungen zu ersetzen. Heute versteht der Bleicher unter Javellescher Lauge nur Lösungen von Natriumhypochlorit. Die Bleichen gaben die Selbstbereitung von Chlorflüssigkeiten wegen der damit verbundenen Umständlichkeiten mit der Zeit auf, denn bereits in den 1830er Jahren war fester Chlorkalk im Handel zu beziehen, und dieser von verschiedenen Fabriken durch Überleiten von Chlorgas über Kalkhydrat im Großbetriebe hergestellte Chlorkalk wurde „das" Bleichmittel. Nur für Sonderzwecke fanden die Bleicher es noch empfehlenswert, sich kalkfreier Laugen zu bedienen. Solche Flüssigkeiten stellten sich die Betriebe auf einfache Weise durch Umsetzen des Chlorkalkes mit den kohlensauren oder schwefelsauren Natron- bzw. Kalisalzen her, wobei sich die schwerlöslichen kohlensauren oder schwefelsauren Kalksalze abscheiden. In ähnlicher Weise wurden auch die unterchlorigsauren Salze des Magnesiums, Aluminiums, Zinks erhalten, doch zeigten solche Laugen keine erheblichen Vorteile. Neben dem Kalksalze hatte und hat heute nur die Natronverbindung praktischen Wert. Da „Chlornatron" vor Chlorkalk gewisse Vorzüge besitzt, so gewinnt das Bleichen mit kalkfreien Laugen steigende Beachtung. Allerdings ist weniger an Eau de Javelle-Laugen aus Chlorkalk und Soda zu denken, sondern an käufliche Griesheimer Lauge oder Chlornatronlaugen, welche die chemischen Fabriken oder die Betriebe durch Einleiten von Chlorgas in alkalische Flüssigkeiten bereiten und durch Elektrolyse von Kochsalzlösungen herstellen können.

Die Wirksamkeit der Chlorbleichflotten beruht auf ihrem Gehalt an aktivem Chlor bzw. an unterchloriger Säure, welch letztere den Sauerstoff liefert, der die Pflanzenfarbstoffe und Faserbegleitstoffe durch Oxydation zerstört. Eine Chlorierung der Fasern kommt nicht in Betracht, gegebenenfalls ist jedoch mit einem Chlorieren der Verunreinigungen der Zellulose, wie des Lignins zu rechnen, wobei sich wasser- oder alkalilösliche Produkte bilden. Nicht allein von der Menge des Oxydationsmittels, dem Gehalte der Bleichflotte an Aktivchlor, ihrem Energieinhalt hängt der Bleichverlauf und der Faserangriff ab, es kommt ebenso auf die Reaktionsgeschwindigkeit an, welche von der jeweiligen Flottenreaktion — alkalisch, neutral, sauer — bedingt ist und unter dem Einfluß von Katalysatoren stark wechseln und verhängnisvoll werden kann. Bei der sauren Chlorbleiche, die neuerdings als Korte-Bastfaserbleiche Bedeutung erlangt hat, sollte man von einem „Chlorieren" sprechen, denn hier ist der Reaktionsverlauf ein anderer als beim Arbeiten mit alkalischen oder schwach sauren Flotten. Korte nimmt jedoch an, daß auch bei der üblichen Baumwollbleiche die Chlorlauge nicht nur oxydierend auf die Verunreinigungen einwirkt. Eben dadurch sei das unterschiedliche Verhalten der Chlor- und der Sauerstoffbleiche, z. B. beim Ausbleichen von Mako, zu erklären[2]. Um den Bleichvorgang zu verstehen, ist es vor allem nötig, die Reaktionsverhältnisse von Hypochloritlösungen zu erörtern.

Einfluß der Reaktion.

Wie bei Besprechung der Chemikalien ausgeführt, zeigen die Hypochloritlösungen beim Aufbewahren einen Rückgang an aktivem Chlor, der fast ausschließlich auf einer Umwandlung des unterchlorigsauren Salzes in nicht bleichendes, chlorsaures Salz beruht. Der Bleichenergie der Chlorlaugen entspricht ihre Zersetzlichkeit. Der Grund des oft schnellen Rückganges liegt in erster Linie an dem Gehalte an freier unterchloriger Säure, wodurch die Umwandlung in Chlorat bedingt wird.

---

[1] Bern und Zürich: Heinrich Gessner 1802.
[2] Vgl. Leipzig. Mschr. Textil-Ind. 1931 S. 369.

H. Kauffmann[1] hält die Selbstzersetzung für eine Wasserstoffionenkatalyse. Selbst die geringe Menge der Wasserstoffionen in alkalischer Lösung ist hinreichend, um den Vorgang, wenn auch äußerst langsam, herbeizuführen. Die Rückgangskonstante ist umgekehrt proportional der Hydroxylionenkonzentration. Der Rückgang der Bleichflotten verläuft als Reaktion zweiter Ordnung. Kauffmann nimmt als instabiles Zwischenprodukt das Komplexion $(ClOH \cdot ClO)'$ an, für welches folgende Umwandlungen gelten

$$ClO'H \rightleftharpoons [ClOH, ClO]' \begin{cases} O_2 + H^\cdot + 2\,Cl' \\ ClO_2' + H^\cdot + Cl'. \end{cases}$$

Dem Komplex ist eine hohe Oxydationskraft zuzuschreiben und die Schuld am Faserangriff zuzuschreiben, nicht der freien unterchlorigen Säure als solcher. I. Weiss stellte eine andere Theorie auf, erblickt in der unterchlorigen Säure bzw. Cl_2O, H_2O die wirksame Verbindung für den Bleichvorgang. (Die angegebene Literatur ist einzusehen.)

Bei der Umwandlung in chlorsaures Salz tritt zwar kein direkter Sauerstoffverlust ein; das entstandene Chlorat ist aber von keinem praktischen Bleichwerte, da der Chloratsauerstoff unter gewöhnlichen Verhältnissen nicht oxydierend wirkt. Nach C. G. Schwalbe und H. Wenzl[2] spielt jedoch auch das Chlorat des Chlorkalkes bei der Bleiche von Holzzellstoff eine Rolle. Das in dieser Form vorhandene Chlor wurde bereits bei 30—50°C vollkommen verzehrt, wobei es nicht auf Lignin, sondern auf die schon abgebauten ligninartigen Inkrusten wirkt. Jede Umwandlung von Hypochlorit in chlorsaures Salz bedeutet für den Textilbleicher einen Verlust. Zwar ließe sich G. J. Atkins, Tottenham, ein DRP. 139833 geben, um gemäß der Reaktionsgleichung $NaClO_3 + 5\,NaCl + 3\,H_2SO_4 = 3\,Na_2SO_4 + 3\,H_2O + 6\,Cl$ mit Chlor zu bleichen. Eine solche Mischung von Chlorat und Chlorid sollte insbesondere durch Elektrolyse von Kochsalzlösung in der Wärme hergestellt werden. Aber es wäre eine derartig große Menge von Schwefelsäure oder eine solch bedeutende Erwärmung notwendig, um mit Chlor im Sinne der Gleichung einen Bleicherfolg zu erzielen, daß dieser Vorschlag keinen Wert für die Textilbleiche haben kann. Eine katalytische Zersetzung von Chlorat kommt bleichereitechnisch ebenfalls nicht in Betracht.

Da die HOCl-Konzentration beim Rückgang der Chlorlaugen konstant bleibt, so vermag ein geringer Gehalt an freier unterchloriger Säure das ganze Hypochlorit in Chlorat zu verwandeln, wenn nicht in Nebenreaktionen eine Neutralisation erfolgt.

(Daß von der freien unterchlorigen Säure der Rückgang und die Bleichenergie abhängig ist, suchten Nussbaum und Ebert durch eine Strukturverschiedenheit zwischen Hypochlorit und freier unterchloriger Säure zu erklären. Man habe anzunehmen, daß der Sauerstoff beim Hypochlorit direkt an das Metall nach dem Schema Na—O—Cl gebunden ist, bei der unterchlorigen Säure hingegen an Chlor H—Cl=O (Chlor dreiwertig). Auch die Annahme, daß die freie unterchlorige Säure ähnlich wie wahrscheinlich Kohlensäure in wässeriger Lösung zum großen Teil als Anhydrid vorhanden ist und letzteres ein besonderes Oxydationsvermögen besitzt, hätte viel für sich.)

Wenn alkalische Hypochloritlösungen bleichen, so ist hier einmal an eine zwar durch das überschüssige Alkali gehemmte Hydrolyse zu denken, dann aber besitzt eine alkalische Faser reduzierende Eigenschaften.

Freie HOCl entsteht in den Bleichlaugen zufolge Hydrolyse des unterchlorigsauren Salzes oder durch Zersetzung des letzteren mit einer

---

[1] Kauffmann: Bleichlauge und Bleichverlauf. Ztschr. f. angew. Ch. 1924 S. 364. — Fremdstoffe der Baumwolle. Textilber. 1928 S. 575. — Zur Kinetik der Chlorbleiche. Ztschr. f. angew. Ch. 1930 S. 840.

[2] Schwalbe u. Wenzl: Chem. Zbl. Bd. 2 (1923) S. 641.

stärkeren Säure, denn HOCl ist eine äußerst schwache Säure. Eine normale „neutrale" Hypochloritlösung mit 52,5 g NaOCl im Liter enthält infolge hydrolytischer Spaltung zwar nur $3,5 \times 10^{-4}$ Mole unterchlorige Säure $= 0,0018\%$ HOCl, die Hydrolyse steigt mit zunehmender Temperatur jedoch rasch an (vgl. Abel[1]).

Welche Schwankungen in der Reaktion technischer Chlorlaugen möglich sind, wurde schon bei Besprechung der Chlorverbindungen ausgeführt. In Chlorkalklaugen kann der Höchstgehalt an freiem Ätzkalk nicht viel über 1 g CaO im Liter gehen, bei Natriumhypochloritflotten kommt ein starkes Alkalisieren bei der Kaltbleiche in Frage und neuerdings auch ein starkes Ansäuern für Sonderzwecke. Verdünnte Lösungen sind im allgemeinen haltbarer als konzentrierte Laugen. Bei Vergleichen und Versuchen findet man mitunter schwankende Werte, da neben der Reaktion beispielsweise eine katalytische Beeinflussung mitsprechen kann. Qualitativ läßt sich die Reaktion durch Zugabe von Chlorlauge zu verdünnter Methylenblaulösung schätzen, die nur durch freie Säure schnell ausgebleicht wird, ebenso steht es mit schwach alkalisierter roter Phenolphthaleinlösung, mit dem Ausbleichen von Lackmuspapier, aus Jodkalilösung wird durch freie HOCl sofort Jod abgeschieden, während unterchlorigsaures Salz erst nach Zufügen von Mineralsäure reagiert.

Die jeweilig vorhandene Ionenkonzentration drückt der Chemiker durch den p_H-Wert aus. $PH_1 = {}^1/_{10}$ nH_2SO_4, $p_{H7} =$ Neutralpunkt, $p_{H13} = {}^1/_{10}$ NaOH. Die Bedeutung der Ionenkonzentration für die Chlorbleiche haben D. A. Clibbens u. B. P. Ridge vom englischen Textilinstitut[2] durch große Experimentalarbeiten aufgeklärt. Um die gleiche Ionenkonzentration bei Bleichversuchen aufrechtzuerhalten — die Alkalität geht während des Bleichens durch die entstehenden sauren Oxydationsprodukte zurück —, sind „Puffersalze" zuzusetzen. Clibbens und Ridge stellten ihre Versuchslösungen her durch Verdünnen einer NaOCl-Lauge 35 g/l Cl auf ${}^1/_{25}$ $n = 1,42$ g Cl unter Verwendung folgender Lösungen:

1. m/$_{10}$ NaOH ($= 4$ g Ätznatron im Liter) $=$ etwa p_{H13}.
2. m/$_{100}$ NaOH $=$ etwa p_{H12}.
3. m/$_{10}$ Na$_2$CO$_3$ $=$ etwa $p_{H11,2}$.
4. 100 cm³ m/$_5$ NaOH $+$ 250 cm³ m/$_5$ H$_3$BO$_3$ auf 1 l verdünnt $= p_{H9}$.
5. 250 cm³ m/$_5$ KH$_2$PO$_4$ $+$ 148 cm³ m/$_5$ NaOH auf 1 l verdünnt p_{H7}.
6. m/$_5$ CH$_3$COOH $+$ m/$_5$ CH$_3$COONa zu gleichen Teilen $p_{H4,6}$.
7. m/$_5$ CH$_3$COOH ($= 12$ g/l Essigsäure) $p_{H2,7}$.
8. m/$_{20}$ H$_2$SO$_4$ ($= 4,9$ g/l Schwefelsäure) etwa p_{H1}.

20 g vollgebleichtes Baumwollgewebe wurden bei 25° C in 10facher Flotte gebleicht um die Stundenzahlen zu ermitteln, welche für den Rückgang der Aktivchlormenge auf die Hälfte benötigt waren, wenn zunächst der Abfall von 2 cm³ anfänglichen Titerverbrauchs auf 1,5 cm³ außer Berechnung blieb. Da die restlichen Faserverunreinigungen trotz Vorbleichens einen gewissen Verbrauch haben konnten, ist erst nach deren Oxydation an einen ausschließlichen Zelluloseangriff zu denken,

---

[1] Vgl. Abel: Theorie der Hypochlorite.
[2] Vgl. Kind u. Korte: Textilber. 1929.

soweit die Lauge nicht etwa durch Selbstzersetzung Chlor verliert. Vgl. Kurvenzeichnung.

Die Versuche lassen einen auffallenden Gefahrpunkt der Oxyzellulosierung in der Neutralzone erkennen. Anwachsende Azidität bis $p_{H4,6}$ führte aus dieser Gefahrzone schnell heraus, dann aber macht sich wieder eine verstärkte Aktivität bemerkbar, welche mit dem Auftreten von freiem Chlor in angesäuerten Lösungen erklärbar sein soll. Auch analytische Prüfungen der Bleichmuster durch Bestimmen der Kupferzahl nach Braidy bestätigten diese Gefahrzone. Nach Clibbens u. Braidy zeigen die auf der alkalischen Seite des Neutralpunktes p_{H7} entstehenden Oxydationsprodukte große Löslichkeit in Natronlauge, hohes Anfärbevermögen gegenüber Methylenblau und niedrige Kupferzahlen, da saure Gruppen entstanden. Bei saurer Bleiche bilden sichKarbonyl- oder reduzierende Gruppen mit geringerer Affinität zu Methylenblau, geringer Löslichkeit in Alkali, aber hoher Kupferzahl.

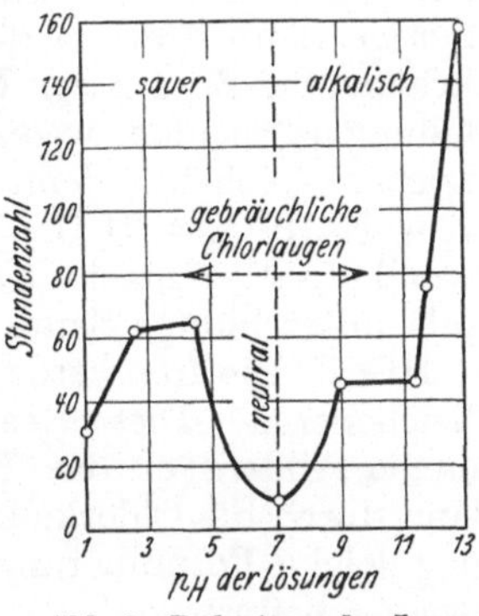

Abb. 8. Bedeutung der Ionenkonzentration nach Clibbens u. Braidy.

In gleicher Weise wurde noch das Verhalten von stärker alkalischen Chlorlaugen geprüft, durch Behandlung von 20 g Stoff mit 200 cm³ Flotte, 1,42 g/l Cl mit steigenden Mengen freien Hydroxyds. Die nachstehenden Stundenzahlen zeigen den Rückgang von 2 cm³ anfänglichem Titerverbrauch auf 1,5 bzw. 0,75 cm³ volumetrische Lösung.

	Lösung 1,5 Stdn.	Lösung 0,75 Stdn.
0,1 n = 4 g/l NaOH	45	158
2,4 n = 96 g/l NaOH	24,5	65,5
3,1 n = 124 g/l NaOH	16	37
3,85n = 144 g/l NaOH	10	19,5
5,3 n = 212 g/l NaOH	8	12
7,0 n = 280 g/l NaOH	5,5	11,5

Die Zahlen sprechen für eine Oxyzellulosierungsmöglichkeit in Laugen mit Merzerisationswirkung, d. h. in stark alkalischen Bädern ist die Zellulose empfindlich gegen Bleichmittel. Man vergleiche, welche Erklärungen H. Kauffmann[1] über den Faserangriff durch alkalische Bleichflotten gibt, s. S. 163.

Der Bleicher hat zu beachten, daß das Chloren nahe der Neutralzone leicht zu einer Fasergefährdung führen kann.

Zugabe von Alkalilauge gestattet die Selbstzersetzung und die Bleichwirkung zu regeln. Nach Nußbaum und Ebert läßt sich freie unterchlorige Säure auch fast ganz mit Soda neutralisieren. Vergleichende Versuche mit Soda und Ätznatron zur Feststellung der Halt-

---

[1] Kauffmann: Über katalytische Faserangriffe. Ztschr. f. angew. Ch. 1931 S. 858.

barkeit — Kind und Weindel — sprachen nicht eindeutig für die Verwendung von Soda. Allerdings waren die Laugen nicht völlig kalkfrei, so daß die Soda zum Teil zum Ausfällen von kohlensaurem Kalk verbraucht wurde. Als empfehlenswerten Zusatz zu Natriumhypochloritlaugen bezeichneten Nußbaum und Ebert des weiteren Natriumbikarbonat. Dasselbe wirke nicht als saures Salz, mache keine unterchlorige Säure frei, da diese schwächer sei als die Kohlensäure in Bikarbonaten. Zusatz von Bikarbonat soll freies Chlor binden bzw. dessen Bildung vermeiden, wodurch eine Schonung empfindlichen Bleichgutes gesichert erscheine, denn freies Chlor galt als für die Fasern gefährlich. $Cl_2 + NaHCO_3 + H_2O = HOCl + NaCl + H_2CO_3$. Bei Gegenwart des Erdalkalisalzes macht $NaHCO_3$ unter Abscheidung von kohlensaurem Kalk unterchlorige Säure frei. $Ca(OCl)_2 + NaHCO_3 = CaCO_3 + NaOCl + HOCl$. Die frei werdende unterchlorige Säure entfaltet eine größere Bleichenergie. Diese Reaktion wollte Mc. Ilwain, Belfast schon ausnutzen, indem er das Bleichgut mit $NaHCO_3$ vorimprägnierte und dann durch die Chlorkalklauge oder durch Chlornatron nahm. An sich mag solche Formulierung zutreffen, die technische Ausführung müßte daran scheitern, daß die Bleiche nicht genügend gleichmäßig verläuft, denn beim Durchgang der imprägnierten Ware gerät leichtlösliches Bikarbonat ins Bad. (Vgl. die Ausführungen über die Herstellung von Chlorlaugen auf S. 63.)

Die Bleichgeschwindigkeit von Lösungen mit gleichem Chlorgehalt ist von der Anfangsreaktion abhängig. Da das Abmustern des erzielbaren Bleichgrades bei kleinen Unterschieden Schwierigkeiten macht, so suchten Kind und Weindel den Reaktionseinfluß durch Ausbleichen von indigoblau gefärbten Garnen festzustellen, wie in ähnlicher Weise bereits 1886 Lunge und Landolt die ungleiche Bleichkraft von Lösungen durch Chloren von türkischrot gefärbten Läppchen besser sichtbar machten. Buntware mit türkischroten Färbungen läßt sich bei schwach alkalisch gehaltenen Cl-Flotten, etwa bei p_{H8} ohne großes Abschwächen des Farbtones bleichen, das Rot wird jedoch angegriffen, wenn die H-Ionenkonzentration p_{H7} erreicht. Es ergaben sich bei Zugabe wechselnder Mengen von Ätznatron und Salzsäure größte Verschiedenheiten. Indigo wird in sauren Flotten weit schneller zerstört. Für das Ausbleichen der Pflanzenfarbstoffe hat die Reaktion der Chlorflotten nicht in gleichem Maße Bedeutung, aber das Ausbleichen der Textilien verläuft im allgemeinen in saurer Lösung weit schneller. Hierbei zeigen die verschiedenen Fasern gewisse Unterschiede, es kann im Einzelfalle fraglich sein, ob nicht ein alkalischeres Chloren angebracht wäre. Normen lassen sich nicht aufstellen. M. Freiberger, DRP. 281581, hielt es für gut, die Ware zunächst alkalisch zu chloren und mit schwachem, saurem Chlor nachzubleichen, vgl. S. 124, andere Kreise empfahlen, sauer vorzuchloren und alkalisch nachzubleichen, so die Zellstoffabrik Mannheim-Waldhof, DRP. 352845 und 371398. Bei einem Bleichen mit angesäuerter Flotte und einem schwach alkalischen, warmen Nachchloren soll das Endergebnis bei gleichem Gesamtchlorverbrauch gegenüber der gebräuchlichen Arbeitsweise weit besser sein. E. Ristenpart[1] trat auf Grund von Versuchen im Laboratorium unter Messen des Weißgehaltes bzw. der Oxyzellulosierung nach der Methylenblauzahl sowie der Garnfestigkeit für die saure-alkalische Chlorbleiche ein, welche ermögliche mit dem Chlorgehalt der Flotten herunterzugehen. Bei zu starkem Ansäuern und bei Bildung von Cl_2 an Stelle von $HOCl$ war die Bleichwirkung zu gering? (Vgl. die vorstehenden Ausführungen!)

Das Arbeiten mit **stark sauren** Chlorflotten hat in den letzten Jahren für Sonderzwecke Bedeutung erlangt[2]. Auch H. Kauffmann[3] bestätigte, daß alkalische Natriumhypochloritlaugen, in dem Maße, als sie mit Säure versetzt werden, die Baumwolle immer stärker gefährden, die Faserschädigung schwächt sich aber nach Überschreiten eines Maximums wieder ab, um im sauren Gebiet praktisch zu verschwinden. Das Maximum der Schädigung liege bei einer Flottenzusammensetzung, wo auf 1 Mol Chlor 1,5 Mol Ätznatron kommen. Also empfehle sich entweder ein alkalisches oder ein saures Bleichen, welch letzteres die Farbstoffe bevorzugt angreift. Kauffmann hält einen Säuregehalt von 5—10 g freier HCl als für die Faser ungefährlich. Nach dem sauren Chloren — ohne vorheriges Entschlichten und Beuchen — folgt ein heiß-alkalisches Nachbehandeln mit Wasserstoffsuperoxyd, denn die saure Chlorflotte besitzt kein Auslaugevermögen. (Zu den Messungen der Bleichwirkung alkalisierter Flotten wurde Phenolphthalein verwendet: man gibt zu den Bleichlösungen gleiche Mengen Farbstoff und bestimmt wieviel Zeit bis zum völligen Verschwinden der Farbe verfließt.) Jedenfalls ist bei Herstellung und Verwendung saurer Chlorlaugen Vorsicht und genaue Überwachung angebracht, um eine gleichmäßige Einwirkung anzustreben!

Bei Verwendung mineralsaurer Bäder, wie beim Korte-Verfahren, hat man ein „Chlorieren" der Faserverunreinigungen, namentlich der Ligninsubstanzen anzunehmen, die dadurch löslich in den weiter vorzusehenden alkalischen Bädern werden. Zum Unterschied von dem Arbeiten in schwach angesäuerten Flotten ist besser von einem Chlorieren zu reden. Nach der Patentanmeldung der Korte-Bastbleiche sollen z. B. zur Bleichflotte mit 1—8 g/l Aktivchlor 8—15 g konzentrierte Salzsäure kommen, was bei 30%iger Säure einer HCl-Menge von 2,4 bis 4,5 g entspricht. Um $NaOCl$ zu zersetzen, wären für 74,5 g $NaOCl$ = 71 g Aktivchlor nur 36,5 g HCl erforderlich, es bedeutet somit die genannte Zugabe von HCl einen bleibenden Überschuß freier Salzsäure neben freigemachter $HOCl$. Das Arbeiten mit derartigen Bädern setzt eine geeignete Apparatur — Vermeiden eines Entweichens von Chlorgasen — voraus und bedingt eine analytische Überwachung, um außerhalb der Gefahrzone zu arbeiten. Die Patentschrift begrenzt den p_H-Wert unter 5. Während beim üblichen Chloren, beim Oxydieren die Azidität der Flotten zunimmt, geht der Säuregehalt beim „Chlorieren" zurück, wie beistehende Kurvenzeichnung aus einer Leinengarnbleiche

---

[1] Ristenpart: Die saure Chlorbleiche. Textilber. 1922 S. 363 u. 1923 S. 74.
[2] Siehe Korte-Bleiche S. 257.
[3] Kauffmann: Zur Kinetik der Chlorbleiche. Ztschr. f. angew. Ch. 1930 S. 840.

dartut. Chlorierungsflotten lassen sich nicht nur durch Zugabe von Mineralsäure zu Chlorkalk- oder Chlornatronlauge, sondern auch unter Verwendung von flüssigem Chlor bereiten. Von einem Experimentieren bleibt abzuraten, es empfiehlt sich, auf die Erfahrung der I. G. Farben-Industrie, Griesheim, aufzubauen.

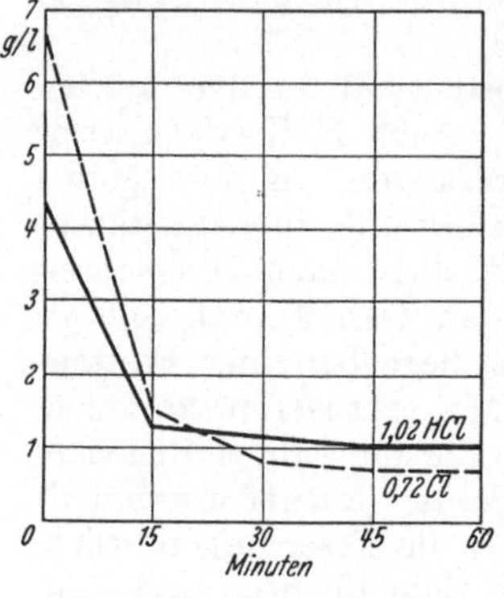

Abb. 9. Chlor- und Säurerückgang beim Korte-Verfahren.

Um zu unmittelbaren Vergleichswerten der Bleichgeschwindigkeit zu gelangen, führten Kind und Weindel auch Probebleichen von nicht gefärbten Baumwollgarnen unter Beobachten der zum Erreichen des gleichen Weißgrades erforderlichen Zeit aus. Ein derartiges Bewerten macht Schwierigkeiten, wenn das in den Bleichbädern erzielte Weiß nicht gleichmäßig „steht", beim Spülen und Fertigmachen ungleich zurückgeht. Die sauer gebleichten Fasern lassen meist mehr nach. Beim Bleichen von 30 g Strähnen-Makogarn, das sich für solche Versuche wegen seiner Färbung am besten eignet, mit je 600 cm³ Elektrolytlauge wurden bei 18° C folgende Bleichzeiten festgestellt:

1. Typ				1 Stunde		
2. „	+ 0,3	g NaOH = 0,5%		4 Stunden	45	Minuten
3. „	+ 0,06	g „		1 „	27	„
4. „	+ 0,03	g „		1 „	22	„
5. „	+ 0,006	g „		1 „	6	„
6. „	+ 0,003	g „		1 „	4	„
7. „	+ 0,1 g HCl = 0,5 g Salzsäure 20%				53	„
8. „	+ 0,5 g				44	„

Von großer Bedeutung sind die Reaktionsänderungen, mit denen jeder Bleichprozeß verbunden ist, der Bleichverlauf hängt in erheblichem Grade von diesen Reaktionsänderungen ab. Man nahm früher an, es sei die Kohlensäure aus der Luft, welche den Bleichvorgang einleite und nach den Gleichungen

$$Ca(OCl)_2 + H_2CO_3 = CaCO_3 + 2\ HOCl \quad \text{und}$$
$$NaOCl + H_2CO_3 = NaHCO_3 + HOCl$$

unterchlorige Säure frei mache, wobei gleichzeitig kohlensaurer Kalk und — nach den Untersuchungen der Chemiker von Siemens & Halske — doppeltkohlensaures Natron entstehe. Wenn die freie unterchlorige Säure den Aktivsauerstoff abspaltet und sich hierbei Salzsäure bildet, könnte letztere weiteres Hypochlorit zersetzen oder aus dem Karbonat wieder Kohlensäure freimachen, so daß die Reaktion im Sinne der Gleichungen weitergehen kann, soweit nicht etwa die Säure durch freies Alkali gebunden und damit die fortschreitende Bleichung gehemmt wird. Der Reaktionsverlauf $NaOCl + H_2CO_3 = NaHCO_3 + HOCl$ soll kein vollständiger, sondern ein umkehrbarer Vorgang sein; bei äquivalenten Mengen in verdünnten Lösungen ein Achtel nicht mehr reagieren. Ob infolge Anreicherung von Säure es im Verlauf des Bleichens bei Chlorkalkflotten zur Bildung von freiem Chlor kommt, erscheint fraglich.

Zufolge den Untersuchungen von Siemens & Halske kann gegensätzlich bei Laugen von NaOCl durch die Kohlensäure der Luft praktisch kein Chlor frei werden, denn das Bikarbonat würde dies verhindern, eben deshalb habe das Bleichen mit Natronchlorlauge als weniger gefährlich zu gelten, vgl. S. 132.

Durch Oxydation der organischen Verunreinigungen der Faser oder von Teilen der Faser selbst entstehen als Verbrennungsprodukte neben Kohlensäure[1] und anderen organischen Säuren Oxalsäure, somit wird die Reaktion und die Bleichgeschwindigkeit zunehmend beeinflußt. Die etwaige Anfangsalkalität wird mehr und mehr zurückgedrängt, die Azidität nimmt in gewissem Grade zu und damit steigert sich die Bleichgeschwindigkeit während des Chlorens. Der Bleicher kann die Beobachtung machen, daß eine bereits gebrauchte, naturgemäß schon schwächer gewordene Flotte schneller bleicht als die frische Lösung, sofern das Bad noch einen genügenden Überschuß an wirksamem Chlor enthält. War die Flotte bereits zu sehr erschöpft, so darf man erklärlicherweise keine kürzere Bleichdauer erwarten.

Zweimal 5 kg Makogarn wurden nacheinander auf der gleichen Chlorkalkflotte von 60 l unter Überwachen des Chlorrückganges und der jeweiligen Reaktion gebleicht. Die Chlorkalkstammlauge war absichtlich verdünnt angesetzt, um eine an freiem Kalk reichere Lauge zu haben.

	Chlorgehalt in g/l	Reaktion berechnet als HOCl je Liter
I. Anfangskonzentration	2,77	— 0,341 alkalisch
nach 10 Minuten	2,40	— 0,273 ,,
,, 20 ,, ...	2,13	— 0,220 ,,
,, 30 ,, ...	1,99	— 0,168 ,,
,, 40 ,, ...	1,86	— 0,147 ,,
II. Garn dreimal umgezogen . .	1,69	— 0,063 ,,
nach 10 Minuten	1,28	— 0,018 ,,
,, 20 ,, ...	1,06	— 0,05 ,,
,, 30 ,, ...	0,92	+ 0,042 sauer
,, 40 ,, ...	0,85	+ 0,110 ,,

Obgleich für die zweite Garnhälfte nur noch eine schwächere Chlorlösung zur Einwirkung gelangte, war das nach 20 Minuten erzielte Weiß ein besseres als das der Gegenprobe. Weil aber die Chlorlauge gegen Ende des Versuches schon stark erschöpft war, verlangsamte sich zum Schluß die Bleichwirkung. Immerhin zeigten beide Garne nach der gleichen Bleichdauer von 40 Minuten dasselbe Weiß.

Wie neuere Versuche lehrten, aktivieren geringe Mengen von Kohlensäure die Chlorkalk- und Chlornatronflotten nur wenig, selbst größere Mengen von freier CO_2 oder von halbgebundener Kohlensäure in Form von Bikarbonat zeitigten nur in gewissem Grade abweichende Ergebnisse bei Haltbarkeitsversuchen von Cl-Laugen sowie bei Laboratoriumsbleichproben[2]. Es trifft also nicht zu, daß es der Luftkohlensäure bedarf, um den Bleichgang einzuleiten, sondern die leicht oxydablen Faserverunreinigungen wirken auf die Chlorflotte als „Akzeptor" und

---

[1] Dietz: Die Bildung von „Oxyzellulose" neben Kohlensäure aus Zellulose. Ztschr. f. angew. Ch. 1927 S. 1476.
[2] Kind u. Korte: Beiträge zur Kenntnis der Bleichvorgänge. Textilber. 1929.

die entstehenden sauren Abbauprodukte beeinflussen dann ihrerseits den Bleichverlauf. Schwalbe u. Wenzl[1] beobachteten sogar eine günstige Wirkung bei einem Entfernen der durch den Oxydationsvorgang bei erhöhter Temperatur in steigendem Maße gebildeten CO_2-Gase, eine Angabe, welche P. Waentig[2] schon bezweifelte. Hingegen hatten sich keine Unterschiede herausgebildet, wenn Luft oder Stickstoff über die Bleichlauge bei Zimmertemperatur geleitet wurde oder nicht. Eine Pufferwirkung durch etwa entstehendes Kalziumbikarbonat, das die Konzentration der Säureionen zurückdrängt, ist kaum anzunehmen.

Das Verfahren von Thompson und Rickmann, DRP. 26839 und 30830, chlorgetränkte Stückware zur Aktivierung durch eine mit Kohlensäure gefüllte Kammer zu leiten, da die Luft nur geringe Mengen von Kohlensäure enthält, hat deshalb keinen technischen Wert. Ein Ansäuern läßt sich auf anderem Wege einfacher erreichen. Das gleiche gilt für den Vorschlag von Lagache[3], der in frische Chlorkalkflotten Kohlensäure einleiten wollte, weil er gefunden hatte, daß beim Weiterarbeiten auf altem Bade der Chlorverbrauch sich im Laufe des Tages verringert, wenn die Flotte nach und nach sauer wird. Später ließ sich die Zellstoffabrik Waldhof das Bleichen von Zellstoff (nicht von Textilien) mit Chlorkalklösung, in welche während des Bleichens das gleiche Gewicht Kohlensäure eingeleitet wird, schützen, um das Gut alkalisch nachzuchloren[4].

Verfahren, mittels Kohlensäure die Chlorflotten zu aktivieren, haben in der Textilbleiche keine Bedeutung erlangt, das Regeln der Reaktion mit anderen Säuren war einfacher. So erweist sich eine Bleichflotte aus frischer Stammlösung schon nach Zugabe von alter Lauge als aktiver, weil das alte Bad sauer zu reagieren pflegt. Der Leinenbleicher, welcher das alte Bad nach Auffrischen mit Stammlauge weiter verwendet, weiß, daß die frische Lösung sich erst einarbeiten muß und daß die Zugabe von gebrauchter Lauge diesen Vorgang beschleunigt. Um die Selbstzersetzung beim Aufbewahren zu mindern, hat man früher empfohlen, die alten Standbäder mit Ätzkalk abzustumpfen, in England rührte der Praktiker angeblich Schlämmkreide zu. Nachprüfungen ergaben keine wesentliche Verbesserung, denn nicht zuletzt erhöhen die im Bade angereicherten Schmutzstoffe die Zersetzlichkeit und es empfiehlt sich, die Chlorflotten nicht länger als 1 Woche zu benutzen, vgl. S. 49.

In mannigfacher Weise hat der Bleicher versucht, die Flottenreaktion und damit die Bleichgeschwindigkeit zu beeinflussen, ohne das Wesen des Zusatzes immer voll zu verstehen, indem er z. B. Zusätze machte, welche erst indirekt die Reaktion durch ihre sauren Oxydationsprodukte beeinflußten, vgl. den Abschnitt S. 133. Nächstliegend ist die Zugabe von Säure. Beyrich ließ sich 1877 die Zugabe von Oxalsäure zur

---

[1] Schwalbe u. Wenzl: Zur Kenntnis des Reaktionsverlaufes bei der Bleiche pflanzlicher Faserstoffe mit Hypochloriten. Ztschr. f. angew. Ch. 1923 S. 302.
[2] Waentig: Über den Bleichvorgang. Ztschr. f. angew. Ch. 1924 S. 97.
[3] Vgl. Theis: Breitbleiche.
[4] Schweizer Patent 86373. Vgl. Textilchemiker 1921 S. 122.

Chlorkalkflotte patentieren, DRP. 2148. Die Oxalsäure greife die Faser nicht an, die Bleichwirkung der Lauge sei nicht mehr durch vorhandenen Pflanzenleim u. dgl. behindert, so daß ein vorheriges Beuchen sich erübrige. — Oxalsäure wird einerseits Kalk niederschlagen, andererseits unterchlorige Säure freimachen. Solcher Zusatz stellt sich jedoch teuer, und gefährdet bei ungeregelter Anwendung leicht das Bleichgut, zumal bei einem warmen Chloren, das auch noch angeraten wurde. Ohne Vorkochen werden sich wegen des Netzens Schwierigkeiten ergeben, daß Weiß muß minderwertig sein.

Lunge empfahl 1884 nach DRP. 31741 Essigsäure zur Chlorkalklauge zuzusetzen, da sich dann nicht — wie bei Zusatz von Mineralsäure — freie, die Fasern gefährdende Salzsäure und freies Chlor bilden könne, sondern nur unterchlorige Säure entstehe (?). Auch dieses Verfahren konnte sich nicht einbürgern, es fehlte damals das Verständnis für die Bedeutung der Flottenreaktion, dem Praktiker war die analytische Kontrolle zu fremd. Zudem machte es gewisse Schwierigkeiten, stets gleich reagierende, also gleiche Bleichgeschwindigkeit zeigende Flotten zu erhalten, hängt doch die Anfangsalkalität von Chlorkalkflotten mit von der Art des Ansetzens des Bleichkalkes ab.

Nach Lauber sollte eine von Depierre empfohlener Dampfchlorkasten, in welchem der mit Chlorkalklösung geklotzte Stoff mit verdünnter Essigsäure bespritzt und dann gedämpft wird, für Druckereizwecke sehr empfehlenswert sein (Ameisensäure würde die gleichen Dienste leisten). Andere Vorschläge gingen dahin, die Bleichware vor dem Chloren durch die verdünnte Säure und erst dann durch das Chlorbad zu nehmen oder in dasselbe einzulegen. Hadfield Summer, DRP. 107093, setzte in einer besonderen Apparatur die chlorgetränkte Ware Essigsäuredämpfen aus oder leitete sie vor Eintritt in die Dampfkammer durch ein Bad von Essigsäure, Theis, Breitbleiche. — Derartige Arbeitsweisen sind zu unsicher, es fehlt an der geregelten Dosierung. Will der Bleicher mit angesäuerten Bleichflotten arbeiten, so ist es das Gegebene, unter Überwachen der Reaktion die berechnete Menge Mineralsäurelösung zuzurühren. Einen grundsätzlichen Unterschied zwischen dem Ansäuern mit organischen und mit anorganischen Säuren zu machen, erscheint nicht angebracht. Von v. Bayer wurde 1891 zum Freimachen der unterchlorigen Säure Borsäure vorgeschlagen. Später wollten R. Weiß und S. H. Higgins[1] bestätigen, daß nur unterchlorige Säure, kein Chlor, frei werde, sofern der Überschuß nicht allzugroß sei. Der Preis der Borsäure läßt schon von ihrer Verwendung absehen. Freilich ist beim Arbeiten mit stärkeren Mineralsäuren, wie Schwefelsäure, eine energischere Reaktion zu erwarten und eine analytische Überwachung notwendiger. Der Praktiker sprach von einem „Fixen" wenn er die im Chlorbade umgezogenen Garne ohne zwischengeschaltetes Spülen auf Säure stellte. Bei solcher Arbeitsweise unterlaufen jedoch leicht Unregelmäßigkeiten, das Gut wird ungleichmäßig gebleicht, stellenweise angegriffen. Ähnliche Schäden sind zu befürchten, wenn etwa zufolge eines undichten Ventils Säurelösung in die

---

[1] Weiss, R., u. S. H. Higgins: Färber-Ztg. 1914 S. 38 u. 430.

Bleichkufe eintritt oder das Absäuern zu vorzeitig erfolgt, weil die Chlorlauge aus den Fasern noch nicht genügend ausgespült ist. W. Mathesius und M. Freiberger[1] empfahlen nach DRP. 281581 die alkalisch vorgechlorte Stückware unter Benutzung einer geeigneten Apparatur, eines Ablegegefäßes nach DRP. 263763 im Kontinubetrieb schwach sauer zu chloren, um derart ein schönes Weiß zu erreichen. Der Chlorgehalt des Bleichgutes soll hier aber durch bemessene Spülung soweit herabgesetzt sein, daß in der Ware eine saure Bleichflüssigkeit entsteht, deren Chlorkonzentration nur hinreicht, die restlichen Farb- und Fremdkörper während des Durchganges der Ware zu zerstören, die aber nicht mehr so stark ist, um die Faser angreifen zu können. Als Konzentration wurde 0,03 g/l Cl mit 7 g Schwefelsäure bei einer Temperatur von 37° C genannt. Siehe S. 224. Es bedarf einer guten Betriebsüberwachung, um solches, eine besondere Apparatur erforderndes „Säuern" durchzuführen, denn von einem „Chloren" ist hier kaum zu sprechen. Die geringe Menge Cl mag auf etwa zurückgebliebene Stellen egalisierend wirken und die Ware aufhellen. Bedenklich wäre ein ungleichmäßiges, stellenweise größere Rückstände von Chlorlauge lassendes Wässern oder eine längere Reaktionszeit. Zufolge Freiberger soll aber eben diese Arbeitstechnik eine gleichmäßigere Ware als das Einlegen derselben in die Flotte liefern.

Der Ergänzung halber sei erwähnt, daß Delescluse[2] in einem amerikanischen Patent zwecks Faserschonung empfahl, die zum Aktivieren erforderliche Säure in „viskosem" Zustande zur Chlorlauge zuzugeben. Er schrieb einen Zusatz von Zucker oder Gummiarabikum vor. — Derartige Zusätze hätten nur insofern eine Bedeutung, als ihre sauren Oxydationsprodukte die Reaktion beeinflussen (vgl. S. 138). Bei Haltbarkeitsversuchen von Bleichflotten mit solchen Zusätzen mag gleichwie bei Peroxydlösungen ein gewisses Zurückdrängen von katalytischen Zersetzungserscheinungen durch Metalle zur Beobachtung kommen, ein Faserschutz ist jedoch nicht zu erwarten.

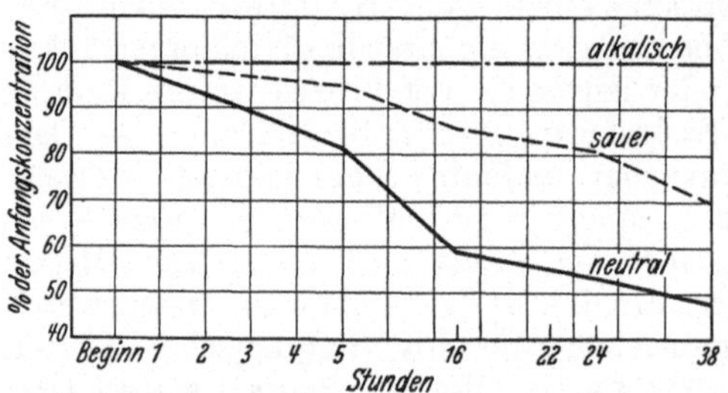

Abb. 10. Haltbarkeit von Solvay-Chlorlaugen.

Ausgesprochen saure Chlorlaugen haben wir in der Solvay-Patentlauge, vgl. S. 61. Wie die Haltbarkeitsvergleiche zeigen, besitzt solche stark saure Lösung eine geringe Beständigkeit, immerhin ist dieselbe besser, als diejenige einer mit Ätznatron neutralisierten Flotte. Soda erwies sich als ungeeignet zum Neutralisieren[3].

Bei Vergleichen und Versuchen unter Verwendung von in der Reaktion stark abweichenden Flotten unter Ausdehnen der Bleichzeit bis

---

[1] Freiberger: Hypochloritbäder mit freier Säure oder freiem Alkali. Färber-Ztg. 1919 S. 89. — Siehe auch Das Reinigen und Bleichen von Geweben im laufenden Strang auf Kontinuegefäßen. Textilber. 1931 S. 697.

[2] Kausch: Die Chlorbleiche. Elsäss. Textilbl. 1911 S. 714.

[3] Kind u. Korte: Die Bedeutung der Flottenreaktion beim Chloren. Textilber. 1929 S. 129.

zum gleichen Chlorverbrauch ergaben sich die in der Kurvenzeichnung genannten Stunden. Es war notwendig, die Bleichzeit der sauren Flotte auf 30 Stunden auszudehnen, um den gleichen Cl-Rückgang zu haben, der bei der sodahaltigen Lauge in 4 Stunden eintritt. Trotzdem blieb das Weiß zurück. Die Kurvenzeichnung läßt den Cl-Rückgang während der ersten 4 Stunden verfolgen. Die Zusammenstellung a. a. O. bringt Angaben über die chemische und physikalische Prüfung. Das Versuchsgewebe 6 ist nur bedingt vergleichbar, die Probe war in einer um die Hälfte schwächeren Flotte gebleicht worden, um zu sehen, was dieselbe leisten kann.

Ein ausschließliches Arbeiten mit starksauren Flotten

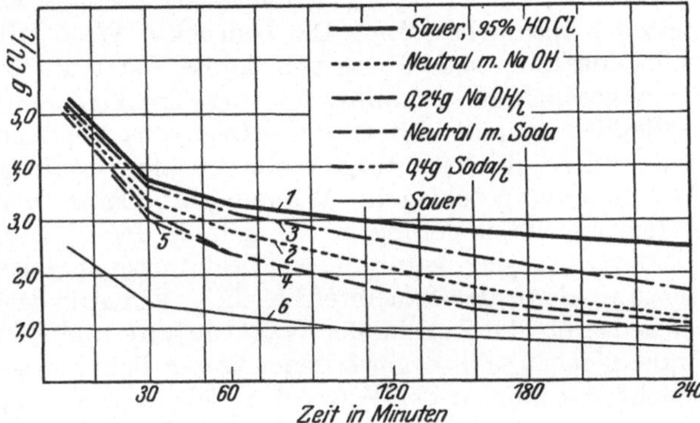

Abb. 11. Chlorverbrauch beim Bleichen mit Solvaylaugen.

erscheint in der Baumwollbleiche nicht empfehlenswert, wohl kann solches Chloren in Verbindung mit einem alkalischen Bleichen oder einer alkalischen Zwischenbehandlung sehr gute Erfolge haben, da unter anderem Lignin durch Chlorieren besser entfernbar ist. Für die übliche Hypochloritbleiche kommen saure Flotten weniger in Frage, es sind Lösungen vorzuziehen, die soviel Alkali enthalten, daß die Bleichwirkung nicht allzusehr gehemmt wird, andererseits aber doch eine gewisse Auslaugefähigkeit vorhanden ist, derart, daß die Reaktion während des Bleichens nicht stark nach sauer umschlägt. Anders liegen die Verhältnisse in der Flachsbleiche, da hier mehrere Bleichgänge aufeinander folgen (siehe Kortebleiche, S. 257). Bleiben die Abbauprodukte usw. in der Faser zurück, so neigt das Bleichgut zum Vergilben.

Ohne die Gefahr eines Übersäuerns läßt sich die alkalische Reaktion durch Zusatz von Magnesiumchlorid beeinflussen. Durch Wechselwirkung entsteht Chlorkalzium bzw. Chlornatrium und schwerlösliches Magnesiumhydroxyd. Ein Überschuß von $MgCl_2$ ist ohne große Bedeutung. Die vom $Mg(OH)_2$-Niederschlage abgetrennte Chlorlauge soll als bleichkräftige Flotte in England bekannter sein. F. W. Hodges stellte unterchlorigsaure Magnesia durch Mischung von Chlorkalk mit Bittersalz her. Die vom Gipsniederschlage abgezogene klare Chlorlauge diente als solche zum Bleichen oder wurde durch einen geringen Zusatz von Soda „aktiviert"(?). Neuerdings wollte G. Frank, DRP. 431 862, Fasern aufschließen, indem er das Gut zunächst in konzentrierte Magnesiumchloridlösung brachte und dann auf Chlorkalk stellte? Wenn magnesiumhaltige Laugen bleichkräftiger sind, erklärt sich dies durch Fehlen einer stärker alkalischen Reaktion. Die verschiedenen Salze der unterchlorigen Säure mögen zwar gewisse Unterschiede in der

Dissoziation aufweisen, in Chlorkalklaugen spricht jedenfalls der Gehalt an $Ca(OH)_2$ mit. Auch der von A.Bregeard, DRP. 20177, empfohlene Zusatz von Zinksulfat drängte die Alkalität zurück und beeinflußte somit die Bleichwirkung (siehe S. 48).

Alkalische Chlorbleiche. Um die Bleichenergie abzuschwächen, empfahlen Kalle & Co., DRP. 371398, die Zugabe von Natronlauge zur Chlorkalkflotte beim Nachbleichen, Schönen von Druckwaren mit Beizen-Küpenfarbstoffen. Die bedruckte Ware wird mit einer Chlorkalk- oder Chlorsodalösung von 0,5 Bé, der 0,5% Natronlauge von 40° Bé zugesetzt ist, getränkt, auf der Trockentrommel getrocknet und schließlich gespült. Statt des Ätznatrons kommen Soda, Wasserglas und andere alkalisch reagierende Zusätze in Frage. So wurde auch Aluminat vorgeschlagen. Wasserglas kann als kolloidale Lösung zudem als Stabilisierungsmittel gelten, doch hat ein Stabilisieren von Cl-Flotten gegen katalytische Beeinflussung technisch weniger Bedeutung als in der Sauerstoffbleiche[1]. Ein Alkalisieren der Chlorbäder ist heute für die Zwecke der Kaltbleiche und Buntbleiche eine gebräuchliche Technik geworden. Wesentlich hierbei sind die Zusätze, welche das Netzen der Ware, das gleichmäßige Eindringen der Bleichflotte verbessern. Diese Technik ist deshalb in einem anderen Abschnitt erörtert, siehe S. 133.

Es ist hier der Platz, auf das Patent 433733, I. G. Farben-L. Löchner, zu verweisen, demzufolge Stückware und anderes Gut unter Abschwächen der Natronlauge auf 15—20° Bé bei Zugabe von 1—20 g/l Cl merzerisiert und gleichzeitig gebleicht werden kann unter Vermeiden des sonst auftretenden Vergilbens. In Anlehnung an dieses Verfahren empfahlen Stockhausen & Cie.[2] eine Rohmerzerisation mit anschließender Kaltbleiche derart auszuführen, daß unter Zugabe von 10 g Netzmittel Prästabitöl BM zum Liter Natronlauge 25° Bé die ungebleichte Stückware merzerisiert, dann in gewohnter Weise abgespritzt wird, nun aber das Absäuern wegfällt, um direkt in die Chlorlauge zu gehen und das restliche Alkali für eine Kaltbleiche auszunutzen. Die abgequetschte Ware bleibt bei solcher Kaltbleiche nach Bedarf einige Stunden liegen, damit die Flotte Zeit findet, auf die Faserverunreinigungen einzuwirken, die Schalen zu erweichen. Dann wird kräftig gewässert und nochmals schwach nachgechlort. Dem Säuern und Waschen hätte ein übliches Schönungsbad mit Seife zum Weichmachen des Bleichgutes zu folgen. — Auch dieses Verfahren wird einer geregelten Überwachung bedürfen.

Einfluß der Temperatur.

Die Bleichgeschwindigkeit nimmt beim Arbeiten mit wärmeren Laugen rasch zu, denn die Selbstzersetzung von Chlorlauge steigt bei einer Temperaturerhöhung von 7,5° C auf das Doppelte. (Und zwar soll die Beschleunigung bei den alkalischen Laugen größer sein als bei neutralen oder sauren Lösungen — Abel.) Wenn der Bleicher zwar keine derartige Steigerung bei schwachem Anwärmen beobachtet, so weiß er erfahrungsgemäß, daß das Bleichen im Sommer schneller vor sich geht als im Winter.

Wird etwa mit warmem Bachwasser gearbeitet — die Temperatur-

---

[1] Taute: Textilchemiker-Kolorist 1926 S. 85. — Dtsch. Färber-Ztg. 1927 S. 751.
[2] Stockhausen & Cie.: Rohmerzerisation und Kaltbleiche. Textilber. 1929 S. 45.

unterschiede sind mitunter erstaunlich groß —, so führt dies zu Schwierigkeiten, falls der größeren Bleichenergie nicht durch gute Zirkulation, Regeln der Zeit und Abschwächen der Konzentration Rechnung getragen wird. Durch Erwärmen ist die Möglichkeit gegeben, die Bleichzeit abzukürzen. Die Technik ist jedoch vorsichtig in der Anwendung warmer Bäder, denn mit der Bleichgeschwindigkeit wächst die Gefahr der Oxyzellulosebildung. Während in der Papierstoffbleiche das Anwärmen der Chlorflotte als eine verbreitetere Arbeitsweise gelten kann, ist dies bei Textilien vielleicht nur beim Chloren von Jute üblicher. Bei eiligen Lieferungen „fixt" man Baumwollgarne auf der Kufe, d. h. bleicht durch Umziehen in angewärmter Flotte und chlort Stoffe warm auf dem Jigger für helle Ausfärbungen. Warmes Chloren setzt eine gleichmäßige Einwirkungsmöglichkeit voraus, sonst sind örtliche Faserschwächungen zu befürchten.

Ein Anwärmen der Flotten hat erklärlicherweise mit zur Folge, daß sich durch Selbstzersetzung, d. h. durch Umwandlung in nicht bleichendes Chlorat, größere Verluste an aktivem Chlor einstellen, doch kommt die gesteigerte Reaktionsfähigkeit in Bleichbädern vorwiegend dem eigentlichen Bleichprozeß zugute, wenigstens bei mäßigem Anwärmen.

Wenn H. Blackmann im Patent 90768 als Bleichtemperatur 54—73° vorschlug, so ist ein derartiges Erwärmen sicherlich zu hoch. In der Beschreibung heißt es zwar, daß Elektrolytlauge bei genannter Temperatur zehnmal so schnell bleiche, ohne daß dieses Erwärmen die Gefahr mit sich bringe, mit der bei Anwendung von Chlorkalk zu rechnen sei. Die Umwandlung in Chlorat erfolge erst bei noch höheren Temperaturen, beim Sieden erheblich schneller.

C. G. Schwalbe fand bei seinen Versuchen zur besten Chlorausnutzung bei gleichzeitiger Faserschonung ein Erwärmen auf 30° am geeignetsten. Kind und Weindel kamen zu ähnlichen Schlüssen. Englische Chemiker nannten als kritische, nicht zu überschreitende Temperatur 38° C für Zellstoffbleiche.

Versuche mit kleinen Makogarnsträhnen zur Bestimmung der Bleichzeit bei 40° gegenüber 18° — in Fortsetzung der Versuchsreihe von S. 120 — lieferten folgende Werte:

```
 9. Typ . . . . . . . . . . . . . . . . 12 Minuten
10.  „   + 0,3 g NaOH  . . . . . . . . 26    „
11.  „   + 0,03 g NaOH . . . . . . . . 13    „
12.  „   + 0,1 g HCl  . . . . . . . . .  7    „
13.  „   + 0,5 g HCl  . . . . . . . . . 6,5   „
```

Die Warmbleiche ist nur dann anwendbar, wenn auf eine gleichmäßige Einwirkung der Chlorflotte gerechnet werden darf, d. h. bei starkem Flottenumlauf, schnellem Umziehen der Garne und gleichmäßigem Laufen der Gewebe oder bei gleichmäßigem Erwärmen der chlorgetränkten Gewebe auf Trockentrommeln und Dämpfen. (Dampfchlor in der Druckerei.)

Insbesondere bei der Warmbleiche muß der Flottenlänge Beachtung geschenkt werden: es soll die Flottenmenge in einem angemessenen Verhältnis zum Bleichgute stehen. Selbst eine schwache, jedoch längere Flotte kann eine Überoxydation des Bleichgutes bei ausgedehnter

Bleichdauer bewirken. Die Gesamtchlormenge ist dem Bleichgut und dessen Verunreingungen anzupassen bzw. der Chlorverbrauch durch Regeln der Bleichzeit in geeigneten Grenzen zu halten. Dieser Satz hat für jedes Bleichen Geltung, bei der Warmbleiche ist die Gefahr der Oxyzellulosebildung durch lange Flotten eine ungleich größere, weil die Chlorausnutzung sehr rasch ansteigt[1].

Ob und welche Vorteile die Warmbleiche bezüglich Chemikalienersparnis, Faserschonung, Haltbarkeit des erzielten Weiß bietet, hängt von den jeweiligen Verhältnissen ab. Fraglicherweise kann in Anbetracht der kurzen Einwirkungsdauer das Bleichgut weniger durchgebleicht sein und infolgedessen mehr zum Vergilben neigen. Wenn bei unvollständigem Durchbleichen ein stärkeres Vergilben zu erwarten wäre, so besteht andererseits die Möglichkeit eines besseren Auslaugens der Fremdstoffe in warmen Flotten. Kind und Weindel folgerten aus ihren Versuchen, daß ein Bleichen mit erwärmten, verdünnteren und dafür längeren Flotten gegenüber dem Bleichen mit stärkeren Lösungen — gleicher Reaktion! — bei niedriger Temperatur nur bedingt Vorteile bietet. Die Faser wird anscheinend nicht besser geschont, der Chlorverbrauch zum Erreichen gleicher Bleichstufen fällt leicht höher aus. Doch ist die Faserart nicht ohne Bedeutung. Beim Bleichen von 5 Pfund merzerisiertem Makogarn und 5 Pfund amerikanischer Baumwolle einerseits A bei 15° in 45 Minuten und andererseits B bei 40° in 6 Minuten — 70 l Chlorkalkflotte von 4 g Cl/1000 — war bei ungefähr gleichem Chlorverbrauch das Weiß des Makogarnes der Probe B etwas besser als das der Gegenprobe, dagegen war das kalt gebleichte amerikanische Garn besser. Die Festigkeit der amerikanischen Garne war ziemlich gleichmäßig gestiegen, das merzerisierte Garn A war ein wenig besser, die Probe B wies die anfängliche Festigkeit auf. Die warm gebleichten Proben besaßen eine etwas bessere Haltbarkeit des Weiß. Jedenfalls läßt sich nicht sagen, daß ein warmes Chloren wegen Faserschädigung ganz allgemein zu verwerfen wäre. Es muß von den jeweiligen Umständen abhängen, ob die Warmbleiche anzuwenden ist. Die Gefahr der örtlichen Überoxydation läßt das Warmbleichen von größeren, ruhenden Mengen kaum durchführbar erscheinen, vor allem nicht, wenn es sich um bleichenergische saure Flotten handelt. Wenn E. Geßler z. B. in 30° warmen Bädern bleichen und zur weiteren Beschleunigung ohne zu spülen auf starke Salzsäure stellen wollte, so sind solche radikale Bleichverfahren schlechterdings nicht durchzuhalten. Erscheint eine gleichmäßige Einwirkung gesichert, wie z. B. beim Bleichen von Garn auf der Kufe unter fortwährendem Umziehen der Strähne, oder wie beim Dampfchloren, so kann das Beschleunigen des Bleichens kaum gefährlich sein. Denn im allgemeinen darf man sagen, daß selbst ein Eintrocknen verhältnismäßig starker Chlorlaugen nicht derartige Gefahren in sich birgt, wie der Praktiker anzunehmen pflegt. Eine Faserschwächung bleibt aber zu erwarten, wenn sich Bleichlauge auf gewissen Stellen des Bleichgutes beim Eintrocknen konzentriert und an diesen Stellen eine unverhältnismäßig größere Laugen

---

[1] Vgl. Kind, W.: Die Ausführung von Bleichversuchen. Textilber. 1924 S. 117.

menge reagiert. Als empfehlenswert wäre das schwache Anwärmen der kalten Chlorflotten im Winter zu bezeichnen, um in derselben Zeit wie im Sommer das Bleichen durchführen zu können.

Die Warmbleiche wurde von M. Freiberger[1] für die Kontinustückbleiche empfohlen.

Man kann bei geeignetem, indirektem Erwärmen ein sehr aktives Chlorierungsbad erhalten, durch welches der Stoff in passend konstruierten Apparaten im laufenden Strang — also im Kontinu — chloriert wird. Hierzu eignen sich mechanische Einlegeapparate für den Strang.

Für eine gleichmäßige Chlorwirkung ist eine Flottenbewegung nötig, denn es spielt hier die Flottenlänge, nämlich die Quantität an Chlor, welche in der gegebenen Zeit auf das Bleichgut wirkt, eine Rolle. Dieser Umstand läßt sich durch die Flottenbewegung regeln.

Durch ein dem alkalischen Chlorieren folgendes, sehr schwach saures Chloren ist das Zerstören der von der Beuchlauge übrigbleibenden Färbung am besten zu erzielen. Man muß das saure Chloren so einleiten, daß dieses nicht die Zellulose, sondern die Verunreinigungen angreift, deshalb die Bewegung der Chlorflotte regeln. Nach Freiberger spricht die Überlegenheit des erzielten Weiß für das Verfahren.

Die allgemeinen Bemerkungen des Verfassers über saures und warmes Chloren gelten auch für diese Bleiche, die von Vorteil sein mag, wenn eine gleichmäßige Einwirkung gesichert ist.

Auf den Gegensatz der Warmbleiche, auf die sogenannte „Kaltbleiche“, worunter die Technik ein Bleichen ohne Kochung versteht, wird S. 133 eingegangen.

Daß man in Bobinenbleichereien früher die Chlorkalklösung mit Eis abkühlte, um trotz stärkerer Laugen und längerer Einwirkungszeit Oxyzellulosebildung zu vermeiden, wie Erban[2] in der Chemiker-Zeitung referierte, ist nur ein Beispiel des unsicheren, empirischen Arbeitens der älteren „Bleichkunst“. Ebenso wie das Verfahren von Frohnheiser, der 100 kg Baumwolle mit 2,5 kg Soda + 1,5 kg Chlorkalk 8 Stunden lang kochen ließ (Joclets Bleichkunst). Versuche, das Beuchen und Chloren der Textilien zu vereinigen, mögen im kleinen durchführbar sein, für die Technik ist solche Arbeitsweise zu gefährlich. Wohl lassen sich weniger energische Sauerstoff- und Aktivinflotten heiß anwenden.

Einfluß des Belichtens und Eintrocknens von Bleichlaugen.

Die Zersetzlichkeit der Chlorlaugen wird durch Belichten in gewissem Grade gesteigert, es muß sich daher eine größere Bleichgeschwindigkeit ergeben, wenn die mit Chlorlösung getränkte Ware der Einwirkung des Sonnenlichtes ausgesetzt ist. Nach A. Sansone[3] und Alf. Keller[4] soll direktes Belichten das Entstehen von Oxyzellulose zur Folge haben. Es sei gut, in Bleichereien die Fenster mit gelben Glasscheiben zu versehen, damit „die weißen und blauen Lichtstrahlen, welche die am meisten oxydierende Wirkung haben, durch die gelbe

---

[1] Freiberger; Ztschr. f. angew. Ch. 1916. S. 397.
[2] Erban: Bedeutung und Anwendung niedriger Temperaturen in der Textilindustrie. Chem.-Ztg. 1910 S. 1106.
[3] Sansone: Zeugdruck 1890 S. 19.
[4] Keller: Über die Bildung von Oxyzellulose. Leipzig. Färber-Ztg. 1909 S. 246.

Fensterverglasung zurückgeworfen werden." Auf Grund eigener Versuche erachte ich die Wirkung des Lichtes von geringer Bedeutung bezüglich Oxyzellulosebildung. Wenn chlorimprägnierte Ware nach längerem Liegen an den vom Lichte getroffenen äußeren Stellen stärker gebleicht ist, so sind nicht die Lichtstrahlen die alleinige unmittelbare Ursache, sondern eine Überoxydation ist mehr durch die eingetretene Erwärmung und die Aktivierung der Chlorlauge bedingt. Diffundierend strömt frische Chlorflotte nach, zudem durch Verdunsten von Wasser an den Außenteilen eine Konzentration eintritt. Selbst verhältnismäßig schwache Chlorlösungen mögen die Faser schädigen, wenn eine relativ große Flottenmenge örtlich zur Einwirkung gelangen kann. Bei Chlorkalkbleiche soll zufolge Erwägungen von Abel, vgl. S. 132, gegensätzlich zu NaOCl-Laugen ein Faserangriff durch Salzsäure möglich sein, da sich in den Innenteilen des Bleichpostens $CaCO_3$ abscheiden, nach außen freie unterchlorige Säure diffundieren könne. Versuche mit Baumwollgarn, das mit verschieden starken Chlorkalklösungen gleichmäßig imprägniert einerseits im Sonnenlichte, andererseits in zerstreutem Tageslichte und im Dunkeln getrocknet wurde, zeitigten keine auffallenden Unterschiede im Rückgange der Reißfestigkeit.

Erst bei öfterer Wiederholung des Imprägnierens und Trocknens oder bei Anwendung verhältnismäßig sehr starker Laugen wurde die größere Beeinflussung der im Lichte getrockneten Fasern durch Abnahme der Garnfestigkeit auffällig. Das Eintrocknen von Chlorlauge mag in der Praxis eher zu einer Oxyzellulosierung führen, wenn die Lauge sich örtlich anreichern kann und keine Faserfremdstoffe den aktiven Sauerstoff aufbrauchen, vgl. aber auch S. 148.

Die nachstehende Zusammenstellung zeigt die Wirkung stärkerer Laugen nach dem Chloren mit einer Flottenlänge 1:25. Amerikanisches Baumwollgarn 30/2 und merzerisiertes Makogarn 60/2 wurde nach einstündigem Verweilen im Bleichbade, ohne zu spülen, a) im Sonnenlicht, b) im zerstreuten Tageslicht getrocknet, ein weiterer Teil c) aber zuvor entchlort und gewässert.

	Sonnenlicht		Zerstreutes Licht		Antichlor	
	Merz. Baumwolle	Amer. Baumwolle	Merz. Baumwolle	Amer. Baumwolle	Merz. Baumwolle	Amer. Baumwolle
6 g Chlor/$_{1000}$	89,97	69,70	85,57	71,21	92,67	92,30
8 g Chlor/$_{1000}$	87,53	72,22	82,15	67,84	94,25	97,83
10 g Chlor/$_{1000}$	80,95	61,11	79,52	60,06	82,64	92,59

Solche Zahlen sind Versuchsergebnisse eines gleichmäßigen Eintrocknens von Chlorlaugen. Da im Betriebe damit zu rechnen ist, daß sich die Chlorlösung an einzelnen Stellen konzentriert, bleibt auf gründliches Auswaschen bzw. Entchloren Wert zu legen. Überdies wirkt sich ein durch Oxyzellulosierung bedingter Faserangriff erst nach weiterem Abkochen des Bleichgutes ganz aus, es bringen die vorstehenden Werte die Schädigung nicht voll zum Ausdruck. Ob ein nachträgliches Morschwerden von Bleichware, vor allem von Leinen, mit restlichen Chlorverbindungen, d. h. mit Chloramin-Eiweiß, zufolge Abspaltung von Salzsäure in Beziehung zu bringen ist, war Gegenstand besonderer Untersuchungen, vgl. S. 148.

Wenn der Drucker beim Trockenchloren die durch 0,1—0,5° Bé Chlorkalklösung genommene Ware sofort über Trockentrommeln, deren erste verzinnt ist, zu leiten pflegt, so geht hieraus hervor, daß Chlorreste die Faser nicht immer gleich „verbrennen". Bei seinen Untersuchungen über die Beeinflussung der Baumwollgewebe in der Kattunfabrikation stellte A. Scheurer[1] fest, daß ein- und zweimal auf der Trommel gechlorter Baumwollstoff keine praktisch ins Gewicht fallende Festigkeitsänderung erlitt. Die Druckereien nehmen gemusterte Waren zum Auffrischen des Weiß, das bei den Druckarbeiten leicht angeschmutzt sein kann, durch eine schwache Chlorlösung oder pflatschen dieselbe nur einseitig, um sie nach dem Ausquetschen auf den Trockentrommeln fertig zu machen. Wenn ein Waschen nicht mehr erfolgt, können die Farben nicht abdrücken, das Weiß wird bei dem kurzen Durchlauf durch die Chlorlösung nicht angefärbt. Besser wird allerdings ein späteres Auswaschen auf dem Haspel usw. sein. Von Belang ist hier wieder die Reaktion der Flotten vgl. auch S. 126. Der Chlorlösung können entsprechend echte Bläuefarbstoffe zugesetzt werden, um das Weiß zu schönen. In ähnlicher Weise wendet man Dampfchlor an, d. h. führt die mit schwacher Bleichlösung getränkten Stoffe durch einen kleinen Dämpfkasten mit Leitrollen, um die Chlorwirkung zu verstärken, Hinter dem Dämpfapparat ist ein Spültrog oder eine größere Rollenkufe anzubringen, um die Gewebe in voller Breite gründlich auszuwaschen. Da man der Luftkohlensäure einen größeren Einfluß beim Bleichen zuschrieb, sollte dieselbe beim Chloren der Anlaß sein, daß die mit Bleichlauge getränkten Außenteile eines abgelegten Postens stärker gebleicht wurden. Im Handbuche von Knecht-Löwenthal heißt es über Versuche, die Witz ausführte: „Hängt man einen Streifen Baumwollzeug in Chlorkalklösung von 1,028 spez. Gewicht, so daß der größere Teil herausragt und nur durch Haaranziehung (Kapillarität) davon aufnimmt, spült nach einer Stunde und zieht durch Bisulfit, so findet man den eingetauchten Teil nur schwach in Oxyzellulose, den hervorragenden stark in solche verwandelt (was durch Färben mit Methylenblau erkannt wird)." Neueren Versuchen zufolge hat jedoch Luftkohlensäure nur einen geringen Einfluß auf die Zersetzlichkeit der Chlorflotten (vgl. auch S. 121).

Art des Bleichsalzes.

Neben Chlorkalk hat nur das Natriumsalz der unterchlorigen Säure praktische Bedeutung. Die Mg-, Al-, Zn-Bleichflüssigkeiten haben sich nicht eingebürgert, ihr Preis ist höher, ohne daß sie entsprechende Vorteile bieten.

Die bessere Bleichwirkung von Magnesium-, Zink- und ähnlichen Hypochloritlaugen wird in der Hauptsache auf das Fehlen von leichtlöslichen Hydroxyden zurückzuführen sein. Freies Hydroxyd hemmt, z. B. in Chlorkalklauge, die hydrolytische Bildung freier HOCl. Neutralisierter Chlorkalklösung kommt eine höhere Bleichkraft zu.

Wenn Natrium- und Kalzium-Hypochloritlaugen oder Mg-Al-Laugen gleicher Reaktion immerhin gewisse Unterschiede in der Wirkung zeigen, so ist dies auf ungleiches Dissoziations- und ungleiches Diffusionsvermögen zurückzuführen. Abel schreibt: „Bleichen wir mit Chlorkalklösung, so wird die sukzessiv entstehende, primär bleichende unterchlorige Säure von Kalziumkarbonatbildung bzw. von der Bildung der Kalksalze evtl. auftretender organischer Säuren begleitet sein, z. B.:

$$Ca(OCl)_2 + CO_2 + H_2O = CaCO_3 + 2\,HOCl,$$

die im Gegensatze zu den entsprechenden Natriumverbindungen schwerlöslich sind; sie werden daher ausfallen und sich auf der zu bleichenden Faser niederschlagen. Die Folge davon wird eine Inkrustation des Gewebes sein, die die weitere erfolgreiche Bleichung beeinträchtigt, indem sie teils ein gleichmäßiges Vordringen der unterchlorigen Säure verhindert, teils die fallweise freiliegenden Stellen einem allzu starken, unbeabsichtigten Angriffe seitens der unterchlorigen Säure aussetzt und so leicht ein Verbrennen des Garnes oder des Stückgutes verursacht."

---

[1] Scheurer, A.: Mülhausener Ber. 1902.

Während entstehendes $CaCO_3$ sich auf den Fasern niederschlägt, soll die gleichzeitig gebildete freie unterchlorige Säure bei Ware, die längere Zeit an der Luft lagert und an der Oberfläche antrocknet, infolge der kapillaren Kräfte aus dem Inneren der Ware nach außen dringen, sich dort konzentrieren und unter Abspaltung von Sauerstoff in Salzsäure übergehen können. Wenn diese Salzsäure ihrerseits weiterhin aus Hypochlorit Chlor in Freiheit setzt, wäre ein stärkerer Angriff der Faser zu erwarten. Da bei NaOCl eine derartige Konzentration von HOCl mit Folgeerscheinungen nicht möglich ist, weil das lösliche $NaHCO_3$ mit der HOCl-Lösung gleichmäßig vordringt und somit auftretende freie HCl sofort neutralisiert wird, sind demnach NaOCl-Laugen weniger gefährlich. — Ebert und Nußbaum.

Die Erörterungen betreffs Vorteile bei der Anwendung von kalkfreien Natriumhypochloritlaugen betrafen meist die größere Ergiebigkeit von Elektrolytlaugen gegenüber Chlorkalkflotten gleicher Konzentration. Es sollten Chlorersparnisse von 20—30% und mehr je nach Art des Bleichgutes zu machen sein, doch gestanden andere Bleicher nur einen unbedeutenden Unterschied zu. Derartige ungleiche Bewertungen des Bleichvermögens und der Bleichgeschwindigkeit erklären sich vorwiegend aus Reaktionsschwankungen. Es können und dürfen nur Laugen gleicher Reaktion verglichen werden. Bei solchen Versuchen fanden Kind und Weindel den Bleichwert von NaOCl um höchstens 8% besser. Wenn die in der Praxis zu beobachtenden Unterschiede zwischen Chlorkalk- und Elektrolytflotten meist größer waren, so hatte Chlorkalk eine stärkere alkalische Reaktion aufzuweisen und entwickelte deshalb sein Oxydationsvermögen langsamer. Ob mit 10% oder 20% und mehr Chlorersparnis zu rechnen ist, kommt auf die jeweiligen Umstände an. Es mag rechnerisch zu beachten sein, ob alkalische Flotten nach dem Bleichen nicht größere Mengen wirksamen Chlors enthalten, die bei weiterer Verwendbarkeit der Flotten ausnutzbar sein dürften.

Vergleichende Untersuchungen ergaben auch geringe Unterschiede in der Reißfestigkeit zuungunsten von Chlorkalk gegenüber Elektrolytlaugen. Wieweit sich im Betriebe nennenswerte Vorteile in dieser Beziehung einstellen, hängt von den jeweiligen Verhältnissen ab. Von einer Ungefährlichkeit der „elektrischen" Bleiche darf nicht die Rede sein.

Vor Chlorkalk hat unterchlorigsaures Natron, gleichgültig welcher Herstellung, einige unbestreitbare Vorzüge: da sich kein Kalk auf der Faser abscheidet und schwächer abgesäuert wird, ist der Griff der Bleichware ein weicherer, und es kann das erzielte Weiß haltbarer sein, weil die Bildung von vergilbenden Kalkseifen nicht möglich ist. Chlornatronlauge hat in den letzten Jahren Chlorkalk stark verdrängt, da dieser sich z. B. für die Kaltbleiche wegen Bildung von Niederschlägen gar nicht eignet. Ersparnisse an Säure ergeben sich, weil keine Säure zum Auflösen abgeschiedener Kalksalze benötigt wird und nur das Hypochloritsalz zu zersetzen ist, um freie HOCl abzuspalten. (An sich wird der Gehalt an Kalk auf der Faser oft überschätzt, vgl. S. 314.) Überdies soll das Auslaugen und Auswaschen der Natronchlorlauge leichter erfolgen. Wie groß die Ersparnisse an Säure sind, muß wieder von den einzelnen Umständen abhängig sein. Es wird sich zuweilen sogar ein Absäuern völlig erübrigen, dies kann aber nicht als Norm gelten, schon wegen des Bleichgeruchs macht sich ein Nachbehandeln erforderlich. Weitere Nachteile des Chlorkalks sind das lästige „Ansetzen" und die Bildung von Kalkschlamm mit dem Chlor verloren geht; vor allem die Gefahr, daß ungelöste Chlorkalkteilchen örtliche Schäden bewirken. Nach P. Waentig[1] ist NaOCl-Lauge einer Chlorkalklösung überlegen, weil die oxydierten bzw. gechlorten Lignine als Na-Salze löslicher sind, Chlorkalk eignet sich somit weniger gut bei ligninhaltigen Fasern.

Einfluß von Fremdstoffen.

Über Zusätze, welche die Reaktion unmittelbar verändern, siehe den Abschnitt Seite 114.

Einen gewissen Einfluß auf das Verhalten von Chlorflotten hat das Vorhandensein von größeren Mengen Neutralsalz. Hiermit ist bei alten Chlorkalk- und Eau-de-Javelle-Laugen, namentlich bei den aus Kochsalzlösungen durch Elektrolyse hergestellten Bleichflüssigkeiten zu rechnen. Stärker salzhaltige Lösungen werden eine geringere Diffusionsfähigkeit besitzen und demzufolge größere Bleichgutmassen langsamer durchdringen. Wie Versuche zeigten, vgl. z. B. H. Kauffmann[2], wird andererseits die Zersetzlichkeit von Chlorlaugen durch Zusatz von Salz in gewissem Umfange gesteigert. Die geringere Diffusionsgeschwindigkeit dürfte hierdurch wieder ausgeglichen und somit der Gehalt an Neutralsalzen wie Kochsalz und Chlorkalzium ohne praktische Bedeutung für den Bleichvorgang sein, solange der Salzgehalt beim Weiterarbeiten auf alter Flotte unter Auffrischen mit Stammlauge nicht zu sehr anwächst. Wesentlicher wäre eine Beeinflussung der Reaktion durch Mg-Salze, welche z. B. Steinsalz als Verunreinigungen begleiten.

Mannigfach waren die Bestrebungen den Bleichvorgang durch besondere Zusätze zu verbessern und abzukürzen. Wollte man auf der einen Seite durch Verwendung von hochwirksamen Beuchlaugen ein weiteres Bleichen entbehrlich machen, so liefen gegensätzlich andere Bestrebungen darauf hinaus, ohne zu beuchen die Fasern direkt zu chloren. Für einzelne Zwecke (Farbware) mag ein gutes Auskochen, namentlich unter Mitverwendung von Seifen genügen, zumal nach einem folgenden Absäuern, das ein Aufhellen bewirkt. Ein Abkochen unter Zugabe von Persalzen oder von Aktivin bewirkt ein Aufhellen, für die eigentliche Bleichware kann jedoch auf die Durchführung eines besonderen Bleichganges nicht verzichtet werden. Eher läßt sich ein Beuchen entbehren, die Kaltbleiche erlangte bei verbesserter Durchführung in den letzten Jahren für einzelne Gebiete große Bedeutung. Die Bestrebungen ohne vorhergegangene alkalische Behandlung die Baumwolle sofort zu chloren, sind übrigens keineswegs neu, sie krankten zunächst vielfach an einer unbefriedigenden Lagerbeständigkeit des Weiß.

Kaltbleiche. Älteren Angaben zufolge sollte es möglich sein, lose Rohbaumwolle durch 3—10 stündiges Einlegen in eine 1,5—2,75° Bé starke Chlorsodalösung

---

[1] Waentig: Verhalten von Lignin bei Herstellung von Zellstoff mittels Chlor. Ztschr. f. angew. Ch. 1928 S. 1001.

[2] Kauffmann: Bleichlaugen und Bleichverlauf. Ztschr. f. angew. Ch. 1924 S. 364.

unter Zusatz von überschüssiger Soda zu bleichen. Nach dem Spülen hatte ein Bisulfitbad zu folgen. Beide Arbeiten waren nach Bedarf zu wiederholen. Vermutlich netzte jedoch solche, zwar stark alkalische Chlorsodalauge zu schlecht, so daß der Bleichausfall zu unsicher war.

Leblois, Piceni & Co., DRP. 36962, wollten deshalb in einer besonderen Apparatur bleichen, indem sie lose Baumwolle und feine Garne mit kalten Laugen unter Anwendung von Luftleere imprägnierten und dann die gespülte Baumwolle mit Chlorogène, einer unterchlorigsauren Natronlösung, die aus Chlorkalk mit Ätznatron umgesetzt war, behandelten. vgl. S. 64. Die Schwierigkeit des Benetzens ungekochter Baumwolle versuchte Bickel durch Arbeiten im Vakuum- oder Druckkessel zu vermeiden. Bickel packte Garne, Kopse usw. in eiserne Druckbehälter unter Ausfüllen der Zwischenräume mit loser Baumwolle, um unter 1,5—2 at Druck Chlorkalklösung von 1° Bé 3—4 Stunden durchzupumpen, unter Druck zu spülen, abzusäuern und auszuwaschen.

Nach dem Verfahren „Lee"[1] sollten trockene Kopse u. dgl. mit konzentrierter Chlorlösung im Vakuum genetzt und dann in einem Berieselungsapparat fertiggebleicht werden. — Diese Kaltbleichen haben nicht die erwartete Bedeutung erlangen können, die Verfahren waren unzuverlässig oder die Apparatur ungeeignet, vielleicht waren auch die Chemikalienkosten unbefriedigend.

Erfolgreicher war erst F. Erban mit seinem Verfahren, die Netzfähigkeit der Chlorlauge durch Zugabe von Seifenlösungen zu erhöhen, DRP. 176609, L. Pick und F. Erban.

Erban fand, daß Gemische von Chlorsoda und sulfurierten Ölen (Türkischrotöl) zufolge ihres guten Netzvermögens in Rohbaumwolle, Kopse u. dgl. eindringen, ohne Rohflecke zu geben (?). Die Spulen sollen sich bei gewöhnlicher Temperatur durchbleichen lassen, sogar die Schalenteile, welche in alkalischen Kochlaugen nur erweicht und dunkelbraun verfärbt und erst beim folgenden Chloren hellgelb und mürbe werden. Verhältnismäßig geringe Zusatzmengen (2—2,5%) sollen für den Erfolg genügen. In der Patentschrift stand als Ausführungsbeispiel: 100 kg trockene Rohbaumwolle, z. B. als Kopse, werden mit 500 l einer Lösung von unterchlorigsaurem Natron mit 0,3% wirksamem Chlor unter Zusatz von 10 l Türkischrotöl (von 75—80%) oder Rizinusölseife imprägniert und nach 2—3 Stunden ausgewaschen. Eine Zugabe von Terpinopol, emulgiertem Terpentinöl, empfehle sich, da Terpentin als Sauerstoffüberträger wirkt (?). Im Hinblick auf das gute Ausziehen der Bäder wurde ein Absäuern als kaum nötig genannt, ein Spülen mit Antichlor bleibe jedoch angebracht.

Weil Türkischrotöl und Seifen mit Kalksalzen unlösliche Niederschläge bilden, war die Verwendung von Chlorkalklauge nicht angängig, nur Chlornatronlaugen sind verwendbar. Schon der Kalkgehalt des Wassers kann Anlaß zu Mißständen geben, es ist mit möglichst weichem Wasser und mit gut „kalkbeständigen" Ölen zu arbeiten, welche keine störenden Niederschläge mit hartem Wasser liefern. Solche Laugen bleiben beim Bleichen klar und farblos, während bekanntlich alkalische Kochflotten eine dunkelbraune Färbung annehmen. Es werden demnach die in Lösung gehenden Faserverunreinigungen bis zu farblosen Verbindungen oxydiert. Da bei Kochbleiche die alkalischen Beuchflotten den Großteil der oxydablen Verunreinigungen entfernen, so daß nur für den restlichen Teil ein Chlorbedarf vorliegt, bei der Kaltbleiche

---

[1] Österr. Woll- u. Leinenind. 1910 S. 1284.

aber die Oxydation aller Fremdstoffe und auch ein Eigenverbrauch durch die Netzmittel in Frage kommt, steigt der Chlorverbrauch an und hebt die Ersparnisse an Dampf und Beuchmitteln zum Teil auf. Vor allem sind bei rechnerischen Gegenüberstellungen die erheblichen Kosten des Netzmittels zu berücksichtigen. Für Kreuzspulen, Kettenbäume und für dichte, auch vorher gekochte Waren — bei hohen Anforderungen an Reinheit und Gleichmäßigkeit, wäre ein Vorkochen namentlich bei stark schalenhaltigem Gut angebracht, — ist der Zusatz von geeigneten Netzmitteln zur Bleichlauge an sich empfehlenswert. Technisch sehr wesentlich ist, daß bei solchem und ähnlichen Kaltbleichverfahren die Spinnfähigkeit erhalten bleibt und der Gewichtsrückgang einige Prozent niedriger ist, was für das Ausspinnen von Bedeutung und die Bleichkosten von einem besonderen Standpunkte beurteilen läßt. Die auf dem Baum gebleichten Ketten sollen sich gut verweben lassen, ein weiterer Vorteil, der mitspricht. Die Kaltbleiche erlangte deshalb für das Bleichen von Flocken, Kardenband, Vorgespinst besondere Bedeutung. Die Kaltbleiche eignet sich nicht zuletzt für die Buntbleiche, da das Beuchen wegfällt oder auf ein schwaches Brühen beschränkbar ist, denn die heute vorwiegend verwendeten Küpenfärbungen sind zwar meist gut chlorecht, aber minder gut beuchecht, weil die alkalische Flotte reduzierende Eigenschaften annimmt, vgl. S. 234.

Eine ungleiche Wirkung der verschiedenen Seifenzusätze — Türkischrotöl, Monopolseife usw. im Gegensatze zu Marseillerseife — wird nicht allein in der ungleichen Beeinflussung des Netzvermögens der Bleichlaugen zu suchen sein. Monopolseife usw. stellen „saure" Seifen dar, deren verdünnte Lösungen zwar zufolge zunehmender Dissoziation alkalisch reagieren. Die durch Zugabe derartiger Mittel bedingten Reaktionsänderungen während des Bleichprozesses sind verwickelter Natur, da nicht zuletzt eine Oxydation der organischen Substanz in Frage kommt. Mit Seifen versetzte Flotten entfalten ihre Bleichkraft um so weniger schnell, je alkalischer die Lösungen bleiben.

An Stelle von Türkischrotöl und Monopolseifen traten in den Nachkriegsjahren die höher sulfonierten Öle und Fettlöserseifen sowie die aromatischen Sulfosäureprodukte, wie Nekal, Lenocal u. a. Zugabe von Floranit, Perpentol, Prästabitöl u. a., namentlich zum Verbessern des Beuchens in Vorschlag gebrachten Hilfsmitteln soll in Mengen von 1—3 g je Liter das Eindringen der Bleichflotten in die Baumwolle ermöglichen, dazu beitragen, daß die Schalen zermürben und ausgebleicht werden, die Ware einen weichen Griff erhält usw[1]. Ein Gehalt an Tetralin u. dgl. aktiviere überdies die Chlorlösungen. Wie weit diese Erklärungen technische Bedeutung haben, bleibe dahingestellt. Es ist zu beachten, ob durch die Chlorlauge eine Verfärbung der Zusätze erfolgen kann

---

[1] Die Beobachtung, daß schaumige Flotten leicht in das Innere von Textilgut eindringen, wurde für Färbe- und Abkochzwecke verwendet (Schaumfärberei von Spulen). In ähnlicher Weise soll der durch Einblasen von Luft in die mit Saponin u. dgl. versetzten Flotten erhaltene Schaum zum Bleichen dienen können. DRP. 296328. Solchem Vorschlage ist kein praktischer Wert beizumessen, ein gleichmäßiges Bleichen dünkt zu unwahrscheinlich.

und die Netzmittel ihrerseits Aktivchlor verbrauchen. Zunächst wurde Nekal A von der I. G. Farben-Industrie weniger als direkter Zusatz zur Chlorflotte als vielmehr zur Beuchlauge empfohlen, um das Netzen und Einbringen der Lösung zu erleichtern und die Kochdauer abzukürzen. Besser eignet sich Nekal BX als Zusatz zu Natron-Hypochloritbädern, nicht zu Chlorkalkflotten. 1—2 g im Liter galten als Norm. Die Möglichkeit, durch Mitverwendung von Netzmitteln das gleichmäßige Durchbleichen zu verbessern, hat jene älteren Verfahren zurückgedrängt, welche nur durch starkes Alkalisieren mit Ätznatron die Chlorlauge für die Kaltbleiche verwendbar machen wollten. Solche Vorschläge gingen u. a. von Monti und Zweifel aus und betrafen vorwiegend das Bleichen von Stückware, da diese sich mit stark alkalischer Lauge ohne größere Schwierigkeiten imprägnieren läßt. Die Stücke wurden auf einen Foulard mit der alkalischen Chlorflotte durchtränkt, abgequetscht und 24 Stunden oder länger abgelegt, um der Bleichlauge Zeit zu geben, auf die Ware einzuwirken. Die Chlormenge war dem Reinheitszustande des Bleichgutes und dem Grade des Abpressens anzupassen. Für Baumwollgewebe waren etwa 4—6 g/l Cl und die gleiche Menge NaOH zu rechnen. Bei der ausgedehnten Bleichdauer kam es zu einem befriedigenden Auflösen der Schlichte und Faserverunreinigungen sowie einem Erweichen der Schalen. Stärkere Ölflecke blieben jedoch unangegriffen. Gutes Auswaschen und Absäuern und Antichlorieren mit Bisulfit beendeten die Arbeit. Der Gewichtsrückgang stellt sich bei solcher Kaltbleiche günstig, der Warengriff ist weich. Leider hatten die Betriebe Schwierigkeiten, die Waren gleichmäßig zu imprägnieren. Angeblich nahm die direkt von der Lauge zugeführte Ware bzw. die Schlichte das Chlor adsorbierend auf, so daß die restliche Flotte immer schwächer wurde. Es mag hier aber eine starke Selbstzersetzung des Bades mitsprechen. Die durch die Foulardwalzen aus der Ware abgepreßte, sehr schmutzige Brühe kam in den Trog und verbrauchte hier viel Chlor. Deshalb mag es zutreffen, daß bei schwach geschlichteten Stoffen solche Kaltbleiche zu befriedigenden Ergebnissen führt. Das Weiß entsprach jedoch höheren Ansprüchen kaum, es neigte zum Vergilben, da die Fremdstoffe und Abbauprodukte meist nicht genügend ausgelaugt werden, an anderen Stellen war es hingegen bereits zu einer erheblichen Oxyzellulosierung gekommen. **Kaltbleichware ist nicht schlechtweg mit Kochbleichgut vergleichbar.** In der Zugabe von Nekal BX zu alkalisierten Chlorlaugen lag ein weiterer Fortschritt, da solches Bad durch Zugabe von 0,25 bis 0,5% Nekal vom Warengewicht ein gutes Netzvermögen bei entsprechend gutem Auslaugevermögen besitzt — Verfahren Griesheim der I. G. Farben. Bei Zugabe von Netzmitteln bleibt zu erwägen, ob solche Zusätze nicht ihrerseits Aktivchlor verbrauchen, was von der Flottenreaktion mit abhängt, und ob nicht Abscheidungen, Ausflockungen eintreten. Größere Versuchsreihen mit Netzmitteln in Chlorlaugen veröffentlichte E. Baur[1]. Es sei im Hinblick auf diese Versuche betont, daß die jeweilige Reaktion der Flotten bei Auswahl der Netzmittel zu berücksichtigen ist. So sind

---

[1] Baur: Spinner u. Weber 1931 Heft 35.

Netzmittel auf Fettbasis für saure Bäder nicht zu empfehlen. Wie
P.Brettschneider und H.Bauch fanden, ist die Chloraufnahme der
Seifenfette sehr ungleich, ungesättigte Fettsäuren lassen mehr Aktivchlor verschwinden[1]. Das Chlor lagert sich zum Teil an die ungesättigten
Verbindungen an. Sehr wohl läßt sich das Ergebnis durch ein warmes
Nachbehandeln mit einer Sauerstoffflotte verbessern, um das Auslaugen
quantitativer zu gestalten, wie noch auszuführen bleibt. Die Mitverwendung von Sauerstoff empfiehlt sich nicht nur wegen des Nachblei-
chens der farbigen Reste, sondern auch um ein durch heißes Alkali
eintretendes Vergilben zu unterdrücken. Versuchen zufolge ist es vorteilhaft, die Chlorbäder für lose Baumwolle und für Garne mit Soda zu
alkalisieren, wenn nicht das Vorhandensein vieler Schalen die Verwendung von Ätznatron anraten läßt. Ein Entchloren mit Bisulfit
erscheint für alle kaltgebleichten Textilien angebracht, um Chloramin-
reste zu zerstören, mit deren Bildung bei geschlichteten Stoffen ver-
stärkt zu rechnen sein soll (?). Es mag hier darauf hingewiesen werden,
daß der Schlichter Zusätze vermeiden muß, welche das Eindringen der
kalten Chlorlauge in das Gut erschweren, er hat also von einer Schwerschlichte mit Paraffin u. dgl. abzusehen. Infolge des schlechteren
Auslaugens bei der Kaltbleiche fallen die analytischen Konstanten, wie
die Permanganatzahl, ungünstiger aus.

Die heutige Kaltbleiche stützt sich zumeist auf das Verfahren der
I. G. Farben 434667 zum Entschlichten pflanzlicher Fasern aller Art
unter teilweiser Verseifung der der Faser anhaftenden Rohfette und
Wachse und gleichzeitiger Aufschließung der Samenschalen durch Behandeln mit stark alkalischen Chlorlaugen. Unter Mitverwendung von
Nekal zwecks Sicherung des Netzens gelangen in Anpassung an das Gut
Laugen von 1,5—3 g Cl mit 2—10 g Alkali in Form von $NaOH$, Na_2CO_3
oder eines Gemisches, gegebenenfalls unter Anwärmen zur Anwendung.
Für alle Waren, die im Strang netzbar, genügt nach den Ausarbeitungen
des Griesheimer Bleichereilaboratoriums bis zu 1500 kg Partien eine
einfache Apparatur, ein Clapot zum Netzen, ein Holzbottich mit Zirkulation. Dagegen erfordert anderes Gut, sofern kein getrenntes Netzen
vorangeht, einen geschlossenen Apparat mit Flottenpressung und Vakuum oder intensiver Innenzirkulation, also eine ähnliche Einrichtung,
wie solche für Färbereizwecke gebräuchlich ist. Das Verfahren wird
entweder in Verbindung mit einer Sauerstoffbehandlung oder durch
ein Zwischenbrühen mit dem restlichen Alkali der Chlorflotte weiter-
geführt und mit Nachchloren beendet. Diese Arbeitsweise ist gleichfalls die Grundlage für alle Kombinationsbleichen von Stück-,
Buntware, Warps, Stranggarn in Form von Ketten sowie von Kettbäumen, Kreuzspulen, loser Baumwolle in Form von Flocken oder
Vorgespinst. Es ist die Erkenntnis, daß nach dem Oxydieren ein gutes
Auslaugen der Abbauprodukte zu folgen hat, da die auslaugende Wirkung der Chlorflotten als solcher vielfach nicht ausreicht. Vgl. S. 222.

Die I. G. Farben, Griesheim, empfiehlt das Zwischenbrühverfahren dort,
wo ein weiches Material (wie Trikotwaren) mit weniger Gewichtsverlust verlangt

---

[1] Vgl. Dtsch. Wäscherei-Ztg. 1931.

wird und katalytische Störungen durch Materialträger zu erwarten sind. Das in
der dritten Stufe anfallende Hypochloritbad wird nach Zusatz von 2,5% Ätznatron und 1% Soda (vom Gewicht) für das erste Chloren bei 30—40° C verwendet.
In 1—1½ Stunden ist das wirksame Chlor verbraucht. Bei Netzschwierigkeiten
gibt man 0,25% Nekal BX oder Humectol C zu. Nach Zugabe von 0,25% Bisulfit
zum Unschädlichmachen von Chlorresten wird mit dem Alkali 2 Stunden gekocht,
um die Einwirkungsprodukte in Lösung zu bringen. Hierauf folgt nach gutem
Spülen eine einstündige Nachbleiche mit etwa 2% aktivem Chlor vom Warengewicht, anschließend das Spülen unter Zugabe von 0,25 % Bisulfit als Antichlor. Beim Arbeiten im Packsystem ist das Bleichen auszudehnen (über Nacht),
für lose Baumwolle, Kreuzspulen, Strähngarn ist eine geschlossene Apparatur
mit Vakuum und Flottenpressung vorauszusetzen.

M. Freiberger hat den Vorschlag gemacht, mit Diastafor entschlichtete Ware mit angewärmter, weniger alkalisierter Chlorlauge im
Kontinubetrieb unter Verwendung von Ablegevorrichtungen zu bleichen. Dies würde also ein Beschleunigen des Arbeitsganges bedeuten,
an sich erstrebenswert, sofern die gleichmäßige Einwirkung gewährleistet ist, kein stellenweises Überbleichen durch die energische Chlorflotte zu befürchten wäre und die Einwirkungszeit genügt, um auch
die Schalen zum Verschwinden zu bringen.

Wie Zugabe von Seifen und Netzmitteln eine Reaktionsänderung und damit
eine Beeinflussung des Bleichvermögens bewirken kann, so trifft dies für einige
weitere Zusätze, deren eigentliche Bedeutung nicht immer erkannt war, zu.
Bayle und Pontiggia suchten nach einem Patent aus dem Jahre 1877 — DRP.
1958 — durch Fettsäuren, Öle von Harzen, die man mit Fettlösungsmitteln erst
verdünnte, die Bäder zu verbessern. An deren Stelle sollte jede andere schlüpfrige
Masse dienlich sein, da hierdurch die Bleichkraft und gleichzeitig die Faserschonung
verbessert werde. Außerdem war die Zugabe von Salzen verschiedenster Art,
darunter Alaun, Mangansuperoxyd, also von Zusätzen, welche die Reaktion direkt
beeinflussen oder wie Mangan katalytisch wirken, vorgesehen. H. Wächter erwartete von Glyzerin eine Verbesserung. DRP. 36752. Anderweitig wurden Alkohol,
Terpentinöl vorgeschlagen. C. F. Theis — Breitbleiche —, der diese Verfahren
durch kleine Bleichversuche nachprüfte, kam zu ungünstigen Werturteilen. Da
Haltbarkeitswerte einen Rückschluß auf die Bleichenergie gestatten, führte Verfasser verschiedene Versuchsreihen mit Glyzerin, Alkohol, Terpentinöl, Leinsamenschleim durch[1]. Den Vergleichszahlen war zu entnehmen, daß größere
Zugaben von Alkohol und Glyzerin den Chlorgehalt zurückgehen lassen. Es entstehen nach und nach saure Oxydationsprodukte, mit dem Sinken der Flotten-
alkalität wächst die Zersetzlichkeit. Auch Terpentinöl wirkt in ähnlicher Weise
„aktivierend" auf die Bleichlaugen, doch ist es fraglich, ob solche Zusätze sich
lohnen. Andererseits bedeutet der Verbrauch an Aktivchlor einen — fraglichen —
Schutz der Faser, denn die abgeschwächte Flotte hat ein entsprechend geringeres
Oxydationsvermögen. Das Durchdringen des Bleichgutes kann durch indifferente
Netzmittel, welche nicht mit Chlorlauge reagieren (Verfärbung?), begünstigt
werden. Durch die sich bildenden, sauren Oxydationsprodukte wirkt in gewissem
Sinne Leinsamenschleim aktivierend. Dies ist keine typische Eigenschaft des
letzteren, sondern trifft für alle oxydablen organischen Stoffe zu. Gebrauchte
Chlorbleichflotte aus der Leinenbleiche wirkt durch ihren erheblichen Gehalt an
sauren, zum Teil noch oxydablen Stoffen aktivierend, verschlechtert damit die
Haltbarkeit der vorrätigen Chlorlauge. Hierin gehört auch wohl das sehr allgemein gehaltene Patent 395876 von Bergmann, Immendörfer, Löwe: Verfahren zur Behandlung von pflanzlichen Fasern mit alkalischen oxydierenden und
reduzierenden Mitteln in Gegenwart von Gerbstoffen, die zur vollständigen Reduzierung der angewandten Oxydationsmittel nicht ausreichen. — Enthält solcher

---

[1] Kind: Die Beeinflussung der Bleichgeschwindigkeit von Chlorlaugen durch
Reaktionsänderungen. (Das Bleichen nach DRP. 279993.) Spinner u. Weber
1921 Heft 20, 23.

Zusatz Eiweiß, so macht sich ein starker „Bleichgeruch" bemerkbar. (Vgl. Chloramin.)

In Durchführung von Versuchen, wie der katalytischen Zersetzung von Chlorlaugen durch Metalle vorzubeugen sei, prüfte E. Ristenpart zusammen mit P. Weyrich und P. Wieland[1] die Wirkung eines Zusatzes von Formaldehyd. Je saurer das Bad ist, um so schneller wird Formaldehyd zu Kohlensäure oxydiert. Dementsprechend stieg die Bleichgeschwindigkeit und der erzielte Weißgrad an, die Festigkeit des Versuchsgarnes blieb besser geschont, solange überschüssiges Formaldehyd die Zellulose vor Überoxydation schützte. Der technische Erfolg wird durch den Verzehr von Bleichchlor zur Oxydation des Formaldehyds aufgehoben.

Ganz neue Aussichten sollte das unter DRP. 279993 geschützte Verfahren von A. Lehmann, Rheydt, bzw. von der Diamalt Aktien-Gesellschaft in München eröffnen.

„Durch Zusatz von Malz und Präparaten, wie Diastafor, wird die Aktivität von Chlorbleichlösungen wesentlich gehoben, denn man ist dadurch in der Lage, doppelt so schnell zu bleichen und braucht nur die Hälfte der Chlorkalkmenge. Beispielsweise werden 1000 kg vorgebeuchte Kreuzspulen mit Chlorkalklösung 0,5° Bé unter Zusatz von 700 g Diastafor in 2 Stunden gebleicht, während früher eine Lauge von 1° Bé bei 5stündiger Bleichdauer erforderlich gewesen ist."

Im Propagandaprospekt wurde das Präparat „Kromocon" genannt. Nach eigenen Versuchen handelte es sich um einen anfänglich mit ätherischem Öl versetzten Malzauszug, dem man wegen eines Gehaltes an oxydierenden Fermenten (?) eine katalytisch aktivierende Wirkung zuschrieb. Als eiweißreiche Substanz löste zwar Kromocon zufolge Reaktionsbeeinflussungen gewisse Wirkungen aus, ohne daß jedoch hierfür Enzyme als Träger der Reaktion anzusprechen sind, denn aufgekochtes Diastafor, in welchem keine wirksamen Fermente mehr sein konnten, zeigte ein unverändertes Verhalten. Der Cl-Rückgang in Versuchslösungen war von der Menge des „aktivierenden" Mittels abhängig. Namentlich Eiweißstoffe, Albumin, beschleunigen die Zersetzung, dabei einen scharfen Bleichgeruch (Chloreiweiß) entwickelnd. Kleine Bleichversuche mit Baumwoll- und Flachsgarnen bestätigten diese Folgerungen. Gleich Malzauszügen können andere oxydable oder saure Zusätze, so saure Schlichte, die Flottenreaktion beeinflussen besondere Vorteile sind jedoch nicht zu erwarten. Der Bleichgeruch ist kein Wertfaktor.

Einem Vorschlage der Firma Küttner, Pirna — DRP. 507413 — zufolge soll man Textilfasern gleichzeitig bleichen und avivieren können, indem zu einer warmen Seifenlösung Hypochlorit gegeben wird. Z. B. kommen auf 100 l Seifenlösung mit 100 g Marseillerseife nach dem Anwärmen auf 65—80° C 200 cm³ einer 12,5%igen (?) Hypochloritlösung. In diesem Bade werden 5 kg Baumwolle 10 Minuten lang umgezogen, dann geschleudert und getrocknet. Bei Kunstseide beträgt die Dauer des Umziehens nur 5 Minuten. Die im Faden verbleibenden Fettstoffe verleihen diesem einen weichen Griff. Die organischen Zusätze sollen das entstehende gasförmige Chlor binden!? — Es kann hier wohl nur an ein Nachreinigen von Kunstseide gedacht sein.

Katalytische Zersetzung der Chlorflotten.

Die Zersetzlichkeit von Bleichlaugen wird durch gewisse Fremdstoffe katalytisch gesteigert, d. h. zufolge deren Gegenwart sind die Lösungen nicht haltbar, und es kann zu Bleichschäden kommen, wenn sich der wirksame Fremdkörper in inniger Berührung mit dem Fasergut befindet. M. Gürtler führte als erster 1893 kleine rechteckige Löcher in Leinwand auf Kupferwirkung beim Bleichen zurück. Bei Arbeiten an den Spinnmaschinen auf das Flachsband gefallene Feilspäne mußten in die Fäden gekommen sein und hatten im Chlorbade zu einer örtlichen Zerstörung der Garne beigetragen. Über die Entstehungsmöglichkeit

---

[1] Ristenpart: Über die Wirkung von Formaldehyd in der Chlorbleiche. Textilber. 1923 S. 173.

derartiger Schäden herrschte in den beteiligten Kreisen lange Zeit große Unklarheit, denn der Weber wollte an der Auffassung festhalten, es handele sich nur um mechanische Zerstörungen oder um die örtliche Wirkung von ungelöstem Chlorkalkpulver. Ulzer und Ziffer vom technischen Museum in Wien, Higgins, White, Thomson und andere Forscher konnten jedoch bestätigen, daß derartige Fehler auf die kataIytische Wirkung von Metall zurückführbar sind. Es gelang u. a., aus Schmieröllagern stammende Kupferseife als die Ursache zu erkennen. Die Erklärung, man habe rein mechanische Ursachen anzunehmen, kann schlechterdings nicht zutreffen, wenn Lochstellen offenbar von einem einzelnen Faden ausgehen, oder wenn ein größeres Fadenstück angegriffen ist, bzw. ein Fadenstück fehlt und gleichzeitig die kreuzenden Fäden rein örtlich in Mitleidenschaft geraten sind. Der Nachweis ist nur oft schwer oder nicht unmittelbar möglich, falls die analytische Prüfung keine Fremdkörper mehr finden läßt, weil diese im Verlaufe des Bleichens völlig in Lösung gingen.

Die katalytische Zersetzung von unterchlorigsauren Salzlösungen durch Kobaltverbindungen ist altbekannt, da diese Reaktion zur Darstellung von Sauerstoffgas im Laboratorium diente. (Über die Katalyse bei der Sauerstoffbleiche siehe S. 161.) Für die Bleichereitechnik kommt vorwiegend eine Beeinflussung durch Teile der Metallapparatur in Frage. Es können aber auch Verunreinigungen in das Fasergut gekommen sein oder in die Bleichlauge geraten, so bei der Elektrolyse von Kochsalzlösung. Eine in den Chlorlaugen-Behälter geratene Bronzeschraube gab den Anlaß, daß sich der ganze Vorrat schnell zersetzte.

S. H. Higgins[1] prüfte die katalytische Wirksamkeit von Metallen durch Messen des sich entwickelnden Sauerstoffgases in Büretten. Er fand, daß Kupfermetall die Chlorlauge weniger stark zersetzt als Kupferoxyd, welches aber aus dem Kupfer nach und nach entsteht. Higgins bewies auch, daß Kupferschmiere, jene häufig an Maschinenlagern zu findende grüne Masse, in ein Stück Leinwand eingerieben, dieses beim Bleichen vermorschen ließ. In welchem Umfange verschiedene Metalle und Legierungen die Haltbarkeit der Chlorlaugen zu verändern vermögen, klärte zunächst P. Weyrich[2] auf, indem er in je 500 cm³ Chlorkalklösung mit 3,34 g/l Cl verschiedenartige Metallbleche oder Stücke von gleicher Oberfläche einlegte und nach bestimmten Zeitabschnitten den prozentualen Rückgang des Chlors ermittelte.

Die Abnahme setzte namentlich bei Schmiedeeisen sofort ein, bei anderen Metallen, so bei Kupfer, ist mit einer Beschleunigung zu rechnen, wenn sich erst einmal das wirksame Kupferoxyd (Grünspan) gebildet hat. Am besten erwies sich die Borchersche Legierung, ein Chrom-Wolframstahl der Firma Fr. Krupp in Essen. Die vielfach als für Armaturen geeignet angesehene Kupferbronze wurde auch angegriffen und zersetzte die Chlorlauge. Galt zunächst eine hochprozentige Nickellegierung als brauchbar, so bevorzugt die Technik heute die Spezialstähle von Krupp V 2a und V 4a, die leider noch im Preise hochstehen und schwieriger bearbeitbar sind. Letztere Marke wird insbesondere empfohlen, wenn stark saure Chlorbäder in Betracht kommen. Monelmetall, eine vorwiegend aus Nickel bestehende Legierung, ist bedingt empfehlenswert. Zugabe von etwas Wasserglas zur Chlorflotte erwies sich zufolge Bildung einer Schutzhaut als vorteilhaft.

---

[1] Higgins: Journ. Soc. Chem. Ind. 1911. — Vgl. auch Benecke: Über Bleichfehler durch Metalloxyde. Dtsch. Färber-Ztg. 1912 S. 883.

[2] Weyrich: Schädigung pflanzlicher Fasern beim Bleichen mit Chlorkalklösung bei Gegenwart von Metallen. Ztschr. f. ges. Textilind. 1915 S. 176.

Nach Messungen von H. Kauffmann und W. Seeck[1] nahm die Rückgangskonstante von Bleichflotten mit 1,8 g/l Cl bei 25° auf die Vergleichsmenge von 1 g Metall umgerechnet bei Gegenwart der nachgenannten Hydroxyde folgende Zahlen an, wenn für die reine Flotte der Wert 0,01 ist: Kobalt = 75, Nickel = 51, Kupfer = 44, Zinn = 2,5, Eisen = 0,5; Aluminium, Blei, Zink ließen keine Wirkung erkennen. Eisenhydroxyd, als solches die Faser nicht gefährdend, entfaltete in Gegenwart von Kupferhydroxyd einen Einfluß, der bedeutend größer war als der des letzteren allein.

Der katalytisch abgespaltene Aktivsauerstoff wirkt gegebenenfalls heftig oxydierend auf die Zellulose ein und kann diese in morsche Oxyzellulose verwandeln, die sich beim weiteren Kochen in Laugen nach und nach löst, so daß es dann zur Lochbildung kommt. Es genügt, daß sich ein zu bleichendes Garn oder Gewebe in direkter Berührung mit Metallen befindet oder durch metallhaltigen Schmutz infiziert ist. P. Weyrich gab aus der Praxis folgendes Beispiel:

Ein nickelner Färbeapparat wurde nach gründlicher Reinigung zum Bleichen benutzt. Nach Fertigstellen der Bleiche zeigten die an den Wandungen des Apparates gelegenen Spulen morsche Stellen, die durch mehrere Fadenlagen hindurchgingen. Auslegen des Apparates mit Baumwollstoffen brachte nicht den beabsichtigten Schutz, die zerstörende Wirkung ging durch den Stoff hindurch und machte diesen selbst schon nach einmaliger Benutzung völlig löcherig. Daß an den geschwächten Stellen Oxyzellulosebildung stattgefunden hatte, konnte durch Kochen mit Fehlingscher Lösung und Ausfärben mit Methylenblau nachgewiesen werden. Bei genauer Betrachtung der beschädigten Kreuzspulen und der Tücher wurden an den Morschflecken kleine schwarze Teilchen gefunden, welche sich bei näherer Untersuchung als Nickelhydroxyd erwiesen. Bei der Einwirkung der Chlorkalklösung auf Nickel entstehen auf dessen Oberfläche zunächst winzige grünliche Knötchen, die schnell schwarz werden, sich allmählich vergrößern und nach mehreren Stunden das ganze Blech bedecken. Gleichzeitig ist die Entwicklung kleiner Gasbläschen zu beobachten, die beim Hochsteigen geringe Teile des Hydroxyds mitreißen, so daß nach etwa 10 Stunden die Flüssigkeit ganz davon durchsetzt und geschwärzt ist.

Nickel gibt grünliche Flecke, ebenso Kupfer, doch bilden sich bei längerem oder stärkerem Chloren dunkle Verfärbungen. Die Gegenwart von Eisenrost ist für das Bleichgut weniger gefährlich als jene von Eisenmetall, denn vorwiegend dieses bewirkt unter Abscheidung von Rost die Oxyzellulosierung. Irgendwelche Eisenteile, Nägel oder dergleichen, sollen nicht in das Bleichgut geraten. Für etwaige in der Spinnerei oder Weberei verschuldete Verunreinigungen, welche später Anlaß zu örtlichen Schäden gaben, ist der Bleicher nicht verantwortlich zu machen, nachdem das Beseitigen der Metalle bzw. der katalytisch wirksamen Verunreinigungen vor der Naßbehandlung nur in fraglicher Weise möglich ist. Blei beeinflußt die Chlorlaugen in schwächerem Grade. Immerhin sind Schwierigkeiten zu erwarten, wenn etwa Blei aus der Apparatur durch heiße Alkalilaugen gelöst und auf die Faser übertragen wird. Stärkere Chlorlaugen verwandeln das zunächst farblose Bleihydroxyd in dunkles Superoxyd, das jedoch bei dem folgenden Absäuern mit Schwefelsäure wieder in weißes Bleisulfat übergeht. Zink entwickelt aus Chlorlaugen keinen Sauerstoff, sondern in gewissem Um-

---

[1] Kauffmann: Fremdstoffe der Baumwolle. Textilber. 1928 S. 575; 1931 S. 524. — Vgl. auch Über katalytische Faserangriffe. Ztschr. f. angew. Ch. 1931 S. 858; da die Versuche insbesondere die Beeinflussung von Sauerstoffbädern durch Eisen betreffen, siehe S. 163.

fange Wasserstoffgas. Zudem wird Zink unter Bildung basischer Zinkverbindungen angegriffen, wie man durch Einhängen eines Metallstreifens in Chlorlauge beobachten kann. Beim Arbeiten mit alkalischen Laugen verursacht Zink im übrigen leicht weiße Zinkflecken auf der Ware. Auch Zinn hat wegen ungenügender Beständigkeit auszuscheiden. Die Technik bevorzugt heute die Spezialstähle und verchromtes Metall. Bei Vergleichsversuchen mit V 2a Metall, Monel- und Reinnickel, Phosphorbronze und Eisen fand Prof. Russina[1], daß der Spezialstahl sich sowohl bei Chlor- wie bei Sauerstoffflotten am besten bewährt. Phosphorbronze stand bei Chlorlaugen an zweiter Stelle, eignete sich aber nicht für Sauerstoffbäder, hier sind Monel- und Nickelmetalle als Werkstoffe dienlicher.

Bei Kleinversuchen unter Einbringen von Metallplatten oder bei Zufügen irgendwelcher Lösungen zu Chlorlaugen bleibt es bis zu einem gewissen Grade fraglich, ob die etwaigen Folgerungen von der Praxis bestätigt werden. Abgesehen davon, daß das Flottenverhältnis hier ein anderes sein wird, kann man gegebenenfalls beobachten, daß irgendwelche Metallteile der Apparatur sich als weniger katalytisch wirksam erweisen, wie erwartet. So lehrte die Erfahrung, daß kupferne Scharnierbänder in Bleichkästen für Leinengarn dauernd blank waren, keinen Angriff erkennen ließen. Wesentlich ist die jeweilige Beschaffenheit des Metalls. Auf einen in Chlorlauge eingelegten Baumwollstoff aufgestreute Kupferspäne blieben zum Teil lange blank, gleichzeitig setzten andere Späne schnell Grünspan an und führten hier zu einem örtlichen Faserabbau. Es mag sich auf dem Metall eine Schutzschicht bilden können. Ein Verhalten, das insbesondere für die Sauerstoffbleiche von Bedeutung ist, weil es ein Arbeiten in eisernen Kesseln ermöglicht, während im übrigen Eisen für Sauerstoffflotten wegen Katalysegefahr auszuscheiden hat, so daß man versuchen muß, durch Aufbringen einer Schutzschicht von Kalk u. dgl. die unerwünschte Reaktion zu vermeiden.

Sehr wesentlich ist die jeweilige Flottenreaktion. In einer alkalischen Flotte sind Kupfer- und Eisenmetalle weit weniger wirksam als in saurer. Hingegen lösen sich etwaige Niederschläge von Kupfer- und Eisenoxyd in saurer Flotte schneller auf, womit die Fasergefährdung aufhört. Die Gefahrzone beim Bleichen derart befleckter Stoffe liegt beim Neutralpunkt, es ist eine ungünstige Wirkung von schwach alkalischen bis schwach sauren Bädern zu erwarten. Also bei der üblichen Arbeitsweise ist die Katalysegefahr am größten[2]. Bei einem Gemisch von Kupfer- und Eisenniederschlag wirkt Eisenoxyd aktivierend auf den Kupferkatalyt ein, ein für die Technik wieder wichtiges Verhalten, da wir hier vielfach mit der gleichzeitigen Gegenwart der beiden Oxyde zu rechnen haben. Die Kurvenzeichnung zeigt, in welchem Umfange der Faserangriff von der Flottenreaktion abhängt. Es handelt sich um Versuche mit Baumwollgeweben, bei denen die genannten Katalyte in Form ihrer Sulfatlösungen als 5 cm breite Streifen aufgetra-

---

[1] Russina: Die Anwendung der Metalle in der Textilindustrie. Ztschr. f. ges. Textilind. 1931 S. 393.

[2] Kind u. Baur: Katalyseschäden beim Chloren. Textilber. 1931.

gen und durch Nachbehandeln mit Soda als Oxyde niedergeschlagen worden waren. Die angegebenen Mengen Kupfer usw. verrechnen sich

Vorgebleichte Ware mit Metallsalzen imprägniert.

Gebleicht mit 3,80 g Cl/l. Flotte 1:20. Anfangsfestigkeit 28,72 kg = 100%.

Katalyt	5 g/l NaOH		0,5 g/l NaOH		neutral		0,42 g/l HCl		4,2 g/l HCl*	
	kg	%	kg	%	kg	%	kg	%	kg	%
—	26,84	93,6	25,05	87,3	25,34	88,3	23,35	82,4	27,24	95,1
5 mg Cu	26,14	91,1	23,24	81,1	25,40	88,6	21,97	76,5	27,82	97,0
10 mg Cu	26,14	91,1	19,74	68,7	8,50	29,6	8,75	30,5	26,34	91,8
5 mg Fe	25,10	87,4	24,34	84,9	23,40	78,8	23,42	81,5	27,94	97,5
10 mg Fe	27,58	96,3	25,78	89,9	22,58	76,8	19,92	69,4	26,84	93,6
9 mg Fe + 1 mg Cu	23,22	81,0	22,25	77,6	12,10	42,2	8,94	31,1	26,28	91,7
5 mg Fe + 5 mg Cu	26,40	91,9	21,64	75,5	4,93	17,1	—	—	27,40	95,5
1 mg Fe + 9 mg Cu	26,04	91,0	23,40	78,8	17,60	61,4	12,52	43,7	25,82	90,0
45 mg Fe + 5 mg Cu	17,26	60,2	13,64	47,5	9,10	31,7	9,86	34,3	20,46	71,4
30 mg Fe + 20 mg Cu	19,50	68,0	9,54	33,2	—	—	—	—	22,22	77,7
20 mg Fe + 30 mg Cu	24,62	84,8	—	—	—	—	—	—	24,66	86,0
5 mg Fe + 45 mg Cu	11,86	41,3	4,44	15,5	—	—	—	—	23,78	83,0

* Katalyt nach kurzer Zeit gelöst.

auf eine Stoffbreite von 160 cm. Die Bleichdauer wurde jeweilig bis zum gleichen Chlorverbrauch ausgedehnt, sie war naturgemäß bei den

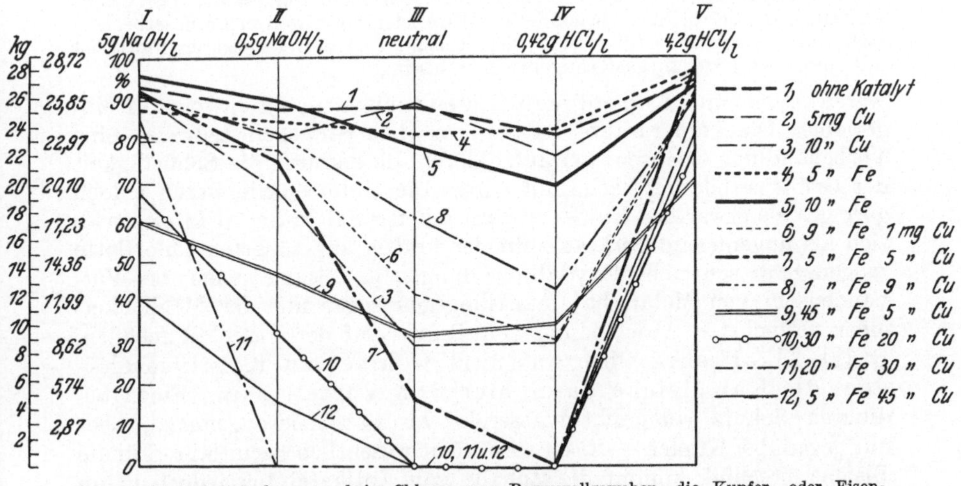

Abb. 12. Festigkeitsänderungen beim Chloren von Baumwollgeweben, die Kupfer- oder Eisenoxyd als Katalyt enthalten.

alkalischen Flotten eine längere. Die durch Reißen von 4 cm breiten Streifen erhaltenen Mittelwerte sind prozentual auf die Anfangsfestigkeit 28,72 kg bezogen.

Die Beeinflußbarkeit des Bleichgutes durch Metall erläuterten weitere Versuche. Zunächst waren Garne auf Kupfer-, Messing- oder Eisenstäbe aufgewickelt worden. Hierbei ergab sich, daß eine weit geringere Schädigung eintritt, wenn das Kupfer gleichzeitig in direkter Berührung mit Eisen stand. Durch Bildung eines kurz geschlossenen elektrischen Elementes, bei welchem sich am Kupfer der Wasserstoff entlädt, wird die katalytische Zersetzung der Chlorlauge hier gehemmt, am Eisen hingegen die Oxydation stark gefördert. Für andere Versuche

Rohnessel mit eingewebten Drähten.

7 Stdn. gebleicht mit 3,55 g/l Cl. Flotte 1:10. Festigkeit in %.

Vorbehandlung	—	mit H₂O 6 Stdn. gebrüht		mit 2 g HCl/l 6 Stdn. gesäuert		mit H₂O 3 Stdn. gebrüht	a) 3 Stdn. H₂O b) 3 Stdn. 3% Na₂CO₃	3 Stdn. H₂O
Reaktion bzw. Zusatz	2g/l Nekal BX	5 g/l NaOH	1,75 g/l HCl	5 g/l NaOH	1,75 g/l HCl	5 g/l Wasserglas	—	5 g/l HCl
Ohne Metall	106,0	90,6	86,0	89,0	95,7	94,0	80,2	104,0
Cu blank	69,1	89,8	20,3	93,5	41,1	92,1	70,6	17,4
Cu geglüht	86,7	83,0	28,0	80,2	43,3	101,0	71,6	18,5
Cu + NH₃×	81,2	83,8	30,1	84,7	45,6	98,7	71,6	18,5
Cu + Essigsäure . .	65,9	85,2	19,9	76,8	34,5	98,7	62,6	14,5
Cu + Mineralöl× . .	63,7	81,9	17,8	81,7	37,9	97,6	59,4	7,6
Cu blank + Olein× .	79,0	88,0	17,8	91,8	44,0	92,5	69,6	14,5
Cu gegl. + Olein× .	100?	85,9	22,5	82,2	55,3	100,0	72,5	14,2
Fe blank	62,7	87,8	—	84,0	4,4	39,4	18,9	—
Chlorverbrauch in % v. Gew. der Ware	2,49	1,70	2,13	0,92	1,12	1,74	a) 2,02 b) 0,23 2,25	2,32

Die angekreuzten Versuche sind zeichnerisch nicht dargestellt. Der Chlorverbrauch bei der nicht vorbehandelten Ware ist größer, weil mehr Faserbegleitstoffe am Rückgang beteiligt sind; der Rückgang in der starksauren Flotte ist mit durch Verluste an gasförmigem Chlor bedingt.

waren Eisen- und Kupferdrähte (Antennenlitze) in Baumwollstoff eingewebt. Die Kupferdrähte hatten vor dem Verweben teilweise eine Vorbehandlung erfahren, um aufzuklären, ob dadurch die Schnelligkeit der Grünspanbildung beeinflußt wird. Die Unterschiede waren jedoch geringer als erwartet. Ein Vorsäuern mit 2 g Salzsäure im Liter erwies sich als ungenügend wirksam. In der kräftig angesäuerten Chlorflotte mögen zwar schwache Oxydabscheidungen in Lösung gehen, bei Vorhandensein von Metall hat man hingegen sogar mit der Möglichkeit einer vermehrten Abscheidung von Beizen auf der Faser zu rechnen. **Stark alkalisches Chloren führt weniger zu Katalyseschäden, die Kaltbleiche kann hier von Vorteil sein.** Einen bedingten Schutz verspricht Wasserglas als Stabilisierungsmittel, aber nur gegenüber Kupfer — Eisen wird nicht wesentlich beeinflußt. Für die Bleichereitechnik kommt die Zugabe von Antikatalyten jedoch kaum in Frage. Wohl ist es bekannt, daß die Lagerbeständigkeit von Chlorlaugen durch Zufügen von etwas Wasserglas zu verbessern ist. Zusätze organischer Art, wie pflanzliche oder tierische Kolloide, bieten ebensowenig Sicherheit. Es mag zwar die erhöhte Viskosität und das Abändern der Reaktion eine gewisse Abschwächung zur Folge haben. E. Ristenpart[1] fand z. B., daß Formaldehyd einen scheinbaren Schutz bietet, jedoch wohl nur durch den Verbrauch an Cl zur Oxydation des

---

[1] Ristenpart: Über die Wirkung von Formaldehyd in der Chlorbleiche. Textilber. 1923 S. 173.

Formaldehyds zu Kohlensäure. Wenn mitunter die erwartete Faseroxydation zufolge Katalyse bei Versuchen ausbleibt, so liegt dies an
irgendwelchen Zufälligkeiten. So könnte ein Überzug von Öl das Metall
inaktivieren oder Schlichtemasse den Zutritt der Bleichflotte verhindern[2].
Eine Oxyzellulosierung macht sich vielleicht auch erst nach einem weiteren Abkochen der Ware geltend, wenn die angegriffene Faser von der
alkalischen Lauge gelöst wird. Bei den verschieden vorbehandelten,
zum Teil direkt unter Zugabe von Nekal zwecks Netzens gechlorten
Versuchsstoffen ist deshalb eine Reihe mit Soda nachgebrüht und ein

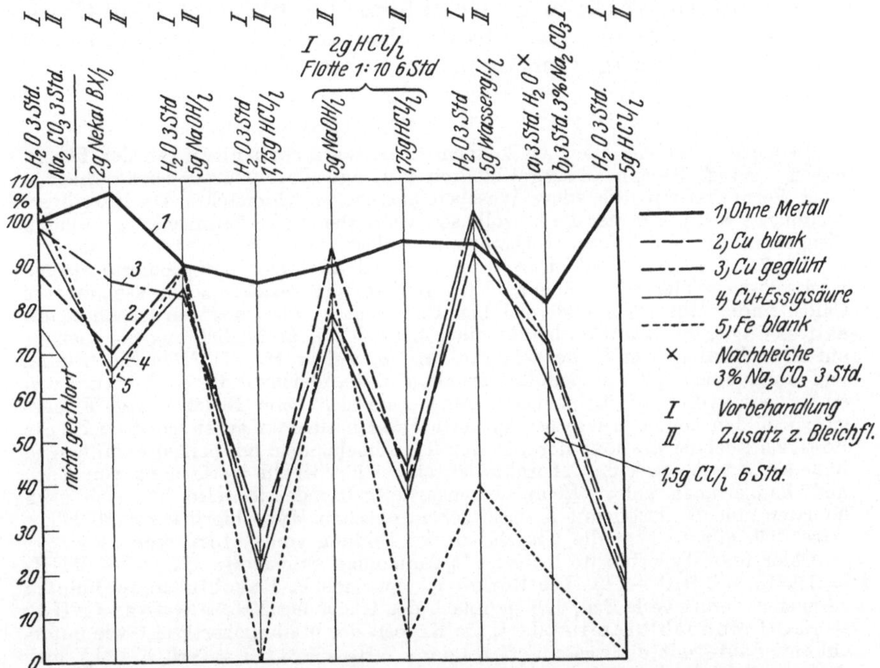

Abb. 13. Festigkeitsänderungen beim Chloren von Baumwollgeweben, in denen Kupfer- oder
Eisendrähte eingewebt waren.

zweites Mal gechlort worden. Das 3 stündige Brühen mit 3 g/l Soda
und das weitere 6stündige Chloren mit 1,5 g/l Cl hatte zwar bei dem
Streifen mit Kupfer noch keine auffallende Festigkeitsverschlechterung
bewirkt, wohl aber den Wert der Ware mit Eisendraht herabgesetzt.
Schärfer alkalische Kochungen werden jedoch sicherlich die durch
Katalyse bereits geschwächten Fasern auffallender beeinflussen. Wegen
des abwechselnden Chlorens und Beuchens hat deshalb der Leinenbleicher vorwiegend mit Katalytschäden zu tun. Eine Aktivierung der
Chlorlaugen durch Katalysatoren ist sogar Inhalt der Patente 498856
und 500201 — I. G. Farbenindustrie AG. (Dr. Wenzl) —. Das Bleichen von Zellstoff soll in Gegenwart von Nickel, Kobalt, Kupfer usw.
in Form von Metall, Oxyden oder Salzen erfolgen. Es bleibt abzuwarten,
ob derartige Verfahren technisch durchführbar sind.

Katalytische Reaktionen sind unter Umständen auch beim Bleichen von Buntgeweben mit Färbungen, die mit Metallsalzen nachbehandelt wurden, zu erwarten; es darf aber die Gefahr nicht überschätzt werden, zumal nicht bei alkalischem Chloren. Wohl sind Schäden bekannt geworden bei nachchromierten Färbungen und Buntgeweben mit Anilinschwarz, und zwar soll nur das dreiwertige Chrom, also Chromoxyd, katalytisch wirksam sein. Um sich über die Bedeutung der Katalyse zu unterrichten, mache man einen Versuch durch Aufstreuen von blanken Eisen- und Kupferfeilspänen auf eine nicht zu starkfädige Gewebeprobe, die nach dem Chloren und Absäuern noch abzukochen ist, da es vielfach erst dann zur Bildung von Löchern kommt.

Chloreiweißverbindungen.

Bedeutung für das Bleichen können die Eiweißverbindungen der Fasern haben. Cross, Bevan, Briggs[1] stellten fest, daß Eiweißkörper leicht Chlor in einer Form fixieren, die allem Waschen hartnäckig widersteht. Da Eiweißverbindungen weniger in der Baumwollfaser, wohl aber in verhältnismäßig größeren Mengen in der Flachsfaser vorkommen, so besitzt dieses Verhalten besondere Wichtigkeit für die Leinenbleiche. Es erklärt sich hierdurch, daß gechlorte Flachsfaser selbst nach langem Spülen noch die Jodkalistärkereaktion zeigt, also „aktives Chlor" finden läßt. Es handelt sich hier aber nicht um absorbiert zurückgehaltenes aktives Chlor, die Reaktion beruht auch nicht — wie anfänglich angenommen — auf einer Bildung von Superoxydzellulose, welche H. Ditz[2] bei Einwirkung von Ammonpersulfat auf Zellulose erhalten hatte, gleichwie K. J. Heinke[3] von einer „peroxydierten" Leinenfaser sprach, die sich beim Bleichen von Flachsgarnen bilden könne. Diese peroxydierte Faser besitze zunächst meist noch gute Festigkeit, bei der „Desoxydierung" durch Nachbehandeln mit heißen Alkalilaugen büße sie jedoch stark ein, charakteristisch sei hierbei die Verfärbung von Garn und Lauge nach gelb. Wenn Leinengarne befremdenderweise oft noch nach Monaten eine Reaktion mit Jodkali geben, obschon Hypochlorit sonst als leicht zersetzlich gilt, so liegt die Ursache an der Bildung von Chloreiweiß.

Chlor und Hypochlorite liefern mit Ammoniak Stickstoff: $3\,NaOCl + 2\,NH_3 = 3\,NaCl + 3\,H_2O + N_2$. Die Reaktion kann nach F. Raschig[4] in verdünnten Lösungen derart verlaufen, daß sich nach der Gleichung $NH_3 + NaOCl = NH_2Cl + NaOH$ Monochloramin bildet, ein Körper, der in ähnlicher Weise wie unterchlorige Säure mit Jodwasserstoff reagiert: $NH_2Cl + 2\,HJ = NH_4Cl + J_2$, also doppelt soviel aktives Chlor anzeigt, wie tatsächlich gebunden ist. In anderer Beziehung sind die Eigenschaften dieses Chloramins von denen der Hypochlorite stark verschieden, namentlich ist die Bleichenergie aufgehoben. Monochloramin, das sich leicht nach der Gleichung: $3\,NH_2Cl = N_2 + NH_3 + 3\,HCl$ zersetzt, bildet bei Einwirkung eines zweiten Moleküls Ammoniak Hydrazin: $NH_2Cl + NH_3 = NH_2 \cdot NH_2HCl$.

Diese Reaktion verläuft bei Zusatz von geringen Mengen Leim, Gelatine usw. mit guter Ausbeute, weil derartige stickstoffhaltige Eiweißverbindungen mit entstehendem Chloramin beständige Zwischenkörper geben.

Die rohe Flachsfaser enthält größere Mengen stickstoffhaltiger Verunreinigungen, Proteinsubstanzen, die durch das Bleichen allmählich entfernt werden, so daß bei völlig gebleichtem $^4/_4$ Weiß kaum Eiweiß mehr vorhanden sein wird. In den niederen Bleichstufen, $^1/_4$ bis $^3/_4$ Bleiche, sind die Proteinstoffe teilweise

[1] Cross, Bevan, Briggs: Journ. Soc. Chem. Ind. 1908 S. 260; Chem.-Ztg. 1908 S. 369 u. 1906 S. 1196.
[2] Ditz: Chem.-Ztg. 1907 S. 833 u. Journ. f. prakt. Ch. 1908.
[3] Heinke: Chem.-Ztg. 1907 S. 974.
[4] Raschig: Chem.-Ztg. 1907 S. 926 u. 1924 S. 254.

vorhanden, es können sich deshalb im Chlorbade auf den Fasern Chloramin-Derivate bilden.

Diese Derivate sind von auffälliger Beständigkeit gegen Waschen, Absäuern, und darauf folgendes Spülen, wie der Chloraminnachweis mit Jodkali bei solchem Bleichgut beweist. Das ausgeschiedene Jod kann zurücktitiert und auf aktives Chlor umgerechnet werden. So fanden Cross, Bevan, Briggs in normalen Handelsproben von gechlortem Leinengarn solch „aktives" Chlor bis zu 0,1%. Die Menge des gebundenen Chlors erwies sich als vom Stickstoffgehalte des Flachses in den verschiedenen Stufen der Reinigung abhängig. Die größte Menge Chlor wurde bei Einwirkung von Chlorgas aufgenommen, das Maximum erscheint in gewissen Fällen unveränderlich. Ein Damaststoff gab a) unbehandelt, b) ein mit Kalk gekochter, gesäuerter und gewaschener Stoff, c) eine weitere mit Natronlauge gekochte, gesäuerte und gewaschene Probe, mit einem Gesamtstickstoffgehalt dieser Muster von a) 0,5%, b) 0,2%, c) 0,05% nach dem Behandeln mit einer 1%igen Bleichlauge, zur anderen Hälfte mit Chlorgas und folgendem sehr guten Auswachen als nicht auswaschbares Chlor, prozentual berechnet:

	a	b	c
Bleichflotte	0,069	0,029	0,007
Chlorgas	0,250	0,066	0,019

Die Proben wurden in $1/10$-n-arsenige Säure eingelegt, um den Überschuß mit Jodlösung zurückzutitrieren.

Von Interesse war die Beobachtung, daß in den gewöhnlichen Chlorreelbädern ein teilweiser Zerfall der Chloramin-Derivate in lösliche, keineswegs unbeständige Körper erfolgt, die sich deshalb in stehenden Bädern anreichern können. Diesem Anreicherungsvermögen entgegengesetzt ist die Neigung, aus der Lösung auszuziehen und sich auf frisch eingebrachte Fasern gleich Farbstoffen und Beizen niederzuschlagen. Reine Baumwollzellulose in solch alter Reelflotte einige Stunden behandelt, zeigte nach ausgiebigem Waschen noch die Reaktion der Chloramin-Derivate, enthielt somit anscheinend aktives, nicht auswachbares Chlor.

Die Bestimmung des Gehaltes an Chloramin neben aktivem Chlor in gebrauchten Bleichflotten gründet sich auf das ungleiche Verhalten gegenüber Wasserstoffsuperoxyd: Chloramin ist beständig, unterchlorigsaures Salz wird durch Wasserstoffsuperoxyd zersetzt. Man gibt zu der zu untersuchenden Flüssigkeit einen geringen Überschuß von Wasserstoffsuperoxyd, säuert an und fügt zur Entfernung des Überschusses bis zur schwachen Rosafärbung vorsichtig Kaliumpermanganat zu. Wird hernach mit Jodkalium versetzt, so tritt etwa vorhandenes Chloramin in Reaktion und das ausgeschiedene Jod kann mit Thiosulfat zurücktitriert werden. Die durch die Gegenwart anderer Oxydationsmittel bedingten Fehlerquellen sind zu berücksichtigen.

Die Chloraminreaktion gestattet eine gewisse Prüfung von Bleichmustern auf restlichen Gehalt an Eiweiß, die Intensität der nach stark saurem Chloren mit folgendem Auswässern erhaltenen Jodkaliumstärkefärbung oder die Titration läßt in etwa auf den Reinigungsgrad schließen, aber die Reaktion verläuft nicht quantitativ genug, um positive Zahlen für den Bleichgrad zu geben.

Die Frage, ob das „aktive" Chlor des Chloramins genügend stark ist, um Zellulose in Oxyzellulose zu verwandeln, wurde von Cross, Bevan, Briggs unentschieden gelassen. Sie wiesen aber auf die Gefahr hin, welche ein Gehalt von Chloramin in sich schließt, nämlich die gleichzeitige Gegenwart von freier Säure, denn der allmählich eintretende Zerfall des Chloramins ist von der Bildung freier Salzsäure begleitet. Arbeiten die Bleichereien mit sehr weichem Wasser, so genügen die von den fertiggestellten Garnen zurückgehaltenen Kalk- und Magnesiabasen vielleicht nicht, um diese Säure zu neutralisieren. Fast alle Garne, welche die Reaktion des aktiven Chlors geben, zeigten bei der Prüfung mit Methylorange freie Säure. Da nun selbst Spuren von freier Mineralsäure die Festigkeit der Fasern schädigen können, so wäre die Gefahr eines Chloramingehaltes erklärlich.

Auf Grund dieser Untersuchungen gaben die englischen Forscher ihren 1908 in der Zeitschr. f. angew. Ch. veröffentlichten Beobachtungen eine andere Deutung[1].

---

[1] Vgl. Chem.-Ztg. 1906 S. 1196.

Zwei Fälle betrafen beschädigte Leinendamaste. Die zum Weben verwendeten Garne waren mit Chlorkalk gecremt und das Bleichmittel nur ausgewaschen, das Garn also nicht mit Antichlor behandelt worden. Anscheinend war aktives Chlor zurückgeblieben. Die schädigende Wirkung wurde jedoch erst bemerkbar, als das Tuch beim weiteren Bleichen einen fortschreitenden Verlust erfuhr. — In einem dritten Falle handelte es sich um die Gegenwart freier Säure und das Eintreten der Jodkaliumstärkereaktion in einem gebleichten Baumwollgewebe, das beim Erhitzen zerfiel. Durch Waschen mit destilliertem Wasser ließ sich die Jodkalireaktion nicht zum Verschwinden bringen, es konnte sich also nicht um aktives, auswaschbares Chlor handeln, weshalb zuerst die Bildung von Zelluloseperoxyd mit „aktivem Sauerstoff" angenommen worden war. Mit reiner Baumwollzellulose und Hypochloriten angestellte Kleinversuche zur Wiederholung dieser auffälligen Erscheinungen hatten kein Ergebnis. Es kam demnach eine Chloramineinwirkung in Frage, zumal der fragliche Baumwollstoff in einer Flotte gebleicht worden war, die vorher zum Chloren von Flachs gedient hatte. Die Baumwolle hätte demnach aus der Flotte die (kolloidal) gelösten Chloraminderivate der Flachsproteine aufnehmen können?

Die Frage, welche Bedeutung restliches Chlor für das Bleichgut hat, ist mehrfach bearbeitet worden, um über die Gründe eines nachträglichen Vermorschens von Bleichware Gewißheit zu erhalten, denn jene Erklärungen von Cross, Bevan, Briggs fanden keine ungeteilte Zustimmung. So verneinte Higgins in seinem Buche „Bleaching", Manchester 1919, unter Angabe verschiedener Veröffentlichungen eine Gefährdung des Bleichgutes zufolge Abspaltung von Salzsäure, zumal die restlichen Eiweißverbindungen nach vorangegangenem alkalischen Beuchen sehr gering seien. So habe Crowther z. B. gechlorte und ausgewässerte Baumwolle nach Aufbringen von säureempfindlichem Ultramarin 4 Stunden in einem Tockenkasten erhitzt, ohne eine Veränderung der Bläue zu finden, so daß ein Abspalten von freier Salzsäure nicht eingetreten sei. Über den Chemismus der Chloraminbildung hat M. Münch eine umfangreiche Arbeit veröffentlicht, den mutmaßlichen Eiweißabbau im Bleichprozeß erörtert, wie ebenfalls J. Auerbach[1] hierzu Stellung nahm. „Das Hypochlorit wirkt auf die Eiweißkörper der Pflanzenfasern beim Bleichen oxydativ und chlorierend ein. In ersterem Falle entstehen unter Abspaltung von Ammoniak und gleichzeitiger geringer Oxydation die entsprechenden Ketonsäuren, im zweiten Falle Chloraminverbindungen. Das bei oxydativem Abbau eines Aminokörpers zur Ketonsäure freiwerdende Ammoniak tritt mit dem Hypochlorit unter Bildung von Monochloramin in Reaktion. Durch weitere Chlorierung entsteht gegebenenfalls Di- und Trichloramin. Unter geeigneten Umständen können diese beim Zerfall freie Salzsäure liefern, welche die Fasersubstanz gefährden."

Nachdem E. Ristenpart[2] fand, daß Ammoniakzugabe zu Hypochloritlaugen zu einer Zerstörung des Bleichgutes führen kann und somit eine Verwendung als Antichlor unstatthaft wäre, wurden auch entsprechende Schädigungen durch Chloramineiweiß befürchtet. Wie aber H. Bauch[3] festgestellt hat, sind die von Baumwolle oder Leinen nach dem Chloren zurückgehaltenen Cl-Reste sehr gering. So ließ ein nur mit Wasser vorgekochtes Leinengarn nach dem Chloren mit neutralisierter Lauge nach verschieden langem Auswässern folgende Zahlen ermitteln: 10 Minuten 0,055, 1 Stunde 0,025, 12 Stunden 0,014%. Bei Verwendung von alkalisierten Laugen war der Cl-Gehalt noch geringer (Kaltbleiche!), saure Bleichflotten lieferten etwas höhere Werte. Ein Baumwollnessel gab nach dem Wässern 0,008% Cl, bei alkalischer Bleiche noch viel weniger. Der maximale Wert war bei einem Garn 0,010%. Festigkeitsprüfungen von chloraminhaltigen Textilien sprachen auch nach längerer Lagerzeit nicht eindeutig für eine Beeinflussung. Auch

---

[1] Münch: Zur Kenntnis der Hypochloritbleiche. Textilber. 1928 S. 487 u. 768. Der heutige Stand der Chloraminfrage. Zeitschr. f. ges. Textilind. 1929, S. 372. Auerbach: Zur Kenntnis der Hypochloritbleiche. Textilber. 1928 S. 769.

[2] Ristenpart: Chloramin in der Hypochloritbleiche. Leipzig. Mschr. Text.-Ind. 1928 S. 481.

[3] Bauch: Die Bedeutung der Chloraminbildung beim Bleichen. Leipzig. Mschr. Textil-Ind. 1928 S. 484.

neueren Untersuchungen von M. Tschilikin[1] zufolge gehen beim Beuchen die stickstoffhaltigen Faserbegleitstoffe zum allergrößten Teile in die Alkaliflotten über, bei höherer Temperatur tritt eine Abspaltung von Ammoniak ein. Zeigte z. B. rohe ägyptische Baumwolle 0,2687% N, so war der Gehalt nach dem Kochen mit Ätznatron bei 135° C auf 0,0590 gefallen. Rohleinen mit dem Anfangswert 0,5233% hatte nach dem Kochen (135° C mit NaOH!) noch 0,0522 und nach dem Chloren noch 0,02715% N aufzuweisen. Daß geschlichtete Ware erheblichere Mengen von Aktivchlor zurückhält, ist auch nicht anzunehmen. Es darf aus der beim Untersuchen einer Probe gefundenen Chloridmenge nicht auf Aktivchlor geschlossen werden, da Chloride als Beschwerungsmittel vorhanden sein können[2]. Wie die Versuche von E. Baur[3] zeigten, fällt es äußerst schwer beim Arbeiten mit destilliertem Wasser die Fasern nach dem Absäuern chemikalienfrei auszuwässern. Selbst nach vielstündigem Wässern weist die Faser noch saure Reaktion auf. Spuren von Säure, selbst von Essigsäure, scheinen bei Gegenwart von Aktivchlor bzw. von Chloramin bei heißem Trocknen Faserschwächungen auslösen zu können. So hatten mit Essigsäure bzw. Schwefelsäure nach dem Chloren behandelte Garne trotz 15 stündigem Wässerns mit Kondenswasser unter siebenmaligem Wechseln nach 24 stündigem Erhitzen bei 90° C Rückgänge auf 54,5 bzw. 22,4% erfahren, während bei Einlegen in Leitungswasser von 12° Härte als Zahlen 90,4 und 94,6% anfielen. Nicht vorher gechlorte Garne, aber in gleicher Weise gesäuerte Proben zeigten keine Verluste. Ein Entchloren mit Bisulfit usw. erscheint meist schon deshalb angebracht, um der Ware den Bleichgeruch zu nehmen. Eine Wiederholung solcher Versuche mit Flachsgarnen bestätigte diese Beobachtungen. Vgl. S. 251.

Es ist weniger von Chloramin als solchem eine Fasergefährdung zu befürchten als von gleichzeitig vorhandenen Säureresten! Die Verwendung von Wasser mit Karbonathärte bedeutet einen gewissen Schutz, die gefährlichen Reste der Mineralsäure werden neutralisiert.

Entchloren.

Die Kenntnis des Verhaltens von Monochloramin lehrt die für das Entchloren wichtigen Reaktionen besser verstehen. Da auch in Leinen beim Kochen mit Wasser, bei längerem Erhitzen im Trockenschrank, gleich wie beim Behandeln mit Natriumthiosulfat oder schwefliger Säure in der Kälte „aktives Chlor" verschwindet, so erleiden also die Chloraminverbindungen hierbei eine Zersetzung, das Entchloren mit schwefliger Säure ist durch die Gleichung ausdrückbar:

$$2\,NH_2Cl + 2\,H_2SO_3 + 2\,H_2O = (NH_4)_2SO_4 + H_2SO + 2\,HCl.$$

Das abweichende Verhalten des Monochloramins gegenüber Aktivchlor läßt weiter ein anderes in der Praxis mitunter zur Anwendung gekommenes Verfahren, nämlich das Bleichgut mit Ammoniak nachzubehandeln, erörtern. Monochloramin liefert mit Alkali, je konzentrierter, desto schneller, fast quantitativ Ammoniak und Stickstoff: $3\,NH_2Cl + 3\,KOH = NH_3 + 3\,KCl + 3\,H_2O$. Wie schon ausgeführt, können Chloramin und Ammoniak insbesondere unter Bildung von Hydrazin reagieren. Jedenfalls vermag die alkalische Ammoniakflüssigkeit sowohl das wirksame Chlor der unterchlorigen Säure wie auch das „Eiweißchlor" zu zersetzen, während Ätzalkalilauge und starke Sodalösungen nur die Zersetzung des Eiweißchlors beschleunigen, ohne aber gleich-

---

[1] Tschilikin: Stickstoff in Baumwolle und Leinen. Textilber. 1929 S. 883.

[2] Durst: Chlorrückstände in Baumwollgeweben. Leipzig. Mschr. Textil-Ind. 1929 S. 264.

[3] Baur: Die Bedeutung der Chloramine für den Bleicher. Textilber. 1930 S. 376.

zeitig auf die Hypochloritverbindungen einzuwirken. Beim Entchloren von Bleichware ist demnach zu unterscheiden a) die Zersetzung von „aktivem Chlor der unterchlorigen Säure" und b) die Zersetzung von „aktivem Chlor der Eiweißverbindungen". Die als Antichlor Verwendung findenden Chemikalien können sowohl auf das Chlor a und b gleichzeitig einwirken — schweflige Säure, Thiosulfat, Hydrosulfit, Ammoniak — oder aber nur auf a) Wasserstoffsuperoxyd — oder nur auf b) Ätznatron, Ätzkali, Soda. Der Bleicher verwendet wohl meist die schweflige Säure, seltener Thiosulfat. Ammoniak ist zwar als Antichlor wirksam, aber bei nicht gut durchgebleichter Ware wäre damit zu rechnen, daß die Eigenschaft alkalischer Flüssigkeiten, solche Zellulose im Ton zu drücken, sich ungünstig bemerkbar macht.

Romen schrieb 1885 in seinem Handbuche „Bleicherei, Färberei und Appretur", daß das von Kolb in den Berichten der Mülhausener Gesellschaft 1868 als Ersatz für salpetrigsaures und schwefligsaures Natron vorgeschlagene Ätzammoniak vorzügliche Dienste leiste, da es sowohl die vom Säurebade herrührende freie Säure neutralisiere als auch bei großer Billigkeit entchlorend wirke. Zudem neige das Weiß einer mit Ammoniak entchlorten Ware weniger zum Vergilben als bei Nachbehandlung mit Bisulfit, angeblich wegen der Entfernung jeder Spur von freier Säure, da diese viel zum Gelbwerden der Flotte beitragen könne (?). Durch eine geringe Menge Ammoniak — auf 600—1000 l Wasser 2—3—4 l Ammoniak — werde nicht zuletzt der unerwünschte Bleichgeruch völlig beseitigt. Nach dem Passieren des lauwarmen Ammoniakbades soll im frischen Wasser gespült werden.

Wie E. Ristenpart ausführte, kann die Zugabe von Ammoniak bzw. Ammonsalz verheerend auf das Bleichgut einwirken. Die Festigkeit sinke gegebenenfalls auf einen Bruchteil. Nach den Versuchen von E. Baur bleiben jedoch die Schädigungen in mäßigen Grenzen bei einem Arbeiten bis zu einem Verhältnis von 0,05 Mol Ammoniak auf 1 Mol Hypochlorit. Dies entspricht einem Zusatz von 3,4 g Ammoniak 25% auf 1 Liter Chlorlauge mit 3,5 g/l Cl. Für die Praxis kommen ja höhere Konzentrationen kaum in Frage, immerhin hat der Bleicher zu vermeiden, konzentriertes Ammoniak zu einer noch stark Cl-haltigen Bleichware zu geben. Chloramin als solches scheint unter gewissen Bedingungen bei heißem Trocknen nicht ungefährlich zu sein, wohl zufolge Abspaltens von Salzsäure, falls ein Abfangen der Säure durch Kalkabscheidungen auf der Faser nicht möglich war. Wenn Bleichware eine saure Reaktion zeigt, so fragt es sich jedoch zumeist, ob es sich nicht um Reste der zum Absäuern verwendeten Schwefelsäure usw. handelt. Zudem wolle man bedenken, daß Oxyzellulose ihrerseits schwach sauer reagiert. Um zu wissen, ob eine gefährliche Säure vorliegt, wäre eine Probe einige Stunden auf 100—105° C zu erhitzen und nach genügend langer Zwischenzeit die Festigkeit zu überprüfen.

Wasserstoffsuperoxyd wurde als Antichlor zuerst 1885 von Lunge vorgeschlagen, DRP. 34436, da dasselbe gleichzeitig noch bleichend wirke und im Überschuß nicht schade. Später — 1910 — machte G. Ullmann in Österreichs Wollen- und Leinenindustrie auf die Vorzüge aufmerksam, welche sich beim Entfernen der Reste von Chlor in der Apparatebleicherei ergeben. An Stelle von Wasserstoffsuperoxyd wären auch Persalze zu nehmen. Zu beachten bleibt, daß Chloreiweißverbindungen in der Kälte nicht zersetzt werden, wohl in der Wärme, weil alsdann die Alkaliwirkung noch hinzu kommt. Die Eigenschaft als Antichlor wirksam zu sein, wird bei Verwendung von Peroxydflotten in der Chlor-Sauerstoffbleiche als Vorteil zu gelten haben. (Eine Probe alter Chlorflotte vom Reelbad verliert bei Zugabe eines Überschusses von Thiosulfat den typischen Geruch, während die Zugabe von Wasserstoffsuperoxyd denselben nicht zum Verschwinden bringt.)

Hydrosulfit und Blankit wurden gleichfalls als Antichlor empfohlen, da gleichzeitig eine weitere Aufhellung eintrete. Die Kosten lohnen sich jedoch nicht

recht, da der Bleichgrad nicht wesentlich verbessert wird. Als gebräuchlichstes
Antichlor ist Bisulfit anzusprechen, die angesäuerte Lösung dient gleichzeitig zum
Entfernen von Rostflecken und Kalkabscheidungen.

Erwähnt sei, daß der Bleichgeruch, den der Leinenbleicher zufolge Entweichens von Chloramin?, besonders beim ersten Chloren des Leinengarnes bemerkt,
auch nach einem Hantieren in Chlorlaugen auffällt, die entstandenen Chloreiweißverbindungen sind durch Waschen mit Wasser kaum von den Händen wieder zu
entfernen.

Bei der Betriebskontrolle hat man sich daran zu erinnern, daß auch H_2O_2
Jodkaliumstärke bläuen kann!

Einfluß der Chlorkonzentration.

Chlorverbrauch.

Dem Zustande des Bleichgutes, d. h. dem größeren oder geringeren
Gehalte an Verunreinigungen, ist die zu wählende Chlorkonzentration
oder vielmehr die Gesamtmenge des Bleichmittels in der Flotte anzupassen, denn es kommt nicht nur auf deren Konzentration an, sondern
auch die Flottenlänge ist zu berücksichtigen. Ein Verbrennen, d. h.
eine Oxyzellulosierung, erscheint selbst in verhältnismäßig schwachen,
dafür aber sehr langen Flotten bei ausgedehnter Bleichdauer möglich[1],
wenn keine oxydabelen Fremdstoffe die Wirkung ablenken.

Andererseits kann eine stark konzentrierte Bleichflüssigkeit bei entsprechend
kurzer Flotte in Betracht kommen. So wollen Chem. Fabrik Griesheim,
Schwalbe und Wenzl eine Schnellbleiche pflanzlicher, unverarbeiteter und verarbeiteter Fasern durchführen, indem sie das Gut mit einer Bleichflüssigkeit
tränken, das im Liter wenigstens 2 g Aktivsauerstoff — in Form von Chlor oder
Superoxyd, 10 g Cl bei Verwendung von Chlorkalk — enthält, um das Gut so weit
abzupressen, daß die restliche Flüssigkeit zur Durchführung des Bleichens genügt.
Die Bleichwirkung kann durch Ansäuern des Gutes und Einblasen von Kohlensäure
gesteigert werden. DRP. 420684. — Es dürfte das Verfahren mehr dür das Bleichen
von Zellstoff in Betracht kommen.

Wird der Gesamtgehalt an Oxydationsmitteln über das Chlor-
bedürfnis gesteigert — höhere Konzentration oder längere Flotte —, so
werden die Bäder zwar nicht erschöpft, aber die Gefahr der Oxyzellulosierung nimmt zu. Es ist verfehlt die Gesamtmenge Chlor über ein
gewisses Verhältnis zum Bleichgute zu bringen, wennschon mit einem
gewissen Überschuß zu arbeiten ist, um die Fertigstellung nicht zu verzögern. Der Chlorverbrauch erreicht beim Bleichen schnell einen gewissen, der Oxydierbarkeit der leichter zerstörbaren Substanzen entsprechenden Wert und nimmt dann nur noch langsam zu, weil die
schwerer oxydabelen Körper, zu denen die Zellulose gehört, das Angriffsobjekt bilden, ohne daß sich dabei das Weiß noch erheblich verbessert.
Je stärker die Anfangskonzentration ist, um so rascher fallen die Verunreinigungen der Oxydation anheim und um so kürzer muß in Rücksicht auf die Faserforschung die Bleichzeit sein. Ganz getrennt verlaufen
allerdings diese Vorgänge nicht, es hat mangels genügender Diffusionsgeschwindigkeit immerhin schon ein gewisser Angriff statt, wenn auch
noch oxydabele Verunreinigungen vorhanden sind; für die Chlorkonzentration gibt es ein von dem jeweiligen Bleichgut und Bleichverfahren

---

[1] Kind: Die Ausführung von Bleichversuchen. Textilber. 1924 S. 117.

abhängiges Optimum. Nachstehende beim Reelen von Leinengarn gefundene Zahlen mögen das Gesagte verständlich machen.

Gleiches graues Garn (je etwa 500 kg) wurde a) gereelt in einer Chlorkalklösung 4,44/1000 und eine zweite Partie b) in einer Lauge 6,24/1000:

	I 4,44 g	II. 6,24 g
nach 20 Minuten	1,68	2,28
„ 40 „	1,20	1,72 fertig
„ 60 „	1,00 fertig	

Garn II zeigte bereits nach 40 Minuten den gewünschten Grad von Weiß, es war sogar ein wenig besser, allerdings bei größerem Chlorverbrauch. Anscheinend kamen stärkere Verluste durch Nebenreaktionen in Betracht, da ein äußerst intensiver Bleichgeruch auftrat. Beim Reelen von bereits vorgebleichten Garnen, die also nur noch Reste von leicht oxydierbaren Fremdstoffen enthalten, mit etwas schwächeren Lösungen war der Chlorrückgang ein viel geringerer. Es ergaben sich z. B. bei einer halbweiß vorgebleichten Partie folgende Zahlen:

$$\text{Anfängliche Konzentration} \quad \ldots \quad 3{,}50 \text{ g Cl}/_{1000}$$
$$\text{Nach 15 Minuten} \quad \ldots \ldots \quad 3{,}02 \text{ g Cl}/_{1000}$$

Da der Bleichgrad schon nach 15 Minuten genügte, mußte der Versuch beendet werden, der geringere Rückgang ist augenscheinlich.

Die Chlorausnutzung geht selten bis zur Erschöpfung des Bades. Es bleibt sogar bei ausgedehnter Bleichzeit eine gewisse Menge wirksamen Chlors in der Flotte und in der Ware zurück, weshalb letztere abgesäuert wird, um aus dem Hypochlorit die leichter zersetzliche unterchlorige Säure freizumachen, oder weshalb ein Antichlorieren folgt. Angesäuerte oder angewärmte Lösungen ziehen besser aus als alkalische und kalte Flotten, können somit gefährlicher für die Fasern werden. Es wäre richtig, nicht nur die Anfangskonzentration und den Endgehalt zu überwachen, sondern während des Bleichens den Rückgang zu verfolgen.

Ebert und Nußbaum erklären auf Grund ihrer Versuche, daß die Konzentration für den gesamten Bleichvorgang ohne Einfluß ist, wenn der Ausgleich der Konzentration infolge der Diffusion, im Verhältnis zu dem Verbrauch an Hypochlorit genügend rasch erfolgt. Denn die Diffusionsgeschwindigkeit ist dem Konzentrationsgefälle proportional, die Bleichgeschwindigkeit ist von der Hypochloritkonzentration fast unabhängig und wird außer durch dieTemperatur hauptsächlich durch die Azidität bestimmt. Fehlt es an Hypochlorit, so ist die Bleichgeschwindigkeit durch die dann langsamer erfolgende Diffusion bestimmt. Die zu wählende Hypochloritkonzentration wird von der Beschaffenheit und Dicke der Faser abhängig sein und dann von der Geschwindigkeit des Verbrauches an Bleichmitteln durch die zu bleichenden Verunreinigungen der Faser, also von der Bleichgeschwindigkeit selbst.

Gegensätzlich zu der üblichen Arbeitsweise, mit stärkeren Lösungen vorzubleichen und zum Nachbleichen schwächere Flotten zu nehmen, wollte J. Korselt, Zittau — DRP. 287 240 — Baumwolle und andere Pflanzenfasern mit Hypochloritlösungen von im Verlaufe des Bleichprozesses stetig ansteigenden Konzentrationen behandeln. Hierdurch werde ein gleichmäßiges Durchdringen des Bleichgutes erzielt, so daß sich ein Beuchen erübrige. Solche „Kaltbleiche“, welche die Faserfestigkeit schonen, die Spinnfähigkeit loser Baumwolle erhalten und einen nur geringen Gewichtsverlust geben soll, muß wegen zu befürchtender Überoxydation als nicht durchführbar gelten.

Grenzwerte für die Konzentration der Chlorflotten, welche nicht überschritten werden sollten, um ein „Verbrennen“ der Faser zu vermeiden, lassen sich nicht aufstellen (vgl. Oxyzellulose). Die Festigkeitsbeeinflussung der Textilien bei vorsichtigem, sachgemäßem Chloren ist übrigens nicht so groß wie vielfach angenommen wird, an sich braucht es gar nicht zu einer Schädigung zu kommen. Bei Reißversuchen verschleiert oft eine physikalisch-mechanische Beeinflussung der Gespinste die etwa durch Bleichchemikalien bedingte Veränderung der Faserbeschaffenheit. P. Heermann und H. Frederking[1] fanden z. B. für ein 50 mal in 15 facher Flottenmenge 0,5/$_{1000}$ je eine Viertelstunde gechlortes Baumwollgewebe eine Abnahme um 9%. Ein schnelles, kurzes Bleichen in einer bleichenergischen Flotte — abhängig von Konzentration, Reaktion, Temperatur — wird oft vorteilhafter sein als ein Arbeiten mit Laugen, welche ihre Bleichkraft sehr langsam entfalten. Es darf die Bleichgeschwindigkeit andererseits nicht so groß werden, daß mangels genügender Zirkulation oder nicht genügend raschen Konzentrationsausgleiches zufolge Diffusion eine ungleiche Einwirkung stattfindet. Eine stärker angewärmte oder saure Bleichflotte führt selbst bei Verwendung sehr schwacher Lösungen wegen ihrer größeren Bleichenergie leichter zu örtlichen Faseroxydationen. An den äußeren Teilen der Partien oder auch der einzelnen Fäden setzt eine lebhafte Oxydation ein, während in das Innere zu wenig Hypochlorit gelangt, weil der Diffusionsausgleich zu langsam verläuft. Der Kern ist schießlich noch nicht gebleicht, die Außenteile hingegen schon verbrannt. Ebenso wie das Durchbeuchen großer Fasermassen bereitet ein schnelles und gleichmäßiges Durchbleichen von größeren ruhenden Bleichposten Schwierigkeiten. Ihnen sucht die Technik durch Verwendung von Apparaten mit besonders guter Zirkulation, Arbeiten mit gut netzenden Flotten abzuhelfen.

Als besondere Hilfseinrichtung ist hier der Bleichosmotor von A. Stahl, Aue, DRP. 418 620 Kieser, zu nennen. Unter Benutzung eines drehbaren T-förmigen, durchlöcherten Rohres, neuerdings vergummiert und auf Lager aus V 4 a-Stahl laufend, wird nach Art eines Segnerschen Wasserrades die aus dem Vorratsbassin gepumpte Flüssigkeit in starkem Strahl über das in einem runden Bleichfaß eingepackte Gut gesprüht. Die Lösung sickert durch das Gut nach unten in den Vorratsbehälter und wird solange zurückgepumpt, gerieselt, bis die Ware durchgebleicht ist. Während sich beim üblichen Bleichen der in der Chlorflotte liegenden Ware, von Kreuzspulen usw., trotz Zirkulierens und Aufpumpens der Flüssigkeit leicht Kanäle bilden und die Lauge nicht gleichmäßig in das Innere der Spulen usw. eindringt, kann solches Berieseln eines nicht von der Flotte bedeckten Bleichpostens den Erfolg verbessern, da angeblich Kapillarkräfte — Osmose — wirksam werden, was manchen Betrieben ein Abkürzen der Bleichzeit, ein Herabsetzen der Flottenstärken gestattete. Wie weit dies möglich, muß von der jeweiligen Arbeitstechnik und Einrichtung abhängen, eine dichte Ware bleicht an sich schwieriger durch. Der Osmotor kann anschließend zum Wässern, Säuern und auch gegebenenfalls zum Laugen und Bläuen dienen. Auch Sporkert, Wuppertal, verwendet einen Sprengler. Eine ähnliche Einwirkung strebt die Maschinenfabrik Krantz, Aachen, in ihrer Bleichkufe an, indem sie die Chlorflotte auf einen Siebboden über dem Bleichgut pumpen läßt, damit sie durch die feinen Öffnungen als Platzregen auf die Ware falle. Das Besondere des Verfahrens Stahl-Kieser ist die angestrebte kapillare Sättigung der Fasern, indem nur soviel rieselnde Bleichflotte oben zugeführt wird als dem Verbrauch durch Abtropfen im unteren Teil des Bleichgutes entspricht. Von einem Arbeiten mit stark strömender Flotte wird die Bildung von bevorzugten Flüssigkeitswegen erwartet, während an fester gepackten Stellen zufolge höheren Widerstandes kein Durchbleichen

---

[1] Die Dauerbleiche. Textilber. 1921 S. 249.

statthat. Die Bewegung der Flüssigkeit sollte nicht schneller sein als die kapillare, osmotische Aufnahmegeschwindigkeit durch das Textilgut.

Das ökonomische Arbeiten verlangt neben der schnellen Fertigstellung einen möglichst geringen Chlorverbrauch. Bei sehr schwachen, dafür sehr langen Chlorflotten wird die Chlorausnutzung wenig günstig, denn der Bleichprozeß führt nicht zur völligen Erschöpfung der Bäder, hingegen ist bei längerer Bleichzeit mit entsprechendem Chlorverbrauch auf ein besseres Durchbleichen zu rechnen. Der Chlorverbrauch hängt stark von der Vorbehandlung ab, je besser die Fasern vorgebleicht sind, desto weniger Oxydationsmittel wird benötigt. Da ein scharfes Vorkochen mit einem größeren Gewichtsverlust verbunden ist, erlangte die sogenannte Kaltbleiche vielfach trotz größeren Chlorbedarfs den Vorzug.

Über den Chlorverbrauch geben folgende Beispiele aus der Praxis Aufschluß[1]:

Klapotbleiche:

Warenmenge: 1000 kg Gewebe 16/16, 20/20.

Vorbehandlung: Entschlichtet mit Diastafor, gebeucht mit 5% Ätznatron 9 Stunden bei $2^1/_2$ at.

Chlorkonzentration und Flottenlänge: 4 g wirks. Chlor im Liter. Flottenlänge: 1:1,65.

Einwirkungszeit: Nach dem Passieren der Chlormaschine blieb die Ware 5 Stunden an der Luft liegen.

Temperatur etwa 15—20° C.

Chlorverbrauch 0,45—0,6%.

Bleiche im Bottich unter Zirkulation:

Warenmenge: 2800 kg Gewebe 16/16,, 20/20.

Vorbehandlung: Entschlichtet mit Diastafor, zweimal gebeucht mit 5% und 3% Ätznatron, 6 und 4 Stunden bei $2^1/_2$—3 at.

Chlorkonzentration und Flottenlänge: 2 g wirks. Chlor im Liter. Flottenlänge 1 : 4,8.

Temperatur etwa 15—20° C.

Chlorverbrauch 0,21%.

Einwirkungsdauer 4 Stunden.

Warpsbleiche unter Zirkulation.

Warenmenge 1500 kg.

Vorbehandlung: Kochung mit $2^1/_2$% Ätznatron, 6 Stunden, ohne Druck.

Chlorkonzentration und Flottenlänge: 2,8 g wirks. Chlor im Liter. Flottenlänge 1 : 4.

Temperatur 15—20° C.

Chlorverbrauch 0,32%.

Einwirkungsdauer 4 Stunden.

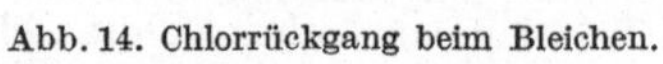

Abb. 14. Chlorrückgang beim Bleichen.

Kreuzspulenbleiche unter Zirkulation.

Warenmenge 265 kg.

Vorbehandlung: Kochung mit 3% Ätznatron und 1% Soda 4 Stunden ohne Druck.

Chlorkonzentration und Flottenlänge: 2 g wirks. Chlor im Liter. Flottenlänge 1 : 4.

---

[1] Kind u. Korte: Über den Chlorverbrauch beim Bleichen. Textilber. 1926.

Temperatur 25° C.
Chlorverbrauch 0,5%.
Einwirkungsdauer 2 Stunden.

Kettenbaumbleiche.

Warenmenge 200 kg.
Vorbehandlung: Kochung mit 5% Soda, 4 Stunden.
Chlorkonzentration und Flottenlänge: 3,5 g wirks. Chlor im Liter. Flottenlänge 1 : 7,5.
Temperatur 15—20° C.
Chlorverbrauch 0,75%.
Einwirkungsdauer 2 Stunden.

Kettenbaumkaltbleiche.

Warenmenge 212 kg.
Vorbehandlung keine.
Chlorkonzentration und Flottenlänge: 3 g wirks. Chlor im Liter. Flottenlänge 1 : 7.
Temperatur 30° C.
Chlorverbrauch 1,63%.
Einwirkungsdauer $1^1/_4$ Stunde.

Den Chlorrückgang beim Bleichen von Leinengarnen im Apparat veranschaulicht die Kurvenzeichnung. Z. bedeutet das Einsetzen der Flottenzirkulation, die Analysen erfolgten in Abständen von je 10 Minuten.

Rasenbleiche und Ozonbleiche.

Das älteste Bleichverfahren, die Ware auf den Plan auszulegen, wird heute nur noch in der Leinenbleiche in gewissem Umfange angewendet. Die reine, ein monatelanges Auslegen erfordernde Rasenbleiche mit eingeschaltetem wiederholtem Abbrühen kommt nicht mehr in Betracht, da zu lange dauernd und zuviel Wiesenfläche beanspruchend. Wie es aber schwer hielt, auf dem Bleichplan ein Hochweiß zu erreichen, so hält es schwer, durch rein „chemische" Chlorbleiche von Leinen ein schönes klares Weiß zu erzielen. Die Bleicher fanden es daher zweckmäßig, in dem aus einem abwechselnden Kochen und Behandeln mit Chlorlauge bestehenden Bleichgang nach Erreichen eines Halbweiß noch die eine und andere Rasenbleiche beizubehalten. Die Rasenbleiche verschwindet jedoch aus den Betrieben. Es ist das Bestreben der Technik, das zu viele Handarbeit bedingende Auslegen durch chemische Behandlungen ohne Umpacken des Bleichgutes zu ersetzen, weil durch das Hantieren die Gespinste leicht rauher werden. Zudem ist es erwünscht, unabhängig vom Wetter zu sein und die Ware schneller zurückliefern zu können. Denn die bleichende Kraft der „Sonne" ist in den einzelnen Jahreszeiten verschieden, die Dauer des Auslegens bleibt der jeweiligen Witterung etwas anzupassen. Die Winterbleiche beansprucht längere Zeit und fällt doch nicht so gut aus. Der Praktiker sagt, die Morgensonne bleiche die durch Tau angefeuchteten Fasern am besten. Da bei ungünstiger Witterung und Schneefall ein Ausbreiten auf der Wiese nicht angeht, ziehen die meisten Betriebe heute vor, sowohl Garne wie Gewebe auf Stangen oder Pfählen aufzuhängen. Die Stückware muß sonst gegebenenfalls am Boden oder an den Pfählen befestigt werden, damit sie der Wind nicht losreißt. Um das Sonnenlicht gleichmäßig einwirken zu lassen, ist während des mehrtägigen Bleichens ein Umhängen oder Umlegen erforderlich. Die Winterarbeit ist doppelt schwierig, denn es kommt hinzu, daß die Fäden am Boden festfrieren und steif gefrorene Gewebe beim Hantieren leicht Bruchstellen erhalten, somit vorsichtig aufzutauen sind. Daß die Fasern durch Bildung von Eiskristallen leiden, trifft hingegen nicht zu[1].

Die Rasenbleiche wird durch Oxydationsvorgänge zu erklären sein, auch physikalische Einflüsse, so das wechselweise Antrocknen und das Ausschlagen, das Stoßen der Garne, mögen von Belang sein und das Ausfallen der Scheben fördern,

---

[1] **Hermann Alt** veröffentlichte Versuchszahlen über die Einwirkung des Frostes auf Leinen- und Papiergewebe. Textilber. 1921, S. 414.

nebenher mögen in geringem Umfange biologische Prozesse verlaufen. Das Bleichen auf dem Rasen darf nicht als völlig ungefährlich für die Fasern gelten. J. Leimdörfer fand bei einem 28 Tage durchgeführten Versuch für Leinen einen Gewichtsverlust von 6,1%, einen Elastizitätsverlust von 5,2% und eine Einbuße an Reißfestigkeit von 36,2%. Bei Versuchen[1] mit einem 50er irischen, halbweiß vorgebleichten Kettgarn mit einer Anfangsfestigkeit von 701 g fielen die Mittelwerte (je 160 Versuche) nicht gleich aus, als die Proben einerseits auf dem Rasen, andererseits auf Stangen gehängt, längere Zeit dem Licht ausgesetzt blieben. Wesentlich ist die etwaige Gegenwart von Alkali und Feuchtigkeit, wie die Proben erkennen lassen, welche jeden Tag einmal durch eine kalte Lösung von 2 g Seife + 2 g Soda im Liter bzw. zum Vergleich durch Wasser genommen wurden.

Festigkeitswerte.

	Plan	Stangen
I. Rücklage nach $^1/_2$ Bleiche	100	100
II. „ „ 6 Tagen	104,5	99,0
III. ‚ „ 14 „	101,1	88,1
IV. „ „ 22 „	104,7	93,7
V. „ „ 6 „ + Seife-Soda	95,8	94,4
VI. „ „ 14 „ + „ „	87,9	79,7
VII. „ „ 22 „ + „ „	76,7	70,8
VIII. „ „ 14 „ Wasser . . .	96,5	87,0
IX. „ „ 22 „ „ . . .	93,2	74,7

Offenbar ist mit längerem Belichten ein Festigkeitsrückgang verbunden. Gewisse Schwankungen werden sich durch Ungleichmäßigkeiten des Gespinstes oder durch zufällige mechanische Beeinflussungen erklären. Die auf den Stangen gebleichten Garne wiesen einen ausgesprochen grauen Ton auf, die Gegenmuster hatten ein mehr gelbliches, aber frischeres Aussehen. Die alkalisch auf den Plan gebrachten Garne sahen nach sechstägiger Belichtung schon besser aus als die ohne Zwischenbehandlung 22 Tage im Freien belassenen Proben.

Der Bleichereipraktiker befürchtete vor allem ein Verbrennen der Ware in den heißen Sommermonaten und kürzte deshalb im Hochsommer gern das Auslegen ab. Ob das Ausdörren als solches gefährlich werden kann oder ob nicht vielmehr eine Schädigung durch nichtausgewaschene Chemikalienreste eintritt, bleibe dahingestellt. Bei anderen Versuchen mit Gewebeabschnitten, die zum Teil mit Seife-Soda getränkt zum Auslegen kamen, war eine fragliche ungünstige Einwirkung für die trocken belichteten Stücke gegenüber den angefeuchtet ausliegenden Stücken zu beobachten. Jedenfalls waren alle alkalisch gebleichten Proben mehr angegriffen aber auch besser im Weiß als die gut ausgespült auf den Plan gebrachten Stoffe.

Eine Beeinflussung durch säurehaltige Luft ist wohl nur ganz ausnahmsweise möglich. An sich findet man in der Luft der Großstädte oder in der Nähe von Fabriken mitunter nicht unbedeutende Spuren von schwefliger Säure als Verbrennungsprodukt der Kohlen, und durch Tau und Regen kann die Säure auf Textilien niedergeschlagen werden. Für längere Zeit solcher Atmosphäre ausgesetzte Stoffe, wie Regenplane und dergleichen mag solche Verunreinigung belangreich sein, für Bleichware auf dem Plan kaum, schon weil bald ein Auswaschen folgt. (Vgl. Wäscherei-Centralblatt 1931, Heft 29.)

An Versuchen, die Rasenbleiche abzukürzen oder zu ersetzen, hat es nicht gefehlt. So wollte man die Wirkung des Lichtes durch Anblauen der zu bleichenden Fasern mit Indigo beschleunigen können, weil das Sonnenlicht besonders in seinen blauen Strahlen wirksam sei und die blauen Strahlen von der graugelben Flachsfarbe sonst nicht genügend absorbiert würden. Dies ist eine falsche Auffassung, denn die besonders chemisch wirksamen, blauen, violetten und ultravioletten Strahlen werden von Gelb, Orange und nicht von Blau absorbiert. Die Empfind-

---

[1] Kind u. Schäfer: Die Beeinflussung der Festigkeit von Flachsgarn durch die Rasenbleiche. Dtsch. Leinenindustrielle 1927, S. 383.

lichkeit vieler Färbungen in Blau und Violett hat wohl als Zufall zu gelten. Ein lichtempfindlicher Farbstoff, z. B. ein Rot, wird von roten Strahlen nicht gebleicht, denn diese gelangen nicht zur Absorption. Daß durch die Gegenwart gewisser Substanzen Farbstoffe sensibilisiert oder katalytisch beeinflußt werden können oder Farbstoffe selbst auf zweite aktivierend einwirken, kommt für die praktische Rasenbleiche schwerlich in Betracht. Bei Vergleichen von farbig getönten Bleichmustern darf sich der Bleicher keiner Täuschung hingeben, indem er eine geblaute Faser für weißer hält.

Das Ausbleichen der Färbungen bei der Rasenbleiche wurde als eine Einwirkung von Wasserstoffsuperoxyd und Ozon (organische Superoxyde oder andere Zwischenkörper als Vermittler?) angesprochen. H. Kauffmann[1] vertrat hingegen die Auffassung, daß es sich um eine photochemische Zersetzung der natürlichen Farbstoffe handelt. Der Naturfarbstoff ist gelb bis braun, er wird von sichtbaren Lichtstrahlen ausgebleicht. Die dem Sonnenlichte aber beigemengten ultravioletten Strahlen bewirken unter Bildung von Photozellulose eine Faserschwächung. Die Photozellulose ähnelt weitgehend der Oxyzellulose. Wie diese färbt sie kochende Natronlauge gelb, reduziert alkalische Silber- und Fehlingsche Lösung und erfährt durch Phenylhydrazin Gelbfärbung. Mit Methylenblau färbt sie sich gleich einer durch Hypochlorit geschädigten Ware zufolge struktureller Änderungen der Faser dunkler an. Daß nur die ultravioletten Strahlen die Fasern schädigen, beweist nach Kauffmann das Verhalten von Geweben, die unter der Quecksilberlampe belichtet wurden. Bei Verwendung einer Quarzplatte als Filter blieb eine Faserschädigung aus. Da auch beim Arbeiten in einer Wasserstoffatmosphäre eine Schädigung zu beobachten war und unter dieser Versuchsbedingung eine Oxydation verhindert sein sollte, das Gewebe auch keine Gewichtszunahme zufolge Aufnahme von Sauerstoff zeigte, glaubt Kauffmann nicht eine Bildung von Oxyzellulose, sondern einer Photozellulose annehmen zu müssen, welche die gleiche Formel $C_6H_{10}O_5$ der reinen Zellulose besitzt. Durch Bestimmen der Permanganatzahl war die Menge entstandener Photozellulose festlegbar. Gewisse Fremdstoffe — Natriumuranat! — können als Sensibilisatoren wirken, um den Spektralbereich der Photolyse von Zellulose in das Gebiet der sichtbaren Strahlen zu verlegen. Es gelang Kauffmann Substanzen zu finden, z. B. Uranylacetat, welche Baumwolle für sichtbares Licht so stark empfindlich machten, sensibilisieren, daß sie schon bei achtstündiger Belichtung hinter Glas völlig morsch wurde. Die gebildete Photozellulose ließ sich mit geeigneter Silberlösung gleich einer photographischen Platte entwickeln.

Über die fragliche photochemische Aktivierung durch Zinkoxyd, Ozonbildung bei Gegenwart an Luftsauerstoff (?) durch Ultraviolettlicht siehe Luther-Winter: Chem.-Ztg. 1928, S. 499.

Über die Einwirkung ultravioletter Strahlen auf Fasern sind mehrfach Veröffentlichungen erschienen. Nach P. Heermann[2] war Flachs weniger empfindlich als Baumwolle gegen Beeinflussung durch Ultralampe, Jute am meisten. Bei Baumwolle konnte die vermutete Bildung von Oxyzellulose zunächst nicht nachgewiesen werden, bei einem andern Versuche mit Makogewebe war aber der Zuwachs des Reduktionsvermögens annähernd proportional der Festigkeitsabnahme Auch P. Waentig[3] erhielt bei Belichtungsversuchen keine Oxyzellulosereaktion. Hingegen fanden Scharwin und Pakschwer[4], daß Zellulose unter dem Einfluß von Sonnenlicht durch Luftsauerstoff oxydiert wird und CO_2 in wägbaren Mengen

---

[1] Kauffmann mit Steiert: Die Einwirkung des Lichts auf Baumwolle. Textilber. 1926 S. 617 und 1928 S. 576; vgl. auch Über katalytische Faserangriffe. Ztschr. f. angew. Ch. 1931 S. 858.

[2] Heermann: Die Wirkung atmosphärischer Einflüsse auf Faserstoffe. Chem.-Ztg. 1927 S. 777.

[3] Waentig: Über den Einfluß des Lichts auf Textilfasern. Ztschr. f. angew. Ch. 1923 S. 356.

[4] Scharwin u. Pakschwer: Beiträge zur Oxydation der organischen Farbstoffe und der Zellulose unter der Einwirkung des Lichts. Ztschr. f. angew. Ch. 1927 S. 1008.

entsteht. Zur gleichen Erklärung kam H. Ditz[1]. Ferner fanden Haller und Ziersch[2] bei ihren Versuchen, aufzuklären, warum dem Licht ausgesetzte gelbe und orange Küpenfärbungen schneller vermorschen, den oxydativen Abbau nach Scharwin und Pakschwer bestätigt.

Die Wirkung von ultraviolettem Licht wollte die Kupfermühle Hersfeld schon technisch verwerten: Lose Textilfasern sind auf einem Transportband durch Trockenvorrichtungen zu führen, wobei Leuchtkörper für ultraviolette Strahlen Ozon liefern!? DRP. 416772.

Ozon kommt unter gewissen Bedingungen spurenweise — 0,1—1 mg im Kubikmeter — in der Luft vor. Es soll seinen Ursprung elektrischen Entladungen sowie den ultravioletten Strahlen in höheren Luftschichten verdanken, möglicherweise entsteht es auch bei der Assimilation der Pflanzen. Das Vorkommen von Ozon in der Luft wird allgemein überschätzt. Ozon O_3 spaltet beim Zerfall ein Drittel seines Sauerstoffes in atomistischer aktiver Form ab und ist deshalb ein Bleichmittel. Schon in Anbetracht der geringen in Frage kommenden Ozonmengen lag es näher, die Rasenbleiche auf H_2O_2-Wirkung zurückzuführen. (Ozon und Wasserstoffsuperoxyd nebeneinander sind nicht existenzfähig.)

Wasserstoffsuperoxyd bildet sich aus Wasser und Luftsauerstoff beim Verdunsten des Wassers unter dem Einfluß des Lichtes: $2\,H_2O + O_2 = 2\,H_2O_2$.

Da zu seiner Bildung Wasser gehört, erklärt es sich somit, daß trockenes Bleichgut auf dem Rasen langsamer bleicht. Im allgemeinen besitzen aber die Fasern infolge ihrer Hygroskopizität eine gewisse Feuchtigkeit, es verdunstet Wasser aus dem Erdboden und den Pflanzen, so daß es nicht notwendig ist, die Bleichware zu besprengen[3]. Nur wenige Betriebe haben geglaubt, das früher üblichere Anfeuchten der Stückware beibehalten zu sollen. Bei einem Ausdörren im grellen Sonnenlichte sei zudem ein Eintrocknen und Vergilben von durch Auswaschen nicht mehr entfernbaren Kalkseifenresten zu erwarten. Auch soll der Ton der Bleichware rotstichiger ausfallen, weniger den verlangten silbergrauen Ton der Rasenbleiche zeigen. Die Arbeitskosten des Netzens machten sich jedoch nicht bezahlt.

Den angeblich besonderen Ruf gewisser Rasenbleichen wollte W. M. Gardener[4] mit einer höheren Radioaktivität des Bodens begründen, indem Spuren von radioaktiven Elementen die Bildung von H_2O_2 und O_3 begünstigen. Mit stark radiumhaltigem Salz angestellte Versuche zeigten keine Unterschiede. Wenn einzelne Bleichereien bei tatsächlich völlig gleichen Arbeitsweisen bessere Ergebnisse erzielen, so wird die verschiedene Reinheit des Wassers als erste Ursache hierfür anzunehmen sein. Denn minimale Mengen von Eisen, organischen Stoffen usw. sind imstande, den Ton zu verschlechtern. Das Ausbleichen von Farbstoffen mag zwar in einer durch saure Dämpfe beeinflußten Atmosphäre, z. B. in einem Fabrikhof, weniger schnell verlaufen; hieran ist aber nicht zu denken, denn in der Nähe von Fabriken kann sich eine Rasenbleiche schon wegen der vielen Rußflecken nicht halten. Ob eine an Ruß und Säure (SO_2) reiche Luft einer Großstadt oder Industriegegend nicht die Textilien ungünstig beeinflußt, mag zu erwägen sein, denn bei Vorhängen und dergleichen tritt ein rascherer Verschleiß ein. Derartige Schäden sind jedoch nur bei sehr ausgedehnter Einwirkungszeit zu befürchten. Wichtiger wäre der verschiedene Feuchtigkeitsgehalt der Luft (Irlands Nebel), ungleich starke Taubildung, da die atmosphärischen Niederschläge, wie Regen,

---

[1] Ditz: Die Bildung von Oxyzellulose neben Kohlensäure aus Zellulose. Ztschr. f. angew. Ch. 1927 S. 1476.

[2] Haller u. Ziersch: Zur photochemischen Zersetzung von Monoazofarbstoffen. Textilber. 1929 S. 951; vgl. auch Scholefield: Wirkung des Lichts auf gelbe-orange Küpenfärbungen. Textilber. 1929 S. 867 und Landolts Aufsätze in den Berichten 1929/1930.

[3] Schon Charitschkoff (Chem. Repert. 1911 S. 413) erklärte, daß viele organische, besonders ungesättigte Verbindungen die Fähigkeit haben, im feuchten Zustande Sauerstoff in H_2O_2 umzuwandeln. In mit Wasser angefeuchteter Knochenkohle und anderen porösen Körpern entsteht unter dem Einfluß des Sonnenlichtes H_2O_2, welche Reaktion für die Herstellung von Wasserstoffsuperoxyd sogar technische Verwendung finden sollte.

[4] Gardener: Leipzig. Färber-Ztg. 1906 S. 427.

Schnee, aktiven Sauerstoff wohl in Form von H_2O_2 enthalten. Nach Bunte enthält Regenwasser 0,1—1,4 mg H_2O_2 im Liter. Erklärlicherweise spielt eher die Lage des Planes, ob nach Norden oder Süden, eine Rolle. Wesentliche Bedeutung hat die Alkalität der Faser. Alkalische Reaktion beschleunigt das Ausbleichen der Farbstoffe, was schon den Vorschlag veranlaßte, die Gewebe vor dem Auslegen mit einer Lösung von Seife und Lauge zu imprägnieren. Der Bleicher verwertet dieses Verhalten einfacher, indem er die Garne nach dem alkalischen Brühen nicht völlig alkalifrei auslegt. Alkalisches Auslegen bedeutet andererseits einen verstärkten Faserangriff, wie aus den vorstehend angeführten Versuchen hervorgeht. Ebenso wollte man durch Sättigen der Faser mit Terpentindämpfen und sonstigen „ozon"liefernden Ölpräparaten die Wirkung der Grasbleiche erhöhen. Derartige Vorschläge und Vorschriften, welche salpetrige Säure, Salpetersäure, Königswasser und dergleichen in oft phantastischer Weise als Ersatz der Rasenbleiche vorsahen, haben keine praktische Bedeutung.

Ozonbleiche.

In den 1890er Jahren versuchte eine schlesische Bleicherei in Verbindung mit Siemens & Halske die Rasenbleiche durch Anreichern der Luft mit Ozon nachzuahmen, um das Bleichen zu beschleunigen. Man leitete die durch elektrische Entladungen ozonisierte Luft in Kammern, in denen Leinengarn $^1/_2$—1 Tag der Ozonwirkung ausgesetzt blieb. Ein Tag Ozonbleiche sollte 3 Tagen Rasenbleiche im Sommer, 14 Tagen Rasenbleiche im Winter entsprechen und unabhängig vom Licht sein, so daß selbst nachts gebleicht werden könne. Zufolge den Angaben des DRP. 77117 sei das Garn mit Ammoniak, Terpentinöl, Seife usw., besser noch — DRP. 78839 — mit verdünnter Salzsäure zu imprägnieren. Gegensätzlich erklärten französische Forscher, daß zum Bleichen unbedingt die gleichzeitige Einwirkung von Sauerstoff und Licht, am besten von direktem Sonnenlicht, erforderlich ist. (Nach C. F. Theis: Breitbleiche.) Die Versuche, mit Ozon unter Beibehalten der üblichen Chlorkalkbehandlung zu bleichen, wurden jedoch bald wieder aufgegeben, da sich selbst bei billigen Gestehungskosten der elektrischen Kraft keine erheblichen Vorteile ergaben. Angeblich verlangte diese Ozonbleiche, deren Erfindung Ingenieur Schneller[1] für sich in Anspruch nahm, für 50 kg Leinengarn 20 g Ozon, welche Ozonmenge durch eine Pferdekraftstunde geliefert werde.

Ein späteres Patent der AEG., DRP. 228985, ließ Textilgewebe als flaches Band seitlich in eine Ozonkammer einleiten und zunächst durch ein Ozonwasserbad und dann über Führungswalzen in Windungen nach oben unter der stetigen Einwirkung des von Ventilatoren in die Ozonkammer eingepreßten trockenen Ozonstromes laufen. Laboratoriumsversuche hatten bei vorgebleichtem Material angeblich guten Erfolg. Diesem Patente folgte ein Verfahren von E. Gminder, DRP. 272525, Textilien während des Zentrifugierens mit ozonisiertem Wasserstaub zu bleichen. Bei solchen Verfahren war in erster Linie an das Nachbleichen von Wäsche gedacht. Kontrollversuche sollten ergeben haben, daß beim Einleiten ozonisierter Luft in die Waschtrommeln die Wäsche besser geschont bleibe, als bei dem sonst üblichen Nachbleichen mit Chlorlaugen, die Kosten der Ozonbleiche wurden als sehr günstig bezeichnet[2].

Eigene Dauerversuche in Großwäschereien führten zu ungünstigen Ergebnissen, die Bleichwirkung genügte keinesfalls, um die verlangte weiße und fleckenlose Wäsche zu erzielen[3]. Inzwischen sind die Waschanstalten wohl alle wieder von der Verwendung des Ozons abgekommen. Neuerdings nahmen Dr. Crespi und Dr. Otto wieder ein Patent, um Fasern zunächst mit schwacher Säure zu behandeln und dann im Kreislauf feuchte ozonhaltige Luft in die das Gut aufnehmende Trommel zu leiten. DRP. 466220. Wesentlich wird die Konzentration des ozoni-

---

[1] Leipzig. Mschr. Textil-Ind. 1894 S. 204.

[2] Heermann: Untersuchungen über die Ozonbleicherei. Leipzig. Mschr. Textil-Ind. 1923 S. 33.

[3] Kind: Über die Prüfung von Wasch- und Bleichverfahren. Ztschr. f. ges. Textilind. 1928 S. 773.

sierten Gases sein. Es soll das Verfahren Crespi in Frankreich eingeführt sein[1]. Proben aus der „Versuchsanlage" ließen die gebleichte Baumwolle als sehr minderwertig beurteilen. Weitere Auskünfte waren nicht zu erhalten, irgendwelche Veröffentlichungen entbehren der sachlichen Überprüfung. Aczel will sogar Faserstoffe oxydieren, bleichen, durch unmittelbare Einwirkung des Ozons im Anodenraum — feucht oder trocken, mit und ohne Temperaturänderung. DRP. 495528. Daß Ozon die Fasern bei längerer Einwirkungszeit sehr gefährden kann, geht aus größeren Versuchen von Ch. Dorée[2] hervor.

Baumwolle, welche einige Stunden ozonisierter Luft — bei $1^1/_2$—2% Konzentration — ausgesetzt war, nahm einen fettigen Geruch an, reagierte stark sauer und machte aus Jodkalilösung Jod frei, weil sich neben einem Säurederivat der Zellulose und neben Oxyzellulose Zelluloseperoxyd bildet (?). Dieses Peroxyd, das in erster Linie bei Ozonisierung trockner Faser entsteht, zersetzt sich beim Erwärmen rasch, langsam beim Behandeln mit Wasser. Die Säurebildung in der ozonisierten Faser ist nicht unerheblich. Wurde eine innerhalb zweier Stunden gebleichte Faser nicht ausgewaschen, so vergilbte sie an der Luft wieder. Die Oxyzellulosemenge und somit die Festigkeitsabnahme entsprechen der Dauer der Ozonisierung. Für die angefeuchtet in einem Raum aufgehängten Baumwollgarne, durch die andauernd ein Strom ozonisierter Luft geleitet wurde, ergaben sich z. B. folgende Mittelwerte:

Ozonisierungszeit in Stunden .	0	0,5	1	3	6	12
Prozentuale Festigkeit	100	101	98	88	74	54

Die bräunliche Naturfarbe der Fasern war in einer Stunde, bei anderer Baumwolle in 3 Stunden ausgebleicht.

Mit Soda vorgekochte Flachsfaser zeigte nach 2—3 Stunden eine erhebliche aber ungleichmäßige Bleichwirkung, ein volles Weiß wurde nach 6 Stunden erhalten, wobei aber schon eine sehr starke Festigkeitsschädigung eingetreten war, denn die prozentualen Werte betrugen nach einer Stunde = 82, nach 3 Stunden = 79 und nach 6 Stunden = 48. Bei Jute werden anscheinend zunächst die Ligninsubstanzen rasch oxydiert, da sich in den ersten 3 Stunden je 7,5% alkalilösliche, saure Zersetzungsprodukte bildeten, weiterhin kommt es zu einem Angriff der Faser und zu einer Oxyzellulosierung. Um die anfängliche Festigkeit bis zur Hälfte zu mindern, war $^{40}/_1$ Mako = 12,8 Stunden, $^{80}/_2$ Mako = 10,6 Stunden, $^{80}/_2$ amer. Baumwolle = 12,5 Stunden, $^{80}/_2$ amer. merc. Baumwolle = 22 Stunden, 65er Flachs = 5,8 Stunden der Ozonwirkung auszusetzen. — Wenn bei anderweitigen Versuchen eine Faserbeeinflussung nicht auffiel, so dürfte sich der Unterschied durch den geringeren Gehalt der Luft an Ozon erklären, es wird dann aber die Bleichwirkung entsprechend geringer geblieben sein, der Ozonbleiche mangelt im allgemeinen die Tiefenwirkung.

Sauerstoffbleiche.

Als Sauerstoffbleichmittel kommen technisch in Betracht Wasserstoffsuperoxyd, Natriumsuperoxyd und Natriumperborat. Andere Persalze scheiden wegen höherer Preise aus oder sind wie Persulfate für das Bleichen von Textilien nicht recht geeignet, vgl. S. 39. Welche Perverbindung zu wählen ist, entscheidet nicht der reine Chemikalienpreis, es bleibt zu berücksichtigen, ob und welche weiteren Chemikalien benötigt werden, um die Flotten auf eine gewisse Reaktion einzustellen, oder zu stabilisieren. Reaktion und Stabilisierung gegen katalytische Abspaltung von Sauerstoff können von entscheidender Bedeutung für den Bleichvorgang sein, so daß die zunächst verschieden reagierenden Lösungen der genannten Bleichmittel nicht unmittelbar miteinander

---

[1] Vgl. z. B. Leipzig. Mschr. Textil-Ind. 1930 S. 408.

[2] Dorée: Journ. Soc. Dyers Colourists 1913 S. 205. Vgl. Kind: Ozonbleiche. Dtsch. Färberztg. 1914 S. 279.

vergleichbar sind. Die Lösung von H_2O_2 ist schwach sauer, Na_2O_2 gibt beim Auflösen neben H_2O_2 noch eine starke Natronlauge, und eine Perboratflotte ist als eine Lösung von H_2O_2 mit Natriumborat bzw. Borax + Natriumhydroxyd aufzufassen. **Ebenso wie bei Chlorlaugen ist die Reaktion von größter Bedeutung für Haltbarkeit, Bleichgeschwindigkeit und Bleichwirkung,** wobei die Zersetzlichkeit mit der Alkalität anwächst, im Gegensatz zu dem Verhalten der Chlorflotten.

Die Abspaltung des Sauerstoffes, die Bleichgeschwindigkeit hängt des weiteren von der **Temperatur** ab, wie jeder chemische Reaktionsverlauf. Da die kalten Flotten keine genügende Bleichenergie zeigen, macht sich ein Erwärmen notwendig. Die Temperatursteigerung ist derart zu regeln, daß sich nicht Sauerstoff zu schnell abspaltet und molekular gasförmig entweicht. Je heißer die Bleiche erfolgen soll, desto weniger alkalisch darf im allgemeinen das Bad sein. Die Zersetzlichkeit nimmt sonst beim Erwärmen in unerwünschtem Umfange zu, der Sauerstoff entwickelt sich zu stürmisch, und die Flotte kann sich unter Aufwallen völlig zersetzen. Die Abspaltung des Sauerstoffes läßt sich weitgehend durch **Stabilisatoren** regeln, die **katalytische Zersetzlichkeit durch Antikatalyte** beeinflussen. Wie bei Besprechung des Wasserstoffsuperoxyds ausgeführt, pflegen die Fabriken ihre Produkte vorsorglich durch Ansäuern zu stabilisieren. Da angesäuerte Lösungen bleichtechnisch zu wenig aktiv sind und da andererseits eine zu große Alkalität ein zu rasches Entweichen des Sauerstoffs sowie eine zu große Empfindlichkeit gegen katalytische Einflüsse mit sich bringt, zudem mit steigender Alkalität die Möglichkeit einer Faseroxydation sehr zunimmt, so ist die zweckmäßige Stabilisierung der alkalisierten Flotten für den Bleichvorgang sehr wesentlich.

Katalytische Zersetzung von Sauerstoff-Flotten.

Peroxydbäder sind empfindlich gegen katalytische Einflüsse, die Apparaturfrage spielt deshalb hier eine große Rolle. Kupfer und blankes Eisen — letzteres scheidet zumeist schon wegen Rostbildung aus — beeinträchtigen die Haltbarkeit von Peroxydflotten in großem Umfange. Metalle bleiben zu vermeiden bzw. sind nur die am wenigsten katalytisch wirksamen auszuwählen. Von den praktisch in Betracht kommenden Metallen sind dies Blei, Nickel (Aluminium?) und namentlich gewisse Legierungen. Als Grundbedingung für die Herstellung von Bleichflotten gilt im übrigen die Verwendung von reinem Wasser, das frei von Eisen und organischen Verunreinigungen ist. Bleichbottiche und Zubehörteile sollen zunächst gut ausgebleicht werden. Sonst läuft man Gefahr, daß im Holz befindliche Farbstoffe usw. sich in den ersten Bädern auflösen und das Bleichgut verderben. Zum Abmessen usw. sind emaillierte Behälter, Gefäße aus Steingut, Porzellan zu verwenden.

Die ersten Versuche über den Einfluß von Metall in Natriumperoxydflotten veröffentlichte in der Färberztg. 1901 und 1902 P. Lüttringhaus, er empfahl ein Anheizen der Flotten mit direktem Dampf, um das verbleite (?) Stechrohr später aus den Kufen zu nehmen. Das DRP. 205566 R. Wolffenstein schützte das Bleichen mittels alkalisch reagierender H_2O_2-Lösungen in verzinnten Gefäßen. Zinn mit einer dünnen Oxydschicht sollte sich am besten bewähren. Da jedoch alkalische Laugen Zinn angreifen, hat die Verwendung von Nickel technisch größere Bedeutung, DRP. 411149 der Deutschen Gold- und Silber-Scheideanstalt. Auch Aluminium und seine Legierungen kommen in Betracht, DRP. 515596 der Elektrochemischen Werke München AG. in Höllriegelskreuth. Nach Angabe der Patentschrift wird Aluminium von schwach alkalischen Peroxydflotten nicht angegriffen. (Hierbei dürfte die Gegenwart von Wasserglas wesentlich sein!) Die Verwendung von Aluminium zur Herstellung und Aufbewahrung von (sauren) H_2O_2-Lösungen war bekannt, DRP. 233856. Jedenfalls sollte die Alkalität nicht zu groß sein und es muß die Betriebserfahrung lehren, ob Aluminiumbottiche sich besser als Holzgefäße bewähren, zumal bei kombinierter Bleiche. Für die kombinierte Bleiche in Apparaten, in denen sämtliche Behandlungen durchgeführt werden, sind Edelstähle, wie die Kruppschen V 2a- und V 4a-Stähle zu empfehlen. Die Verwendung für die Sauerstoffbleiche ist durch DRP. 439834 geschützt. Phosphorbronze eignet sich nach Russina nicht, vgl. S. 178. Bei Kombinationsbleichen unter Verwendung bestehender Einrichtungen finden Zirkulations- und Beheizungsvorrichtungen aus Hartblei Verwendung. Voraussetzung ist ein Arbeiten mit Schwefelsäure, da Salzsäure zu einer verstärkten Bleiabnutzung führt. Eine direkte Berührung des Bleichgutes mit Metall ist zu vermeiden. In mit Blei ausgeschlagenen Bottichen rauht sich die Metallfläche auf und beim Auf- und Niedersteigen des Gutes mit der zirkulierenden Flotte kann sich Blei abreiben. Hartblei wirkt nicht oder kaum katalytisch auf Sauerstoffflotten ein. Gegen stärker alkalische Natronlaugen ist Blei nicht unempfindlich. An sich ist Holz zwar für Bleichkufen sehr geeignet, beim abwechselnden Arbeiten mit alkalischen, oxydierenden und sauren Bädern fasert das Holz aber mehr und mehr ab, und Zelluloseflocken geraten ins Bleichgut. Für Neuaufstellungen empfiehlt die Scheideanstalt Zirkulationseinrichtungen aus eisenarmiertem Steinzeug, Pumpen aus eisenarmiertem Steinzeug mit Flügelrad aus Edelstahl, Beheizung mit Düse oder Rohr aus Edelstahl. Für die von der Zittauer Maschinenfabrik gebauten Großapparate, so für die Mohrbleiche findet neben Hartblei Edelstahl Verwendung. Vor allem sollte Kupfermetall ausgeschaltet bleiben. Nicht nur läßt Kupfer Sauerstoffgas frei werden und somit verlorengehen, es kann auch zu einer Überoxydation des in direkter Berührung mit dem Metall liegenden Bleichgutes kommen oder das Gut wird kupferfleckig durch in Lösung gegangenes Metall und damit weiterhin katalytisch beeinflußbar. Auf solche Gefährdung, welcher sich durch Stabilisieren der Flotte bedingt entgegentreten läßt, ist zu rechnen, wenn die Fäden eingesponnene Kupferteilchen enthalten, oder mit kupferhaltigem Schmieröl u. dgl. imprägniert sind. Derartige Fälle haben immerhin als Ausnahme zu gelten, der bei Sauerstoffwäsche befürchtete „Sauerstofffraß"[1] tritt in der Praxis nur vereinzelt auf, weil der Kupferschmutz den Fasern zumeist nur lose aufliegt, es sich nicht um eine Imprägnierung mit dem Katalyt handelt. Fremdstoffe organischer Art, welche man auch als gefährliche Katalyte ansprechen wollte, gefährden zufolge Untersuchungen des Verfassers die Zellulose nicht in dieser Weise.

Nach H. Kauffmann wirken die Eisenverbindungen bzw. das Metall erst dann, wenn Eisenhydroxyd nachweisbar ist. Schwefelammonium erzeugt stark aktives Schwefeleisen, das die Reaktion weiter anfacht, in Ferrihydroxyd übergehend. Dabei scheint jedoch der Haupteffekt nicht von der Ferriform des Eisens, sondern von der Ferroform auszugehen. Durch das Alkali findet im Bleichgute eine durch die Fasersubstanzen veranlaßte und durch die Katalyse sich verstärkende Reduktion des Ferrihydroxyds statt. Die Reduktion wird mit steigendem Alkaligehalt gefördert und parallel damit der Faserangriff begünstigt, so daß bei übermäßigem Alkaligehalt die Faserzerstörung in wenigen Minuten erfolgt. Das Eisen wirkt offenbar in seiner Ferroform hier wie eine Peroxydase[2].

Die Ferroform ist im Bleichbade keinesfalls in größeren Mengen vorhanden, sie entsteht durch die Reduktionswirkung der natürlichen Begleitstoffe der Fasern, oder die Zellulose kommt selbst in Betracht. Auch wenn nur spurenweise Zellulose durch das Alkali gelöst und nur spurenweise Ferrihydroxyd reduziert wird, so nimmt der Faserangriff große Ausmaße an, denn die entstehende, stark reduktionskräftige Oxyzellulose bewirkt ihrerseits vermehrte Bildung von Ferrohydroxyd, und damit wächst der katalytische Umsatz, obschon die Oxydationskraft des Bades schnellstens die Rückwandlung in die Ferriform bedingt. Die Ferrostufe wirkt als Peroxydase und packt vor allem das Substrat, die Baumwolle, an. In der Ferriform wirkt Eisen wahrscheinlich nur als Katalase. Als Katalase erweist sich Platin, das zwar beim Einbringen von Baumwolle mit feinverteiltem Platin (durch Hydrazin niedergeschlagen) eine stürmische Zersetzung der Flotte auslöst, ohne daß es zu einer Faserschädigung kommt.

Welchen Einfluß die Beschaffenheit des Wassers, die Gegenwart eines Metalles, sowie eines Antikatalyts und die jeweilige Reaktion äußern, erläutern die nachstehenden Versuchszahlen. Die Versuche wurden unter gleichen Bedingungen in Porzellanbechern mit medizinischem und technischem Wasserstoffsuperoxyd und mit Natriumperborat unter Verwendung von reinem, in verzinnter Apparatur destilliertem Wasser und von Kondenswasser — Kupferkühlschlange — sowie von 12° hartem Leitungswasser ausgeführt. Das Kondenswasser enthielt Spuren von Kupfer, im Leitungswasser hingegen erwiesen sich die Härtebildner, namentlich die Magnesiasalze, mit etwa 3° als Antikatalyte. In die Lösungen mit drei Viertel ihrer Oberfläche eingestellte Bleche 15:3 cm von blankem Kupfer, Eisen und Blei sollten die etwaige Metallkatalyse in Erscheinung treten lassen. Den Einfluß der Reaktion veranschaulichen Zusätze von Schwefelsäure und Ätznatron. Das Aufheben oder Zurückdrängen der Katalyse zeigt die Zugabe von Natriumpyrophosphat nach DRP. 226090[3]. Die Zusatzmengen bewegen sich bei diesen und anderen Versuchsreihen in weiteren Grenzen, als die Bleichereipraxis solche ziehen läßt, um die Wirkung der Zusätze offensichtlicher darstellen zu können. Bei derartigen Versuchen sind die jeweiligen oft zufälligen Arbeitsbedingungen sehr belangreich, die Art der Stabilisierung des Peroxyds, die Reinheit des Kondenswassers usw. beeinflussen die Ergebnisse. Man hat damit zu rechnen, daß die Reinheit der Chemikalien nicht immer die gleiche ist, und daß Umsetzungen der Chemikalien möglich werden, sich etwa beständigere Peroxydverbindungen von Magnesia bilden oder im Einzelfalle sich die Gefäße nicht indifferent verhalten. Den Rückgang des aktiven Sauerstoffs zeigen die Titrationszahlen mit $^1/_{10}$ Permanganat.

---

[1] Vgl. Heermann: Chem.-Ztg. 1918. — Kind: Seifensieder-Ztg. 1918. — Pfleger: Superoxydbleiche der Baumwolle. Ztschr. f. angew. Ch. 1924 S. 826.
[2] Ztschr. f. angew. Ch. 1931 S. 490 u. 858. — Textilber. 1931 S. 524.
[3] Kind: Die Peroxyde als Bleichmittel. Dtsch. Färber-Ztg. 1915.

A. 500 cm³ Wasser + 25 cm³ medizinisches Wasserstoffsuperoxyd,
Anfangstiter: 20 cm³ = 16,6 cm³ KMnO$_4$.
B. 500 cm³ Wasser + 25 cm³ technisches Wasserstoffsuperoxyd,
Anfangstiter: 20 cm³ = 16,4 cm³ KMnO$_4$.
C. 500 cm³ Wasser + 3 g Natriumperborat,
Anfangstiter: 20 cm³ = 14 cm³ KMnO$_4$.

	Nach ³/₄ Std. bei 70°			+ ³/₄ Std. bei 70°			+ ³/₄ Std. bei 70°		
	A	B	C	A	B	C	A	B	C
1. Leitungswasser	15,9	16,2	11,5	15,5	16,3	11,0	15,5	18,3	9,7
2. „ + Kupfer	14,8	12,9	9,6	5,4	5,2	4,4	1,3	4,8	0,4
3. „ + Eisen .	15,7	13,9	11,4	13,7	10,2	10,5	9,5	2,4	7,7
4. „ + Blei .	15,8	15,8	11,3	15,2	15,5	9,9	12,9	15,5	6,1
5. „ + 0,2 g Schwefelsäure	16,4	16,2	10,1	16,8	16,6	8,1	17,6	18,1	3,7
6. Leitungswasser + 0,2 g Ätznatron	15,7	16,2	13,7	15,1	16,4	14,1	15,9	19,0	12,8
7. Kondenswasser. . . .	15,9	16,2	0,4	14,1	16,2	0,1	0,6	11,0	0,0
8. „ + 9,2 g Schwefelsäure	16,3	16,1	0,6	17,3	16,6	0,2	16,7	16,5	0,0
9. Kondenswasser + 9,2 g Ätznatron	13,7	14,1	0,2	0,5	12,9	0,2	0,1	9,4	0,0
10. Kondenswasser + 0,2 g Pyrophosphat	16,3	16,6	0,2	13,7	16,7	0,1	7,6	16,8	0,0
11. destilliertes Wasser . .	16,5	16,7	11,1	16,7	16,6	8,9	17,6	17,5	5,3

Die Stabilisierung war bei einigen Proben derart gut, daß zufolge Verdunstens von Wasser eine Konzentration eintrat. Die Haltbarkeit der mit Leitungswasser angesetzten Lösungen ist eine erheblich bessere als von den mit kupferhaltigem Kondenswasser bereiteten Flüssigkeiten. Beim Arbeiten mit dem technischen Produkt fällt dies weniger auf, da dieses von der Fabrik aus stärker sauer stabilisiert war, wogegen die Zusätze für medizinische Präparate durch Höchstwerte für Säuregehalt und Abdampfrückstand begrenzt sind. Der Menge der katalytisch schädlichen Substanzen, die bei Kondenswasser z. B. erheblich schwanken kann, hat der Zusatz an Stabilisator Rechnung zu tragen, wobei es wieder ein der Flottenreaktion angepaßtes Optimum geben muß. Die Reinheit, die Beschaffenheit der Metalle, ist auch sehr wesentlich. An sich kommt beim Arbeiten im Betriebe nicht ein derart ungünstiges Verhältnis von Metallfläche zu Flotte in Betracht. Es können die Metalle passiv werden, wenn sich auf ihnen Überzüge von Kesselstein, Kieselsäure usw. abscheiden. Die Katalysegefahr ist deshalb nicht zu überschätzen. Vgl. die weiteren Ausführungen über das Stabilisieren der Flotten.

Beabsichtigte Katalyse ist der Inhalt einer Anzahl von Patenten, welche vorwiegend das Regeln der Sauerstoffabgabe bei Heilbädern betreffen. In solchen Bädern soll der Sauerstoff aus den meist perborathaltigen Gemischen in verhältnismäßig kurzer Zeit gasförmig austreten, wobei jedoch ein zu stürmisches Entweichen des Gases unerwünscht bleibt. Frisch gefällter Braunstein, durch Hinzufügen von etwas Mangansalz zu Perboratlösungen zu erhalten, läßt z. B. den Sauerstoff zu stürmisch aufbrausen. Um die Katalyse gleichmäßiger zu gestalten, verwendet man Mangan-Eisenverbindungen, Tannin, organische Preßsäfte, Eiweißsubstanzen. In ähnlicher Weise gedachten Golodetz und Bendix, DRP. 279863, Bleichflotten zu aktivieren. Das Bleichgut soll mit Enzymen, Hefe, Pflanzenextrakten, wie z. B. wässerig alkoholischen Extrakten von Meerrettich imprägniert und das Gut nach dem Abtropfen in die Bleichlösung eingebracht werden. Diese Arbeitsweise sei sparsam, da die Aktivierung nur auf der Faser erfolge, während bei Zugabe eines Katalyts zur Flotte viel Sauerstoff in der Lösung frei werde und verlorengehe. Bei Kontrollversuchen waren 2,5 g Hefe für 500 cm³ Flotte erforderlich, um den angestrebten raschen Rückgang des Sauerstofftiters zu erzielen. Technisch würde bei solchem Imprägnieren das Gut ungleich durchgebleicht werden, wenn die Hefe nur auf der Faseroberfläche sitzt, und schon beim Eingehen in das Bad würde sich ein Teil abspülen. Die gleichzeitige Verwendung von Perborat und Diastafor zum Entschlichten — Patentanmeldung Byk 19982 — erscheint erst recht verfehlt, weil sich die beiden Substanzen gegenseitig ungünstig beeinflussen. Anscheinend glaubten Bergmann, Immendörfer und Loewe, DRP. 417707, in Melasse oder deren Bestandteilen, insbesondere in Betain, ein „katalytisches?!" Schutzmittel gegen alkalische, saure, oxydative und reduktive Einflüsse, so beim Bleichen von Baumwolle mit Peroxyden, gefunden zu haben. Eine Begründung dürfte schwer fallen, soweit nicht ein Zurückdrängen von katalytischen Zersetzungen der durch Fremdstoffe verunreinigten Lösungen die Erklärung gibt.

Einfluß der Temperatur.

Eine in der Kälte verhältnismäßig träge verlaufende, etwa durch Katalyte eingeleitete Zersetzung von Peroxyd kann bei Temperatursteigerung zu einer stürmischen Sauerstoffabspaltung anwachsen, so daß die Bleichkraft des Peroxyds unvollständig ausgenutzt wird. Als günstigste Bleichtemperatur gilt vielfach das Erwärmen auf 60—80° C, da dann der Bleichvorgang nicht zu schnell und auch nicht zu langsam verläuft, doch gehen die Meinungen über die zu wählende Temperatur auseinander. Beim Arbeiten mit alkalischen Sauerstoffflotten handelt es sich nicht allein um einen Oxydationsvorgang, sondern auch um das Auslaugevermögen der alkalischen Lauge, das den Bleichvorgang wesentlich mit bedingt und seinerseits wieder mit von der Temperatur und den Arbeitsbedingungen abhängt. Ein Steigern der Temperatur verbessert naturgemäß das Auslaugen der alkalilöslichen oder durch Oxydation löslich gewordenen Fremdstoffe. Die Einwirkung von Aktivsauerstoff wie von Alkali macht sich Samenschalen u. dgl. gegenüber erst bei höherer Temperatur voll geltend, das Erwärmen bringt also eine bessere Ausnutzung der Chemikalien mit sich. Um die Bäder rationell zu verwerten, wird das Bleichen zunächst bei mittlerer Temperatur eingeleitet und die Einwirkung dann allmählich durch Erhitzen auf 80 bis 90° gesteigert. Daß die Zersetzlichkeit der Peroxydlösungen erst bei einer bestimmten Temperatur einsetzt, läßt sich nicht sagen. Die Temperatur allzusehr zu steigern, erscheint verfehlt, denn es kommt dann zu einer größeren Beeinflussung der Faser, der Gewichtsverlust wird ungünstiger. Es hat als ein Vorteil der Sauerstoffbleiche gegenüber der Druckbeuche mit folgendem Chloren der geringere Gewichtsverlust zu gelten, der bei Baumwolle mit einigen Prozent einzuschätzen ist, jedoch von den jeweiligen Bedingungen abhängt.

Bei verschiedenen Temperaturen durchgeführte Bleichversuche gaben folgende Titrationswerte. Zu je 500 cm³ in Porzellanbechern auf die genannten Temperaturen vorgewärmter Flotte kamen je 2 g Natriumperborat, nachdem kurz zuvor 20 g vorgebeuchtes Leinengarn und 20 g amerikanische und Makobaumwolle als Bleichgut eingegeben worden waren. Neben der Prüfung des Temperatureinflusses sollte die Bedeutung der Gegenwart von Kupfer als Katalyt und von Wasserglas als Stabilisator gezeigt werden. Da gelöste organische Substanzen den Permanganatverbrauch vielleicht ungenauer ausfallen lassen könnten, wurde der restliche Aktivsauerstoff durch Titrieren des in einer stark mit Schwefelsäure angesäuerten Jodkalilösung freiwerdenden Jods mit Natriumthiosulfat ermittelt.

A. 2 g Natriumperborat + 500 cm³ Leitungswasser,
B. 2 g   „   + 500 „   „   + 5 g Kupferstab.,
C. 2 g   „   + 500 „   „   + 5 g Wasserglas.

	$^{1}/_{4}$ Std.			$+ \, ^{1}/_{2}$ Std.			$+ \, 1$ Std.			$+ \, 3$ Stdn.		
	A	B	C	A	B	C	A	B	C	A	B	C
a) 30° . . .	Nr. 1 7,6	Nr. 2 8,4	Nr. 3 8,8	6,9	6,3	8,5	3,7	4,3	8,0	1,0	1,0	5,3
b) 50° . . .	Nr. 4 6,5	Nr. 5 6,0	Nr. 6 9,0	3,6	3,4	8,2	2,0	1,8	7,4	0,5	0,4	4,8
c) 70° . . .	Nr. 7 4,3	Nr. 8 4,2	Nr. 9 8,2	1,8	1,6	7,1	0,6	0,4	5,9	0,2	0,2	3,8
d) 90° . . .	Nr. 10 3,2	Nr. 11 2,2	Nr. 12 7,0	0,6	0,2	4,6	0,2	0,1	2,7	0,2	0,1	1,2

Die später abgemusterten Leinen- und Baumwollgarne ordneten sich in ihrem Bleichgrade nicht immer genau in gleicher Reihenfolge ein, als Mittel aus mehreren derartigen Versuchen ergab sich die Reihe 12, 9, 10, 11, 7, 8, 6, 4, 5, 1, 2, 3. Nr. 12 war bei weitem am besten. Im Anschluß hieran folgte 9, weiter 10 und 11, die nächsten Nummern waren wenig, die letzten kaum gebleicht. Die Proben lassen den großen Wert einer geregelten Sauerstoffabgabe erkennen, die erzielten Bleichstufen sind nicht allein vom Sauerstoffverbrauch abhängig. Der bessere Ausfall des Weiß bei Zugabe von Wasserglas erklärt sich auch nicht durch eine erhöhte Alkalität der Flotte, sondern durch die Stabilisierung der Lösung. Ein mit der entsprechenden Menge Silikat vorgebeuchtes und ohne Zusatz nachgebleichtes Gespinst gab ein schlechteres Weiß, vor allem fielen unter Zufügung der äquivalenten Mengen an Ätznatron und Soda mit Perborat gebleichte Muster weit schlechter als das in der Flotte mit Wasserglas zu erzielende Weiß aus.

(An dieser Stelle sei erwähnt, daß die Chemische Fabrik Opladen, vorm. Gebr. Flick, beobachtet haben wollte, beim Bleichen vorgeblauter Wolle werde viel weniger Peroxyd benötigt, und der Glanz der Wolle werde ein besserer. Dieses Patent 130559 erklärt sich nur dadurch, daß ein bläuliches Weiß dem Auge frischer, reiner erscheint.)

Um Sauerstoffverluste durch Abspalten von Sauerstoffgas aus dem Flottenvolumen zu vermeiden, hat R. Starek, DRP. 289742, den Vorschlag gemacht, die Bleichware in einer kalten Alkali-Sauerstoff-Flotte von 10—15 g Ätzkalk + 5—10 g/l Perborat zu tränken und nach dem Abquetschen einige Minuten zu dämpfen. Bei dieser angeblich ökonomischen, nach Bedarf mehrmals zu wiederholenden Arbeitsweise würden die Samenschalen gut entfernt und die Fasern schön weiß gebleicht. — Solche kurze Dämpfzeit usw. wird schwerlich genügen.

Die Chemische Fabrik Grünau wollte gefunden haben, ungebeuchte Baumwolle lasse sich besser bleichen als vorgekochte, Anm. C. 17453. Die nur heiß mit Wasser vorgenetzte Baumwolle sollte in einer alkalischen Perboratlösung mit Seifen-Wasserglaszusatz gebeucht werden. Ein Absäuern war nicht vorgesehen. — Baumwolle nimmt bei alkalischer Behandlung ein dunkleres Aussehen an, das sich jedoch durch Absäuern wieder beheben läßt. Nur bei unvollkommen durchgeführter Bleiche könnte sich eine derartige Abdunklung geltend machen. Die Gefahr, daß in der nur kurz genetzten Ware Rohstellen bleiben, ist für die vorgeschlagene Arbeitsweise zu groß. Bei Versuchen kann eine in Kondenswasser vorgekochte Baumwolle Kupfer aufgenommen haben, andererseits mag der größere Aschengehalt der Rohfasern zu einer geregelteren Wirkung des Aktivsauerstoffs führen. Die Rohfasern enthalten auch vielleicht katalytisch wirksame Metallverunreinigungen, deren Entfernung durch ein Vorweichen den Versuchsausfall wieder vorteilhaft beeinflußt.

Einem neueren Patent der Scheideanstalt zufolge, DRP. 507759, lassen sich ungebeuchte Pflanzenfasern, insbesondere Baumwolle, mit ätzalkalischen H_2O_2-Lösungen bei Temperaturen unterhalb 50° C unter Verwendung schwacher Bäder, welche z. B. auf 100 Teile Gut weniger als 1 Teil Na_2O_2 enthalten, voll bleichen. Dabei hat der Zusatz von Wasserglas ein Vielfaches, so 10 und mehr Gewichtsteile zu betragen. Es kann die entschlichtete Ware aber auch mit Chlor schwach vorgebleicht sein, wobei die Ablaugen des Sauerstoffbades zum Vorbehandeln ausnutzbar sind. Zum Bleichen von mit Degomma vorentschlichteter Ware, die weiterhin längere Zeit, etwa 24 Stunden mit der Ablauge aus der Hauptsauerstoffbleiche bei 30—40° C behandelt wurde und nach dem Waschen ein schwaches Chlorbad von 2 g Cl erhielt, werden auf 100 Gewichtsteile je 0,5 Na_2O_2 und 5,5 Teile Wasserglas in 300—500 l Wasser bei 40° C gerechnet. Buntware wird bei Temperaturen unter 36° C behandelt.

Als Vorteil wird neben dem geringen Verbrauch an Na_2O_2 — neben Ersparnis an Dampf — erwähnt, daß bei der schwachen Konzentration und niedrigen Temperatur keine Bleichschäden vorkommen. Diese „Kaltbleiche" wird in der Technik nur bedingte Anwendung finden können.

Einfluß der Reaktion.

Die Zersetzlichkeit von Peroxydflotten pflegt um so größer zu sein, je stärker alkalisch die Lösung, die OH-Ionenkonzentration ist, doch sind vorhandene Katalyte, Antikatalyte und Salze, mit denen die Alkalien zu reagieren vermögen, von großem Belang. Dieselben Zusätze von Alkalien, Säuren, Salzen rufen demnach in Lösungen verschiedener Peroxyde nicht immer die gleiche Wirkung hervor. Etwa entstehende Niederschläge vermögen je nach ihrer Natur die Haltbarkeit im günstigen sowie im ungünstigen Sinne zu beeinflussen, was durch Abfiltrieren der Niederschläge und weiteres Prüfen der Vergleichsflüssigkeiten feststellbar ist. Für die Haltbarkeitsfragen ist es sogar wesentlich, ob man die Peroxyde in verdünnter oder stärkerer Lösung prüft, weil sich zwei Einflußursachen gegenüber stehen. In einer konzentrierten Lösung macht sich die Reaktion des Peroxyds selbst, so die OH-Ionenmenge des Natriumperoxyds mehr geltend. Das Verdünnen kann andererseits wieder die Gefahr eines Vermehrens von Katalyt, und daher eine größere Zersetzlichkeit mit sich bringen. Reaktionsänderungen treten während des Bleichens ein, die Alkalität der Flotte geht zurück, denn die sauren Oxydationsprodukte sättigen das freie Alkali ab, nötigenfalls ist sogar Alkali nachzusetzen.

Folgende Versuche mit je 40 g vorgekochtem Baumwollgarn in 500 cm³ Flotte zeigen das Verhalten bei stark verschiedener Reaktion:

500 cm³ Leitungswasser + 20 cm³ technisches Wasserstoffsuperoxyd,
Anfangstiter 20 cm³ = 12,8 $Na_2S_2O_3$.

	Nach ¹/₂ Std. bei 70°	+ ¹/₂ Std. bei 80°	+ ¹/₂ Std. bei 85°	+ 15 Stdn. über Nacht eingelegt
1. ohne Zusatz	12,8	11,1	6,7	1,5
2. + 0,2 g Schwefelsäure	12,3	9,5	5,3	0,8
3. + 0,5 g ,,	12,7	12,7	9,6	8,0
4. + 0,2 g Ätznatron . .	9,6	6,3	3,3	1,0
5. + 0,5 g ,, . .	9,6	5,4	1,9	0,2
6. + 1,0 g ,, . .	10,3	5,5	1,6	0,1
7. + 2,5 g ,, . .	10,2	5,6	1,3	0,1

Die Reihenfolge des Bleichgrades der Makogarne war 7 (schön weiß), 6, 5, 4 (weiß), 1 (creme), 2, 3 (kaum gebleicht). Auch wenn man berücksichtigt, daß die Flotten zum Teil noch aktiven Sauerstoff aufweisen, ist doch offensichtlich die alkalische Reaktion vorteilhafter, notwendig.

Um aus Natriumsuperoxyd nicht zu scharf alkalische Flotten zu erhalten und Verluste beim Auflösen möglichst zu vermeiden, lauteten die Vorschriften früher vielfach dahin, 1 kg Natriumperoxyd in einer Lösung von 1,35 kg konzentrierter Schwefelsäure in 100 l Wasser einzutragen und die Flotte nach Bedarf auf schwach alkalische Reaktion mit Natriumphosphat, Ammoniak und anderen Alkalien wie Seife, Wasserglas einzustellen. Die Zusätze wirkten teilweise als Antikatalyte. Andere Vorschriften sahen ein Arbeiten mit Magnesiumsalz vor, um das Ätznatron durch Abscheiden von schwerlöslichem Magnesiumhydroxyd zu unterdrücken. In letzterem Falle bildet sich gleichzeitig Magnesiumperoxyd MgO_2 oder ein Hydrat dieses, das den Sauerstoff langsam abgibt. Das Verhalten derart stabilisierter Flotten wird im nächsten Abschnitt weiter besprochen.

Wenn die Bleichflotte eine gewisse Alkalität aufweisen muß, so ist es andererseits wieder verfehlt, Fasern wie Leinen mit zu scharfen Laugen zu behandeln. Es kommt sonst zu einem erheblichen Faserabbau, zu einem großen Gewichtsrückgang. Man stellt deshalb die Bleichbäder erfahrungsgemäß auf eine gewisse Alkalität ein. Auch bei der Baumwollbleiche kann eine stark alkalische Flotte eine größere Beeinträchtigung der Faserfestigkeit und des Gewichtes bedeuten. Wie nachstehend ausgeführt, beeinflußt selbst die Flottenlänge von Alkalilaugen das Ergebnis, dieser Möglichkeit ist bei Versuchen mit alkalischen Sauerstoffbädern doppelte Beachtung zu schenken. Um so mehr noch, als man hier üblicherweise das Bleichmittel prozentual auf das Gewicht des Bleichgutes verrechnet und nicht wie beim Chloren den Gehalt der Bleichflüssigkeit je Liter angibt. Die ungenügende Beachtung des Flottenverhältnisses mag vorgekommene Mißerfolge erklären.

So ergaben sich folgende Unterschiede bei Bleichversuchen von rohem Flachsgarn Nr. 35 mit Na_2O_2 und äquivalenten Mengen Ätznatron. Die Flotten enthielten zur Stabilisierung alle 3% Wasserglas, auf das Gewicht des Garnes bezogen. Die Bleichdauer betrug 3 Stunden, die Schlußtemperatur lag bei 90° C.

	Flotten-länge	Gewichtsverluste in %	
		Peroxyd	Ätznatron
3 % Na_2O_2 bzw. NaOH	1:6	12,8	10,7
	1:10	10,7	12,3
	1:20	10,0	11,6
5 % Na_2O_2 bzw. NaOH	1:6	18,0	17,2
	1:10	17,2	15,7
	1:20	16,6	14,3

Die Sauerstoffbäder bewirkten einen größeren Verlust als die äquivalenten Natronlaugeflotten, da sich die Oxydationsprodukte der Zellulose auflösen. Es zeigten die Flotten auch einen größeren Alkaliverbrauch beim Rücktitrieren mit Säure. Wenn also in einer Vorschrift 3% Peroxyd vorgesehen sind, so ist es wesentlich, ob 30 g Na_2O_2 auf 1000 g Garn in 6 l Flotte oder in 20 l Flotte zur Einwirkung gelangten. Die vorstehenden Unterschiede sind größer, weil es sich um ein Rohgarn handelte, aber auch bei vorgebleichten Textilien werden sich ungleich lange Flotten verschieden auswirken können, sowohl was Gewichts- wie Festigkeitsverluste betrifft[1].

Die für den Bleichvorgang erforderliche alkalische Reaktion sollte einigen Patenten zufolge besser in der Weise herbeizuführen sein, daß man das Material zunächst mit der alkalisierten Flotte durchtränkt, um keine Sauerstoffverluste durch

---

[1] Nach Scott, vgl. Textilber. 1929 S. 961, ist für das Bleichen in Peroxydbädern ein Bereich von p_H 9—10 empfehlenswert. (Für Hypochlorit nennt Scott 7—8 als günstiger?) Vgl. S. 116.

Nebenreaktionen zu haben. DRP. 256997, H. Siebold, DRP. 270703, 271155, 275879, Chemische Werke vorm. H. Byk.

Es ist nicht zu erwarten, daß solche Vorschriften ein gleichmäßigeres und schonenderes Durchbleichen des Textilgutes ermöglichen oder die Bleichkosten erheblich mindern. Ebensowenig erscheint es richtig, in den Flotten die alkalische Reaktion weitgehendst zu unterdrücken. Das zum Bleichen von Leinen und Baumwolle dienende Bad bedarf einer gewissen Alkalität, um die Oxydationsprodukte auszulaugen. Da schärfer alkalische Laugen tierische Fasern wie Wolle und Seide gefährden, so mag hier eher eine schwächer alkalische Flotte angebracht sein. Die nachstehenden Verfahren haben somit für das Bleichen von Baumwolle und Leinen keine Bedeutung erlangen können, allenfalls für das Bleichen von Geflechten.

DRP. 249325, H. Byk, sah die Zugabe von sauren Substanzen, wie Natriumbisulfat zu Perborat in einem solchen Mengenverhältnis vor, daß die Lösung von lackmusalkalischer Reaktion bleibt. — An sich ist in der vorgeschlagenen Reaktion kein wesentlicher Erfindungsgedanke zu erblicken. Irgendwelche Mischung in Pulver- oder Tablettenform, die beim Auflösen neutral reagierende Peroxydflüssigkeiten liefern, bieten bleichereitechnisch kaum Interesse, sie sind vielleicht für medizinische Zwecke wichtiger.

DRP. 415584, G. Mc Intosh will eine rasche und gleichmäßige Bleichwirkung ohne Faserschädigung erzielen, auch gefärbte Fasern so behandeln können, wenn man die angefeuchteten Textilien kurz in eine 1—3%ige H_2O_2-Lösung eintaucht, möglichst vollständig auspreßt, um das Gut sich selbst zu überlassen. — Auf ein Durchbleichen und Auslaugen wird schwerlich zu rechnen sein.

DRP. 516531, Österreichische Chemische Werke, G. m. b. H., Wien, sieht sogar ein Bleichen mit gasförmigem H_2O_2 vor. Empfindliche tierische (Pelze) und pflanzliche Fasern sollen in einem geschlossenen Raum den Dämpfen von H_2O_2 ausgesetzt werden, indem man z. B. 30%iges H_2O_2 bei 50° C verdunsten läßt. — Ob solches Verfahren für Pelze u. dgl. von Wert, bleibe dahingestellt, für das Bleichen von Baumwolle usw. schwerlich.

DRP. 218760, Chemische Fabrik Grünau, schlug vor, das Gut vor dem Eingeben in das Bleichbad mit 1%iger Natriumbikarbonatlösung zu tränken, um jede starke Alkalität zu vermeiden. Die Beschreibung weist vor allem auf das Bleichen von Tussahseide hin, das Verfahren soll aber allgemein vorteilhaft sein. — Für die Pflanzenfasern erübrigt sich solche Vorbehandlung.

Die Erkenntnis, daß gut vorgereinigte Ware einen geringen Bedarf an Alkali und Sauerstoff hat, suchte M. Freiberger bei seiner „Nachreinigung" zu verwerten (vgl. S. 222).

Regeln der Sauerstoffabspaltung, Stabilisieren der Flotten.

Die leichte Beeinflußbarkeit alkalisierter Sauerstofflösungen durch Katalyte gab den Anlaß zu zahlreichen Patentanmeldungen. Auf die vorwiegend ein Verbessern der Lagerbeständigkeit betreffenden Vorschläge ist bei Besprechung der Chemikalien hingewiesen worden, hier sind die Vorschriften für das Bleichen zu erörtern.

Stabilisierend wirken schon viele kolloidale Stoffe, wie Leim und in den Flüssigkeiten erzeugte flockige Niederschläge, dann sind gewisse Perverbindungen, wie Magnesiumperoxyd, durch größere Beständigkeit ausgezeichnet und nicht zuletzt erweisen sich gewisse Salze als Antikatalyte.

So leicht zersetzlich eine Peroxydflotte sein kann, so bleibt doch gegebenenfalls in Bleichgut, das keine leicht oxydable Verunreinigungen mehr enthält, Aktivsauerstoff lange nachweisbar, vgl. S. 36.

Daß Säure durch Abschwächen der alkalischen Flottenreaktion die Haltbarkeit verbessert, wurde schon gezeigt. Die Zugabe von Säure zur Bleichflotte ist jedoch nur soweit begründet, als es sich darum handelt, eine zu stark alkalische Reaktion von Natriumperoxyd zu beseitigen, denn angesäuerte Flotten besitzen keine Bleichenergie. Unzweckmäßig war die frühere Arbeitsweise, sogar Natriumperborat in verdünnte Schwefelsäure einzutragen, und dann wieder mit einem schwächeren Alkali einzustellen. Es bedeutete dies einen direkten Verlust an wertvollem Alkali. Das Zurückdrängen der starken Laugenalkalität mit Magnesiasalzen hat als überholt zu gelten. H. Köchlin gab in seiner 1889 zuerst veröffentlichten Vorschrift zum schnellen Bleichen feiner Baumwollgewebe an, die vorgebeuchte Ware von 2000 kg Baumwolle mit 400 l Wasserstoffsuperoxyd 3%, 200 kg gebrannter Magnesia, 50 kg Seife zu behandeln. Schon die hohen Kosten mußten solchem Bleichverfahren fraglichen Wert verleihen, ein Arbeiten mit fast unlöslichem Magnesiumoxyd in diesen Mengen wird mit Unzuträglichkeiten verbunden sein, gleich wie die aus Magnesiumsulfat $+ Na_2O_2$ sich abscheidenden Niederschläge stören.

Die Beobachtung, daß die Magnesiaverbindungen ihren Sauerstoff langsamer abgeben, veranlaßte die Firma Kirchhoff & Neirath bzw. F. Fuhrmann ein Patent für das Bleichen mit Magnesiumperborat sowie mit den entsprechenden Zinkverbindungen zu nehmen. DRP. 250262. Für 500 kg vorgekochtes Baumwollgarn war z. B. als Flotte genannt: 4000 l Wasser mit 20 kg Ätznatron, 10 kg Seife oder 5 kg Türkischrotöl, 1,25 kg Natriumsuperoxyd $+ 2,1$ kg Borsäure $+ 5$ kg konzentrierte Magnesiumchloridlösung. Das Beuchen erfolgt in einem vernickelten Druckkessel während 3—4 Stunden bei 0,5 at. Die Angabe, Magnesiumperborat besitze die besondere Eigenschaft, mit Seife keine Schmieren zu bilden, trifft nicht zu. Ein Abscheiden von klebriger Magnesiaseife war nur deshalb nicht zu beobachten, weil es in den stark alkalischen Lösungen zum Ausfällen von Magnesiumhydroxyd kommt und die feinkörnigen Abscheidungen von der überschüssigen Natronseife emulgiert bzw. in Lösung gehalten werden. Magnesiumperborat ist in der Hitze unlöslicher und scheidet sich als feines Pulver ab. Bei Überprüfungen war mit den angegebenen geringen Sauerstoffmengen kein reines Weiß zu erzielen.

Wie die Deutsche Gold- und Silber-Scheideanstalt in Frankfurt a. M. erkannte, erhöhen geringe Mengen von kolloidal gelösten oder fein verteilten Magnesiaverbindungen, namentlich von Magnesiasilikat die Beständigkeit der Peroxydflotten in auffallender Weise, DRP. 284761.

Selbst heiße ätzalkalische Bleichbäder lassen sich vor vorzeitiger Zersetzung schützen, wenn geringe Mengen von Magnesiasalzen, namentlich in Form von kolloidalen Magnesiasilikaten zugegen sind: für 1,6 kg Natriumsuperoxyd und 400 l Wasser werden 0,12 kg Magnesiumchlorid und 0,15 kg Natriumsilikat neben 0,4 kg Monopolseife genannt. Natürliche Gewässer, welche derartige „antikatalytische" Stoffe enthalten, eignen sich ohne weiteres zur Herstellung beständiger Na_2O_2-Bäder. Die Kolloidmenge ist von der Beschaffenheit des Wassers abhängig, aber so gering, daß eine wesentliche Änderung der Viskosität der Lösung nicht bewirkt wird. Enthalten die natürlichen Wässer die Stabilisatoren schon teilweise, so ist nur die etwa fehlende Menge zu ergänzen. Man kann die Kolloide in fertiger Form in die Flotte bringen, zweckmäßiger sie in der Lösung erzeugen. Die anscheinend durch die verschiedene Beschaffenheit der Katalysatoren bedingte ungleiche antikatalytische Wirkung wird mit Absorptionserscheinungen zusammenhängen. Solche haltbar gemachten ätzalkalischen Bäder eignen sich sehr gut zum Bleichen verschiedenartiger Fasern, der Gehalt an Ätznatron ist dem Bleichgut anzupassen. Die im vorstehenden Beispiel genannten Chemikalien sind zum Bleichen von 100 kg vorgenetzter Baumwolle gedacht. Manche Baumwollsorten werden in einer Einzelbehandlung genügend weiß, nötigenfalls ist etwas mehr Bleichflotte zu nehmen, andere verlangen eine doppelte Behandlung.

Magnesiumsilikat besitzt in hervortretender Weise die Eigenschaft Sauerstoffbleichbäder zu stabilisieren, andere flockige Niederschläge, wie Phosphate und Karbonate von Magnesia und Kalk wirken weniger günstig. Wasserglas hat deshalb für das Stabilisieren große technische Bedeutung erlangt, wobei es nicht als solches, sondern in Gegenwart geringer Mengen von Mg, Ca, wirkt.

Einige ältere Versuchszahlen, die sich auf Lösungen von 2 g Na_2O_2 in 500 cm³ Wasser beziehen, mögen zur Kennzeichnung dienen. Das Peroxyd wurde zunächst in destilliertem Wasser gelöst und dann zu 300 cm³ kupferhaltigem Kondenswasser mit den nötigen Chemikalien gegeben. Der in den Bleichvorschriften vorgesehene Seifenzusatz soll das Netzen des Bleichgutes fördern, Seifen als solche können aber je nach ihrer Zusammensetzung ihrerseits Sauerstoff verbrauchen. Nur bedingt mag eine erhöhte Viskosität der Flotte eine kleine Stabilisierung mit sich bringen.

500 cm³ Wasser + 2 g Natriumsuperoxyd.

	Nach ¹/₄ Std. bei 60°	+ ¹/₄ Std. bei 70°	+ ¹/₂ Std. bei 80°	+ 1 Std. bei 80°
1. Ohne Zusatz	0,35	0,3	—	—
2. + 0,6 g Wasserglas	0,35	0,3	—	—
3. + 10 g Wasserglas.	0,25	0,2	—	—
4. + 10 g Wasserglas + 0,3 g Ma-gnesiumchlorid	16,3	14,5	7,4	1,3
5. + 10 g Wasserglas + 1,5 g Ma-gnesiumchlorid	16,8	16,3	15,5	14,4
6. + 0,6 g Wasserglas + 0,3 g Ma-gnesiumchlorid	16,6	16,3	15,6	15,2
7. + 0,75 g Chlorkalzium (wasser-frei)	14,0	10,1	3,8	1,5

Die Arbeitsvorschrift für das Bleichen von Baumwollwaren nach dem Patent der Scheideanstalt sagt folgendes: Die Baumwolle wird über Nacht in einem schwachen, lauwarmen Seifenbad eingeweicht und nach dem Ausquetschen in einen Bottich aus Holz oder Spezialbeton eingesetzt. Man steift die mit einem Schutztuch zugedeckte Ware mit Holzblöcken ab, um ein Hochtreiben durch das sich während des Bleichens entwickelnde Sauerstoffgas zu vermeiden. Im Ansatzbottich wird das unter Rühren in reinem Wasser gelöste und stabilisierte Peroxyd vorbereitet und nach Vorwärmen in den Bleichbottich gepumpt. Man erhitzt während langsamer Zirkulation rasch auf 90° C. Nach Ablassen des nach 1¹/₂ Stunden erschöpften Bades — Kontrolle mit $KMnO_4$ — wird das Bleichen mit einer frischen Flotte gleicher Art wiederholt, die Ware nun gut gespült, schwach mit Schwefelsäure abgesäuert und in bekannter Weise fertiggestellt. Als Chemikalienverbrauch sind im allgemeinen 1—3% vom Trockengewicht des Bleichpostens zu rechnen.

An negativen Katalysatoren gibt es eine ganze Anzahl, wie aus weiteren Patenten hervorgeht. Da in fraglichem Umfange durch das Bleichgut und die Chemikalien katalytisch wirksame Verunreinigungen in die Flotte geraten und die Stabilisierung beeinflussen können, ist die Zugabe von Antikatalyten den Erfordernissen anzupassen. Es ist möglich, daß die Fasern selbst auch sozusagen antikatalytisch wirken zufolge eines Gehaltes an anorganischen Salzen wie Magnesium. Hingegen besitzt Baumwollwachs kein Stabilisierungsvermögen, wie dies von Russina vermutet wurde.

DRP. 263650, Deutsche Gold- und Silber-Scheideanstalt. Zugabe geringer Mengen von Monopolseife oder dergleichen. — Das Verfahren bezweckte mehr das Lagerbeständigmachen von 3%igem Peroxyd, die Empfindlichkeit gegen Kupfer zu mindern. Neuerdings erhofft man sich Vorteile bei Verwendung hochsulfonierter Produkte als organische Stabilisatoren.

DRP. 271155, H. Byk. Flotten von Perborat oder anderen entsprechenden Lösungen werden durch Zugabe einer geringen Menge Zinn- oder Titanverbindung kochbeständiger. — Mit Zinnchlorid, weniger mit Zinnsoda, läßt sich bei nicht zu kleinen Zusätzen die Haltbarkeit von alkalischen, mit kupferhaltigem Kondenswasser bereiteten Flotten verbessern. Niederschläge von Zinn wären aber in der Bleicherei unerwünscht. Wie die Scheideanstalt feststellte, macht die Gegenwart unlöslicher, fein verteilter und voluminöser Niederschläge von Zinn und ebenso von Aluminium alkalische Peroxydflotten haltbarer, durch Abfiltrieren des Hydroxyds geht die Wirkung zurück. Daß sich Aluminiummetall ebenso wie Zinn für die Apparatur eignen würde, ist schon länger bekannt. In der Bleiche würde das Beuchgut den stabilisierenden Niederschlag in nachteiliger Weise aus der zirkulierenden Flotte abfangen. Gegensätzlich erklärte die Chemische Fabrik Grünau und A. Nöldeke, DRP. 313541, es habe sich als vorteilhaft erwiesen, zu Perboratflotten mit Natronlauge und Seife eine begrenzte Menge von Aluminiumsalz zuzufügen.

Derartige Vorschläge stellen sich bei fraglichem Bleichausfall zum Teil zu teuer bzw. können die Chemikalienzusätze Anlaß zu stärkeren Abscheidungen geben und Fleckenbildung befürchten lassen. Die Vorschläge betreffen auch vor allem das Haltbarmachen der sogenannten selbsttätigen Waschmittel, jener Mischungen mit Seifenpulver für Zwecke der Hauswäsche. Hierhin gehört z. B. die Zugabe von protalbinsauren und lysalbinsauren Salzen (Leimabbauprodukten), DRP. 314590, von Krämer & Flammer.

Hervorzuheben ist, daß auffälligerweise gewisse alkalische Zusätze stabilisierend wirken. Von Wasserglas abgesehen, ist hier pyrophosphorsaures Natron, in zweiter Linie phosphorsaures Natron und Borax zu nennen.

Pyrophosphorsaures Natron, DRP. 226090, L. Sarason, kann ein gutes Stabilisierungsvermögen zeigen, es fand vorwiegend Einführung in der Bleiche für Strohgeflechte u. dgl. Wir haben bei dem Zusatz ein Optimum, das der vorhandenen Katalytmenge entspricht. Für 0,05 g Manganchlorid in einer Perboratlösung 1:500 war z. B. 0,5 g Pyrophosphat erforderlich. Mit der Vermehrung des Zusatzes steigt die Alkalität und damit gleichzeitig die Zersetzlichkeit. Nur für die Einstellung von schwach alkalisch zu haltenden Flotten ist Pyrophosphat ein wertvolles Mittel. Das sich bildende beständigere, komplexe Perpyrophosphat $Na_4P_2O_7 \cdot 2,5\ H_2O_2$ dissoziiert unter dem Einfluß von OH-Ionen wieder leicht, schon kleine Mengen von Alkalilaugen heben die Schutzwirkung wieder auf[1].

Neuerdings wollen die Österreichischen Chemischen Werke, Wien — DRP. 518402 — gefunden haben, daß die gleichzeitige Zugabe von Alkalipyro-

---

[1] Natriumphosphat verbessert in gewissen Grenzen die Beständigkeit der mit hartem Wasser angesetzten Flotten, die jeweilige Alkalität ist von Belang.

phosphat und Chlorid oder Pyrophosphat und Silikat — gegebenenfalls unter
Einstellen auf saure Reaktion — zu einer gesteigerten Haltbarkeit und besseren
Wirksamkeit führt, indem diese Zusätze wechselweise stabilisierend und akti-
vierend wirken (?!).

Borax, DRP. 250262, Berliner Chemische Fabrik, ließ zwar eine gewisse
Minderung der Braunsteinkatalyse feststellen, vermochte jedoch das Abspalten
von Sauerstoff in kupfer- und eisenhaltigem Kondenswasser nicht zu verzögern.
Wegen der günstigen Dissoziation besitzt Perborat eine größere Haltbarkeit als
eine gleichstark ätzalkalische Peroxydflüssigkeit. Den Kosten entspricht jedoch
nicht die erreichbare Verbesserung im Bleichausfall.

Größte technische Bedeutung für das Stabilisieren der Flotten besitzt das billige Wasserglas, wenn es zur Bildung kolloidaler, fein-
flockiger Niederschläge kommt, wie schon bei Besprechung des DRP.
284761 ausgeführt. Die nachstehenden Versuchszahlen geben hierüber
gewissen Aufschluß. In der Technik hängt von den jeweilig in Betracht kommenden Verhältnissen die Dosierung ab. Ein zuweitgehendes
Stabilisieren wäre verfehlt. Es bleibt die alkalische Reaktion in gewissen
Grenzen zu halten, denn scharfe Laugen bewirken einen größeren Gewichtsverlust und gefährden die Fasern.

500 cm³ Leitungswasser + 20 cm³ medizinisches Wasserstoffsuperoxyd,
Anfangstiter: 20 cm³ = 9,8 cm³ KMnO₄.

	Nach ¹/₄ Std. bei 60°	+ ¹/₄ Std. bei 70°	+ ¹/₂ Std. bei 80°	+ 1 Std. bei 80°
1. Ohne Zusatz.	9,2	9,0	8,8	8,4
2. + 1 g reine Soda	6,7	4,5	3,1	2,5
3. + 1 g „ „ + 1 g Wasserglas	8,6	8,6	7,4	6,6
4. + 5 g „ „ + 1 g „	8,6	5,8	3,8	2,5
5. + 1 g „ „ + 5 g „	9,6	9,7	9,9	10,4
6. + 5 g „ „ + 5 g „	9,6	9,2	8,7	6,4
7. + 0,2 g Ätznatron + 1 g „	9,5	9,1	8,1	6,9
8. + 1,0 g „ + 1 g „	8,0	5,7	2,1	0,6
9. — + 1,0 g „	9,7	9,5	9,8	10,2

Die heute in der Technik eingeführten Verfahren fanden ihr Vorbild
im Patent 130437 von A. Gagedois, Don-Lille. Nachdem schon H.
Frentz, DRP. 104494, für das Bleichen von Pflanzenfasern ein Pulver
aus Peroxyd, kaustischem Alkali und Silikat vorgesehen hatte, gelang
es Gagedois unter Verwendung von Wasserglas die Na_2O_2-Bleiche
in größerem Umfange durchzuführen. D. h. das möglichst geheim gehaltene Verfahren fand in der Textilbleiche mehr für Sonderzwecke,
so als Ersatz der Rasenbleiche für Leinen, Anwendung. Der allgemeinen
Einbürgerung der Sauerstoffbleiche standen neben den höheren Kosten
zunächst Apparaturschwierigkeiten und mangelndes Verständnis für
katalytische Wirkungen im Wege. Das Wesen der Stabilisierung war
wohl auch von Gagedois nicht richtig erkannt worden. Man glaubte
die Fasern durch eine stärkemehlartige oder gelatinöse Schutzhülle
vor einem zu raschen und zu kräftigen Angriff des Sauerstoffes bewahren
und somit das Freiwerden des Sauerstoffes hemmen oder verlangsamen
zu können. Unter Anpassen an das Bleichgut sollten in einer zum Einweichen ausreichenden Menge reinen Wassers auf 100 Gewichtsteile des
Bleichgutes angeblich zu lösen sein: 1. 0,5—3% Natriumsuperoxyd,

2. 0,5—4% weiße Seife, 3. 2—8% Soda oder Wasserglas oder Magnesia-Tonerdesalze, wobei die unter 2. und 3. genannten Stoffe ganz oder teilweise durch alkalilösliche Stoffe, Gummi oder Harze, ersetzbar sein sollten.

Diese Angaben waren sehr unbestimmt. An sich ist die Aufzählung der verschiedenen Zusätze sehr mannigfaltig. Einige Chemikalien, wie Magnesiumsalz, wirken stabilisierend, andere, wie Soda, vergrößern in unötiger Weise die Alkalität. Die organischen Stoffe können nur bedingt als Stabilisatoren gelten, sofern sie die Viskosität der Flotte beeinflussen, im übrigen kommt es durch ihre Oxydation zu einem Mehrverbrauch an aktivem Sauerstoff. Die Technik hat sich wohl damit begnügt, Wasserglas (mit etwas Natronlauge alkalischer gemacht?) zur Peroxydlösung zu geben. Wenn das Patent weiter sagte, das Bleichgut sei 4—6 Stunden lang in einem geschlossenen Kessel oder im offenen Behälter mit der auf 50—100° anzuwärmenden Flotte zu behandeln, so kam mehr das Erwärmen auf 80° in einem offenen Holzbottich unter Zirkulieren der Flotte mittels einer Phosphorbronzepumpe in Betracht. Denn eiserne Kiers eigneten sich wegen der Katalysegefahr nicht ohne weiteres, — doch siehe die weiter folgenden Angaben. Um die Rasenbleiche von Leinen zu umgehen, rechnete man auf eine Leinenpartie 1—3 kg Superoxyd mit der 5—10fachen Menge Wasserglas. Es war üblich, auf altem Bade unter Ergänzung der Chemikalien weiter zu arbeiten, oder die alte Flotte zum Vorbeuchen auszunutzen, weil sich die Laugen ungenügend erschöpften.

Jene anfänglichen Schwierigkeiten hat die Technik mehr und mehr zu überwinden gewußt. Es gab namentlich die Einführung der sogenannten Sauerstoffkaltbleiche nach Mohr Anlaß, die Peroxyde mehr zur Erzielung von Hochweiß auf Baumwolle und Leinen heranzuziehen. Die auf die Mohrbleiche bezüglichen Untersuchungen, vorwiegend der chemischen Prüfung des Bleichgutes gewidmet, finden sich S. 229 wiedergegeben. Über die heutige Anwendungsweise der Peroxyde siehe des weiteren bezüglich Baumwollbleiche S. 222 und bezüglich Leinenbleiche S. 256, dort finden sich auch Kurvenzeichnungen, die den Verbrauch an Aktivsauerstoff bei verschiedenartigen Garnen erkennen lassen.

So zeigte sich, daß weit geringere Zusätze an Wasserglas zum Stabilisieren ausreichen. Wie weitere Erfahrungen lehrten, ist selbst ein Bleichen in eisernen Kesseln bei Einhalten gewisser Bedingungen möglich.

Nach H. G. Kauffmann[1] läßt sich das Arbeiten in offenen Kiers mit Laugenzirkulation von oben nach unten mittels Pumpe und indirektem Erwärmen im Vorwärmer durchführen, wenn der Kessel einen Kalk-Zementanstrich erhält. Das Anstreichen muß einen gleichmäßigen, nicht zu spröden Belag ergeben. Da ein Belag von Kalk allein in fraglicher Weise genügt, sind je nach Beschaffenheit der Eisenoberfläche gewisse Mengen von Portlandzement zuzusetzen. Sowohl die Beschaffenheit des Gemisches wie auch die Dicke des Anstriches spielen dabei eine Rolle, namentlich für Kessel, die häufigen Erschütterungen ausgesetzt sind. Nach einmaligem Streichen läßt man 24 Stunden trocknen, der Belag darf dann noch nicht vollständig erhärtet sein. Darauf wird der Kessel mit einer zirkulierenden Flotte von Wasserglas und Soda, ohne daß der Kessel voll zu sein braucht, wenigstens 4 Stunden, nicht unter 92° C ausgekocht. Zunächst ist heiß, dann kalt zu spülen, um nun zu trocknen. Nötigenfalls folgt ein zweiter Anstrich. Eine katalytische Beeinflussung der Bleichflotten durch die Rohrleitung ist nicht zu erwarten, wenn sich aus der zirkulierenden Flotte beim ersten Auskochen geringe Mengen Kalk-Zement ablösen und auf den Rohr- und Pumpenteilen abscheiden. Als Vorteil für die reine Kier-Sauerstoffbleiche nennt Kauffmann die Möglichkeit mit einer kurzen Flotte 1:3 zu arbeiten. Der Verbrauch an Sauerstoff soll bei Stabilisieren der alkalisierten Wasserstoff-Superoxydflotte mit Wasserglas bei

---

[1] Kauffmann: Peroxydbleiche in Eisenkesseln. Textilber. 1930 S. 373.

Mitverwendung von Beuchölen sehr gering sein, zumal die alte Lauge für das Vorentschlichten verwendbar ist. An sich werden zwar die Chemikalienkosten gegenüber Chlorbleiche auf 80—110% höher geschätzt, die Ersparnisse an Wasser, Dampf, Arbeitslöhnen, sollen jedoch die wenig Maschinen bedingende Kierbleiche ökonomisch gestalten. — Ein allgemeines Übertragen dieser angeblich in Amerika verbreiteten Technik auf deutsche Verhältnisse ist nicht unbedenklich, denn unsere Anforderungen sind höher und vorkommende Rostschäden schrecken bei hochwertigen Waren mehr ab. Es ist andererseits zu sagen, daß einzelne Betriebe gar keine Schwierigkeit hatten, in den üblichen Kesseln mit Sauerstoffflotten zu arbeiten, wenn oder weil sich auf dem Metall eine passive Schutzschicht gebildet hatte.

Fällt die Verwendung von Behältern aus armiertem Zement unter DRP. 345 359, so sieht DRP. 527 032, **Elektrochemische Werke München-Höllriegelskreuth**, das Überziehen von eisernen Kesseln mit einer Schutzschicht vor, die neben Zement und Kalk noch Magnesia enthält. Dabei soll die Kalkmenge 50—80% der festen Bestandteile ausmachen, Magnesia stabilisierend auf die Flotte wirken. Nach Auftragen eines streichbaren Breies in etwa 0,4 mm Dicke wird die Lage nicht länger als 12—14 Stunden getrocknet, um vor dem völligen Abbinden dann durch Kochen während 6 Stunden oder länger mit einer Lösung von etwa 1,5% Wasserglas und 0,75% Soda die Schicht zu fixieren. Ein Brei aus 4 Teilen Ätzkalk, 1 Teil Zement und 1 Teil fein pulverisierter Magnesia, die man zunächst alle getrennt anrührt, soll einen elastischeren und nicht so abbröckelnden Belag als Zement oder Kalk geben. Bei sehr rauher Oberfläche ist der Anstrich sogleich doppelt aufzutragen, wünschenswert bleibt eine sehr dünne Schicht.

Titrationen der Bleichflotten gestatten zufolge Laboratoriumsversuchen von Ad. Grün und J. Jungmann[1] keinen Schluß auf den wahren Sauerstoffverbrauch zum Ausbleichen der Verunreinigungen bzw. auf die Einwirkung auf die Zellulose, sondern sie geben nur die Gesamtmenge des aus der Flotte verschwundenen Aktivsauerstoffs an, wobei der gasförmig abgespaltene, unausgenutzt verlorengehende Sauerstoff einen erheblichen Bruchanteil ausmachen kann. Um diesen Verlust beim Bleichen mit Perborat und perborathaltigen Waschmitteln zu bestimmen, verwandten Grün und Jungmann einen gasvolumetrischen Apparat. Unter teilweiser Anlehnung (?) an die Vorschrift von Gagedois ergaben sich folgende Werte:

270 cm³ destilliertes Wasser, Leitungswasser 8°, permutiertes Wasser 0,5°.

Versuch	Rohes Baumwollgewebe g	Perborat g	Kernseife g	Ätznatron g	Wasserglas g
1.	18	0,2184	0,7	0,7	2
2.	16	0,2205	1,5	3,0	—
3.	18	0,4475	1,0	2,0	—
4.	16	0,2247	1,0	3,0	—
5.	13	0,3569	2,0	2,0	7
6.	16	0,2234	1,5	3,0	—

Verteilung des Sauerstoffs.

Versuch	In der Flotte verblieben %	Verlust als Gas entbunden %	Verbrauch zum Bleichen (Differenz) %
1.	2,7	9,7	87,6
2.	7,0	—	93,0
3.	1,7	6,1	92,2
4.	34,2	—	65,8
5.	65,4	4,2	30,4
6.	7,0	14,0	79,0

[1] Grün u. Jungmann: Chem.-Ztg. 1918 S. 473.

Weiteren Versuchen zufolge sollte es sich nicht bewähren, die Seifen- und Ätznatronzusätze wegzulassen, doch könne die Sauerstoffausnutzung bei Gegenwart von Seife eine nur scheinbar gute sein, weil die Fette den Sauerstoff mehr oder weniger zur eigenen Oxydation verbrauchen. —

Die kolloidale Seifenlösung hat als Stabilisator zu gelten, es geht aber je nach Art der Fette durch Oxydation ungesättigter Säuren Aktivsauerstoff verloren. Der vorstehend berechnete Sauerstoffverbrauch läßt die tatsächliche·Ausnutzung des Bleichmittels nicht eindeutig erkennen. Die Chemikalienmengen waren zum Teil außergewöhnlich hoch. Die Bleicherei verwendet keine derartigen Prozentsätze, die z. B. für Ätznatron bis 17,5% vom Bleichgut gingen. Bei solch abweichenden Bedingungen kommt man zu abwegigen Ergebnissen. Vergleichende Bleichversuche unter Anpassung an die Technik mit späterem Abmustern der Reinheit sind der gegebene Weg für die Bewertung von Verfahren. (Über die Wirkung verschiedener alkalischer Hypochloritlaugen auf Baumwolle unter Berücksichtigung einer nachträglichen Peroxydbehandlung veröffentlichten Kind und Korte, vgl. S. 124, umfassende Versuche.)

Peroxyd und seine Verbindungen wurden nicht nur für Bleichzwecke, sondern auch zum Entchloren empfohlen, vgl. S. 150, und ebenso zum Entschlichten und Aufschließen von Stärke. Letztere Verwendung von Perborat stand unter Patentschutz DRP. 203282, Chemische Fabrik Coswig, Entschlichten und gleichzeitiges Bleichen. Das Patent 250397, Chemische Werke, vorm. H. Byk, betraf das Verhüten des Ausblutens von buntgewebten Waren beim Beuchen, vgl. Buntbleiche. Verschiedenen Patenten der Chemischen Fabrik Coswig zufolge soll sich auch ein Zusatz von Persalz zu den Farbflotten empfehlen, um klarere Färbungen zu erhalten.

Die Einführung der Sauerstoffbleiche ist nicht zuletzt von der Kostenfrage abhängig. Es läßt sich zwar nicht ein unmittelbarer Vergleich auf eine Gegenüberstellung der Oxydationswerte der verschiedenen Bleichmittel gründen, da die Kosten der Hilfschemikalien und der Nutzwert der Bleichmittel sehr ungleich sind. Die Verminderung der übrigen Kosten, so für Arbeitslöhne, die jeweilige Arbeitstechnik und Apparatur, der Ausfall der Ware, sprechen wesentlich mit. Immerhin ist eine derartige Übersicht von gewissem Wert.

1 l H_2O_2 30% ig (1,11 kg)	liefert	141 g	akt. O 1 kg = 128 g
1 l H_2O_2 40% ig	„	188 g	„ O 1 kg = 165 g
1 kg Na_2O_2 98% ig	„	200 g	„ O
1 kg Perborat 10,5% ig	„	105 g	„ O
1 kg Chlorkalk 35% ig	„	79 g	„ O
1 kg Permanganat[1]	„	218 g	„ O

Die Chlorbleiche weist gewisse technische Nachteile auf, über deren Bedeutung und Umfang die Meinungen allerdings nicht einheitlich sind. Man hat zum Teil die Sauerstoffbleiche in einen gewissen Gegensatz zur Chlorbleiche gestellt. Sicherlich darf die Gefährlichkeit des Arbeitens mit Chlorlaugen — sachgemäße Anwendung vorausgesetzt — nicht überschätzt werden, aber zweifelsohne sind mit dem Chloren größere Gefahren verbunden, welche vorwiegend auf nicht vorhergesehenen Reaktionsschwankungen der Flotten beruhen. Hinzu tritt die Notwendigkeit des Absäuerns oder Entchlorens, um den der Bleichware anhaftenden unerwünschten Chlorgeruch bzw. die Cl-Reste zu beseitigen. Die Sauerstoffbleichmittel verleihen der Ware einen frischen Geruch, das Bleichen erscheint einfacher, da die Persalze den Beuch-

---

[1] Der Theorie nach in saurer Lösung ohne Abscheidung von Braunstein. Bei Abscheidung von MnO_2, welche unvermeidbar ist, entsprechend weniger.

laugen unmittelbar zugesetzt werden können. Doch haben Sauerstoff-
bleichflotten nicht als für die Textilien völlig ungefährlich zu gelten,
ihre Anwendung setzt gleichfalls bestimmte Bedingungen voraus, denn
eine jede auf ein oxydierendes Ausbleichen der Faserverunreinigungen
zielende Reaktion beschränkt sich nicht immer ausschließlich auf das
Zerstören der Färbungen. Die Oxydation erstreckt sich zwar zuerst
vorwiegend auf die leichter angreifbaren Zellulosebegleitstoffe und Verunreinigungen; nebenher kann aber eine Faseroxydation verlaufen,
und diese hintanzuhalten, bleibt die Aufgabe des Bleichers. Nicht zuletzt spielt die Kostenfrage bei der Beurteilung verschiedener Bleichverfahren eine entscheidende Rolle, der Chemikalienpreis allein darf
nicht bewertet werden. Das Chloren hat für Stapelartikel eine größere
Bedeutung behalten, das Bleichen mit Peroxyden führte sich für Sonderzwecke ein, so als Ersatz der Rasenbleiche, denn ein Reinweiß auf
Leinen ist mit Chlorlauge schwer zu erzielen, vgl. den betreffenden Abschnitt. Bedeutungsvoll wurden in den letzten Jahren die Kombinationsbleichen für Baumwolle, um auf der mit Chlor vorgebleichten
Ware durch Nachbleichen mit Peroxyd ein schönes und gut haltbares,
nicht vergilbendes Weiß zu erzielen. Auch kann mit Sauerstoff be-
gonnen, gechlort und nochmals mit Sauerstoff nachbehandelt werden.
Einschalten eines Hydrosulfitbades sollte in der Leinenbleiche von Vorteil sein, siehe S. 256. Weiter gab die Möglichkeit, eine Ware von weichem
Griff zu erhalten, Anlaß zur Verwendung beim Bleichen loser Baumwolle, von Wirkwaren u. dgl. Ob dabei der weichere Griff mit dem
geringeren Entfernen des Baumwollwachses in Beziehung zu bringen
ist, bleibe dahingestellt. Von der günstigen Ausnutzung des Peroxyds
hängt die Anwendbarkeit der Sauerstoffbleichmittel im wesentlichen
ab, vgl. auch F. H. Thies und M. Freiberger, Textilber. 1921, sowie
„Mohrbleiche". Der Aktivsauerstoff darf nicht molekular, gasförmig
entweichen, denn es ist keine nennenswerte mechanische Wirkung,
kein mechanisches Lockern der in den Fasern abgelagerten faserigen
Verunreinigungen vom Gas als solchem zu erwarten, es muß der Sauerstoff in statu nascendi Gelegenheit erhalten, auf die Faserfremdstoffe
einzuwirken.

Vorschriften für die Sauerstoffbleiche von Baumwolle in den verschiedenen
Stadien der Verarbeitung — reine Sauerstoffbleiche und Kombinationsverfahren —
gebe ich an zugehörigen Stellen, ohne jedoch hierbei vollständig sein zu können.
Bei reiner O-Bleiche wird das — vorgenetzte, mit Altlauge? entschlichtete — Gut
in einem geeigneten Apparat auf einem oder auf zwei Bädern gebleicht. Der
Chemikalienaufwand für 100 kg Baumwolle ist je nach der Warensorte und den
Ansprüchen verschieden, er beträgt durchschnittlich 3 kg Na_2O_2 bzw. 4,5 kg H_2O_2
30%ig bei entsprechender Einstellung der Alkalität, wobei man Na_2O_2 mit Schwefelsäure abzustumpfen hat, oder H_2O_2 mit Lauge alkalisiert, aber auch diese beiden
Peroxyde in geeigneter Weise zusammen verwendet, um die gewünschte Alkalität
zu erzielen. Bei Kunstseide sind Laugenschärfe und Temperatur geringer zu halten.
(Wie auf Seite 166 ausgeführt, soll man dem DRP. 507759 zufolge nicht vorgebeuchte Baumwolle unter Verwendung von ätzalkalischen Peroxydflotten bei
reichlicher Zugabe von Wasserglas mit etwa 1% Na_2O_2 bei Temperaturen unter 50° C.
bleichen können.) Für vorgechlorte Ware ist mit einem Aufwand von 0,8—1,5 kg Na_2O_2
bzw. entsprechenden Mengen H_2O_2 zu rechnen. Zum Nachoxydieren gut vorgebleichter Stoffe genügt ein weit geringerer Prozentsatz, etwa 0,1—0,4% Na_2O_2. Es sind

im allgemeinen die gebräuchlichen Einrichtungen verwendbar, Zirkulationskufen, Haspeln usw., es bleiben katalytisch wirksame Metalle zu vermeiden. Die geeignete Auswahl der Werkstoffe ist wesentlich. Holzgefäße, am besten aus Pichpine, eignen sich gut, doch wird das Holz mit der Zeit zerstört und kann abfasern. Einzelheiten über die mit Flottenpressung arbeitende, in Großbetrieben eingeführte Mohrbleiche sind S. 226 nachzulesen. Entsprechend arbeitet ein Universalapparat einfacherer Bauart für die kombinierte Bleiche ohne Umpacken. Um Kanalbildung, die beim Beuchen namentlich an den Wandungen auftreten kann, hintanzuhalten, hat die Scheideanstalt neuerdings, DRP. 501184, empfohlen, die Behandlung in offenen und geschlossenen Gefäßen mit verschieden gerichteten, sich kreuzenden Flüssigkeitsströmen derart durchzuführen, daß z. B. ein Teil der zirkulierenden Flotte durch ein zentral angeordnetes, durchlochtes Rohr in Richtung auf die Gefäßwandung durch das Gut gepreßt wird, während gleichzeitig andere Flüssigkeit senkrecht, vornehmlich von oben nach unten zirkuliert.

Die Scheideanstalt führte nach einer patentierten Bauweise Bleichbottiche aus Zement — bis zu 5000 kg Warenfassung — ein., Wie schon angegeben, ist es auch gelungen, eiserne Kochkessel mit einer Innenauskleidung von Zement zu versehen. Insbesondere für das Bleichen von kleinen Partien, von Buntware, Mischgeweben und namentlich von Trikotagen, Wirkwaren empfiehlt die Firma den O-Bleichapparat nach dem Mischrohrsystem, Patent 453561. Aus dem besonderen Ansatzbottich mit Rührwerk fließt die Stammlösung zu der zirkulierenden, angewärmten Flotte in der Bleichkufe. Bei einem zweiten Typ für die Großbleiche ist eine Imprägniermaschine vorgeschaltet, auf der die Ware mit der vom Ansatzbehälter zufließenden Stammlösung getränkt und dann im Bleichapparat, in den nach Bedarf Flotte und Wasser nachgegeben wurde, unter Zirkulation der Flotte gebleicht wird. Gepanzerte Steinzeugleitungen und Pumpe mit Flügelrad aus Nickel gehören zu diesen Einrichtungen. Dem Schemaplan einer Sauerstoff-Bleichanlage für Trikotstoffe zufolge kommt etwa folgende Arbeitsweise in Betracht:

Trikotbleiche für Baumwolle. Die in einer Einweichkufe über Nacht vorgebleichte Ware wird nach dem Abquetschen in den Bleichbottich abgelegt, nach beendeter Bleiche mit warmem Wasser in einer Trikotagen-Spülmaschine mit kontinuierlichem Arbeitsgang gespült und der Zentrifuge zugeführt. Die Trikotschläuche laufen im losen Strang durch die hintereinander liegenden Spülbassins und zwischengeordneten Gummiquetschwalzen ohne Verdrehen des Stranges. Eine Kufe ist mit Porzellanplättchen ausgelegt, um die etwaige Säureavivierung vornehmen zu können. Die Arbeitsvorschriften haben sich den jeweiligen Rohstoffen anzupassen. Für Makowaren gilt als Anhalt: 1. Bad. 1 kg Na_2O_2, 1 kg H_2O_2, 3 kg Wasserglas, 3—4 Stunden bei 90—95° C. 2. Bad. 0,5 kg Na_2O_2, 1,5—1,8 kg H_2O_2 40%ig, 2 kg Wasserglas, 4—6 Stunden bei 90—95° C.

Kaliumpermanganatbleiche.

Permanganat ist ein sehr starkes und schnell wirkendes Oxydationsmittel. Lösungen von Kaliumpermanganat oder von Natriumpermanganat, die mehr zum Bleichen von tierischen Fasern eine gewisse Bedeutung hatten, werden aber nur noch ausnahmsweise zum schnellen Bleichen von Pflanzenfasern benutzt. Die Anwendung bringt gewisse Schwierigkeiten mit sich, überdies neigte das fürs erste sehr frische Weiß öfter zum Vergilben, nicht zuletzt spricht der höhere Preis mit.

Die Abgabe des Sauerstoffs erfolgt in neutraler oder schwach alkalischer Lösung nach der Gleichung $2\,KMnO_4 + H_2O = 3\,O + 2\,MnO_2 + 2\,KOH$.

Es spalten sich aus 2 Molekülen Permanganat 3 Atome Sauerstoff ab unter gleichzeitiger Bildung von Ätzkali und unter Abscheidung von Braunstein, welcher das Bleichgut verfärbt oder die Flotte trübt. Beim Arbeiten in saurer Lösung sollte die Reaktion unter Aufhellen bzw. Entfärbung der Lösung nach der Gleichung $2\,KMnO_4 + 3\,H_2SO_4 = 5\,O + 2\,MnSO_4 + K_2SO_4 + 3\,H_2O$ verlaufen. Um jedoch beim Bleichen von Fasern einen derartigen Verlauf zu haben, wäre dem Bade eine erhebliche Menge von Schwefelsäure zuzusetzen, die Konzentration bis auf 5° Bé zu steigern. In der Technik ist es deshalb üblich, nur in schwach angesäuerter Lösung zu arbeiten, um jedenfalls das Alkalischwerden der Flotten zu verhüten. Immerhin geht bei Zugabe von nicht zu geringen Säuremengen zum Bleichbade der Vorteil einer besseren Sauerstoffausnutzung nicht ganz verloren, da es nur zu einer schwächeren Abscheidung von Braunstein auf der reduzierenden Faser kommt. Das Auftreten einer alkalischen Reaktion muß unbedingt wegen sonstiger großer Festigkeitsgefährdung der Fasern vermieden werden. Für alkalischere Flotten ist jedoch noch eine dritte Reaktion zu formulieren, es bildet sich aus dem roten Permanganat unter dem Einfluß reduzierender Substanzen grünes Manganat: $2\,KMnO_4 + 2\,KOH = 2\,K_2MnO_4 + H_2O + O$. Eine Verfärbung von Bleichgut und Flotte nach Grün deutet also stärkere Alkalität an. Solche Verfärbung fällt weniger auf, wenn die rote Farbe des überschüssigen Permanganats oder die Braunsteinabscheidung das Grün überdecken, nur ein dunkleres Violett zeigt sich als Zwischenstufe. Solche alkalische Bleiche ist mit einer erheblichen Faseroxydation verbunden, wie aus nachstehenden Versuchszahlen hervorgeht, welche auch die Reihenfolge des erzielten Bleichgrades angeben[1]. Als Bleichgut dienten 8 g Baumwollgarn, die mit 100 cm³ einer 0,1 %igen Permanganatlösung und den angegebenen Zusätzen $^1/_2$ Stunde gebleicht wurden. Die Reißfestigkeit ist prozentual auf die Anfangsfestigkeit bezogen. Obschon das Weiß von Versuch 4 und 5 am schlechtesten ausfiel, haben diese Garne bereits erheblich an Festigkeit eingebüßt.

	Festigkeit	Reihenfolge des Weiß
1. $KMnO_4$ 0,1 g 100 cm³	91,0	III
2. „ $+ 0,1$ g H_2SO_4 . . .	96,4	II
3. „ $+ 0,5$ g H_2SO_4 . . .	91,1	I
4. „ $+ 0,08$ g $NaOH$ . .	83,5	V
5. „ $+ 0,1$ g Na_2CO_3 . .	84,4	IV

Mit einem Alkalischwerden der Bleichflotte hat man einmal beim Arbeiten auf stehendem Bade zu rechnen, da sich das abspaltende Alkali anreichert. Dann kann das Bleichgut als solches Alkali ins Bad mitbringen, wenn nach einem Vorbeuchen nicht genügend gewaschen oder wenn die Merzerisierware nicht abgesäuert wurde. Erhebliche Faseroxydationen treten namentlich in letzterem Falle ein, da die stehende Flotte zunehmend alkalischer wird, sofern sie nicht anfänglich stark angesäuert war. Bei Laboratoriumsversuchen wurde Baumwollgarn ohne Spannung durch Merzerisierlaugen genommen und in verschiedener Weise nachbehandelt. Alle Garne erhielten zum Schluß ein Bisulfitbad. Die Festigkeit ist prozentual berechnet.

1. Unbehandeltes Garn 100,0
2. Merzerisiert mit konzentrierter Natronlauge, gespült gesäuert, gespült, nicht gebleicht 118,6
3. Nach dem Merzerisieren gespült, gesäuert, gespült, $KMnO_4$ 0,1 g in 100 cm³ 108,7
4. Nach dem Merzerisieren 3×1 Min. in 500 cm³ Wasser gespült (Restalkalität 0,06 $NaOH$ = 1,5 cm³ $^1/_1$ n $NaOH$) $KMnO_4$ 0,1 g (Alkalität an Kontrollproben bestimmt) 104,7
5. Nach dem Merzerisieren gespült, gesäuert, gespült, $KMnO_4$ 0,1 g $+ 1,5$ cm³ $^1/_1$ n $NaOH$ 88,7
6. Nach dem Merzerisieren 3×1 Min gespült, $KMnO_4$ 0,1 g $+ 1,5$ cm³ $^1/_1$ n H_2SO_4 97,4
7. Nach dem Merzerisieren nicht gespült, nur abgewunden in $KMnO_4$ 0,1 g (Restalkalität = 5,8 g $NaOH$) 55,3
8. Nach dem Merzerisieren nur abgewunden, zu $KMnO_4$ die berechnete Menge H_2SO_4 90,7
9. Nach dem Merzerisieren gespült, gesäuert, gespült, $KMnO_4$ 0,1 g $+ 10$ cm³ $^1/_1$ n H_2SO_4 114,2

---

[1] Kind: Die Permanganatbleiche. Ztschr. f. ges. Textilind. 1919 S. 246.

Bei den vorstehenden Versuchen ist mit einem verhältnismäßig großen Überschuß an Bleichmitteln gearbeitet worden, der sich bei reaktionsfähigen Flotten wie Permanganatlösungen gegebenenfalls stark geltend macht und somit zu einer Oxyzellulosierung führt. Steht ein größerer Überschuß an Aktivsauerstoff zur Verfügung, so werden zunächst die Faserfremdstoffe oxydiert, nach einem anfänglich starkem Verbrauch an Bleichstoff verlangsamt sich die Konzentrationsabnahme mehr und mehr, wenn nur noch die Zellulose das Angriffsobjekt bildet und sofern nicht eine weitere katalytische Zersetzung hinzutritt. Es ist die Menge des Aktivsauerstoffs bzw. der Verbrauch des Bleichmittels durch entsprechende Bleichzeiten zu regeln, wobei die Flottenlänge nicht vernachlässigt werden darf, wie aus den nachstehenden Versuchen mit verschiedenartigen Fasern hervorgeht[1].

1. Schmutzige Abfallbaumwolle, mit Soda vorgekocht.
2. Amerikanisches Baumwollgarn, mit Soda vorgekocht.
3. Amerikanisches Baumwollgarn, vorgebleicht (übliches Weiß).
4. Flachs-Naßspinnabfall, mit Soda ausgelaugt.
5. Flachsgarn mit Lauge vorgebeucht.
6. Flachsgarn, $^1/_2$ Weiß.

Ließ der an leicht oxydablen Faserfremdstoffen reiche Flachsspinnabfall die rote Farbe der Bäder in kurzer Zeit verschwinden, so genügten bei dem halbweißen Leinengarn und bei dem gebleichten Baumwollgarn zum Teil viele Stunden nicht. Das vorgebleichte Baumwollgarn brauchte sogar bei einer Konzentration von 0,5 g/l $KMnO_4$ und in 6 facher Flotte, also bei 0,3 % vom Gewicht, noch 6 Stunden zum Entfärben. Daß der Verbrauch an Oxydationsmitteln in einer konzentrierter angesetzten Lösung schneller anwächst und die Fasergefährdung ansteigt, ist naheliegend.

$KMnO_4$	Flottenlänge	Ansatz %	Abfall-Baumwolle	Baumwollgarn gekocht	Baumwollgarn gebleicht	Flachsabfall	Leinengarn gekocht	Leinengarn gebleicht
1/1000	1:6	0,6	5 Min.	66 Min.	12 Stdn.	3 Min.	8 Min.	22 Stdn.
1/1000	1:10	1	16 Min.	6 Stdn.20Min.	24$^1/_2$Std.	12 Min.	37 Min.	31 Stdn.
1/1000	1:20	2	87 Min.	34 Stdn.	nach 48 Stdn. noch nicht entfärbt	27 Min.	2 Stdn. 8 Min.	nach 48 Stdn. noch nicht ganz entfärbt
5/1000	1:10	5	3 Stdn.52Min.	34 Stdn.	48 Stdn.	53 Min.	4 Stdn.22 Min.	27 Stdn.

Noch besser zeigen die Notwendigkeit den Bedarf und den Verbrauch an Bleichmitteln dem Bleichgut anzupassen die nachstehenden Zahlen von Versuchen mit 100 g, 50 g und 12,5 g Faser in je 1000 cm³ Flotte. Die anfänglich lebhafte Verbrennung der Faserbegleitstoffe bewirkte sogar eine meßbare Temperatursteigerung. Dieselbe erreichte bei 100 g Baumwollgarn in der ersten halben Stunde 0,8° C, bei 100 g Flachsabfall wurde das Maximum von 32° C nach 25 Minuten beobachtet. Solche Temperatursteigerung beschleunigt ihrerseits die Bleich-

Verbrauch von Permanganat (Zimmertemperatur).

	Beim Bleichen von Baumwollgarn $KMnO_4$ 1/1000				Beim Bleichen von Flachsspinnabfall $KMnO_4$ 5/1000		
	100 g	50 g	12,5 g		100 g	50 g	12,5 g
Nach 10 Min. . .	0,15	0,05	0,02	Nach 10 Min. . .	2,92	1,87	0,78
„ 20 „ . .	0,38	0,13	0,05	„ 20 „ . .	3,62	2,64	0,94
„ 30 „ . .	0,42	0,21	0,08	„ 30 „ . .	4,55	3,20	1,08
„ 60 „ . .	0,57	0,30	0,11	„ 60 „ . .	5,00	4,23	1,57
„ 2 Stdn. . .	0,75	0,41	0,15	„ 2 Stdn.	—	4,90	2,34
„ 5 „ . .	0,93	0,58	0,19	„ 22 „	—	—	3,96
„ 21 „ . .	—	0,84	0,31	„ 46 „	—	—	4,79
„ 48 „ . .	—	—	0,53				

[1] K i n d: Die Flottenlänge bei Bleichversuchen. Leipzig. Mschr. Textil-Ind. 1924.

geschwindigkeit, gleichwie dieselbe von dem mehr oder minder guten Zirkulieren der Lösungen und den etwaigen katalytischen Reaktionen abhängen kann. Der erzielte Bleichgrad braucht nicht dem Chemikalienrückgang zu entsprechen, Faseroxydation und katalytische Zersetzung bedeuten oft große Verluste. Das Bleichen ist nicht zu lange auszudehnen, wenn der Titrationswert nur noch langsam fällt, ist die Annahme berechtigt, daß mangels leichtoxydabler Faserfremdstoffe die Zellulose als solche das Angriffsobjekt bietet.

	$KMnO_4$	Ansatz	Verbrauch g	Festigkeit %
1.	1/1000	100 cm³ = 0,1 g = 1% 17° C	0,034	98,6
2.	1/1000	200 cm³ = 0,2 g = 2% 17° C	0,048	100,3
3.	1/1000	800 cm³ = 0,8 g = 8% 17° C	0,063	100,7
4.	5/1000	100 cm³ = 0,5 g = 5% 17° C	0,152	93,1
5.	5/1000	200 cm³ = 1,0 g = 10% 17° C	0,176	90,0
6.	5/1000	800 cm³ = 4,0 g = 40% 17° C	0,208	87,3
7.	1/1000	100 cm³ = 0,1 g = 1% 50° C	0,100 nach 2 Stdn.	97,7
8.	1/1000	200 cm³ = 0,2 g = 2% 50° C	0,190	96,2
9.	1/1000	800 cm³ = 0,8 g = 8% 50° C	0,360	89,9
10.	5/1000	100 cm³ = 0,5 g = 5% 50° C	0,500 nach 2¹/₂ Std.	77,5
11.	5/1000	200 cm³ = 1,0 g = 10% 50° C	0,950	61,0
12.	5/1000	800 cm³ = 4,0 g = 40% 50° C	0,620	49,3
13.	1/1000	100 cm³ = 0,1 g = 1% 17° C + 0,2 g H_2SO_4	0,076	96,4
14.	1/1000	200 cm³ = 0,2 g = 2% 17° C + 0,3 g H_2SO_4	0,090	92,5
15.	1/1000	800 cm³ = 0,8 g = 8% 17° C + 1,6 g H_2SO_4	0,127	91,5
16.	1/1000	800 cm³ = 0,8 g = 8% 17° C + 0,4 g H_2SO_4	0,108	97,7
17.	5/1000	800 cm³ = 4,0 g = 40% 17° C + 0,4 g H_2SO_4	0,184	85,6
18.	5/1000	800 cm³ = 4,0 g = 40% 17° C + 8,0 g H_2SO_4	0,500	68,8
19.	1/1000	100 cm³ = 0,1 g = 1% 17° C + 0,1 g NaOH	0,100 nach 55 Min.	84,2
20.	1/1000	200 cm³ = 0,2 g = 2% 17° C + 0,2 g NaOH	0,200 nach 130 Min.	87,1
21.	1/1000	800 cm³ = 0,8 g = 8% 17° C + 0,8 g NaOH	0,520	58,1
22.	1/1000	800 cm³ = 0,8 g = 8% 17° C + 0,2 g NaOH	0,220	86,5
23.	5/1000	800 cm³ = 4,0 g = 40% 17° C + 0,2 g NaOH	0,970	43,6
24.	5/1000	800 cm³ = 4,0 g = 40% 17° C + 4,0 g NaOH	3,230	morsch

Zur Bestimmung von Alkali in Permanganatlösungen[1] ist eine Probe mit überschüssigem Wasserstoffsuperoxyd, über dessen Reaktion ein blinder Titrationsversuch Aufschluß liefert, zu erhitzen, um nach Abfiltrieren des Braunsteinniederschlages das Gesamtalkali mit Säure zu messen:

$$5\,H_2O_2 + 2\,KMnO_4 = 2\,KOH + 2MnO_2 + 4\,H_2O + 4\,O_2.[1]$$

Das Auftreten von freiem Alkali läßt sich auch durch Zugabe von Magnesiumsulfat zufolge Bildung von unlöslichem $Mg(OH)_2$ ausschließen. R. Weiss[2] empfahl zum Nachbleichen von Druckwaren an Stelle von Dampfchlor eine mit Natriumbikarbonat oder Borax schwach alkalisch zu haltende Permanganatlösung. Letztgenannte Salze dürften sich weniger zum Regeln der Bleichenergie eignen. Erst nach Auflösen des Niederschlages von Braunstein in einem zweiten Bade wird der erzielte Bleichgrad sichtbar. Man kann zwar zum Lösen Oxalsäure und angesäuertes Wasserstoffsuperoxyd verwenden, praktisch kommt jedoch wohl nur Bisulfit in

---

[1] Craig: Bestimmung an Alkali in Permanganatlösungen. Chem. Zbl. Bd. 4 (1919) S. 487.

[2] Weiss: Färber-Ztg. 1914 S. 334.

angesäuerter Lösung in Betracht. H_2O_2 erscheint zudem wegen katalytischer Zersetzlichkeit weniger empfehlenswert. Um nicht von den Gasen der schwefligen Säure belästigt zu werden und um diese Säure besser auszunutzen, kann man die Haspeln, auf denen die Stückware läuft, in Verschläge mit Glasverschluß einbauen. Wird Garn auf Kufen umgezogen, so ist für eine genügende Ventilation zu sorgen, ebenso bei Apparatbleiche mit zirkulierender Flotte, doch lassen sich hier Geruchsbelästigungen eher vermeiden. Das entstandene Mangansulfat muß gut ausgewaschen werden, da es sonst zum Vergilben der Bleichware beiträgt. Das Weiß „steht" an sich meist nicht gut, der Kern des Fadens pflegt bei zu schnellem Bleichen schlecht durchgebleicht zu sein und die Faserverunreinigungen werden in der sauren Lösung nicht so gut ausgelaugt.

Die Permanganatbleiche hat sich trotz der Möglichkeit, ein sehr hohes Weiß zu erzielen, nicht allgemein eingeführt, sie stellt mehr eine Hilfsbleiche vor, die man zur Fertigstellung eiliger Partien und in Ergänzung der Chlorbleiche in einzelnen Betrieben kennt. Mehr verbreitet war das Bleichen von Jute mit Permanganat. Ein ausschließliches Bleichen mit $KMnO_4$ kommt wegen der Chemikalienkosten kaum in Frage[1]. An Einzelvorschriften fehlte es in der älteren Literatur nicht[2], doch erübrigt es sich, die überholten Vorschriften für das Bleichen von Baumwolle wiederzugeben. In der Leinengarnbleiche ging die Technik dahin, die halbweiß vorgebleichten und auf Stangen gehängten Strähne in das Bleichbad wiederholt einzutauchen und nach einem guten Wässern auf Bisulfit zu stellen. Auf einem Apparat mit Zirkulationseinrichtung ist zu arbeiten, wenn alle Armaturteile verbleit sind. Da die Lösungen meist nicht ausziehen, so empfiehlt sich auf Grund analytischer Kontrollen ein Auffrischen der alten Flotte mit einer stärkeren Stammlösung von etwa 1%. Die Stammlösung soll zuvor klar absetzen, technisches Permanganat liefert mitunter erhebliche Mengen von Braunsteinschlamm. Als Zusatz erhält solche Stammlösung etwa die doppelte Menge des Permanganats an Schwefelsäure. Die Konzentration des mit der gleichen Menge Schwefelsäure angesäuerten Bisulfitbades hat sich nach der Stärke der Manganabscheidung zu richten. Bei etwa 2—4 l Bisulfitlauge auf 1 m³ bleibt das Bad unter Auffrischen weiter zu benutzen. Als Bleichdauer genügt bei guter Zirkulation $^1/_4$—$^1/_2$ Stunde, ohne daß angewärmt werden muß. Oft ist die Bleiche in wenigen Minuten durchführbar, d. h. bei solch kurzer Einwirkung handelt es sich nur um ein oberflächliches Bleichen der Textilien, ein gründliches Durchbleichen verlangt eine angemessene Zeit. Ein Anwärmen der Flotte beschleunigt den Oxydationsvorgang noch mehr, was in Anbetracht der an sich großen Reaktionsfähigkeit leicht bedenklich werden und zu örtlichen Faserschwächungen führen kann. Gut vorgebleichte Leinenstückwaren kamen in die dem Bleichgrade angepaßten Lösungen von 0,1—1 g/l $KMnO_4$ oder liefen auf der Haspel oder auf dem Jigger; eine zweite Maschine war zum Nachbehandeln, zum Lösen des Braunsteins vorzusehen. Solche nötigenfalls für $^4/_4$ Weiß ein weiteres Mal in den Bleichgang einzuschaltende Permanganatbleiche bildete nur einen Ersatz der Rasenbleiche. Soll Permanganat zum Bleichen von Jute dienen, wäre zweckmäßig ein Vorchloren vorzusehen, um mit angesäuertem $KMnO_4$ nachzubleichen, wofür stärkere Lösungen bis 2,5 g/l in Frage kommen, da der Bedarf an Aktivsauerstoff hier größer sein dürfte.

Luftbleiche.

Dr. Müller, Eilenburg, wollte den Patenten 240037, 242296 und 262047 zufolge Pflanzenfasern in Beuchkesseln mit Luftsauerstoff bleichen: Beim Durchleiten von Sauerstoff bzw. Luft durch eine Beuchflotte mit Alkalihydroxyd oder einem alkalisch reagierenden Alkalisalz tritt eine Bindung des Sauerstoffs und Wiederabgabe an das Bleichgut ein. Auf diese Weise kann man z. B. die in einer 1%igen, auf 2 at Dampfdruck erhitzten Ätznatronlösung suspendierte Baumwolle durch hineingepreßte Luft im Zeitraume von 16 Stunden vollkommen weiß bleichen. Die Wirkung des Luftsauerstoffs läßt sich noch erheblich verstärken, wenn man

---

[1] Uhlmann u. Achwlediani berücksichtigten z. B. nicht die Kosten. Textilber. 1923.

[2] Vgl. z. B. Theis: Breitbleiche.

in der alkalischen Lösung kleine Mengen von anderen Metallsalzen oder Metalloxyden, wie Mangankarbonat oder Kobaltoxyd suspendiert. Anstatt des gasförmigen Sauerstoffes ist auch der chemisch gebundene Sauerstoff des Mangansuperoxyds verwendbar. Man setzt das Superoxyd der Flotte zu oder leitet letztere außerhalb des eigentlichen Bleichapparates durch Zirkulation an dem Braunstein vorbei, ohne daß das Superoxyd in direkte Berührung mit dem Bleichgut kommt. Zur Vermeidung zu großer, gefährlicher Alkalität erschien es zweckmäßiger, die für die Durchführung des Bleichprozesses erforderliche Alkalimenge der Flotte nicht auf einmal, sondern während der Bleiche in kleinen Teilen auf direktem oder indirektem Wege zuzusetzen.

Ausführungsbeispiel: 1000 kg Abfallbaumwolle werden in einem Kocher mit einer Flotte von etwa 10 m³ Wasser, 150 kg Soda und 250 g Manganchlorür angesetzt. Bei einer Temperatur von 130° C und einem Luftüberdruck von 2 at, also insgesamt 4 at Druck, wird 18 Stunden gekocht unter stündlicher Zuleitung von 5 kg Ätznatron. Die Flotte kann auch in einem Nebenapparat mit dem erforderlichen Luftsauerstoff imprägniert werden, wobei sie gleichzeitig über 1000 kg feingepulvertes Magnesiumoxyd mit eingeschaltetem Filter geführt wird. In einem zweiten Beispiel sind als Lauge 200 kg Soda + 1 kg Kupfersulfat genannt, zur Lauge werden in einem Nebenapparat stündlich weitere 6 kg Kalk zugepumpt. Das Material soll in 16 Stunden gebleicht sein, ohne gelitten zu haben. —

Oxyzellulose bildet sich bekanntlich beim Beuchen sehr leicht, falls der Bleicher keinen Wert auf eine gute Entlüftung des Kochkessels legt. Die „Luftbleiche" wollte die Faserschwächung vermieden wissen, sofern die eingepreßte Luft vorzugsweise mit der Flotte und nicht mit dem Bleichgut selbst in Berührung kommt.

Es macht jedoch große technische Schwierigkeiten, den Luftsauerstoff in gewünschter Weise nur auf die Oxydierung der Fremdstoffe zu beschränken. Eine Suspendierung mag nur bei losem Material angehen, wäre aber bei Leinwand ausgeschlossen. Zu beachten bleibt der stark alkalische Chemikalienansatz. Das Verfahren wurde zufolge privater Auskunft in Eilenburg zeitweise in großem Umfange zum Bleichen von Zellstoff angewandt. —

In Verbesserung des Verfahrens wollte A. Dondain[1] den Luftsauerstoff durch naszierenden Sauerstoff, den er durch Elektrolyse im Innern der Apparatur zu entwickeln gedachte, ersetzen. Nach dem von Ch. Sunder erstatteten Bericht hierüber zerfallen die inkrustierenden Substanzen durch Hydrolyse in Zucker und Säuren der Pektingruppe. In Gegenwart von Ätzkali zeigt der Zucker stark reduzierende Eigenschaften, welche bis zu einem gewissen Grade die Wirkung des entstehenden Sauerstoffs ausgleichen. Die Pektate sind leicht oxydable Substanzen. Bei Sodakochung war hingegen kein Reduktionsvermögen des Zuckers zu beobachten. Es bleibt beim Kochen mit Ätznatron bei 100° C die Lauge in einem nicht reaktionsfähigen Gase farblos, sie bräunt sich jedoch beim Einblasen von Luft und das Weiß fällt schlecht aus. Überschuß von Luft entfärbt die Lauge wieder. Luftsäcke verursachen auf der Ware eine teilweise Oxydation der Pektate, indem sie diese unregelmäßig fixieren. Es entstehen „Kochflecke", die der Bleicher oft zu Unrecht einer schlechten Zirkulation zuschreiben will. Bei vollkommener Entlüftung bleibt die Lauge wenig gefärbt, Flecke werden vermieden, das Weiß ist gut. Die Rohware sollte deshalb vor dem Kochen „reduziert" werden, was jedoch im Großbetriebe nicht durchführbar erscheint. Zusatz von Kolophonium verbessert die Entlüftung (?). Sunder zieht aber nach Prüfung des vorgeschlagenen Verfahrens vor, jeden nicht mit Flüssigkeit angefüllten Raum beim Kochen zu vermeiden, also den Kessel gut zu entlüften!

---

[1] Mülhausener Ber. 1929. — Vgl. Ztschr. f. ges. Textilind. 1929 S. 573.

Ausführung des Bleichens.

Das Bleichen bestand ehedem in einem abwechselnden Büken (Beuchen) der leinenen und baumwollnen Waren mit heißen Laugen von Holzasche oder dergleichen, zum Teil in Verbindung mit einem Brühen mit Kalkmilch, und in einem Ausbreiten auf dem Plan. Weiterhin wurden die Stoffe mit saurer Milch, Sauerkrautbrühe u. dgl. behandelt, deren Wirkung auf ihrem Gehalt an Milchsäure beruhte. Solche nur in den Sommermonaten ausgeübte Bleichkunst nahm sehr viel Zeit in Anspruch und bedingte viele Handarbeit. Nachdem die sich entwickelnde chemische Großindustrie Soda, Natronlauge, Schwefelsäure, Chlorkalk und andere Hilfsmittel zu liefern vermochte, konnte der Arbeitsgang stark verkürzt werden, zumal man auch die technische Einrichtung auszugestalten wußte. Namentlich die Verwendung von Kesseln mit besseren Zirkulationseinrichtungen für die alkalischen Laugen war sehr vorteilhaft. In den Kochfässern mit Injektor erweist sich der Flottenumlauf als noch nicht recht ausreichend. Wenn mittels Düse, Injektors und eines in der Mitte des Fasses angeordneten Stutzens mit Übergußschirm die vom Dampf mitgerissene Flotte über das Gut gespritzt wird, um im Kreislauf unter dem Siebboden zurückzufließen, so arbeiten solche Kessel nur bei Posten von wenigen Hundert Kilo zufriedenstellend. Dabei schwächt das Kondenswasser die Lauge und bringt Luft mit. In den heutigen Druckkesseln — die eine geregelte Großproduktion ermöglichende Druckkochung führte sich in der Baumwollbleiche ab 1886 ein, — bewerkstelligen hochwirksame Pumpen das Umwälzen der Flotte. Für das Erhitzen sind geschlossene Dampfschlangen und Heizkörper im Kessel oder in einem besonderen Vorwärmer vorgesehen. Gegebenenfalls kann man zum schnellen Anheizen zunächst mit direktem Dampf — Injektor — arbeiten, um dann mit indirekter Heizung das Kochen durchzuführen. Als sehr wichtig erkannte die Praxis ein gutes Entlüften der Druckkessel bzw. der Ware, weil sonst eine Oxyzellulosierung der alkalischen Fasern beim Kochen eintritt. Im Druckkessel kochte der Bleicher die durch Einlegen in verdünnte Natronlauge vorentschlichtete Ware bei 1—2 at, spülte, säuerte und wiederholte nach dem Spülen diesen Rundgang. Für die erste Kochung nahm man auch Kalkmilch, da solches Beuchen ein schöneres Blauweiß geben sollte. Die Konstruktion horizontal liegender Kessel mit seitlich verschließbarer Tür zum Einfahren der mit Strangware beschickten Wagen, die sogenannten Matherkiers mit außerhalb des Kessels angeordnetem Laugenerhitzer und Zentrifugalpumpe haben sich in Deutschland weniger eingeführt, wir kennen vorwiegend nur stehende Kessel. Liegende Kessel haben zwar den Vorteil in kürzerer Zeit beschickbar zu sein, die Stückware läßt sich auch in breiter Lage abtafeln, sie benötigen jedoch mehr Flotte, was eine schlechtere Ausnutzung der Chemikalien und der Wärme mit sich bringt, zudem hält das Entlüften schwerer. Von der Zittauer Maschinenfabrik wird ein liegender Kessel nur für die Verarbeitung von Kopsen und solchem Gut, dessen Einschichtung in den Kocher längere Zeit beansprucht, empfohlen, vgl. die Abb. 15. Der Größe der stehenden Kessel sind Grenzen gesetzt, bei zu starker Warenpressung hält das Durchkochen schwer, die Kochdauer ist unerwünscht lange auszudehnen, wenn nicht die Flottenwirkung anderweitig verbessert wird. Die ein Nachkochen mit Alkali bei zwischengeschaltetem Absäuern bedingende Kalkbeuche und das zweimalige Kochen wurde meist aufgegeben. Man sucht nach gutem Entschlichten mit einer einmaligen stärkeren NaOH-Kochung auszukommen. In den 1890er Jahren kam ein von Thies-Herzig mit Mathesius für Großleistung ausgearbeitetes Bleichsystem auf, das zufolge Neuerungen in konstruktiver und chemischer Hinsicht den

Abb. 15. Liegender Hochdruck-Kochkessel (Zittauer Maschinenfabrik AG., Zittau).

Bleichgang abkürzen ließ. Das Wesentliche der Thiesbleiche war die Verwendung kurzer aber konzentrierterer NaOH-Flotten, was eine völlige Entlüftung der Apparatur voraussetzte. M. Freiberger wußte dieses Verfahren weiter auszugestalten, die Fließarbeit anstrebend. Die heutige Hochleistungskochbleiche kann bei geringem Dampfverbrauch unter guter Ausnutzung der Chemikalien ein schönes Weiß liefern, sie gestattet mit wenigen Arbeitskräften in kurzer Zeit große Produktionen fertigzustellen. Das System wird z. B. für eine Tagesleistung von 5000 kg berechnet bzw. sind mehrere Systeme zu verbinden. Die Bestrebungen, Stückwaren nicht in Strangform, sondern als breites Band zu kochen und fertig zu bleichen, haben trotz stets neuer Vorschläge, die nicht zuletzt eine Fließarbeit, die Kontinubleiche, ermöglichen sollten, nicht den erwarteten Erfolg gezeitigt. Die für gewisse Stoffe angezeigt erscheinende Breitbehandlung blieb mehr ein Behelfstechnik.

Die langwierige und viel Handarbeit bedingende Rasenbleiche wurde aufgegeben, sie verschwindet jetzt in der Leinenbleiche, welche die ergänzende Planbleiche beibehalten hatte, um den mit Chlorlauge vorgebleichten Fasern ein Hochweiß zu geben. Neben der Chlorbleiche hat die Sauerstoffbleiche Bedeutung erlangt, da hier das Oxydieren mit dem alkalischen Auslaugen zu verbinden ist. Sauerstoffbleichmittel verlangen jedoch ein Anwärmen der Flotten und damit andere Einrichtungen als die kalt auszuführende Technik des Chlorens. Bei der sogenannten Kombinationsbleiche hat man die Chlorbleiche durch eine Sauerstoffnachbehandlung vorteilhaft zu ergänzen gewußt. Andererseits kam für einzelne Sonderzwecke die „Kaltbleiche" auf, bei der man von einem stärkeren Vorkochen absieht oder ohne Vorkochen die nur zu netzenden Waren zu bleichen sucht. Als ein neueres Verfahren zu nennen ist die Mohrbleiche, bei der die gut vorentschlichtete Ware zunächst mit Flottenpressung gechlort und dann mit Peroxyd fertiggestellt wird. Die maschinelle Ausgestaltung geht dahin, die Handarbeit einzuschränken, das Umpacken zu vermeiden und große Mengen gleichartiger Waren in Fließarbeit fertigzustellen, wobei die Umstellung von älteren Betrieben Schwierigkeiten machen kann oder die zu mannigartigen, kleinen Bleichposten keine Massenverarbeitung gestatten. Neben der an erster Stelle stehenden Baumwollstückbleiche entwickelte sich als Sondertechnik das Bleichen loser Baumwolle und von Spulen, Kettbäumen unter Zurückdrängen der Garnsträhnbleiche. Die Leinenbleiche verarbeitet mit mehreren Bleichgängen noch vorwiegend Strähngarne, hier verlor das Bleichen von Leinwand an Bedeutung. Auch in der Leinenbleiche gehen die neueren Bestrebungen darauf hinaus, die weniger Arbeitslöhne bedingende Apparatbleiche von Spulen und Bäumen auszugestalten. Erklärlicherweise entscheiden die Anlagen- und Betriebskosten die etwaige Durchführbarkeit eines Verfahrens, wobei jedoch keineswegs nur an die Kosten der Chemikalien zu denken ist, denn vereinfachte Technik oder besserer Warenausfall vermögen etwaige Mehrausgaben wett zu machen. Die Einzelheiten der Arbeitsweise haben sich dem jeweiligen Gut und den Anforderungen an die Bleichware anzupassen. Man arbeitet vielfach nicht auf eine „chemisch reine Zellulose“ hin, sondern begnügt sich mit einem „Weißen“, um Gewichts- und Festigkeitsverluste niedrig zu halten. Eben deshalb finden Verfahren, bei denen man von einem völligen Auslaugen der Begleitstoffe durch Auskochen absieht, die Beachtung der Industrie, denn scharfes Kochen führt mit zu einem Abbau von Zellulosesubstanz.

Als deutsche Fabriken von Maschinen für die Bleicherei sind zu nennen, soweit nicht an gegebener Stelle auf Besonderheiten hingewiesen ist:

Gruschwitz, C. A., AG., Olbersdorf, Bleichereimaschinen.
Haubold, C. G., AG., Chemnitz, Bleichereimaschinen.
Krantz, H., Aachen, Bleichapparate.
Lindner, J. G., Crimmitschau, Bleichereimaschinen.
Moltrecht & Reiher, Oelsnitz i. Vogtl.
Obermaier & Cie., Lambrecht (Pfalz), Bleichapparate.
Pornitz, U., & Co., Chemnitz, Koch- und Bleichapparate.
Sporkert, Wilhelm, Wuppertal-Barmen-R., Bleichereimaschinen.
Thies, B., Koesfeld, Bleichapparate.
Zittauer Maschinenfabrik, AG., Zittau, Bleichereimaschinen.

Die Abbildungen des Buches stellen neuere Ausführungsbeispiele von Maschinen vor.

Wegen Einzelheiten über früher ausgeführte Konstruktionen und Bleichverfahren wären die beiden Bücher von C. F. Theis: „Strangbleiche“ und „Breitbleiche baumwollner Gewebe“ nachzuschlagen, in welchen die bekanntgewordenen Patente bis zum Erscheinungsjahr 1902—1905 besprochen sind. Die Apparatbleiche behandelte weiterhin E. J. Heuser in seinem Buche „Die Apparatfärberei von Baumwolle und Wolle“, 1913. Über die Entwicklung der Kochmethoden gab F. H. Thies[1] einen historisch-technischen Abriß. Eine geschichtliche Abhandlung über das Bleichen findet sich in der Ztschr. f. ges. Textilind. 1927 S. 348.

---

[1] Thies, F. H.: Chem.-Ztg. 1920 S. 949.

Bleichen von loser Baumwolle.

Erhebliche Mengen von Baumwolle werden vor dem Verspinnen gebleicht, ebenso ist die Flockenbleiche für die Herstellung von Verbandwatte und Kunstseide von Bedeutung. Aus vorgebleichter Baumwolle gesponnenes Garn ist gleichmäßig durchgebleicht und gibt in der Weberei wenig Abfall, es kann ein Umspulen ersparen. Allerdings ließ sich vollgebleichte Baumwolle oft schwerer verspinnen, weil angeblich die Geschmeidigkeit mit dem Entfernen des Baumwollwachses beim Beuchen verloren ging. Namentlich scharf getrocknetes, ausgedörrtes Bleichgut besitzt eine schlechte Verspinnbarkeit, die Fasern werden leicht elektrisch und liefern keinen glatten Faden. Vor allem verspinnt sich verkochte, durch zu lebhafte Flottenzirkulation oder durch das Hantieren verfilzte Baumwolle schlecht. Die Technik geht deshalb zum Teil dahin, die Fasern nicht scharf auszukochen, sondern nur auszulaugen oder „kalt" zu bleichen, d. h. ohne vorzubeuchen sofort zu chloren oder mit „Sauerstoff" zu bleichen und vorsichtig zu trocknen. Scharf getrocknete Baumwolle sollte jedenfalls vor dem Verspinnen durch längeres Lagern Gelegenheit erhalten, wieder Feuchtigkeit anzuziehen. Wenn empfohlen wurde, das Bleichgut im letzten Bade schwach zu seifen, oder mit einer schwachen 2—3 %igen Kochsalz- bzw. Glyzerinseifenlösung zu imprägnieren, damit die Fasern eine gewisse Feuchtigkeit behalten, so bleibt auf jeden Fall ein völliges Austrocknen des Gutes zu vermeiden. Kochsalz u. dgl. können übrigens eher ein Rosten von Spinnmaschinenteilen hervorrufen. Je weiter der Vorspinnprozeß durchgeführt ist, um so leichter hält erklärlicherweise das Feinspinnen, denn im Kardenband oder in den Feinflyerspulen sind die Fasern bereits parallel geordnet. Andererseits machte es mehr Schwierigkeiten, Kardenbänder und Vorgespinst ohne Beschädigung umzupacken und gleichmäßig zu trocknen.

Spinnbaumwolle wird vielfach in offenen Kufen gebeucht, anderes Gut in Kesseln unter Druck und unter Benutzung von Einrichtungen, welche sich für das Bleichen von Strähngarn, von Spulen usw. einführten. Als Laugenansatz kommen 3—6% Soda und 2—4% Natronlauge in Frage, zwecks besseren Netzens wäre Türkischrotöl, Nekal u. dgl. zuzugeben. Da die Außenschichten des Gutes etwaige Trübungen und Niederschläge in den Flotten gewissermaßen abfiltrieren, so deckt man gern die Oberschicht zum Abfangen des Schmutzes mit Tüchern ab. Nach Möglichkeit sind nur klare Lösungen zu verwenden, ein Blauen mit unlöslichem Ultramarin geht beispielsweise nicht an. Wegen etwaiger Kalkabscheidung sind Chlorkalkflotten weniger geeignet als NaOCl-Laugen. Das Bestreben muß dahin gehen, die verschiedenen Arbeiten ohne vieles Umpacken des Bleichgutes auszuführen, denn die Fasern verfilzen leicht durch Hantieren. Eine Apparatur mit Eisen ist in Anbetracht der Verwendung von Säure- und Chlorflotten nicht geeignet, verbleite Apparate oder Kufen aus widerstandsfähigen Holzarten kommen in Frage, bei Holzbottichen ist aber nur ein offenes Kochen möglich. Wird auf reine Zellulose hingearbeitet oder liegt stärker ölige Abfallbaumwolle vor, so bleibt ein stärkeres Kochen angebracht. Spinnereien bevorzugen mehr und mehr die Kaltbleiche, denn bei Fortfall des Beuchens behält die Baumwolle nicht nur die Spinnfähigkeit besser, sondern auch der Gewichtsrückgang ist in geringeren Grenzen zu halten. Von Kaltbleichverfahren erlangte zunächst

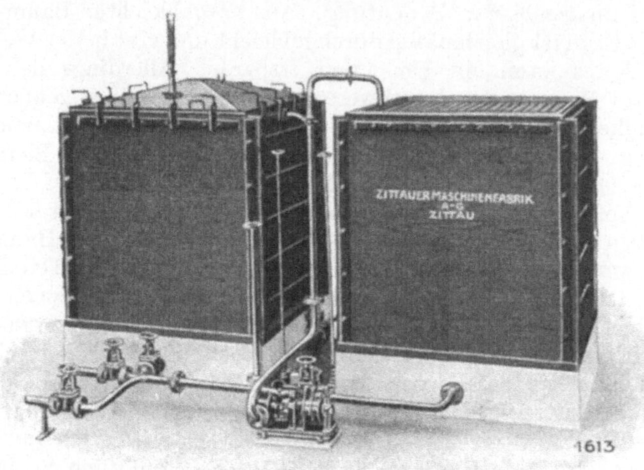

Abb. 16. Koch- und Bleichanlage (Zittauer Maschinenfabrik AG., Zittau).

das Erbansche Patent 176609 Bedeutung: Chloren der Rohwolle mit Chlornatronlauge unter Zugabe von Türkischrotöl u. dgl. zwecks Netzens. Ob die bessere Spinnfähigkeit sich durch ein geringeres Auflösen des Baumwollwachses erklärt, bleibe dahingestellt, nicht zuletzt wird bei einem ohne Umpacken ausführbaren Bleichen unter Vermeiden einer Einwirkung von heißen Laugen die Faser physikalisch besser geschont. Der größere Verbrauch an Aktivchlor, die Verteuerung durch die Zugabe der Seife und die weniger gute Entfernung der Samenschalen

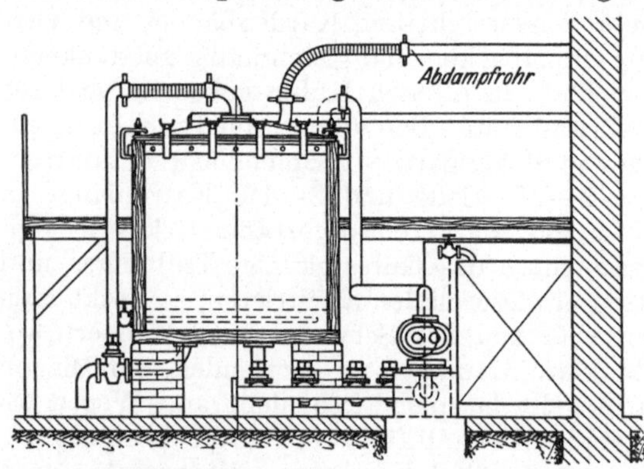

Abb. 17. Schema der Koch- und Bleichanlage.

ließen die Arbeitsweise nach Erban nicht allgemein einführen, in letzter Zeit bürgerten sich aber gewisse Kaltbleich-Verfahren mehr ein (vgl. S. 133).

Einen Koch- und Bleichapparat für lose Baumwolle, Kardenband, Garne, Spulen, Trikotagen, Verbandsstoffe, in dem sich alle Arbeiten ausführen lassen, zeigen die Abbildungen der Koch- und Bleichanlage der Zittauer Maschinenfabrik. Die Laugenzirkulation mittels Injektors ist von dem Flottenumlauf der Chlor- und Säureflüssigkeit — Rotationspumpe aus Phosphorbronze — getrennt. Während des Kochens wird der mit dem Bleichgut beschickte Apparat durch einen verzinkten Blechdeckel mit abnehmbaren Klemmschrauben geschlossen gehalten, damit weder ein Dampfverlust noch eine Belästigung der Arbeiter durch Dampf entsteht. Der Kreislauf der Kochlauge erfolgt durch die Dampfeinblasedüse, die Bleichflüssigkeit wird durch die Pumpe unter dem durchlochten Boden angesaugt und fließt durch eine Übergußvorrichtung oben auf das Gut. Bei höheren Anforderungen an die Reinheit der Fasern sind Hoch-

Abb. 18. Wasch- und Spülmaschine für loses Gut (Zittauer Maschinenfabrik AG., Zittau).

druckkessel anzuwenden. Im Innern eines solchen, nicht nur für lose Baumwolle, sondern auch für Gespinste und Gewebe dienenden Kiers befindet sich ein Siebboden und vielfach ein gelochtes Standrohr für die mittels Zentrifugalpumpe bewirkte Flottenzirkulation. Zum Erwärmen der Kochflotte ist unter dem Siebboden eine Heizschlange angeordnet. Ablaßrohr mit Ventil am unteren Boden und die Sicherheitsausrüstung mit Abblaseventil am oberen Boden gehören zur Einrichtung eines jeden Kessels. Zum Beschicken und Entleeren des Kessels weist der Deckel ein Mannloch auf, falls nicht der ganze Deckel abhebbar ist, das Mannloch kann der bequemeren Entleerung halber seitlich angeordnet sein. Man baut die Kessel gegebenenfalls schwach konisch, um mittels Aushebenetz mit Tragstern und Laufkatze ein Ein- und Ausheben einer ganzen Garn- oder Stück-

Abb. 19. Zupfwolf (Zittauer Maschinenfabrik AG., Zittau).

partie zu ermöglichen, siehe weiter S. 246. Das Spülen erfolgt nach Ablassen des Druckes zweckmäßig zunächst mit warmem Wasser, um ein Ausfallen der heiß gelösten Verunreinigungen vermieden zu wissen. Die gut gewässerte Baumwolle ist in einen besonderen Chlorbleichbottich umzupacken. Wie Kochdauer und Laugenstärke sich nach der

Art des Beuchgutes zu richten haben, so sind die Einzelheiten des Chlorens dem Reinheitszustande des Gutes anzupassen. Je besser die Fasern ausgekocht oder ausgelaugt sind, um so geringer stellt sich der Bedarf und Verbrauch an Aktivchlor. Ein Bleichfaß mit einem

Abb. 20. Hordentrockner (Obermeier & Cie., Lambrecht).

Doppelboden, mit Chlorleitung und Zentrifugalpumpe aus Hartblei für den Flottenumlauf zeigt Abb. 29.

Eine festliegende größere Masse von Baumwolle läßt sich durch einfaches Wässern mit Aufpumpen schlecht ausspülen, zum gründlichen Auswaschen dienen sogenannte Holländer-Waschmaschinen. In diesen ist gegebenenfalls auch zu säuern und mit Antichlor, 1—2 cm³/l Bisulfitlauge zu behandeln. Dem ovalen, mit herausnehmbarem Siebboden versehenen Spülkasten läuft das frische Wasser zu, das Spülen erfolgt zweckmäßig derart nach dem Gegenstromprinzip, daß das Frischwasser die vorgewaschenen Fasern trifft. In Böcken gelagerte Gabelrührer oder Rührflügel bewirken die Vorwärtsbewegung und das Durcharbeiten. Um ein Verfilzen zu vermeiden, soll nicht unnötig lange gespült werden.

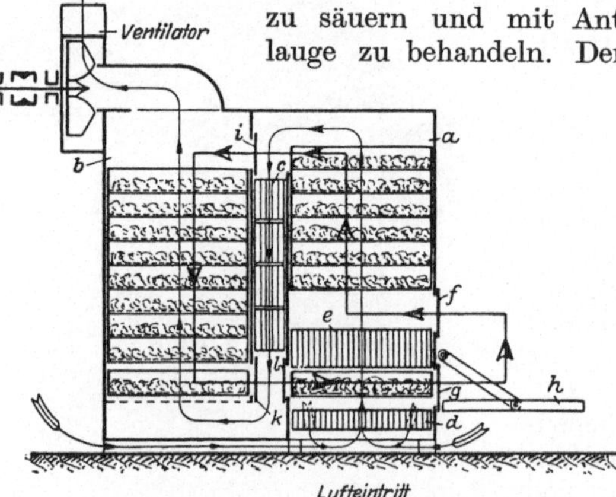

Abb. 21. Hordentrockner (Triotrockner)
(Benno Schilde).

Bei langstapeliger Spinnbaumwolle sieht man vielleicht besser von solchem Waschen ab, weil sich die Fasern leicht zu Wülsten verwickeln.

Nachdem das zentrifugierte oder ausgequetschte Gut gegebenenfalls in einem Zupfwolf wieder gelockert wurde, kommt es zum Trocknen in Horden- oder Kammertrocknern oder in Kontinutrockenmaschinen mit endlosem Transportband. Solche Maschinen bauen außer den S. 186 genannten Firmen Fr. Haas, Lennep und B. Schilde, Hersfeld.

Das Bleichen von Kardenbändern erfordert mehr Handarbeit und liefert beim Beschädigen der Wickel leicht Abfall. Eine weitere Schwierigkeit ergibt sich beim gleichmäßigen Trocknen dickerer Wickel, feuchte Bänder kleben aber an den Walzen der Strecken und überdörrte Baumwolle spinnt sich nicht gut. Um das Ausspinnen zu erleichtern, erscheint es an sich richtig, die Baumwolle zu bleichen, nachdem die Fasern schon zu Bändern vorgeformt sind. Bei Kochbleiche erwiesen sich offene Bottiche als geeigneter, in Druckkesseln verkochen die äußeren Teile leicht und werden beim Umsetzen beschädigt. Vorgespinste können als Wickelkörper auf den Spulen mit gelochten Hülsen oder in Packsystem und abgehaspelt in Strähnform gebleicht werden, solche Technik ist aber wegen des Umspulens weniger vorteilhaft. Das Bleichen des auf gelochten Hülsen ähnlich den Kreuzspulgarnen aufgespindelten Vorgespinstes verspricht ein besseres Ausspinnen, denn beim Packsystem leidet das Gut durch das Pressen, doch bleibt die vermehrte Handarbeit zu bedenken. Das Trocknen erfolgt durch Einlegen in die Kästen und Horden der Kammertrockenmaschinen. Für die Kaltbleiche hatte man u. a. auch einen Zirkulationsapparat mit Rotationspumpe aus Phosphorbronze aus verbleitem Eisenbehälter mit Einsätzen aus Nickelin und Bronze gebaut, die direkt in einer zugehörigen Zentrifuge ausgeschleudert wurden, um ein Umpacken zu vermeiden, doch wurde solche Technik wieder aufgegeben, die Kaltbleiche in Kufen ist einfacher und leistungsfähiger. Über die Sauerstoffbleiche siehe S. 178.

Bei Trockenanlagen muß das Bestreben darauf gerichtet sein, die Textilien unter Aufwendung möglichst geringer Wärme- und Energiemengen (für Ventilatoren usw.) schnell zu trocknen, ohne die Faser zu überdörren. Um letzteres vermieden zu wissen, arbeiten die Kanalstufentrockner nicht streng nach dem Gegenstromprinzip, derart, daß die trockene Heißluft am Warenausgang auf die trockenen Fasern einwirken kann, sondern das Naßgut wird von der heißen Luft umspült, um bei fortschreitender Trocknung Warmluft von geringerer Temperatur und mit einem gewissen Feuchtigkeitsgehalt zu verwenden. Das Trocknen von losen Fasern, Spulengarnen beruht auf den gleichen Grundsätzen. Die vorstehenden Abbildungen zeigen hierfür geeignete Maschinentypen. Bei richtiger Ausnutzung der Warmluft lassen sich unter Anpassen an die Arbeitsbedingungen gegenüber veralteten Anlagen, wie Trockenstuben ohne die nötige gleichmäßige Lufterneuerung, große Ersparnisse machen[1].

Das Bläuen.

Damit Bleichware den meist verlangten bläulichen Ton erhält, wird das durch Reste farbiger Verunreinigungen noch braungelblich aussehende Gut „weiß gefärbt", d. h. mit Farben nachbehandelt, welche das Gelbbraun zu Grau ergänzen[2].

---

[1] Vgl. z. B. Kraus: Brennmaterialverschwendung bei Trockenanlagen. Färber-Ztg. 1919 S. 80. — Möller: Wärmewirtschaft in der Textilindustrie. Dresden: Verlag Steinkopf 1926.

[2] Man stellt mitunter auch auf ungebleichten Ketten ein „Rohweiß" durch starkes Anblauen der Schlichte her. Auf 1 l Schlichte wäre z. B. je nach dem Grundton des Garnes 0,2—0,5 g Algolblau in Teig zu nehmen. Solches Blau ist

Gelb läßt sich mit kleinen Mengen Blaurot aufheben, es entsteht ein abgeschwächtes Schwarz, also ein Grau, das Bleichware ansehnlicher erscheinen macht. Je nach der blauen, grünstichigen oder anderen gewünschten Tönung ist das Bläuemittel zu wählen, wobei die Eigenfärbung der zu bläuenden Ware mit zu berücksichtigen bleibt. Ein an sich schon rotstichiger Bleichton läßt sich z. B. durch die übliche Ultramarin-Bläue weniger gut beheben. Meist erweist sich allerdings ein rotstichiges Blau als zweckdienlich, um mit einem kleinen Überschuß der Bleichware einen bläulichen Farbton zu geben. Das Anblauen erfolgt mit dem letzten Spülen oder zusammen mit dem weiteren Schlichten und Appretieren. Man hat zwischen unlöslichen und löslichen Bläuen zu unterscheiden. Zu ersteren gehört Ultramarin, ein blauer anorganischer Farbkörper, der in verschiedener Feinheit und Farbkraft (mit Gips oder dergleichen verschnitten?) geliefert wird. Das sehr feurige Blau ist leider sehr säureempfindlich, es erleidet schon durch saure Apprete (Dextrin, Talg) eine Zersetzung unter Schwefelwasserstoffentwicklung und verfärbt sich. Um Ton- und Farbstärke von zwei Pulvern zu vergleichen, wären neben kleinen Appreturversuchen die Proben nebeneinander auf einem Papier glatt auszubreiten. Ein stärkeres Muster wäre durch Zumischen von Talkum oder Mehl soweit abzuschwächen, bis die Mischung mit der schwächeren Vorlage übereinstimmt. Anfeuchten der Proben zu einem gleichmäßigen Brei verschärft das Abmustern. Die Feinheit ist durch Absieben (Seidensiebe) zu ermitteln. Nach G. Stein[1] sind die feingemahlenen und geschlämmten Ultramarine (die teuren Marken) nicht so farbkräftig als die gröberen, welche jedoch weniger gut von den Fasern aufgenommen werden. Besser als durch eine Siebprobe erkennt man die ungleiche Feinheit durch Anreiben und Anschütteln von 2 g Ultramarin mit 250 cm³ Wasser unter Beobachten des Absetzens. Zweckmäßigerweise gibt man das mit Wasser gut angerührte Ultramarin durch ein Sieb oder einen Stoffbeutel zum Wasser oder zur Appreturmasse. Zur Vermeidung von Blaustreifen ist weiter Sorge zu tragen, daß die Bläue gleichmäßig suspendiert bleibt. Stückware sollte gut abgequetscht, am besten vorgetrocknet sein, um das Bläuewasser gut aufzunehmen. Der Säureempfindlichkeit läßt sich durch Zumischen eines schwachen Alkalis (Borax, Ammoniak?) etwas vorbeugen.

Nur seltener findet noch Smalte, ein blaues, zwar sehr echtes, jedoch nicht so ausgiebiges und dabei teureres Kobaltglas, Verwendung. Preußischblau, Berlinerblau — mit Säure zu lösen — ist nicht so rein wie Ultramarin und nicht alkaliecht. Als unlösliche Bläuen von sehr guten Eigenschaften können die Küpenfarbstoffe Indanthrenblau RR, RZ — violettstichig, oder 2 GSZ grünstichig sowie Algolblau 3 RP sowie 3 GP dienen, sofern genügend fein verteilt. Unlösliche Bläuen lassen sich für lose Baumwolle, für Kopse u. dgl. überhaupt nicht verwenden. Lösliche Farbstoffe sind einfacher im Gebrauch. Basische Farbstoffe, wie Methylviolett, Methylenblau, sind jedoch wenig lichtecht, überdies färben sie zu schnell und daher leicht fleckig an. Besser erscheinen saure Farbstoffe, wie Alizarinirisol R und Wasserblauzyanol EF, Alizarinzyanolviolett R, Alizarinbrillantgrün G, auch in Mischung. Der Bleicher tut gut, nach Bedarf Stammlösungen von etwa 5 g im Liter weichen Wasser anzusetzen und die Lösungen der Sicherheit halber durch ein Tuch zu gießen, zu filtrieren. Das früher gebrauchte Indigokarmin ist wegen geringer Echtheitseigenschaften weniger empfehlenswert. Die Farbaufnahme der Fasern kann sehr ungleich sein, so speichern gegebenenfalls Faserbegleitstoffe den Farbstoff, Oxyzellulose nimmt basische Farbstoffe mehr auf, substantive weniger.

Über die Art eines Farbstoffes und seines Färbevermögens geben Probefärbungen — auf Wolle — Aufschluß. Falsch wäre es, einen basischen Farbstoff gleichzeitig mit einem sauren anzuwenden, sonst bilden sich leicht flockige Abscheidungen. Unrichtig wäre ebenso das Mischen von rotstichigem und grünstichigem Blau, da Rot und Grün zusammen nur abdunkelnd wirken. Die unlöslichen, auf den Fasern als kleine blaue Punkte verteilten Pigmente wie Ultramarin, verleihen dem

zwar stark graustichig, mag aber für einzelne Zwecke genügen, zumal in billigen Buntwaren, wenn kein unmittelbarer Vergleich mit einem Reinweiß den schmutzigen Ton deutlich macht. Siehe auch das Schlußkapitel „Beurteilung der Bleichware".

[1] Stein: Zur Frage der Fixation von Ultramarin. Textilber. 1921 S. 176.

Weiß mehr Lebhaftigkeit als die gleichmäßige Anfärbung durch Farbstoffe. Erfolgreich lassen sich beide Bläuearten zusammen anwenden.

Beim Schönen eines schwachgelblichen Weiß mittels eines blauen Farbstoffes kann die gewünschte Herabminderung des gelben Anteils im Spektrum auch zu weit gehen, nicht nur ein stark blaustichiges Weiß entstehen, sondern die Gesamthelligkeit sinken. Weißmessungen lassen bei geblauten Textilien gegebenenfalls schlechtere Meßzahlen finden (vgl. S. 311). Beim Schönen von Leinengarn wurden Blauflecken beobachtet, da Reste der Stengeloberhaut, auch Schebenreste den löslichen Farbstoff speicherten. Die Oberhaut (Kutikula) enthält wachsähnliche Stoffe, die gegen die Einwirkung der Bleichmittel recht widerstandsfähig sind, so daß sie sich selbst in $^4/_4$ gebleichten Garnen durch Sudan III oder Alkannarot nachweisen lassen. Diese Reste zeigen offenbar Verwandtschaft zu bestimmten Farbstoffen, so traten Blauflecke beim Arbeiten mit Siriusblau, nicht aber mit Ultramarin auf. Wenn Schebenreste beteiligt sind, so mag es sich um Verunreinigungen durch harzähnliche Stoffe oder Rückstände von Lignin handeln, obschon die üblichen Reaktionen auf Verholzung versagten. Solche Fleckstellen heben sich grüngrau ab, wenn die Schebenreste noch einen gelblichen Ton besitzen. Die Verfärbung verschwindet im übrigen beim folgenden Waschen mit sodahaltigen Laugen[1]. Farbstreifen oder Flecke in Ware beruhen des weiteren mitunter auf einem ungleichen Aufziehen, indem losere Gewebestellen den Farbstoff leichter aufnehmen. Ebenfalls können Chemikalienreste Anlaß zu Streifigkeiten geben. So wird restliche Alkalilauge z. B. das Aufziehen eines sauren Farbstoffes hintanhalten, eine örtlich saure Reaktion hingegen das Anfärben begünstigen.

Bleichen loser Baumwolle für Verbandwatte.

Zur Herstellung von Verbandwatte dienen die unter dem Namen Linters bekannten Abfälle vom Entkörnen oder Spinnereiabgänge, kurze Kämmlinge u. a., vielfach durch Mineralöl usw. stark verschmutzte Abfälle[2]. Verbandwatte soll stark aufsaugend wirken, die Baumwolle wird deshalb gut zu entfetten sein. Bei einem durch Mineralöle verunreinigten Abfall genügt selbst ein starkes Laugenkochen nicht, Zugabe von Seife oder Fettlöserseifen erscheint theoretisch angebracht. (Stark schmutzige Baumwolle erhielt früher mitunter in Stampfbutten eine Vorreinigung mit gebrauchter Kochlauge.) Zu dem gelockerten, zur Vermeidung eines Verkochens in den Druckkesseln zwischen Bodensieb und Kessel eingesetzten Kochgut soll die in einem zweiten Behälter mit etwa 3% Ätznatron angesetzte Lauge von unten aufsteigen, um die Luft besser verdrängen zu können. Noch wirksamer ist ein Vornetzen mit alter heißer Beuchlauge bzw. ein 2stündiges Vorkochen. Gleichmäßiges Einlegen sichert eine gute Laugenzirkulation. Verwendung von Baumwollschutztüchern läßt ein Verstopfen der Rohrverbindungen durch mitgerissenen Flaum verhüten. So wirksam Beuchöle mit Gehalt an Fettlösern sein können, so bleibt — wie an anderer Stelle ausgeführt — eine durchgreifende Verbesserung nur von nicht zu geringen Zusatzmengen zu erwarten. Das nach dem Beuchen gut gewässerte Material wird ausgeworfen und in Bottiche eingelegt, die ebenfalls mit Siebboden

---

[1] Schilling: Über Blauflecken in Leinenerzeugnissen. Dtsch. Leinen-Ind. 1930 S. 338.

[2] Einen ausführlichen Aufsatz über die Fabrikation der Verbandwatte veröffentlichte Dr. A. Mühlstein in der Leipzig. Mschr. Textil-Ind. 1912 S. 223. — Vgl. auch Neuberg, A.: Die Fabrikation textiler Verbandstoffe. Textilber. 1930 S. 192. — Weiter brachte Dr. J. F. Stöcker einen ausführlichen Beitrag zur Verbandwattefabrikation unter besonderer Berücksichtigung der chemischen Reinigungsvorgänge in den Textilber. 1930 S. 512.

und Siebdeckel versehen und mit Zirkulationspumpen aus Hartblei, Phosphorbronze oder Nickelin ausgerüstet sind. Man läßt zunächst 1%ige Salzsäure 1—2 Stunden zirkulieren und chlort nach dem Waschen 3—4 Stunden möglichst mit kalkfreien Chlorlaugen. Nach dem Säuern folgt wieder das Wässern, zweckmäßig auf einer Spülmaschine. Je nach dem Ausgangsstoff hat man mit erheblichen Gewichtsverlusten zu rechnen, 10—25% und darüber gelangten zur Beobachtung.

Anstatt diese gebleichte Zellulose als solche fertigzustellen und für Verbandzwecke vielleicht durch Dämpfen zu sterilisieren, wird dieselbe meist zuvor appretiert, geleimt und krachend gemacht. Das Griffigmachen geschieht durch warmes Seifen mit etwa 3% Kernseife und durch nachfolgendes Absäuern mit Essigsäure, Ameisensäure, Weinsäure oder wenig (0,3% vom Gewicht?) Schwefelsäure, um aus der Seife freie Fettsäure abzuscheiden. Man hat sogar eine Imprägnation mit Kalksalzen oder Alaun vorgeschlagen. Starkes Bläuen der Watte ist üblich.

W. Zänker und K. Schnabel[1] lenkten die Aufmerksamkeit auf die der späteren Verwendung nicht entsprechende Nachbehandlung. Zänker und Schnabel treten dafür ein, nur gute Rohbaumwolle zu verwenden, da Watten aus Abfällen zu viele Faserteilchen abgeben, die in die Wunden geraten und dort Reizwirkungen auslösen. Vor allem sei das Griffigmachen mit Säure zu verwerfen, wurden doch 0,15—0,23% freie Schwefelsäure festgestellt. Andere Beanstandungen betreffen vor allem das beim Griffigmachen geseifter Baumwolle mögliche Freiwerden von Fettsäuren oder die Verwendung organischer Säuren, wie Weinsäure, weil Schimmelpilze in ihnen einen Nährboden finden. Wegen der sauren Beschaffenheit von Oxyzellulose sollte Verbandwatte nicht überbleicht sein. Um Beschwerungsmittel ausgeschlossen zu wissen — es wurde zum Griffigmachen sogar Zinnchlorid genannt —, wünschen Zänker und Schnabel den Aschengehalt auf 0,1—0,2% begrenzt zu wissen. Das Bläuen soll fortfallen, ein durch Bläuen erzieltes „Schneeweiß" ist kein Qualitätsmerkmal. (Um die Saugfähigkeit von Verbandwatte zu erhöhen, empfahl v. Walter eine Imprägnation mit Saponin, DRP. 269854.) Ob Watte das Vielfache ihres Gewichtes an Wasser aufnimmt, wird in der Weise geprüft, daß man eine gewogene trockene Probe in Wasser netzt und auf einem Trichter nach Abtropfen des nicht festgehaltenen Wassers zur Wägung bringt[1]. Ein höherer Fettsäuregehalt als 0,15% gilt als ungünstig, doch bleibt zu bedenken, ob es sich um Seifenfett aus der Appretur handelt.

Bleichen von Baumwollgespinst.

Das Abweifen der auf der Spinnmaschine erhaltenen Spulen zu Strähnen und das Umspulen der gebleichten Strähne in der Weberei verursachen beträchtliche Arbeitskosten und geben zudem Abfall. Diese Unkosten fallen weg, wenn das Gespinst in der Form gebleicht und weiter verarbeitet werden kann, wie es von der Spinnmaschine geliefert wird, bzw. wie es die Weberei weiter verarbeitet, so daß ein Umspulen wegfällt. Allerdings bringt das Bleichen der Spulen wieder andere Schwierigkeiten mit sich.

Die Bündelbleiche kann man zwar nicht völlig aufgeben, sie muß

---

[1] Nach Erban: Herstellung von Verbandmaterialien aus Leinenfasern, Österr. Wollen- u. Leinenind. 1914 S. 335, sollen sich Flachsabfälle für Verbandwatte bewähren, da dieselben mehr kühlen (?).

sich z. B. behaupten, falls die gebleichten Garne für Färbungen bestimmt sind, bei denen von einer Apparatfärberei abzusehen ist, aber die Apparatbleiche führt sich mehr ein, namentlich das Bleichen von Kettbäumen. Gewisse Aufnahme fand das Bleichen von Warpsketten, das gut mit einem folgenden Schlichten oder Färben zu verbinden ist, die Fäden liegen einzeln und können somit auch mit dicken Schlichtmassen behandelt werden, im Gegensatz zum Stärken von Spulen, für die nur dünnflüssige und klare Lösungen verwendbar sind. Nachdem jedoch die größeren Webereien vorziehen, ihre Ketten selbst vorzurichten, besitzt das Bleichen von Warps mehr örtliche Bedeutung. Bei solcher Bleiche gelangen die Garne als endlos langes Band zur Behandlung.

Bündelgarnbleiche.

Die Garne sind vor dem Einlegen in den Kessel zu unterbinden, um ein Verfitzen unmöglich zu machen und sie gleichzeitig durch die Art des Unterbindens zu kennzeichnen. Der Arbeiter bildet aus mehreren Pfunden Knudel und kleine Ketten oder formt eine lange Kette, damit die Garne in ähnlicher Weise wie Stückware als zusammenhängendes Band in den Kessel eingeschichtet und durch die verschiedenen Bäder genommen werden können, ohne die einzelnen Pfunde vor dem Fertigstellen, vor dem letzten Spülen und Trocknen zu lösen. Eine derartige Arbeitsweise verringert die Handarbeit, aber die Garne zeigen sich an den Verknotungsstellen oft schlechter durchgebleicht, da die Schlingen sich durch den ausgeübten Zug zu fest zuziehen. Der Lohnbleicher darf deshalb von dieser nicht genügend zuverlässigen „Strangbleiche" nicht immer Gebrauch machen, hingegen kann dieselbe in einer mit Färberei verbundenen Fabrikbleiche Vorteile bieten, zumal wenn es sich um das Vorbleichen für helle Färbungen handelt. Schwierigkeiten macht das Auswaschen eines geketteten Stranges auf den sonst für die Strangware gebräuchlichen Maschinen mit runden Walzen. Vorteilhaft erwiesen sich Maschinen mit Sechskanttrommeln der Zittauer Fabrik.

Die Ware ist kunstgerecht in die Kessel einzulegen, bei größeren Bleichposten durch die Arbeiter festzutreten, damit das Beuchgut gleichmäßig durchkocht. Um ein Schwimmen einzelner Teile zu verhüten und die oberen Schichten unter der Flotte zu halten, werden die Garne mit einigen Brettern, Steinen oder gut verzinkten Eisenbahnschienenstücken beschwert und mit Sackleinewand abgedeckt, welche die schmutzigen Abscheidungen abfängt. Flottierende Garne würden sich zudem leicht kräuseln, ringeln und verflechten. Konzentration der Lauge und Kochdauer sind der Beschaffenheit der Baumwolle und der Apparatur anzupassen. Ein stärker gedrehtes Garn oder ein ölfleckiges Abfallgarn muß schärfer als ein reines lockeres Gespinst gebeucht werden. Kochen unter Druck führt schneller zum Ziel als ein Abbrühen in offenen Fässern. Man rechnet 2—4% Soda, für stärkere Kochungen 1—3% Ätznatron oder auch Mischungen von Soda und Ätznatron, setzt Seife, Fettlöser oder Netzmittel zu, wenn die rein alkalische Kochung nicht genügen will.

Die Großbetriebe verfügen meist über Hochdruckkessel zum Kochen
von Garnen und Geweben, Kiers von bedeutendem Fassungsvermögen,
weil diese im Dampfverbrauch bei kürzerer Kochzeit ökonomischer
arbeiten. Die älteren Kierkonstruktionen versagten mitunter bezüglich
Entlüftung, Luftsäcke bedeuten aber einerseits das Auftreten von Rohstellen und geben andererseits Anlaß zu Oxyzelluloseflecken. Die
Hochdruckkessel für Baumwollgarn haben zwecks leichteren Be-
schickens und Entleerens meist einen über den ganzen Kesseldurch-
messer reichenden Deckel, dessen Abhebung durch Handwinde in einen

Abb. 22. Hochdruck-Kochkessel
mit Deckelführungsbogen.

Abb. 23. Hochdruck-Kochkessel
mit Deckelgelenk.

(Hochdruckkessel der Zittauer Maschinenfabrik A G., Zittau.)

Führungsbogen oder in Ketten, auch in einem Gelenke unter Verwendung von Gegengewichten erfolgt. Im Innern befindet sich ein Standrohr, um durch die in dasselbe mündende Dampfdüse — Injektor — die
unter dem durchlöcherten Doppelboden sich sammelnde Kochflotte in
Umlauf zu bringen. Die Anwärmung erfolgt durch eine Heizschlange
am Boden. Bei größerem Kessel genügt solcher Injektor nicht, sie erhalten eine Zentrifugalpumpe — Kolbenpumpen sind nicht ausreichend —, deren Druckleitung in das Standrohr mündet, doch bleibt
eine Dampfeinblasedüse vorzusehen, um sowohl mit direktem wie indirektem Dampf schnell anheizen und mit indirektem Dampf weiter
kochen zu können, damit die Flotte nicht zu sehr durch Kondensat
verdünnt wird. Ständiger Flottenumlauf in einer Richtung führt
nur zu leicht zu Kanalbildungen, die Lauge sucht sich weniger
Widerstand bietende Wege. Die heutigen, äußerst wirksam arbeitenden
Pumpen werden deshalb leicht umschaltbar gebaut, damit sich immer

neue Wege bilden sollen, und man sucht durch Herstellung eines Unterdruckes im Unterteil des Kessels die Flotte abwechselnd durch das Gut zu saugen und zu pressen. Im Oberteil des Kessels ist ein Flottenverteiler vorzusehen. Einwirkung von Dampf auf das Gut bleibt streng zu vermeiden, die Flotte muß stets über den Textilien stehen. Der vor allem in der Stückbleiche Verwendung findende Kochkessel, wie ihn die Zittauer Maschinenfabrik bis zu einem Fassungsvermögen von 3500 kg aus Schmiedeeisen baut, weist am oberen Boden nur ein großes, ausgehalstes Mannloch mit Deckel auf. Der Flottenumlauf erfolgt durch Zentrifugalpumpe. Zur schnelleren Erwärmung dient ein besonderer Vorwärmer, der oben und unten durch Rohrleitung mit dem Kessel und der Pumpe verbunden ist. Dieser Vorwärmer wird teils in Kesselhöhe, teils aber verlängert gebaut, um das dauernde Entlüften des Kessels zu ermöglichen, denn bekanntlich ge-

Abb. 24. Hochdruckkessel mit verlängertem Vorwärmer (Zittauer Maschinenfabrik AG., Zittau).

fährdet eingeschlossene Luft bei der Kierkochung durch Oxyzellulosebildung die Ware, zudem soll der höhere Flottenstand einen gewissen Flüssigkeitsdruck im Kessel erreichen lassen. Wasserstandsglas, Entlüftungsventil am Deckel oder am verlängerten Vorwärmer gestatten auch das regelmäßige Arbeiten zu überwachen. Als Röhrenerhitzer ausgebildete Vorwärmer verkrusten aber gegebenenfalls leicht durch Kesselstein, sie verlieren hierdurch an Wirksamkeit und bedürfen einer entsprechenden Wartung, der Belag ist abzukratzen oder vorsichtig mit Säure zu lösen. Es gibt verschiedene Ausführungsformen, so soll die schraubenförmige Anordnung der Heizrohre — System Werner — eine gute Wärmeübertragung sichern. Um Ausstrahlungsverluste zu vermeiden und in der Erwartung, Kessel-

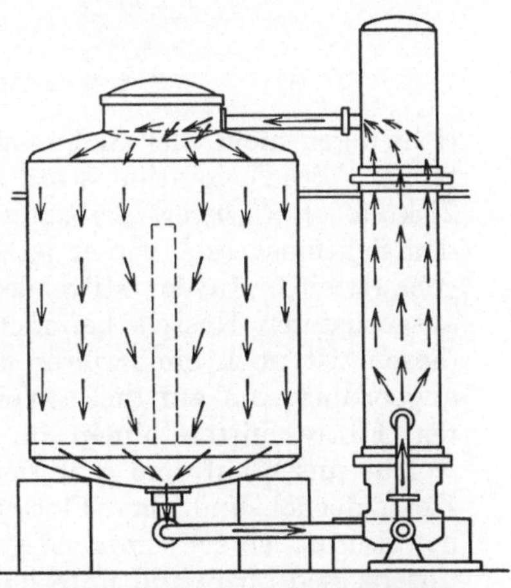

Abb. 25. Schema des Flottenverlaufs.

steinansatz besser beseitigen zu können, baute man auch Heizkörper im Kesselinnern ein. Um die Flotte nach allen Richtungen kreisen zu lassen, nicht nur eine senkrecht nach unten gerichtete und bei hoher Schichtung und Pressung des Beuchgutes einen großen Widerstand findende Zirkulation zu haben, brachte Gebauer außer dem Standrohr im Kessel einen abnehmbaren Siebmantel an, welche den Mantelraum noch durch Ringe in horzontale Sektionen einteilte. Die durch Pumpe bewirkte Zirkulation sollte die im Mantelraum sich sammelnde Lauge durch das perforierte Rohr von der Peripherie aus in horizontaler Richtung durch das Bleichgut nach der Mitte leiten, damit die Flotte auf eine größere Oberfläche des Beuchgutes einwirkt und einen schnellen Umlauf hat. Umschaltungen des Flottenlaufes waren zur weiteren Verbesserung der gleichmäßigen Einwirkung vorgesehen. Andere Kreise bestritten jedoch die Möglichkeit und Erforderlichkeit der Bildung horizontaler Schichten, bei gleichmäßigem Einschichten und bei guter Pumpenzirkulation bedürfe es dieser Ein-

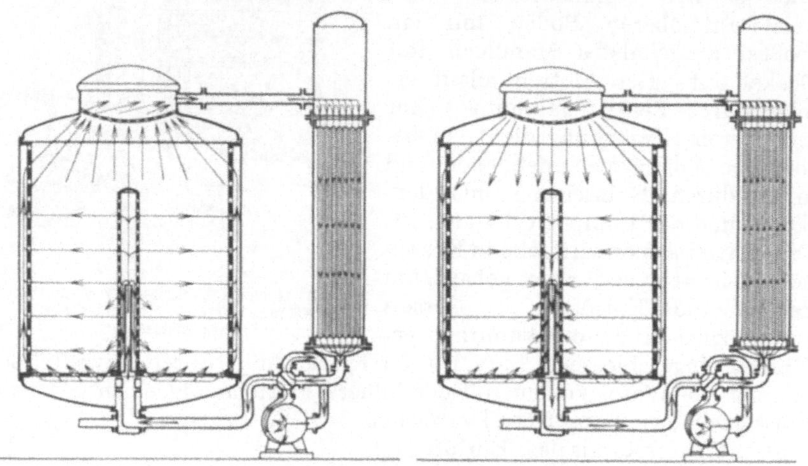

Abb. 26 und 27. Sektions-Bleichkochkessel.

richtungen nicht, der Siebmantel wirke leicht als Schmutz- und Faserfänger, die Perforation setze sich zu und damit sei die gleichmäßige Zirkulation erschwert. Abb. 26 u. 27 zeigen einen senkrechten Schnitt durch den Sektionskessel, wie er jetzt von der Zittauer Maschinenfabrik gebaut wird. In der Mitte des mit einem gelochten Zwischenmantel ausgerüsteten Kessels befindet sich ein durchlöchertes Standrohr. In diesem ist noch ein zweites ungelochtes, nur oben offenes Standrohr angeordnet, um auf diese Weise den entgegengesetzten Angriffspunkt der Flotte mitten hinein in das Bleichgut zu verlegen. Die Ware, welche unten auf dem perforierten Boden aufliegt und oben bis an den Kesseldeckel und das Flottenverteilungssieb dicht heranreicht, soll gewissermaßen schwimmend gehalten, der sonst unvermeidliche Druckunterschied ober- und unterhalb des Kochgutes somit nahezu ausgeglichen und ein Zusammendrücken infolgedessen vermieden werden. Das Standrohr mündet in den Saugstutzen einer stark wirkenden Zentrifugalpumpe. Seitlich angeordnet steht der Überhitzer, der Röhrenvorwärmer, in welchem die unten im Kessel abgesogene Flotte beim Durchgang indirekt erwärmt wird, doch kann man im oberen Teile des Vorwärmers auch Dampf direkt zur raschen Erwärmung zuführen. (Gleichzeitige Anordnung von Pumpe und Injektor an Kesseln gestattet bei etwaigen Stillstand der Pumpe die Laugenzirkulation aufrecht zu erhalten.) Im allgemeinen bleibt eine zu hohe Schichtung des Bleichgutes wegen erschwerter Flottenzirkulation durch das zusammengepreßte Gut zu vermeiden, man gibt deshalb den Kesseln eine mehr gedrungene Form[1].

Das Durchkochen von festgedrehten Garnen, von Batisten und schweren Stoffen macht naturgemäß mehr Schwierigkeiten als das Beuchen von loser eingestellten Waren, so daß die Kochdauer entsprechend zu wählen ist. Gleichmäßiges Einschichten trägt zum Erfolg wesentlich bei, denn sonst bilden sich Kanäle und es bleiben Trockenstellen. Das Arbeiten in dem für Linters, Gespinst und Gewebe verwendbaren Kesseln geschieht in nachstehender Weise. Nach Einlegen der Ware ist die Lauge und so viel Wasser einzuleiten, daß die Flotte 20—30 cm über dem Beuchgut steht. Tritt die Flüssigkeit unten zu, so kann sie die Luft vor sich herdrängen, die Ware läßt sich leichter entlüften. Andere Vorschriften sehen vor, die zufließende Lauge während des Füllens durch den Vorwärmer zu pumpen und zu erhitzen. Bei offenem Kessel ist solange zu erhitzen, bis die Dampfentwicklung ziemlich stark wurde, um dann erst den Deckel aufzulegen und durch Anziehen der Verschlüsse zu befestigen. Das Luftventil bleibt

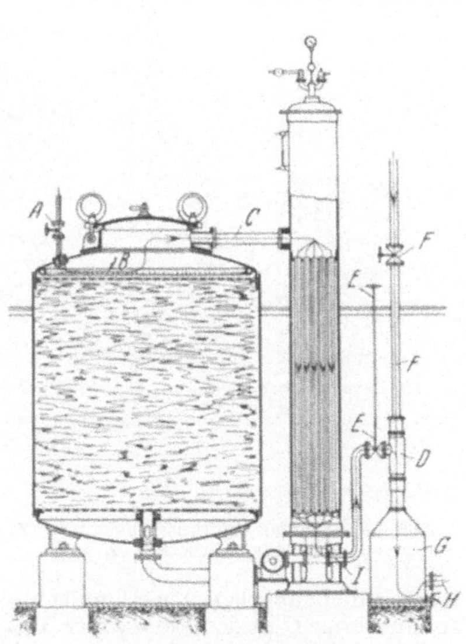

Abb. 28. Abblasevorrichtung nach Ullmann.

einstweilen geöffnet, damit die durch den Dampf verdrängte Luft entweicht. Mittlerweile strömt Frischdampf ein, um die Flotte ins Sieden zu bringen und Luft aus der Kochflüssigkeit und der Ware möglichst auszutreiben. Nach Schließen des Luftventils wird der Druck auf die gewünschte Höhe gesteigert und nun ohne Frischdampf unter Benutzung des Vorwärmers weiter gekocht.

Nach genügender Kochdauer, 4—6 Stunden oder mehr, nach Abstellen von Pumpe und Dampf, sucht der Bleicher gegebenenfalls den Kessel durch Überrieseln mit Wasser zu kühlen, der Arbeiter öffnet das Aus-

---

[1] Über die historische Entwicklung der Kesselkonstruktionen geben die Bücher von Theis bzw. Ristenpart, Chemische Technologie der Gespinstfasern, IV, Aufschluß. F. Erban veröffentlichte eine Übersicht über die konstruktive Ausbildung der Armaturen bei den in der Strangbleiche von Geweben gebräuchlichen Kochkesseln in der Leipzig. Mschr. Textil-Ind. 1911. Der Vorschläge, die Flottenzirkulation in Kochkesseln und Bleichkufen zu verbessern, gibt es viele, nur sind sie meist von problematischem Wert!

laufventil im Boden erst nach Ablassen des Druckes und spült während des
Ablaufens baldigst mit Wasser nach, wenn der Druck so weit sank,
daß er den Deckel wegnehmen darf. Bei guter Entlüftung des Kessels
wird nach dem Beuchen sofort unter Druck abgeblasen bzw. drückt
man gleich mit warmem Wasser die Flotte nach unten ab. Zweckmäßig
zunächst mit heißem Wasser, da kaltes Spülwasser sonst leicht Abscheidungen aus den Kochlaugen bewirkt und wolkige Flecke in der Ware entstehen, oder die ganze Ware einen grauen Ton annimmt. Empfehlenswert erscheint es auch, in den Kessel heißes Wasser mit einer Pumpe,
welche den restlichen Druck in Kier überwinden kann, einzufüllen und
einige Zeit zirkulieren zu lassen, um dann erst weiter nachzuspülen, da derart ein gutes Entlaugen gesichert ist.

G. Ullmann, DRP. 475119, hat eine Abblasevorrichtung für Hochdruckbeuchkessel — vorwiegend für Stückbleiche — konstruiert, welche ein gefahrloses Abblasen des Kochkessels je nach der Kochergröße während $^3/_4$—$1^1/_2$ Stunden ermöglichen soll, während sonst die Druckentlastung durch Stehenlassen 8—10 Stunden oder bei Überrieseln mit kaltem Wasser 2 Stunden dauere.

Es wird bei A Druckwasser durch ein in der Kocherhaube angebrachtes Sprühringrohr B eingeführt, das den im oberen Kocherteil und auf der obersten

Abb. 29. Bleichfaß mit Ansetzbehältern (Zittauer Maschinenfabrik AG., Zittau).

Warenschicht abgelagerten Schmutz wegspült. Dieses Spülwasser tritt durch das Ver-
bindungsrohr C in den Vorwärmer über, durchströmt und reinigt das Rohrsystem,
verhütet dadurch den Ansatz von Abscheidungen. Die aus dem Kocher aus-
tretende Laugenmenge, welcher durch A nur wenig Kühlwasser zugemischt wurde,
tritt durch das Rückschlagventil J und den Schieber E in einen Kondensator D,
dem durch F die Hauptmenge des erforderlichen Kühlwassers zugeführt wird.
Das Gemisch gelangt aus dem Auffanggefäß G durch den Stutzen H in den Kanal.
Der Wasserdruck des bei A in den Kochkessel einzuführenden Wassers muß den
im Kocher vorhandenen Druck noch um etwa 0,5 at übersteigen, nötigenfalls ist
derselbe durch einen Injektor oder Dampfstrahlelevator zu erzeugen. Bei dieser
Arbeitsweise soll der in den oberen Teilen des Kessels angesammelte Schmutz
vor dem Waschen der Ware entfernt werden, ein Sinken der Kocherlauge unter
das Warenniveau und dadurch Gefahr von Oxyzellulosebildung durch Luftzutritt
vermieden bleiben. Ein Abscheiden von Verunreinigungen zufolge stärkerer Abkühlung der Ware und Zusammensinken des Warenblockes soll verhütet werden.

Falls keine zweite Kochung .erforderlich, wird das gewässerte Gut
in eine Bleichkufe umgepackt und gechlort. Gebauer hatte hierfür
auch eine Sektionsbleichkufe vorgesehen. Die mit starkem Bleimantel
ausgeschlagene Holzkufe besaß einen in Horizontalsektionen geteilten
perforierten Holzmantel und ein zentrales, mit der Saugöffnung der
Pumpe verbundenes perforiertes Absaugrohr über dem Siebboden. Die

heute gebräuchlichen Bleichbottiche haben solchen Doppelmantel und Stutzen nicht mehr, nur Doppelboden. Mit Hilfe der Zentrifugalpumpe aus widerstandsfähigem Metall kann unter Umstellen von Hähnen nacheinander Chlorlauge, Säurelösung, Antichlorbad oder Wasser zur Zirkulation gebracht und schließlich in der Kufe geseift und mit löslichem Farbstoff gebläut werden. Eine entsprechende Anzahl von Vorrats- bzw. Ansatzbehältern steht durch Rohrleitungen mit der Bleichkufe in Verbindung.

Bei anderen Konstruktionen hat man ein Kesselpaar von zwei gleich großen Kiers mit einem Überhitzer und einer Pumpe vereinigt. Beide Kessel werden mit Ware vollgepackt, um die Lauge abwechselnd von oben nach unten und umgekehrt zirkulieren zu lassen.

Zum gründlichen, mit Bläuen verbindbaren Spülen kommen die Garne auf eine besondere Maschine, z. B. auf eine Rundwaschmaschine, auf welcher die Garne in der Flüssigkeit umgezogen und ähnlich wie beim Spülen mit der Hand hin und her geschwenkt werden. Indem man das Gut nach dem Gegenstromprinzip dem reinen Wasser entgegenführt, ist es möglich, die Garne sehr gut auszulaugen. Zwei Arbeiter haben die

Abb. 30. Strähngarn-Rundwaschmaschine (Zittauer Maschinenfabrik A.G., Zittau).

Garne nur aufzuhängen und abzunehmen und können bei einem Wasserverbrauch von 200 l in der Minute und bei einem Kraftverbrauch von etwa 2 PS etwa 2500 kg täglich waschen. Ähnlich arbeitete die Garnspülmaschine „Schaukelsystem", welche ein sehr gutes Auswaschen gestattet, aber dabei mehr Wasser benötigt. Ein sehr gutes Auswaschen ermöglichen ferner Maschinen mit Spritzrohren, das Strähngarn wird hier auf Walzenpaaren laufend zwischendurch abgepreßt. Rein weiße und weiche Garne pflegt der Bleicher auf der Kufe noch zu seifen und gleichzeitig dabei zu bläuen oder auch zu stärken.

Je besser die Garne vor dem Trocknen abgequetscht oder ausgeschleudert sind, um so schneller und mit um so geringerem Dampfverbrauch ist das Trockengut fertigzustellen. Quetschen für Baumwollgarne sind wenig gebräuchlich. Die Leistungen ·der Zentrifugen hängen von der Umlaufzahl der Trommel und der Dauer des Schleuderns ab, gut ausgeschleuderte Fasern enthalten noch etwa 0,5 bis 0,75 ihres Gewichtes an Feuchtigkeit. Die Zentrifugen sollen Sicherheitsdeckel aufweisen, um die Trommeln während des Laufens geschlossen zu halten, damit die Arbeiter nicht in Versuchung kommen in die schnell lau-

fende Trommel zu fassen oder dieselbe zu bremsen, ein leicht zu gefährlichen Körperverletzungen führendes Unterfangen[1]. Die hier abgebildete
Zentrifuge von C. G. Haubold
hat einen selbsttätig wirkenden
Deckelverschluß. Ein auf der
Trommelwelle der Zentrifuge
sitzender Ventilator erzeugt den
für die Verschlußsicherung erforderlichen Luftstrom und gestattet erst bei ungefährlicher
Geschwindigkeit der Trommel
ein Öffnen.

Vor dem Aufhängen des Garnes zum Trocknen hat der Arbeiter die Strähne am Pfahl auszuschlagen, es gibt hierfür auch
besondere Maschinen. Das
Trocknen in freier Luft kommt
für Großbetriebe weniger in
Betracht. An Stelle der alten
Trockenstuben sind leistungs-
fähige Trockenapparate mit
besserer Ausnutzung der Wärme
getreten. Für größere Leistungen
verwendet man gerne Kontinutrockenmaschinen, kleinere Mengen lassen sich auf einer im
Trockenraum aufgestellten, um-
laufenden Garntrockenhaspel

Abb. 31. Zentrifuge mit Unterantrieb durch ein am
Zentrifugenmantel befestigtes Vorgelege und mit
Sicherheitsdeckelverschluß (C. G. Haubold
A G., Chemnitz).

fertigstellen. Einlegen von Stöcken oder ein gewisses Ausdehnen
soll während des Trocknens dem Einlaufen des Garns vorbeugen.

Abb. 32. Kanal-Trockner mit Kettenbetrieb (Zittauer Maschinenfabrik A G., Zittau).

---

[1] Die Zentrifuge ist mit einem Deckel zu versehen, der zwangsläufig auf die
Ausrück- bzw. Abstellvorrichtung wirken muß, so daß letztere, während sie durch

Vakuumbleiche. Insbesondere zum Bleichen empfindlicher Textilien, wie Stickereien, Gardinen u. dgl., welche bei Strangbleiche leichter Schaden nehmen könnten, aber auch zum Bleichen feiner Garne bzw. sehr dicht gewickelter Spulen wurden Vakuumbleichkessel empfohlen. Ein Erzeugen von Luftleere sollte das Eindringen der Flotte in das Bleichgut gewährleisten. Der schmiedeeiserne, innen mit einer Bleischicht verkleidete Mantel, in dem das eingeschichtete Gut aber erst in einem Doppelmantel mit Siebboden aus Holz liegt, um ein Berühren der Fasern mit Metall vermieden zu wissen, wurde mittels Pumpe entlüftet, damit

Abb. 33. Strähngarn-Trockenhaspel (Textilmaschinenfabrik B. Cohnen G. m. b. H., Grevenbroich b. Köln).

dann die durch eine an der höchsten Stelle des Mantels angeschlossene Laugenleitung zugeführte und unten abgeleitete Bleichflüssigkeit leichter in das Gut eindringt. Solcher mit den erforderlichen Hilfseinrichtungen, Sicherung gegen Loslösen des Bleimantels beim Entlüften, versehener Kessel gestattet ohne Umpacken das Gut zu chloren und zu säuern, indem durch öfteres Ein- und Ablassen der verschiedenen Flüssigkeiten in die zugehörigen Vorratsbehälter eine Zirkulation erreicht wird. Es gelingt jedoch im fraglichen Grade ein Vakuum zu sichern.

Vakuumbehälter wurden auch für die Kaltbleiche von Kopsen empfohlen, es kam diese Technik aber weniger in Aufnahme, da gegebenenfalls ein Kaltbleichen unter Verwendung von Netzmitteln einfacher ist; die Vakuumanlage stellt sich recht teuer, die Metallfrage machte Schwierigkeiten. Wenn die Kaltbleiche oder offene Kochbleiche in Holzbottichen nicht das verlangte Hochweiß liefert, empfiehlt sich die Hochdruckbeuche.

Spulenbleiche.

Die auf die Spulenbleiche gesetzten früheren Erwartungen hatten sich nicht ganz erfüllt. Wohl erlangte die Kettbaumbleiche wachsende Bedeutung und in größerem Umfange das Bleichen von Kreuzspulen, aber das Verarbeiten von kleineren Schußspulen hat weniger befriedigt. Der rechnerische Vorteil der Kopsbleiche beruht in erster Linie auf dem Fortfallen des Weif-Spullohnes[1]. Dieser ist um so höher, je feiner die Garnnummer. Bei der Kopsbleiche erwachsen jedoch erhebliche Kosten für das Auf- und Abspindeln und für die Spindeln selbst, nicht zuletzt kann ein erheblicher Abfall durch beschädigte Spulen entstehen. Es

---

Motorkraft oder noch durch erhebliche Schwungkraft bewegt wird, nicht geöffnet werden kann. § 37 der Vorschriften der Bekleidungsindustrie-Berufsgenossenschaften.

[1] Vgl. Dir. R.: Über die Kopsbleiche. Leipzig. Mschr. Textil-Ind. 1903 S. 748.

verschieben sich bei nicht hart gewickelten Spulen Fäden zufolge nicht sorgfältigen Einführens oder Herausnehmens der Spindeln, oder es gibt schon bei unvorsichtigem Packen Abfall, so daß eine gewisse Schulung und Sorgfalt der Arbeiter für die Apparatbleiche nötig ist. Vor allem muß der Bleicher völlig reines Wasser haben, da sich alle Trübstoffe auf den äußeren Wicklungen absetzen und dann die Schmutzstellen unter Aufwendung von viel Handarbeit abzuwaschen sind. Es läßt sich zwar solchem Fehler durch Einschalten einer Schutzschicht loser Baumwolle als Filter begegnen, doch bleibt der Beschaffenheit des Wassers größte Beachtung zu schenken. Erklärlicherweise muß das Durchbleichen fester Wicklungen mit dichten Spitzen namentlich bei Spulen mit nichtperforierten Durchhülsen Schwierigkeiten machen. Um die Spulen offen in ihrer Form zu erhalten, sind Holz oder Gummistäbchen oder gelochte Spindeln einzuführen. Dies bedingt höhere Arbeitskosten und bei ungeschicktem Arbeiten oder bei Verwendung ungeeigneter Spindeln ist ein Beschädigen der Wicklung zu befürchten. Automatisch arbeitende Maschinen zum Auf- und Abspindeln haben sich nicht bewährt. Der Abfall wird jedoch leicht ein noch größerer, wenn Kopse als solche in die Apparate eingepackt werden oder beim Zentrifugieren ein Verbiegen und Knicken eintritt. Beim Bleichen von Spulen nach dem Aufstecksystem haben die an die Druck- und Saugleitungen angeschlossenen Spindeln die Aufgabe, die Flotte zu- und abzuführen. Beim Packsystem sollen sie nur einen festen Kern abgeben. Da wegen Gefahr von Metallflecken und katalytischen Reaktionen nicht alle Metalle oder Legierungen verwendbar sind, stellen sich Metallspindeln recht teuer. Es bewähren sich Spindeln aus nichtrostendem Metall, Kruppstahl V 4a, doch sind die Anschaffungskosten hoch. Gut eignen sich Hartgummispulen, dieselben werden nur bei einem Beuchen mit Ätznatron leicht rauh. Präpariertes Holz und Papier vertragen wiederum wenige Kochungen. Daß das Hülsenpapier nicht mit Teerfarbstoffen oder mit Mineralfarben, wie Ocker, gefärbt sein darf, bleibt wegen Fleckengefahr zu beachten.

Das Aufstecksystem für Kopse kommt heute im wesentlichen nur für Betriebe mit angeschlossener Färberei und für kleinere Mengen in Betracht. Die üblichere und einfachere Art der Spulenbleiche ist das Beuchen und Chloren im offenen Bottich. Ein gleichmäßiges Durchbleichen wurde durch Einpacken der Spulen mit abwechselnden Schichten von loser Baumwolle oder von Baumwollgarn angestrebt, damit weniger leicht Hohlräume und Kanäle für die kreisende Lauge entstehen. Ein Beuchen unter Druck gewährleistet ein besseres Durchbleichen, bedingt dann aber ein Umpacken in die Bleichbottiche. Liegende Kessel mit einfahrbaren, außerhalb zu beschickenden Spezialwagen würden gestatten, die Anlage mehr auszunutzen. Der liegende Kochkessel der Zittauer Maschinenfabrik, S. 185, faßt eine Ladung von 200—250 kg Kopsen. Eine Pumpe hält die Zirkulation aufrecht, die Kochflüssigkeit ergießt sich aus einer im Innern des Kessels an der Decke angebrachten Brause über das Gut und sickert durch dasselbe nach unten. Von der Druckbeuche sind jedoch die Betriebe zumeist abgegangen, sie versuchen das Weiß ohne Umzupacken zu erreichen, steigern gegebenenfalls das Chloren. Zum Bleichen ist das Gut in die Kufen umzupacken, in welchen man chloren und mit zwischengeschaltetem Spülen fertigstellen kann. Es wird die Bleichflotte durch Aufpumpen in Zirkulation gehalten. Durch wiederholtes Ablassen des Bades sucht der Praktiker das gleichmäßige Eindringen der Lösung in die Spulen zu fördern. Es sind hierfür auch besondere Vorrichtungen getroffen worden. So wird bei dem Berieselungsapparat von Krantz, Aachen, die Flotte auf einen oberhalb des Gutes angebrachten Rieselboden, einen Siebboden befördert, damit eine gleichmäßige, feinverteilte

Abb. 34. Vierbaum-Bleichanlage (Obermaier & Co., Neustadt a. d. Hdt.).

Berieselung stattfindet. Sporkert, Wuppertal, bringt über das Bleichfaß einen rotierenden Sprengler an, um die Auftropfstellen stetig zu ändern. Die Beobachtung, daß sich bei dem üblichen Flottenumlauf die aufgepumpte Lösung unter Kanalbildung durch die weniger dichtgepackten Stellen nach unten einen Weg sucht, und dichtere Teile nur unvollkommen von den Laugen durchdrungen werden, führte insbesondere zur sogenannten Osmosebleiche, die auch für lose Baumwolle, Strähngarn und Stückware Verwendung fand (vgl. S. 153).

Zum Bleichen von Spulen kommen nicht zuletzt die verschiedenen Kaltbleichverfahren in Frage, welche ein Auskochen vermeiden, um einen möglichst geringen Gewichtsverlust zu haben und der Baumwolle den weichen Griff zu belassen. Die Kochbleiche bedingt beim Umpacken der Kopse und Spulen noch zu viel Handarbeit. Verfahren, die Baumwolle mit alkalischen Chlorlaugen im Vakuum zu imprägnieren und dann fertig zu bleichen, befriedigten nicht recht. Größere Bedeutung erlangte erst das Erban-Picksche Patent 176609, das Bleichen mit einer Chlornatronlauge, die Türkischrotöl als Netzmittel enthielt. Die Technik der Kaltbleiche hat in den letzten Jahren unter Verwendung geeigneter Netzmittel Fortschritte gemacht, so daß sie heute in vielen Betrieben zu finden ist (vgl. S. 133).

Die meisten der zum Färben von Baumwollgespinst konstruierten Apparate nach System Obermaier u.a. wurden auch für das Kochen und Bleichen vorgeschlagen, doch können nur solche Maschinen in Betracht kommen, deren Metall gegen Chlor und Säure widerstandsfähig ist. Dies hat ebenso Bedeutung für das Bleichen von Kettbäumen durch abwechselndes Zirkulieren der Flotten mit Hilfe von Pumpen, Vakuum und Druckluft, durch den perforierten Zylinder. Da Trübungen sich auf den oberen Lagen niederschlagen, der dicke Kettbaum wie ein dichtes Filter wirkt, so ist hier ein Arbeiten mit klaren Flotten Bedingung, Chlorkalk eignet sich weniger. Das Bleichen auf dem Baum bietet wie das Bleichen der Baumwolle in der Flocke große Vorteile. Es benötigt wenig Handarbeit, das Entwässern kann mit Vakuum und Druckluft, das Fertigtrocknen nach dem Schlichten erfolgen. Die perforierten Bäume aus Nickel oder Kruppstahl (zur Vermeidung von Metallflecken nötigenfalls mit einer Schutzschicht bewickelt?) werden mit Laufkranen in den Apparat ein- und ausgebracht.

Abb. 35. Liegender Kettbaumbleichapparat.

Wenn die Weberei nach dem Mehrtrogsystem schlichtet, etwaige ungenügend echte Farbgarne nicht mit dem Weiß in einem Troge zusammenlaufen, also ein Abschmieren auf die gebleichten Fäden vermieden bleibt, bringt das Verweben solcher Ketten für Buntware u. dgl. mancherlei Vorteile. Die Zettelbäume werden entweder in horizontaler Lage oder senkrecht stehend gebleicht. Bei letzterer Anordnung sind selbst bei teilweisen Einlassen in den Boden (Abwasserschwierigkeiten?) hohe Arbeitsräume erforderlich, doch hält das Durchbleichen und Absaugen vielleicht weniger schwer. Horizontal liegende Bäume lassen sich leichter wenden, was bei dem ersten System mit Schwierigkeiten — Hebevorrichtung — verbunden, aber nötig sein kann, wenn etwa die nach unten sinkenden Flotten den unteren Baumteil ungleich beeinflußten. Die Kettbaumbleichapparate können Zusatzeinrichtungen erhalten, um Kopse und Kreuzspulen zu bleichen.

Fabrikbleichen verwendeten früher Bleichzentrifugen nach Oswald Fischer von C. G. Haubold AG., Chemnitz, zum Bleichen der im Hochdruckkessel vorgebeuchten und ausgewässerten Kopse gebaut. Die während des Laufens der gefüllten Zentrifuge durch einen in der Mitte angeordneten Streukorb zugeführten Flüssigkeiten, Chlorlauge, Säure, Wasser, lösliche Bläue, durchdrangen zufolge der Zentrifugalkraft die Spulen. Wegen unzuverlässigen Ausfalls bei kleiner Leistung hat sich das Verfahren nicht gehalten.

Ein Stärken der gebleichten Spulen ist nur bedingt ausführbar, da nur dünne klare Flotten aus aufgeschlossener Stärke, Dextrin usw. zu verwenden sind und ein Bürsten und Glätten der einzelnen Fäden, also ein Schlichten, nicht möglich ist. Die Fäden kleben jedoch leicht aneinander und rauhen sich dann beim Abspulen wieder auf.

Bleichen von Baumwollgeweben.
Strangbleiche.

Baumwolle wird vorwiegend in verwebtem Zustande gebleicht, und zwar der überwiegenden Menge nach zusammengerafft im „Strang". Bei einem Bleichen der ausgebreiteten Stoffe in einfacher oder in wenigen Lagen übereinander könnten zwar die Laugen gleichmäßiger zutreten und Knitter und Falten in der Ware vermieden werden, aber bei der „Breitbleiche" großer aufeinander liegender Mengen ergaben sich große technische Schwierigkeiten, die vielfachen Vorschläge führten selten zu den erwünschten Erfolgen. Die Massenfabrikation unter Ausschaltung der Handarbeit drängt allerdings zur Fließarbeit, zum Kontinubetrieb. Man sucht die Gewebe in Form eines endlosen Bandes von Maschine zu Maschine zu leiten, die einzelnen Behandlungen ohne jede Unterbrechung hintereinanderschaltend, nötigenfalls unter Vorsehen von Zwischendepots. Als langes Band geht heute der zu bleichende Stoff durch die Senge und die Waschmaschine, Schwierigkeiten erwachsen aber, wenn sich längere Einwirkungszeiten erforderlich machen. An Versuchen, das Gewebe in einfachem Durchlauf durch einen Beuchapparat zu reinigen und ebenso durch das Chlorbad zu nehmen, hat es nicht gefehlt, doch haben die Bleichereien im allgemeinen das Einlegen der Ware in den Kochkessel zum mehrstündigen Kochen und das Ablegen in Bassins zum Chloren beibehalten, weil insbesondere das Beuchen zufolge der kurzen Reaktionsdauer nicht befriedigen wollte.

Die Einzelheiten der Stückbleiche sind von den jeweiligen Verhältnissen abhängig zu machen. Ware für Weiß kann oder muß anders behandelt werden wie Druckware, welche auch gut durchgebleicht sein soll, damit die Farben gleichmäßig in den Faden eindringen. Rauhware soll hingegen weniger scharf entfettet sein, darf aber schärfer gechlort werden, weil dann die Bildung des Pelzes auf der Rauhmaschine erleichtert ist, für Türkischrot- und Blaudruck vermeidet man ein schärferes, vor allem ein saures Chloren in der Buntbleiche. Bei der Vorbleiche für Farbwaren (Halbbleiche) sind die Anforderungen geringer, hier begnügt man sich gegebenenfalls mit einem Beuchen der genetzten oder entschlichteten Ware in einer Peroxydflotte. Die nachstehenden Ausführungen bringen die allgemeinen Grundsätze der Stückbleiche.

Die von einem trockenen und luftigen Lager zugeführte Rohware wird zunächst mit bleichbeständigen Farben, wie Asphalt in Terpentin-öl, mit Silbertinte, Anilinschwarz[1] gezeichnet. Sehr bewährt hat sich das Elzit-Verfahren von E. Loewe, Zittau. Unter Verwendung einer mit Kugel verschlossenen Hülse als Schreibstift wird eine Lack-tinte aufgebracht. (Siehe auch bezüglich Verwendung von Serikose als Bindemittel für Pigmente den Aufsatz von Fischer im Färber-kalender 1926.) Zum Stempeln verwendet man aus Buchenholz ge-schnittene oder aus Letternmetall gegossene Typen. Das Einsticken stellt sich teurer, selbst bei Benutzung von Spezialmaschinen (Singer Comp.), Farbgarne zum Zeichnen zu verwenden, kann bedenklich sein, denn die Färbungen drücken beim Beuchen leicht ab. Bei manchen Geweben ist ein Einstanzen von Löchern mit Lochstempel und aus-wechselbarem Locheisen angezeigt[2].

Die für einheitliche Behandlung geeigneten Stücke werden zu einem langen, der Größe der Bleichpost entsprechenden Bande aneinander-geheftet, nachdem man das Gewebe gemessen, auf Gewicht und vor-handene Fehler geprüft hat. Die Nähte müssen glatt, faltenlos sein, um beim Sengen und Bleichen Streifen zu vermeiden, die rechten Waren-seiten sollen alle auf einer Seite der Warenbahn liegen.

Was die Führung des Stranges innerhalb der Bleicherei anbelangt, so neigt Rohware weniger leicht zum Verknittern und zum Verzerren als das gebleichte Stück, so daß sie unter Verwendung von horizontalen und vertikalen Führungs-walzen auf größere Entfernungen geleitet werden darf[3]. Ein nachlässiges Aufhängen der Rollenkasten, der Laternen aus je vier horizontalen und vertikalen, leicht dreh-baren Gleitwalzen, bleibt zu vermeiden. Das Verzerren bei Führung des Stranges im starken Winkel ist bei mehrfacher Winkelung, bei weiten Abständen unter Anziehen durch die Quetschwalzen der Waschmaschine usw. zu befürchten. Gaumitz hält bei Leiten des Warenstranges über größere Entfernungen bei An-ordnung von Leitrollen oder Porzellanaugen in Entfernungen von 6—10 m zur Unterstützung des Stranges das Einschalten von angetriebenen Holzwalzen als Zugwerke für erforderlich. Deren Umfangsgeschwindigkeit soll mit der Geschwin-digkeit des Warenumlaufes übereinstimmen oder nur unmerklich größer sein, damit der Strang lose aufliegend über die Walzen gleiten kann. Der viel teurere Transport mit Wagen bleibt zu vermeiden, es kann die weitere Aufstellung einer Wasch-maschine angebracht sein, um mit zwangsläufiger Warenführung arbeiten zu können.

Zur Erzielung einer glatten Oberfläche ist das Gewebe, sofern es sich nicht um Rauhware oder dergleichen handelt, zu sengen. Am gebräuchlichsten sind die Gassengen.

Das Gewebe läuft mit 50—150 m Geschwindigkeit in der Minute durch mehrere Reihen nichtleuchtender Gasflammen, welche die abstehenden Flaumfasern ein- oder beiderseitig absengen, ohne die Fäden des schnellaufenden Stoffes zu ver-

---

[1] Gaumitz: Die Kennzeichnung der Stückwaren im Lohnausrüstungsbetriebe. Textilber. 1921 S. 198, gab für Anilinschwarztinte die Vorschrift: 150 g Weizen-stärke, 55 g Tragantwasser 4%, 32 g Natriumchlorat, 621 g Wasser werden ver-kocht und versetzt mit 60 g Anilinöl, 55 g Salzsäure 21° Bé, 5 g Essigsäure, 6° Bé. Nach dem Erkalten, kurz vor Gebrauch, sind 20 g Grünspanlösung 4° Bé, 2 g Vanadinchlorürlösung 1% zuzufügen.

[2] Freiberger: Das Kennzeichnen bzw. Stempeln von Geweben. Textilber. 1924 S. 670.

[3] Blasius: Warenverbindung und Warenführung in der Bleicherei. Textilber. 1924 S. 305.

brennen. Als Gas dient Leuchtgas, Blaugas, Sauggas oder Dampf von Benzol und von Petrol-Gasolin, neuerdings von Schweröl. Großen Betrieben wurde früher das Aufstellen einer eigenen Sauggasanlage empfohlen. um sich aus Anthrazitkohle oder dergleichen billiges Gas zu bereiten. Steht Leuchtgas nicht zur Verfügung, so ist es einfacher, Kohlenwasserstoffe in einer Ölgasanlage zu vergasen. Die aus einem Vorratsbehälter zufließende Flüssigkeit wird durch Erwärmen und Zuführen von Druckluft verdampft und in einem Sicherheitsgefäß in genau einzustellendem Verhältnis mit Luft gemischt, damit ein gut brennbares, nicht rußendes Gas aus den Brennern strömt. Die Flamme darf nicht rußen, es wird deshalb auch Luft eingepreßt. Anordnung der Brenner mit senkrechter oder tangentialer Einwirkungsmöglichkeit der Flamme auf die Stofffläche, zweckmäßige Warenführung, Sicherheitsvorrichtungen, wie Quetschwalzen, Dampf- und Wasserkasten für das Ersticken von Funken, Vorrichtungen zum schnellen Abheben der Ware, um ein Entflammen des Gewebes bei plötzlichem Stillstand der Maschine zu verhüten, Ableitung der an giftigen Kohlenoxyd reichen Verbrennungsprodukte, Abbürsten des Sengstaubes,

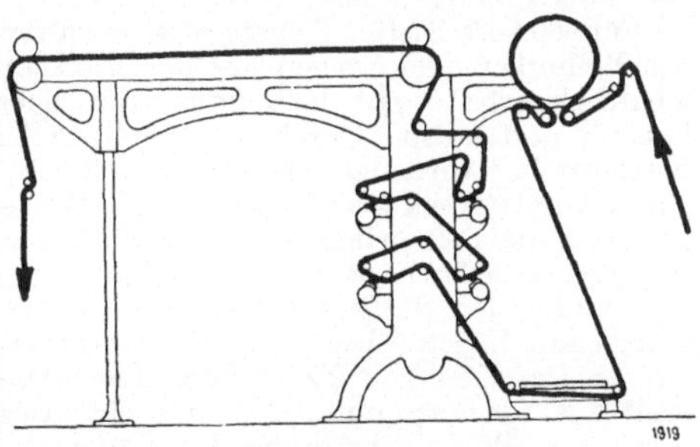

Abb. 36. Gassengmaschine.

sind Einzelheiten der verschiedenen Konstruktionen[1]. Um die Senghitze besser auszunutzen, suchte man Wasser, das durch die kupfernen Führungsrohre zirkuliert, anzuwärmen. Ein Ableiten der Hitze vermindert jedoch die Flam-

Abb. 37. Zylindersenge (Zittauer Maschinenfabrik A G., Zittau).

menwirkung, die wassergekühlten Rohre laufen leicht an. Die Flammen dürfen nicht rußen, es kann deshalb angebracht sein, die Ware auf Trockenzylindern vorzuwärmen, um die Lagerfeuchtigkeit wegzunehmen und die Stoffe weniger durch teerigen Ruß gebräunt zu wissen, sowie die Warengeschwindigkeit erhöhen zu können. C. G. Haubold und andere ließen die Ware mehrmals an der gleichen Flamme vorbeiführen, um diese besser auszunutzen. Wegen schlechter Zugänglichkeit solcher Führungsapparate konnten sich dieselben jedoch nicht recht einbürgern. Die unbenutzten Seiten eines Brenners deckt man der Stoffbreite entsprechend mit feuerfesten Platten ab, oder reguliert die Flammen-

---

[1] Erban: Die Sengmaschine in der Baumwollindustrie und deren konstruktive Ausbildung in den letzten Jahren, Deutsche Färberzeitung 1911. 891. Gaumitz gibt im Handbuch des Zeugdruckes von Georgiewicz-Haller eine Übersicht über die neueren Patente.

Kind, Bleichen der Pflanzenfasern. 3. Aufl. 14

breite durch beiderseits eingeführte Preßluft. (Von schmaler Ware laufen 2 Bahnen nebeneinander.) Bei der Hochleistungs-Sengmaschine mit Herkulesbrenner, Rampen aus Siliziumcarbid, der Maschinenfabrik W. Osthoff, Wuppertal-Elberfeld, wird der mittels Gebläse zugeführte Luftsauerstoff-Überschuß durch eine kleine Flamme zunächst überhitzt, um unter Verwendung von Leuchtgas, Benzin, Benzol oder Gasöl zufolge der besonderen Warenführung durch die Brennerkonstruktion eine große Leistungsfähigkeit zu erzielen.

Wieviel Läufe auf der Vorder- und Rückseite des Stoffes zu geben sind, hängt vom angestrebten Ausfall ab.

Für schwere Stoffe, Velvets, aber auch für feinere Satins und Futterstoffe zieht der Techniker eine Sengen auf der Plattensenge vor, die zwar weniger wirtschaftlich arbeitet, da kein ununterbrochenes Arbeiten wegen eintretender Abkühlung gestattend. Durch wiederholtes Gleiten über das stark erhitzte glühende Kupfermetall wird das Abflammen auf die Gewebeoberfläche beschränkt, dabei aber eine faserfreie Oberfläche erzielt. Hingegen umspült die Gassengflamme den ganzen Faden, sie dringt bei richtiger Einstellung in das Gewebe ein und läßt die Bindung schärfer hervortreten, weshalb sich die Gassenge für leichte Gewebe, für Rips und andere Stoffe mit tiefliegendem Muster eignet. Ähnlich der Plattensenge, jedoch mit höherer Leistung, ist die verbesserte Zylindersenge einzuschätzen. Bei Verwendung von 2 Zylindern, die man mit Gas oder Schweröl auf Rotglut erhitzt, kann Ware mit 100 m und mehr Geschwindigkeit über die sich entgegengesetzt zur Warenbahn drehenden Trommeln aus Chromnickelstahl oder aus einem anderen, keinen Zunder liefernden Metall laufen. Die Drehung der Walzen beugt einer ungleichen Abkühlung und Abnutzung der Walzen vor und sichert ein gleichmäßigeres Sengen als das Überleiten der Ware über ruhende Platten.

In Anbetracht der Feuersgefahr müssen Löscheinrichtungen bei den Sengen vorgesehen sein. Es sollten die Maschinen in einem abgetrennten Raum mit eisernen Türen und Fensterläden stehen, um den Raum nötigenfalls abschließen zu können. Eine Fadenschwächung tritt beim Sengen im allgemeinen zufolge des schnellen Warenlaufes nicht ein, doch bleibt bei losen, feinfädigen Geweben Vorsicht anzuraten, da die Flammen der großen Sengen durch die Ware schlagen. Es könnten sowohl Fasern wie Garnstellen Feuer fangen, wie ganze Gewebe eine Oxyzellulosierung erleiden (vgl. S. 280 u. 305). Der Bleicher befürchtet eine Faserschwächung der Kettgarne, die mit einer stark magnesiumchloridhaltigen Schlichte beschwert wurden durch freiwerdende Salzsäure. Derartige Ware wäre der Sicherheit halber vor dem Sengen zu entschlichten oder wenigstens durch heißes Wasser zu nehmen, was freilich besondere Kosten macht, denn der Stoff wäre vor dem Sengen wieder zu trocknen. Es erscheint ratsam, die gesengte heiße Ware nicht zu lange in großen Haufen abzulegen, um eine nachwirkende Erwärmung zu vermeiden.

Da das Sengen nur den leichteren Flaum entfernt, ist Druckware noch gegebenenfalls zu scheren, was auch nach dem Bleichen erfolgen kann. Ein oder mehrere Schneidezeuge schneiden die zunächst hochgebürsteten Fadenenden ab, die Fadenstückchen entfernt der Klopf- und Bürstenstuhl.

Das Entschlichten.

Ein Entschlichten oder Vorwaschen ist zwar nicht immer notwendig, meistens jedoch vom Vorteil und bei schweren Waren, Samten direkt erforderlich. Stark geschlichtete Ware kocht schlechter durch, so daß die Beuchdauer verlängert und verschärft werden müßte, die Lauge reichert sich zudem an Verunreinigungen an und liefert nicht die verlangte reine Ware, bei steifer, unentschlichteter Ware sind eher Faltenstreifen zu befürchten. Eine entschlichtete Ware benötigt beim Kochen weniger Alkali, da die Stärke Alkali bindet, gut entschlichtete Ware läßt sich also besser und schonender beuchen (vgl. S. 89).

Die ältere Arbeitsweise sah ein Ablegen des durch Porzellanringe geführten Warenstranges nach dem Vornetzen auf der Wasch- oder Imprägniermaschine in große, mit warmem Wasser von 20—30° gefüllte Bottiche vor, um eine meist mehrere Tage beanspruchende saure Vergärung der aus Stärke bestehenden Schlichte eintreten zu lassen. Schneller und zuverlässiger läßt sich die Ware mit Malz oder diastatischen Fermenten und Biolase entschlichten, denn bei saurer Vergärung ist ein Stockigwerden der Gewebe zu befürchten und damit ein Faserangriff. Über diastatische Entschlichtungsmittel und ihre Wirkung sowie über das Verhalten anderer Hilfsmittel siehe S. 49.

G. Tagliani und W. Krostewitz[1] empfahlen, die Ware unmittelbar nach dem Sengen im Kontinudurchlauf durch die unter Ausnutzung der Abgase der Sengmaschine erwärmte Diastaselösung zu nehmen. Das Gewebe soll von der Senge aus in einen genügend großen oberhalb der Maschine angebrachten Kasten mit zwei Abteilungen gehen, von denen die erste warmes Wasser, die zweite warme Diastaselösung enthält, welche aus einem Vorratsbehälter ununterbrochen zufließt.

Abb. 38. Chlor- und Säuer- bzw. Imprägniermaschine (Zittauer Maschinenfabrik AG., Zittau).

Durch Zwischenschalten von Quetschwalzen und Anordnen von Spritzröhren läßt sich die gesengte Ware gut vorwaschen, ein vorschnelles Verschmutzen der Diastaseflotte vermeiden. Ein Gewebe vom Durchschnittsgewicht 10 kg je 100 m mit etwa 10—12% Schlichte und 400—500 g Stärke soll zum Lösen der Verdickung nur 8,75 g bis 10 g Diastafor benötigen. Die Entschlichtungskosten sind also gering. Es kann selbstredend auch eine entsprechend arbeitende Waschmaschine angeordnet sein. Die imprägnierte Ware ist im allgemeinen eine gewisse Zeit abzulegen. Kontinudurchlauf bedingt einen höheren Verbrauch an Enzym und eine Einwirkung von wenigen Minuten genügt bei schwerer geschlichteten Stoffen in fraglicher Weise.

Beim Entschlichten mit Säure ist ein Antrocknen oder eine zu heiße Einwirkung zu vermeiden, — Zudecken mit feuchten Tüchern

---

[1] Tagliani u. Krostewitz: Einige Bemerkungen über die Vorbereitungsoperationen beim Beuchen baumwollener Gewebe. Färber-Ztg. 1912 S. 41.

14*

bei Ablegen auf Haufen. Eine Faserschwächung tritt jedoch bei sachgemäßer Arbeitsweise nicht ein, selbst nicht bei kurzem heißen Säuern, vgl. S. 77, es soll aber den mit Diastase entschlichteten Waren ein vollerer, besserer Griff zuzuschreiben sein. Man rechnete bei kaltem Säuern unter Ablegen der Stoffe über Nacht mit einer Säurekonzentration von 1—2° Bé, je nach Warenart. Bei heißem Säuern ist eine kürzere Einwirkungszeit, die Verwendung schwächerer Lösungen vorzusehen.

Alkalische Lösungen können Stärke gleichfalls abbauen. Man nimmt die Stücke im Strang oder breit durch 1—2 %ige heiße Natronlauge oder Sodalösung, welch letztere wohl weniger wirksam ist, und legt dann über Nacht oder länger ab. Zum Netzen und Vorreinigen nimmt man auch gern die warme, abgeklärte Kochlauge, wenn sie nicht zu sehr mit gelösten Stoffen beladen ist, da diese sonst zum Teil auf der Ware wieder ausfallen. Es soll sogar Altlauge zufolge ihres Gehaltes an kolloidalen Stoffen besser netzen. Die Stärke quillt bei mehrstündigem Einlegen

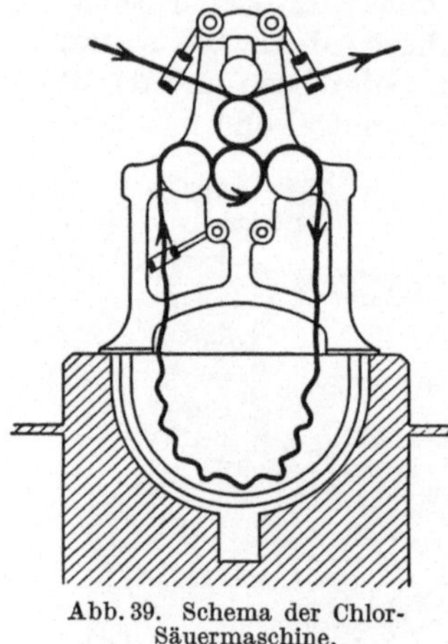

Abb. 39. Schema der Chlor-Säuermaschine.

oder Abtafeln auf Haufen wohl nur auf, erst das folgende Waschen auf einer Strangwaschmaschine vermindert den Schlichtegehalt der Beuchware und erleichtert somit das Kochen und Lösen der vorgeweichten Schalen. Eine ähnliche Wirkung kann das Merzerisieren der Rohware haben, hierbei ist aber das Anreichern der konzentrierten Lauge durch die viskose Schlichtmasse wieder sehr unerwünscht. Gleichfalls wirken Oxydationsmittel, wie Chlorlauge lösend auf die Stärke ein, insbesondere sei auf das DRP. 43466 verwiesen, — Natronlauge + Hypochlorit bzw. Aktivin. Mit dem Entschlichten ist hier schon ein Bleichen verbunden, das Aus-

Abb. 40. Strangwaschmaschine mit in den Fußboden versenkt angeordnetem Zementbottich (Zittauer Maschinenfabrik AG., Zittau).

laugen und Entschlichten geht bei der Kaltbleiche mit dem eigentlichen Bleichen ja zusammen. Das Entschlichten mit Perborat „Obor“, DRP. 203282, wäre mehr als ein direktes Bleichen von Rohware aufzufassen (vgl. S. 176). Größten Wert legen die Sauerstoffbleichverfahren, wie nach Mohr, auf ein gutes Entschlichten.

Welches Entschlichtungsverfahren den Vorzug verdient, muß von den jeweiligen Verhältnissen abhängen. An sich mag es sogar nicht immer nötig erscheinen, die Baumwolle von allen Fremdstoffen zu befreien. Daß sich ein von dicker Schlichtkruste eingehüllter Faden schwieriger durchbleichen läßt und daß gewisse Schlichtbestandteile entfernt werden müssen, um ein dauerhaftes Weiß zu erhalten, versteht sich. Ebenso soll Buntware meist gut entschlichtet werden, damit die Farben klar hervortreten. Das Entschlichten von Buntware vor dem Beuchen hat überdies doppelte Bedeutung, denn Küpenfärbungen drücken in einer reduzierende Stoffe, wie abgebaute Stärke, enthaltenden Flotte leicht ab. Wenn jedoch ein erheblicher Teil der Bleichwaren später wieder appretiert und vielfach hoch beschwert wird, so drängt sich die Frage auf, ob die Technik dahingehen muß, beim Bleichen als Endprodukt „reine“, von Fremdstoffen freie Zellulose zu erhalten? Auf der anderen Seite ist die Erwartung auszusprechen, daß die Webereien das Schlichten der Kette von zu bleichender Weißware den späteren Bleichbehandlungen nach Möglichkeit anpassen, sich auf das tatsächlich erforderliche Anstärken beschränken und vor allem schwer verseifbare Fettzusätze, welche die ganze Schlichtmasse unlöslicher machen, vermeiden. Ob Stärkeverdickungsmittel bei Zusatz von Kochsalz zur Schlichte leichter entfernbar sind, erscheint fraglich. Die Beschaffenheit der Schlichte mag bei längerem Lagern und beim Erhitzen gewissen Veränderungen unterliegen, so dürfte das Sengen die Klebmittel in gewissen Grenzen verändern, auf die Stärke dextrinierend einwirken und zu einem Verharzen von Ölen (?) beitragen.

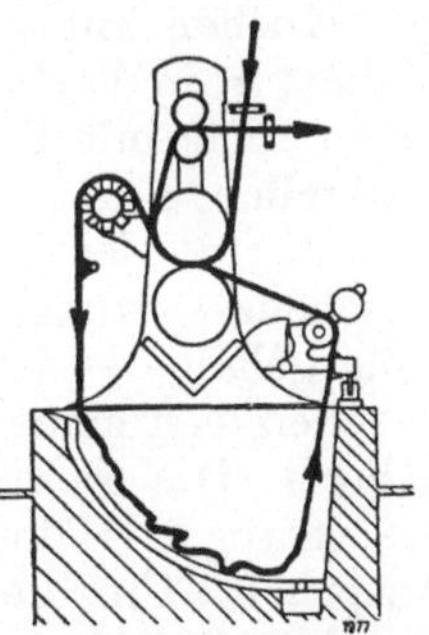

Abb. 41. Schema zur Strangwaschmaschine.

Nach Einwirkung der Entschlichtungsmittel wird die Ware gewaschen. Die gebräuchliche Maschine ist das Clapot (franz. clapoter = plätschern) in zwei Arten, nämlich Maschinen mit festem und losem Strang[1]. Bei ersteren läuft der Strang unter Spannung zwischen den oberen Waschwalzen und den unteren, im Wasserbehälter sich befindenden Führungswalzen. Da hierbei sich keine Knoten und Schlingen bilden können, ist die Geschwindigkeit bis zu 150 m/Min. steigerbar. Das Waschen mit losem Strang, ohne untere Führungswalzen, ist die üblichere Arbeitsweise. Das Gewebe flottiert in Wasser, was das Durchwaschen erleichtert und den Stoff nicht so sehr in die Länge verzieht. Die Durchlaufgeschwindigkeit muß aber geringer sein, 90—120 m/Min., um Knotenbildung zu vermeiden. Ein Ausquetschen des Stranges während des Auswaschens verbessert den Erfolg bzw. ist unumgänglich.

Als Konstruktionseinzelheiten sind hier nur anzudeuten: Regelung des Druckes der Holz- oder Gummiquetschwalzen, automatische Abstellung der Maschine bei Bildung von Knoten oder Schlingen, changierender Führungsrechen für den oder die Warenstränge, um die Walzen gleichmäßig zu beanspruchen, möglichst tiefe Kufen, Ableitung des Schmutzwassers, gute Ausnutzung des Wassers nach dem Gegenstromprinzip. Über den Wasserbedarf siehe S. 6.

A. Schmidt[2] hat eine Breitwaschmaschine und eine Strangwaschmaschine ge-

---

[1] Thies: Einiges über Strangwaschmaschinen. Textilber. 1921 S. 125. — Erban: Verbesserungen auf dem Gebiete des Waschmaschinenbaues. Elsäss. Textilbl. 1911 S. 281.

[2] Schmidt: Das Waschen. Textilber. 1924 S. 462.

baut, bei der die Ware durch übereinander angeordnete flache Tröge unter starkem
Ausquetschen läuft. Durch Anwendung des Gegenstromes gelingt es, das Gewebe
sehr gut bei großer Wasserersparnis auszuwaschen.

O. Diehl empfiehlt in einem Aufsatz[1] vorgerauhte Ware nicht gegen den
Strich in den Kessel zu waschen, wie überhaupt so wenig wie möglich gegen den
Strich zu waschen, um die Rauhdecke zu schonen. Da die Warenposten aber
nicht immer derart liegen oder umgelegt werden können, so sollte wenigstens das
Waschen in den Kessel, das Chloren und die letzten Wäschen mit dem Strich er-
folgen, und zwar im losen Strang mit entlasteter Druckwalze.

Nicht unter Spannung zu behandelnde Stoffe, wie Gardinen u. dgl. laufen
besser auf einer Haspel. Eine Seif- und Waschmaschine, wie sie z. B. die Abb. 40
zeigt, kann auch Verwendung finden, um Gewebe zu bleichen, zu säuern usw.
Je nach dem Verwendungszweck wird mit oder ohne Druckwalze gearbeitet.
Diese oder ähnliche, in Verschläge eingebaute Maschinen sind des weiteren zu
verwenden, wenn man eine Belästigung durch Gase wie durch schweflige Säure
bei der Permanganatbleiche vermeiden will.

Auf das Waschen folgt das Beuchen im Hochdruckkessel[2].
Ein Kochen mit Kalk ist nicht mehr gebräuchlich, vorwiegend steht
Ätznatron in Verbindung mit etwaigen Zusätzen von Seifen und Fettlösern. Die mit Kalk zu kochende Ware wurde ehedem mit 3—8%
Kalkmilch, z. B. 400 g Ätzkalk auf 100 m Ware in der Imprägniermaschine, der Kalkanstalt, getränkt. Für den guten Ausfall des
Beuchens — unabhängig ob Kalk oder eine andere Lauge zur Verwendung gelangt — ist ein gleichmäßiges Einlegen in den Kessel wichtig,
es sollen sich keine Kanäle bilden, durch welche die Flotte stärker zirkuliert. Das Beschicken der Kessel durch Einlegen und Festtreten
des Stranges — der Arbeiter steht im Kessel — nimmt längere Zeit in
Anspruch. Um die Apparatur zeitlich besser auszunutzen, bauten die
Maschinenfabriken liegende Kessel, in welche der Bleicher das Gut
mit Spezialwagen, die außerhalb des Kessels gefüllt und entleert werden,
einfuhr. Die an die liegenden Beuchkiers geknüpften Erwartungen
haben sich nicht erfüllt, es stellten sich Schwierigkeiten bezüglich der
Entlüftung und der gleichmäßigen Laugenzirkulation heraus, zudem
ist verhältnismäßig viel Flotte erforderlich. Solche liegenden Matherkiers haben nur in England größere Verbreitung gefunden. Eine
raschere Füllung der stehenden Kessel sucht die Technik durch gleichzeitiges Einlegen von mehreren Strängen oder mit Hilfe von Füll-
trichtern, welche die Beuchware in den Kessel einschlemmen, zu erreichen. Es ist hier der zuerst von Mathesius konstruierte Rüssel-
apparat zu nennen, welcher gegebenenfalls zum Ablegen der gechlorten
und gesäuerten Ware in Gefäße verschiedener Art Verwendung finden kann.

Ein kardanisch aufgehängter kupferner Trichter, in welchen der über Haspeln
geführte Warenstrang eintritt, hat teleskopartig ineinander verschiebbare Ver-
längerungsrohre, von denen das untere gekrümmt oder als biegsamer Schlauch
ausgestaltet ist. Zugepumpte Flotte nimmt den Warenstrang mit, netzt ihn und
spült den Stoff in den Kessel ein. Ein Arbeiter kann den Rüssel leicht nach
Bedarf einstellen und die Ware gleichmäßig einschichten, so daß Kanalbildung

---

[1] Diehl, O.: Über gerauhte, gebleichte Baumwolle. Färber-Ztg. 1914 S. 357.
[2] In Ergänzung der Handbücher von Theis gab Erban eine Zusammenstellung:
Die konstruktive Ausbildung der Armaturen bei den in der Strangbleiche von
Geweben gebräuchlichen Kochkesseln. Leipzig. Mschr. Textil-Ind. 1911 S. 285.

vermieden bleibt, denn die Ware legt sich gut ab, wenn die Flotte aus dem Kessel-
unterteil ständig abgesaugt und dem Trichter, in den auch mehrere Stränge gleichzeitig einlaufen können, wieder zugeführt wird. Die sonst unangenehme Arbeit
im Kesselinnern, das Einstampfen, Festtreten der Ware, fällt fort, dabei wird die
Beschickungszeit auf etwa die Hälfte vermindert und nur ein jugendlicher Arbeiter
benötigt. Siehe Abb. 58.

Über die Betriebsweise der Hochdruckkiers wurde bereits bei Besprechung der Garnbleiche das Wesentliche mitgeteilt. Die eingeschichtete, mit Schutztüchern oben abgedeckte und mit Eisenteilen oder
Steinen beschwerte Ware bzw. mit besonderen Vorrichtungen unter
der Flotte gehaltene Ware soll wegen der Gefahr einer Oxyzellulosierung
durch Luftsauerstoff stets von der Flüssigkeit 20—30 cm bedeckt sein.
Damit die Luft möglichst entweicht, wird zunächst bei offenem Kessel
gearbeitet, ein Ableiten der sich ansammelnden Luft ist zweckmäßig.

Auf die erste Kochung folgt gegebenenfalls nach zwischengeschaltetem
Spülen oder wirksamer noch durch ein zwischengeschaltetes Säuern
unterstützt, ein zweites, schwächeres Beuchen. Ein 6stündiges Kochen
bei 2,5 at und gutem Laugenumlauf gilt im allgemeinen als genügend
für gut entschlichtete Ware. In Kalk gekochte Ware wäre zu säuern
und das zweitemal mit Ätznatron oder Soda zu beuchen, da die Kalkkochung gewissermaßen nur vorbereitend wirkt. Über die Vorteile
des Kalk- oder Natronbeuchens und das Verbessern der Laugen durch
Zugabe von Seife usw. ist an anderer Stelle nachzulesen. Nach Ablassen
des Druckes bei Vermeiden eines Antrocknens der obersten Warenschichten an der heißen Kesselwandung wird das Gut zunächst im Kessel
mit Wasser ausgelaugt, am besten mit angewärmtem Wasser unter
kurzer Zirkulation, dann läuft die Ware durch Porzellanringe geleitet
zur Waschmaschine. Da Kalkabscheidungen durch Spülen nicht entfernbar sind, ist nach einem Kalkkochen abzusäuern, wofür Salzsäure
besser geeignet als Schwefelsäure ist, doch genügt letztere vollkommen,
wenn es sich nicht um ganz anormal starke Abscheidungen handelt.
Das Säuern geschieht auf einer Strangimprägniermaschine, wenn man
nicht in Bassins ablegt, um die Säurelösung längere Zeit einwirken zu
lassen, damit nicht etwa in den Strangfalten Rückstände bleiben.
Nach gutem Auswaschen der Säure auf der Waschmaschine folgt das
Chloren, das sich bei der nicht mit Kalk gekochten Ware unmittelbar
an das Auswaschen des gebeuchten Gutes anschließt. War es früher
üblicher die in der Kalkanstalt-Imprägniermaschine mit Chlorlauge
getränkten Gewebe in Haufen auf ein Lattenrost abzulegen, um die
Chlorflotte einige Stunden einwirken zu lassen und nach einigen Stunden zu waschen, so zog die Technik später vor, die Gewebe in große
Kufen aus Föhren- oder Weißtannenholz bzw. in gemauerte Bassins
mit Lattenrost oder mit siebartig durchlöcherten Filtriersteinen einzulegen und mehrere Stunden in einer beständig oder wenigstens zeitweise zirkulierenden Chlorlösung von 0,5—1° Bé zu bleichen. (Ob für
Ablagen als Werkstoff Holz, Zement oder Steinkacheln vorzuziehen,
hat sich nach den Verwendungszwecken zu richten. Falls auch ein Einschichten mit Säure in Betracht kommt, eignet sich ein zementiertes
Gefäß weniger gut.) Beim Ablegen auf Haufen bleiben nämlich die unteren

Teile länger liegen und werden demnach weiter gebleicht als die oberen Stücke, überdies ist ein Antrocknen der Außenstellen und damit ein ungleiches, zu weitgehendes Bleichen zu befürchten. Das Chloren in der Zisterne ist richtiger. Damit die Chlorflotte gleichmäßig und schnell zur Einwirkung gelangt, kann man den Warenstrang zuvor in einer kleinen Imprägniervorrichtung mit Chlorlösung tränken und dann erst in die Bassins ablegen. Mitverwendung von Quetschwalzen sichert das gleichmäßige Imprägnieren noch besser. Die

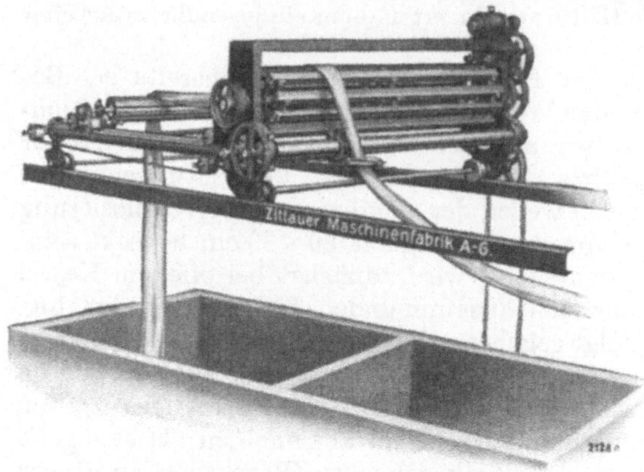

Abb. 42. Automatischer Strangableger (Zittauer Maschinenfabrik AG., Zittau).

Bleichflotte mehrmals in ein unteres Bassin ablaufen zu lassen und neu aufzupumpen, trägt ebenfalls dazu bei, das Durchbleichen zu ver-

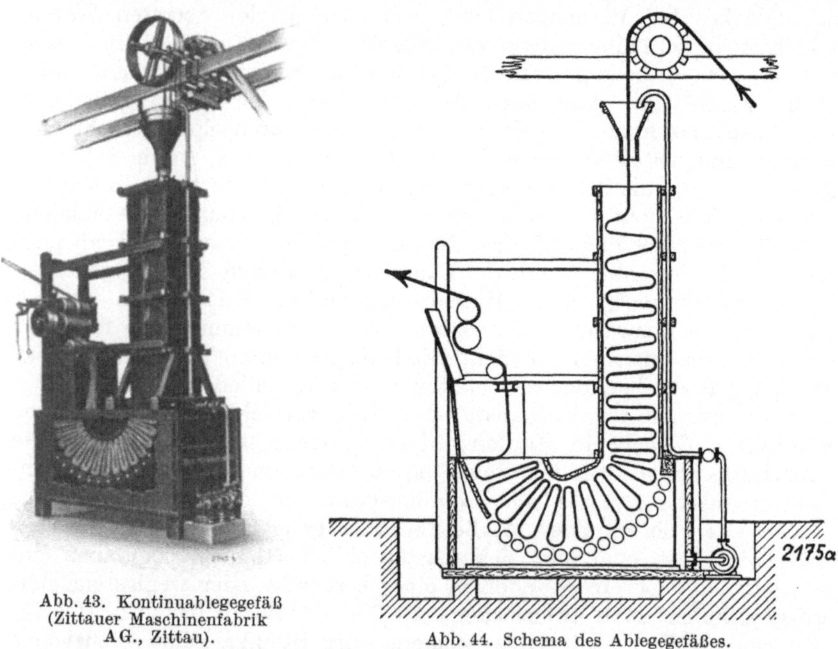

Abb. 43. Kontinuablegegefäß (Zittauer Maschinenfabrik AG., Zittau).

Abb. 44. Schema des Ablegegefäßes.

bessern. (Entsprechend wäre beim Absäuern zu verfahren.) Nach genügendem Chloren ist wieder auszuwaschen, zunächst im Bassin, und abzusäuern bzw. mit Bisulfit usw. zu entchloren, was wieder am besten durch mehrstündiges Ablegen mit folgendem gründlichen Auswaschen auf der Maschine zu erreichen ist. Zum Ablegen des Stranges bauen die Maschinenfabriken heute automatisch arbeitende Vorrichtungen. Der mit Rollen ausgestattete, über verschiedene Ablegeplätze fahrbare Ableger erreicht das zickzackförmige Eintafeln dadurch, daß die Haspel über dem Bassin hin- und herwandert und gleichzeitig die Strangführungsöse in der Längsrichtung hin- und herbewegt wird.

Von der Verwendung eines Antichlormittels sehen manche Bleicher ab und begnügen sich mit dem Absäuern, „theoretisch" wäre jedenfalls ein Antichlorbad angezeigt.

Im Bestreben, den Arbeitsgang ohne jedes Unterbrechen durchzuführen, um an Zeit und Bedienung zu sparen, wurden die Kontinu-Warenspeicher ge-

Abb. 45. Chlor- und Säuerspeicher (C. G. Haubold AG., Chemnitz).

baut, die an Stelle der Ablagen hinter den Chlor- und Säuremaschinen treten. Der Speicher gestattet eine genügend lange Einwirkungszeit bis zu 30 Minuten. Der viereckige, 40 bis 60 cm breite, senkrecht angeordnete Schacht läuft unten nach dem Ausgange in einen Krümmer aus, dessen Boden mit einer Anzahl Rollen versehen ist, um die Fortbewegung des Warenstapels zu erleichtern. Wird die Ware zuvor durch eine Imprägniermaschine genommen, so läßt sich im Speicher die Einwirkungsdauer regeln, alle Teile bleiben gleich lange der Einwirkung von Chlorlauge usw. ausgesetzt, ein Antrocknen ist vermieden. Für die Fließarbeit dient auch das Kontinu-Ablegegefäß, das außer den Ablagen die Chlor- und Säuremaschinen überflüssig machen soll. Der Schacht steht in einem rechteckigen hölzernen Bottich. Über dem Einführungstrichter ist der Warenhaspel angebracht. Die Behandlungsflotte wird durch eine Pumpe zusammen mit dem Warenstrang durch den Trichter eingeleitet.

Abb. 46. Strangausquetschmaschine (Zittauer Maschinenfabrik AG., Zittau).

Das Ablagegefäß soll sowohl zum Imprägnieren von zu entschlichtender Ware als auch zum Behandeln mit Bleich- und Säureflotten dienen. M. Freiberger hat früher ein fortlaufendes warmes Chloren und Säuern in Steinzeuggefäßen eingeführt. Zufolge größeren Chemikalienverbrauchs — der Warenstrang nimmt viel Flotte mit, die beim Auswaschen verloren geht — fand das Verfahren bzw. die einigermaßen kostspielige Bauart nur vereinzelt Aufnahme in der Technik.

Das durch die Preßwalzen der Waschmaschine bereits abgequetschte

Gewebe kann auf einer besonderen zwei- oder dreiwalzigen Quetsche, dem Squeezer, noch stärker entwässert werden, damit sich die Ware besser ausbreiten läßt. Bei Hochleistungsquetschen, für 1 oder 2 Stränge eingerichteten Maschinen, haben vorgelagerte Walzen den Zweck, etwa vorhandene Luft- oder Wasserblasen zu entfernen, bevor diese zwischen die Hauptquetschwalzen gelangen und dort etwa zu einem Platzen des Stoffes Anlaß geben.

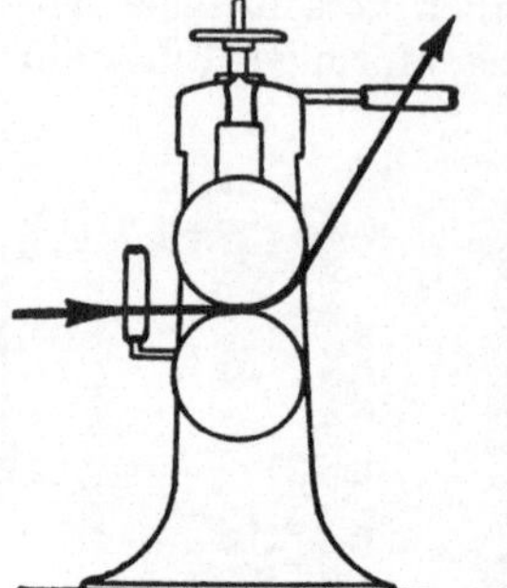

Abb. 47. Schema zur Strangausquetschmaschine.

Von den neuen Konstruktionen verspricht Freiberger[1] sich eine allgemeinere Einführung, weil sie das Bleichen im fortlaufenden Strang verwirklichen sollen. Fr. macht folgende Angaben: Bei 7 stündiger Arbeitszeit laufen bei Arbeitsgeschwindigkeiten von 120—200 m/Min. täglich 50—80000 m hindurch. Zum Bleichen einer Menge von 5—8000 kg gehören sonst 3—4 Kufen von ganz großem Kaliber bzw. 5—6 Kufen üblicher Größe oder mehrere mächtige Bassins, die etwa den 4—10 fachen Bodenraum einnehmen. Die Kontinugefäße beanspruchen wenig Raum, sie sind nicht teuer in der Anschaffung, für verschiedene Operationen verwendbar, sie haben einen ökonomischen Verbrauch an Dampf und Chemikalien. Die Ware kann in etwa 2 Stunden durch die Apparatur laufen, um mit drei- bis viererlei Behandlungsbädern eine Weißbleiche zu erzielen, während das sonst übliche Wässern usw. in Kufen einige Tage beansprucht. Die Einrichtung solcher Kontinubleiche ist einfach. Man stellt jedesmal hinter eine Waschmaschine ein Kontinugefäß und wiederholt ein solches System, so oft als dies nötig ist. Für eine Halbbleiche läuft die Ware aus der Senge durch eine Waschmaschine und ein Kontinuentschlichtungsgefäß. Nachher entweder in den Beuchkessel oder direkt durch eine Waschmaschine mit einem Chloriergefäß. Sodann folgt eine Waschmaschine und ein solches Gefäß, das Säure oder eine mit Superoxyd entfärbte alkalische Reinigungslösung (DRP. a. vgl. S. 222) enthält. Zum Schluß folgen Waschmaschine, Quetsche, Ausbreiter und Trockenmaschine.

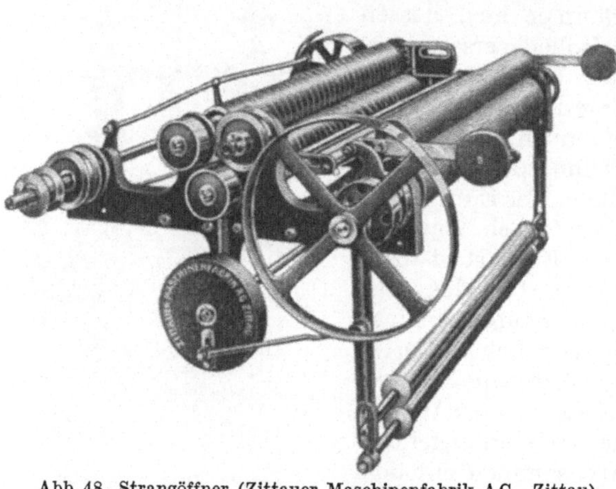

Abb. 48. Strangöffner (Zittauer Maschinenfabrik AG., Zittau).

Der Strangöffner besteht aus einem sich rasch drehenden Schlägerpaar und einem Breithalterpaar. Die Vorrichtung lockert den Strang selbsttätig, sie breitet ihn aus und kann das Gewebe abfachen, ablegen, falls die ausgebreitete Ware nicht auf dem Wasserkalander nochmals scharf abgequetscht werden soll. (Wenn man das letzte Spülwasser im Troge des Kalanders durch Ammoniak oder Soda schwach alkalisch

[1] Freiberger: Das Reinigen und Bleichen von Geweben im laufenden Strang auf Kontinugefäßen (Mechanischer Teil). Textilber. 1931 S. 397.

machen will, um etwaige restliche Säure zu neutralisieren, so ist ein zuviel an Alkali zu vermeiden, denn sonst nimmt das Weiß leicht wieder einen gelben Ton an. Essigsaures Ammoniak würde zuverlässiger sein.) Die drei- und mehrwalzigen Wasserkalander sind auch mit heizbaren Zylindern ausrüstbar. Die Ware erhält eine Vorappretur, das Gewebe wird verdichtet, wobei die Anzahl der Walzen und deren Beschaffenheit nicht ohne Bedeutung sein mag. Die Walzen pflegen abwechselnd aus Metall und Jute oder ähnlichem Rohstoff zu bestehen. Die oberen heizbaren Walzen sollen der Ware einen gewissen Glanz geben, oder dieselbe gleichzeitig vortrocknen, damit das Gewebe später die Appreturmasse besser

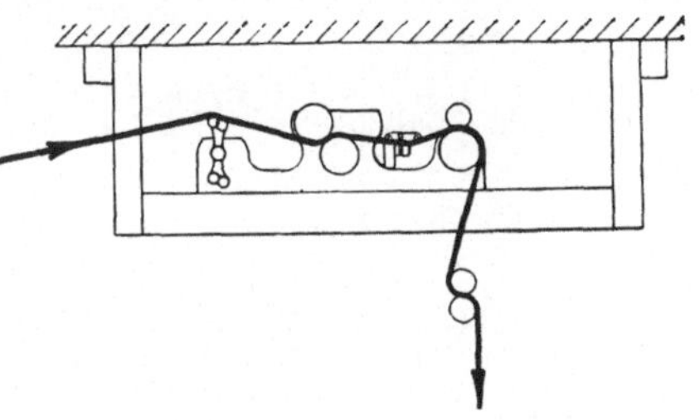

Abb. 49. Schema zum Strangöffner.

aufnimmt. Je besser das Gewebe entwässert wird, um so leichter hält das Fertigtrocknen. Mit dem Kalander und den Trockenvorrichtungen sind Breithalter und Breitstrecker zu verbinden, der Breitenverlust wird im übrigen nach der Appretur wieder einzuholen gesucht.

Mit dem letzten Spülen oder mit dem Appretieren wird das Bläuen der Weißware vereinigt. Je nach dem verlangten Farbton wählt man ein Blau, welches der Ware einen rotstichigen, einen mehr blau-grünen oder einen neutral grauen Ton verleiht. Dem zwar gut lichtechten, aber säureempfindlichen Ultramarin wird gerne ein schwaches Alkali zugegeben, um etwaige Säurereste in der Ware oder in der Appreturmasse zu unterdrücken. Bei Anwendung eines unlöslichen Blaus treten leicht Unegalitäten, Streifen auf, wenn das Blau nicht gut verrührt oder die Ware ungleich angetrocknet ist und etwa der Warendurchlauf stockt.

Abb. 50. 3-Walzen-Wasser-Kalander mit Rollenausbreiter am Einlaß (C. G. Haubold AG., Chemnitz).

Die löslichen Farbstoffe sind bei den in Betracht kommenden geringen Zusatzmengen vielfach wenig echt, so z. B. nicht Indigokarmin, Methylviolett, Wasserblau. Besser erweisen sich die sauren Alizarinfarbstoffe, wie Alizarinzyanol. Heute nimmt man ob ihrer vorzüglichen Echtheit gerne Indanthrenblaumarken, die trotz ihrer Unlöslichkeit gleich dem Ultramarin zum Anbläuen von Appreturmassen gut verwendbar sind. Zum Anbläuen von 100 l Masse sind 20—50 g Indanthrenblau RZ oder GGSZ zu nehmen. Die erstere Marke gibt ein violettstichiges, die zweite ein grünstichiges Weiß. Zum Abtönen können gleichzeitig lösliche Bläuen mitverwendet werden (vgl. auch S. 192).

Um einen weichen Griff auf der Ware zu erzielen, empfiehlt die I. G. Farben-Industrie, in das Bläuebad 0,25—2 g Soromin A zu geben. Dieses Weichmachungs-

mittel verlangt dabei eine völlige Säurebeständigkeit der Bläue. Es wird Indanthrenblau RZ empfohlen. Soromin A soll ein besseres Aufziehen des Farbstoffes auf
die Faser bewirken.

Das Trocknen der Ware in der Hänge erscheint zwar zunächst als der ein-
fachste Weg, die Fertigstellung ist jedoch zu sehr von den Witterungsverhältnissen

Abb. 51. Trockenhänge von Jul. Fischer, Nordhausen.

abhängig, man mußte die großen, durch mehrere Stockwerke gehenden Hängeböden mit Heizkörpern ausrüsten. Die Gewebe erhalten in der Hänge einen
schönen, namentlich bei Leinen ge-
schätzten Griff, die Hänge bietet auch
für stark appretierte Waren, die langsam trocknen müssen, Vorteile. Hohe
Arbeitskosten bei geringer Leistung,
schlechte Ausnutzung der Wärme,
Einlaufen der Gewebe sind Nachteile
solcher Arbeitsweise. Eine weitere
Entwicklung der Hängeböden bilden
die mechanischen Trockenhängen,
wie sie von E. Gessner, AG., Aue,
Fr. Haas, Lennep, J. Fischer,
Nordhausen, von der Radebeuler
Maschinenfabrik, A. Köbig, Radebeul, B. Schilde, Hersfeld und C. H.
Weissbach, Chemnitz gebaut wur-

Abb. 52. Heißlufthängetrockenmaschine
(Ernst Gessner AG., Aue).

den. Die im Dampfverbrauch rationellen und wenig Bedienung erfordernden
Einrichtungen können für Gewebe jeder Breite bzw. für das gleichzeitige

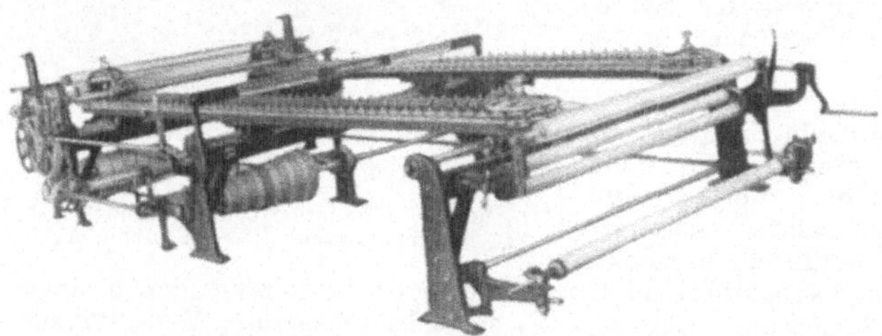

Abb. 53. Ausbreit- und Egalisiermaschine (C. G. Haubold AG., Chemnitz).

Trocknen zweier schmaler Bahnen Verwendung finden. Ein Transportsystem
führt die Trockenstäbe mit den aufgehängten Stoffbahnen durch den Trockenraum,
die Faltenbildung erfolgt hierbei automatisch, ebenso wie das spätere Ablegen
der trockenen Ware[1].

---

[1] Siehe Rüf: Die Hänge oder der Trockenturm. Textilber. 1923 S. 574. —
Rengew: Großtrockenanlagen für die Textilveredlungsindustrie. Leipzig. Mschr.
Textil-Ind. 1927 S. 478.

Über die gute Ausnutzung der Wärme herrscht vielfach nicht die wünschenswerte Kenntnis. Es sei hier auf einige neuere Aufsätze verwiesen[1].

In gespanntem Zustande kann man das Bleichgut in der Hotflue, einem großen Trockenkasten ähnlicher Art, wie solcher bei Schlichtmaschinen zu finden ist, trocknen. Üblicher ist aber das Trocknen auf Zylindertrockenmaschinen und Spannrahmen, wie solche von den Maschinenfabriken Haubold, Krantz, Rosswein, Weissbach und anderen gebaut werden[2].

Die Zylindertrockenmaschine weist eine Reihe heizbarer Trommeln aus Kupfer oder verzinntem Weißblech auf — Kupfer hat ein besseres Wärmeleitungsvermögen. Die Zylinder sind in verschiedener Weise unter Anpassung an den Raum in horizontalen und vertikalen Reihen aufstellbar. Eine liegende Anordnung in einer Reihe mit Leitwalzen eignet sich z. B. für einseitiges Trocknen. Nach der beanspruchten Leistungsfähigkeit richtet sich die Anzahl der Trommeln, leichtere Stoffe trocknen naturgemäß schneller. Das Heizen der Zylinder erfolgt durch

Abb. 54. Zylinder-Trockenmaschine mit Stärkemaschine und Breitstreckvorrichtung
(C. H. Weissbach, Chemnitz).

gespannten, durch die hohlen Zapfen einströmenden Dampf, Schöpfwerke oder Heber leiten das Kondenswasser dauernd ab. Zum Trocknen appretierter Ware soll es sich empfehlen, die vorderen Zylinder mit Niederdruck zu heizen, damit die Ware nicht so leicht an den Trommeln haften bleibt und keinen zu harten Griff erhält. An der Ausgangsseite arbeitet ein Faltenleger oder ein Aufwickelapparat. Mit steigender Zugbeanspruchung, die von der Zahl der Trommeln mit abhängt, läuft das Gewebe in der Breite ein, und um so mehr können sich die Schußfäden verzerren. Das Schleifen der Fäden über die Metallflächen drückt die Ware platt, was für Mangelware von Vorteil sein mag, mitunter aber unerwünscht ist. Neben den Zylindertrockenmaschinen sind deshalb Trockenspannrahmen in Gebrauch oder kombinierte Zylinderspannrahmen, welche die eingelaufene Ware auf die alte Breite ausrecken und in genanntem Zustande trocknen. Die Technik unterscheidet: Zirkularspannrahmen oder rotierende Breitstreckmaschinen. Egalisiermaschinen dienen zum Fadengrademachen der Gewebe und sind mit Trockenvorrichtungen zu verbinden. Das Einlaßfeld ist

---

[1] Kraus, H.: Brennmaterialverschwendung bei Trocknungsanlagen. Färber-Ztg. 1919 S. 80. — Durst, G.: Über Anlage und Berechnung von Trockenhängen. Textilber. 1921 S. 35. — Rüf, E.: Die Hänge oder der Trockenturm (Schilde-Hänge mit Stufenlufttrockenverfahren). Textilber. 1923 S. 574.

[2] Vgl. auch Beyerfeldt: Selbsttätige Gewebeeinführung in Spannmaschinen. Textilber. 1927 S. 339. — Anke: Allgemeine Konstruktionsverbesserungen an Spann-, Rahm- und Trockenmaschinen. Leipzig. Mschr. Textil-Ind. 1924 S. 226.

schmaler als die Ausgangsseite, so daß die Kluppen die eingeführte Ware in die Breite strecken. Wirkungsvoller arbeiten die größeren Spannrahmen mit Nadel- oder Kluppenketten und einem Kettenlauf von 15—20 m. Das Einlassen der Ware in das Streckfeld erfolgt heute meist unter Verwendung automatisch arbeitender Vorrichtungen. Die Kettenführung kann in einen Trockenkasten mit mehreren Feldern eingebaut werden, in welchen die in einem Röhrenkessel erwärmte Luft eingeblasen wird. Die Rahmen lassen sich mit Trockenzylindern zur Erhöhung der Maschinenleistung verbinden. Auch spannt man von geeigneter Ware mehrere Bahnen gleichzeitig. Für Batiste, Gardinen u. dgl. gelangen Maschinen mit changierenden Ketten zur Verwendung, um durch das Hin- und Herbewegen ein Lockern der Kett- und Schußfäden zu erreichen und der Ware ein elastisches Gefüge zu geben. Gardinenstoffe usw. sind gegebenenfalls auf verstellbaren Nadelleisten fertigzustellen.

Abb. 55. Zylindertrockenmaschine für zweiseitige Warenanlage (C. H. Weissbach, Chemnitz).

Die kombinierte Chlor-Sauerstoffbleiche hat heute große Bedeutung für das Bleichen von Hochweiß. Durch Nachbehandeln der mit Chlor vorgebleichten Ware mit einer Peroxydflotte gelingt es, die restlichen Fremdstoffe und unerwünschten Abbauprodukte zu entfernen und somit ein gut lagerbeständiges Weiß zu erzielen. Über Sauerstoffbleiche siehe die Ausführungen S. 160. Viel bemüht hat sich M. Freiberger um die Ausgestaltung der Fließarbeit. In einer neuen Konstruktion, DRP. 501300, soll die Ware in losen, kleinen Haufen den Apparat passieren, um von der gleichfalls bewegten Flüssigkeit dauernd umspült zu werden. Freiberger betont den Wert einer „Nachreinigung". Da beim

Abb. 56. Zylindertrockenmaschine liegende Anordnung mit Stärkemaschine.

Nachbleichen mit Superoxyd jedoch neue Oxyzellulose entstehe (?), von der die Alpha-Oxyzellulose zum Teil im Stoffe bleibe, soll es einer Patentmeldung zufolge besser sein, die chlorierte Ware mit einer alkalischen Lösung zu behandeln, die nur Soda und Seife enthält, und nur durch Zulauf einer minimalen Menge von Superoxyd entfärbt wird, um ein Vergilben des Tuches durch die braun werdende Alkalilauge zu unterdrücken[1]. Eine solche Lösung enthalte z. B. 1 g Soda, 1,5 g Seife,

---

[1] Vgl. z. B. Freiberger, M.: Das Problem Baumwolle gleichmäßig zu reinigen und zu bleichen. Textilber. 1930 S. 526. Siehe S. 224 „Das Bleichen im laufenden Strang".

4 g Wasserglas, sie wäre mit Natriumsuperoxyd während des Betriebes zu entfärben, Fr. nennt 0,5—0,75% vom Warengewicht oder 0,5 g Na_2O_2 für den Liter Reinigungsbad. Die Einwirkung soll in 20 bis 40 Minuten bei etwa 55° C erledigt sein, die Soda als Reaktionsbeschleuniger wirken (?). Derartige Arbeitsweise bietet nach Freiberger mancherlei Vorteile, liefere ein gutes Weiß mit geringstem Gewichtsverlust. (Wegen Patenteinspruchs war das Patent bei Fertigstellen des Manuskripts noch nicht erteilt.)

Hochleistungskochbleiche der Zittauer Maschinenfabrik.

Das von Thies-Herzig in Verbindung mit Mathesius in den 1890er Jahren eingeführte Verfahren für die Fertigstellung großer Bleichposten — Kesselgröße bis 12000 kg Ware —, das in konstruktiver und chemischer Hinsicht verschiedentlich von der sonst üblichen Technik abwich, ist in weiterer Ausgestaltung heute als Hochleistungskochbleiche bekannt[1]. Das Besondere war das Gutkochen mit einer verhältnismäßig starken Natronlauge von 4—5° Bé unter Druck und bei Füllen des Kessels zu einem Viertel bis zur Hälfte mit Flüssigkeit, nachdem durch vollkommenes Entlüften und eine außerordentlich rege und gleichmäßige Flottenzirkulation die Anwendung derart starker Lauge bei solch kurzer Flottenlänge ermöglicht wurde. Zum Entlüften und gleichzeitigen Vorreinigen wurde die in den Beuchkessel eingebrachte Ware mit der warmen Altlauge einer ersten Bleichpartie oder mit einer frischen, nicht zu starken Ätznatron-Sodalösung vorbehandelt. Die Kesselanlage besteht aus dem eigentlichen Beuchkessel, 2 Hilfskesseln, die abwechselnd zur Aufnahme der gebrauchten und der frischen Lauge dienen, weiter ist ein Laugeerhitzer und ein Kondenswassersammler vorhanden. Der Beuchkessel hat einen großen, abnehmbaren Deckel und einen in die Öffnung einzuhängenden schmiedeeisernen Laugenverteilungs-, den mit Laufkran leicht ein- und auszubringenden

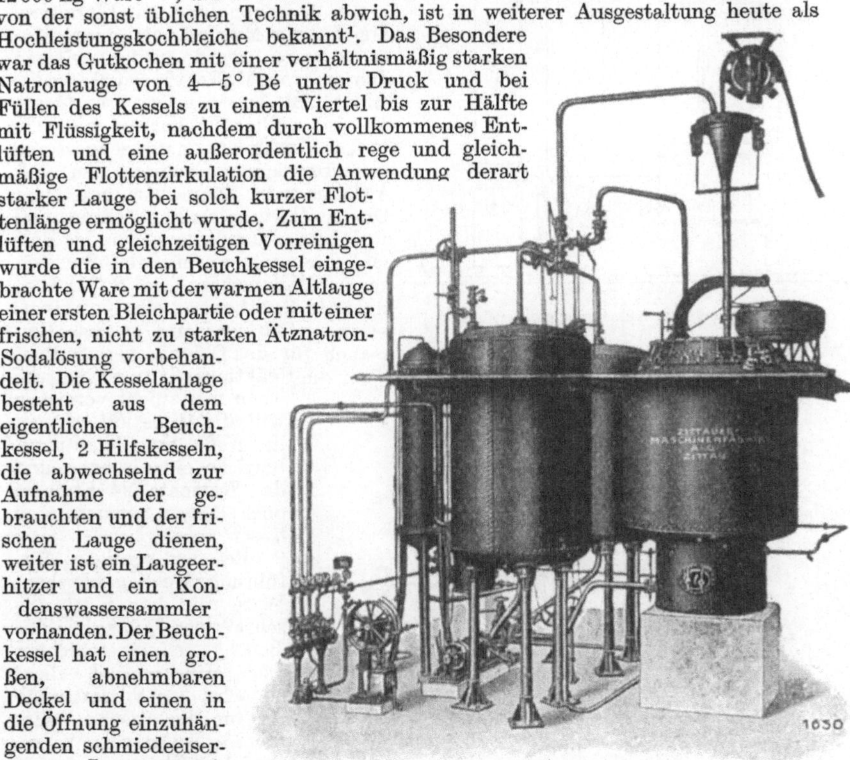

Abb. 57. Hochleistungsbleiche (Zittauer Maschinenfabrik AG., Zittau).

Spritzballon, welcher mit dazu dient, den Auftrieb des Kochgutes zu regeln. Sowohl oben wie am Boden halten Roste die Filtrationsfläche des ein-

---

[1] Vgl. Thies: Färber-Ztg. 1914 S. 197. — Wolf: Das Kochsystem nach H. Thies: Textilber. 1921 S. 62.

gesetzten Gewebes frei. Um Kessel und eingebrachtes Gut zu entlüften, ließ Thies die Flotte von unten her in den Kessel drücken, damit sie die Luft vor sich her treibt, und dann auf einen gewissen Druck bringen, um die Lauge nun in einen evakuierten Hilfskessel eintreten zu lassen und die restliche Luft hier von der Lauge zu trennen und abzuführen. Der Beuchkessel weist unterhalb des Siebbodens einen Untersatz auf, in welchem ein durchgeführtes Rohr für Kühlwasser einen Druckunterschied bewirken und den weiteren Flottenumlauf mit Frischlauge beim Gutkochen verbessern soll. Unter Verwendung einer Vakuumpumpe strebte man einen derart lebhaften Laugenumlauf an, daß die kurze Flotte gleich einem Schaumbrei durch die Ware ging. Das durch verschiedene Patente unter Schutz gestellte, nicht nur das eigentliche Kochen betreffende Verfahren, bei dem gewisse Einzelheiten, so die Vorbehandlung mit Flußsäure, Zugabe von Magnesiasalz, unwesentlicher waren, wurde in den weiteren Jahren von M. Freiberger[1] ausgebildet. Bis zu einem gewissen Grade ist eine völlige Fließarbeit möglich.

Die Ware geht von der Senge durch eine Imprägniermaschine, um mit Altlauge oder Säure bzw. mit einer Diastaseflotte getränkt zu werden und zur Ablage zu gelangen. Für das Entschlichten mit warmer, dafür schwächerer Mineralsäure (vgl. S. 95) konstruierte Freiberger ein Kontinusäuregefäß, das eine gewisse Einwirkungszeit erlaubte. Dieser Säureturm war auch für das Chloren verwendbar. Neuerdings trat an seine Stelle der Speicher um die Reaktionszeit zu verlängern, wenn man nicht vorziehen will, die Ware mit Ableger in große Entschlichtungsbottiche einzubringen und die Fermente 24 Stunden oder länger einwirken zu lassen.

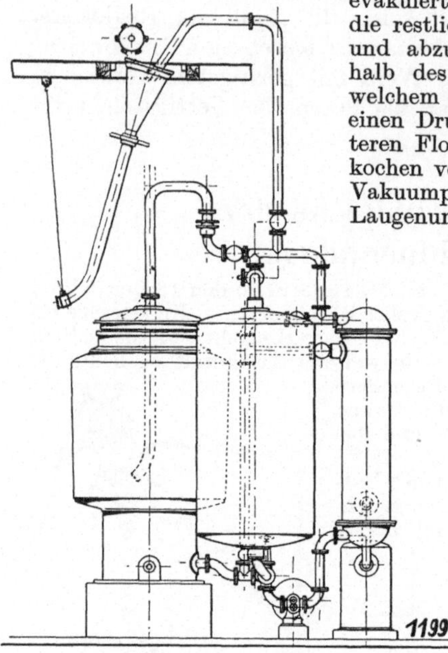

Abb. 58. Schema der Kesselanlage mit Rüssel.

Bei der heutigen Ausführung wird die gewaschene Ware mit dem S. 214 beschriebenen Rüssel in den Beuchkessel eingeschichtet. Der Hilfskessel I dient zunächst als Vorratsbehälter für die frische Lauge mit 2% NaOH vom Warengewicht, welche man auf 75 bis 80° C vorwärmt, der zweite Hilfskessel enthält die lauwarme Altlauge. Nachdem der Untersatz des Beuchkessels mit Altlauge gefüllt ist, rüsselt man die Ware unter Benutzung dieser durch den Röhrenkessel-Vorwärmer geleiteten Flüssigkeit ein. Ist der Beuchkessel zu $^2/_3$ voll Ware, stellt

Abb. 59. Waschmaschine.

<hr>

[1] Freiberger: Das Reinigen und Bleichen von Geweben im laufenden Strang auf Kontinugefäßen. Textilber. 1931 S. 397, 697.

man im Untersatz ein gewisses Vakuum mit der Luftpumpe her, um auf diese Weise das Gut niederzupressen. Nach Füllen des Kessels und Abstellen der Luftpumpe, bei weiter arbeitender Laugenpumpe, drückt man die Altlauge durch den Vorwärmer ab. Das spätere Gutkochen unter abwechselnder Zirkulation von oben nach unten durch Umstellen der Hähne und Pumpen bei etwa 3 at soll eine goldklare Ablauge liefern als Zeichen der völligen Entlüftung der Apparatur, denn Luftgegenwart führt zu einer Dunkelfärbung der Flotte. Die Wirtschaftlichkeit der Anlage liegt darin, daß man die Kochflotte aus der zweiten Kochung in den Hilfskessel zurückdrückt und zum Vorbehandeln einer zweiten Partie verwendet. Der während des Kochens gebrauchte indirekte Dampf wird in den Kondenswassersammler geleitet und mit Frischwasser in einem Hilfskessel aufgespeichert. Das heiße Kondenswasser findet zum systematischen Ausspülen des Bleichgutes Verwendung, wobei es zweckmäßig sein kann, das erste Auswaschen des Alkalis mit einer schwachen Natronlösung auszuführen und so ein erneutes Ausfällen und Abscheiden gelöster Verunreinigungen auf den Fasern vermieden zu wissen. Je reiner die Ware zum Chloren kommt, um so geringer stellt sich der Chlorbedarf. Als Chemikalienverbrauchsmengen nannte Freiberger für 6000 kg Ware 120 kg Ätznatron oder 102 kg NaOH + 24 kg Soda bzw. entsprechende Mengen von Merzerisierlauge. Die Behandlungszeit richtet sich nach dem späteren Verwendungszweck der Bleichware. Für zu bedruckende Gewebe werden gerechnet: Entlüften 4—5 Stunden, Abblasen $^3/_4$ Stunde, Abwässern $^3/_4$ Stunde, Gutkochen $4^1/_2$ Stunde, Nachkochen 1 Stunde, Abwässern $1^1/_2$ Stunde, insgesamt 11—13 Stunden. Bei Weißware sollen die Zeiten zufolge längeren Entlüftens und Gutkochens mit $13^1/_2$ Stunde anzusetzen sein. Nach einer neueren Konstruktion Freibergers, DRP. 487111, soll der Warenbehälter im mittleren Teil die Form eines stumpfen Kegels haben, da dann das gleichmäßige Einschichten des Stoffes und somit das Vermeiden von Rohstellen am besten erreichbar erscheine.

Zum Waschen baute die Zittauer Maschinenfabrik eine Maschine, in welcher der Strang mit schwacher Spannung läuft. Mit der möglichen Warengeschwindigkeit bis zu 3 m in der Sekunde und bei gleichzeitigem Durchführen bis zu 3 Strängen errechnet sich eine Lieferung bis 660 m in der Minute. Der Strang geht um eine obere im Gestell liegende Walze von sehr großem Durchmesser und um zwei im Troge gelagerte Walzen, wobei der Abstand von etwa 3 m das Öffnen des Warenbandes und somit den besseren Zutritt des Wassers erleichtern soll. Eine zweite kleinere, durch Federdruck angepreßte Walze quetscht den Strang jeweilig stark aus, damit er sich mit dem aus einem Spritzkasten zuströmenden Frischwasser sättigt und im Troge gut ausgespült wird. Die Fabrik baut eine zweite Maschine für losen Strang mit 2 Waschwalzen und einem vorn offenen Holzrechen mit darüber befindlicher mehrfach geteilter Leitwalze zur Vermeidung von Schlingenbildung. Strangumziehhaspeln sowie Einzieh- und Auslaufhaspeln erleichtern den Warendurchlauf. Der Waschbehälter im Fußboden ist durch Zwischenwände für eine bessere Ausnutzung des Spülwassers nach dem Gegenstromprinzip unterteilt. Die Leistung beträgt bei 2 Strängen bis 300 m in der Minute, bei Laufen im losen Strang vermag das Wasser zu dem offener flottierenden Stoff besser zuzutreten, das Waschen mit festem Strang unter Führung über Leitwalzen erlaubt jedoch einen schnelleren Lauf, wobei man durch eine große Weglänge das Eindringen des Wassers in den sich öffnenden Strang zu erleichtern sucht. Die Waschmaschine findet neben dem Zwischenwaschen nach dem Entschlichten usw. naturgemäß ihre Hauptverwendung zum Fertigspülen. Durch ein Hintereinanderschalten mehrerer Maschinen sind große Posten ohne Unterbrechung zu waschen.

Das Bleichen im laufenden Strang. In Fließarbeit ohne längeres Ablegen in Chlorbassins usw. strebt man an, das Bleichen unter Verwendung von Speichern oder besonderen Apparaten durchzuführen, nachdem man den Strang gegebenenfalls in einer Chlormaschine mit der Behandlungsflüssigkeit tränkte. Der Strang läuft bei der Konstruktion der Freiberger-Zittauer Maschinenfabrik durch den J-förmigen Behälter, aus welchem er nach geeignet langem Aufenthalt durch den aufsteigenden Schenkel abgezogen wird. Das Abziehen ohne Verzerren des Stranges erleichtert neben der besonderen Form der Apparatur der Einbau eines Rollenansatzes in der Krümmung, oder es soll die Ware an der Stelle der größten

Reibung mit Druckflüssigkeit von der Wandung abgepreßt werden. Zufolge den Veröffentlichungen von M. Freiberger[1] eignet sich die Apparatur nicht zuletzt für das Entschlichten und Nachbehandeln von gechlorter Ware mit Säure oder mit Sauerstoff. Da die Temperatur, die Konzentration und Einwirkungszeit der Chemikalien leicht regelbar ist, soll das Arbeiten mit einer kräftig bewegten Flüssigkeit gegenüber einem Einlegen des Gutes in Kufen eine größere Gleichmäßigkeit des Bleichgrades versprechen. Freiberger empfiehlt die Anlage für das Absäuern unter Ausnutzung geringer Mengen restlichen Chlors (vgl. S. 124) und namentlich für die Nachreinigung mit „entfärbter" alkalischer Lösung durch Zugabe von Peroxyd (vgl. S. 222). Für Weißwaren und buntgewebte Stoffe wird folgendes Arbeitsschema genannt: Entschlichten, am besten mit zwei Apparaten und Methoden, Chlorieren, Reinigen; bei hartem oder Fe-haltigem Wasser ist nach dem Chlorieren eine Säurepassage einzuschieben. Für erstklassige Weiß-, Färbe- und Druckwaren wird doppelt entschlichtet, gebeucht, chloriert, gesäuert und nachgereinigt. Rauhwaren, die nach der Bleiche gerauht werden, erhalten eine Behandlung wie Buntgewebe oder Druckwaren, mit dem Unterschiede, daß statt einer Beuche ein Durchzug mit einer heißen Lösung von Ätznatron und Soda durch einen Kontinuapparat erfolgt. Das Nachreinigen mit kleinen Mengen Superoxyd soll die sonstige Superoxydbleiche ersetzen. Über Raumbedarf und Leistung solcher Anlage finden sich ausführliche Angaben in den genannten Veröffentlichungen.

Mohrbleiche.

Die sogenannte Sauerstoffkaltbleiche, die Mohr zuerst in einer holländischen Stückbleiche einführte, geht auf das Patent 311546 zurück. Es ist ein Kombinationsbleichverfahren, bei dem man, von der üblichen Druckkochung absehend, die gut vorentschlichtete Ware nach Entlüften im Kessel sofort unter Druckpressung chlorte, um dann im gleichen Kessel weiter zu arbeiten und mit warmer Sauerstoffflotte fertig zu bleichen. Die von der Zittauer Maschinenfabrik für Großbetriebe mit einer Leistung von 1—4000 kg gebaute Apparatur wurde weiterhin umgestaltet, wegen Einzelheiten wären die Patente 388925, 410106 und 421906 einzusehen. Die mit gewissen älteren Überlieferungen brechende Arbeitsweise, deren Einzelheiten jedoch keineswegs alle gänzlich neu waren, stand vielfach zur Erörterung. Man wollte annehmen, daß eine nicht gekochte Ware Reste von Schalen zeigen werde und wegen ungenügenden Auslaugens keine Lagerbeständigkeit habe, auch wegen Oxyzellulosierung zum Vergilben neigen und sich bei mangelnder Entfettung nicht für Farb- und Druckware eignen werde. Wie langjährige Beobachtung lehrte, steht das bei normaler Arbeitsweise erzielte Weiß gut, die Ware ist sehr wohl für Farb- und Druckzwecke verwendbar, selbst bei längerem Dämpfen tritt kein stärkeres Vergilben ein, Festigkeit und Griff sind gut, eine Oxyzellulosierung ist keineswegs generell zu befürchten. Das Verfahren gestattet, Waren mannigfacher Art zu bleichen, auf das sonst erforderliche Sortieren ist weniger zu achten. Es gestattet sogar Buntwaren mit Küpenfärbungen, deren Auslaufen beim Beuchen sonst zu befürchten ist, in großen Posten zu behandeln und eignet sich besonders für Frottierwaren, Verbandstoffe, Gardinen, Gewebe mit Kunstseide, da die mechanische Behandlung eingeschränkt ist[2].

Das Mohr-Verfahren sieht zunächst ein sehr gutes Entschlichten vor. Die von der Senge kommende Ware wird breit mit der alten Sauerstoffflotte getränkt. Hierfür ist eine Intensivimprägniermaschine gebaut worden. In dem durch Querwände in drei Abteile gegliederten Trog kann die Flotte im Gegenstrom zum Warenlauf aus einem Behälter in den anderen übertreten. Drei Quetschwerke, ein nachgeschalteter höherer Dämpfkasten mit den nötigen Leit- und Zugwalzen sowie ein viertes Quetschwerk am Austritt sollen das Durchdringen und das Aufquellen der Fasern bzw. Stärke sichern. Die im Strang weitergeführte Ware gelangt

---

[1] **Freiberger**: Textilber. 1931, S. 397, 697.

[2] Vgl. Textilber. 1922, **Freiberger** und **Thies**, sowie 1927, Mohrbleiche und Kochbleiche; **Kollmann** 270, 715; **Schmidt** 453, 954; **Thies** 433 sowie Leipzig. Mschr. Textil-Ind. **Schmidt** 42 und **Grünert** 263.

dann in große zementierte, wärmedichte Ablagen, um hier nach Bedarf einige Tage
zu bleiben. Baumwollschalen und Schlichte werden weitgehend beeinflußt und
gelöst, ohne daß eine Fasergefährdung durch saure Gärung oder Stockbildung
möglich, denn ihnen wirkt die alkalische, noch Sauerstoff enthaltende Altflotte
entgegen. Eben deshalb ist auch kein Abdrücken von Küpenfärbungen in Bunt-

Abb. 60. Mohrbleichanlage (Zittauer Maschinenfabrik AG., Zittau).

ware zu befürchten. Zum Einschichten in die Kästen sind die automatisch arbeitenden Strangableger verwendbar, welche die Ware gleichmäßig verteilen. Aus
dem Entschlichtungskasten läuft später der Strang mit großer Geschwindigkeit
durch — soweit erforderlich
hintereinandergeschaltete —
Hochleistungswaschmaschinen
mit Ausquetschvorrichtungen
und wird dann mit einem
Rüssel (vgl. S. 214) in den
Bleichkessel abgelegt.

Der innen homogen ver-
bleite Kessel aus Schmiedeeisen mit Siebboden und Flottenverteiler kann mit einem
Holzmantel ausgestattet sein,
um eine direkte Berührung
des Gutes mit Metall vermieden
zu wissen. Wesentlich neu für
solche Anlage ist Vakuum-
pumpe und die Kompressor-
anordnung, um das Gut zu entlüften und die Zirkulation der
Flotte bei einem Überdruck
von 2—3 at durchzuführen.

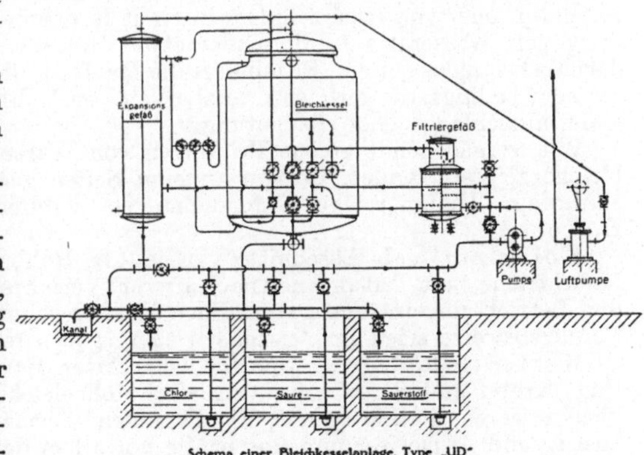

Abb. 61. Schema der Anlage.

Die sehr wirksame Laugenpumpe sichert einen raschen Flottenumlauf und ist
leicht umstellbar, um auf das Gut in beiden Richtungen wirken zu können. Pumpe
und Rohrleitung bestehen aus einem gegen die verschiedenartigen Flotten möglichst
widerstandsfähigen Werkstoff. In den Kreislauf schaltete man ein Filtergefäß ein,
das Unreinigkeiten und Fasern abfangen sollte und auch zum Entlüften diente.
Nach anfänglichen Angaben hielt man die Rückgewinnung der sich entwickelnden

Gase von Chlor und von Sauerstoff für wesentlich (?!). Das entscheidende aber war und ist das Arbeiten mit Bleichlaugen unter Druck und völliges Entlüften mittels der mit einem, dem Flottenausgleich dienenden Expansionsgefäß verbundenen Luftpumpe. Je besser die Flotten mit dem Bleichgut in Berührung kommen und Kanalbildung vermieden bleibt — und dies ist bei Druckzirkulation zu erwarten —, um so wirksamer werden sie sich erweisen. Für die rasche und vollkommene Entlüftung, womit wieder das Vermeiden von Rohstellen zusammenhängt, und für den Druckausgleich im Ober- und Unterteil des Kessels sorgen Reguliervorrichtungen. Weiterhin besteht die Möglichkeit, die Flotten anzuheizen, denn die Sauerstoffbäder sind keineswegs kalt anzuwenden. Immerhin fällt ein starkes Kochen fort und somit stellt sich der Dampfverbrauch niedrig.

Die Arbeitstechnik läßt die eingerüsselte Ware mit einer schwachen Chlorlauge überpumpen. Nach Schließen des Kessels und Schaffen eines Überdrucks von mehreren Atmosphären läßt man eine Stunde oder länger zirkulieren. Obgleich es sich um nicht vorgekochte Ware handelt, darf die Flottenkonzentration dabei verhältnismäßig niedrig gehalten werden, die gute Entschlichtung macht das fehlende Beuchen zum Teil wett. Nach genügender Einwirkung wird die Flotte in einen der zur Apparatur gehörenden Flottenbehälter abgedrückt, damit dieselbe nach Auffrischung für eine zweite Partie ausnutzbar bleibt. Das im Kessel ohne Umpacken gewässerte Gut kann mit Säure nachbehandelt und nach zwischengeschaltetem Wässern jetzt mit der langsam auf 60—70° C anzuwärmenden Sauerstoffflotte fertig gebleicht werden. Das Oxydieren erfolgt wieder unter Druckzirkulation. Wesentlich ist die Zugabe von Wasserglas zum Stabilisieren der Natriumperoxydlösung, um die gleichmäßige Einwirkung auf das Gut zu sichern und Verluste durch katalytische Zersetzung hintanzuhalten. Der etwas abgekühlte Kessel wird geöffnet und der Strang auf der Waschmaschine ausgewaschen bzw. nachgeseift, was ebenso im Kessel möglich ist, und nun fertig gewaschen.

Diese Arbeitsweise beansprucht das Bleichgut mechanisch weniger als ältere Verfahren, bei denen die Ware wiederholt umzupacken ist und durch den Zug der Maschinen Änderungen in Länge und Breite erfährt und leichter verzerrt wird. Der Griff der Ware pflegt weicher auszufallen und der Gewichtsverlust sich gegenüber Kochbleiche günstiger zu stellen. Wenn schon in der Bleichware Reste von Stärkeschlichte nachweisbar bleiben, so erklärt sich der geringe Gewichtsverlust doch vorwiegend dadurch, daß bei Kochbleiche immer ein gewisses Lösen von Faserstoff oder von Hemizellulose in Kauf zu nehmen ist. Ein zufolge Mitverwendung von Wasserglas zu findender etwas höherer Aschengehalt der Bleichware darf als belanglos gelten. Er mindert die Qualität, die Verwendung des Bleichgutes nur sehr bedingt, die geringere Netzbarkeit von Mohrbleichware hat in der Technik keine ausschlaggebende Bedeutung.

Wie vergleichende eigene Prüfungen von Waren der Mohrbleiche und Kochbleiche zeigten, fanden die von anderen Seiten geäußerten Bedenken keine Bestätigung. Umfangreiche Untersuchungen veröffentlichten L. Kollmann und H. Korte.

Kollmann[1] gab Abschnitte von je 4 m Rohbaumwollware zum Teil in die Mohrbleiche, zum Teil an einen nach älterem Verfahren mit Druckkochung arbeitenden Betrieb zur ein- und zweimaligen Kochung und üblichen Fertigstellung. Als Vergleichswerte seien im Auszuge wiedergegeben (siehe folgende Tabelle).

Korte[2] stellte bei vier verschiedenen Arten Baumwollgeweben, Nessel, Schirting, Krepp und Frotté, die von zwei Mohrbleichen und einer Thiesbleiche gebleicht waren, Reißfestigkeit, Kupferzahlen, Permanganatzahlen, Äther-Alkoholauszug und Asche fest und überprüfte vor allem das erzielte Weiß und sein Verhalten beim Dämpfen. Die Ergebnisse sprachen im allgemeinen für die Morbleiche. Wenn für diese der Aschenbefund größer war, so z. B. für Schirting roh = 1,07%, entschlichtet 0,32, Mohr I 0,26 und 0,378, Mohr II 0,15 und 0,182, Thies aber 0,081 und 0,093, so mag hier mitunter eine SiO_2-Abscheidung aus Wasserglas nicht unwesentlich sein. Besondere Bestimmungen der Kieselsäure lieferten bei einer

---

[1] Kollmann: Mohr-Bleiche und Kochbleiche. Textilber. 1927 S. 273.
[2] Korte: Beiträge zur Kenntnis der Mohrbleiche. Leipzig. Mschr. Textil-Ind. 1927 S. 450. — Ztschr. f. ges. Textilind. 1927 S. 496.

	Rohware	Mohrbleichware	Kochbleichware, 1 mal gebeucht	Kochbleichware, 2 mal gebeucht
Länge des Abschnitts	4 m	4,16 m	4,19 m	4,23 m
Breite des Abschnitts	88 cm	83 cm	83 cm	82,5 cm
Gewicht des Abschnitts . . .	565 g	521 g	513 g	505 g
Reißfestigkeit 50 mm Kette .	48 kg	52,6 kg	49,9 kg	50,4 kg
Reißfestigkeit 50 mm Schuß .	42 kg	38,8 kg	40,9 kg	41,5 kg
Aschengehalt.	—	0,153 %	0,104 %	0,060 %
Ätherlösliche Rückstände . .	0,620 %	0,300 %	0,257 %	0,156 %
Permanganatzahl[1]	1886	542	481	417

Ware unter Berechnung auf 100 kg 69,4 g SiO_2 für das Rohgewebe, 8,29 g für Kochbleiche nach Thies und 97,4 g für die Mohrbleiche. Berücksichtigt man aber, daß die Schlichterei und Appretur vielfach mit Talkum, China-Clay usw. arbeiten, so dürften die relativ geringen Mengen von Asche und Kieselsäure in der Mohrware keine entscheidende Bedeutung haben. Ebenso ist es fraglich, wie weit ein etwaiger höherer Restgehalt an Fett- und Wachs bei Mohrbleiche wertmindernd wäre. Es fragt sich, ob bei Weißware überhaupt eine völlige Entfettung anzustreben ist, ob nicht dadurch der Griff leidet. Für Farbdruckware können andere Gesichtspunkte maßgebender sein. Korte erklärt, daß seine Untersuchungen nicht beweisen sollen, die Kochbleiche werde nunmehr keine Berechtigung mehr haben. Es dürften sich beide Verfahren nebeneinander entwickeln. Maßgebend für die Bevorzugung der einen und anderen Bleichart sind Art der auszurüstenden Waren und nicht zuletzt die Wirtschaftlichkeit der Bleiche.

Konstanten untersuchter Baumwollgewebe, roh, entschlichtet und gebleicht.

Gewebeart und Verfahren	Reißfestigkeit		Cu-Zahl nach Schwalbe	Cu-Zahl nach Braidy	Perm.-Zahl nach Kauffmann	Äther-Alkohol-Auszug in %	Asche in %
	Kette	Schuß					
Nessel roh	307,7	195,1	0,791	0,77	89,75	0,76	1,02
			0,850	0,78	88,75		
Nessel entschl. . . .			0,481	0,26	31,00	0,66	0,43
mit Degomma D-L. .			0,466	0,30	24,25		
Nessel nach Mohr I { a	272,4	289,4	0,408	0,09	7,25	0,57	0,241
{ b	274,0	395,2	0,391	0,08	6,75	0,51	0,280
Nessel nach Mohr II { a	290,4	413,3	0,400	0,105	7,75	0,44	0,154
{ b	293,7	449,5	0,433	0,10	8,00	0,41	0,171
Nessel nach Thies- { a	287,4	347,0	0,380	0,15	5,75	0,47	0,069
Herzig { b	299,1	369,5	0,400	0,16	2,25	0,47	0,061
Nessel nach Thies- { a	262,4	251,1	0,333	0,08	8,25	0,285	0,0202
Herzig II { b	253,7	251,1	0,350	0,12	9,25	0,35	0,054

Die aus Bleicherkreisen geäußerten Bedenken bezüglich Warenausfalls oder Schwierigkeiten zufolge Abnutzung der Bleiteile und dadurch bedingter Fleckenbildung fanden in der Technik keine Bestätigung, sofern nach den Vorschriften gearbeitet wurde. Es hat sich herausgestellt, daß durch die Mitverwendung von Wasserglas das Blei vor einem Angriff durch Alkalilaugen geschützt werden kann.

Als Verbrauchszahlen für die Kochbleichen nannte Korte 4,5—8% Ätznatron, etwa 0,2—0,6% Cl, 3,5—4,7% Schwefelsäure und für die Mohrbleiche 1% Na_2O_2, 0,8—1% Cl, etwa 2% Schwefelsäure, 4—5% Wasserglas und 0,5% Seife oder Türkischrotöl. Da hierbei vorwiegend an das Bleichen von Buntware in der Mohranlage gedacht ist, würden die Verbrauchsmengen für Buntbleiche nach dem Kombinationsverfahren Chlor-Superoxyd anders zu bewerten sein. Dritten An-

---

[1] Vgl. Seite 298.

gaben zufolge schätzt man den Verbrauch an Chemikalien bei der Mohrbleiche ungefähr gleich hoch wie bei einer Kochbleiche mit zweimaligem Kochen. Hingegen sollen die Ersparnisse an Kraft etwa 40%, an Wasser 20%, an Löhnen 50% und an Dampf 80% ausmachen. Seitens der Maschinenfabrik, welche betont, daß in der Mehrzahl der Betriebe die Mohranlage für die Herstellung von Weißware dient, wurden als Verbrauchszahlen für 3000 kg Tagesleistung genannt: 1800 kg Dampf, 200 m³ Wasser, 25 kg Natriumsuperoxyd, 150 kg Wasserglas, 40 kg aktives Chlor, 60 kg Schwefelsäure, 12 kg Dampf bei 450 Kilowattstunden.

Für reine Weißware mag die alte Kochbleiche vorzuziehen bleiben, wenn eine Umstellung von älteren Betrieben schwerer durchführbar ist, denn das System Mohr stellt gewissermaßen eine Neuanlage vor. Die Mohrbleiche eignet sich nicht zuletzt für Buntware, da bei allen Arbeitsvorgängen reduzierende Einwirkungen ausgeschlossen bleiben und somit das Abdrücken von — vorübergehend durch Reduktion löslich gewordenen — Küpenfärbungen hintangehalten ist. Die Mohr-Sauerstoffbleiche hat insofern allgemeiner umgestaltend gewirkt, als das Nachbleichen der gechlorten Ware mit Peroxyd als vorteilhaft zur Erzielung eines guten Hochweiß erkannt wurde, da das alkalische Oxydationsbad die restlichen Faserverunreinigungen und Abbauprodukte aus der Ware entfernt.

Breitbleiche.

Die in Strangform in den Kessel eingeschichtete Ware bedarf zum gleichmäßigen Durchkochen einer mehrstündigen Kochzeit. Auch ein Abtafeln der Gewebe in die Wagen des Matherkiers bietet wenig Vorteile. Es muß die Beuchdauer um so länger sein, je größer und kompakter die Warenmenge, je dichter, schwerer und reicher an Fremdstoffen das Gewebe als solches ist. Seit langem gingen die Bestrebungen deshalb darauf hinaus, das Gut in einfachen oder wenigen Lagen der Laugenwirkung auszusetzen oder die mit konzentrierter Lauge imprägnierten Stücke in ausgebreiteter Form zu dämpfen, um das Beuchen abzukürzen und die Stoffe unter Vermeiden von Längsfalten, Schwielen- und Knitterbildungen in breiter Form durch den ganzen Bleichprozeß zu führen. Bislang konnten jedoch die Breitbleichapparate nur vereinzelt Einführung finden. Die auf sie gesetzten Erwartungen erfüllten sich nicht, da die Arbeitsweise nicht genügend zuverlässig, oder die Leistung zu gering blieb, der Betrieb zu teuer war[1]. Versuche, die Stücke in Ballenform senkrecht in die Kochkessel einzuschichten, schlugen fehl, die Flotte dringt nicht gleichmäßig in die Warenrollen ein, es bilden sich leicht Kanäle. Wenn es in der Leinenbleiche früher gebräuchlicher war, die zusammengewickelten Stücke bei den ersten Kochungen abwechselnd senkrecht und horizontal einzuschichten, so brachten die wiederholten Beuchungen anfängliche Ungleichheiten zum Verschwinden. Eher sind mit lose aufgewickelten Stoffrollen — perforierter Baum und Zwischenlagen — Erfolge zu erreichen.

Stückware läßt sich auf den zum Breitfärben benutzten Maschinen, deren Konstruktion auf die Verwendung von Chlorlauge und Säure Rücksicht zu nehmen hat, bleichen. Das Arbeiten auf den Jigger,

---

[1] Vgl. Theis, C. F.: Breitbleiche baumwollener Gewebe. 1902. In diesem Werke ist die technische Entwicklung der Breitbleiche bis zum Patent 180447 besprochen. — Eine weitere Übersicht gab Erban, F.: Die Arbeitsprinzipien der in der Breitbleiche angewendeten Apparate. Österr. Wollen- u. Leinen-Ind. 1912 S. 19.

dem Rollenkasten, will für den Großbetrieb nicht recht ökonomisch erscheinen, da man bei nicht allzu großer Produktion viel Dampf verbraucht, taucht doch das Gewebe nur periodisch in die Lauge ein und hält ein durchgreifendes Beuchen und ein Lösen der Baumwollsamenschalen bei einem Kochen ohne Druck an sich schwer. Solche Breitbleiche findet deshalb nur für gewisse Stoffe, wie für Buntware und für sehr schwere oder dichte, zum Knittern neigende Gewebe, Anwendung.

Abb. 62. Jigger (Zittauer Maschinenfabrik A G., Zittau).

Das Gewebe wird zunächst zweckmäßig entschlichtet, wofür sich Diastasepräparate, Peroxyd, Aktivin verwenden lassen. Die gespülte Ware ist dann mit Soda- oder mit Natronlauge auszukochen, wieder zu spülen, um nun gechlort zu werden. Das Chlorbad kann bei dem Arbeiten auf kurzer Flotte recht stark genommen und durch schwaches Erwärmen aktiviert werden. Eine Mitverwendung von Türkischrotöl oder anderen Netzmitteln mag sich empfehlen. Es kommt auch die Kaltbleiche in Frage, doch müssen die alkalischen Chlorlaugen längere Zeit einwirken können, es sind besser die

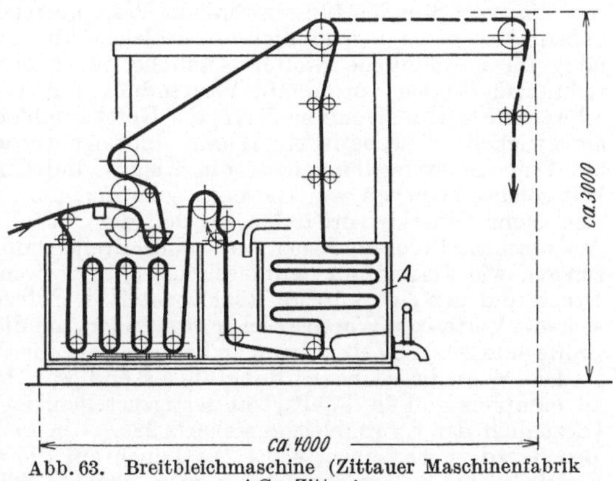

Abb. 63. Breitbleichmaschine (Zittauer Maschinenfabrik A G., Zittau).

mit der Lauge gleichmäßig getränkten Stoffe abzulegen, um sie nach mehreren Stunden auszuwaschen. Zum längeren Ablegen kommen gegebenenfalls die Warenspeicher in Frage, vgl. S. 217.

Es soll insbesondere die Sauerstoffbleiche für das Entfernen von Baumwollsamenschalen von Wert sein, das Durchbleichen dicker Stoffe verbessern. So lauten die Ratschläge der Scheideanstalt dahin, die mit Natronlauge unter etwaiger Zugabe eines Beuchöles auf dem Jigger vorgekochte Ware mit einer durch Wasserglas — 3—5 kg auf 100 kg Baumwolle — stabilisierten Na_2O_2-Flotte von 1—1,5 kg $3^1/_2$ Stunden bei 95° C zu bleichen, zweimal heiß, einmal kalt zu spülen, um mit 1 g/l Cl 4 Stunden nachzuchloren und nochmals mit 0,5 kg Na_2O_2 + 3 kg Wasserglas einige Stunden heiß nachzuoxydieren.

Für Ware, welche keinen Druck von Preßwalzen verträgt, käme ein Bleichen auf der Haspelkufe in Betracht. Eine auf dem Jigger vorentschlichtete Ware läßt sich auch eher im Kessel beuchen, da nach Entfernung der Schlichte Knitter weniger zu befürchten wären.

Zum Veredeln von schweren Kragenstoffen, Samten, Velvets, Cords baute die Zittauer Maschinenfabrik neuerdings eine Einrichtung, welche gestattet, die Ware in einem Ablegekasten schwimmend in die Beuch- und Bleichflotte breit einzubringen und dauernd als endloses Band durch die Flotte zu bewegen, bis die gewünschte Einwirkung beendet ist[1]. Das Gewebe wird anfangs in den ohne Flüssigkeit stehenden Behälter A trocken oder naß abgelegt. Ist der Behälter mit Ware gefüllt, so wird so viel Beuch- oder Bleichflotte zugeführt, bis das Gewebe zu schwimmen beginnt. Auf den oben aus der Flotte ragenden Warenstoß lassen sich nun weitere Gewebelagen abtafeln, während die Stoffbahn unten durch einen Schlitz abgezogen wird. Diese Einrichtung ist zum Breitbleichen, zum Waschen und bei entsprechend großer Ausgestaltung durch Anordnen mehrerer Kästen für Fließarbeit einzurichten, da die Einwirkungsdauer der Bäder sich verlängern läßt, die Ware auch wiederholt durchlaufen kann.

Nicht zuletzt stellten sich die Konstrukteure die Aufgabe, Einrichtungen zu schaffen, welche ein Beuchen oder Dämpfen der ausgebreiteten Gewebe unter Druck ermöglichen. So wollte man den Stoff auf einen perforierten hohlen Baum wickeln, um die Lauge durch die in den liegenden Kessel eingebrachte Stoffrolle abwechselnd von außen nach innen und umgekehrt durchzutreiben. Durch solche dicke Gewebelage geht die Flotte aber zu schwer durch. Jackson & Hunt ließen daher das auf einem Baum aufgewickelte Gewebe auf einen zweiten, ebenfalls im geschlossenen Druckkessel liegenden Baum nach Art des Jiggers aufrollen. Beim Umrollen kann der Dampf und die Lauge auf den in einfacher Lage oder nur in einigen Bahnen übereinander laufenden Stoff besser einwirken, so daß eine Beuchzeit von 2—3 Stunden für gewöhnliche Ware ausreichen mag. Nur wenige Firmen haben aber solche oder ähnliche Breitbleiche übernommen, sie ist nicht leistungsfähig für gewöhnliche Stoffe. Ähnliche, nicht in Druckkessel eingebaute Einrichtungen finden vorteilhaft Verwendung für das Kochen und Bleichen von schweren Stoffen. Wenn nach Art der Kettbaumbleiche auf eine perforierte Walze aufgewickelte Gewebe in ein Bassin eingelegt werden, um mit Zentrifugalpumpe die Entschlichtungsflüssigkeit, die Alkali- und Chlorlaugen durchzupressen, so hält solches Bleichen von Geweben schwerer, die Schlichte quillt zu sehr auf, es sind mehr Ölflecke vorhanden, so daß der Ausfall weniger befriedigt. Für das Auswaschen, Chloren, Säuern in voller Breite sind einfachere Maschinenausführungen, wie Jigger und Seifmaschinen eher verwendbar, da kein Arbeiten unter Druck und nur eine kürzere Reaktionszeit in Betracht zu ziehen ist. Hier lassen sich mit Vorteil die Warenspeicher verwenden, um die mit den Lösungen getränkten Stoffe eine gewisse Zeit ablegen zu können, ohne die Verbindung der Stücke zu lösen.

Die Ware in Kontinubetrieb als endloses, breites Band zu beuchen oder zu dämpfen und in Fließarbeit fertigzustellen, ist bisher nicht recht gelungen. (Bezüglich der Strangbleiche siehe S. 225.) Um in kurzer Zeit einen genügenden Beuchgrad zu erreichen, sollte die Lauge auf die als endloses Band eintretende Stoffbahn bei hohem Druck einwirken können. Solchen Druck in einem Apparat bei stetigem Ein- und Austritt der Ware aufrechtzuerhalten, machte Schwierigkeiten. Die Beuchdauer darf andererseits nicht allzu kurz bemessen sein, denn sonst bleibt die Einwirkung auf die Verunreinigungen und die Baumwollsamenschalen zu gering. Die Apparate wären deshalb für die Aufnahme von vielen Faltenlagen auszugestalten, damit die Einwirkungszeit bei langsamem Warendurchlauf immerhin eine Stunde dauern könnte. Derartige Breitbeucheinrichtungen von Grether und Benz, von Rigamonti und Tagliani, von Rovira, von Welter und anderen fanden in der Technik nur vereinzelt und vorübergehend für schmale Druckwaren Aufnahme, eine weitere Erörterung erübrigt sich hier, man sehe das Buch von Theis ein. Das gleiche gilt für ähnliche Konstruktionen,

---

[1] Grünert: Neuerungen und Verbesserungen auf dem Gebiete des Textilmaschinenbaues. Textilber. 1929 S. 465.

bei denen ein ununterbrochener Betrieb durch Behandlung der Ware im Strang wie bei der Apparatur von Ringenbach angestrebt war.

Um schwere Waren, in denen bei Strangbleiche Knitter entstehen, unter Druck zu beuchen, versuchte man dieselben auch in breiter Form in die Kessel abzulegen. So ließ Gminder, DRP. 203077, etwa 200 Stücke zu 60 m in 2 oder 3 Bahnen nebeneinander durch einen Ableger in den schwenkbaren, zunächst horizontal liegenden Kessel abtafeln und diesen nach Verschluß des Schlitzes zum Kochen senkrecht stellen. Nach dem Kochen war der Kessel wieder in die liegende Stellung zu drehen. Die Ware wurde in breiter Form durch die Waschmaschine herausgewaschen, in einem Imprägnierkasten mit Säure getränkt und in die Behälter zum Chloren usw. abgelegt. Die Einrichtung fand jedoch nur vereinzelt Aufnahme, die Arbeitsweise erscheint unzuverlässig.

Es ist auch schon wiederholt versucht worden, das Beuchen und Bleichen von breiter Ware miteinander zu verbinden. So erklärte R. Starek, Königinhof[1], DRP. 289742, Baumwollgewebe lasse sich bleichen, indem man die Ware mit einer kalten Flotte aus 10—15 g Ätzkalk und 5—10 g Natriumperborat tränke und nach dem Ausquetschen in breiter Form 3—8 Minuten in einem besonderen Dämpfapparate erhitze. Nach Bedarf sei die Behandlung unter Einschalten eines Spülens zu wiederholen. Auf diese Weise werde ein sparsamer Chemikalienverbrauch bei gutem Warenausfall erreicht. In ähnlicher Weise wurde von anderen Seiten ein Tränken mit Wasserstoffsuperoxydlösungen unter Zugabe von Netzmitteln und anderen, die Bleichwirkung beeinflussenden Zusätzen vorgesehen. Es kann solche Ware längere Zeit zur Ablage kommen, nötigenfalls unter Anwärmen, um das Bleichen zu beschleunigen, da die Abspaltung des Sauerstoffs sonst länger dauern könnte wie bei der alkalischen Kaltbleiche mit Chlorlauge. Ein heißes Ausziehen der Abbauprodukte wird nötig sein, um einem Vergilben der Ware vorzubeugen.

Buntbleiche.

Ware mit bunten Kanten oder weißbodige Ware mit bunten Effektfäden im Stück zu bleichen, erscheint nicht nur preiswerter gegenüber der Verwendung gebleichter Garne, die stückgebleichten Gewebe fallen vor allem schöner aus, sie sind frei von Flecken aus der Weberei, entschlichtet usw., die Färbungen erscheinen frischer. Es gab früher verhältnismäßig wenig Färbungen, welche die verschiedenen Einwirkungen des ganzen Bleichprozesses glatt aushielten. Von den als waschecht geltenden Färbungen sind viele nicht chlorecht wie die Schwefelfarbstoffe oder sie sind nur bedingt beuchbeständig wie Küpenfarbstoffe. Als gut bleichecht galten Türkischrot und einige andere Alizarinfärbungen, sowie gut gefärbtes Indigoblau und Anilinschwarz. Die im allgemeinen durch hervorragende Echtheitseigenschaften ausgezeichneten neueren Küpenfarbstoffe, Indanthren-, Algol-, Ciba-, Hydronfarbstoffe, versagen oft beim Beuchen unter Druck, da die alkalische Flotte, besonders bei Verwendung von Natronlauge reduzierende Eigenschaften annimmt und die Küpenfärbungen auslaugt. Nicht zuletzt wirkt Oxyzellulose bei Gegenwart von Alkali stark verküpend, eine sogar zum Nachweis von Oxyzellulose verwendbare Reaktion. Immerhin vermag die Bleichtechnik bei Einhaltung geeigneter Bedingungen derartige Buntgewebe in vollendeter Schönheit fertigzustellen, die Buntbleiche hat deshalb große Bedeutung erlangt.

Ob eine Färbung bleichecht ist, haben nötigenfalls Vorversuche auf-

---

[1] Vgl. Starek: Dtsch. Färber-Ztg. 1916 S. 180.

zuklären. Am richtigsten wäre es, eine Probe zu einer normalen Bleichpartie zuzugeben, da kleine Laboratoriumsversuche nicht immer den Verhältnissen in der Praxis entsprechen werden. So besitzt z. B. die Verunreinigung der Beuchlauge durch Schlichte Bedeutung, es ist die Art des ungefärbten Fasermaterials von Belang, indem die Faserbegleitstoffe wie Pektin und oxyzellulosehaltige Fasern (Abfallgarn) das Reduktionsvermögen der Flotte erhöhen. Eine Färbung auf Leinen, insbesondere auf nicht durchgebleichtem Leinen, ist weniger echt als die gleiche Ausfärbung auf Baumwolle. Beim Kochen oder Waschen eines kleinen Probemusters kann der zutretende Luftsauerstoff der Verküpung mehr entgegenwirken. Bei derartigen Versuchen fehlt weiter der Einfluß einer zirkulierenden Lauge, vor allem jedoch die Pressung der Ware, denn je fester die Stoffe aufeinanderliegen, um so eher drücken die Färbungen ab. Da das Bleichen in den einzelnen Betrieben sehr ungleich ausgeführt wird, so sind die Angaben der Farbenfabriken über die Echtheitseigenschaften „ohne Verbindlichkeit".

In Rücksicht auf die verschiedenen Echtheitseigenschaften der Färbungen hat der Bleicher das Arbeitsverfahren den jeweiligen Verhältnissen anzupassen, es gibt kaum Normalvorschriften. Es ist auch wesentlich, daß die Echtheit der Färbungen mit von der sachgemäßen Färbe weise abhängt, z. B. die Temperatur des Farbbades und ein gutes Nachseifen der Küpenfärbungen von gewissem Belang sein können. Einzelne, so namentlich Indanthrenblau RS, beim Chloren im Farbton umschlagende Färbungen — eine Oxydationserscheinung — lassen sich durch Nachbehandeln in einer schwachen Hydrosulfitflotte, 10—15 g auf 100 Liter, wieder verbessern. Um das Umschlagen nach Grün hintanzuhalten, soll die Küpe nicht mehr als 45° C zeigen, Zusatz von Dextrin, Glukose günstig sein. Die Küpe soll nicht schon lange stehen, im Gebrauch sein[1]. Nachprüfungen befriedigten wenig. Die I. G. Farbenindustrie hat Musterkarten und Merkblätter herausgegeben, in denen die für Buntbleiche geeigneten Farbstoffe verzeichnet sind.

Die Echtheit von Färbungen wird nach den Normen der Echtheitskommission des Vereins Deutscher Chemiker unter Abmustern mit Vergleichstypen ermittelt (Ausgabe 1928/29).

Die Prüfung der Beuchechtheit von Baumwollfärbungen erfolgt nach zwei Verfahren:

a) 5 g der Färbung werden mit der gleichen Menge gebleichten Baumwollgarns verflochten und in der 10fachen Flottenmenge, welche mit 10% Natronlauge von 40° Bé vom Gewicht des Materials besetzt ist, 6 Stunden gekocht, wobei das verdampfende Wasser ergänzt wird. Hierauf wird gut gespült, abgedrückt und getrocknet.

b) Die Behandlung erfolgt in gleicher Weise wie bei a, nur daß noch 1% Ludigol (vgl. S. 238) vom Gewicht des Materials beigefügt wird.

<table>
<tr><td align="center">Normen.</td><td align="center">Typen.</td></tr>
<tr><td>I. Farbtiefe und Farbton, sowohl nach a als auch nach b behandelt, stark verändert, weiße Baumwolle etwas angefärbt.</td><td>I. Normale Paranitranilinrotfärbung, nach dem Entwickeln kochend heiß geseift.</td></tr>
</table>

---

[1] Vgl. Scholefield, T.: Textilber. 1930 S. 795.

III. Farbtiefe und Farbton, sowohl nach a als auch nach b behandelt, wesentlich verändert, weiße Baumwolle nicht oder nur sehr wenig angefärbt. Gleichfalls mit III. zu bezeichnen ist: Farbtiefe und Farbton nach a behandelt, heller, weiße Baumwolle angefärbt, während nach b behandelt diese Baumwolle nicht angefärbt wird.

III. Indigofärbung in der gleichen Tiefe wie 3% Diaminechtblau FFB oder 10% Indanthrengelb G. i. Tg.

V. Färbung bleibt nach a und b behandelt unverändert, weiße Baumwolle wird nicht oder nur sehr wenig angefärbt.

V. Normale Türkischrot-, Altrotfärbung.

(Weil das Ergänzen des verdampfenden Wassers Schwierigkeiten macht, läßt sich das 6stündige Kochen unter Rückflußkühlung ausführen. Die Farbwerke Höchst ließen als Schutzmittel Serodit zur Lauge geben.)

Chlorechtheit gefärbter Baumwolle.

Da die Färbungen nicht in gleicher Weise von Chlorkalk- und Chlornatronlaugen beeinflußt werden, sind zwei Prüfungen vorgesehen. Die mit der gleichen Menge abgekochter, weißer Baumwolle verflochtene Probe wird in heißem Wasser genetzt und a) eine Stunde bei etwa 15° in ein frisch bereitetes Bad von unterchlorigsaurem Natron mit 1 g wirksamem Chlor und nicht mehr als 0,3 g Soda eingelegt, gespült, abgesäuert, nochmals gespült, ausgedrückt und getrocknet; b) in ein frisch bereitetes Bad von Chlorkalk mit 3 g wirksamem Chlor im Liter eingelegt und weiter behandelt wie unter a.

Die Chlorprobe ist in bedeckten Porzellanbechern vorzunehmen. (Da Leitungswasser freie Kohlensäure und Karbonate enthalten kann, ist destilliertes Wasser mit 0,2 g Natriumbikarbonat zu verwenden.)

Herstellung des unterchlorigsauren Natrons.

100 g Chlorkalk 33%ig werden mit 400 cm³ Wasser angeteigt; man löst ferner 60 g kalzinierte Soda in 200 cm³ kochendem Wasser, gibt 100 cm³ kaltes Wasser zu, mischt diese Lösung mit dem Chlorkalkbrei durch halbstündiges Rühren und läßt dann absitzen. Die klare Lösung wird abgezogen, mit 2 g kalzinierter Soda zur Entfernung des letzten Restes Kalk versetzt, wieder absitzen gelassen und die klare Lösung abgezogen, gegebenenfalls filtriert und entsprechend mit Kondenswasser verdünnt.

Normen.

I. Nach a behandelt starke Veränderung von Farbtiefe und Farbton, weiße Baumwolle angefärbt.

III. Nach a behandelt: Farbtiefe und Farbton wenig verändert, kein Bluten auf Weiß, nach b behandelt: starke Veränderung in Farbtiefe und Farbton.

V. Nach b behandelt: Farbtiefe, Farbton und weißes Material unverändert.

Typen.

I. 1% Methylenblau B, auf Tanninantimonbeize gefärbt.

III. 20% Hydronblau R. i. Tg. 30%ig gefärbt nach dem Hydrosulfitverfahren.

V. 25% Indanthrenblau R.i.Tg.

(Die Chlorlaugen sind nicht gleich alkalisch, daher die Verschiedenheiten. Bei Herstellung der Bleichlösungen sind die Arbeitsvorschriften einzuhalten, um Reaktionsabweichungen zu vermeiden.)

Für die Prüfung der Superoxydechtheit von Baumwollfärbungen und ebenso für Kunstseidefärbungen bestehen entsprechende Normen, auf die mangels Raum nur verwiesen werden kann. Eine große Zahl von Baumwollfärbungen prüfte auf ihre Echtheit gegenüber Chlor- und Sauerstoffflotten H. Kauffmann[1].

---

[1] Kauffmann: Textilber. 1925 S. 17.

Bei den unter Verwendung vorgebleichter Garne hergestellten Buntgeweben begnügt man sich mitunter mit einem Entschlichten und Nachseifen zum Klären der Ware, mit einem „Pantschen", oder chlort nur schwach nach. Sofern die Färbungen dies nicht erlauben, wäre mit Peroxyden zu arbeiten. Ein gutes Entschlichten vor dem Abbrühen oder Beuchen kann sehr wesentlich dazu beitragen, die Bildung von stark reduzierendem Maltosezucker aus der Stärke in der alkalischen Flotte hintanzuhalten. Eine ältere Vorschrift der Diamaltgesellschaft lautete daher für eine Halbbleiche bei Verwendung von rohem Baumwollgarn: Entschlichten über Nacht in einem 65° warmen Diastaforbad mit 1—2,5 g Diastafor je Kilogramm Ware, warm waschen, absäuern mit Schwefelsäure und Chloren oder mit einem Superoxyd bleichen.

Gleich wie die Bildung einer reduzierenden Flotte von stärkerer Alkalität zu vermeiden ist, so bleibt ein Chloren mit sauren Flotten besser zu umgehen, denn Indigo, Alizarin und die meisten anderen Färbungen sind gegen saures Chloren weit empfindlicher. Um solche Färbungen zu schonen, hält man die Flotte von unterchlorigsaurem Natron mit Natronlauge oder Soda alkalisch. Bei einer nicht gut vorgekochten Buntware, die mit reichlich viel Pektinstoffen und anderen leicht oxydabelen Verunreinigungen ins Bleichbad kommt, ist ein rascheres Umschlagen der Reaktion während des Chlorens zu erwarten. Diese Reaktionsänderung beugt unter Verringern der Bleichgeschwindigkeit die Zugabe von 2—3 cm³ Natronlauge auf 1 l Flotte vor. Kalle & Co. schrieben ebendeshalb schon im DRP. 233 211 vor, beim Nachchloren bedruckter Waren zur Chlorkalk oder Chlorsodalösung von 0,5° Bé noch 0,5% Natronlauge von 40° Bé zuzusetzen (vgl. S. 126).

Da der Schlichtegehalt zur Erhöhung des Reduktionsvermögens der Beuchflotten beiträgt, so ist auf gutes Vorentschlichten Wert zu legen. Neben der Verwendung von diastatischen Hilfsmitteln kommen oxydierend wirkende Flotten in Betracht, um die Reduktion zu unterdrücken.

Beim Entschlichten mit Perborat, Obor, DRP. 203 282, Stolle & Kopke in Rumburg bzw. Chemische Fabrik Coswig sollte gleichzeitig die Bleichkraft des Peroxyds ausgenutzt werden, doch sind zum Bleichen entsprechende Mengen von Persalz erforderlich. In Erweiterung dieser Arbeitsweise nahmen die Chemischen Werke vormals Dr. H. Byk jetzt Byk-Guldenwerke, Berlin, das Patent DRP. 250 387: Verhütung des Ausblutens beim Beuchen von buntgewebten, aus Rohgarn hergestellten Stoffen, unter gleichzeitigem Bleichen durch Beuchen mit 5—10 g Perborat im Liter. Solches im Anschluß an die Merzerisation leichter durchführbare Verfahren bedingte hohe Chemikalienkosten zum Erzielen eines Reinweiß. Jedenfalls läßt sich durch die Zugabe eines Oxydationsmittels dem „Verküpen" begegnen. Vorschläge, zur Beuchflotte Natriumbichromat oder Permanganat zu geben, hätten bedingt, die auf den Fasern niedergeschlagenen Oxyde von Chrom und Braunstein durch besondere Säurebäder wieder zu lösen — eine Erschwernis des Bleichens, welche im weiteren Hinblick auf die Gefährdung des Gutes durch starke Oxydationsmittel von ihrer Anwendung absehen läßt. Dem Verküpen ist erfolgreicher durch Zugabe von bromsaurem Kali, DRP. 218 254, Farbwerke Höchst, zu begegnen. Die mit Schwefelsäure 1° Bé zwecks Entschlichtung vorbehandelte Ware sollte nach dem Waschen im offenen Übergußkessel mit 15 g Soda und 3—5 g Bromat im Liter 6 Stunden gebeucht werden.

Das Auslaugen der Küpenfärbungen wäre nach dem DRP. 235 049 der **Farbwerke Höchst** durch Niederschlagen von oxydierend wirkenden anorganischen Körpern auf den Färbungen, insbesondere durch Manganbister (Braunstein) zu verhindern. Das Schutzmittel war nach beendetem Bleichprozeß durch Behandeln mit Bisulfit und Säure usw. wieder zu entfernen. — Da die mit Bister reservierten verschiedenfarbigen Garne nicht voneinander zu unterscheiden sind, beim Verweben leicht Verwechslungen eintreten, erlangte das Verfahren keine Bedeutung. Es ist nicht ausgeschlossen, daß solcher Braunsteinniederschlag die Bleichlaugen katalytisch beeinflußt und zur Oxyzellulosierung der gefärbten Garne beiträgt.

Zänker und Rettberg[1] konnten die Beuchechtheit durch Niederschlagen von Eisenoxyd verbessern, eine ungünstige Beeinflussung der Fasern beim späteren Chloren war nicht zu erkennen. Eine katalytische Aktivierung der Beuchflotten ist bei metallhaltigen Färbungen nicht ausgeschlossen. Es ist z. B. nicht ungefährlich, Anilinschwarz mit größerem Gehalt an Chromkupfer für Buntware zu verwenden[2]. Wenn schon die Gefahr nicht überschätzt werden darf, da es sich bei den meisten Färbungen nur um geringe Mengen von Metallverbindungen in der Faser handelt, so ist doch unter ungünstigen Verhältnissen mit einer Gefährdung zu rechnen, namentlich bei wiederholter Bleiche. Bei dem Bleichen von gekupfertem Naphtholblau in Buntware ergab sich z. B. keine Faserschwächung. Einem neuen Patent der **I. G. Farbenindustrie A G.** — **C. Schöller** — 502 551 zufolge soll die Beuchechtheit von Indanthrengelb durch Überfärben mit Bleichromat verbessert werden können.

Eine alkalische Heißbehandlung bleibt bei stark schalenhaltiger Ware zu erwägen, da das übliche Chloren die Schalen zwar entfärbt, aber vielleicht unvollkommen entfernt. Eine gewisse Verbesserung könnte ein Schmirgeln oder Sengen mit sich bringen. Im allgemeinen sucht man ein Kochen zu vermeiden, man begnügt sich mit einem Brühen unter Zugabe von Schutzmitteln oder von Sauerstoffverbindungen, wendet neuerdings auch vielfach mit Erfolg reine Kaltbleichverfahren an.

So hat sich die sogenannte **Sauerstoffbleiche nach Mohr** als für das Bleichen von Buntgeweben in großen Posten geeignet erwiesen, weil alle alkalischen Behandlungen bei Gegenwart von Aktivsauerstoff erfolgen, siehe S. 227. Die kombinierte Sauerstoff-Chlorbleiche besitzt wohl heute neben der alkalischen Kaltchlorbleiche die größte Bedeutung, da ein ausschließliches Arbeiten mit Sauerstoff wegen der Kostenfrage nicht immer durchführbar erscheint. **O. Gaumitz**[3] riet an, bei Fehlen einer Mohrapparatur große Bleichposten von 1000—4000 kg nach gutem Entschlichten mit Diastafor und nach dem Auswaschen in einen gewöhnlichen Bleichkessel einzurüsseln, und zwar mit einer Flotte, die auf 1000 l Wasser 1,5—2 kg Natriumperborat und die Hälfte dieser Mengen an Beuchöl enthält. Der Kessel wird dann vollständig mit Flotte gefüllt, geschlossen, um nun mit Hilfe der Zirkulationspumpe einen Pumpendruck von 2 at zu erhalten. Mit indirekter Heizung soll der Kessel in etwa 3 Stunden auf 40° C kommen, wobei die Flotte immer unter 2 at zirkuliert. Dann wäre die Temperatur rasch auf 70° bei gleichem Druck zu steigern und diese Temperatur 3 Stunden aufrecht zu erhalten.

---

[1] **Zänker** u. **Rettberg**: Textilchem. u. Color. 1926 S. 149.

[2] Vgl. **Thomson**: Dtsch. Färber-Ztg. 1914 S. 774.

[3] **Gaumitz**: Das Bleichen buntgewebter Hemdenzephire. Textilber. 1924 S. 244.

Die mit kaltem Wasser abgedrückte Lauge läßt sich zum Entschlichten von Weißware ausnutzen. Die Buntgewebe werden auf einer Strangwaschmaschine kalt ausgewaschen und nach dem Abquetschen in einem Bottich mit einer Flotte von 1,2 g/l Cl unter Zirkulation 5 Stunden gechlort. Zum Schluß folgt in üblicher Weise das Waschen, Säuern und Fertigstellen. Für kleinere Posten hält Gaumitz ein Bleichen auf dem Jigger oder auf der Haspelkufe mit einer stabilisierten Peroxydlösung nach vorhergegangenem Entschlichten für das zuverlässige Verfahren.

Die Gold- und Silber-Scheideanstalt, Frankfurt, empfiehlt die gründlich entschlichteten Waren gegebenenfalls durch Chloren vorzubleichen, indem man mit Chlorlauge 3 g/l Cl imprägniert und einige Stunden ablegt bzw. im Zirkulationsapparat behandelt — 1,5 g/l Cl —. Die gewaschenen und gesäuerten (?) Stücke kommen nach dem Auswaschen in einen offenen Bottich mit Zirkulationseinrichtung und werden bei 75° C mit Peroxyd 3—4 Stunden rein weiß gebleicht. Der Chemikalienbedarf beträgt 1—1,5% Na_2O_2 vom Warengewicht mit entsprechenden Stabilisierungezusätzen wie Wasserglas. Titrationen geben Aufschluß, ob die alte Flotte für eine zweite Partie auszunutzen oder zum Vorbleichen von Weißware zu verwenden bleibt. Nach dem Bleichen ist auf der Maschine zu spülen, wieder zu säuern und fertig auszuwaschen. Bei kleinen Mengen wird entsprechend auf dem Jigger oder der Haspelkufe gearbeitet. Sinngemäß findet die reine Sauerstoffbleiche Anwendung. Auf 100 kg entschlichtete und ausgewaschene Buntgewebe empfiehlt die Scheideanstalt als Doppelbleiche: I. Wasserglas 3 kg, Na_2O_2 1 kg, H_2O_2 40% 0,5 kg, 4 Stunden bei 75—80°, in etwa $^3/_4$ Stunde auf Endtemperatur. II. Wasserglas 2 kg, Na_2O_2 0,5 kg, H_2O_2 40% 1 kg, 4—5 Stunden bei 80—85°. Merzerisierware kann in dieser Weise vorgebleicht werden, oder es wird das Merzerisieren zwischen die beiden Bleichvorgänge eingeschaltet.

Leinene Buntgewebe wird man nach dem Einweichen nach Bedarf mehrmals mit Sodalauge von 2—3° Bé bei etwa 50° abbrühen, ehe die nötigenfalls zu wiederholenden Sauerstoffbleichen folgen. Nach dem Chloren nochmals mit Sauerstoffzusatz zu brühen und für Hochweiß auf den Plan zu bringen, erscheint heute zu langwierig. Ein Seifenzusatz vermag die Wirksamkeit der Sauerstoffbäder zu erhöhen, der katalytischen Zersetzung ist durch Wasserglas oder andere Stabilisierungsmittel vorzubeugen. Einen anderen Weg, dem Auslaugen der Küpenfärbungen beim Beuchen vorzubeugen, zeigte die Badische Anilin- und Soda-Fabrik im DRP. 205813 durch Verwendung von 2—3 g antrachinonsulfosaurem oder nitrobenzolsulfosaurem Natron im Liter; m-nitrosulfosaures Natron ist als Ludigol im Verkehr. Diese Salze schützen viele Küpenfärbungen, da sie sich ihrerseits noch leichter reduzieren lassen. Es ist auf dem Jigger oder im offenen Gefäß 2—5 Stunden mit Soda zu beuchen; ein Arbeiten mit Ätznatron erscheint nicht ratsam, es würde jedenfalls eine größere Zugabe von Ludigol bedingen, dessen Wirksamkeit im Einzelfalle unter Erwägen der entstehenden größeren Kosten zu erproben bleibt. a) 1000 l Wasser + 16 k g Soda + 2 kg Ludigol. b) 1000 l Wasser + 3,25 kg Ätznatron + 1,75 kg Soda + 4,5 kg Ludigol. Nach dem Waschen folgt in üblicher Weise ein schwaches Chloren. Von amerikanischer Seite wurde versucht Kieropon als Schutzmittel einzuführen, organische Verbindungen von Chinoidcharakter[1].

Der Weber sollte nach Möglichkeit das Bleichen der Buntware durch Verarbeiten vorgekochter oder vorgebleichter Garne erleichtern, damit keine Pektine u. dgl. beim Beuchen reduzierend wirken und damit die Laugenstärken abgeschwächt werden können.

Der Vollständigkeit halber seien einige weitere auf Buntbleiche bezügliche Patente erwähnt, obschon ihnen kaum eine technische Bedeutung zukam.

DRP. 187125, J. Herzfeld Söhne, Düsseldorf. Baumwollstoffe mit bunten Kanten sind mit einer kalten Seifennatronlauge zu tränken und glatt aufgewickelt in Säcken zu dämpfen. Da die Stoffe während des Dämpfens nicht bewegt werden, so sollte etwa gelöste Farbe an ihrer Stelle bleiben und sich später wieder fest mit dem Stoff verbinden (?).

DRP. 288751, J. Graf, Bombay. Verfahren zum Beuchen bzw. Entschlichten buntgewebter, mit Küpenfarben hergestellter Ware, durch Imprägnieren der Rohware mit kalter Natronlauge von 10—14° Bé, welcher 40 g schwefelsaures Kali und 2—4 g Bisulfitlauge zugefügt sind. Die auf Rollen gewickelte Ware bleibt etwa 48 Stunden kalt liegen, wird dann gewaschen und wie üblich mit Chlorlauge gebleicht (?).

Kaltbleiche. Wenn vielfach von Kaltbleichverfahren gesprochen wird, weil ein Hochdruckbeuchen in Wegfall kommt, die alkalische Behandlung sich auf ein Brühen beschränkt, so verdient gerade das alkalische Chloren von bunter Rohware große Beachtung. Um jedoch eine nicht zum Vergilben neigende Ware zu erzielen, bleibt ein folgendes warmes Auslaugen, zweckmäßig unter Verwendung von sauerstoffhaltigen Flotten, angezeigt (vgl. S. 222).

Welches Verfahren für die Baumwollbleiche jeweilig zu bevorzugen ist, läßt sich generell schwer entscheiden. Neben den Chemikalienkosten spricht die erforderliche Apparatur und nicht zuletzt der Ausfall der Ware mit. Die wirtschaftliche Seite der Bleiche, d. h. die Kostenfrage der Chemikalien suchte neuestens H. Korte[2] klarzulegen, indem er seine Berechnungen auf die Kettbaumbleiche abstellte, da hier die Nebenkosten für Dampf, Löhne usw. am wenigsten voneinander abweichen. Es wurden zum Vergleich gestellt: Koch-Chlorbleiche, Griesheimer Zwischenbrühverfahren, Kombinationsbleiche, Sauerstoffbleiche. Am niedrigsten stellte sich die Koch-Chlorbleiche, am teuersten das Arbeiten mit Wasserstoffsuperoxyd. Die Veröffentlichung bringt gleichzeitig Angaben über Gewichtsverluste, Festigkeitsänderungen, Weißgrad und chemische Konstanten. Eine ältere Übersicht über verschiedenartige Verfahren gab Korte[3]. Über einen Vergleich der Wasser-

---

[1] Vgl. Brit. Pat. 266691.

[2] Korte: Bemerkungen zu den Neuerungen in der Baumwollbleiche. Leipzig. Mschr. Textil-Ind. 1931 S. 342 u. 369.

[3] Korte: Aus der Technik der Baumwollbleiche. Ztschr. f. ges. Textilind. 1927 S. 154.

stoffsuperoxydbleiche mit der Beuch-Chlorbleiche, vorwiegend im Hinblick auf die Gewichtsverluste beim Bleichen von Garnproben berichteten jüngst auch W. Schramek und C. Schubert[1]. Es wird gesagt, daß die alkalische Sauerstoffbleiche als ein hochwertiger Ersatz der Beuchbleiche anzusprechen ist, da die bei 115—130° C arbeitende Druckbeuche gegenüber der bei 80—90° C ausführbaren und einfacheren Peroxydbleiche mit einem um etwa 2% geringeren Gewichtsverlust abschließe. Wegen Einzelheiten sind die Originalveröffentlichungen einzusehen.

Bleichen von Kunstseide.

Die Kunstseiden werden zumeist im unmittelbaren Anschluß an den Spinnprozeß vorwiegend unter Verwendung von Natriumhypochlorit gebleicht. An sich bedürfen die Gespinste nur einer schwachen Nachbleiche, da die Zellulose als Ausgangsstoff schon eine sorgfältige Vorreinigung erhielt. Es wird jedoch auch ungebleichte, gelbliche Viskose geliefert, es wäre sinngemäß, nur diese Seide für Mischgewebe zu verwenden, welche einer späteren Bleiche unterliegen, um ein doppeltes Chloren zu vermeiden. In der Kunstseidenfabrik erfolgt das Bleichen der Strähne vielfach in Apparaten, d. h. auf mechanisch angetriebenen Porzellanwalzen, auf denen die Garne durch die Flotten umgehaspelt werden. Die Walzen mit den Seiden können mittels Flaschenzug und Laufkatze in weitere Wannen — zweckmäßig mit Porzellanplatten ausgelegt — überführt werden, um ohne umzupacken das Nezten, Chloren, Säuern, Entchloren, Spülen, Bläuen vorzunehmen. J. Eggert[2] warnte vor katalytischen Einflüssen durch Metallsalze — aus der Apparatur stammend, die sich beim Arbeiten auf stehenden Bädern anreichern können.

Auch in den Textilbetrieben ist NaOCl das gebräuchliche Bleichmittel, die Konzentration wird etwa auf 2 g/l Cl gehalten. Zugabe von Nekal BX empfiehlt sich. Die Bleichdauer beträgt $^1/_4$ bis mehrere Stunden, sie richtet sich nach dem gewünschten Bleichgrad. Nach dem Spülen und Absäuern ist sorgfältig mit Bisulfit oder Thiosulfat zu entchloren und auszuwaschen. Um der Seide einen weichen Griff zu geben, wäre mit Marseillerseife oder dergleichen heiß nachzubehandeln. Dem Seifenbade kann etwas Peroxyd als Antichlor zugefügt sein, um ein besonderes Entchloren unnötig zu machen und gleichzeitig noch schwach alkalisch nachzubleichen. Mit dem Seifen oder dem Griffigmachen — Essigsäure, Milchsäure — läßt sich das Bläuen verbinden, wozu langsam aufziehende Farbstoffe, wie Alizarindirektblau A, Alizarindirektviolett ER oder auch Indanthrenblau GCD und andere Bläuen dient. Ist ausnahmsweise Kupferseide zu bleichen, so wird ein Wiederholen des Chlorens in Betracht kommen. Auch soll ein mehrstündiges Einlegen der Strähne in eine heiße Oxalsäurelösung mit 0,5—0,8% vor dem Chloren gute Dienste leisten.

Bei dem DRP. 507413, Fr. Küttner, Pirna, Verfahren zum gleichzeitigen Bleichen und Avivieren von Textilfasern mittels Hypochloritlösungen und Seifen oder dergleichen soll man 65—80° warme Hypochloritflotten verwenden, denen man aber gleichzeitig zum Binden des dabei entstehenden freien gasförmigen Chlors organische Stoffe, wie Seifen oder Fettsäuren, welche als Weichmachungsmittel in der Faser verbleiben, zusetzt (?). Es dürfte wohl an ein Nachbehandeln von Kunstseide gedacht gewesen sein (vgl. S. 139).

Die Chemische Fabrik Pyrgos empfiehlt zum Bleichen Aktivin. Bäder mit 3 g/l, zweckmäßig mit Essigsäure oder Ameisensäure schwach angesäuert, sollen bei Zimmertemperatur eine Teilbleiche geben. Auch Permanganat und Peroxyd lassen sich verwenden, sind jedoch weniger gebräuchlich. Wohl findet die

---

[1] Schramek u. Schubert: Über die Gewichtsverluste der Baumwolle in der Wasserstoffsuperoxydbleiche im Vergleich mit der Beuch-Chlorbleiche. Leipzig. Mschr. Textil-Ind. S. 313.
[2] Eggert, J.: Chem.-Ztg. 1928 S. 794.

Sauerstoffbleiche in Verbindung mit Chloren Verwendung, insbesondere zum Bleichen von Mischgeweben oder von Stückware.

Sehr wesentlich ist hier ein gutes Vorentschlichten. Das Entfernen von Stärkepräparaten mit Diastase, Aktivin usw. erfolgt in Anlehnung an die Arbeitsweise der Baumwollbleiche, schwer hält es, eine Präparation zu lösen, die aus Leinöl mit Wachszusätzen besteht. Nach W. Weltzien[1] ist solche Seide 24 Stunden in eine Seifenlösung einzulegen, die neben Soda noch Fettlöserseifen oder Nekal AEM enthält, um nun mit 5—20 g neutraler Seife abzukochen. Auch wird ein kochend heißes Seifen unter Zusatz von Terpentinöl und Nekal BX empfohlen. Wird die Ware stets unter der Flotte gehalten, so lassen sich die an der Oberfläche sich sammelnden Schlichtebestandteile auf einfache Weise durch ein Überkochen des Bottichs entfernen. Die Sauerstoffbäder sind schwach alkalisch zu halten, um bei Erfordernis stabilisiert unter Anwärmen auf etwa 50° zur Anwendung zu bringen. Je nach Warengattung erfolgt das Bleichen auf Haspelkufen oder Jiggern, auch in Zirkulationsapparaten, wie solche die Zittauer Maschinenfabrik für Baumwollbleichgut baut (siehe S. 188). Größere Posten lassen sich in der Mohr- anlage fertigstellen. Alles Zerren und ungleichmäßige Pressen bleibt zu vermeiden. Um Gewebe ohne jede Zugwirkung zu behandeln, werden neuerdings Faltenwaschmaschinen gebaut, in denen der in kleinen Querfalten abgelegte Stoff auf einem Transportband langsam durch die Maschine unter gleichzeitigem Wässern mit Spritzrohren läuft, A. G. Benninger, Uzwil.

Bei Kunstseidenabfällen macht sich zumeist ein vorheriges scharf alkalisches Abziehen nötig, vielleicht ein Entschwefeln mit Natriumsulfid[2].

Azetatseide soll nach Weltzien in einem mit Salzsäure schwach angesäuertem Hypochloritbade von 0,5° Bé zum Bleichen kommen. Nach 20 Minuten wird gespült, mit Bisulfit warm entchlort und fertig gemacht. Genügt Diastase nicht zum Entschlichten, um Gelatine u. dgl. zu lösen, so ist über Nacht in Seife einzulegen und schwach alkalisch, keineswegs über 80° C, zu seifen.

Bleichen von Leinengarnen.

Bastfasern kommen vorwiegend in Form von Strähngarn und Geweben zum Bleichen. Das Veredeln von losen Fasern hat nicht die Bedeutung erlangt, welche insbesondere während und nach dem Kriege angestrebt wurde, um die Abfälle besser zu verwerten. Die Bestrebungen gingen dahin, die Faserbündel auf die Stapellänge der Baumwolle zu bringen, um die kotonisierten Fasern in Mischung mit Baumwolle auf Baumwoll- oder Streichgarnspinnmaschinen zu verarbeiten. Das Verbaumwollen läuft neben einem mechanischen Ausarbeiten, einer Art von Kardieren, auf ein gewisses Beuchen und Bleichen hinaus, um die verkittenden Substanzen zu lösen, welche die Elementarzellen zu langen Faserbündeln verkleben. Auf die vielfachen, in Erwartung größter Erfolge teilweise unter Patentschutz gestellten Vorschläge hier genauer einzugehen, fehlt der Platz, es sei auf die Übersicht der Beuchpatente, vgl. S. 267, verwiesen, die einen kurzen Überblick über die mannigfachen Wege, welche die Erfinder oft mit wenig Sachverständnis einzuschlagen können glaubten, verwiesen. Erfolge aufzuweisen hatte Gminder-Reutlingen durch Aufbereiten von Hanf und Flachs mit seinem für Trachten-Kleiderstoffe bestimmten Gminder-Halblinnen. Ob und wieweit das Kotonisieren von Flachsstroh für gröbere Gespinste, Packleinewand, sich

---

[1] Weltzien: Chemische und physikalische Technologie der Kunstseiden.
[2] Siehe Kosche: Textilber. 1925, 827 und Hillringhaus: Leipzig. Mschr. Textil-Ind. 1926. 61.

Kind, Bleichen der Pflanzenfasern. 3. Aufl. 16

durchsetzen wird, wenn Samenflachs als Rohstoff dient, hat die Zukunft zu lehren[1]. Das Bleichen von Spulen und Kettbäumen ist neuerdings aus dem Versuchsstadium herausgekommen. Die Fasern verklebten bei alkalischer Behandlung zu stark, so daß eine Zirkulation der Flotten schwer hält. Das Korte-Bleichverfahren erscheint hier sehr ausbaufähig.

Die Menge der Faserverunreinigungen hängt stark von der Vorbehandlung des Flachses ab, von der Röste, welche das Flachsstroh zum Loslösen der Fasern von den holzigen Teilen des Stengels unterworfen wurde, sowie von der jeweiligen mechanischen Aufarbeitung. Flächse verschiedener Herkunft bleichen sich nicht gleichmäßig, da die Nichtzellulosestoffe durch Tauröste oder Wasserröste ungleich beeinflußt und entfernt sein können, was beim Verspinnen ungleicher Rohstoffe die Veranlassung zu Unegalitäten werden kann. Es lassen sich ebendeshalb keine einheitlichen Bleichgewichtsverluste vorher angeben. Ein Unter- bzw. ein Überrösten ist jedoch wegen ungleicher Ausbeute bedeutungsvoller für den Spinner[2]. Bei groben, stark schebenhaltigen Werggarnen ist eine weit größere Gewichtsabnahme zu erwarten. Der Gewichtsverlust hängt aber nicht nur von der fraglichen Menge der Faserbegleitstoffe ab, hinzu treten noch direkte Verluste an Zellulosesubstanz, Hemizellulose, Oberhautgewebe, die bei scharfem Kochen das Ergebnis nicht unerheblich beeinflussen. Den Gesamtextraktivstoffgehalt will W. Frenzel[3] durch 6 Stunden langes Kochen am Rückflußkühler mit verdünnter Natronlauge, 3,5 g/l NaOH bei 20facher Flottenlänge festgestellt wissen. Es werden jedoch bei derartigen Bestimmungen die Laugenkonzentrationen den Verlust stark beeinflussen.

Die Prozentmenge der im Flachse enthaltenen Zellulose beträgt nach A. Herzog im Mittel 85,4, wobei die stickstofffreien Extraktivstoffe als Pektin-, Farb- und Gerbstoffe mit etwa 7,2% Anteil an der Zusammensetzung der Flachstrockensubstanz haben. Je nach der Röstmethode schwankt der Gehalt an diesen Stoffen erheblich. Der Menge nach wiegt die Pektinsäure vor. Was die im Flachse vorkommenden Farbstoffe betrifft, so sind diese zum Teil den Zersetzungsprodukten des Chlorophylls, insbesondere von Xanthophyll und nicht zuletzt dem im Flachsstengel enthaltenen Gerbstoffe zuzuschreiben, der als gerbsaures Eisen an der Faserverfärbung wesentlichen Anteil haben kann. Die Färbung des Flachses schwankt stark, namentlich nach dem ersten Kochen fallen oft große Unterschiede im Farbton auf. Die Unterschiede gleichen sich bei den weiteren Bleicharbeiten mehr aus. Immerhin ist die Bleichbarkeit und der Ton des Weiß vom Rohstoff mit abhängig. Der Bleicher schätzt die rotstichigen Flächse weniger. Sehr wesentlich ist die Ausarbeitung des Flachses, ein Werg hat schon wegen der gröberen Faser ein stumpferes, schmutzigeres Aussehen.

Der Gehalt an Pektinen schwankt bei den einzelnen Flächsen und Lieferungen.

---

[1] Schürhoff: Die Kotonisierung vom wirtschaftlichen Standpunkte aus betrachtet. Mitt. Forsch.-Inst. Sorau 1920 S. 101. — Kränzlin: Prinzipien der Kotonisierung. Sorauer Faserforschg. 1921 S. 121. — Müller: Technologie R. O. Herzog. Bd. 5 (Flachs). — Waentig: Neuere Untersuchungen auf dem Gebiete der Aufbereitung von Flachs und Hanf. Ztschr. f. angew. Ch. 1926 S. 1237.

[2] Kind: Die Bedeutung des Röstgrades von Flachs beim Bleichen. Textilber. 1923 S. 22.

[3] Frenzel: Die Entfernung von Extraktivstoffen aus Bastfasern. Leipzig. Mschr. Textil-Ind. 1927 S. 261.

W. Honeyman[1] ermittelte den Gehalt an Pektinen durch vierstündiges Kochen der verteilten Fasern mit 10%iger Salzsäure, wobei der Pektinkomplex unter Bildung von Zwischenprodukten, wie Arabinose und Galakturonsäure, Furfurol und freie CO_2 liefert, welch letztere in Barytwasser aufgefangen wird. Der CO_2-Gehalt mit 5,66 multipliziert soll den Pektingehalt angeben. Irische Röste lieferte z. B. 7,02%, Courtai-Röste 4,46%, russische Tauröste 6,45%. Nach Honeyman verklebt Pektin als eine Art Hemizellulose die Elementarzellen. Eine weitgehende Entfernung soll nötig sein, um eine reine Faser zu erhalten. Restliches Pektin verfärbt sich durch Alkali gelb. Schon Kolbe nannte Ammoniak als Reagens für Pektin. Eine restlose Beseitigung beim Bleichen hält jedoch schwer. Wurde Flachs wiederholt mit Wasser gekocht, so ergab sich ein Gewichtsverlust von 7,5%, hiervon waren jedoch nur 1,46% als Pektin anzusprechen. Bei einem nach Natronlaugekochungen erhaltenen Gesamtverlust von 26,2% machte der Anteil des Pektins 3,3% aus, die Faser hatte demnach noch einen Restwert von 1,26% behalten. Das schwer auslaugbare Pektin befindet sich vermutlich in der Mittellamelle der Elementarzellen. Daß der Pektingehalt wesentlichen Einfluß auf Glanz und Aussehen oder auf die Faserfestigkeit hat, ist nicht anzunehmen, wohl mag die Spinnfähigkeit damit in Zusammenhang stehen. Über Pektin siehe S. 315.

Als Mittelwert für Rohprotein (Eiweiß) wurden 4,4% entsprechend 0,7% Stickstoff genannt. W. Frenzel (a. a. O) errechnete aus Stickstoffbestimmungen im Rohgarn 2,7%, nach 2stündigem Kochen mit 2,5%iger Sodalauge noch 1,4%, während schon ein 2stündiges Kochen mit 1%iger Natronlauge gleichfalls den letztgenannten Wert erreichen ließ. J. W. Porter[2] veröffentlichte als Prüfungsergebnisse:

	Irisches Garn		Courtrai Garn	
	Gewichts-verlust	Stickstoff	Gewichts-verlust	Stickstoff
Rohgarn.		0,338		0,264
Gekochtes Garn	10,03	0,200	6,0	0,111
$^1/_4$ Bleiche	11,77	0,091	7,6	0,073
$^1/_2$ Bleiche	13,50	0,034	9,57	0,031
$^3/_4$ Bleiche	14,30	0,034	9,81	0,028
$^4/_4$ Bleiche	15,20	0,023	10,55	0,021

Auch M. M. Tschilikin veröffentlichte Analysenzahlen über den Stickstoffgehalt von Leinen[3].

Der Gehalt an Eiweiß ist bleichereitechnisch wegen der etwaigen Bildung von Chloreiweiß, Chloramin von Bedeutung.

Vom Flachswachs, einer meist gelbbraun gefärbten, spröden Masse von feinkörnigem Bruche, fand A. Herzog bei der Extraktion verschiedener Flachssorten 1,6—2,1% des Trockengewichtes, im Mittel 1,9%. Das Flachswachs vom Schmelzpunkt 67—70° ähnelt dem Bienenwachs. Seine dunkelgraue oder braune Farbe wird durch Chlorophyllreste oder dessen Zersetzungsprodukte bedingt, ein stechender Geruch wird einem vorhandenen Aldehyd zugeschrieben. Nach Untersuchungen von C. Hoffmeister steht der Gehalt an Wachs in gewisser Beziehung zur Reinheit und Feinheit des Flachses in dem Maße, als der Gehalt an dieser Substanz mit der Feinheit der Faser abnimmt. In Spinnereiabfällen, im Flachsstaub, fand Herzog bis zu 10% Wachs. Über Flachswachs und sein Verhalten beim Bleichen liegen mehrere Veröffentlichungen vor, um die Bedeutung für das Bleichen aufzuklären[4]. Der Gehalt geht mit fortschreitender Bleiche zurück, eine volle Beseitigung erscheint jedoch nicht erforderlich. So besaß ein 30er Flachsgarn mit der Anfangszahl von 1,35% ätherlöslichem Wachs nach dem Kochen noch

---

[1] Honeyman: Vgl. Kind: Der Gehalt der Flachsfaser an Pektinstoffen. Spinner u. Weber 1926 Heft 17.

[2] Porter: Journ. Soc. Chem. Ind. 1926 S. 45.

[3] Tschilikin: Textilber. 1929 S. 883.

[4] Vgl. Kind: Der Wachsgehalt des Bleichgutes. Dtsch. Leinen-Ind. 1929 S. 293.

1,09%, nach $^1/_2$ Bleiche 0,96% und nach Vollbleiche 0,79%. Diese Werte sind Mittel aus 4 Betriebsversuchen, die Einzelzahlen können erheblich schwanken. Anderweitige Versuche mit Rohleinen hatten beim Ausziehen mit Benzin 1,47% gegeben, nach Wasserkochung 1,42, nach Kalkkochung mit Absäuern 1,59%, nach der ersten Laugenkochung 0,25%, nach der zweiten Laugenkochung 0,11 und nach völligem Bleichen 0,03%. Zumeist findet sich aber auch in Leinengeweben ein höherer Restgehalt nach vollständiger Bleiche. Die Menge des ausziehbaren Wachses erhöht ein zwischengeschaltetes Säuern in gewissem Grade, da vermutlich zunächst Magnesiumsalze unlöslich sind. Ein aus Rohleinen gewonnenes Wachs war zu 72% unverseifbar, das aus kalkgekochtem und abgesäuertem Leinen erhaltene Fett wies 50% unverseifbare Teile auf, demnach bewirkt das Kochen eine gewisse Änderung, ebenso steigert Chloren die Verseifbarkeit. Das Wachs leuchtet unter der Ultralampe gelblich auf. In Bleichware findet man eine restliche, ungleiche Fluoreszenz.

Ein völliges Entfetten des Bleichgutes erscheint nicht notwendig. Mit Petroläther vor oder nach dem Bleichen wachsfrei gemachte Leinengespinste zeigten kein besseres Weiß oder einen besseren Bleichgrad. Einem englischen Patente zufolge soll jedoch ein Extrahieren im Druckkessel mit organischen Fettlösern das Bleichen erleichtern und abkürzen lassen, vor allem durch Kochen mit schwächeren Laugen einen geringeren Gewichtsverlust liefern[1]. Der vielfach empfohlene Zusatz von Beuchöl zur Kochflotte zwecks Entfernung von Wachs und von öligen Verunreinigungen hat bei geringen Zusatzmengen keinen Wert, größere Mengen zu verwenden, verbieten die Kosten. Eine Partie von 40er Flachsgarn ließ beim offenen Kochen mit 3,6% Ätznatron in dem üblicherweise vorgebleichten Garn 1,14% Wachs finden, eine Vergleichspartie unter Mitverwendung von 1% Beuchöl noch 1,04% Wachs. Betriebsversuche in der Leinenstückbleiche zeitigten ebenfalls nur fragliche Verbesserungen, die Bleichwaren wiesen zum Schluß keine charakteristischen Unterschiede auf. Auch auf die Netzfähigkeit hat der Gehalt an restlichem Wachs geringen Einfluß, denn die Verteilung in den Fasern ist wesentlich. So netzt sich Rohleinen trotz höheren Gehaltes an Wachs besser als Baumwolle. Auch ist ein etwaiger kleiner Unterschied im Wachsgehalt für das Vergilben der Bleichware nicht von entscheidender Bedeutung, zumal es sich ja um gebleichte Fettstoffe handelt. Das Arbeiten mit Seifen kann nur für die letzten Bleicharbeiten in Betracht kommen, wenn es sich darum handelt, eine fleckenlose Ware mit weichem Griff zu erzielen.

Über die stoffliche Zusammensetzung der Flachsfaser gibt E. Schilling im Band „Flachs" der Technologie der Textilfasern von R. O. Herzog weitgehend Aufschluß.

Die Technik der Leinenbleiche wies eine langsame Entwicklung auf. Die Arbeitsweise bestand anfänglich in einem offenen Abkochen, vielmehr Brühen mit Wasser oder schwach alkalischen Laugen von Pottasche, worauf man die Ware auf den Plan mehrere Tage auslegte, zwischendurch mit Wasser begießend, um nun in saure Milch oder Sauerkrautbrühe einzulegen. Diese Arbeiten wurden nach Bedarf wiederholt, das Bleichen nahm mehrere Monate in Anspruch. In den Wintermonaten ruhte die Bleicharbeit. Im 18. Jahrhundert kam für die ersten Beuchen die Verwendung von Kalkmilch auf und die billiger gewordenen Mineralsäuren, Salz- und Schwefelsäure, verdrängten die schwachen Lösungen von Milchsäure. Die Bleichdauer ließ sich abkürzen. Weiterhin bedeutete die Mitverwendung von Chlorlaugen ab Ende des 18. Jahrhunderts eine Umgestaltung der Technik, da zudem nun ein Beuchen in großen geschlossenen Kesseln unter Zirkulation der Flotte mit Injektor oder besser noch mit Pumpe möglich wurde. Da die übliche Bleichpartie 1200 englische Pfund ausmacht und die Einrichtungen für Versuche mit kleinen Posten nicht zu passen pflegen, fürchtete der Praktiker bei etwaigen Neuerungen das Risiko und hielt sich lieber an seine alten ausprobierten Vorschriften. Es ist jedoch mehr und mehr gelungen, die Bleichdauer abzukürzen und die Handarbeit einzuschränken, insbesondere die langwierige Rasenbleiche entbehrlicher zu machen. Dem Rohmaterial und dem geforderten Bleichgrade haben sich die Vorschriften anzupassen. Gegebenenfalls wird nur ein einmaliges Abkochen zum Weichmachen des Garnes verlangt, oder es sind die Garne nur

---

[1] Mackenzie, Robinson, Lumsden, Fort, vgl. Textilber. 1925 S. 293.

aufzuhellen, zu cremieren, d. h. dann auch zu chloren. Die meisten Posten sind jedoch weiter zu bleichen, wobei es verschiedene Bleichgrade, $^1/_4$, $^1/_2$, $^3/_4$, $^7/_8$ und $^4/_4$ Weiß (Vollweiß) gibt.

Die verschiedenartigen Werg- und Flachsgarne bleichen sich ungleich gut, ein festgedrehter Zwirn kann eine andere Behandlung bedingen wie ein einfaches Gespinst. Der Bleicher sucht deshalb seine Partien aus möglichst gleichartigen Garnen zusammenzustellen. Die Garne lassen sich durch Einlegen in verdünnte Säure schon etwas aufhellen, besser durch ein angesäuertes Bisulfitbad nach einem schwachen, das Gewicht wenig mindernden Beuchen auf Aschgrau bringen. Die I. G. Farbenindustrie empfahl zum Aufhellen ein Behandeln in einem auf 80° C erwärmten Bade, das 10 g/l Soda und 2% Blankit vom Trockengewicht enthält. Nach einer Stunde soll gut gespült und durch schwache Schwefelsäure genommen werden. Die Bleichwirkung von Reduktionsmitteln ist aber gering, eine zwar in der Flotte gut aufgehellte Faser dunkelt beim Spülen zufolge der Oxydationswirkung des Luftsauerstoffs meist wieder nach.

Das übliche Bleichen des Flachses besteht in einem abwechselnden Behandeln mit alkalischen Lösungen und Bleichflotten, bis der gewünschte Weißgrad erreicht ist. Dabei galt ein Chloren erst dann für angebracht, wenn die Faserfremdstoffe durch das vorhergegangene Auslaugen zum guten Teil entfernt sind. Je besser das Auslaugen erfolgte, um so geringer stellte sich der Bedarf an Bleichmitteln, doch geht damit ein entsprechender Gewichtsverlust parallel. Das abwechselnde Behandeln mit Laugen und Oxydationsmitteln erleichterte das Entfernen der Faserfremdstoffe, die Abbauprodukte gehen in den Alkaliflotten mehr und mehr in Lösung. Da mit den wiederholten Beuchen der Dampfverbrauch ansteigt, so lag der Gedanke nahe, die Garne mit stärkeren Natronlaugen kalt auszuziehen. Wenn

Abb. 64. Kochkessel für Leinengarn (Zittauer Maschinenfabrik AG., Zittau).

schon kleinere Versuche erfolgversprechend erscheinen, so erschwert im Betriebe das starke Verkleben der alkalischen Fasermasse, das Aufquellen der gallertigen Pektinstoffe, ein gleichmäßiges Auslaugen. Überdies heben die Mehrkosten für Natronlauge die Ersparnisse an Dampf usw. größtenteils wieder auf[1] (vgl. S. 80).

Nach der bislang gebräuchlich gewesenen Arbeitsweise erfolgt das Auskochen der Garnpartie in einem Kessel unter schwachem Druck.

---

[1] Kränzlin u. Böhm: Zum Kapitel Kaltbleiche. Faserstoff-Forschg. 1922 S. 259.

Von einem Vorweichen mit warmem Wasser oder mit schwacher Säure
pflegt man wegen der Mehrarbeit abzusehen, obschon solche Vorbehandlung von Vorteil für das folgende Beuchen sein könnte. Die nötigenfalls
unterbundenen Garne — je 2 Strähne mit kreuzender Schnur — werden
in Schleifen, Ringen, gleichmäßig eingelegt. Meist
verwendet man zum Abkochen frische Lauge, ein
Vornetzen, Vorbrühen, mit alter Lauge gilt als
nicht lohnend. Die älteren, durch Auflegen des
Deckels lose zu verschließenden Kessel arbeiteten
mit Injektor für die Flottenzirkulation. Die sich nach
unten verjüngenden, dadurch ein gleichmäßigeres
Einschichten der Garne gestattenden und ein Ausheben der ganzen Partie auf einer Unterlage er-
möglichenden Kessel stehen vertieft im Boden, um
das Beschicken und das Entleeren zu erleichtern.
Bei größeren Anlagen ordnete man die Kessel kreis-
förmig um einen in der Mitte aufgestellten Kran,
der das Garnkochnetz mit dem Beuchgut ausheben

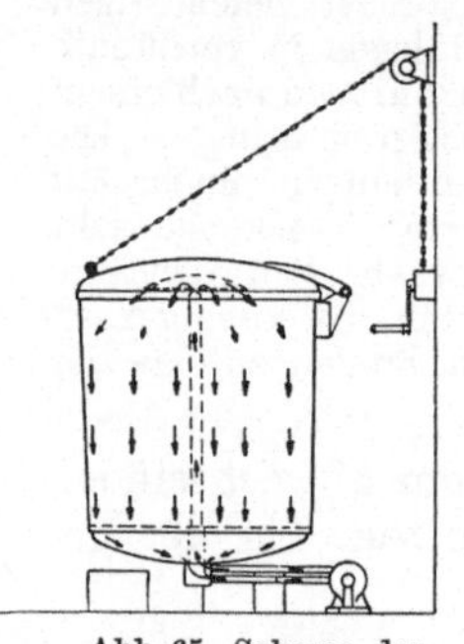

Abb. 65. Schema der
Flottenzirkulation.

kann. Entsprechende Transportvorrichtungen erlauben das Aufstellen
der Kessel in einer Reihe. In den bezüglich Dampfverbrauch ratio-

Abb. 66. Hydraulische Garnpresse.

nelleren, neuen Druckkesseln erfolgt die Zirkulation mit Zentrifugalpumpe, welche die Flotte unter dem Siebboden absaugt und in das
Dampfrohr drückt, aus dem sie in kräftigem Strahle gegen eine Über-

gußhaube spritzt, so daß eine gleichmäßige Laugenverteilung erfolgt. Für die unmittelbare Heizung ist eine Dampfeinblasedüse, für die mittelbare eine geschlossene Heizschlange vorzusehen. Man geht meist nicht über 0,2—0,5 at. Eine Beuchdauer von 5 Stunden gilt für das gleichmäßige Durchkochen einer Partie als ausreichend. Üblicherweise dient zum Beuchen Soda oder bei gröberen Garnen eine teilweise, bis zu 20% kaustifizierte Soda, weniger gebräuchlich ist das Kochen mit einer schwächer eingestellten Natronlauge. Für die erste Kochung rechnete der Bleicher 6—10% vom Gewicht der Ware. Die Chemikalienmenge richtet sich nach der Garnnummer. Die Flachsfaser erweist sich gegenüber scharf alkalischen Kochungen als weit empfindlicher als Baumwolle, deshalb kommt es bei scharfem Kochen durch Auflösen von Zellulosesubstanz zu großen Gewichtsverlusten. Bleichschäden waren früher nicht immer in einem unrichtigen Chloren zu suchen, sondern sie lagen mitunter an einem ungewohnt schärferen Beuchen, wenn der Praktiker sich nicht bewußt war, in welchem Grade er die Soda durch Verkochen mit Ätzkalk kaustifiziert hatte (vgl. S. 21). Die heutige Tech-

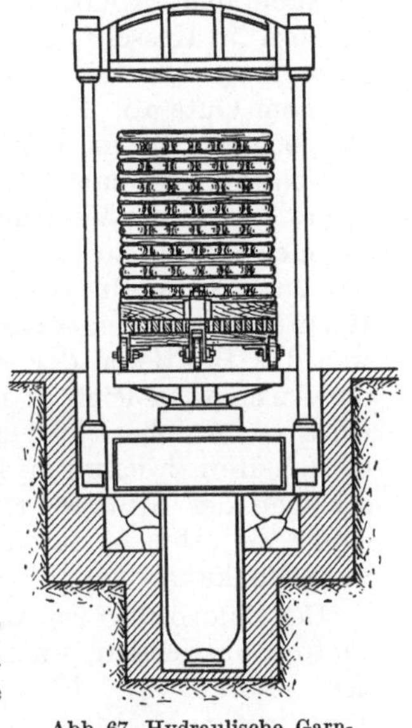

Abb. 67. Hydraulische Garnpresse, Schema.

nik geht darauf hinaus, das Kochen abzuschwächen, um das Bleichgarn besser in seinem Gewichte zu erhalten.

Die an sich dem Praktiker allgemein bekannte Tatsache, daß bei vorsichtigerem Auslaugen Gewichts- und Festigkeitsverluste günstiger ausfallen, ist neuerdings

Abb. 68. Garnquetsche (Zittauer Maschinenfabrik A G., Zittau).

Inhalt eines Patentes DRP. 515675, W. Erb, Pesterzsébet. Das Wesen der Erfindung soll darin bestehen, bei 60—70° C unter Vermeidung der üblichen Kessel im Bleichapparat selbst zu beuchen, wobei die Flotte durch Pumpe usw. im Kreislauf gehalten wird. — Es mag dies „theoretisch" stimmen, doch ist zu bezweifeln, ob sich Leinen und ähnliche Pflanzenfasern in großen Partien mit schwach alkalischen Lösungen im Bleichapparat fleckenlos beuchen lassen. Daß solche „Erfindung" Gegenstand eines Patentes werden konnte, befremdet.

Nach dem Abkochen würde zweckmäßig zuerst ein warmes Auswässern im Kessel folgen, denn bei einem sofortigen Spülen mit kaltem Wasser scheiden sich sonst die gelösten „Pektinstoffe" wieder leicht auf dem Gute ab. Bei entsprechender Einrichtung zieht man die ganze Partie hoch, um sie außerhalb des Kessels durch Brausevorrichtungen zu wässern bzw. zum Wässern in Kufen einzubringen, damit der Kessel sofort für weitere Verwendung frei wird. Nach dem Auswaschen kommt das gleichmäßig auf einem Wagengestell aufgeschichtete Garn unter die hydraulische Presse, oder es wird mit der früher gebräuchlichen Garnquetsche entwässert. Zentrifugen sind weniger üblich, schon weil das Hantieren der großen Strähne mühsamer wäre, zudem sollen die Garne dabei leichter aufrauhen. Das abgekochte und gut gewässerte Garn — manche Bleicher hielten es für richtiger wegen etwaiger Ungleichheiten zweimal zu kochen — ist nach dem Aufmachen, dem Ausschlagen der Strähne, fertig zum Chloren, doch läßt man die Partie einige Zeit stehen, damit sich die restliche Feuchtigkeit gleichmäßiger verteilen kann.

Der Chlorbedarf ist verhältnismäßig groß. Es lassen sich recht starke Flotten verwenden, sofern für eine gleichmäßige Einwirkungsmöglichkeit gesorgt wird. Neben der Konzentration bestimmen Flottenlänge, Temperatur, Reaktion der Lösung die Dauer des Chlorens. Die Stärke der Bäder hat sich erfahrungsgemäß nach der Garnqualität und nach der Vorbehandlung zu richten. Da die Garne sich beim Einlegen in ruhende Flotten leicht fleckig anbleichten, die Chlorflotte in das Innere der Strähne und etwaige dickere Kopfstellen nicht schnell genug eindringt, fand die Praxis es zweckdienlicher, die auf einem Rahmen mit Stangen aufgehängten Garne durch zeitweise wiederholtes Eintauchen und Umlegen der Strähne oder noch besser auf einem besonderen Rollenkasten, dem Reel, zu chloren. Die auf kantige Tragstangen gelegten Garne tauchen nur zu einem Viertel bis einem Drittel ihrer Länge in die Bleichflotte ein, sie werden durch die Umdrehung der Stangen in der Lösung umgehaspelt. Die Chlorlauge findet hier einen gleichmäßigeren Zutritt zum Garn. Nachdem mit dem Reelen, d. h. mit dem Aufbringen und Abnehmen von den Stangen, dem wiederholten Umpacken in die Kessel oder die Kufen, viel Arbeit verbunden und das Hantieren, Abquetschen und Ausschlagen der Garne dieselben aufrauhen läßt und an sich die ganze Reelarbeit Schwierigkeiten macht — siehe später —, sind die Betriebe meist zur sogenannten Apparatbleiche übergegangen.

Die Technik ging darauf hinaus, das Garn zunächst unter schwachem Druck im Kessel zu kochen, die weiteren Arbeiten aber im Apparat auszuführen und die Planbleiche entbehrlich zu machen. Ein gutes und gleichmäßiges Durchkochen ist für die weiteren Arbeitsgänge sehr wesentlich, das Vorkochen im besonderen Kessel bleibt daher empfehlenswert. Um ein gleichmäßiges Auslaugen zu sichern, bemißt man die Kessel für je eine Partie. Die ausgekochten und gewässerten Garne bringt der Bleicher nach dem Abpressen oder Abquetschen in den viereckigen oder auch runden, aus widerstandsfähigem Holz gebauten Bleichapparat, und zwar legt er üblicherweise zwei Partien zusammen ein. Der Kasten besitzt einen Siebboden und einen oberen geteilten Lattenrost, um das Bleichgut unter der Flüssigkeit zu halten. Röhrenleitungen stellen die Verbindung mit den höher liegenden Chlor- und Säurekufen, die zum Ansetzen der Lösungen dienen, oder mit den tiefer liegenden Vorratsbassins her. Die Zirkulation erfolgt durch eine besonders kräftige, aus chlor- und säurebeständigem Material hergestellte Zentrifugalpumpe. Es wird die Flüssigkeit unter dem Siebboden bei Vermeiden eines

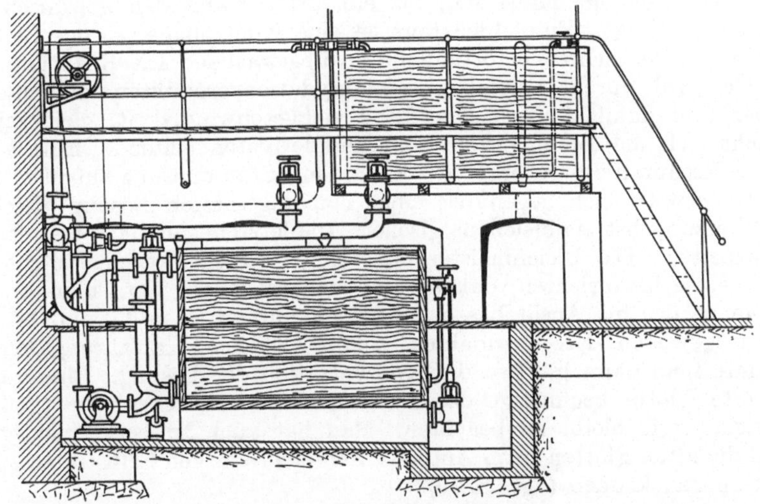

Abb. 69. Bleichapparat nach Gruschwitz.

Vakuums abgesaugt und durch die Röhrenleitung oberhalb der Garne, jedoch unterhalb des Flüssigkeitsspiegels gleichmäßig verteilt, zugeführt, ohne daß ein starkes Spritzen und Schäumen eintritt, denn bei offenem Aufpumpen fangen die Chlorflotten an zu heftig zu schäumen (Eiweiß!), und es macht sich ein schärferer Bleichgeruch geltend. Immerhin ist die Geruchsbelästigung weit geringer als beim früheren Reelen. Bei den zuerst gebauten Kästen blieben leicht Rohstellen zurück, da die Flottenzirkulation in Anbetracht des rasch einsetzenden Chlorverbrauchs nicht genügte, hält es doch an sich schwer, Ungleichheiten bei einem nicht gleichmäßig, lose eingepackten Garn zu vermeiden. Der Bleicher legt deshalb die abgepreßten und gelockerten Garnsträhne in losen Ringen ein. Der Flottenumlauf muß sehr lebhaft sein, das Gut soll dabei in der Flüssigkeit ohne Preßstellen schwimmen. Man läßt die Flotte abwechselnd von oben bzw. von unten zirkulieren, nachdem die Flotte zunächst von unten zutrat, um die Luft leichter aus dem Garn zu verdrängen. Liegen einzelne Garnstellen zu fest aneinander, oder setzten sich Perforierungen des Bodens zu, so bleichen diese oder oberhalb liegende Teile schlechter durch. Die Flecken verschwinden jedoch zumeist bei den weiteren Rundgängen, nötigenfalls macht sich ein Umpacken erforderlich. Der Chlorverbrauch hängt von der Art des Gespinstes und seiner Vorbehandlung ab. Über den Rückgang von Bleichbädern geben die Kurvenzeichnungen Seite 154 Aufschluß.

Um die gleichmäßige Einwirkung der Bleichflotten noch zu verbessern, will Weichert für die Bleichkufe einen zweiten einsetzbaren Behälter vorsehen. Seitenwand und Deckel sollen abnehmbar sein, so daß das Garn horizontal in den zunächst auf eine Stirnkante hochkantig gestellten Einsatzbehälter eingelegt werden kann. DRP. 499 948.

Der Bleicher läßt die Chlorlauge auf Grund seiner früheren Beobachtungen solange einwirken, bis ein Probesträhn den gewünschten Bleichgrad zeigt. Empfehlenswert ist eine Kontrollanalyse des Bades, um den Chlorverbrauch fortlaufend zu überwachen. Die Reaktion der Flotte wird durch Anreichern an Oxydationsprodukten zunehmend sauer und damit ändert sich die Bleichgeschwindigkeit, gleichzeitig macht sich die Bildung von Chloraminderivaten geltend. Eine alte, unter Ergänzen des verbrauchten Chlors mit Stammlösung aufgefrischte Flotte erweist sich gegenüber einer neu angesetzten Lösung gleicher Stärke zunächst als bleichenergischer. Die letztere muß sich erst etwas einarbeiten. Die Bleichmeister pflegten ihre Bleichflotten vielfach in der Weise herzurichten, daß sie von der konzentrierten Chlorstammlauge zu der ins Ansatzbassin zurückgepumpten alten Lösung bis zu einer gewissen Niveauzunahme zulaufen ließen. Erfahrungsgemäß kannte man dann in etwa die Konzentration der Lösung. Eine angesäuerte Flotte begünstigt das Ausbleichen der Scheben, die größere Bleichenergie bleibt zu beachten. Man hat auch zu berücksichtigen, daß die alten Flotten beim Aufbewahren einer starken Selbstzersetzung unterliegen können (vgl. S. 49).

Das Ausspülen und Absäuern — unter Kontrolle des Säureverbrauchs zwecks Ausnutzung? — ist im Apparat zufolge der lebhaften Flottenzirkulation schneller durchführbar als bei dem früheren Einlegen in die Bassins. Es bleibt andererseits bei der Apparatbleiche achtzugeben, daß sich an den Wandungen keine Garnteile aufrauhen, wenn sich das Gut mit dem Ein- und Ablassen der Flotte zu schnell hebt und senkt. Beim Chloren, namentlich auf dem Reel entwickelt sich ein scharfer Bleichgeruch, welcher die das Verwickeln der Garne verhütenden Arbeiter sehr belästigt. Der Bleichraum muß deshalb hoch gebaut und gut lüftbar sein. Im Reelraum wurden die Gase am besten durch Ventilationsschächte mittels Exhaustor nach außen oder in eine Entlüftungskammer geblasen bzw. gedrückt. Da die Chlorgase schwerer als Luft sind, soll der Exhaustor nicht zu hoch oberhalb des Reels angebracht sein. In den Reels reichert sich beim Weiterarbeiten mit Chlorkalk ein aus Karbonat und Oxalat bestehender Kalkschlamm stark an, die Bäder waren deshalb in gewissen Zwischenräumen abzulassen. Gleichwie in der Baumwollbleiche verdient Natriumhypochlorit ganz allgemein den Vorzug, Chlorkalk verliert trotz niedrigen Preises an Boden.

Zum Spülen und Säuern konnte man den ganzen Reelstangenrahmen in ein zweites Bassin umheben. In den größeren Bleichereien waren solche Bassins mehrere nebeneinander angebracht, so daß der Rahmen mit den Stangen durch Laufkatzen von einem Bassin zum anderen gefahren werden kann, um ein Umpacken zu vermeiden. Sonst hatte der Arbeiter die gespülten Garne abzusträhnen und in das vorbereitete Säurebad zu werfen und hinterher wiederholt gut auszuwässern.

Kochen, Chloren, Säuern mit den zugehörigen Spülbädern bilden den ersten Rundgang. Soll damit die Bleiche beendet, das Garn als $^1/_4$ Weiß fertig sein, so muß ein Antichlorbad gegeben werden, um dem Bleichgut den Chlorgeruch zu nehmen, die Chloramine zu zerstören. Die nur teilweise gebleichte Leinenfaser hält Chlor in nicht auswaschbarer Form zurück, die Verwendung von Antichlormitteln hat in der Leinengarnbleiche eine größere Bedeutung als in der Baumwollbleiche (vgl. S. 149)[1]. Ein Entchloren zwischen den Rundgängen ist zwar nicht üblich und nicht unbedingt erforderlich, denn die restlichen Chlorverbindungen werden bei dem weiteren Beuchen zersetzt. Als Antichlor dient meist Bisulfit, das dem Säurebad zugegeben wird. Ehedem galt Natriumthiosulfat als typisches Antichlor in der Leinenbleiche.

Für die zweite und die weiteren Kochungen nimmt der Bleicher weniger Alkali, wie überhaupt die folgenden Bäder mit dem fortschreitenden Reinigungsgrad schwächer zu halten sind. Man begnügt sich mit einem Kochen ohne Druck, mit einem Abbrühen der Garne. Den letzten Laugen setzt der Bleicher gern etwas Seife zu, um etwaige ölige Stellen noch zu verbessern und um das Garn im Griff weicher zu machen. Bei einem Weiterarbeiten im Apparate läßt sich viel Handarbeit vermeiden. Unter dem Doppelboden liegt eine Heizschlange, welche das Anwärmen der Bäder gestattet. Man kann bei dem nach dem Chloren folgenden Beuchen mit Soda vorsichtshalber etwas Antichlor mitverwenden. Bei einem Umpacken und Abpressen, Aufmachen der Strähne werden etwaige gebliebene Ungleichheiten in den folgenden Bädern besser ausgeglichen, anzustreben ist jedoch das Fertigstellen im Apparat. Hierbei erwachsen gegebenenfalls Schwierigkeiten dadurch, daß durch die abwechselnde Einwirkung von Laugen, Bleichbädern und Säuren das Holz der Kästen angegriffen wird, und abgespülte Faserteile sich in die Garne setzen, so daß das Abspulen erschwert ist. Die Wahl von geeignetem Holz für die Kästen ist wichtig. Das Auskleiden mit Bleiplatten hat sich weniger bewährt — Glas? —. Das zweite und weitere Chloren der gewässerten Partie kann auch durch Einlegen in die ruhende Flotte in großen, zementierten oder mit Stein-

---

[1] Bei Versuchen mit Leinengarnen, die nach dem Chloren in verschiedener Weise nachbehandelt worden waren, so 24 Stunden gewässert unter viermaligem Wasserwechsel, erhielt Verfasser zusammen mit H. Herrmann, vgl. Spinner u. Weber 1931 Heft 46, als Festigkeitszahlen für die weiterhin 24 Stunden bei 90° C erhitzten Garne (= Prüfung auf Lagerbeständigkeit) folgende Zahlen: In Kondenswasser eingelegt 829 g, in Leitungswasser eingelegt 816 g, in verdünnte Schwefelsäure eingelegt und mit Kondenswasser gewässert 289 g, in verdünnte Schwefelsäure eingelegt und mit Leitungswasser gewässert 781 g, in Thiosulfat eingelegt und mit Kondenswasser gewässert 863 g.

platten ausgelegten Bassins, im Steep, erfolgen, da jetzt weniger Flecke zu befürchten sind. Zwei Rundgänge lieferten ein Halbweiß, Wiederholungen sollen $^3/_4$ bis $^4/_4$ Weiß geben.

Beim dritten und vierten Rundgang pflegte der Bleicher die Garne nach dem Kochen auf den Plan zu bringen. Das Weiß erhielt sonst nicht den vom Weber verlangten frischen Ton. Die abgequetschten Garne sind zunächst am Pfahl ruckweise auszuschlagen, zu „stoßen" oder „anzumachen", um die Fäden wieder zu ordnen. Das Ausschlagen mag insofern mit von Wert sein, als gelockerte Scheben herausfallen, doch steigen die Arbeitskosten erheblich. Auf dem Plane sind die üblicherweise heute auf große Stangen aufgehängten Garne ein oder mehrmals umzuwenden und anzustrecken, damit die Sonne während des mehrere Tage dauernden Aushängens gleichmäßig einwirkt. Das Ausbreiten auf dem Plan, gegebenenfalls unter Einlegen von Stöcken, war früher üblicher. Ursprünglich wurden die Garne dabei noch mit Wasser angefeuchtet, die Praxis ist jedoch hiervon abgegangen (vgl. S. 155). Lieferten drei oder vier Rundgänge nicht das gewünschte Weiß, so sind einzelne Arbeiten, den Verhältnissen angepaßt, zu wiederholen.

Den trotz Wiederholung des Beuchens und Bleichens restlichen gelbbraunen Ton soll das Bläuen mit Ultramarin oder anderen Farbstoffen ausgleichen, vgl. S. 193 wegen blaugrünen Flecken. Die Anforderungen an das Aussehen sind nicht überall gleich, in einzelnen Gegenden wird eine weniger stark gebläute Ware verlangt. Wird ein weicher Griff gewünscht, so seift man gleichzeitig schwach nach, kann auch gegenteilig etwas stärker appretieren. Bei der Fertigstellung sollen gewisse Fettzusätze den Glanz verbessern helfen, etwaige flusige Garne glätten. So wurde hierfür Tallosan, ein sulfonierter Talg empfohlen, der leichter eine gute Emulsion gibt.

Die zum Schluß gut ausgeschlagenen Garne werden im Trockenhause aufgehängt oder schneller in Trockenkammern getrocknet. Ein völliges Ausdörren bleibt zu vermeiden. Das Garn erhält sonst einen harten, spröden Griff. Getrocknetes Gut ist jedoch nicht unmittelbar mit einer Gegenprobe zu vergleichen, die zwischendurch beim Lagern wieder Feuchtigkeit anziehen konnte; der harte, starre Griff ausgetrockneter Fasern pflegt sich beim Lagern zu bessern. Eine Beeinträchtigung der Faserfestigkeit bei heißerem Trocknen ist im allgemeinen nicht zu befürchten, Freisein von Chemikalienresten, insbesondere von Säure, vorausgesetzt. Gleichfalls soll das stärkere Vergilben bei heißem Trocknen nicht überschätzt werden, denn der gelbe Ton geht beim Erkalten wieder meist etwas zurück.

In den von Haas, Gruschwitz, von der Zittauer Maschinenfabrik und anderen Firmen gebauten Schnelltrockenapparaten können die mit Stäben eingespannten Garne in leichtbeweglichen Wagen in die Trockenkammer eingefahren und durch einen einregulierten warmen Luftstrom getrocknet werden. Solche Einrichtungen sind ökonomischer im Dampfverbrauch, das Trocknen erfolgt schneller als beim Aufhängen auf Trockenböden, ohne daß ein Ausdörren und Vergilben bei Regeln der Wärme eintreten muß. Während des Trocknens auszuschlagen, mag an sich zweckmäßig sein. Nachdem die Garne schließlich zur Entfernung der Flaumfasern ausgebürstet wurden, packt man sie unter Verwendung von Garnpressen wieder zu Bündeln. Für ein Wolligwerden der Garne ist der Bleicher nur bedingt verantwortlich zu machen, das liegt mit an der glatten Verspinnung. Starkes Hantieren, Umpacken, Pressen trägt freilich zu einem Rauhwerden bei, insbesondere wenn Kalkseifen usw. die Fäden verkleben. Schlechte Spulbarkeit kann durch die abstehenden Fasern, Schebenreste und abgelöste Holzfasern des Bleichkastens bedingt sein.

Die Einzelheiten der Vorschriften waren den jeweiligen Bleichposten unter Rücksicht auf die vorhandene Einrichtung anzupassen. Tabellen über die Konzentration und Dauer der Bäder in der Bleiche der Spinnerei Ravensberg brachte H. Schneider in seiner sorgsamen Promotionsarbeit[1].

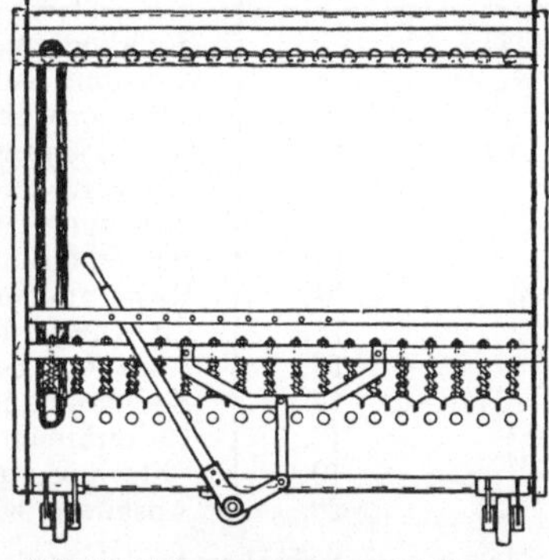

Abb. 70. Leinengarnwagen mit Spannvorrichtung.

a) **Flachs- und Hedegarn Nr. 30 und Flachsgarn Nr. 60.**

Rund-gang	Ope-ration	Art	30er Fl. und H.	Stun-den	60er Fl.	Stun-den
I.	1.	Sodakochung	7,2%	3	6,8%	3
	2.	Chlorung a. Haspel	3,2% aktives Cl	3	3% aktives Cl	3
	3.	Absäuern a. Haspel	300fach verd. Schwefelsäure	$^1/_4$	400fach verd. Schwefelsäure	$^1/_4$
II.	4.	Sodakochung	5%	$2^3/_4$	2,3%	$2^1/_4$
	5.	Chlorung ruhend	1,2%	14	1,1%	7
	6.	Absäuern ruhend	400fach	2	400fach	2
III.	7.	Sodakochung	$3^1/_2$%	$2^1/_2$	2,5%	1
	8.	Rasenbleiche	2×2 Tage	4×24	2×2 Tage	4×24
	9.	Chlorung ruhend	0,8%	9	0,8%	9
	10.	Absäuern ruhend	400fach	2	400fach	$1^1/_2$
IV.	11.	Sodakochung	$2^1/_2$%	1	$2^1/_2$%	1
	12.	Rasenbleiche	2×2 Tage	4×24	2×2 Tage	4×24
	13.	Chlorung ruhend	0,46%	14	0,46%	14
	14.	Absäuern ruhend	400fach	2	400fach	2

b) **Hedegarn Nr. 5 und 20, Flachsgarn Nr. 16.**

Rund-gang	Operation	Art	5er H. 16er Fl. 20er H.	Stunden
I.	1.	Sodakochung	10,7%	4
	2.	Chlorung auf Haspel	4%	$2^1/_2$
	3.	Absäuern auf Haspel	300fach verdünnt	$^1/_4$
II.	4.	Sodakochung	6%	3
	5.	Chlorung auf Haspel	2,6%	3
	6.	Absäuern ruhend	400fach	2

---

[1] Schneider,: Über die technologische Veränderung durch den Bleichprozeß. Leipzig. Mschr. Textil-Ind. 1909.

b) Hedegarn Nr. 5 und 20, Flachsgarn Nr. 16 (Fortsetzung).

Rund-gang	Operation	Art	5er·H. 16er Fl. 20er H.		Stunden
III.	7.	Sodakochung	4%		2
	8.	Chlorung ruhend	1%		11
	9.	Absäuern ruhend	400fach		2
IV.	10.	Sodakochung	$+5,8\%$	3,8%	$1^1/_2 + {}^3/_4$
	11.	Chlorung ruhend	$1^1/_4\%$		$1^1/_2$
	12.	Absäuern ruhend	400fach		2
V.	13.	Sodakochung	3,4%		2
	14.	Rasenbleiche	2×2 Tage		4×24
	15.	Chlorung ruhend	0,96%	0,46%	10
	16.	Absäuern ruhend	400fach		$1^1/_2$
VI.	17.	Sodakochung	2%	1%	1
	18.	Rasenbleiche	2×2 Tage		4×24
	19.	Chlorung ruhend	0,54%		14
	20.	Absäuern ruhend	400fach		$2^1/_2$

Die Prozentangaben beziehen sich auf das Rohgewicht der Partien von 550 kg. Die Wassermenge betrug bei den Kochungen etwa 2000 l, bei den ruhenden Bädern etwa 4000 l. Für den ersten Rundgang von Flachs- und Hedegarn errechnete sich der Chemikalienverbrauch demnach auf 40 kg Soda, 57 kg Chlorkalk — unter der Annahme, daß aus 1 kg Handelschlorkalk 300 g Cl zur Wirkung gelangen — und auf 13 kg konzentrierte Schwefelsäure.

Einen weiteren Anhalt über den in früheren Jahren üblichen Chemikalienverbrauch bringt die Zusammenstellung auf S. 9, um zu zeigen, welche erhebliche Mengen von anorganischen Stoffen, zu denen noch die gelösten Faserbestandteile traten, mit den Abwässern der Leinengarngleiche in den Vorfluter gelangen konnten.

Der Chemikalienbedarf der verschiedenen Rohgarne ist an sich ungleich. Nach G. Kränzlin besitzt holländischer Blauflachs einen größeren Bedarf an Alkali und Chlor als normaler guter deutscher Landflachs, doch kommt es auf die jeweilige Durchführung der Röste, auf das Gewächs, den Jahrgang an. Je holziger, um so stärker sind die Laugen anzusetzen. Die Art des Kochens beeinflußt den Verbrauch an Chlor und den Gewichtsverlust erheblich, wie die nachstehenden Untersuchungen von Proben, die 3 Stunden offen vorgekocht waren, zeigen[1].

	12er Werggarn			25er Flachsgarn		
	Gewichtsverlust gekocht %	gechlort %	Chlor-verbrauch %	Gewichtsverlust gekocht %	gechlort %	Chlor-verbrauch %
Nicht vorgekocht	—	13,7	7,89	—	9,8	5,76
Mit Wasser gekocht	6,6	13,6	6,56	4,7	10,6	5,33
Mit 2% Soda gekocht . . .	7,1	17,7	6,43	6,4	11,6	5,03
Mit 4% Soda gekocht . . .	9,0	18,9	6,22	7,0	12,1	4,68
Mit 6% Soda gekocht . . .	10,3	18,5	5,80	9,1	14,1	4,27
Mit 8% Soda gekocht . . .	11,1	20,0	5,67	9,7	16,4	4,18
Mit 10% Soda gekocht . . .	11,8	21,0	5,54	9,8	14,6	4,05
Mit 12% Soda gekocht . . .	11,8	21,1	5,37	10,1	14,8	3,96
Mit 3% Soda + 1% Ätznatron	—	—	—	10,8	17,5	3,23
Mit 3% Soda + 3% Ätznatron	13,1	21,1	4,85	11,7	17,5	2,91
Mit 3% Ätznatron gekocht .	14,3	22,2	4,56	12,1	18,8	?
Mit 10% Ätznatron gekocht .	21,8	28,3	2,90	20,6	23,6	2,17

Zu beachten bleibt, daß die Flottenlänge den Gewichtsverlust in erheblichem Umfange zu beeinflussen vermag, wie die Zeichnung 71 dartut, vgl. auch Seite 168.

---

[1] Kind u. Barz: Die Bedeutung des Bleichgutes. Dtsch. Leinen-Ind. 1925 S. 867.

Versuche, die Technik der Leinengarnbleiche zu vereinfachen, waren zunächst wenig erfolgreich. Die Schwierigkeit des gleichmäßigen Anbleichens wollte A. Schott durch Vorbehandeln der gebleichten Garne mit schwefliger Säure beheben, DRP. 124677, Zusatz zum Patent 88945.

Erfindungsgemäß sollte das ausgekochte Garn in geräumigen Kufen, die zum Zurückhalten der Gase einen Deckel mit Wasserverschluß besitzen, mit einer Lösung schwefliger Säure von unten her aufgeschwemmt werden, um die Verklebung der Fasern zu lösen und die Faserverunreinigungen zum Teil als Sulfitdoppelverbindungen auszuwaschen. Das gut gewässerte Garn sollte dann weiterhin gechlort, und zwar unter Luftzutritt gleichzeitig mit Chlorlauge berieselt werden, wobei das Bleichbad während der ganzen Dauer auf gleicher Konzentration zu halten sei.

Eine Vorbehandlung mit Bisulfit mag gut sein, die Kostenfrage läßt jedoch davon absehen. Vgl. auch S. 111 betreffend die Vorschläge von C. Bochter. Ebensowenig erlangte die Verwendung von Blankit-Hydrosulfit in der Technik der Leinenbleiche größere Bedeutung. Ein Nachbehandeln mit warmer Blankit-Sodaflotte kann zwar den weißen Ton etwas verbessern helfen und insbesondere günstiger auf Rostflecke wirken. Die Erfolge entsprechen jedoch nicht den Erwartungen und den Kosten.

Die Einführung der Kastenbleiche mit Flottenumlauf ermöglichte erfolgreich den Ersatz der Rasenbleiche unter Verwendung von Peroxydlaugen aufzunehmen. Ein ausschließliches Arbeiten mit Peroxyd kommt wegen der Preisgestaltung nur bedingt in Betracht, üblicher ist das Nachoxydieren des mit Chlorlauge vorbehandelten Gutes. Diese Technik hat in den letzten Jahren die alte Planbleiche vielfach verdrängt. Nicht nur wegen der kürzeren Bleichzeit, der von der Witterung unabhängigen Arbeit, es sind die Löhne niedriger, denn das Ausbringen auf den Plan, verbunden mit wiederholtem Auslegen, das Umpacken in die Bäder bedingt viele Handarbeit, und nicht zuletzt bleibt der Faden runder, glatter, überdies wird mit einem geringeren Gewichts- und Festigkeitsverlust gerechnet, und es gibt weniger zerrissene Garne. Zu erwägen blieben die Chemikalienkosten, die sich im Laufe der letzten Jahre zufolge Verwendung von hochwertigen H_2O_2 und Na_2O_2, und vor allem nach besserer Ausarbeitung der Bleichvorschriften günstiger stellten. Es hatte die Anpassung der Alkalität, die Stabilisierung der Flotte und die Apparaturfrage Schwierigkeiten gemacht. So sind Zirkulationsleitung und Pumpe unter Ausschluß von Eisen und Kupfer aus Hartblei zu wählen. Die Zittauer Maschinenfabrik hat eine Spezialeinrichtung herausgebracht, bei welcher die Heizvorrichtung, die Flügelräder der Pumpe und Ventile aus V 4a-Stahl hergestellt sind. Bei der gebräuchlichen Arbeitsweise für $^3/_4$ Bleiche werden die Garne wie üblich auf $^1/_4$ oder $^1/_2$ Weiß vorgebleicht, dann mit Sauerstoff behandelt und zum Schluß nochmals schwach gechlort usw. Schwächeres Vorbleichen bedingt einen größeren Aufwand an Sauerstoff und Alkali, den Mehrkosten steht die einfachere, kürzere

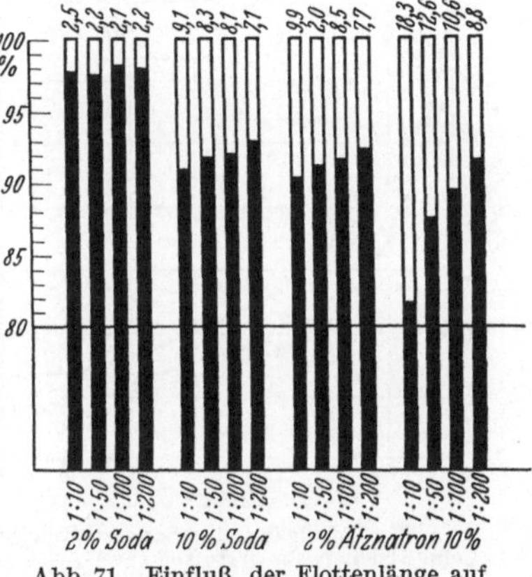

Abb. 71. Einfluß der Flottenlänge auf den Gewichtsverlust.

Arbeit gegenüber. $^4/_4$ Weiß benötigt ein zweites Sauerstoffbad mit geringerem Aufwand an Chemikalien, etwa 1—2 % Na_2O_2, gegebenenfalls wird schwach nachgechlort und dann fertiggestellt. Die Alkalität hat sich nach der Garnsorte und dem Grade der Vorbehandlung zu richten, ein Werggespinst verlangt ein schärfer alkalisches Bad und hat einen größeren Verbrauch an Aktivsauerstoff. Es ist zu beachten, daß schärfer alkalische Flotten eine größere Gewichts- und Festigkeitsabnahme bewirken können. Die Einstellung der Reaktion erfolgt einerseits durch Abstumpfen des Na_2O_2 mit Schwefelsäure, andererseits ist bei Verwendung von H_2O_2 eine gewisse Menge Natronlauge zuzugeben. Es lassen sich auch die beiden Peroxyde zusammen verwenden, um bei entsprechenden Mischungsverhältnissen die gewünschte Alkalität zu erhalten. Wasserglas stabilisiert das Bad, nötigenfalls würde bei weichem Wasser ein geringer Zusatz von Bittersalz—DRP. der Scheideanstalt, vgl. S. 170—angebracht sein. Nicht ausgebrauchte Bäder lassen sich zum Vorbehandeln ausnutzen. Beim Auffrischen solcher Flotten darf nicht etwa versucht werden, die durch nachgesetzte Na_2O_2 bedingte größere Alkalität mit Schwefelsäure wegzunehmen, weil sonst leicht eine Abscheidung von Kieselsäure eintritt. Hier erscheint das Auffrischen mit konzentriertem H_2O_2 einfacher. Nur bei unsachgemäßer Arbeit ist eine Abscheidung von Kieselsäure auf der Faser zu erwarten. Normales Bleichgut weist kaum mehr Aschenbestandteile auf wie ein unter Verwendung von Rasenbleiche fertiggestelltes Leinen. Befürchtungen, die Gebrauchsfähigkeit von Leinen werde durch Faserinkrustierung oder zu starke Einwirkung der Sauerstoffbleiche beeinträchtigt, sind unberechtigt, wie aus Versuchen des Verfassers hervorgeht[1].

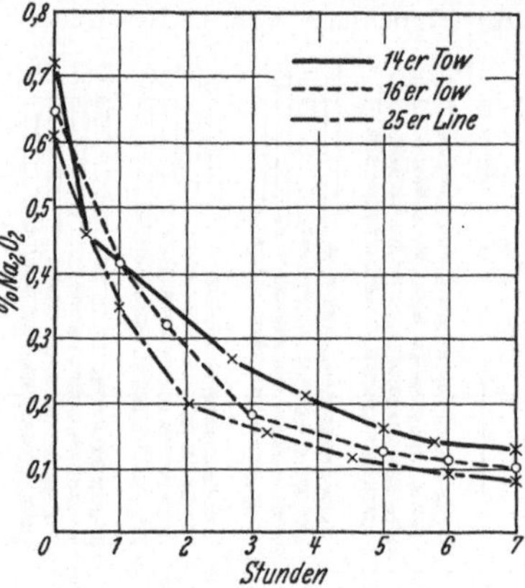

Abb. 72. Rückgang des Sauerstoffbades beim Bleichen (Sauerstoffbad ab $^1/_4$ weiß).

Beispiel für $^1/_4$ vorgebleichtes 20er Werggarn zu $^3/_4$ Weiß, 1100 kg. 1. Na_2O_2 30 kg. 2. Schwefelsäure 30 kg. 3. Wasserglas 33 kg = 27 l. Bleichdauer 6 Stunden bei 75—80° C. Bei Vorbleiche auf $^1/_2$ Weiß sind zu rechnen: Na_2O_2 12 kg, H_2SO_4 9,5 kg, Wasserglas 25 kg = 20 l. Die beiden Kurvenzeichnungen geben Aufschluß über den Sauerstoffverbrauch bei Betriebsbleichen. Wie beim Rückgang von Chlorflotten nimmt der O-Verbrauch mit zunehmendem Reinheitsgrad ab.

Durch Zwischenbehandlung mit reduzierenden Mitteln, namentlich mit Hydrosulfit, oder kombinierte Zwischenbehandlungen mit Chlor-Soda-Hydrosulfit soll die Wirkung der Sauerstoffbäder verbessert werden. Wenn nämlich das Bleichgut in üblicher Weise zunächst einer alkalischen Kochung und hierauf der Sauerstoffbleiche unterworfen wird, so hat zwar diese Peroxydbleiche eine gute Bleichwirkung, durch Weiterbehandlung des Gutes mit frischen Sauerstoffbädern lassen sich aber nur geringe Fortschritte erzielen. Unter jeweiliger Anpassung der Chemikalienmengen usw. an das Bleichgut ist nach DRP. 508386, Scheideanstalt,

---

[1] Vgl. Dtsch. Leinen-Ind. 1931 S. 187.

Dr. H. Baier, z. B. bei folgender Arbeitsweise ein Vollweiß zu erzielen: 1. Sodakochung, 2. Chloren, 3. Peroxydbad, 4. Chloren, 5. Peroxydbad, 6. Natriumhydrosulfitbehandlung, 7. Peroxydbad. — Ein eingeschaltetes Auslaugen mit Hydrosulfit vermag zwar den Ton etwas zu heben, die Mehrkosten erschweren jedoch solche Technik.

Die Chlorbleiche durch ein Arbeiten mit Permanganat zu ergänzen ist wiederholt versucht worden. Abgesehen von den Chemikalienkosten erwachsen hier gewisse technische Schwierigkeiten. So kann das Entweichen von Gasen der schwefligen Säure beim Arbeiten mit angesäuertem Bisulfit zwecks Lösens des Braunsteinniederschlages besondere Maßnahmen für die Entlüftung erfordern; ein restloses Auswaschen der Mangansalze ist notwendig. Zudem steht ein sauer gebleichtes Weiß ohne alkalische Nachbehandlung weniger gut, weil leicht vergilbende Abbauprodukte in der Faser zurückbleiben. Weiter kommt ein stärkerer Verschleiß der Bleichkästen in Frage. Daher fand die bei sachgemäßer Anwendung zwar ein sehr schönes Weiß liefernde Permanganatbleiche keine allgemeine Aufnahme.

Das Bleichen mit Aktivin (vgl. S. 72) soll nach DRP. 423464 den Ersatz der Rasenbleiche ermöglichen und empfehlenswert sein, weil das Toluolsulfochloramid die Faserfestigkeit nicht gefährdet.

Überprüfungen durch E. Baur[1] zeigten jedoch, daß die Bleichwirkung bei 50° C noch zu gering ist, das Arbeiten stellt sich zu teuer.

Rein problematische Bedeutung besitzt das Patent 413338, das ein Bleichen mit Chlordioxyd vorsieht (vgl. S. 112).

Nachdem die ältere Bleichtechnik großen Wert auf ein gutes Vorbleichen legte, hat man jetzt erkannt, daß solche, zu einem größeren Gewichtsverlust und zu einer Faserschwächung führende Vorbehandlung gemildert werden kann. Die Schwierigkeiten, ohne solches Kochen selbst bei den niedrigen Bleichgraden

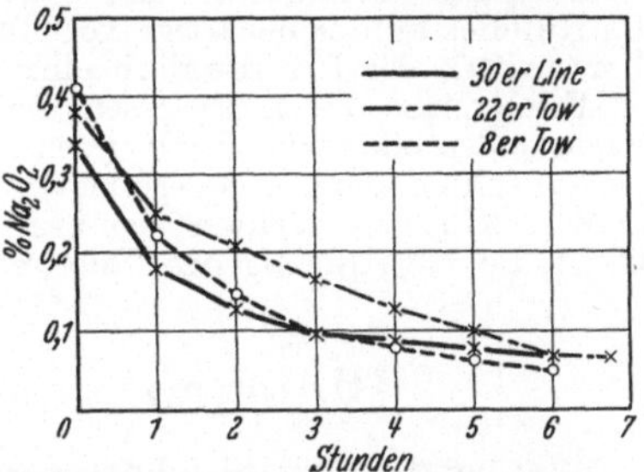

Abb. 73. Rückgang des Sauerstoffbades beim Bleichen (Sauerstoffbad ab ¹/₂ weiß).

strohfreie Garne zu erzielen, wußte H. Korte durch Chloren in starksaurer Lösung zu umgehen, Bastfaserverfahren der I. G., Griesheim, DRP. a. Das Wesentliche des Verfahrens ist ein „Chlorieren" des gegebenenfalls unter Ausnutzung der gebrauchten Sauerstoffbäder vorbehandelten, sonst nur schwach gebrühten Garnes im Bleichapparat. Wie den Ausführungen S. 117 zu entnehmen, gefährdet eine saure Chlorflotte bei einer gewissen Azidität die Textilien weniger als neutrale oder angesäuerte Bäder. Das Arbeiten mit solch ungewohnt sauren Bädern läuft auf ein Chlorieren der Faserfremdstoffe hinaus, Oxydationsvorgänge treten zurück. Die Regelung der Azidität ist Sache der Erfahrung, sie hat sich mit nach der jeweiligen Garnbeschaffenheit zu richten, es bleibt die Gefahrzone zu vermeiden, weshalb eine analytische Überwachung angezeigt ist. Die Wasserstoffionenkonzentration, der p_H-Wert wird als unter 5 liegend gefordert. In der Patentanmeldung wird als Beispiel die Zugabe von 8—15 g konzentrierter Salzsäure je Liter genannt. Das Arbeiten mit solch sauren Flotten bedingt wider Erwarten nur geringe Abänderungen der bisherigen Apparatur, so läßt sich nötigenfalls leicht das Entweichen von Chlorgasen in den Arbeitsraum durch Abdecken des Bleichkastens und Anordnen eines Ventilators erreichen. Von Belang ist die Verwendung von Metallteilen, die sich gegen die verschiedenen Lösungen indifferent verhalten, insbesondere keine Katalyse auslösen. An sich setzt die ungewohnte Technik, mit derart sauren Flotten zu arbeiten, genügende Sachkenntnis voraus. Das Chlorieren beeinflußt vor allem die holzigen Strohteile, die Scheben, d. h. es hat dem Chlorieren eine Nachbehandlung zu folgen, um die

---

[1] Baur: Bleichversuche mit Chlor- und Aktivinlaugen. Dtsch. Leinen-Ind. 1930 S. 258.

Faserverunreinigungen auszulaugen. Für höhere Bleichgrade ist mit Chlorlaugen üblicher Reaktion nachzubleichen, vorwiegend mit Peroxydflotten nachzubehandeln, für Hochweiß kommt ein Ausbringen auf den Plan in Betracht. Die Sauerstoffbäder sind zum Einweichen, Vorquellen, Brühen einer neuen Partie auszunutzen.

Die Bleichgarne zeigen bei sachgemäßer Durchführung des Korteverfahrens[1] sehr günstige Gewichts- und Festigkeitsverhältnisse. So ergaben sich für $^3/_4$ weiße Partien als Gewichtsabnahmen: 16er Werg 12,2%, 20er Werg 8,6%, bei $^4/_4$ weiß kamen zur Beobachtung: 30er Flachs 12,5%, 40er Flachs 8,1%. Der Festigkeitsrückgang pflegt ebenfalls günstiger zu sein als gewohnt. Kontrollen ließen zum Teil kaum Abnahmen errechnen, doch hängen die Werte stark von den jeweiligen Garnarten ab. Die analytische Prüfung des Bleichgutes, die Lagerbeständigkeit des Weißgrades, die Verarbeitung der durch kernigen Griff ausgezeichneten, bei dem geringeren Hantieren weniger aufrauhenden Garne war gut. W. Weiss hob hervor, daß das gute Ausbleichen des Strohes bei den niedrigen Bleichgraden von Garnen für Stuhlware auffiel, während bei Geweben aus Gespinsten, die nach dem früher üblichen Chloren mit Sauerstoff fertig gemacht wurden, insbesondere nach dem Mangeln die unvollkommen ausgebleichten Strohteile dunkel, schmutzig erscheinen und erst nach zwei Chlorbädern auf eine bessere Entfernung zu rechnen ist. Im Hinblick auf die neuartige Technik des Chlorens empfiehlt sich, die besonderen Vorschriften der I. G. Farben einzuholen und zu beachten.

Erfolgreiche Versuche lassen erwarten, daß die Apparatbleiche von großen Kreuzspulen oder von Kettbäumen zu einer gewissen Umwälzung in der Leinenbleiche führen kann, wenn die Metallfrage auch ökonomisch besser gelöst ist, denn in dieser Hinsicht erschwert der Preis von Spezialstahl die Einführung. Weiterhin bleibt die Übertragung des Chlorierens auf die Leinenstückbleiche zu erwägen.

Bleichen von Leinengeweben.

Wie bei der Garnbleiche unterscheidet die Praxis verschiedene Bleichgrade, Klären, so daß sich die, der jeweiligen Gewebeart anzupassenden Vorschriften nach dem gewünschten Weiß richten, schweres Leinen kann nicht wie leichter Batist behandelt werden. Meist besteht die Ware aus schon vorgekochtem oder vorgebleichtem Garn und ist nur noch schwach nachzubleichen. Man wendet noch gern die gemischte Bleiche an, d. h. man chlort das vorgebeuchte Leinen unter ergänzendem Ausbringen auf den Plan. Reine Rasenbleiche beansprucht zu lange Zeit. Wie bei der Garnbleiche gehen die Bestrebungen dahin, die Planbleiche aufzugeben, um durch bessere Kochungen und unter Verwendung von Sauerstoffmitteln unabhängig von der Witterung zu werden. Die Winterbleiche fiel zudem schlechter aus, jedenfalls war ein Vermehren der Arbeiten erforderlich.

In welchem Umfange ehedem die Arbeitsweise in den einzelnen Monaten zu verändern war, zeigen die von Tailfer mitgeteilten Erfahrungen, die eine irische Bleiche im Laufe von 6 Jahren gemacht hatte (siehe folgende Tabelle).

Nachstehende Vorschrift erläutert den heute zum Teil noch gebräuchlichen Bleichgang für graugarniges Leinen. — Der aus möglichst gleichartigen Stücken zusammengestellte Bleichposten, als langes Band in einer Kalkanstalt mit angewärmter Kalkmilch — etwa 5% Kalk — getränkt, wird gleichmäßig in den Kessel eingelegt, um mit etwa weiteren

---

	Durchschnitt-liche Anzahl der erforder-lichen Laugen-kochungen	Durchschnitt-liche Gesamt-dauer des Verfahrens in Tagen		Durchschnitt-liche Anzahl der erforder-lichen Laugen-kochungen	Durchschnitt-liche Gesamt-dauer des Verfahrens in Tagen
Januar . .	8,6	62	Juli	7,1	41
Februar . .	8,3	58	August . .	7,2	41
März . . .	7,7	53	September .	7,9	46
April . . .	7,4	49	Oktober . .	8,5	49
Mai	7,3	46	November .	9,2	56
Juni. . . .	7,3	43	Dezember .	11,3	61

3% Kalk bei schwachem Überdruck 5—6 Stunden gekocht zu werden. Über die Vor- und Nachteile solchen Kochens gehen die Ansichten auseinander, ebenso über die Verwendbarkeit von Natronlaugen. Kalkkochung gibt nach Anschauungen der Praktiker ein klareres Weiß? Natronlauge bewirkt leicht einen unerwünscht großen Gewichtsrückgang und ein Weichwerden der Ware. Die nach dem Kochen auf der Waschmaschine gut gewaschene Ware kommt mehrere Stunden in ein verdünntes Salzsäurebad von 1,5° Bé, worauf wieder ein Waschen auf der Maschine folgt, zur sicheren Entfernung von freier Säure aus dichtem Leinen wird nötigenfalls durch schwache Sodalösung genommen. Es folgen erneute Kochungen zu je 6 Stunden bei etwa 0,5 at in ätznatronhaltiger Sodalauge, mit 3—5% Soda und 0,5—1% Natronhydroxyd vom Gewicht der Ware, oder in entsprechend kaustifizierter Sodalauge. Die somit gut vorgereinigte Ware erhält das erste Chlorbad, für das der Bleicher ehemals eine mit Soda zum größten Teil umgesetzte Chlorkalklösung mit 2—3 g/l Aktivchlor verwendete, an deren Stelle heute käufliche Natronbleichlauge tritt. Da sich schwere und breite Ware nur schlecht gleichmäßig in das Chlorbassin ablegen läßt und deshalb leicht fleckig ausfällt, führt man sie über Haspeln breit in die Flotte ein, die Ware dabei mit Stöcken unterstoßend, oder haspelt das Gewebe noch besser mehrmals von einem Chlorbassin zum andern unter zeitweisem Einlegen um. Die Stärke der Chlorlaugen soll durch Nachsetzen von Stammlösung auf einer gewissen Konzentration bleiben. Weniger schwere und schon vorgebleichte Stoffe lassen sich in die Bleichkufen ablegen, und unter Verwendung von Zirkulationspumpen mit zeitweiligem Ablassen des Bades in ein tiefer liegendes Bassin ohne solche Schwierigkeiten durchbleichen. Nach Auswaschen des etwa 6 Stunden gechlorten Gutes ist mit Schwefelsäure abzusäuern. Eine Mitverwendung von Bisulfit als Antichlor empfiehlt sich.

Eine Eigentümlichkeit der älteren Verfahren war, die nächste Alkalibehandlung auf dem Seifhobel auszuführen. Der mit 1—2% Schmierseife getränkte Warenstrang wurde auf der Hobelanstalt mittels wellenförmig gerippter Bretterflächen gleich der Wäsche auf einem Waschbrett mechanisch bearbeitet. Solches Reiben sollte helfen, Scheben und Schmutzflecke zu lockern und zu entfernen. Eine derartige Behandlung kann jedoch gemusterte Ware ungünstig beeinflussen, die Leistung ist nicht groß, so daß die Technik durch besseres Kochen die Hobelanstalt entbehrlich zu machen suchte. An sich ist ein Seifen zweifellos von Wert, der Bleicher wußte daher die Seifen noch besser auszunutzen, indem er die Ware nach dem Hobeln ohne auszuwaschen einige Stunden im Kessel beuchte, weitere 1—2% Soda und etwas Seife zufügend.

Das Ausbringen auf den Plan erfolgte im Anschluß an ein vorangegangenes Beuchen, denn die Bleichwirkung ist bei einem restlichen Gehalt der Fasern an Alkali eine bessere. Zum Auslegen bzw. zum Aufhängen auf die Pfähle war die bisher im Strang behandelte Ware wieder in die einzelnen Stücke zu trennen. Nach dem Plan kommen die Stücke in das zweite Chlorbad mit 0,3—1 g/l Chlor. Die Einzelheiten des Chlorens, so die Bleichdauer, haben sich nach dem Reinheitsgrade des Gutes zu richten. Zum Auswaschen der ausgewässerten Stoffe war früher die Waschwalke bevorzugt. Die Walke, der irische Hammer, wird jedoch mehr und mehr durch Strangwaschmaschinen ersetzt. Wie der Name besagt, bedeutet das Walken gleichzeitig eine mechanische Bearbeitung des Gewebes, sie führt zu einem gleichmäßigeren Fadenschluß, eine für manche Stoffe erwünschte Verbesserung. Das Walken bringt jedoch zuviel Arbeit mit sich, denn die einzelnen zu behandelnden Stücke müssen nach einer gewissen Zeit umgepackt und in neue Falten gelegt werden, auch kann es bei Ungeschicklichkeit der Arbeiter zu mechanischen Schädigungen des Gewebes kommen. Da bei feinen Geweben wieder zu befürchten ist, daß sie beim Laufen auf der Strangwaschmaschine verzogen werden, so nimmt man feine Batiste u. dgl. auf kleine Haspelkufen und verwandte früher auch Seifstampfen.

Nach Bedarf ist die eine und andere Behandlung zu wiederholen, um den verlangten Weißegrad zu erreichen. Die zum Schluß antichlorierte Ware ist zum Bläuen und Appretieren fertig. Ein solcher Arbeitsgang für Vollbleiche mochte im Sommer immerhin einige Wochen, im Winter bis zu 8 Wochen dauern.

Im Hinblick auf gemachte Erfahrungen schwankten die Einzelheiten der Vorschriften in den Betrieben. Während in dem Beispiel ein sofortiges Abkochen der Bleichpost vorgesehen war, hielten andere Bleichen es für richtiger, die Gewebe erst einzuweichen, zu entschlichten. Von einem gleichmäßigen Einschichten der Ware in den Kessel hängt es mit ab, ob die Stücke nicht bei den ersten Kochungen Beuchflecke erhalten. Um etwaige Flecke auszugleichen, wurden die Waren auch verschiedenartig eingepackt, einmal aufrecht stehend und das andere Mal die Bündel waagerecht gelegt, was ein Arbeiten im Strang allerdings zunächst ausschließt. Man nähte die Stücke erst später zusammen oder band sie nur mit Schlaufen aneinander. Von der ursprünglichen Art des Beuchens: Übergießen oder Überpumpen der in einem Kessel oder Bottich eingelegten oder „köpflings" aufrecht eingesetzten und dann festgetretenen Ware mit der in einem besonderen Kessel angewärmten Lauge, hat die heutige Technik gebrochen. Die modernen Zirkulationskessel gewährleisten ein gleichmäßigeres Durchkochen; bei den ehemaligen Beuchkesseln mit Injektor mangelte es an dem nötigen Flottenumlauf, weshalb die Kochungen öfters zu wiederholen waren.

Als weitere Ausführungsbeispiele dienen noch die nachstehenden Angaben: Damaste aus vorgekochtem Garn, die zunächst gesengt wurden.

1. Kalkkochung 6° Bé, 5 Stunden, schwacher Überdruck, waschen, säuern auf Maschinen, abquetschen.

2. Sodakochung mit 6% Soda zu $^1/_3$ kaustifiziert, 5 Stunden, 2 at, waschen.

3. Sodakochung mit 2,5% Soda zu $^1/_3$ kaustifiziert, waschen.

4. Chloren auf dem Haspel mit 3 g/l Cl anfangend, 3 Stunden, waschen, säuern mit Zugabe von Bisulfit, waschen.

5. Seifen mit Schmierseifenlauge oder Natronlauge und Seife auf Maschine.

6. Beuchen mit 3% Soda, 6 Stunden, waschen.

7. Rasenbleiche.

8. Chloren im Bassin mit 0,5 g Cl, waschen, säuern, waschen.

9. Seifen auf Maschine.

10. Beuchen mit 2,5% Soda + Seife.

11. Rasenbleiche.

12. Chloren im Bassin mit 0,4 g Cl waschen, säuern, waschen.

13. Seifen.

14. Bläuen.

Batiste. Vorweichen in warmem Wasser und spülen auf der Haspelkufe.

1. Kochung mit $^1/_4$ kaustifizierter Sodalauge zu 1,5° Bé, waschen, absäuern und auf der Seifenstampfe warm durcharbeiten.

2. Kochung wiederholen und nach Bedarf erneut auf Seifenstampfe.

3. Kochung wiederholen.

4. Bleichen mit Permanganat $^1/_{1000}$ und mit Bisulfit nachbehandeln.

5. Seifenstampfen.

6. Kochung mit Soda 1,5° Bé.

7. Chloren mit 1 g Cl, waschen, absäuern mit Bisulfit.

8. Bleichen mit Permanganat bei Bedarf wiederholt.

9. Seifen.

10. Kochung mit Soda 1° Bé ⎫
11. Chloren mit 0,75 g Cl ⎬ bei Bedarf wiederholt.
12. Seifen ⎭

13. Rasenbleiche.

14. Chloren mit 0,75 g Cl, waschen, absäuern mit Bisulfit.

Klären von Ware aus vorgebleichtem Garn.

$^3/_4$ Bleiche aus $^1/_2$ vorgebleichtem Garn. Die gegebenenfalls gesengte Ware erhält zunächst eine Kalkkochung (?), sie wird dann abgesäuert (HCl) und nach dem Waschen erneut mit Soda gebeucht. Nun gibt man eine Sauerstoffbleiche und chlort vielleicht schwach nach. Für ein Hochweiß bleibt ein einmaliges Ausbringen auf den Plan empfehlenswert, um das typische Aussehen der $^4/_4$ Rasenbleiche zu erzielen.

Bleichen von Halbleinen. Die Vorschriften haben sich der jeweiligen Beschaffenheit der Ware anzupassen. Die mit $^1/_2$ weiß vorgebleichtem Leinenschuß gearbeiteten Gewebe werden nach vorangegangenem Sengen meist mit Kalk vorgekocht, nach dem Absäuern mit HCl dann mit Soda gebeucht und nun gechlort, gegebenenfalls unter Umhaspeln der Stücke. Die gesäuerte, entchlorte und mit Soda erneut gebeuchte Ware kommt auf den Plan. Ein weiteres schwaches Chloren beschließt die Arbeit, wenn man nicht vorzieht, das Weiß mit einem Sauerstoffbad zu vervollkommnen.

Soll Leinenware mit Streifen von Kunstseide nachgebleicht werden, so kann hier die Sauerstoffbleiche bei möglichst niedrig gehaltener Alkalität vorteilhafte Verwendung finden.

Die gebläuten, gleichzeitig meist zu appretierenden Gewebe werden in der Hänge oder auf Trockenmaschinen — nicht auf Zylindertrockenmaschinen — getrocknet, nachdem sie gegebenenfalls auf Egalisiermaschinen ausgebreitet waren.

Bleichen von Jute.

Die Jutefaser ist stark verholzt und zwar inkrustiert das Lignin die Zellulose ohne mit ihr in chemischer Bindung vorzuliegen[1]. Der Ge-

---

[1] Über die Eigenschaften der Jute geben Aufschluß: Pfuhl, E.: Die Jute und ihre Verarbeitung. — Schwalbe, C. G.: Die Chemie der Zellulose. — Als neuere

halt an Reinzellulose macht etwa 70—75% des Lufttrockengewichtes aus. An Lignin fanden A. Lehne und W. Schepmann etwa 19%, weiter etwa 1% Fett, 0,7% Asche und etwa 4% wasserlösliche Stoffe. Der Ligningehalt — mit Phlorogluzin bestimmt — und damit der Aschengehalt schwankt nach den Untersuchungen von H. Sommer bei den einzelnen Sorten und in den Teilen der Riste, er nimmt vom Wurzelende nach dem Kopfende ab. Die Verunreinigungen werden bei verarbeiteter Jute durch die zum Batschen verwendeten Lösungen beeinflußt, so kann der Gehalt an Fettstoffen ein erheblich höherer geworden sein.

Jute hat als eine weniger edle Faser wie Baumwolle zu gelten, da sie unter dem Einflusse von Luft und Feuchtigkeit namentlich bei feuchtem Lagern zufolge einer Art von Gärung schneller verrottet und gegen Laugen sowie Säuren empfindlicher ist. Das Bleichen müßte deshalb mit einer gewissen Vorsicht erfolgen, wenn schon häufig weniger Rücksicht auf die Faserbeeinflussung und die spätere Verwendung genommen wird. Bei einem Kochen unter Druck zeigt die Faser nach den einen Angaben ein dem Flachs und Hanf ähnliches Verhalten, nach anderen Mitteilungen tritt schon bei 120—130° eine völlige Zerstörung ein. Kalte konzentrierte Alkalilaugen färben die Jute rotbraun und wirken merzerisierend, einschrumpfend; eine längere oder heißere Einwirkung ist zu vermeiden. Verdünnte Lösungen sind kalt als Abziehmittel geeignet, kochende Laugen, vor allem kaustische Lösungen greifen stark an. Nach 5 Minuten langem Kochen in 4%iger Natronlauge betrug der Gewichtsverlust 8%, nach 1 Stunde schon 15%. Eine Lauge von 6,5% löst nach 5 Minuten Kochen bereits 11% (Cross und Bevan). Zum Ausziehen der alkalilöslichen Verunreinigungen sind daher scharf alkalische Flotten zu vermeiden. Der Technik wurden die verschiedensten Mittel vorgeschlagen, doch legt die Kostenfrage eine Zurückhaltung auf. Wenn Seife, Türkischrotöl oder Wasserglas als bestgeeignet genannt wurden, während Kalkwasser die Faser brüchig, Ammoniak sie hart machen soll (?), so behandelt man üblicherweise die Jute mit nicht zu starken und zu heißen Sodalaugen. Bei etwaigen Vergleichen wäre die ungleiche Alkalität der Waschmittel nicht außer acht zu lassen, es ist daran zu denken, daß z. B. Wasserglaslauge nur einen Bruchteil der Alkalität gegenüber der gleichen Gewichtsmenge Soda besitzt — 1:8. Da die Säuren schlecht auswaschbar sind, zeitigen etwaige Säurereste beim Lagern ein Morschwerden der Fasern.

Wie die verschiedensten Alkalilösungen wurden alle bekannten Bleichmittel für das Veredeln der Jute vorgeschlagen. Praktisch kommen nur Chlorlauge und in zweiter Linie Permanganat in Betracht, zum Aufhellen Blankit. Beim Chloren bilden sich aus dem Lignin unter erheblichem Chlorverbrauch lösliche Produkte, und zwar eignet sich hierfür Chlornatronlauge besser als Chlorkalk. Da saures Chloren die Faser mehr gefährdet, so sind alkalische Flotten, von denen Natronbleichlauge dem Chlorkalk vorzuziehen wäre, gebräuchlicher. Die Faser behält leicht aktives Chlor zurück, es empfiehlt sich ein Nachbehandeln mit Antichlormitteln. Einmaliges Chloren liefert kein reines Weiß, denn man darf die Konzentration nicht allzu hoch steigern, somit ist der Rundgang zu wiederholen. Dient zum Nachbleichen Permanganat, so schließt dies schon ein Chloren ein.

Ein Vollweiß läßt sich nur auf guter Faser erzielen. Jute wird jedoch selten hochweiß gebleicht, meist handelt es sich nur um ein Vorbleichen auf $^1/_2$ Weiß, ein helles Strohgelb für klare Färbungen, nur für zarte Töne kommt eine noch hellere Cremefarbe in Betracht.

Untersuchungen sind zu nennen: Lehne, A., u. W. Schepmann: Über die Zellulose der Jute. Ztschr. f. angew. Ch. 1925 S. 93. — Sommer, H.: Über einige physikalische Eigenschaften der Jute. Leipzig. Mschr. Textil-Ind. 1925 S. 412. — K. H. Hirrich gibt in einer großen Arbeit über das Verhalten der Jute beim Spinnprozeß unter anderem eine Zusammenstellung der Literatur. Textilber. 1928.

Ein Reinweiß wird nur in Ausnahmefällen verlangt, in den Jahren der Rohstoffknappheit sollte Jute mitunter als Ersatz für Flachs und Hanf dienen. Eine Vollbleiche erscheint zudem nicht als empfehlenswert, weil das Entfernen aller die Elementarfasern verkittenden Inkrustierungen zu einem Isolieren der kurzen Fasern von 0,8—4 mm Länge im Mittel 2 mm — führt und zu befürchten wäre, daß mangels ausreichenden Dralles die Festigkeit zu sehr beeinträchtigt ist. In trockenem Zustande haften die Zellen zwar genügend aneinander, angefeuchtet quellen sie jedoch auf, und es fehlt dann wie bei Papier die Verflechtung. Andererseits neigt nicht durchgebleichte Jute leicht zum Vergilben. Da derartige Stoffe jedoch seltener gewaschen werden, dieselben mehr für Dekorationszwecke u. dgl. dienen, hat das Auflösen der Kittsubstanzen nicht immer die befürchtete Wirkung.

Wenn das Bleichen der Jute im wesentlichen nur bezweckt, die Faser zu reinigen und aufzuhellen, begnügt man sich damit, die in warmem Wasser oder unter Verwendung von Hilfsmitteln genetzte Jute auf der Kufe oder dem Jigger zu chloren. Für den Erfolg des Einweichens mag es von Belang sein, wie die Jute in der Spinnerei mit Tran oder Mineralöl gebatscht wurde. Es macht sich bei stärker mit Mineralöl eingefetteter Faser die Mitverwendung von Netzmitteln, von Seife oder von Fettlöserseifen erforderlich, während sonst Soda ausreicht. Der Praktiker wärmt die Chlorflotte zur Beschleunigung des Bleichens gern auf 30—40° an, was jedoch ein gutes Umziehen des Garnes oder ein Arbeiten auf dem Reel der Leinengarnbleiche voraussetzt. Durch abwechselndes Brühen und Chloren läßt sich ein besseres Weiß erzielen.

A. Busch[1] prüfte seinerzeit eine Reihe von Bleichvorschriften, um die Wirkung der zum Abkochen besonders empfohlenen Mittel wie Borax, Wasserglas u. dgl. sowie der Chlor- und Permanganatbleichlaugen zu erkennen. Er bezeichnete als günstigstes Verfahren folgende Vorschrift:

1. Einweichen der Jute über Nacht in lauwarmem Wasser, Spülen, um die Fasern zum Quellen zu bringen und die wasserlöslichen Verunreinigungen auszulaugen.

2. Abkochen $^1/_2$ Stunde mit 5 g Soda im Kessel.

3. 10stündiges Einlegen in Chlorkalklösung 0,5° Bé, auswringen.

4. Absäuern in Salzsäure 0,5° Bé, $^1/_2$—1 Stunde lang, gut auswaschen.

5. 1stündiges Einlegen in Kaliumpermanganat, 2,5/1000 und spülen, um das Weiß zu verbessern.

6. Einlegen in Natriumbisulfitlösungen 80 cm³ 38° Bé/1000 für $^1/_2$ Stunde, waschen.

7. Bläuen und Seifen. Eine Aufschlämmung von Ultramarin befriedigte besser wie Methylenblau, Methylviolett, Wasserblau. Damit Jutegarn einen weichen Griff und glänzendes Aussehen erhält, ist zum Schluß mit 5 g Seife (+ Bläue) warm nachzubehandeln.

Dieses Weiß sollte wenig gelbstichig sein und gute Lagerbarkeit besitzen. Der Gewichtsverlust wurde bis 15% genannt, die Festigkeit hatte unbeträchtlich gelitten.

Vielfach wird es genügen, die warmgenetzte Jute sofort auf der Kufe unter Umziehen in einer schwach angewärmten Flotte mit 4—6 g/l Cl zu chloren, darauf zu säuern und auf Permanganat zu stellen. Das Permanganatbad mit 2—3 g/l ist mit Ergänzung des Oxydations-

---

[1] Busch, Mitteilungen des K. K. Technologischen Gewerbemuseums 1900.

mittels fortlaufend zu benutzen. Die gespülten Garne sind längere Zeit, über Nacht, in angesäuertes Bisulfit zu legen, wobei es wegen der Entwicklung von schwefliger Säure empfehlenswert sein dürfte, das Sulfitbad in einem gut lüftbaren Raum unterzubringen. Für Vollbleiche ist mit einem Gewichtsverlust von 8—12% zu rechnen. Als neuere Arbeitsweise kann folgende Vorschrift gelten: 1. Netzen mit 0,5% Nekal BX bei etwa 40° C und spülen. 2. Chloren mit 6 g/l Cl, bei 20—30 facher Flotte unter Zusatz von 4—6 g/l Soda bei 30 bis 35° C während 4—6 Stunden. Die gespülte Ware wird im Bedarfsfalle ein zweites Mal auf halb so starkem Bade über Nacht gechlort und zweckmäßig mit Antichlor nachbehandelt. Für Reißjute wird eine Mitverwendung an Schmierseife zwecks besseren Vorreinigens empfohlen.

Das bei heißem Trocknen leicht eintretende Vergilben von einer für Druck bestimmten Ware soll durch Passieren eines Bisulfitbades zu verhüten sein, angeblich schützt das Sulfit die Faser auch vor der oxydierenden Wirkung des Dampfes (?). Wegen der späteren Bildung von H_2SO_4 ist jedoch eine derartige Arbeitsweise nicht unbedenklich, falls die Gewebe nicht zum Schluß vor dem Kalandern und Mangeln mit einer seifenhaltigen Appreturmasse getränkt sind.

Beim Bleichen von Jute spricht die Kostenfrage stark mit. Wenn Permanganat in dieser Hinsicht schon kaum mitkommt, so sind Vorschläge[1], Peroxyd zu verwenden, noch weniger durchführbar, nur für das Nachbleichen kann Sauerstoff in Betracht zu ziehen bleiben.

Die I. G. Farbenindustrie AG. empfiehlt Jute mit Blankit I (Hydrosulfit) aufzuhellen. Das in Wasser vorgeweichte Material soll mit einer Lösung von 1,5 kg Blankit + 2 kg Soda in 1000 l längere Zeit erwärmt und hierauf abgesäuert werden. J. Berlinerblau, Warschau, hat neuerdings, DRP. 513374, zum Aufhellen der Jute empfohlen, die mit Säure, etwa mit 2—3%iger Salzsäure getränkten Fasern lose auf Rahmen gelegt in einem Schweflungsturm mit gasförmigem Schwefeldioxyd zu behandeln. Ein Paternosterwerk bewegt das Bleichgut kontinuierlich auf und ab. Die Jute soll keine Änderung erleiden. Es dürfte fraglich sein, ob nicht bei fehlendem Auslaugen der Bleichgrad später zurückgeht. Jedenfalls darf keine Säure zurückbleiben.

Die Reißfestigkeit der Jute leidet bei Vollbleiche leicht in erheblichem Umfange, so daß Abnahmen von 20—40% schon bei einer Halbbleiche vorkommen.

Als Patente fraglichen Wertes wären zu nennen: DRP. 104504, Bleichen mit gasförmigem Chlor, DRP. 106517, Bleichen mit verdünnter Phosphorsäure. DRP. 184736 ließ Jutefasern zunächst mit 2—4% Pottasche unter Druck kochen und dann mit einer Emulsion von Palmfett oder Kokosöl mit etwas Alkohol und Wasser aufschließen.

In gewissem Zusammenhang mit dem Bleichen stehen jene Verfahren, welche die Jute und ihre Abfälle durch teilweise Merzerisation „verwollen". Gebr. Schmidt, Basel, DRP. 226969, gaben hierfür folgende Vorschrift: Jute wird mit Hypochloritlösung von etwa 5° Bé 10 Minuten bis 4 Stunden behandelt, dann abgequetscht, etwa 5 Minuten in kaustische Lauge von 36° Bé gelegt, wiederum ausgedrückt und etwa 5 Minuten in einem Seifenschaumbad nachbehandelt. Die

---

[1] Beltzer: Über das Bleichen von Textilwaren aus Jute und Lignozellulose. Leipzig. Färber-Ztg. 1911 S. 307.

Behandlung mit Hypochlorit kann auch derjenigen mit kaustischer Lauge folgen. Ein ähnliches Merzerisieren mit folgendem Ölen war schon im DRP. 113637, Knab, Münchberg, beschrieben. L. de Wolf, Wante, nimmt 20 Minuten auf ein Gemisch von Natrium-Kalilauge 36° Bé und unterchlorigsaurem Natron und seift unter Zusatz von Glyzerin. DRP. 271731. Zusatzpatente 274644/5 sehen eine Nachbehandlung mit Seifen oder seifenähnlichen Produkten vor, denen noch Oxydationsmittel zugegeben werden, wie Natriumhypochlorit. A. Seidel und J. Geisberger kochten Flachs und Juteabfälle zum Kräuseln und Wolligmachen mit einer Lauge, die aus 90 l Wasser und 10 l Urin besteht, mit 10 kg Seife und 5 kg Türkischrotöl, DRP. 273881. (Die Verfahren haben zumeist recht fragliche Bedeutung.) „Zellulosefasern" weiß L. de Wolf, Lebbeke, nach DRP. 502265 mit Alkali + Phenol + Oxydationsmittel zu entfasern, abzukochen, zu merzerisieren und zu bleichen oder wolligzumachen.

Ähnlich der Jute lassen sich die sehr stark verholzten Kokosfasern bleichen, doch beschränkt man sich bei der Veredelung zumeist auf ein schwaches Brühen mit Sodalauge oder ein Aufhellen mit Bisulfit; die für lebhaftere Färbungen nötige Reinheit währe mit Chlorlauge und Permanganat zu erreichen. Nach Vorschrift der I. G. Farbenindustrie AG. ist mit saurem Hydrosulfit zu arbeiten, das Gut für 12 Stunden in eine Lösung von $2^1/_4$ Teilen Dekrolin und 4 Teilen Salzsäure auf 1000 l Wasser einzulegen. Eine lehrreiche Zusammenstellung der mannigfachen Rohstoffe und der Verarbeitung zu Geflechten usw. brachte Dr. A. Gebhardt[1].

Bleichen von Hanf.

Die in ihrem Verhalten dem Flachs ähnliche, schwach verholzte Hanffaser[2] verliert beim Auskochen mit Wasser 6—8% an Gewicht, bei völliger Bleiche ist mit einem Gewichtsrückgang bis zu 20% zu rechnen. Der Abkochverlust hängt von der Konzentration der Laugen und der Einwirkungsdauer ab (vgl. S. 242). Das Bleichen wird den für Flachs üblichen Arbeitsweisen angepaßt, man brüht unter gewisser Abschwächung der Konzentrationen mit Alkalilösungen ab und chlort schwach, die Arbeiten wiederholend, wenn das Weiß noch nicht genügt. Zum Beuchen diente früher öfter Wasserglas, ein Kochen mit Soda ohne Druck ist angebrachter. v. Kapff und K. Stirm empfahlen auf Grund ihrer Versuche folgende allgemeine Vorschrift, deren Einzelheiten von der Garnqualität abhängig zu machen sind: Beuchen mit Soda ohne Druck, nach dem Spülen säuern und das ausgewaschene Gut mit kalkfreier Lauge chloren. Die wieder gewaschene, gesäuerte und gespülte Faser ist cremefarbig, für Vollbleiche sind die Behandlungen mit schwächeren Flotten zu wiederholen. Zum Schluß kann man seifen und bläuen. Als sehr brauchbar hat sich das Korte-Bastfaser-Verfahren, das Bleichen mit mineralsauren Chlorflotten erwiesen. Durch „Chlorieren" und nachfolgendes Auslaugen und Nachbleichen gelingt es in wenigen Arbeitsgängen ein Vollweiß ohne die sonst zu beobachtenden Gewichts- und Festigkeitseinbußen zu erreichen (vgl. S. 257).

Betreffs Festigkeitsänderungen können sich große Unterschiede herausstellen, je nachdem es sich um trockenes oder naß gesponnenes Garn handelt. Die Festigkeit der ersteren pflegt beim Beuchen mehr zuzunehmen, da es zu einer besseren Verflechtung und Verklebung der Einzelfasern kommt, welche das Naßgespinst von vornherein aufweist.

Zum Aufhellen von Hanf (ebenso von anderen Bastfasern) empfiehlt die I. G. Farbenindustrie AG. das Blankit I-Verfahren. Auf 1000 l Wasser

---

[1] Gebhardt: Neuzeitliche Verfahren der Geflechtsveredlung. Dtsch. Färberkalender 1931.

[2] Schwalbe u. Becker: Die chemische Zusammensetzung der Flachs- und Hanfscheben. Ztschr. f. angew. Ch. 1929 S. 127. — Rassow u. Zschendelen: Über die Natur des Holzes des Hanfes. Ztschr. f. angew. Ch. 1921 S. 204.

kommen 2 kg Soda und 1 kg Blankit. Man behandelt 1 Stunde bei Kochtemperatur, spült, säuert mit Schwefelsäure leicht ab und spült gut aus. Zum Bläuen wird Säureviolett 4 B für neutrale Weißtöne, Säureviolett 4 RN für rötere Töne empfohlen. Es wird eine Halbbleiche erzielt, doch spricht die Herkunft der Fasern mit, grüne Hanfsorten lassen sich z. B. weniger leicht bleichen. Für Vollbleiche wäre vorzuchloren und mit Blankit-Soda heiß nachzubehandeln, wobei Blankit gleichzeitig als Antichlor wirkt. In den Bindfädenfabriken werden die Garne zwecks Aufhellens der Oberfläche durch ein heißes, stärkeres Blankitbad, das der Poliermaschine vorgeschaltet ist, genommen.

Bleichen von Ramie.

Um den Ramiebast auf technische Spinnfasern zu verarbeiten, wurden zahlreiche Aufschließungsverfahren, die zum Teil ein gleichzeitiges Bleichen bedeuten, in Vorschlag gebracht. Es kommt neben alkalischen Kochungen ein dem Flachsrösten ähnelnder Gärungsprozeß in Betracht. Da die Pektinstoffe und andere Nichtzellulosesubstanzen verhältnismäßig leicht angreifbar sind, so wurde früher vielfach versucht, ihre Entfernung durch Kochen mit einer Emulsion von Öl und Lauge zu erreichen, also die Fremdstoffe mittels Seifenlauge zu lösen. In Anlehnung an die Flachsbleiche gelangen zum Beuchen der Ramiegespinste Sodalauge mit Seifenzusatz oder schwache Natronlaugeflotten zur Anwendung, deren Wirksamkeit die Zugabe von Fettlösungsmitteln steigern soll. Die gewaschenen, noch gelblichen Fasern sind durch Chloren mit etwa 2 g/l Cl mehrere Stunden zu bleichen, durch Nachbehandeln mit Sauerstoffflotten wird versucht, ein Hochweiß zu erzielen. Von Einfluß ist die Aufbereitungsart der Ramie, so daß mehrere Rundgänge in Betracht kommen.

Bleichen von Papiergespinst.

Die Bleichbarkeit der Papiergarne hängt mit von der Art des Rohstoffes ab. Garne aus Natronzellulose sind schwieriger als jene aus Sulfitzellulose zu bleichen. Papiergarne und Gewebe, ebenso Mischgarne mit einem gewissen Gehalt an Pflanzenfasern werden in ähnlicher Weise wie Baumwolle behandelt, die relativ geringe Festigkeit von Papiergespinst in feuchtem Zustande bedingt entsprechende Vorsicht. Die Anforderungen an den Bleichgrad sind geringer. Meist handelt es sich nur um ein Vorbleichen für helle Färbungen, für reineres Weiß wären die Bleicharbeiten zu verschärfen oder besser zu wiederholen, zum Schluß folgt meist ein starkes Blauen. Von Versuchen, nach einem ersten Chloren einen höheren Reinheitsgrad mit Permanganat oder mit Hydrosulfit zu erzielen, wird in Anbetracht der Chemikalienkosten im allgemeinen abzusehen sein.

Die Garne und Gewebe kommen zum völligen Durchnetzen längere Zeit, über Nacht, in warmes Wasser. Nur vorzubleichende Garne behandelt man hierauf in einem kalten Chlorbade von 2—3 g/l Cl auf der Kufe, zieht zunächst einige Male um und legt dann für einige Stunden ein. Nach kaltem Ausspülen wird $^1/_2$ bis 1 Stunde mit Salzsäure von 0,2—0,5° Bé abgesäuert und gut ausgewaschen. Besser und zur Erzielung eines reinen Weiß vorzuziehen wäre ein heißes Vorbrühen mit 3—5 g Soda oder mit 3—5 cm³/l konzentrierter Natronlauge um nach einer Stunde auf 1—2° Bé starkem Chlorbade zu bleichen und mit einem als Antichlor wirksamen Mittel nachzubehandeln, da das Chlor oft schlecht auswaschbar ist. Ein Nachbleichen mit 2—3 g/l Permanganat unter Zugabe von etwas Schwefelsäure und mit einem folgenden angesäuerten Bisulfitbade wäre angebracht, wenn die Kosten dies gestatten. Zum Bleichen von Geweben gibt man einige Passagen mit etwas stärkerer Soda oder Natronlaugelösung und bleicht nun mit Chlorkalk 1—2° Bé und 4—8 Durchläufen auf dem Jigger. Durch Anwärmen oder schwaches Ansäuern der Chlorflotte läßt sich die Bleichgeschwindigkeit erhöhen, es fragt sich aber, ob dabei das Garn genügend durchgebleicht wird. Zwecks Weichmachens von Papierstoffen ist zum Schluß zu seifen, mit kalter Seifenlösung 5/1000 zu tränken und ohne Spülen zu trocknen. Jede alkalische Schlußbehandlung gibt einen weicheren Griff, doch erscheint wegen des etwaigen

Vergilbens ein Soda- oder Laugenbad nur bedingt angebracht. Die weiteren Appreturbehandlungen, Einsprengen, Kalandern, Passieren der Brechmaschine geben den vollen weichen Griff.

Die Kaltbleiche, d. h. ein direktes Chloren mit alkalischen Chlorlaugen, die zum besseren Netzen einen Zusatz von Nekal oder dergleichen erhielten, kommt auch in Betracht, um geringe Gewichtsverluste zu haben. Die Firma Jagenberg, DRP. 299651, wollte zunächst mit einer Hydrosulfitlauge 7 Stunden kochen, um hierauf zu chloren. Solche Behandlung führt jedoch zu größeren Gewichtsabnahmen.

Beuchlaugen-Patente.

Um zu wissen, welche Zusatzmittel zu Beuchflotten bereits versucht oder vorgeschlagen wurden, sind die charakteristischen Patente, soweit nicht früher im technischen Teil erörtert, nachstehend zusammengestellt. Einzelne Patente sollen mehr das Aufschließen von Bastfasern betreffen, sie stehen jedoch meist in Beziehung zum Bleichen. Die Auslese — es ist keine Wiedergabe sämtlicher in Betracht kommender Aufschließungsverfahren der Patentklasse 29b — zeigt wie oft in phantastischer Weise — Minustemperaturen und Temperaturen von 300° C — Verbesserungen angestrebt wurden.

21906. Clara Simon. Zusatz von „ozonisiertem" Terpentinöl zu Seife, um eine Bleichwirkung zu erzielen.

25804, 27745. H. Koechlin. Natronbleiche im Dämpfkier von Mather & Platt unter Zusatz von Bisulfit zum Entsauerstoffen.

26246, 31413, 32285. C. A. Martin. Kochen von Leinen und Jute mit Sodalauge, welche einen Zusatz ($^1/_{10}$) von Terpentinöl oder Terpentinöl $^1/_{20}$ + Schwefelkohlenstoff $^1/_{20}$ enthält. Die zweite Kochung wird unter Zusatz von Benzin $^1/_{30}$ — ausgeführt, wodurch der Bleichprozeß abgekürzt werden soll. — Nach dem letzten Patente habe eine Mischung von 2 Teilen Soda + 1 Teil Natronsalpeter (?) für die erste Kochung sich noch besser erwiesen.

29943. D. Eckmann. Kochen von Strohflachs unter Druck mit einer Lauge aus Magnesia und schwefliger Säure in ähnlicher Weise wie bei der Sulfitzellstoffkochung.

32704. Thompson & Rickmann. Ein Zusatz von Kaolin oder Tonerdehydrat zur Alkali- oder Karbonatlauge soll das Auskochen, ohne Siedeflecken zu geben, beschleunigen, 30—40 kg Tonerde + 30—40 kg Ätznatron für 1000 kg Ware.

52205. L. Schreiner. Harzbleichseife mit Terpentin.

52505. Ermisch. „Bleichöl" aus Chlorkalklösung, Paraffinöl und Harzöl.

59674. H. Thies und E. Herzig. 1. Vorbehandlung der Faser mit Erdalkalien, d. h. Zugabe von 50 g Chlormagnesium von 25% auf 1000 l Waschwasser; bei hartem Wasser nicht erforderlich. 2. Dämpfen der Fasern im besonders konstruierten Kessel oder Dämpfapparat, so daß die Temperatur über 100° gebracht wird. 3. Behandeln der entlüfteten Faser (eigene Kesselkonstruktion) mit kochender Natronlauge. 4. Konzentrieren der Lauge durch stetigen Kreislauf der Beuchflüssigkeit und Absaugen der Wasserdämpfe in einem Untersatz des Beuchkessels.

61709. C. de la Roche. Bastfaserpflanzen werden zunächst mit Seifenlauge gekocht, dann wird Ammoniumchlorid (Salmiak) zugesetzt, damit im Innern freies Ammoniak in statu nascendi auf die Harze einwirkt (?).

79102, 85119, 85689, 91892. H. Thies und E. Herzig. Entlüften der Fasern bzw. des Kochkessels. Imprägnieren mit alter Kochlauge, Zusatz von Bisulfit oder einer in Milchsäuregärung befindlichen Flüssigkeit, Absorption der Luft durch Wasser unter Anwendung von Druck mit folgendem „Entlüften" des Wassers in einem zweiten Kessel.

61668. A. Mahieu. Kochen unter Zusatz von Benzin oder Toluol und Benzolhomologen.

75435. G. Hertel. Imprägnieren der Ware mit Türkischrotöllösungen von $^1/_4$—10%, trocknen und mit 1,5—2% Ätznatron 6 Stunden unter Druck kochen, spülen, seifen.

81070. H. Wächter. Zink oder Zinn, in Ätzalkalien oder Soda „gelöst", verhüten die Schädigung der Fasern. — Vermutlich als Reduktionsmittel gedacht.

86542. P. Warburton. Bleichen mit Soda, Seife und Petroleum.

88432. S. Wallach & Co. und E. Schweizer. Anilin und Phenol sollen die Mineralölflecken lösen. Siehe S. 98 und 277.

95692. Neue Augsburger Kattunfabrik. Zugabe von Phenolen, Aminen und Benzolhomologen zum Degummieren und Waschen bedruckter und gefärbter Gewebe.

121787. Croß und Parkes. Um mit geringen Mengen Lauge das Gewebe durchgreifend behandeln zu können, wird dasselbe mit einem Gemisch aus Ätznatron, Seife usw. imprägniert und dann breit aufgerollt, 1—2 Stunden in einer Dampfkammer gedämpft und weiterhin mit Soda usw. unter Druck gekocht. Auch das Auswaschen soll unter Dampfdruck erfolgen. Garne sind entsprechend zu imprägnieren und mit Wagen in den Kessel zu fahren. Kesselkonstruktion W. Mather, DRP. 114664.

130437. A. Gagedois. Verfahren zum Bleichen von Pflanzenfasern mittels Alkalisuperoxyden (vgl. S. 173).

147821. R. Weiß. Beuchen mit Strontiumlauge. Das leichter lösliche Strontiumhydroxyd soll wirksamer sein als Kalk.

Tagliani fand, daß Strontiumkochung durchweg schlechtere Resultate gab als das übliche Bleichen[1].

169448. G. de Keukelaere. Flachs, Jute und ähnliche Fasern sollen mit Schwefelnatrium vorbehandelt werden. Beispiel für „gelben" Flachs: $1/_2$ Stunde beuchen mit 5—15% Schwefelnatrium, waschen, absäuern. Das Verfahren ist ein- bis zweimal zu wiederholen und dann wiederholt zu chloren. Die Arbeitsweise soll einfacher sein und geringeren Gewichtsverlust als das übliche Bleichverfahren geben.

Mit Schwefelleber und Schwefelkalk beuchten Higgins und Kirwan schon vor 100 Jahren ohne besondere Erfolge zu erzielen. Vgl. S. 97.

Auch die Patente 243636, 313344, 316109, 328595, 330283 sehen die Verwendung von Schwefelnatrium in verschiedenster Weise zum Aufschließen vor.

187125. J. Herzfeld Söhne. Bleichen von Baumwollstoffen mit farbigen Kanten durch Dämpfen der mit Ätznatron kalt vorbehandelten Ware in Säcken (vgl. Buntbleiche).

193499. J. Harris. Ramiegewinnung. Das mit 1%iger Lauge imprägnierte Rohmaterial wird 6 Stunden gedämpft, nach dem Waschen wieder mit einer Salz- oder Seifenlösung imprägniert, gedämpft und hiernach mit Ozon und Dampf gebleicht!

199042. H. Bonny und R. Pritchard. Pflanzenfasern, insbesondere von Flachs, werden lose und frei beweglich der Druck- und Reibwirkung von durchströmendem Wasser — das schwach angesäuert und mit wenig Seife oder Borax versetzt sein kann — ausgesetzt, wobei das Wasser zufolge Reibung die Gummi- und Farbstoffe in kurzer Zeit entfernt (??).

203282. Stolle und Kopke bzw. Chem. Fabrik Coswig. Entschlichten mit Perboratflotten.

Das Verfahren läuft auf Sauerstoffbeuche hinaus (vgl. Buntbleiche).

204334. R. Pellmann. Ramiegewinnung. Behandeln mit seifen-alkoholhaltigen Beuchlaugen.

205813. Badische Anilin- und Sodafabrik. Dem Auslaugen der Küpenfarbstoffe kann man durch Zugabe von Stoffen zur Flotte begegnen, die sich ihrerseits leicht reduzieren lassen, wie z. B. anthrachinonmonosulfosaure Salze (vgl. Buntbleiche).

207362. A. Blachon-Peretmère. Aufschließen von Fasern durch Kochen mit einer Natronlauge 12° Bé, welche noch Seesalz und Eau de Javelle enthält, da das Salz die Reinigung verbessert.

216892. v. Tupalski und Schewelin. Kochen von Flachs und Hanf in vorher evakuierten Kesseln mit Lauge, Dämpfen und Nachbehandeln mit Alkohol, um Flachsabfälle zu „kotonisieren".

Ein Nachbehandeln mit Alkohol wäre schon wegen der Kostenfrage unmöglich, das Evakuieren zum Entlüften kann keine wesentliche Neuerung vorstellen.

---

[1] Tagliani: Ztschr. f. Farbenindustrie 1904. — Vgl. auch Weiß: Das Beuchen mit Strontium. Färber-Ztg. 1920 S. 87.

218254. **Farbwerke Höchst.** Beuchen von Buntware mit Küpenfärbungen unter Zusatz von bromsaurem Alkali (vgl. Buntbleiche).

235049. **Farbwerke Höchst.** Küpenfärbungen werden durch einen Niederschlag eines oxydierend wirkenden Körpers wie Manganbister (Braunstein), der nach der Bleiche wieder gelöst wird, vor dem Auslaugen geschützt (vgl. Buntbleiche).

240037, 242296, 262047. **Müller.** Luftbleiche (siehe S. 182).

250397. **Chemische Werke vorm. H. Byk.** Verfahren zur Verhütung des Ausblutens von buntgewebten, aus Rohgarn hergestellten Stoffen unter gleichzeitigem Bleichen durch Zugabe von Perborat (vgl. Buntbleiche).

263026. **V. del Prato.** Lockerung der Faserbündel durch wiederholtes Kochen mit 1%iger Bikarbonatlösung. Das Freiwerden des Kohlensäuregases unterstützt „mechanisch" das Aufschließen (??).

265205. **C. Kübler.** Ausfrierenlassen des mit einer Seifen- oder Fettemulsion getränkten Gutes und plötzliches Auftauen — unter Druck —, um das Zellengefüge zu lockern (??).

273094. **J. König.** Wie aus Holz lassen sich aus Jute, Neuseeländer Flachs durch Kochen mit verdünnten Lösungen von Soda oder Ammoniak bei 100—120° C und nachfolgendes Säuern die Fremdstoffe ausziehen und durch Vermischen der alkalischen und sauren Auszüge neutrale zuckerhaltige Futtermittel gewinnen!?

286270. **C. Melhardt.** Vorkochen mit Wasser erleichtert das folgende Aufschließen und Beuchen der Fasern mit Seifenlösungen usw. (Selbstverständlich!)

289742. **R. Stárek.** Bleichen mit Persalzen, insbesondere Perboraten. Zur sparsamen Ausnutzung der Oxydationsmittel wird das Material nicht in der Sauerstoffbeuchflotte erhitzt, sondern das Gut in der Lösung getränkt und nach dem Abquetschen gedämpft (vgl. S. 166).

299441. **C. Bockhacker, F. W. Wilde und Hermsdorf.** Fraktionierte Behandlung von Nesseln in steigend wärmerem Wasser oder Lauge, zuletzt unter Mitverwendung von Perborat oder anderen Chemikalien, welche Gase entwickeln, um die Fasern durch „Sprengen" zu lockern. Vgl. 263026.

305633. **E. Einstein.** Behandlung des Rohmaterials mit konzentrierten, gesättigten Ätzkalilaugen, sogar in der Siedehitze (??).

304214. **Zellstoffabrik Waldhof-Clemm-Willstätter.** Verfahren zur Herstellung von Zellulose aus Holz und zellulosehaltigen Materialien, indem man das Material bei verhältnismäßig niedriger Temperatur aber unter hohem Druck bis zu 50 at durch Einpressen von Gasen, Luft, Flüssigkeit behandelt.

308565. **Deutsche Typha-Verwertungsgesellschaft.** Vordämpfen verbessert das folgende Abkochen.

311546. **R. Mohr.** Vorrichtung zum Bleichen — ohne Kochen — unter Verwendung von Peroxyd (vgl. S. 226).

Über weitere Verfahren, mit peroxydhaltigen Flotten zu beuchen, ist im Abschnitt Sauerstoffbleiche nachzulesen.

312381. **Nesselanbau-Gesellschaft.** Die Pektinstoffe sollen durch Behandeln mit auf 300° C überhitztem Dampf löslich gemacht werden, wobei durch rasches plötzliches Abkühlen, durch kaltes Überbrausen zufolge eintretender Spannungsdifferenzen eine mechanische Lockerung erreichbar!

314176. **Wilke & Schorsch.** Verwendung von Seifenunterlaugen, da Glyzerin die Fasern weich macht und schützt (vgl. 325888.)

322167. **R. Besenbruch** setzt das Rohmaterial zunächst Dämpfen von Säuren oder Alkalilaugen oder Bleichlaugen (Chlorkalk, Schwefelnatrium u. a.) aus, um dann mit Seife oder Schwefelnatrium nachzukochen.

323668 (261931). **Peufaillit.** Aufschließen von Pflanzenfasern durch Behandeln mit Petroleum oder gechlorten Kohlenwasserstoffen, bei höheren Temperaturen gegebenenfalls unter Zusatz von Emulsionsmitteln.

324520. **Nesselanbau-Gesellschaft.** Die holzhaltigen Pflanzen werden in der Kälte oder in der Wärme, bei erhöhtem oder vermindertem Druck mit Alkalialuminatlösungen behandelt.

325888. **Nesselanbau-Gesellschaft.** Gewinnung der Faser durch Kochen — gegebenenfalls unter Druck — in Laugen mit Glyzerin oder Milchsäureestern.

Es ist zu bezweifeln, daß derartige dünne Lösungen irgendwelche Reinigungs- oder Schutzwirkung haben, noch weniger ein Kochen mit Zuckerlösung 307144.

328596, 332170. Nesselanbau-Gesellschaft. Kochen in einer Natron- lauge von 5—6° Bé bei 8 at unter Zugabe von emulgierten Fetten und Kohlen- wasserstoffen, wodurch eine Laugenschädigung vermieden werde.

Solche Schutzwirkung muß als ausgeschlossen gelten.

337640. Bonwitt & Goldschmidt. Aufschließen von Rohfasern mit schwachalkalischen Lösungen, z. B. Seifen unter Mitverwendung von Peroxyden, gegebenenfalls unter Zusatz von gelatinierenden Stoffen, welche die abgelösten Verunreinigungen suspendieren.

Es ist unrationell, für solche Zwecke Peroxyde zu verwenden.

358144. Joh. Matzinger. Entbasten und Reinigen von Pflanzenstoffen durch Erwärmen mit Phosphaten und Pyrophosphaten.

387553. Joh. Matzinger. Kochen mit Wasser unter Zugabe von Kieselgur. Kieselgur soll bei dem „wallenden" Kochen eine reinigende Wirkung auf die Pflanzenteile ausüben?! Auch andere „Erfinder" verwenden Kieselgur, Ton und unlösliche Metalloxyde zum „physikalischen" Aufschließen beim Kochen.

396284. Dr. K. Jochum. Zum Aufschließen von Holz oder Pflanzenstengeln wird Kalzium-Hydroxyd und Soda in solchen Mengenverhältnissen angewendet, daß neben der Kaustifizierung der Soda gleichzeitig der Aufschluß des Materials und die Regeneration der Laugen erfolgt.

382518/398040. C. R. de Vains. Die mit Chlor behandelten Ligno- oder Pektozellulosen werden mit Alkali nachbehandelt und die anfallende Lauge mit CO_2, SO_2 oder $NaHSO_3$, um die Natronsalze in Karbonate und Sulfite überzuführen.

392964. C. Bochter. Behandeln von Baumwolle mit Silikatlösungen unter Zugabe von Hydrosulfit usw. (vgl. S. 111).

401124. C. A. Braun. Kochen von zerkleinerten Nessel-Jute-Schilffasern nach heißem Auslaugen mit Wasser unter Druck bis 176° C mit Alkalilaugen und Sulfiten.

400858. C. A. Braun. Entsprechende Verwendung von Alkalisilikat usw.

407500. H. Silbermann. Gewinnung von reinen Zellulosefasern durch Kochen unter Druck mit Salzen schwacher Säuren und oxydierender Agentien, kolloidal wirkenden Säuren, Sauerstoffüberträgern. Ausführungsbeispiele: 100 kg Baumwollgewebe, 3 kg NaOCl, 24 kg Wasserglas 30° Bé, 3—4 Stunden bei 160° C in 2500 l Wasser gekocht; oder 100 kg Gewebe, 300 g chlorsaures Kali, 5 g Zerium- chlorid, 43 kg Wasserglas, 2 kg Harzseife in 3000 l Wasser bei 2 at gekocht.

409041. Dr. Mark und Dr. V. Wacek. Aufschließen von Hanf mit 0,5% Soda unter Überdruck, dann nachkochen.

410144. A. Kampfmiller. Gewinnung von Zellstoff aus Spinnfasern wie Ginster und Nessel durch Kochen mit einem Gemisch von Alkalilaugen und Sulfiden.

411543. L. Schaaf. Nachbehandeln von kotonisierten Fasern mit Ätznatron bei tiefen Temperaturen, —10° C.

423464. Chem. Fabrik vorm. Heyden AG. Behandeln von Gewebestoffen mit Lösungen von Salzen des Toluolsulfochloramids (Aktivin) bei höherer Tem- peratur, vgl. S. 96.

468974. M. A. Schweitzer. Verfahren zum Veredeln von Baumwolle und Flachs in Form von Band oder grober Stückware durch kurze Vorbehandlung mit heißer Natronlauge von 20% und kurze kalte Nachbehandlung mit 400 g Chlor- kalk in 10 l unter Zusatz von 100 cm³ 30%ige Essigsäure mit Abquetschen durch Walzen. In das Oxydationsbad kann Eis geworfen werden! Zum Schluß wird mit Antichlor nachbehandelt und kochend geseift. (!?)

Fehler in der Bleicherei[1].

Mit mannigfachen Schwierigkeiten und Schäden hat der Bleicher zu rechnen. Zwar ist der Ursprung der Fehler recht häufig nicht in der Bleicherei, sondern in der Weberei oder anderweitig zu suchen, da die zum Bleichen gegebene Rohware aus minderwertigen Rohstoffen hergestellt war oder sie die Schäden bereits aufwies. Diese Mängel treten erst in der fertigen Bleichware oder beim Ausfärben des vorgebleichten Gewebes und beim späteren Gebrauch der Wäsche voll und ganz in Erscheinung. Andererseits können in der Bleicherei nicht beobachtete Fehler, welche unbedingt zu Lasten des Bleichers gehen, sich nachträglich beim Appretieren, Ausfärben oder Tragen der Wäsche herausstellen. In der Technik neigt man im allgemeinen gern dazu, stets dem Bleicher die Schuld zuzumessen, wenn es Schwierigkeiten gibt. Der Weber möchte ohne weiteres voraussetzen, daß in der Weberei entstandene Flecke vom Bleicher wieder völlig zu beseitigen sind, da dieser ja mit „Chlor" arbeitet. Und weil der Bleicher mit Chlor gearbeitet hat, ist der Appreteur oder Färber wieder bereit, bei etwaigen Unregelmäßigkeiten die Veranlassung in einer fehlerhaften Bleiche zu suchen.

Die Kenntnis der hauptsächlichsten Entstehungsmöglichkeiten von Flecken und schadhaften Stellen kann die Abhilfe erleichtern. Nachdrücklich muß betont werden, daß in vielen Fällen die Anstände zu vermeiden wären, wenn mit derjenigen Sorgfalt und Rücksichtnahme gearbeitet würde, welche Spinner, Weber, Bleicher, Färber und Appreteur einander schulden. Es wäre oft leichter, z. B. Ölflecke zu vermeiden als entstandene Flecke zu beseitigen. Ist aus der Form und dem Aussehen der schadhaften Stelle die Ursache des Fehlers mehr oder weniger einwandfrei erkennbar, so läßt sich natürlich für Abhilfe eher Sorge tragen, als wenn es sich um Schäden handelt, über deren Entstehungsmöglichkeit man im unklaren ist und bleibt. Bei Schwierigkeiten empfiehlt sich ein ruhiges Prüfen aller in Betracht kommenden Umstände, bevor man Änderungen zur Abstellung des vermeintlichen Fehlers trifft, damit nicht etwa der Schäden noch mehr werden. In den meisten Fällen kann eine chemische Untersuchung die Ursache der Schäden aufklären, mitunter aber bleiben die Nachweise unsicher, sei es mangels einwandfreier Reaktionen oder weil letztere eine vielseitige Deutung zulassen, denn für die nachträglich in der fertigen Ware

---

[1] Als Literatur über Zellulose und ihre Untersuchung ist zu nennen: Heuser, E.: Lehrbuch der Zellulosechemie 1921. — Schwalbe, C. G.: Die Chemie der Zellulose. 1911. — Schwalbe-Sieber: Die chemische Betriebskontrolle in der Zellstoff- und Papierindustrie. 1922. — Eine systematische Zusammenstellung und Literaturübersicht über Textilschäden und deren Ursache veröffentlichte J. Jovanovits in den Textilber. 1925 S. 831.

entdeckten Unregelmäßigkeiten fällt die Erklärung schwer, wenn die fraglichen Chemikalien usw. im Verlauf des Bleichganges wieder restlos entfernt wurden und die weiter erfolgten Behandlungen des Bleichgutes zu einem verstärkten Faserabbau führten. Wenn es sich z. B. um kaum sichtbare, doch morsche und auf Säurewirkung zurückzuführende Flecke handelt, so wird ihr Vorhandensein häufig erst nach schon erfolgtem Auswaschen der Säure entdeckt, weil sich Risse oder Löcher zeigten. Wenn chemisch geschädigte Fasern sich bei den etwa folgenden Kochungen lösen können, sind positive analytische Reaktionen später in Frage gestellt. Irgendwelche Schädigungen haben vielfach in rein mechanischen Einwirkungen ihre Ursache, ohne daß der äußere Befund dies unmittelbar verrät, eine analytische Untersuchung versagt hier.

Über die Entstehung, den Nachweis und die etwaige Beseitigung der am häufigsten vorkommenden Fehler sollen die folgenden Seiten Aufschluß geben. Schäden rein mechanischer Art, wie Einrisse durch vorstehende Nägel, Quetschstellen durch Sandkörner usw. lassen sich nicht alle vorhersehen. Da Putzfehler des Webers und kleine Einrisse in der Ware während des Bleichens ausfransen oder sich zu Löchern erweitern, die Ähnlichkeit mit chemischen Schäden haben können, hält es oft nicht leicht die mechanische Beschädigung zu erkennen. Ein Nachmessen der Schädenabstände und ein Prüfen einer etwaigen regelmäßigen Anordnung läßt vielleicht auf die Spur der Fehlerquelle kommen, finden, ob in der Weberei z. B. bei Abzugswalzen, Schlagstellen oder ob anderweitig, etwa auf dem Transport, eine Unregelmäßigkeit vorgekommen sein muß. Auch außergewöhnliche örtliche Umstände bleiben in Betracht zu ziehen, gegebenenfalls handelt es sich um Schäden, die nicht auf Nachlässigkeit sondern auf Böswilligkeit eines Arbeiters zurückgehen.

In wachsendem Umfange mehren sich Klagen über **Schäden durch eingesponnene oder eingewebte Fremdkörper** wie Metallteile, Holzsplitter von Webschützen usw. Insbesondere sind es gerade oder geknickte Drahtstückchen von Stahldrahtgeschirr, die große Schäden verursachen können, wenn dieselben beim Durchlauf durch den Wasserkalander oder anderweit in Kalanderwalzen stecken bleiben und nun die weiter durchlaufende Ware bei jeder Umdrehung zerschneiden. Die kleinen Einschnitte entziehen sich zunächst leicht der Beobachtung, so daß der Fehler erst abgestellt wird, wenn viele Meter Ware zu Schaden kamen. Cl. Martini jr.[1] bildete die verschiedenartigsten Fremdkörper, auch Messerspitzen, Briefklammern neben Teilen des Geschirrs usw. ab, um die Rohwarenweber zu größerer Sorgsamkeit aufzufordern, denn solche Fremdkörper bedeuten nicht zuletzt eine Gefährdung der Kalanderwalzen, da diese gegebenenfalls mit großen Kosten neu abzudrehen sind. Metalle werden weiterhin der Anlaß zu Katalytschäden

---

[1] Martini jr., Cl.: Über Fremdkörper in der Rohware und andere Webereifehler als Schadensquelle für den Weber und Ausrüster. Textilber. 1928 S. 745 und 1929 S. 668. — Vgl. auch die Ausführungen von O. Gaumitz über die durch die Weberei verursachten Fehler zufolge schlechter Leisten, Holzsplitter usw. Dtsch. Färberkalender 1928.

beim Bleichen, da sie die Bleichlaugen aktivieren können, so daß nicht nur Rostflecken, sondern örtliche Faserzerstörungen die Folge sind (vgl.

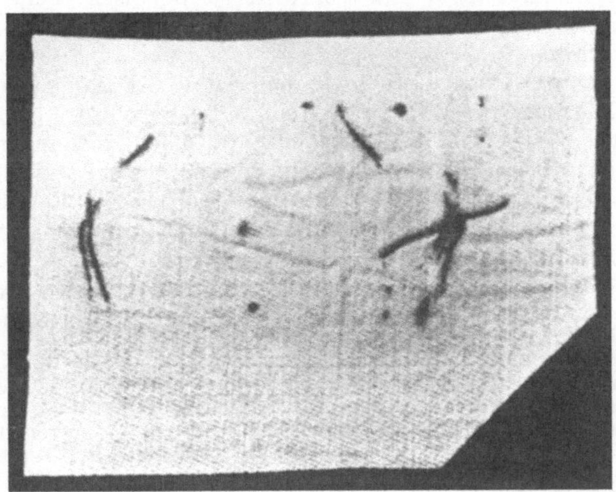

Abb. 74. Im Gewebe steckendes Drahtstück, das in der Bleiche Rostflecke hervorgerufen hat (nach Martini).

S. 290). Verantwortlich ist der Bleicher ebensowenig für Schäden, die durch mangelhafte Webleisten oder Webfehler bedingt sind, wenn schon solche Mängel zufolge eines geschickten Putzens der Rohware zunächst kaum auffielen, nach dem Bleichen mit der Naßbehandlung und dem weiteren Ausspannen der Ware aber nicht mehr zu übersehen sind. In unerwarteter Weise fallen nach dem Bleichen auch die Schmutzfasern auf, die als Kehrichtstaub oder als ölverschmierte Fasern aus Maschinenlagern usw. in das Garn oder die Webware gerieten. Die Weber sollten streng angehalten sein, die Stühle beim

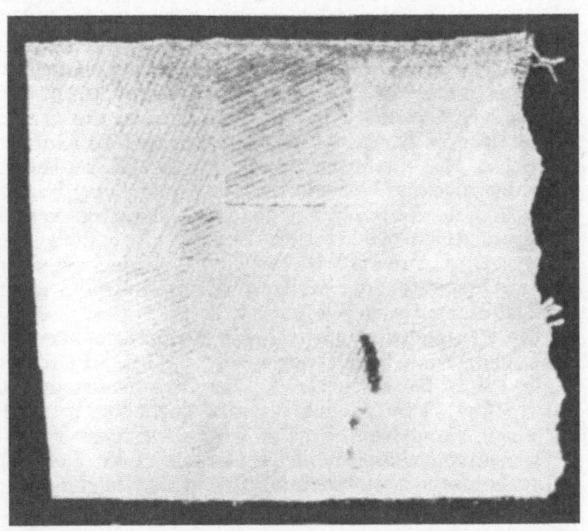

Abb. 75. Im Gewebe durch 4—5 Schußfäden festgebundenes Stückchen Eisen- oder Stahldraht, dessen Herkunft technisch nicht geklärt wurde (nach Martini).

Reinigen nach Arbeitsschluß abzudecken, damit kein Kehricht auf die Kette fällt und später eingewebt wird. Solche schmutzigen und öligen Fasern lassen sich nur unvollkommen bleichen und heben sich später als fleckige Stellen ab, insbesondere nach Anfeuchten der Ware mit Wasser oder noch mehr bei Verwendung von Spiritus u. dgl. Daß es sich nicht um Fehler der Bleicherei handelt, wird zu beweisen sein, wenn die Schmutzfasern den Drall des Garnes zeigen, eingesponnen oder nur eingewebt sind.

Damit spätere Beanstandungen von seiten des Auftraggebers den Bleicher nicht unverschuldet treffen, sollte die Bleichware bei der Übernahme oder bei Beginn des Bleichens auf schon vorhandene Fehler nachgesehen werden, um dem Kunden vorgefundene Putzstellen, stark ölfleckige Ware, durch angeheftete Fäden zu zeigen[1]. Es wäre Sache des Webers, die Rohware bei der Abnahme vom Stuhl genau zu prüfen und Fehler zu markieren.

Teer- und Zeichenflecke. Derartige, meist in der Rohware schon vorhandene Flecke rühren von gefirnißten Schutzdecken usw. her, sie können auch in der Bleicherei durch unvorsichtiges Zeichnen entstehen, wenn die an den Enden der Stücke anzubringenden Kontrollnummern usw. abschmieren. Da die an ihrer dunklen Farbe leicht erkennbaren Flecke im üblichen Bleichgang nur unvollständig entfernt werden, so sind dieselben vorher örtlich mit Terpentinöl, Tetralin und Benzin oder mit Verapol und ähnlichen Mitteln — mit unsicherem Erfolge? — vorzubehandeln bzw. bleibt zu versuchen, die restlichen Flecke später zu verbessern. Dunkle Schmutzstellen wurden auch schon durch Asphaltmasse verschuldet, die zum Verschließen der Ballons gedient hatte und in die Flotte geraten war.

Stockflecke (Schimmel-, Spor- oder Moderflecke). Schimmelpilze, mikroskopisch sichtbare Organismen pflanzlicher Natur rufen Schäden hervor, wenn sie auf den Fasern geeignete Bedingungen zum Wachstum finden. Die Pilze wirken dadurch schädigend, daß sie die Fasern als Nährboden benutzen oder vielleicht durch ihre Stoffwechselprodukte beeinflussen. Für das Wachstum ist eine gewisse Feuchtigkeit — über 9%? — und Wärme erforderlich. Schimmelbildung ist nur bei feuchtwarmem Lagern der Textilien zu befürchten. Besonders neigen rohe und alkalisch appretierte Waren zum Schimmeln, gebleichte weiße Ware ohne Appretur verrottet weniger leicht, wenn das Pflanzeneiweiß entfernt und die Keime getötet wurden. Es macht keine Schwierigkeiten die Stockbildung im Anfangsstadium aufzuhalten, z. B. werden die Sporen durch Abkochen und Chloren zum Absterben gebracht. Hat die Pilzwirkung einmal auf die Fasern übergegriffen, so läßt sich zwar der modrige Geruch und die Verfärbung beseitigen, nicht aber eine bereits erfolgte Faserschwächung beheben, derartig verrottete Stellen können beim etwaigen Ausfärben von Stückware als hellere Flecke wieder in Erscheinung treten. Um in der Bleicherei Stockschäden zu vermeiden, ist darauf zu sehen, daß ausgekochte oder naßgewordene Rohware nicht tagelang bis zur weiteren Fertigstellung liegen bleibt.

Die Faserschwächung scheint Kleinversuchen zufolge einzusetzen, wenn sich Schimmelgeruch bemerkbar macht. Nach anderen Angaben beginnt die Schwächung sofort bei Entwicklung der Organismen und schreitet ziemlich regelmäßig mit ihr fort. Die Art des Wassers spielt eine große Rolle. Der Rückgang betrug bei einer Versuchsreihe nach 6 Wochen über 30%, bei einer zweiten nur 15%.

Der unangenehme modrige Geruch ist ein Kennzeichen stockiger Waren. Eine mikroskopische Untersuchung der graugelblichen, aber auch weißen, grünen, rötlichen und schwärzlichen Flecke läßt die eigentümlichen Zellformen finden[2].

---

[1] Schadenersatzansprüche, „Geheime Mängel", verjähren in 6 Monaten von der Ablieferung ab, sofern nicht ein Mangel arglistig verschwiegen worden ist. § 477 des Bürgerlichen Gesetzbuchs und § 377 des Handelsgesetzbuches.

[2] Herzog: Chem.-Ztg. 1914 S. 1100. Zum Nachweis eignet sich sehr gut Anilinblau in Glyzerin; die Pilzfäden nehmen eine schöne himmelblaue Färbung an. Man betrachtet das gefärbte Präparat zunächst bei schwacher Vergrößerung, um später eine stärkere Vergrößerung (600) zu wählen.

Die Flecken in Stückwaren haben meist rundliche Formen, wenn mehrere Lagen durchdrungen sind, so vergrößern oder verringern sie sich von Lage zu Lage und zeigen verschiedene Färbung. Die Schimmelflecke finden sich seltener an den Leisten als in der Mitte der Stücke, denn außen können die Stoffe antrocknen, nach innen zu sind die Bedingungen für die Wucherung der Pilze günstiger, da sich hier die Feuchtigkeit länger hält. Fertigware darf nicht zu stark vor dem Kalandern eingesprengt werden. Hydraulisches Nachpressen der Stücke kann zu einer örtlichen Anreicherung der Feuchtigkeit und damit zu einer erhöhten Gefährdung durch Schimmelentwicklung führen.

Trockenes, luftiges und möglichst kühles Lagern in geeigneten Räumen läßt das Verrotten der Textilien verhüten. Zugabe von antiseptischen, die Entwicklung hemmenden Mitteln zur Schlicht- und Appreturmasse ist von bedingtem Wert. In Frage kommen als geruchlose Zusätze Zinkchlorid und -sulfat, Borsäure und namentlich Formaldehyd.

M. Lummerzheim[1] erwähnte gelegentlich der Untersuchung von stockfleckig gewordenen Waren, daß Salz- und Fettausscheidungen des Apprets mit Schimmelflecken verwechselt wurden. Fehler sollen sich eher vermeiden lassen, wenn man ohne kleberhaltiges Mehl und ohne Traubenzucker appretiert und möglichst aseptisch, fäulnisfrei arbeitet. Es ist darauf zu achten, daß die Appreturmasse in den Gefäßen und den Walzentrögen usw. nicht zur Schimmelbildung kommt. Man wolle nicht zuviel von minimalen Zusätzen antiseptischer Mittel erhoffen!

Einzelne Stockflecke sind mit lauwarmer Seifenlösung auszuwaschen, worauf man noch mit Oxalsäure nachputzt und mit Wasser ausspült. Sonst wird man stockige Waren schwach nachbleichen, um wenigstens die Verfärbung zu beseitigen[2].

Ölflecke, Schmierflecke. In Rohware fallen die zumeist in der Weberei entstandenen Flecke weniger auf als in der Bleichware, da sich die restlichen Verunreinigungen farbig und mit anderer Lichtreflexion von weißem Grunde abheben. Die Ablieferung einer fleckenfreien Ware bereitet dem Bleicher oft große Schwierigkeiten und es erwachsen Streitigkeiten, wer für die Mehrkosten oder für die minderwertige Ware aufzukommen hat, wenn die Verschmutzung in der Rohware nicht gesehen wurde. Um Mineralflecke in Rohgeweben besser kenntlich zu machen, empfahl Dr. H. Lubberger, DRP. 248 522, das Öl mit geringen Mengen fettlöslicher Anilinfarbstoffe, insbesondere mit den ölsauren Salzen basischer Anilinfarben, so mit 0,1% ölsauren Methylviolett anzufärben. Solcher Vorschlag läßt sich jedoch in der Praxis zu schwer verwirklichen.

Frische Ölflecke sind leichter zu entfernen als eingetrocknete. Heißes Lagern, Dämpfen und namentlich Sengen befördert das Eindringen des Öles in die Faser und ihr Verharzen. Die leichter flüchtigen Bestandteile verziehen sich und das Beseitigen der Fleckreste hält nun schwerer. Braune, schmutzig dunkle Flecke sind noch schwieriger zu putzen, denn die teerigen Begleitstoffe sind kaum bleichbar, gleich wie die von Maschinenteilen herrührenden Beschmutzungen von Eisen-Kupferseifen schwer mit Benzin oder dergleichen zu entfernen sind. Erst recht macht das Lösen von Graphitschmiere Schwierigkeiten. — Wenn es an sich richtig erscheint, daß der Weber etwaige frische Flecke gleich putzt, so werden bei nicht sachgemäßem Vorgehen die Schäden oft nur verschlimmert, weil das Öl über eine größere Fläche verschmiert

---

[1] Lummerzheim, M.: Leipzig. Monatsschr. f. Textilind. 1921 S. 11.

[2] Vgl. Erban, F.: Die Bedeutung von Mikroorganismen usw. in der Textilindustrie. Dtsch. Färber-Ztg. 1914.

und durch starkes Reiben das Gewebe oberflächlich aufgerauht wird. Über solche Mißstände ist namentlich bei Damaststoffen und Geweben aus Kunstseide zu klagen gewesen. Beim Fleckputzen darf der Stoff niemals scharf gerieben werden, der Fleck ist nur mit dem Fettlösermittel unter Verwendung eines reinen Lappens aufzutupfen, das Auslaufen des Fleckes ist zu vermeiden, damit sich kein größerer Hofring bildet.

Vielfach empfiehlt man zur Kochlauge Zusätze zu geben, welche das Lösen der Mineralölschmiere usw. befördern sollen, um wegen der höheren Löhne von einer örtlichen Behandlung einzelner Fleckstellen absehen zu können. Starke und hartnäckige Flecke bleiben jedoch meist mit geeigneten Lösungsmitteln nachzubearbeiten, denn die der Kosten halber zur Lauge nur in geringen Mengen zusetzbaren Fettlöser sichern nicht den fleckfreien Ausfall der Ware. Von größter Bedeutung ist die Art des Öles. Beschmutzungen mit Pflanzenölen werden durch die alkalischen Kochlaugen eher entfernt als Flecke aus Mineralölen. Auch Flecke aus einem Gemisch aus Mineral- und Pflanzenölen sollen sich leichter beseitigen lassen (?). C. F. Theis wollte gefunden haben, daß sich Bleichflecke bei Gebrauch einer Mischung von drei Teilen Mineralölen auf zehn Teile vegetabilisches Öl vermeiden lassen. Verwendung „leicht löslicher Webstuhlöle" gibt jedoch nicht die Sicherheit, daß Ölflecke in der Ware beim normalen Bleichgang verschwinden. Derartige Öle sind meist Gemische von Mineralölen und verseifbaren Ölen, deren Entfernung aus Bleichwaren nur in fraglichem Umfange leichter fällt, solange die Flecke noch frisch sind.

Bei der Bewertung von Arbeitsverfahren über das Entternen von Ölflecken wird vielfach auf die von A. Scheurer ausgeführten Untersuchungen Bezug genommen[1]. Nach Scheurer wird ein Mineralölfleck nach vorangegangenem Einweichen mit Olivenöl beim Bleichen entfernt; eine Mischung von verseifbarem Fett mit Petroleum oder Paraffinöl hinterläßt keine Spuren nach dem Bleichen, während reines Mineralöl unverändert auf dem Zeug zurückbleibt.

Flecke aus einem Gemisch von gleichen Teilen schottischem Erdöl und Baumwollsaat-, Oliven- oder Rapsöl waren durch einmaliges Abkochen mit Kalk bei 120° C während 6 Stunden, nachfolgendes Säuern und 10stündiges Abkochen mit Soda und Harz bei 120° C zu beseitigen; eine Mischung von drei Teilen schottischem Erdöl mit zwei Teilen eines der genannten Pflanzenöle bot jedoch schon dem Bleichen solchen Widerstand, daß die Flecke nicht ohne Schädigung der Ware entfernt werden konnten.

Dieses Lösen von Flecken aus Mineralöl mit Pflanzenfetten ist durch das Emulgierungsvermögen der Seife erklärbar. Um also einen Ölfleck zu entfernen, empfiehlt es sich, eine emulgierend wirkende Seife und ein die emulgierenden Fette verseifendes Alkali zusammen anzuwenden. Beuchen ölfleckiger Ware mit Soda oder Ätznatron ohne Harz erfordert längere Zeit bzw. genügt nicht, weil sich nur sehr wenig Seife bilden kann, und diese zu sehr verdünnt wird, um auf Schmierölflecke weiter stark wirken zu können. Durch Zusatz von Harz zur Sodalauge (bis 2,5 g/l) entsteht genügend Seife für die Emulsion der Fette. Umlaufgeschwindigkeit der Lauge im Beuchkessel und Druck sind dabei erklärlicherweise von großer Wichtigkeit.

Abkochen mit Ätzkalk führt Pflanzenöl in Kalkseife über, die bei folgendem Absäuern wieder Fettsäure abscheidet; letztere ist dann durch Kochen mit Soda

---

[1] Mülhausener Ber. 1888, nach Handbuch der Färberei von Knecht-Löwenthal. Vgl. auch S. 81 und 84.

und Seife leichter verseifbar als Neutralfett. Mineralöl scheint bei Gegenwart von verseifbarem Neutralfett besser emulgierbar zu sein.

Weitere Versuche ergaben, daß ein Vorkochen mit Kalk die restlose Beseitigung von Mineralöl durch Beuchen mit Soda und Harz fördert; es ließen sich Flecke fortbringen, die zwei- bis dreimaligem Abkochen mit Soda und Harz widerstanden. Möglicherweise wirkte die entstandene lockere Kalkabscheidung auf Mineralöl absorbierend in ähnlicher Weise wie Walkerde.

Diese Untersuchungen ergänzte A. Scheurer 1903 und 1911, da sich die Klagen über Ölflecke mehrten. Eine Reihe von Bleichereien erklärte die Verantwortung für fleckige Ware ablehnen zu müssen, wenn schlechtes, dunkles und paraffinhaltiges Mineralöl in der Weberei verwendet wird, und verlangte den Gebrauch von hellem, durch Ausfrierenlassen gereinigtem Mineralöl, womöglich in Mischung von Pflanzenöl.

Mineralöle sind der in Weberei schlecht entbehrlich und Ölflecke nicht gänzlich zu vermeiden. Es darf aber nicht die Auffassung herrschen, der Bleicher könne alle Öl- und ebenso Rostflecke ohne weiteres wegbringen. Schwierigkeiten entstehen auch durch schlecht verkochte, paraffinhaltige Schlichte. Wenn hochschmelzendes Paraffin nicht genügend in der Schlichtmasse verkocht wird, können sich Teilchen an die Kettfäden setzen und Anlaß zu Flecken geben. Vom Standpunkt der Veredelungsindustrie aus ist überhaupt seine Verwendung wegen des schwierigen Entfernens zu verwerfen. Ebendeshalb bekämpft O. Gaumitz[1] den Gebrauch von Kettglättmitteln bei zu bleichenden Farb- und Druckwaren, wenn jene größtenteils aus Paraffin oder schwer verseifbaren Mischungen von Paraffin mit Wachsen, Fetten oder Fettsäure bestehen. Wird solche Ware gesengt, so schmilzt und dringt das Paraffin in den Faden und ist im üblichen Bleichgang schwer zu beseitigen, so daß fleckige Ausfärbungen die Folge sind. Gegenüber Einwänden von beteiligter Seite, daß es auswaschbare Kettglätten gibt, betont Gaumitz mit Recht, daß Stückware zunächst gesengt wird und hierdurch die Schwierigkeiten des Auswaschens der Kettglätte zunehmen, ein Vorwaschen aber wegen der vermehrten Kosten nicht in Betracht kommen kann. Eigene Versuche zeigten, daß sich „verseifbare" Kettglätten auch aus gesengten Stoffen entfernen ließen. Fragliche Wirkung ist jedoch bei Gemischen von Mineralöl und Pflanzenöl zu erwarten.

An Vorschlägen zum Entfernen von Ölflecken hat es nicht gefehlt. Die Bestrebungen sind darauf gerichtet, mit einer Laugenkochung auszukommen, um das Fleckenputzen mit der Hand unnötig zu machen.

So empfahlen Wallach & Schweitzer, DRP. 88432, ein Abkochen fleckiger Ware mit Seife unter Zusatz von Anilinöl. Auf 200 Stücke Baumwollware sollten 10—15 l Anilinöl zu rechnen sein. Phenol, Harzöl, Türkischrotöl seien weniger geeignet bzw. der Geruch des Phenols wieder schwer zu beseitigen. Das Abkochen der Waren im Kessel unter Verwendung von Anilin führte in der Technik zu keinem Erfolg, zudem kann Anilin Verfärbungen verursachen. S. R. Trotmann[2] wollte sogar gefunden haben, daß die Zugabe von 5% Kresol die Wirkung der Beuchlaugen um 25% verminderte. Hingegen habe Zugabe von Türkischrotöl, 1 l auf 50 l Flotte, in einer gegebenen Zeit 4,5% Fett anstatt 3,3% aus der Baumwolle lösen helfen. Vorgeschlagen wurde auch — Saget 1901 — die fleckigen

---

[1] Gaumitz: Durch die Weberei verursachte Fehler bei der Stückwarenveredlung baumwollner Waren, Textilberichte 1926, 27, Färberkalender 1928.
[2] Trotmann, S. R.: Chem.-Ztg. 1914 S. 542.

Gewebe mit 5% Türkischrotöl imprägniert zu dämpfen und dann zu kochen oder unter Zusatz von Türkischrotöl mit Ätznatron oder Kalk zu arbeiten. Solche Kochung mit Kalk sei besonders wertvoll. Grandmougin — Theis-Strangbleiche — empfahl eine aus Türkischrotöl und Kolophonium hergestellte Harzseife zum Lösen von Mineralölflecken zu nehmen. An Stelle der Harzseife, die ehedem in der Bleiche gerne genommen wurde, vermutlich nicht zuletzt wegen ihres günstigen Preises bzw. der leichten Herstellung durch Verkochen von Kolophonium mit Natronlauge, traten die sulfonierten Öle und die Fettlöserseifen.

Zum Reinigen schmutzfleckiger Waren wurde später Monopolseife empfohlen. Die Ware sollte durch ein heißes Bad von 5 g/l Monopolseife laufen, besonders hartnäckige Mineralölflecke waren mit einer heißen Lösung von etwa 50 g/l einzubürsten, worauf ein Behandeln in einem Seifen-Sodabad folgte. Heute empfiehlt die Industrie der Hilfsmittel Tetrapol, Terpinopol, Geneukol, Laventhin, Perlano, Perpentol und andere Beuchöle mit Gehalt an Fettlösern, welch letztere zum Teil durch Abspalten von aktivem Sauerstoff sogar bleichend wirken sollen (?). Über Versuchskochungen mit derartigen Mitteln siehe S. 100. Unzweifelhaft bedeuten die Fettlöserseifen eine Verbesserung gegenüber den gewöhnlichen Seifen, doch ist eine Wirkung erst von nicht zu gering gehaltenen Zusatzmengen zu erwarten. Daß „Beuchöle" mitunter nur mit Fettlösern „parfümiert" sind, wolle man nicht vergessen!

Fleckstellen mit konzentrierter oder etwas verdünnter Fettlöserseife örtlich zu behandeln und mit warmem Wasser unter schwachem Reiben auszuwaschen, ist vielfach der beste Weg, um die Flecken zu verbessern. Beim Fleckenputzen ist eine gewisse Geschicklichkeit notwendig, um zu verhüten, daß der Fleck weiter ausläuft und einen zwar schwächeren, aber größeren Fleck, einen „Hof" bildet, so beim Aufträufeln von Benzin, das den Fettstoff lösend, sich schnell ausbreitet. Um solche Hofbildung zu vermeiden, kann der Fettlöser mit gebrannter Magnesia, Gipspulver usw. zu einem Brei angerührt aufgetragen werden, die Pasta saugt das Öl auf, nach dem Trocknen ist das Pulver abzubürsten. Derartige Fleckpasten wären billiger im Betriebe herzustellen, ebenso wie Fleckwasser, das unter verschiedenster Bezeichnung und in vielseitiger Zusammensetzung angepriesen wird. Beim Fleckenreinigen bleibt jedes Reiben zu vermeiden, der Fleck ist mit einem Lappen abzutupfen, von außen nach innen zu arbeitend. Eine Unterlage muß den übrigen Stoff vor einem erneuten Beschmutzen schützen.

Während und nach dem Kriege hatten die Leinenbleicher sehr durch Teerölstreifen zu leiden, die auf Verwendung von ungeeignetem Teeröl an Stelle von Firnis zum Imprägnieren der Holzspulen zurückgeführt wurden[1]. Die restlose Entfernung der Verfärbung hielt schwer. Derartige Einzelflecke sind unter Verwendung von Fettlösungsmitteln mit Seife zu behandeln, ganze Stücke zweckmäßig auf den Seifhobel oder dergleichen zu nehmen. G. Kränzlin fand Tetralin mit am besten für das Beseitigen solcher Flecke geeignet, die ja nicht ausschließlich durch die geölten Spulen hervorgerufen sein müssen, sondern allgemein durch Beschmutzen mit teerhaltigem Maschinenöl entstehen

---

[1] Vgl. Kind sowie Kränzlin: Mitt. des Sorauer Forschungsinst. 1920 und Textilber. 1920 S. 279 und Leinen-Ind. 1920 S. 268.

können. Die nach dem Bleichen kaum noch auffallenden Flecke gilben jedoch meist bei längerem Lagern nach.

Bei Mitteln wie Amylalkohol, Fuselöl, stört der Geruch gleichwie bei verschiedenen „modernen" Fettlösern, gechlorten oder hydrierten Kohlenwasserstoffen und Estern. Eine Verwendung ist sogar in Frage gestellt, auch wenn keine stark narkotischen Eigenschaften direkt nachweisbar sind. Selbst kleine Mengen von Toluol, Xylol usw. sollen bei fortgesetzter Aufnahme der Dämpfe zu Blutungen führen können. Ein Fleckwasser darf nicht zu sehr riechen, es soll nicht zu leicht flüchtig und nicht entzündlich sein. Wegen der leichten Entzündlichkeit seiner Dämpfe ist z. B. Benzin nicht zu empfehlen. Als eine brauchbare Lösung wurde ein Gemisch von 70 Teilen Tetrachlorkohlenstoff, 15 Teilen Azeton, 15 Teilen Benzol genannt.

Es gibt mannigfache Zusammenstellungen, da angeblich Mischungen besser wirken als die einheitlichen Flüssigkeiten. So soll ein Gemisch von 700 g Trichloräthylen, 150 g Xylol, 150 g Methanol recht zweckdienlich sein. Gegebenenfalls bleibt zu beachten, daß Azetatseide von verschiedenen Fettlösern wie Azeton angegriffen, gelöst wird.

Starkfleckige Bleichware mit organischen Lösungsmitteln wie Trichloräthylen, Tetralin als solchen oder in konzentrierten Emulsionen in geschlossenen Apparaten zu behandeln, scheitert einstweilen an der Kostenfrage, vgl. S. 97. Bei Rückgewinnung des Lösungsmittels wäre dieses Entfetten wohl die beste Lösung des Problems. Putzwolle wird bereits in dieser Weise gereinigt, angeblich in einigen schottischen Betrieben Leinen, vgl. S. 244.

Gegen Erklärungen, daß etwa aus Maschinenöl entstandene Schmierflecke beim Beuchen teilweise emulgiert oder durch tetrachlorkohlenstoffige Seifen u. dgl. oder Monopolseife leicht entfernt werden, wandte sich unter anderen wiederholt A. Schmidt[1]: „Die geringen Mengen von Fettlösungsmitteln, die man der Beuchflotte zusetzt, haben in Wirklichkeit nicht den geringsten Einfluß auf Öl- und Schmierflecke. Selbst wenn man Schmierflecke zuerst mit den Fettlösungsmitteln benetzt und dann der Kochung unterwirft, gelingt es meist nicht, sie vollständig zu entfernen. Es ist bisher weder ein Verfahren noch ein Mittel gefunden worden, mit dessen Hilfe man Schmierflecke mit Sicherheit in der Bleiche entfernen könnte. Der einzige Schutz vor Schmierflecken in der Ware besteht dann, daß Spinnereien und Webereien vermeiden, Schmierflecke in ihre Produkte zu bringen. Der von der Industriellen Gesellschaft in Mülhausen seit Jahrzehnten ausgesetzte Preis für ein sicheres Verfahren ist noch nicht verteilt worden."

Zum Nachweis von Ölflecken eignet sich die Quarzlampe. Die technischen Mineralöle besitzen großes Fluoreszenzvermögen. Helle Öle leuchten zumeist weiß auf, können jedoch mehr blau oder gelb erscheinen. Die Schichtdicke kann die Ausstrahlung wesentlich beeinflussen, ebenso die Vorbehandlung; die Fluoreszenz läßt sich durch gewisse Zusätze sogar auslöschen[2]. Wennschon sich bei pflanzlichen und mineralischen Ölen große Unterschiede zeigen, so ist eine sichere Unterscheidung doch mitunter fraglich, zumal bei Gemischen. So mag eine mehrstündige Sonnenbestrahlung die bläuliche Fluoreszenz von Mineralöl nach Gelbweiß verschieben, was zu einer Verwechslung mit Pflanzenölen Anlaß geben könnte. Baumwolle und Flachs behalten gegebenenfalls durch Rückstände von Pflanzenwachs ein gewisses Aufleuchten, Schmieröle verraten sich unter der Ultralampe aber durch ihre größere Intensität. Geringe, dem unbewaffneten Auge nicht mehr

---

[1] Schmidt: Fehlerquellen in der Baumwollbleicherei. Leipzig. Mschr. Textil-Ind. 1926 S. 431. — Textilber. 1927 S. 1007.

[2] Kauffmann: Fremdstoffe der Baumwolle. Textilber. 1928 S. 575.

sichtbare Reste, die aber bei längerem Lagern vielleicht ein schwaches Nachgilben verursachen, sind mit der Quarzlampe noch zu erkennen. Die Ultralampe ist somit für analytische Nachweise äußerst wertvoll[1,2].

Sengfehler in Stückware. Gelblichbraune Sengschäden entstehen, wenn die Gewebe bei zu starker Hitze anfangen zu verkohlen. Rußende Flammen können andersartige Flecke verursachen. Die Platten- oder Zylindersenge würde braune Streifen geben, durch Gas versengte Stelle erscheinen weniger scharf abgegrenzt. Streifen und Brüche rühren von faltigem Warenlauf her. Unter Umständen stellen sich Un-egalitäten erst in der gefärbten oder appretierten Ware heraus, weil die an den weniger abgesengten Stellen noch vorhandenen Flaumfasern das Licht in anderer Weise reflektieren oder mehr Farbstoff aufnehmen als die vielleicht zu stark gesengten Teile von fadenscheinigem Aussehen. Die Verfärbungen dürften im normalen Bleichgang verschwinden, sonst wäre die Ware nachzuseifen. Sengflecke sind jedoch leider häufig mit Faserschwächungen verbunden, die vielleicht erst nach dem Kochen oder Bleichen auffallen. A. Schmidt[3] machte darauf aufmerksam, daß ungleichmäßige und ungenügend gedrehte Garne den Anlaß zu örtlichen Schäden bilden. Die lockere Garnstelle wird durch die Sengflamme viel stärker abgeflammt bzw. verbrennt das Garn. Der Faden ist zumindest geschwächt und löst sich beim Abkochen auf oder zerreißt bei mechanischer Beanspruchung, so vielleicht beim Merzerisieren. Sind die unregelmäßigen Stellen sehr umfangreich oder enthalten sie außerdem noch Maschinenschmiere, so glimmen die abgesengten Fasern länger nach und verbrennen dabei gleichzeitig die in ihrer Nachbarschaft befindlichen Fäden. So entsteht ein Loch durch Bruch mehrerer Fäden. Auch losere Gewebeteile, etwa Effektstreifen aus feinen Garnen bei loser Einstellung sind gefährdet, die Flamme schlägt durch und verbrennt diese Garne. Starkes Sengen führt unter Umständen zu einer Oxyzellulosierung, vgl. S. 305.

Der Bleicher befürchtet Faserschwächungen bei einem mit Magnesiumchlorid geschlichteten Kettgarn, weil sich in der Hitze freie Salzsäure abspalten könnte, die karbonisierend wirken soll, Hydrozellulose bildet, vgl. S. 308. Ob geringe Zusätze von Magnesium- oder Zinkchlorid zur Schlichte Anlaß zu Sengschäden werden können, erscheint fraglich — selbst bei größeren Mengen wird die Arbeitsweise wesentlich sein. Neuere Versuche sind beschrieben im Spinner u. Weber 1931 Heft 17.

Wasserflecke. Voraussetzung für einen sicheren Bleichbetrieb ist das Vorhandensein von reinem Wasser in ausreichender Menge, sonst wird mit dem Spülen gespart und die Schmutzlösungen und Chemikalien werden mangelhaft ausgewaschen. Die aus trübem und schmutzigem Wasser sich auf dem Bleichgut absetzenden Verunreinigungen verursachen die verschiedensten Flecke. Wenn sich durch geeignete

---

[1] Sommer: Die Anwendung der ultravioletten Strahlen in der textilchemischen Untersuchungspraxis. Textilber. 1928 S. 753.

[2] Kind: Neue Versuche mit Beuchölen. Textilber. 1930 S. 777.

[3] Schmidt: Beschädigte Waren in der Lohnveredlungsindustrie. Textilber. 1923 S. 381.

Filtration Flußwasser klären läßt, so dürfte es einem zwar klaren aber härteren Brunnen- oder Quellwasser vorzuziehen sein, denn der Gehalt an Härtebildnern ist mit ausschlaggebend für die Bewertung. Stärkere Verunreinigungen organischer Natur bedingen vielfach ein schlechtes gelbliches Weiß und fleckige Ware. Die Kalk- und Magnesiasalze rufen in den Koch- und Bleichlaugen Umsetzungsreaktionen hervor, sie geben namentlich mit Seife Niederschläge, welche sich auf den Fasern und dies vor allem auf den oberen Lagen der Bleichpost abscheiden und nach dem Trocknen als vergilbende Flecke auffallen. Kalkige Abscheidungen verleihen der Ware leicht einen rauheren Griff, sie werden beim Ausfärben der vorgebleichten Stoffe die weitere Ursache von Fehlern (über Entfernen und Erkennen derartiger Flecke siehe Kalkflecke). Erst recht verursacht eisenhaltiges Wasser Schwierigkeiten, denn das Weiß nimmt einen gelblichen Ton an oder es bilden sich braune Rostflecke, über deren Beseitigung Seite 286 nachzulesen ist. Unangenehm werden auch größere Schwankungen in der Reinheit des Wassers, falls etwa zeitweilige Verunreinigungen durch fremdes Abwas

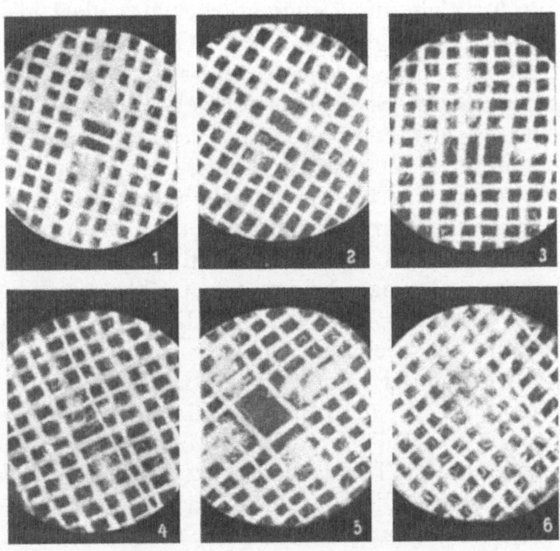

Abb. 76. Sengschäden. Die Bilder 1—5 lassen die Wirkung der Sengflamme im fertigen Gewebe erkennen, Bild 6 zeigt die Rohware (nach A. Schmidt).

ser auftreten. Die Überprüfung des Wassers sollte deshalb beim Nachforschen von Unregelmäßigkeiten mit die erste Arbeit des Bleichers sein.

Holzflecke, Grasflecke. Den Stockflecken ähnelnde oder schwärzlich gefärbte Holzflecke bilden sich, wenn feuchte Ware, namentlich geseiftes Gut, auf alten Holzplatten, Tischen usw., die schon im Verrotten sind, liegen bleibt, Moderflecke entstanden schon beim Arbeiten mit Holzwalzen, die im Kern faule Stellen aufwiesen. Solches Holz gibt plötzlich braune organische Substanzen ab, vielleicht Gerbstoffe, die durch eine dunkle Verfärbung beim Behandeln mit Eisenlösung nachweisbar waren. Holzwalzen sollten deshalb vor dem Gebrauch ausgekocht werden. — Graue bis grünlichbraune und selbst rote Rasenbleichflecke können durch faulendes Gras entstehen. Während letztere Verfärbungen beim Bleichen leicht zu verschwinden pflegen — die Faser ist aber gegebenenfalls schon verrottet —, sind die erstgenannten Holzflecke hartnäckiger, und es muß durch örtliche Behandlung mit Seife oder Bleichlauge nachgeholfen werden. Bei Beschmutzungen der

Bleichware durch auffliegenden Ruß und Höhenrauch wird eine Reinigung mit Seifen zu versuchen sein. Das gleiche gilt für Flecke durch Farbstoffe, Blut und andere zufällige Verunreinigungen, die vielleicht eines Nachchlorens bedürfen. — Vogelschmutz oder Flecke durch Insekten sind nicht immer aus der auf den Plan gebrachten Ware entfernbar, da anscheinend die Verfärbung von der Art der aufgenommenen Nahrung bedingt ist. Falls ein Auswaschen nicht genügt, so ist ein Abbrühen und Nachbleichen erforderlich.

Kochflecke, Kesselflecke. Mit am häufigsten kommen in der Bleicherei Kochflecke vor. Nach einem nicht sorgfältigen Einlegen der Ware in den Kessel bilden sich beim Kochen Hohlräume und Kanäle, durch welche die Lauge stärker zirkuliert als durch das fester gepackte Gut. Ein ungleiches und schlechteres Durchkochen ist die Folge. Schlichte, Samenschalen und andere Verunreinigungen werden weniger gut entfernt. Schlecht durchgekochte Stellen sind im allgemeinen um so eher zu erwarten, je größer der zu beuchende Posten ist, da mit zunehmender Menge die Masse dem Laugenumlauf einen vermehrten Widerstand bietet. Namentlich die unteren Schichten im Kessel kochen schwieriger durch, weil sie unter einem größeren Druck zusammengepreßt liegen. Entsprechend längeres und schärferes Beuchen mit höherem Drucke bringt die Gefahr eines stellenweisen Faserangriffs mit. Trocknes Einlegen des Gutes in den Kessel vermehrt die Schwierigkeit des gleichmäßigen Durchkochens. Es bleiben hierbei leicht Stellen von der Lauge ungenetzt — Rohflecke —, und die Kanalbildung nimmt zu. Deshalb ist das Einlegen genetzter Ware in den Kessel bei Stückware üblicher. Um Rohflecken zu vermeiden, pflegt man der Lauge Seife, Türkischrotöl und besondere Beuchöle bzw. Netzmittel zuzusetzen. Die Zugabe derartiger Netzmittel, die häufig noch durch einen Gehalt an besonderen Fettlösern weitere Vorteile bringen sollen, erscheint theoretisch wohl begründet. Von kleinen Zusätzen ist jedoch leider nicht viel zu erwarten. Bei größeren Mengen hat jedoch die Kostenfrage mitzusprechen und daran scheitert vielfach die wirksame Verwendung (vgl. S. 100). Andererseits wurde erfolgreich durch wirksamere Pumpen der Flottenumlauf gesteigert. Auch durch Verringerung des inneren Widerstandes, den eine große verklebte Fasermasse bietet, suchte man das Durchkochen zu erleichtern, so durch Einbau von Zwischenböden, um das Beuchgut in kleinere Schichten zu zerteilen. Derartige Kesselkonstruktionen haben aber nicht die gedachte Aufnahme gefunden, da die Verbesserung des Flottenumlaufes nicht immer zuverlässig war. Man wird selbst bei regulären Partien mit gewissen Unterschieden in der Reinheit zu rechnen haben, je nachdem die Ware im Kessel für den Flottenumlauf günstig lag (vgl. S. 299 Freibergers Ferrizahl).

Die eigentlichen Kochflecken entstehen dadurch, daß bei unregelmäßiger Laugenzirkulation bereits gelöste Schmutzstoffe oder die durch Verwendung von hartem Wasser entstandenen Niederschläge sowie die Unreinigkeiten der Laugen mit dem Rostschmutz, der von dem Dampf aus den Rohrleitungen mitgeführt wird, sich örtlich anreichern. Dies

vor allem auf den oberen Lagen, die gleichsam als Filter wirken, so daß
ein Abdecken der Ware mit Schutztüchern angebracht sein kann[1].
Besonders bei ungenügender Flottenmenge brennt schmutziger Schlamm
in den oberen Lagen fest und falls das nicht mit Lauge bedeckte Kochgut der Einwirkung von lufthaltigem Dampf ausgesetzt bleibt, tritt
zudem leicht eine Schwächung der Faser, eine Oxyzellulosierung ein.
Während des Kochens muß deshalb das Ablaßventil des Kessels gut
verschlossen bleiben, damit keine Flotte wegfließen kann. Kesselflecke
treten des weiteren auf, wenn beim Ablassen des Kessels Schmutzlauge
auf der Ware eintrocknet, die mit der heißen Wandung in Berührung
liegt. Derartige Fehler verraten sich später dadurch, daß die Ware in
gewissen Abständen, wie sie in den Kessel eingelegt wurde bzw. den
Wandungen anlag, streifig vermorscht ist und entsprechend vergilbt.
Richtig würde es sein, zum ersten Auslaugen und Spülen nur warmes
Wasser zu verwenden, denn durch kaltes Wasser werden die gelösten
Faserverunreinigungen sowie Seifen aus der Schmutzbrühe teilweise
wieder auf der Ware niedergeschlagen. Dies ist vor allem bei großen
Kesselpartien zu befürchten, da es hier eher zu einem teilweisen Abkühlen kommt, weil das Auswässern länger dauert als bei kleinen oder
mittelgroßen Kesseln. Ullmann konstruierte eine Abblasevorrichtung,
vgl. S. 199. Eine nicht richtig ausgelaugte Ware nimmt beim Trocknen
einen graueren, schmutzigeren Ton an.

　　Kalkflecke entstehen beim Arbeiten mit hartem Wasser und bei
Verwendung von Kalkmilch. Vor allem beim Kalkbeuchen hat man
dafür zu sorgen, daß genügend Lauge im Kessel vorhanden ist und daß
die Lauge regelmäßig zirkuliert. Etwa zufolge nicht genügender Flottenmenge oder unregelmäßigen Kochens verschuldete dunkelbraune Kochflecke zu beseitigen, macht vielfach große Schwierigkeiten.

　　Hervorzuheben ist die Gefährdung der Ware beim Kochen oder
Dämpfen in Gegenwart von Luftsauerstoff. Insbesondere kann das
Kochen mit Natronlauge im Hochdruckkessel zu einer teilweisen Oxyzellulosierung führen. Der Grad der Schwächung scheint von der
Laugenkonzentration und der im Kessel eingeschlossenen Luftmenge
abhängig zu sein, denn es sind vor allem die während des Kochens nicht
von der Lauge bedeckten Stellen der Ware gefährdet, es verbrennen in
erster Linie die oberen Schichten im Kier. Durch gutes Entlüften,
auch durch Zugabe von Reduktionsmitteln wie Bisulfit sucht man dem
Verbrennen vorzubeugen, jedoch hat fraglicherweise Bisulfit in kleinen
Zusätzen die gewünschte Wirkungsmöglichkeit. Luftblasen werden
unter Umständen als solche der Anlaß zu örtlichen Schäden, wenn die
Luft aus der festgepreßt liegenden Ware, so aus Leinen nicht entweichen
kann.

　　Gebrauchte Beuchlauge besitzt zufolge ihres Gehaltes an zucker-
artigen Körpern, in Lösung gegangener Oxyzellulose und anderen organischen Verunreinigungen, ein ziemlich starkes Reduktionsvermögen,

---

[1] Mit fraglichem Erfolge wurde versucht, durch Zwischenschaltung eines Filters
in den Kreislauf zwischen Pumpe und Kessel die Lauge klarzuhalten. DRP. 149 209,
Robert Weiss.

so daß man solcher Altlauge eine gewisse Faserschutzwirkung bei ihrer
weiteren Verwendung zum Kochen zugeschrieben hat. Von einer an
Schmutzstoffen angereicherten Lauge ist aber andererseits ein vermindertes Reinigungsvermögen gegenüber Faserverunreinigungen zu erwarten,
denn die Alkaliausnutzung läßt sich keineswegs quantitativ gestalten.
Kochfleckige Stellen netzen sich im Wasser schlechter als gut durchgekochte Ware. Zum Nachweise solcher Fehler beobachtet man deshalb die Netzbarkeit — Eintauchen der flach ausgebreiteten Stückware in Wasser — oder stellt analytisch die Ablagerung von Kalk fest.
Vor allem kennzeichnet ein stärkeres Vergilben beim Dämpfen oder
Trocknen bei höherer Temperatur 110° C die sich hart anfühlenden
Kalkflecke. E. Lauber[1] schrieb bereits 1902 über den Nachweis von
Kalkflecken:

Wird das Beuchen mit Kalk in Hochdruckkesseln vorgenommen, so ist es dringend
notwendig, nach Beendigung des Kochens die Flüssigkeit sofort abzulassen und
die Ware mit kaltem Wasser im Kessel zu waschen, da sonst leicht der Kalk an
den Stellen, wo die Ware die heiße Kesselwandung berührt, im Gewebe eintrocknet
und die bei der Kontinubleicherei verhältnismäßig schnelle Säurepassage zur
vollständigen Lösung nicht genügt. Solches Gewebe zeigt nach dem Dämpfen
braune, morsche Querstreifen, die von Kalk herrühren.

	Gewicht	Asche	Eisen Fe_2O_3	Kalk CaO	Unlöslich
Fleckige Ware, je 0,8 m²	69,50	0,085	0,010	0,032	0,0015
Reine Ware, je 0,8 m²	62,89	0,048	0,005	0,005	0,003

Sofern der Kalk nicht durch Hochdruckbeuche inaktiver geworden,
läßt sich der Nachweis auf der Faser durch schwaches Ausfärben mit
Alizarin oder mit Blauholz führen. Kalk- sowie metalloxydhaltige
Stellen färben sich im Gegensatz zu den reinen Fasern an, die Abscheidungen wirken als Beize. Alizarin bildet mit Kalk einen blauroten
Farblack, den Eisen stark abdunkelt. Sind in den Abscheidungen noch
Schlichtereste, so gibt eine Prüfung mit Jod Aufschluß, Stärke verrät
sich durch eine blaue, Dextrin durch eine mehr rotviolette Verfärbung.

Über den Nachweis von gleichzeitig oxydierter Zellulose siehe weiter
unter Oxyzelluloseflecken S. 288.

Falls die gelblich bis braune Verfärbung der wolkigen oder streifigen
Kochflecke durch das dem Beuchen folgende Chloren und Säuern nicht
verschwindet, ist die Ware erneut zu kochen und zu chloren. Nicht zu
dunkle Kochflecke lassen sich durch kräftiges Absäuern und durch
Nachchloren ausbleichen. Vielfach aber genügt die übliche kurze Behandlung in der Säure nicht oder die im Chlorbade entfärbten Schmutzstoffe werden nicht gut ausgelaugt, diese Stellen neigen dann zum Vergilben, schon beim Appretieren (Kalandern) oder Färben zeigen sich
die Flecke von neuem. Namentlich wenn die Stärke des Säurebades
für kalkgekochte Ware nur mit dem Aräometer geprüft wird, kann dies
leicht zu einer Überschätzung des Gehaltes an freier Säure führen, weil
ja auch die im Bade gelösten Kalksalze das spezifische Gewicht er-

---

[1] Lauber: Praktisches Handbuch des Zeugdruckes. Bd. 1 (1902).

höhen. Die Azidität ist also durch Titration festzustellen, denn die
übliche Prüfung au Schärfe des sauren Geschmacks kann gleichfalls
täuschen. Nach Fes⸗ tellung von Beuch-Kochflecken hat man früher
auch ein Abkochen mit Soda vorgenommen. Die Soda soll sich mit
dem Kalk zu Natronlauge und kohlensaurem Kalk umsetzen, welch
letzterer durch Absäuern leichter zu beseitigen ist. Es dürfte der Erfolg
wohl vorwiegend an der wiederholten Alkalibehandlung, die einen gewissen Ausgleich bewirkt, gelegen haben.

Erwähnenswert ist hier, daß nach G. Geisenheimer[1] sich bei hartem Wasser
Kalkflecke durch Zugabe von 10—20% Wasserglas zur Soda vermeiden lassen
sollen, da die Niederschläge dann weniger an den Fasern ankleben und beim
späteren Waschen leichter zu entfernen seien. — Wasserglas mit Soda (Bleichsoda)
gibt in der Tat flockigere Niederschläge, die zudem Rostabscheidungen absorbieren.
Bei Verwendung von Wasserglas bleibt ein gleichmäßiger Flottenumlauf vorauszusetzen; außerdem ist sehr gutes Spülen Bedingung, denn sonst kommt es beim
Nachsäuern zur Abscheidung von unlöslicher Kieselsäure.

Kalkreste können auf der Bleichware zurückbleiben, wenn der beim
Bleichen mit Chlorkalk sich abscheidende Kalk ungenügend durch Säure
gelöst oder schlecht ausgewaschen wurde. Der beim üblichen Absäuern
mit Schwefelsäure sich bildende schwefelsaure Kalk ist an sich ziemlich
schwer löslich, seine Löslichkeit 1:500 reicht jedoch zumeist aus, so
daß von Salzsäure nur Gebrauch zum Nachbehandeln von kalkgekochter
Ware zu machen ist. Weiße Kalkabscheidungen vermögen fürs erste
den Bleichgrad sogar zu heben, doch liegt die Möglichkeit einer Fleckenbildung mit Seife und Farbstoffen vor, da letztere ungleich aufziehen.
Auch der Griff kalkiger Ware ist weniger weich. Kalkfreie Bleichlaugen
von unterchlorigsaurem Natron verdienen den Vorzug, wenn das Bleichgut weich ausfallen soll. An sich pflegt der Kalkgehalt gebleichter Fasern selbst bei Chlorkalk und Schwefelsäureverwendung nicht so hoch
zu sein wie vielfach angenommen wird, denn nur stärkeren Gipsab-
scheidungen gegenüber versagt Schwefelsäure (vgl. S. 314).

Harz- und Laugenflecke. Als früher die Betriebe aus Harz „Beuch-
seife" kochten, gab ungenügend verseiftes Harz gelbe, schwer netzende
Harzflecke, die durch erneutes Abkochen mit schärferer Soda- und
Seifenlauge wieder entfernt werden mußten. Die Technik bevorzugt
heute fertige Seifen bzw. Beuchöle. Bei diesen hapert es mitunter sehr
an der angepriesenen Kalkbeständigkeit oder es tritt eine Entmischung,
Abscheidung des Fettlösers ein. (Harzhaltige Seifen sollen mit hartem
Wasser dunklere Flecke verursachen, wenn die Härte des Wassers von
Magnesiumsalzen herrührt.)

Natronlauge in zu hoher Konzentration auf das auszukochende
Material gebracht, wirkt merzerisierend. Die Merzerisationswirkung
macht sich bei einem etwaigen späteren Ausfärben durch stärkeres Anfärben geltend. Bei Weißware dürfte die Änderung der Faserstruktur
zu sehen sein. Heiße, konzentrierte Lauge kann die Faserfestigkeit,
vor allem diejenige des Leinens stark gefährden.

Des weiteren können aus den Verunreinigungen der Chemikalien
Fehler entstehen. Lauber berichtete z. B. von roten Siedeflecken,

---

[1] Vgl. Theis: Breitbleiche.

welche auf den Mangangehalt der verwendeten Natronlauge zurückzuführen waren.

Rostflecke, Eisenflecke. Rostflecke sind an ihrer Verfärbung er-
kenntlich und analytisch mittels der Berlinerblau-Reaktion nachweisbar. Holzkästen und Kufen, in die nasses Gut aufgeschichtet oder
eingelegt wird, dürfen z. B. keine eisernen, unverdeckten Nägel aufweisen, denn abgesehen von der Verfärbung der Waren kommt eine
katalytische Einwirkung in Betracht, siehe S. 290. Die Kochkessel-
wände sind von Zeit zu Zeit durch wiederholten Anstrich der gereinigten
Bleche mit mäßig dicker Kalkmilch zu weißen; Zugabe von etwas Eiweiß (Kasein) oder von Wasserglas hilft einen besser haftenden Überzug
bilden. Nach gutem langsamem Trocknen wird erforderlichenfalls zunächst mit starker Sodalösung oder besser noch mit Zugabe von Wasserglas ausgekocht, sonst ist der Kessel mit Holzlatten und Tüchern derart auszukleiden, daß das Kochgut nicht mit rostendem Eisen in unmittelbare Berührung kommt, vgl. S. 174. Des weiteren wäre darauf zu
achten, daß die ausgekochte Ware nicht unnötig lange, etwa über
Sonntag im Kessel liegen bleibt.

Nicht zuletzt muß Vorsorge getroffen werden, daß keine Tropfen von
Eisenhaken, Eisenträgern, herabfallen — Emaille oder Mennigeanstrich.
Des weiteren können eisenhaltige Chemikalien, rosthaltiges Kondens-
wasser oder Wasser, das längere Zeit in Eisenrohren gestanden hat,
Rostflecke verursachen und der Faser beim Kochen einen dunklen
Farbton geben. Es mag angebracht sein, das erste Wasser aus der Lei-
tung morgens abzulassen. Da Baumwolle Eisen aus dem Wasser ab-
sorbiert, so tritt selbst bei Spuren von Eisen im Wasser leicht eine
Verfärbung ein.

Frische Eisenflecke dürften im allgemeinen beim Absäuern des
Bleichgutes verschwinden. Das Entfernen älterer Rostflecke macht
mehr Schwierigkeiten, zumal vielfach eisenhaltige Ölschmiere, Eisenseife, vorliegt. Für letztere gilt zum Teil das bei der Besprechung für
Ölflecke bereits Gesagte. Ferrosalze geben mit Fettsäuren zunächst
wenig gefärbte Eisenseifen, durch Oxydation entstehen aber hieraus
rote Verbindungen. Sind frische Abscheidungen mit organischen Lösungsmitteln wie Chloroform unschwer in Lösung zu bringen, so ist
dies nach Oxydation der Fettsäuren nicht oder kaum möglich. Erwähnt sei, daß Rostflecke oft nicht auf Nachlässigkeit von Arbeitern
zurückzuführen sind, rostige Stellen mögen z. B. entstehen, wenn die
Kettfäden auf dem Webstuhl längere Zeit mit eisernen Rietblättern
oder Fadenwächtern in Berührung bleiben. Angeblich wirkte sich hier
ein Zusatz zur Schlichte von Zinkchlorid mit geringen Verunreinigungen
von chlorsaurem Salz ungünstig aus. Genügt das übliche Absäurungsbad
mit Schwefel- oder Salzsäure zum Auflösen der Rostflecke nicht, soll
man Oxalsäure zugeben, oder Bisulfit hinzunehmen und das Bad mit
Vorsicht warm, bis etwa 50°C, anwenden. Hartnäckigere Flecke müssen
einzeln mit konzentrierteren Säuren behandelt werden. Wegen der
Fasergefährdung durch hinterbleibende Säurereste zieht der Bleicher
organische Säuren wie Oxalsäure — etwa 4°Bé — zum Putzen der Rost-

flecke vor, doch auch die Oxalsäure ist auszuwaschen! Chemische Wäschereien verwenden gern eine mit Oxalsäure gesättigte 10% ige Essigsäure. Sehr gute Dienste leistet Kaliumbifluorid in konzentrierter Lösung, zumal die Fasern nicht leiden[1]. Keineswegs traf jedoch die von beteiligter Seite für Rostsalz aufgestellte Behauptung zu, dieses Mittel sei im Gegensatz zu Oxalsäure ungiftig. Die löslichen Fluorsalze sind im Gegenteil weit giftiger, so daß eine gewisse Vorsicht am Platze ist. Fluorsalze greifen Glas an, die Verpackung in mit Wachs ausgegossenen Flaschen oder in Holzgefäßen verrät die Eigenart des Salzes. Lehmann & Voß, Hamburg, DRP. 334188, halten Siliziumfluornatrium oder -magnesium unter Nachbehandeln der Fleckstelle mit Soda oder dergleichen für empfehlenswerter. Die Byk-Guldenwerke, DRP. 466130, bringen als sehr wirksames, die Fasern nicht gefährdendes Hilfsmittel Bilaktat in den Handel. Es wird die Roststelle mit dem angefeuchteten Salz eingerieben, über Dampf gehalten und ausgewaschen. Die Wirkung ist sehr gut.

Flecke von Eisenseife sollen durch Einreiben mit einer heißen Lösung von 1 Teil neutraler Seife, 1 Teil Glyzerin und 3 Teilen Wasser zu entfernen sein.

Auf die verschiedenen Fleckstifte, Fleckpasten usw. zum Entfernen von Rost- und Tintenflecken, welche die Reklame anpreist, ist hier nicht näher einzugehen. Solche Geheimmittel werden meist viel zu teuer bezahlt, ohne besondere Vorzüge vor den genannten und den im Hausgebrauch verwendeten Hilfsmitteln zu haben, zu denen Kleesalz und Zitronensäure gehören.

Von der I. G. Farbenindustrie wird das Hydrosulfitpräparat Burmol als Fleckenreinigungsmittel empfohlen. Es heißt in der Gebrauchsanweisung: Selbst alte Rostflecke, die mit anderen Mitteln ohne Schädigung des Stoffes kaum entfernt werden können, werden mit Leichtigkeit durch Burmol beseitigt. Die Behandlung der Flecke geschieht in der Weise, daß man dieselben zunächst mit lauwarmem Wasser gut befeuchtet, eine kleine Messerspitze Burmol daraufstreut und mit der Hand verreibt. Die meisten Flecke verschwinden nach dieser Behandlung sofort; bei älteren Flecken muß die Behandlung 2—3 mal wiederholt werden. Zum Schluß wird mit Wasser gut gespült.

Bleiflecke und andere Metallflecke, welche Ähnlichkeit mit Rostflecken zeigen oder mehr rötlich sind, rühren vielleicht von der zum Abdichten von Rohrleitungen usw. benutzten Mennige her. Schärfere Chlorlauge läßt aus diesen Verschmutzungen dunkelbraunes Bleisuperoxyd entstehen. Metallisches Blei von Leitungsrohren oder vom Kesselbelag kann Anlaß zu Bleiflecken geben, wenn Teile mechanisch abgerieben werden und sich im Gute festsetzen, eine graue Tönung verursachend. In verbleiten Eisenkesseln darf keinesfalls mit Ätznatronlauge gekocht werden, Natronlauge ist selbst beim Arbeiten mit kalten stärkeren Lösungen nicht ganz unbedenklich. Ebenso kann Salzsäure Blei angreifen und Bleichlorid auf die Faser gelangen lassen. Die zunächst farblosen Abscheidungen von Bleihydroxyd, Sulfat oder Chlorid werden erst später die Ursache dunkler Flecke, indem Schwefelwasserstoff oder Schwefelnatrium — etwa aus unreiner Soda — schwarzes Schwefelblei bilden. Bleisulfat sowie Bleisuperoxyd verschwinden oder hellen sich auf durch Absäuern, jedoch bleibt von dem farblosen Bleiniederschlag in der Faser zurück, so daß sich möglicherweise derartige Flecke noch

---

[1] Löwe: Dtsch. Färber-Ztg. 1911 S. 798.

nach längerer Zeit wieder unter dem Einfluß von Schwefelwasserstoff (Leuchtgas, Dünste aus Abortgruben?) einstellen. Der Nachweis von Blei ist analytisch mit Schwefelammonium zu führen, nachdem Eisen vorher entfernt wurde.

Ausnahmsweise werden Flecke durch Messing, Kupfer, Nickel verursacht sein. Solche Metallverunreinigungen sind wegen Katalysegefahr von Bedeutung. Beseitigen lassen sich die meist grün verfärbten Abscheidungen am besten durch Zyankali unter Zugabe von etwas Peroxyd. Zum Nachweis dient bei Kupfer die mit Ferrozyankali eintretende Braunfärbung. Weniger in Bleichware als in Wäschestücken können Zinkflecken vorkommen, wenn die Gewebe in einer alkalischen Seifenlauge liegend mit schlecht verzinktem Blech in Berührung kommen. Die weißen, in der Durchsicht dunklen Flecke sind nach Kehren mit Diphenylamin-Ferrizyankali in charakteristischer Weise nachweisbar[1]. Über die Bedeutung von Blei, Kupfer usw. beim Bleichen siehe S. 290.

Nötigenfalls hat man eine größere Fasermenge im Kjedahlkolben mit Schwefelsäure—Salpetersäure aufzuschließen, um auf irgendwelche Metallverunreinigungen wie Kupfer, Mangan, Eisen den Rückstand kolorimetrisch zu prüfen.

Oxyzellulose, Chlorflecke. Die in der Bleicherei vor allem zu fürchtenden Unregelmäßigkeiten sind morsche Oxyzellulosestellen. Eine Oxydation der Zellulose kann sowohl beim Kochen wie beim Bleichen, namentlich beim Chloren eintreten, sie ist die häufigste Ursache der schlechtweg „Bleichfehler" genannten Schäden. Da bei diesen Bleichfehlern die Faser selbst angegriffen ist, sind einmal entstandene Faserschwächungen nicht mehr zu beheben. Bei der Farblosigkeit von Oxyzellulose — Oxyzellulosekochflecke sind mitunter durch eingebrannte schmutzige Kochbrühe oder infolge Überhitzung verfärbt — entgeht eine Schädigung der Faser anfänglich leicht der Beachtung, so daß erst nachträglich und zu spät die Schwächung auffällt, welche etwa ein zu starkes Chlorbad bewirkte. Das Verhüten der „Bleichfehler" wird außerdem noch dadurch erschwert, daß gewisse dem Bleichereipraktiker oft belanglos erscheinende Umstände die Oxydationskraft der Laugen in unerwarteter Weise katalytisch zu steigern vermögen.

Über die Bildungsmöglichkeit von Oxyzellulose beim Auskochen stellte als erster A. Scheurer Versuche an. Während Natronlauge bei Abschluß der Luft nach 8stündigem Kochen bei 150° noch nicht schwächend auf Baumwollgewebe eingewirkt hatte, genügte die Gegenwart geringer Luftmengen, um eine Zerstörung des Kattungewebes herbeizuführen. So zeigte ein zusammengelegtes Tuch an den Falten morsche Stellen, als dort Luft eingeschlossen blieb. Das Entstehen morscher Oxyzellulose ist beim Auskochen oder Dämpfen von mit Lauge imprägnierten Fasern sehr zu befürchten, denn die im Dampf selbst enthaltene Luft aus dem Dampf- bzw. Speisekessel kann schädigen. Vor dem Kochen muß die Luft möglichst aus der Apparatur verdrängt werden. Etwa zur Lauge zugesetzte Reduktionsmittel, wie Bisulfit, welche den Luftsauerstoff unschädlich machen sollen, schützen die gefährdeten Teile nur unzuverlässig. Wie schon bei Besprechung der Kochflecke angeführt, bleibt vor allem auf gute gleichmäßige Laugenzirkulation und auf genügend hohen Flottenstand zu achten, damit keinesfalls die Beuchware aus der Lauge herausragt oder sogar obenauf schwimmt.

---

[1] Vgl. Textilber. 1928 S. 687.

Deshalb versucht man beim Arbeiten in liegenden Kesseln durch aufgelegte Gitter
zu vermeiden, daß Ware über die Ränder des Wagens gespült und somit der Dampf-
wirkung ungleich stärker ausgesetzt wird.

C. F. Theis wollte aufklären, bei welcher Laugenkonzentration die Faserschwächung einsetzt und machte Versuche mit ansteigend stärkeren Natronlaugen.
Es ergab sich, daß im allgemeinen in Flotten von einer Stärke von über 4° Bé,
d. h. mit mehr als 28 g Ätznatron im Liter Wasser, eine zunehmende Schwächung
eintritt. Ein größerer oder geringerer Zusatz von Natriumbisulfit konnte dieselbe
nur teilweise beheben, während sich die Zugabe dieses Reduktionsmittels bei jeder
Konzentration bis 4° Bé vorteilhaft bemerkbar machte; für die Praxis würde diese
Konzentration genügen.

Beim Chloren entsteht Oxyzellulose, wenn die Bleichflüssigkeit
ihre Oxydationskraft zu stark entfaltet, so daß nicht nur die Verunreinigungen der Zellulose, sondern die Fasersubstanz angegriffen wird. Dies
kann einmal in starken Bleichflotten der Fall sein. Es wurde deshalb
gefragt, bis zu welchen Konzentrationen der Bleicher die Chlorbäder
anwenden darf, ohne ein Vermorschen der Zellulose befürchten zu
müssen. Verschiedentlich hat man diese Frage zu lösen gesucht und
Grenzwerte für die Stärke der Bleichflotten genannt. So sollten z. B.
nach G. Witz[1] keine über 0,5° Bé gehenden Chlorlösungen genommen
werden.

Die Aufstellung von Grenzwerten für die Chlorkonzen-
tration kann nur fragliche Zahlen geben, denn nicht nur die
Flottenstärke kommt in Betracht, sondern fast ebenso wichtig sind
Bleichdauer und Flottenverhältnis, Zersetzlichkeit der Bleichlauge und
Beschaffenheit des Bleichgutes. Eine schwache, dafür aber sehr lange
Bleichflotte vermag bei ausgedehnter Bleichzeit die Fasern zu schwächen.
Der Bleicher sollte stets derart arbeiten, daß die gesamte in Betracht
zu ziehende Chlormenge, also das Produkt aus Chlorkonzentration und
Flüssigkeitsmenge, in einem günstigen Verhältnis zum Bleichgute steht.
Im allgemeinen geht das Bestreben dahin, durch gutes Auskochen die
Fremdstoffe aus den Fasern soweit zu entfernen, daß die Bleichflotten
nur noch für die Zerstörung der restlichen Verfärbungen benötigt werden
und somit der Bedarf an Bleichmitteln gering ist. Je schwächer man die
Chlorlauge und je kleiner man die Gesamtchlormenge hält, um so geringer wird die Gefahr eines Überbleichens. Der Chlorbedarf schwankt
im übrigen sehr stark, so benötigt z. B. die Kaltbleiche von Baumwolle mehr Oxydationsmittel als die Kochbleiche und dementsprechend
eine stärkere Chlorflotte, vgl. S. 154.

Auf zu lange andauernde Bleichwirkung zurückführbare Schwierigkeiten ergaben sich mitunter beim Chloren auf der Maschine und Ablegen des mit Chlorlauge getränkten Stranges auf Haufen. Der untere
Teil der Partie bleibt hier vielleicht 5—6 Stunden, der obere nur 2 Stunden liegen, so daß die Oxydation ungleichmäßig und zu weit vorschrei-
ten kann. Das Einlegen und Chloren in Zisternen verspricht ein gleichmäßigeres Ergebnis, neuerdings macht man Propaganda für das Chloren
des laufenden Bandes. In allen Fällen muß ein Antrocknen von gechlorter Ware an den Außenstellen vermieden werden, damit sich keine

---

[1] Witz: Bull. de Rouen 1882 S. 83. — Dinglers Polytechn. Journ. 1883.

Chlorlösung dorthin zieht und örtliche Schwächungen hervorruft. Die direkte Bestrahlung durch Sonnenlicht wird gleichfalls gefürchtet. Alte Praktiker glaubten die angeblich besonders gefährlichen blauen Lichtstrahlen durch gelbes Fensterglas zurückhalten zu sollen. Das direkte Sonnenlicht dürfte indessen weniger die Ursache eines Morschwerdens von Textilien sein, es wird in der durch die Bestrahlung eintretenden Erwärmung und in der dadurch erhöhten Bleichenergie der Chlorlauge vorwiegend der Anlaß zu suchen sein. Erinnert sei an die Möglichkeit, durch Zugabe von Säuren die Bleichflotten zu aktivieren. Damit kann es zu einer zu weit gehenden Oxydation bei unsachgemäßer Regelung des Chlorens kommen. Daß die Kohlensäure der Luft Oxyzelluloseflecken entstehen läßt, weil sie Chlorlauge örtlich an den Außenstellen der auf Haufen abgelegten chlorgetränkten Bleichware oder der aus der Bleichflotte herausragenden Gespinste und Gewebeteile aktivierte, trifft hingegen nicht zu. Derartige örtliche Schäden erklären sich im wesentlichen durch ein stärkeres Nachfließen unverbrauchter Lauge oder durch ein Eintrocknen von Flotte, vgl. S. 129. Von der Beschaffenheit des Bleichgutes hängt der fehlerlose Ausfall einer Bleiche aber mit ab. Die Textilien können nämlich katalytisch wirkende Verunreinigungen wie Eisen und Kupfer enthalten, welche die Zersetzlichkeit der Chlorflotte oder des Sauerstoffbades beeinflussen und örtliche Zerstörungen herbeiführen, falls die Katalyte sich während des Bleichens mit Oxydationsmitteln in engster Berührung mit den Fasern befinden. So bedeutet ein eingesponnenes Eisenteilchen nicht nur eine Rostgefahr, sondern meist gleichzeitig eine Gefährdung der Faserfestigkeit, wie den Ausführungen über die katalytische Zersetzung von Chlor- und Sauerstoffflotten zu entnehmen ist, vgl. S. 139 und 161.

Der Nachweis von Katalyseschäden ist vielfach nicht mehr analytisch zu führen, wenn die Metallverunreinigungen während des Bleichens restlos in Lösung gingen. Die Ränder der Löcher und die wie abgeschnitten aussehenden Fadenenden geben dann mit angesäuerter Ferrozyankalilösung nicht die sonst typische blaue oder braune Verfärbung mehr. Spuren von Verunreinigungen an den Lochrändern oder den fraglichen, morscheren Stellen sind mitunter noch unter der Ultralampe zu entdecken. Bei Geweben zeigt sich häufig, daß die kreuzenden Fäden des Schusses oder der Kette leicht durch den katalythaltigen Faden in Mitleidenschaft gezogen werden, es bilden sich viereckige, eng begrenzte kleine Löcher. Ist ein Garn auf einer größeren Strecke infiziert, so mag beim Fertigstellen der Stückware in der Appretur die Ursache eines Einrisses vorhanden sein. Drei Abbildungen derartiger Schäden zeigen solche Faseroxydation in Leinenstoffen. Hier gelangen solche Fehler anscheinend mehr zur Beobachtung als bei Baumwolle, da Leinen wiederholt gebeucht und gechlort wird[1]. In Baumwollwaren machen sich die Faserschwächungen vielleicht erst mehr nach den späteren Wäschen bemerkbar, wenn es zu einem Auflösen der Oxyzellulose in den Waschlaugen kommt. Vereinzelte Kata-

---

[1] Kind: Bleichschäden in Leinen durch Metallverunreinigungen. Textilber. 1922 S. 31.

lytschäden in einem Gewebe zu erkennen, hält bei Fehlen restlicher
Verunreinigung oft schwer, denn es kann sich ja auch um Putzstellen
handeln, durch unvorsichtiges Wegschneiden von Knoten oder Faden-
stücken verschuldet. Ebenfalls ist zu erwägen, ob nicht kleine Schäden
durch Auflösen eines schalenhaltigen oder knotigen Garnes entstanden
und ob nicht rein mechanische Einwirkungen, wie Pressungen von
einer Walze, vorliegen. Der Rückschluß auf Schädigung durch Metall
ist sicherer, wenn die anscheinend zerstreut liegenden Löcher nachweis-

Abb. 77. Katalytschäden in Leinen.

lich von einem oder von bestimmten Fäden ausgehen. Eben dann ist
auch eher zu sagen, woher der Fremdkörper stammt. Ist z. B. nur der
Schuß beteiligt, so kann nicht von einem Auffallen von Metallpulver oder
von metallhaltigen Ölspritzern auf das Gewebe die Rede sein, denn

Abb. 78. Katalytschäden in Leinen.

hier würde sich eine andere Anordnung ergeben. Abb. 78 zeigt einen
durch Kupferdraht verursachten Schaden. Ein Rest des in das Abfall-
Baumwollgarn eingesponnenen Drahtes ist noch vorhanden.

Das Arbeiten mit Chlorkalk bringt die Gefahr mit, daß örtliche
Schäden durch nichtgelöste Chlorkalkteilchen entstehen. Gelangt keine
völlig klare Chlorlauge zum Bleichen, so setzen sich Chlorkalkteile
gegebenenfalls auf dem Bleichgute ab und werden Anlaß zu Lochschäden.
Deshalb bedeutet schon beim Abwägen oder beim Anrühren des Bleichpulvers verstaubender Chlorkalk eine Gefährdung von in der Nähe
liegender Ware. Chlorkalk sollte daher nie im Bleichraume selbst ab-
gewogen und angesetzt werden. Es darf nur klare Chlorlauge zur Verwendung gelangen. Wenn man vielfach das Morschwerden von Bleich-

ware mit einer Oxydation durch nicht ausgewaschene Reste von Chlorlauge erklären wollte, so braucht man den Einfluß von eintrocknenden
Chlorlaugenresten nicht zu hoch anschlagen, vgl. S. 130, jedenfalls sind

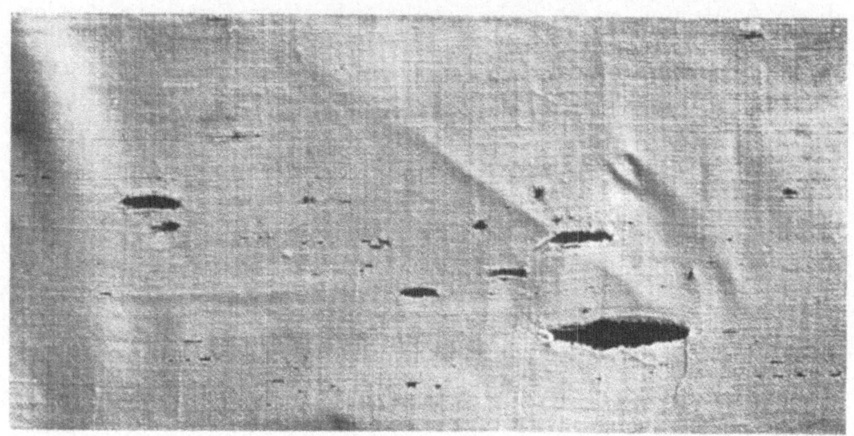

Abb 79. Katalytschäden in Leinen (infizierte Spule).

die Begleitumstände von Belang. Wenn sich nach ungenügendem Auswaschen Aktivchlor in gewissen Teilen des Bleichgutes konzentrieren,

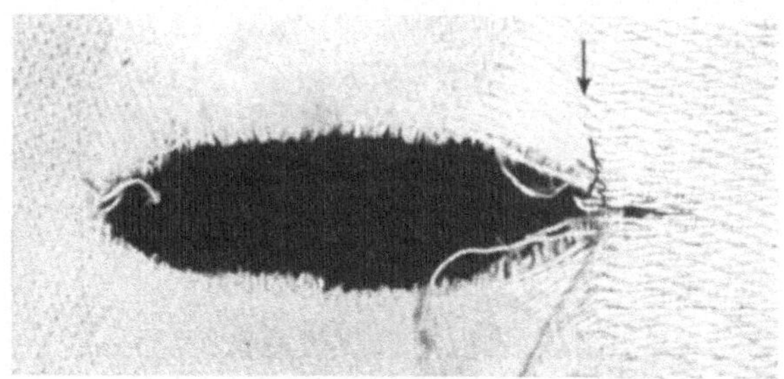

Abb. 80. Katalytschäden durch Kupferdraht.

so sich an einzelne nach außen gelegene Stellen hinziehen kann, so mag
eine Faseroxydation dort eintreten, so weit keine leichter oxydabelen
Verunreinigungen mehr vorhanden sind.

Nachträgliche Faserschwächungen beim Trocknen und Lagern von
nicht mit Antichlor behandeltem Bleichgut sollten nach Cross, Bevan,
Briggs darauf beruhen, daß Eiweißkörper in den Fasern Chlor in einer
Form fixieren, aus der sich unter Umständen Salzsäure abspaltet.
Näheres ergibt sich aus den Ausführungen auf S. 147. Mit der Bildung
von Chloramineiweiß ist namentlich bei unvollständig gebleichten Leinenfasern zu rechnen. Solches Bleichgut kann Monate hindurch die
Chlorreaktion behalten. An sich erscheint eine Schlußbehandlung mit

Antichlor schon deshalb empfehlenswert, um der Verkaufsware den „Bleichgeruch" zu nehmen.

Zum Nachweis von Chlor auf der Faser dient Jodkaliumstärkepapier, das man auf die angefeuchtete, besser schwach mineralsauer gemachte Probe andrückt, oder eine entsprechende aufzuträufelnde Lösung. Eine eintretende Blaufärbung durch Jodstärke deutet nicht ausschließlich „aktives Chlor" an, sondern kann auch durch Eiweißchlor und aktiven Sauerstoff bedingt sein.

Oxyzellulose unterscheidet sich von Zellulose ($C_6H_{10}O_5$) durch einen Mehrgehalt an Sauerstoff. Vermutlich gehen bei der Oxydation zunächst primäre Alkoholgruppen in Aldehydgruppen über, aus denen weiterhin Karboxylgruppen gebildet werden. Nicht nur sogenannte starke Oxydationsmittel wie unterchlorige Säure und Permanganat vermögen die Zellulose zu oxydieren, sondern auch Verbindungen, denen man ein schwaches Oxydationsvermögen zuspricht. Es mag sich hierbei um katalytische Beeinflussungen handeln. Nach Freiberger[1] ist möglicherweise Oxyzellulose selbst ein Katalyt, derart, daß geringe Spuren von Oxyzellulose der Anlaß zu weiterer Faserschwächung werden, die chemischen Reaktionen als Sauerstoffüberträger, so beim Beuchen beschleunigen?

Die Einwirkungsprodukte des Sauerstoffs hat man nach ihrem Verhalten gegen verdünnte Alkalien und Ammoniak unterschieden:

α) Oxyzellulose in verdünntem Alkali und Ammoniak unlöslich;

β) Oxyzellulose in verdünnten Alkalien und Ammoniak löslich;

γ) Oxyzellulose in verdünnten Alkalien und Ammoniak löslich und auch in feuchtem Zustande in Wasser löslich.

Es wird Oxyzellulose nicht als ein einheitliches Produkt aufzufassen sein, sondern es sind Zelluloseabbauprodukte mit ungleichen Mengen von noch unveränderter Zellulose anzunehmen, der Oxyzellulose kommt keine bestimmte chemische Formel zu[2]. Je nach den Oxydationsbedingungen ist mit einer gleichzeitigen Beeinflussung durch Alkali oder durch Säure zu rechnen, so daß die späteren Reaktionen von den jeweiligen Entstehungsbedingungen abhängen mögen. Als Endprodukte der Oxydation sind neben reduzierendem Zucker Säuren wie Kohlensäure und Oxalsäure zu erwarten. Bei der Oxydation behält die Faser zwar zunächst ihre Form, das aus langen Molekülgebilden zusammengesetzte Faserskelett wird nur an einzelnen Punkten anoxydiert, die Festigkeit geht mehr und mehr verloren. Die Flachsfaser soll z. B. in ihren Querrissen der Oxydation leichter zugängig sein.

A. Haller[3] nimmt auf Grund des Verhaltens oxyzellulosierter Fasern gegenüber Zinnchlorür usw. an — vgl. S. 301 —, daß wir ein Gemisch von unveränderter Zellulose und reduzierender Substanz neben einem dritten

---

[1] Freiberger: Die Untersuchung von Baumwolle mittels Dämpfen. Färber-Ztg. 1917 S. 221. — Das Weißbleichen. Textilber. 1924 S. 546.

[2] Vgl. z. B. Meyer, K.: Neue Wege in der organischen Strukturlehre. Ztschr. f. angew. Ch. 1928 S. 945.

[3] Haller: Über Oxyzellulosebildung und ihre Beziehung zur Struktur der Baumwollfaser. Textilber. 1931 S. 517.

Körper haben, der zwar keine reduzierenden Eigenschaften mehr zeigt, sich aber durch eine ausgesprochene Affinität zu bestimmten Metallsalzen auszeichnet. Dieser dritte Körper ist mit einem hohen Prozentsatz an den alkalilöslichen Produkten beteiligt. Der oxydative Angriff ist ein selektiver und bevorzugt bestimmte Schichten der Zellmembran, offenbar fällt die Bindeschicht der verschiedenen, konzentrisch angeordneten Schichten dem Angriff vorzugsweise anheim.

Faserschwächungen machen sich vor allen nach einem weiteren Abkochen mit Laugen und selbst mit Wasser bemerkbar, ein für die weitere Verarbeitung wichtiges Verhalten. Vermutlich durchzieht die Oxyzellulose als eine Art von Dextrin die übrige unveränderte Zellstoffmasse und verklebt sozusagen die Risse und Sprünge. Durch Auskochen mit Wasser oder besser durch wiederholtes Brühen mit alkalischen Lösungen sind diese adsorbierten Umwandlungsprodukte mehr oder weniger entfernbar, wie das Zurückgehen des Reduktionsvermögens der Fasern dartut, während die Lösung jene Eigenschaft annimmt. Der Gewichts-Abkochverlust läßt einen ungefähren Schluß auf die analytischen Werte, so auf die Permanganatzahl zu. Der analytische Nachweis einer Überbleiche von Textilien ist nicht immer sicher zu führen, wenn bei Reduktions- und Anfärbeversuchen Oxyzellulose in fraglichem Grade durch nachträgliche Abkochung schon entfernt wurde oder bereits in alkalischen Bleichbädern in Lösung ging. Trotz geringer Faserfestigkeit, welche Oxyzellulosierung annehmen läßt, falls eine Säureschädigung nicht in Frage steht, zeigt Bleichware unter Umständen nur geringe „Oxyzellulosereaktionen"! Bei irgendwelchen Untersuchungen ist nach Möglichkeit normale Bleichware der gleichen Art zum Vergleich heranzuziehen, ein Werturteil sollte sich auf mehrere Reaktionen stützen.

Zum Nachweis von Oxyzellulose wurden mancherlei Reaktionen empfohlen.

Ein Unfall in der Bleicherei veranlaßte G. Witz[1] sich mit dieser Frage zu beschäftigen. Witz fand gebleichte Stücke mit unzähligen, winzig kleinen Löchern übersät. Auf Einpressen von Sand aus dem Bachwasser oder aus dem zum Kochen verwendeten Ätzkalk zwischen den Walzen der Waschmaschine zurückführbare Zerstörungen konnten wegen des Verhaltens der geschädigten Ware beim Dämpfen nicht in Frage kommen. Hierbei umgaben sich die löcherigen Gewebestellen mit einem schmalen bräunlichen Saume, was auf einen stattgehabten chemischen Einfluß hindeutete. Bei seinen Versuchen bemerkte Witz, daß der Rand der Löcher sich mit einer Lösung von Anilinviolett besser anfärbte wie der Rest des Gewebes. Durch Aufspritzen von Schwefelsäure, Kalk, Natronlauge und Chlorkalk mit nachfolgendem Dämpfen wurde festgestellt, daß es sich nur um eine Wirkung von Chlorkalk handeln konnte. In der Tat war Chlorkalk bei Öffnen eines Fasses auf die fraglichen Stücke gefallen. Der Faserangriff durch Chlorkalk ging in 12 Stunden so weit, daß beim Waschen Durchlöcherung stattfand und die Löcher sich beim Dämpfen mit braunen Rändern umgaben.

Witz erkannte weiter, daß „Oxyzellulose" im Gegensatz zu unbeschädigter Faser Metalloxyde (Beizen) in durch Ausfärben nachweisbarer Form besser auf sich niederschlägt und Farbstoffe teilweise besser anzieht, teilweise mehr abstößt. Zu den ersteren gehört die Klasse der basischen Farben, zu den letzteren zählen saure und phenolartige Farbstoffe sowie gewisse substantive Farbstoffe. Auch

---

[1] Witz, G.: Dinglers Polytechn. Journ. 1883 S. 250.

Anilinschwarz färbt den oxydierten Zellstoff weniger gut an. Als bestgeeignetes Reagens fand Witz Methylenblau geeignet. Dieses wurde um so kräftiger beim Färben in 0,5%iger kalter Lösung fixiert, je stärker die Faser angegriffen war.

Anfärbbarkeit der Oxyzellulose. Der Nachweis von oxyzellulosierten Fasern durch **Ausfärben mit Methylenblau** erscheint zwar einfach, der Ausfall ist jedoch vielfach zu unzuverlässig, denn nicht nur die physikalische Beschaffenheit der Fasern, so die Dicke der Faserwand, sondern auch die Gegenwart von Begleitstoffen wie Proteinen usw. und nicht zuletzt von Abscheidungen wie Kieselsäure, Kalksalzen usw., desgleichen die Wirkung von Chemikalien, eine vorangegangene Merzerisation, beeinflussen die Farbaufnahme. So verfärbt sich ein häufiger mit hartem Wasser, namentlich bei Verwendung wasserglashaltiger Mittel gewaschenes Gewebe gegebenenfalls mit Methylenblau tief dunkel, ohne daß eine entsprechende Faserschwächung vorliegt. Die Anfärbbarkeit kennzeichnet also bei Vergleich mit einer mitgefärbten neuen Probe der gleichen Art mehr den Reinheitszustand der Faser. Letzten Endes kann die Anfärbung von der Art der Oxyzellulosierung beeinflußt worden sein, eine bei saurem Chloren gebildete Oxyzellulose verhält sich anders als eine etwa beim Beuchen zu Schaden gekommene Ware. Die Anfärbbarkeit kann sogar nach dem Entfernen der Oxyzellulose gestiegen sein. Nach Clibbens und Geake[1] färbt sich Oxyzellulose aus neutraler Lösung (p_H 7) besser an als aus saurer (p_H 2,7), während Hydrozellulose den Farbstoff gleich gut aus neutraler wie aus saurer Lösung aufnimmt, vgl. S. 117.

Die Vorschriften für die Methylenblauausfärbungen sehen entweder ein längeres kaltes Einlegen — 20 Minuten — in eine 0,05—0,1%ige Lösung vor, mit folgendem kalten und warmen Auswaschen bis die Faser kaum noch Farbstoff abgibt, oder auch ein heißes Ausfärben mit folgendem wiederholten Auswässern. Reine Zellulose gibt den adsorbierten Farbstoff wieder schneller ab, die oxydierte Faser hält ihn hartnäckiger zurück.

F. H. Thies[2] wollte die erhaltenen Färbungen mit Kupfersulfat-Ammoniaklösungen vergleichen. H. Nishida[3] sah ein Rücktitrieren der Farbstofflösungen — neben Methylenblau auch Safranin — mit Titanchlorid vor. Einfacher wäre es, eine Skala von Methylenblauausfärbungen vorrätig zu halten. Die Anfärbung durch Methylenblau benutzte E. Ristenpart[4], um den unter Verwendung des Halbschattenapparates nach Ostwald ermittelten Weißgehalt der Methylenblauausfärbung auf den Weißgehalt der Ware vor der Anfärbung zu beziehen. Die Methylenblauzahl M errechnet sich aus der Zunahme des Quotienten der gebleichten gegenüber der ungebleichten Ware, bezogen auf den Quotienten der ungebleichten Ware. Zum Beispiel

	Weißgehalte	
	ungebleicht	gebleicht
ungefärbter Stoff	52	56
mit Methylenblau gefärbt	17,1	17,4
Quotient	3,04	3,23
Methylenblauzahl $M \dfrac{3,23 - 3,04}{3,04} \times 100 = 6$	—	6

---

[1] Clibbens u. Geake: Engl. Text. Inst 1926 T. 128.

[2] Thies: Über die Erkennung beginnender Oxydation von Bleichware. Färber-Ztg. 1913 S. 525.

[3] Nishida: Kunststoffe 1914 S. 266.

[4] Ristenpart: Leipzig. Mschr. Textil-Ind. 1923 S. 84.

Es ist die Anfärbbarkeit vorsichtig zu bewerten, denn es läßt die Tiefe der Anfärbung auch nicht auf das Vergilben der Bleichware schließen, für das im allgemeinen der Oxyzellulosierungsgrad vorwiegend in Betracht kommt (Freiberger).

Noch weniger zuverlässig ist ein Anfärben mit direkten Farbstoffen, wie Diaminblau 2 B oder Diaminschwarz BH, wennschon fleckige Ausfärbungen von Bleichware im Betriebe mit an einem schlechteren Aufziehen des Farbstoffes liegen können. Möglicherweise werden Azofarbstoffe auch durch Oxyzellulose reduziert und dabei zerstört. Knaggs[1] hatte vorgeschlagen, mit Kongorot GR dunkel anzufärben und dann in Säure zur Hervorrufung eines Blautones einzulegen und auszuwaschen, bis das Rot wieder eingetreten ist. Eine oxyzellulosehaltige Stelle soll sich als dunkler Fleck vom roten Grunde abheben. — Solche Prüfung ist jedoch gleichfalls zu unsicher. R. Scholl wies darauf hin, daß ein mit Indanthrengelb G gefärbtes Baumwollgewebe an oxy- und hydrozellulosehaltigen Stellen beim Erhitzen mit Natronlauge blau wird, da hier eine Reduktion der Faserstoffe durch die abgebaute Faser erfolgt. Nach D. A. Ermen soll man eine kleine Menge möglichst fein verteilten, angeschlämmten Indanthrengelbs zu 10 % iger Natronlauge geben, um hiermit die zu prüfende Faser einige Minuten zu imprägnieren. Da die Feinheit des Indanthrengelbs den Reaktionsausfall beeinflußt, bewähre sich eine kolloidale Lösung. (Durchblasen von Luft durch eine mit Kasein versetzte alkalische Küpe.) Wird das abgequetschte Gewebe über lebhaft siedendes Wasser gehalten oder Dampf auf den Stoff geleitet, so verfärbt sich eine oxyzellulosierte oder hydrozellulosehaltige Stelle innerhalb einer Minute blau, während das normale Gewebe unverändert bleiben soll. Wäscht man nun aus, säuert ab und seift, so bleibt nur der fixierte Farbstoff zurück. — Solche Prüfung ist jedoch nicht sehr zuverlässig, auch normale Zellulose, insbesondere Leinen, nimmt nach Tränken mit Natronlauge leicht ein gewisses Reduktionsvermögen an, so daß Indanthren verküpt wird.

Bestimmungen des Reduktionsvermögens.

Eine gebräuchliche Prüfung auf Oxyzellulose ist das Abkochen mit Fehlingscher Lösung. Zur qualitativen Prüfung kocht man eine Probe etwa eine Viertelstunde mit Fehling 1:3 und spült mit Wasser gut aus. Auf der Faser niedergeschlagenes rotes Kupferoxydul deutet auf eine Veränderung der Zellulose. Gleich wie bei anderen Bestimmungen des Reduktionsvermögens ist Obacht zu geben, ob bei solcher Reaktion nicht Appreturmasse und Farbstoffe beteiligt sind. Die Probe wäre erforderlichenfalls vorher zu entschlichten. Ein völliges Entschlichten hält bei Stückware oft sehr schwer, zumal wenn Fettzusätze oder dergleichen das Auflösen der Stärke erschweren, denn ein heißes, alkalisches Auslaugen erscheint hier nicht statthaft, weil sonst schon abgebaute Zellulose mit in Lösung geht. Die Probe wäre zunächst mit Ätheralkohol auszuziehen, mit enzymatischen Hilfsmitteln zu behandeln und nötigenfalls kalt abzusäuern und mit Wasser heiß zu waschen. Auf ein gleichmäßiges Erhitzen mit der Fehling-Lösung ist zu sehen, damit nicht auf dem Boden des Glases liegende Fasern beeinflußt werden. Die Art der Textilprobe, ob Gewebe, Garn, die Dichtigkeit der Probe oder der losen Fasern spricht hier wie bei allen derartigen Reaktionen mit. Eine schwächere Reaktion pflegt schon normale Ware zu zeigen, es kommt zufolge Adsorption von Kupferverbindungen zu einer schwachen Verfärbung. Behandelt man die ausgewaschene

---

[1] Knaggs: Chem.-Ztg. Repert. 1908 S. 314.

Probe mit verdünnter Essigsäure kurz nach, so heben sich etwa angegriffene reduzierende Teile vielleicht besser ab, doch bleibt achtzugeben, daß solches Nachbehandeln nicht ein Auflösen der Niederschläge zeitigt. Die Zunahme des Reduktionsvermögens mit steigendem Faserangriff verwendete C. G. Schwalbe zur quantitativen Bestimmung der Kupferzahl. Diese bedeutet die auf 100 g Zellulose bezogene Menge abgeschiedenen Kupfers.

Eine abgewogene, fein verteilte Probe wird mit einem Überschuß des Reagens in einem Kolben mit Rückflußkühler unter ständigem Rühren eine bestimmte Zeit erhitzt. Nach dem Abfiltrieren und Waschen der Fasermasse ist das abgeschiedene Kupferoxydul mit verdünnter Salpetersäure aufzulösen und das Kupfer elektroanalytisch zu bestimmen. Da die Zellulose aber je nach der Reinheit oder Vorbehandlung (Merzerisation) schon eine gewisse, durch Auswaschen nicht entfernbare Menge Kupfer aus kalter Fehlingscher Lösung aufnimmt, so wäre eine zweite Faserprobe mit kalter Lösung zu behandeln, um die entsprechend ermittelte „Zellulosezahl" in Abzug zu bringen und die „korrigierte" Kupferzahl zu erhalten. Je geringer die Kupferzahl, etwa 0,1, um so reiner ist die Zellulose. Die Zahl steigt bei stark überbleichter Faser bis über 10.

Genaues Einhalten der Arbeitsbedingungen ist erforderlich. Zur Vereinfachung des Verfahrens ließ Hägglund das auf der Faser niedergeschlagene Kupferoxydul mit Ferriammonsulfat-Schwefelsäure in Ferrosulfat umsetzen und das gebildete Ferrosalz mit Permanganat titrieren[1]. Braidy änderte das Verfahren weiter ab, um mit einem weniger scharf alkalischen Reagens zu arbeiten und somit einen gleichmäßigeren Ausfall der Untersuchungen anzustreben[2].

Herstellung der Lösungen.
  a) 100 g reines krist. Kupfersulfat zu 1 l gelöst.
  b)   50 g Natronbikarbonat mit 350 g/l krist. Natriumkarbonat.
  c) 100 g Ferrisulfat und 140 cm³/l konz. Schwefelsäure.
  Mit 5 cm³ der Kupferlösung + 95 cm³ der Karbonatlösung werden 2,5 g Faser 3 Stunden im siedenden Wasserbade erhitzt. Nach Absaugen wird die mit Kupferoxydul durchsetzte Faser zunächst mit verdünnter Sodalösung und dann mit heißem Wasser ausgewaschen, um nun das Oxydul mit 15 und dann mit 10 cm³ der Ferrisulfatlösung aufzunehmen und die Filtrate und Waschflüssigkeiten später mit einer $^1/_{25}$ Permanganatlösung zu titrieren. Die errechnete Kupfermenge auf 100 Teile Faser bezogen liefert die Kupferzahl nach Schwalbe-Braidy. Die Faserstoff-Analysen-Kommission empfahl rund 300 cm³ Karbonatlösung zu nehmen, 3 g Fasern abzuwiegen und zum Lösen des Kupferoxyduls Ferriammonsulfat-Schwefelsäure zu verwenden. Die nach Braidy erhaltenen Werte fallen anders aus als die Schwalbeschen Kupferzahlen, siehe weiter unten. Soll die ganze Menge der reduzierenden Substanz erfaßt werden, so wird wie bei anderen Bestimmungen, so mit Permanganat, eine wiederholte Behandlung in Erwägung zu ziehen sein[3].

Durch die Veröffentlichungen von H. Kauffmann und seinen Mitarbeitern allgemein bekannt geworden ist die Permanganatzahl, das Verfahren, die Reinheit der Zellulose durch Bestimmen des $KMnO_4$-Verbrauches ihrer alkalischen Abkochungen zu prüfen[4].

Genau 1 g des Exsikkator-Trockengewichtes wird mit 150 cm³ 3%iger Natronlauge unter Ersatz des verdampften Wassers 30 Minuten lang gekocht und die

---

[1] Vgl. Chemische Handbücher.
[2] Siehe z. B. Barz: Die Untersuchung von oxyzellulosierten Fasern. Ztschr. f. ges. Textilind. 1926 S. 692.
[3] Vgl. z. B. Freiberger: Ztschr. f. angew. Ch. 1917 S. 121. — Schwalbe: Ztschr. f. angew. Ch. 1927 S. 444.
[4] Vgl. Textilber. 1923, 1925. — Auch bezüglich „Sauerstoffzahl" weiter Textilber. 1929 S. 376.

Lauge nebst dem Waschwasser kalt durch Glaswolle in einen 500 cm³ Kolben filtriert. 50—100 cm³ der aufgefüllten Lösung säuert man mit 25 cm³ 10% iger Schwefelsäure an, kocht mit 20 cm³ $^1/_{10}$ KMnO₄ 10 Minuten und versetzt mit überschüssiger, gemessener Oxalsäurelösung, um mit Permanganat zurückzutitrieren. Das Auskochen wird wiederholt, bis der immer geringer werdende Permanganatverbrauch konstant geworden ist. Dieser Grundwert, der auch bei reinster Zellulose durch kochende Lauge jedesmal von neuem erhalten wird, weil Zellulose in geringem Grade alkalilöslich ist, muß vom Gesamtpermanganatverbrauch in Abzug gebracht werden, um die reine Permanganatzahl zu erhalten. Zum Beispiel:

I. Auskochung verbraucht insgesamt 37,8 cm³ n/10 Permanganat
II.   „   „   „   15,6 „   n/10   „
III.   „   „   „   7,5 „   n/10   „
IV.   „   „   „   7,5 „   n/10   „

Der Grundwert 7,5 ist überall in Abzug zu bringen, so daß die Permanganatzahl hier 38,4 beträgt. Gute Handelsware soll Werte unter 10 geben.

Die Abkochzahl ist von den gewählten Arbeitsbedingungen abhängig, im wesentlichen von der Laugenkonzentration. Für Baumwolle eignet sich nach Kauffmann[1] eine 3% ige Lauge, bei anderen Textilfasern mag eine andere Konzentration angebracht sein. Wenn vorgeschlagen wurde[2], eine 10% ige Lauge durch Stehenlassen bei Zimmertemperatur zur Einwirkung auf die Probe zu bringen, so genügt solche Behandlung nicht, die Abbauprodukte aufzulösen. Wenn z. B. ein geschädigtes Baumwollgewebe bei der ersten Abkochung mit 3% iger Lauge einen Permanganatverbrauch von 20,5 cm³ ergab, so waren bei kaltem Auslaugen nach

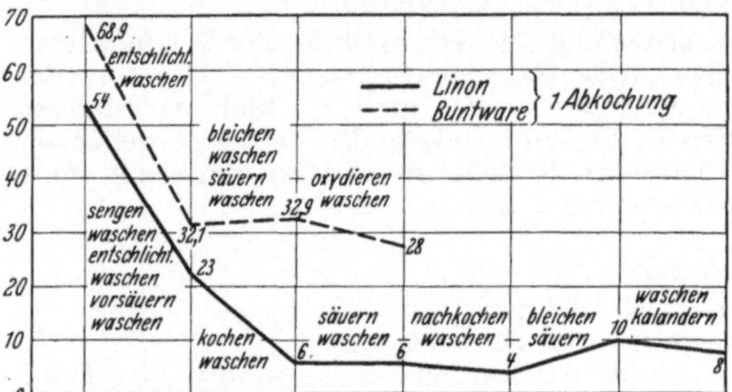

Abb. 81. Permanganatzahlen (Baumwolle).

Minajeff und Medwiediev nur 3,9 cm³ Verbrauch. Diese, angeblich von Oxydationsprodukten befreite Faser gab jedoch bei einem nachträglichen Kochen mit 3% iger Lösung noch so viel ab, daß die erste Abkochung 21,5 cm³ betrug. Die Gesamtabkochzahl belief sich immer noch auf 30 cm³. Einwände, beim Kochen mit 3% iger Lösung übe der Luftsauerstoff eine Wirkung aus, treffen zufolge Kontrollbestimmungen nicht zu. Wie Kauffmann hervorhebt, ist es unangebracht, bei Textilien von einem bestimmten zahlenmäßigen Gehalt an Oxyzellulose zu sprechen. Die beistehenden Kurvenzeichnungen lassen die fortschreitende Reinigung an Bleichwaren erkennen. Daß die Buntware höhere Permanganatzahlen behält, erklärt sich durch die minder scharfe Behandlung mit Laugen.

Über die verschiedenen Oxyzellulosen α, β, γ — Löslichkeit in 3% iger Natronlauge in der Siedehitze, in 0,25iger Lauge bei 25° C, sowie Wasserlöslichkeit — führte quantitative Bestimmungen nach Kauffmann neuerdings W. Haaga[3] aus. Um die Untersuchung abzukürzen, welche eine gewisse Zeit bis zur Ermittlung des Grundwertes beansprucht, genügt es für den Betrieb und für Vergleiche zumeist, zwei Abkochungen zu machen, da die Hauptmenge der alkalilöslichen Stoffe hierbei in Lösung geht. Selbst eine einmalige Kochung vermag einen Anhalt zu geben, ob z. B. das Beuchen eine ausreichend reine Ware liefert, die Abkochzahl sollte etwa 10—15 betragen (vgl. S. 229).

L. Kollmann[4] legte bei seinen Untersuchungen 1—2 g Fasern in eine Lösung von 50 cm³ Wasser, 25 cm³ verdünnter Schwefelsäure und 25 cm³ $^1/_{10}$ KMnO₄ bei

---

[1] Kauffmann: Über Oxyzellulose. Textilber. 1930 S. 122.
[2] Vgl. Minajeff u. Medwiediev: Textilber. 1929 S. 378.
[3] Haaga: Zur Kenntnis der Oxyzellulose. Textilber. 1929/30.
[4] Kollmann: Textilber. 1927 S. 270.

Zimmertemperatur für $^1/_2$ Stunde ein und ermittelte den Sauerstoffrückgang durch Titrieren eines aliquoten Teiles mit Oxalsäure, um den Permanganatverbrauch in Milligramm auf 100 g Baumwolle zu verrechnen. Solche Bestimmung ist nur vergleichsweise brauchbar.

Eine leicht ausführbare qualitative, auch quantitativ ausgestaltete Prüfung ist auf die Reduzierung von Silberlösung gegründet. Nach älterer Vorschrift waren die Proben in eine klare Mischung aus 100 cm³ $^1/_{10}$ n Silbernitratlösung mit 15 cm³ starkem Ammoniak und 40 cm³ $^1/_1$ Natronlauge einzutauchen und in ihr entweder längere Zeit bei gewöhnlicher Temperatur zu belassen oder kürzer auf dem Wasserbade bei 40—60° C zu erwärmen. Je nach der Menge der vorhandenen reduzierenden Stoffe verfärbt sich die Ware gelbbraun bis dunkelbraun. Die Reaktionsflüssigkeit sollte stets nach Ammoniak riechen, es ist erforderlichenfalls mehr Ammoniak zu nehmen oder nachzugeben. Kommt die Tiefe der Färbung nach dem Trocknen zum Vergleich, so sind die Proben zuerst in eine Lösung von Natriumthiosulfat einzulegen und darauf mit destilliertem Wasser auszuwaschen. Nach Götze ist solche Lösung infolge ihrer großen Reaktionsfähigkeit weniger geeignet. Läßt man das Alkali fehlen und arbeitet nur in ammoniakalischer Lösung mit 1%igem Silbernitrat plus so viel NH_3, daß sich der entstandene Niederschlag eben wieder löst, so läßt sich Oxyzellulose durch die braune Verfärbung nachweisen, Hydrozellulose reagiert kaum, während durch Säure geschädigte Faser auch mit der ätzalkalischen Flüssigkeit reagiert. H. Sommer empfahl, die Probe in die auf 80° C angewärmte Lösung einige Minuten einzulegen und nach dem Spülen mit Wasser und verdünntem Ammoniak nachzuwaschen. Normales Gewebe verliert dann die gelbe Anfärbung, während sich Schädigungen in feinsten Abstufungen abheben sollen.

Götze verwendet für die quantitative Bestimmung eine 1%ige Silberazetatlösung. Das durch Reduktion abgeschiedene Silber wird nach Lösen in Salpetersäure unter Verwendung von Ferriammonsulfat mit Rhodanlösung titriert und auf 100 g Probe verrechnet. Die Silberzahl wird durch die Alkalilöslichkeit einer Probe wenig beeinflußt, während die Permanganatzahl die alkalilöslichen Anteile erfaßt[1].

Ein Oxyzellulosenachweis wäre weiter zu gründen auf die Reduktion von Ferri-Ferrizyankali, die Bildung von Turnbullsblau beim Auswaschen[2]. Es bietet zufolge eigenen Versuchen die qualitative Prüfung bei Einlegen einer Probe in eine heiße Lösung des frisch bereiteten Reagens keine besonderen Vorteile. H. Sommer und G. Markert[3] nennen diese Reaktion hingegen gut brauchbar. M. Freiberger[4] empfiehlt die Reinheit des Bleichgutes durch Bestimmen der Ferrizyanzahl zu überwachen. Die Ferrizyanzahl gibt an, wieviel Gramm $K_3Fe(CN)_6$ von den alkalilöslichen Bestandteilen von 100 g Fasern verbraucht werden. Es kann die Faserprobe ähnlich wie bei Bestimmung der Permanganatzahl wiederholt mit Natronlauge ausgekocht werden, um die Filtrate mit n/200 $K_3Fe(CN)_6$ zu oxydieren und den Überschuß nach Umsetzen mit Jodkali unter Verwendung von n/200 Thiosulfat zurückzutitrieren. Ein Grundwert ist zu berücksichtigen wie bei der Permanganatzahl. Eine erwünschte Vereinfachung läßt das Ferrisalz direkt zur Natronlauge geben, um die Reaktionen bei Gegenwart der Faser auszuführen. Diese abgekürzte Analyse ist in 25 Minuten ausführbar. 0,2 oder weniger Faser bei hohem Gehalt an reduzierenden Substanzen werden in ein breites Reagensglas mit 10 cm³ Ferrilösung und 10 cm³ 10%iger reiner Natronlauge gegeben, auf dem Wasserbad wird 10 Minuten erhitzt, dann gekühlt, mit Essigsäure, Jodkali, Zinksulfatlösung und Stärke versetzt und mit Thiosulfat titriert. Ein Blindversuch hat den Titer aufzuklären. Einzelheiten sind an angegebener Stelle nachzulesen.

---

[1] Wegen Einzelheiten und Vergleichen mit Kupfer- und Permanganatzahlen siehe Textilber. 1927 S. 624 und 696.

[2] Vgl. Ermen: Leipzig. Mschr. Textil-Ind. 1929 S. 274.

[3] Sommer, u. Markert: Leipzig. Mschr. Textil-Ind. 1931 S. 173.

[4] Freiberger: Eine Methode zur Bestimmung des Reinheitsgrades von Zellulosefasern. Ergebnisse einiger Untersuchungen gebleichter Baumwollgewebe. Textilber. 1930 S. 127 u. 775.

Auf Einhalten gleicher Bedingungen, so der Kochdauer, ist streng zu achten, da sonst erhebliche Schwankungen unterlaufen können. Allgemein zu beachten bleibt, daß der Beuch- und Bleichgrad vielfach in den Teilen eines Bleichpostens nicht ganz gleichmäßig ausfällt. So fand Freiberger[1] erhebliche Schwankungen, bis zu 30% bei den Ferrizahlen, je nachdem die Proben aus Teilen von oberem, seitlicherem oder unterem Bleichgut genommen waren!

L. Ditz[2] erkannte Nesslers Reagens als geeignet für den Nachweis von Oxyzellulose. Es tritt eine gelbbräunliche Verfärbung auf, welche nach kurzer Zeit in dunkelgrau und bei starker Schädigung in Schwarz übergeht, wobei Geschwindigkeit und Stärke der Reaktion — Reduktion der Quecksilberverbindung — vom Grade der Oxyzellulosierung abhängen. Hydrozellulose liefert eine schwächere Reaktion, die Abdunklung des Gelb tritt weniger ein. Diese bei Zimmertemperatur auszuführende Prüfung mit klaren Lösungen — 1:1 bis 1:3 — ist recht brauchbar, Spuren von Oxyzellulose führen meist eine auffällige Verfärbung herbei. Man betupft mit der Lösung zweckmäßig verschiedene Stellen, da vielleicht Oxyzellulose nur stellenweise vorkommt. Daß die Lösung sehr scharf alkalisch ist, wolle man hierbei wegen etwaigen Vertropfens nicht vergessen. H. Sommer und H. Markert[3], empfehlen die Proben nach dem Wässern mit verdünnter Essigsäure zu behandeln, um die allgemeine Anfärbung wegzunehmen, und die geschädigten Stellen auffallender sich abheben zu lassen. Die mit der alkalischen Quecksilberoxydsalzlösung behandelten Muster lassen sich nicht heiß trocknen, die Färbungen gehen stark zurück, auch längeres Wässern führt zu einem Aufhellen. Es bleibt auf die nicht sehr gute Haltbarkeit der Reagens selbst zu achten. (Bereits Witz fand Quecksilberjodid als geeignet zum Nachweis von Oxyzellulose.) Zu beachten bleibt auch hier, daß andre Faserfremdstoffe, Reste von Schlichtestoffen oder Spinnölen Oxy- (und Hydro-) Zellulosereaktionen vortäuschen können. So gab gelegentlich ein geschmälztes Garn mit Nessler eine starke Graufärbung. Nach Ausziehen mit Petroläther war die Reaktion schwächer, eine mit Seife-Soda gekochte Probe reagierte kaum noch. Ebenfalls lieferte das geschmälzte Garn eine positive Reaktion mit Fehling. Man wolle namentlich beachten, daß offen im Laboratorium gelagerte Proben leicht Ammoniumsalze anziehen. Nesslers Reagens dient ja sonst als typisches Reagens zum Nachweis von Ammoniumverbindungen! Die Stoffproben wären vorher mit Wasser auszuwaschen, um Irrtümern vorzubeugen.

Neuerdings empfahl Rhodes[4], eine Lösung zu bereiten aus 8 g Jodkali, 10 g rotem Quecksilberjodid und 50 cm³ Wasser, wozu 500 cm³ Natronlauge, 120 NaOH/1000 zuzugeben sind, um nach Stehenlassen über Nacht durch Glaswolle zu filtrieren. Mit dieser Lösung soll die Probe eine Minute gekocht, dann mit 1%iger Jodkalilösung gepült und mit Wasser ausgewaschen werden. Es läßt sich

[1] Freiberger: Das Problem, rohe Baumwollgewebe zu reinigen und zu bleichen. Textilber. 1930 S. 526.

[2] Dietz: Über die Einwirkung von Ammonpersulfatlösungen auf Zellulose. Journ. f. prakt. Ch. 1908 S. 349.

[3] Sommer u. Markert: a. a. O.

[4] Rhodes: J. Textile Inst. — Vgl. Baur, E.: Textilchemiker-Colorist 1929 S. 153.

die Alkalität bis 40 g NaOH/1 mindern, was erwünscht sein kann bei Prüfung von Kunstseide. Ein Erhitzen ist nicht notwendig, die Verfärbung tritt auch in der Kälte, zwar langsamer ein. Diese abgeänderte Lösung erweist sich als empfindlicher für den Nachweis von Oxyzellulose gegenüber dem Nesslerschen Reagens. (Hydrozellulose zeigt keine so auffallende Verfärbung, so daß bei geschädigten Fasern zu versuchen ist, die Art des Faserangriffs mit Quecksilberlösung aufzuklären, Hydrozellulose reagiert hingegen stärker mit Fehling.)

Als weitere Reaktionen können die Verfärbungen mit Fuchsin-schwefliger Säure — Schiffs Reagens oder mit Phenylhydrazin herangezogen werden. Oxyzellulosierte Faser gibt beim Erwärmen mit einer wässerigen Lösung von salzsaurem Phenylhydrazin eine zitronengelbe Verfärbung, Hydrozellulose reagiert weniger[1]. Götze[2] empfahl eine Phlorogluzinprobe. Die Faser wird mit konzentrierter Salzsäure übergossen und mit einigen Tropfen des in Salzsäure gelösten Reagens eine Minute gekocht, um die etwaige auftretende Rotfärbung zu beobachten. Die Rotfärbung, durch Furfurol verursacht, soll in typischer Weise auf Oxyzellulose, die Stammsubstanz für Furfurol, schließen lassen, während z. B. die Silberzahl allgemein reduzierende Stoffe andeutet. Diese Reaktion bewährte sich jedoch nicht allgemein als sicheres Kennzeichen[3].

Eine neue Reaktion, welche insbesondere Oxyzellulose von Hydrozellulose unterscheiden lassen soll, hat A. Haller[4] angegeben.

Gleich der Mittellamelle von Bastfasern besitzt Oxyzellulose ein sehr stark entwickeltes Absorptionsvermögen für Metallsalze, vielleicht besonders für Metalloxyde, während Hydrozellulose sich ablehnend verhält. Die zu untersuchende Probe wird nach gründlicher Entschlichtung in eine kalte 1%ige Lösung von Stannochlorid gelegt. Die trübe Lösung braucht nicht filtriert zu werden. Nachdem die Probe unter öfterem Bewegen 1—2 Stunden bewegt worden war, ist gründlich in fließendem Wasser auszuwaschen und in eine Lösung von Goldchlorid zu bringen. 1—2 Tropfen einer konzentrierten Lösung auf 1 l Wasser genügen, die Flüssigkeit muß aber deutlich gelb sein. Der Goldpurpur bildet sich bei Vorhandensein von Oxyzellulose sehr rasch. Bei der großen Empfindlichkeit dieser Reaktion nimmt normale Bleichware schon eine blaurosa Färbung an, zufolge vorhandener Spuren von Oxyzellulose (?). Es bleibt zu beachten, daß Goldchlorid auch mit anderen Körpern, welche gefärbte Zinnverbindungen geben, so mit Sulfiden reagieren könnte. — Nachprüfungen zufolge gestattet diese Reaktion starke Faserschädigungen zu unterscheiden, sie gibt aber bei schwächerem Faserabbau unsichere Unterschiede.

Vergilben der Oxyzellulose.

Eine auch technisch wichtige Eigenschaft der Oxyzellulose ist das **Vergilben beim heißen Trocknen oder Dämpfen und die Verfärbung nach Gelb beim Behandeln mit alkalischen Flüssigkeiten.** Die eintretende Verfärbung läßt sich zwar durch Nachbleichen entfernen, die Faserschädigung aber nicht rückgängig machen, wennschon Oxyzellulose durch alkalische Bäder in Lösung zu bringen ist. Das etwaige Ausbleichen solcher gelben Verfärbung hat mit großer Vorsicht zu geschehen, um ein weiteres Vermorschen von schon angegriffenen Stellen möglichst zu vermeiden.

Nach M. Freiberger[5] gibt ein Probedämpfen Aufschluß über das zu erwartende Vergilben von Bleichware beim Lagern, vgl. S. 331.

---

[1] Knecht: Zur Kenntnis der durch übermäßige Oxydation geschädigten Baumwollzellulose. Textilber. 1925 S. 507.

[2] Götze: a. a. O.   [3] Vgl. Leipzig. Mschr Textil-Ind. 1931 S. 173.

[4] Haller: Eine scharfe Unterscheidung von Hydrozellulose und Oxyzellulose. Textilber. 1931 S. 257.

[5] Freiberger: Die Untersuchung von Baumwolle mittels Dämpfen. Färber-Ztg. 1917 S. 220.

Namentlich das Dämpfen der mit Türkischrotöl — etwa 15 g/l — getränkten Proben gestattet aus der Veränderung im Weiß einen Schluß auf den Gehalt an Oxyzellulose bzw. die Reinheit der Bleichware zu ziehen, da das Vergilben in erster Linie durch „Betaoxyzellulose, die hundertmal mehr zum Dunkeln neigt wie reine Zellulose, bedingt sein soll". Das Tränken mit Türkischrotöl und Alkalilösungen verschärft die Prüfung, weil die Verfärbung der Faserabbauprodukte und der Verunreinigungen bei einem gewissen Alkaligehalt größer wird. Die Zellulose verfärbt sich um so stärker, je länger und schärfer sie gedämpft wird. Bemerkenswerterweise besitzen oxyzellulosierte Stellen nach dem Dämpfen eine schwerere Netzbarkeit.

Alkalische Flüssigkeiten verfärben Oxyzellulose nach Gelb. Beim Kochen eines oxyzellulosierten Gewebes mit Soda- oder Natronlauge verfärbt sich gleichfalls die Lösung je nach dem Grade der Überbleiche unter Entwicklung des eigentümlichen Geruches der Beuchlauge. Die Laugenkonzentration — etwa 3% — ist hierbei von Belang. Zu beachten bleibt, daß die Lauge durch Lösen von Pektinstoffen usw. eine dunkle Tönung annehmen kann, nicht voll gebleichtes Leinen gibt beim Kochen stets einen gelben Ton. Die Farbe der Abkochlaugen gestattet wesentliche Schlüsse. Die oxyzellulosierten Fasern erweisen sich nach der alkalischen Behandlung oft als bedeutend geschwächt, ein für die Technik und die spätere Verwendung der Wäsche höchst wichtiges Verhalten. Die sogar nach dem Abkochen mit Wasser zu beobachtende Festigkeitsabnahme erklärt sich durch Auflösen von Fasersubstanz. Etwaige bei Oxydation durch Bilden von Einrissen (?) zu Schaden gekommene Fasern mögen zunächst noch durch die Abbauprodukte verkittet geblieben sein. Bei dem folgenden Abkochen kommt es zu einem Lösen, die Fasern verlieren gleichzeitig an Gewicht. Das Reduktionsvermögen, welches die alkalische Beuchlauge annimmt, hat für die Buntbleiche besondere Bedeutung, weil Küpenfarbstoffe, wie Indanthren, wieder eine Verküpung erleiden können, — siehe Buntbleiche. Eine alkalische Abkochung gestattet ganz allgemein die Reinheit, die Lagerbeständigkeit der Weißware zu beurteilen. Je stärker sich die Proben verfärben, je gelber die Kochlaugen ausfallen, um so ungünstiger ist die Ware einzuschätzen, sofern nicht schon aufgebrachte Appreturmittel hier mitreagierten. In Lagerware (im Wäscheschrank) auftretende Verfärbung nach Zitronengelb deutet auf Oxyzellulose.

Es neutralisiert Zellulose Natronlauge, und zwar um so mehr, je stärker die Zellulose oxydiert oder durch Säuren zufolge Hydrozellulosebildung verändert ist. Oxyzellulose zeigt eine höhere Säurezahl als Hydrozellulose. Durch Titrieren mit $^1/_{100}$ NaOH soll sich die Oxyzellulose zufolge ihrer stärkeren Gesamtazidität von Hydrozellulose unterscheiden lassen. Weiter soll das Reduktionsvermögen von Hydrozellulose durch Kochen mit Alkali abnehmen, während das Filtrat stärker reduziert, Oxyzellulose aber ein umgekehrtes Verhalten zeigt. Wegen Einzelheiten ist auf die Literatur zu verweisen[1]. Bei Prüfen von Bleichfehlern wird man jedoch meist nicht wissen, bis zu welchem Grade Beuchlaugen oder

---

[1] Vgl. Vieweg: Neue Zellstoffkonstanten. Chem.-Ztg. 1908 S. 329. — Schwalbe u. Fieber: Chemische Betriebskontrolle. 2. Auflage.

Bleichbäder schon lösend wirkten. Die Säurezahl kann deshalb keine einwandfreien Vergleichswerte ergeben. Die oxyzellulosierte Faser zeigt zwar selbst nach wiederholten Auskochungen gegenüber unveränderter Zellulose meist noch ein etwas abweichendes Verhalten, weil sich die Abbauprodukte nicht völlig lösten oder die Faserstrukturen sich veränderten.

Den Anforderungen des Praktikers entspricht am besten der qualitative Nachweis mit Nesslers Reagens oder mit Fehlingscher Lösung[1]. Färbereien und Druckereien werden Stückware alkalisch mit einer Seifen-Sodalauge heiß trocknen oder dämpfen, um zu sehen, ob es sich um örtliche Faserschädigungen handelt, denn die Anordnung der Flecken läßt vielfach einen Rückschluß auf die Entstehungsursache zu. Für genauere quantitative Bestimmungen machen sich Titrationen erforderlich. Es empfiehlt sich, nach Möglichkeit verschiedene Reaktionen anzustellen.

Wie die Untersuchungsergebnisse von den einzelnen Verfahren abhängen, zeigen die von H. Korte[2] veröffentlichten Vergleichsbestimmungen von Bleichgarnen — Mako 40/2 —. Die mittleren Reißfestigkeiten wurden zu e) auch nach einem 2stündigen Abkochen mit Natronlauge 1° Bé bestimmt.

Zustand bzw. Behandlung	a) Kupferzahl nach Schwalbe	b) Kupferzahl nach Schwalbe-Braidy	c) Permanganatzahl	d) Festigkeit vor dem Abkochen	e) Festigkeit nach dem Abkochen
I. roh	0,5775	0,9450	20,3	100	106
II. gebeucht	0,0315	0,0315	1,5	115	114
III. gebeucht und mit Chlor gebleicht	0,0735	0,1890	5,5	103	95
IV. gebeucht, stärker gechlort als III	0,2940	0,5292	13,0	107	92
V. gebeucht, stärker gechlort als IV	2,7825	3,8304	101,3	54	31
VI. ohne Vorbeuche gebleicht mit 3% Na_2O_2	0,0840	0,1386	6,5	95	92
VII. gebeucht, mit 1% Na_2O_2 gebleicht	0,0840	0,1008	2,5	112	107
VIII. gebeucht, mit 6% Na_2O_2 gebleicht	0,0630	0,1008	1,5	90	76
IX. gebeucht, mit 12% Na_2O_2 gebleicht	0,0378	0,0882	1,5	75	66

Es kann ein stark alkalisches Bleichen niedrige Reduktionswerte liefern, obgleich die Festigkeit bereits gelitten hat. Wie durch Nachbehandlung das Reduktionsvermögen noch beeinflußbar ist, mögen noch die von W. Barz a. a. O. veröffentlichten Versuchszahlen erläutern. Ein überbleichtes Baumwollgarn mit der hohen Kupferzahl 1,965 ging durch alkalische Nachbehandlung auf 1,256 zurück, es sanken Permanganat- und Festigkeitszahlen ganz erheblich. Ein überchlortes Leinengarn gab zunächst nach Braidy die Kupferzahl 1,706, nach 2stündigem Kochen mit Wasser 1,510, nach Kochen mit 2 g/l Soda 1,230 und nach Kochen mit 10 g/l Soda nur noch 0,913. Zu bedenken bleibt auch bei quantitativen Bestimmungen, daß zufällige Schwankungen in der Reinheit des Bleichgrades, örtliche Verschiedenheiten die Analysen zu beeinflussen vermögen. Neuer-

---

[1] Vgl. Schmidt: Die Prüfung der Bleichware. Textilber. 1930 S. 308.

[2] Korte: Die quantitative Bestimmung des Reduktionsvermögens roher und verschiedenartig vorbehandelter Baumwolle. Textilber. 1925 S. 663.

dings hat A. Schmidt[1] darauf hingewiesen, wie fraglich es ist, ob 1 g oder weniger Analysensubstanz als Durchschnittsprobe einer Partie von mehreren Tausend Kilo Ware gelten darf.

Eine Kritik von Bleichverfahren bezüglich besserer Faserschonung sollte sich nicht allein auf eine vergleichende Bestimmung des Reduktions- oder Anfärbevermögens stützen, sie ist durch eine sorgfältige Prüfung der Reißfestigkeit zu ergänzen. Wenn sich Chloren und Abkochen wiederholten, wie in der Leinenbleiche, ist es nicht leicht, später zu entscheiden, ob der nach einer Kochung beobachtete Festigkeitsrückgang einzig durch dieses Beuchen bedingt oder mehr die Folgeerscheinung einer vorhergegangenen starken Oxydation ist.

An sich haben Bestimmungen des Reduktionsvermögens zur Bewertung des Reinheitsgrades bei Flachsgarnen u. dgl. ungenügenden Beweiswert. Einerseits sind bei unvollkommen gebleichten Fasern die noch vorhandenen Begleitstoffe wie Pektin stark an der Reduktion beteiligt und andererseits erfolgt beim Behandeln von Bleichproben gleich ein weiterer Faserabbau, der zur Erhöhung des Reduktionsvermögens führt. E. Zieger[2] erhielt bei Versuchen mit einem in zwei Betrieben gebleichten Flachsgarn Nr. 30 die nachstehenden Analysenwerte, wobei zwei Abkochungen für die Permanganatzahl und die Kupferzahlen nach Braidy bestimmt wurden. Zur Kennzeichnung der beiden in den Bleichen A und B behandelten Garne sind auch die Festigkeitszahlen genannt und die beim Bleichen eingetretenen Gewichtsverluste angegeben. Die Analysenwerte stimmen nicht mit den Festigkeitsverhältnissen überein.

	gekocht		¹/₄ gebl.		¹/₂ gebl.		³/₄ gebl.		⁴/₄ gebl.	
	A	B	A	B	A	B	A	B	A	B
Abkochzahl I . .	122	109	116	111	110	96	108	94	86	86
Abkochzahl II . .	21	22	26	27	31	31	23,5	23,5	15,5	22,0
Kupferzahl nach Braidy	1,57	1,27	1,40	1,26	1,38	1,13	1,23	1,17	1,28	1,28
Bruchbelastung g	1295	1234	1148	1116	1037	1034	958	877	918	810
Reißlänge km . .	26,5	25,5	24,2	23,7	22,0	23,1	20,7	19,7	19,8	18,2
Gewichtsverlust %	10,1	11,2	12,6	13,3	13,2	17,5	14,7	18,1	14,7	18,3

Oxyzellulosebildung ist keineswegs ausschließlich mit der Wirkung der Chlorlaugen in Beziehung zu bringen, denn andere oxydierende Bleichmittel vermögen gleichfalls die Faser zu „verbrennen". Z. B. kann Natriumsuperoxydpulver gleich dem Chlorkalk morsche Oxyzelluloseflecke und Löcher geben, Überoxydationen sind bei der Sauerstoffbleiche und der Rasenbleiche möglich, dies vor allem bei Metallkatalyse. Schäden in gebrauchten Wäschestücken stehen mitunter in Beziehung zu angesäuertem Wasserstoffsuperoxyd, das im Haushalt als Desinfektions- oder Fleckenmittel vielfach Aufnahme fand. Etwa eintrocknende konzentrierte Lösungen geben Anlaß zu örtlichen Schäden bei weiteren Wäschen. Ware „verbrennt" gegebenenfalls beim Beuchen,

---

[1] Schmidt: Textilber. 1930.

[2] Zieger: Oxyzellulosebestimmungen bei Leinengarnen. Dtsch. Leinenind. 1929 S. 125.

wenn das alkalische Gut der Oxydationswirkung des Luftsauerstoffs ausgesetzt ist. Mit einem Verbrennen ist bei zu scharfem Sengen zu rechnen. G. E. Holden[1] beobachtete folgende Änderung bei Sengware, die auf eine Oxyzellulosierung schließen lassen.

	Ungesengt	Gassenge	Zylindersenge
Anfärbung durch Direkblau . .	0,790	0,150	0,085
Anfärbung durch Methylenblau	0,032	0,098	0,114
Viskosität	8,0	19,9	21,8

Wenn schon die Mehrzahl der Bleichfehler durch Hypochlorite verursacht sein wird, so darf keineswegs immer im „Chloren" die Fehlerquelle von vorkommenden Schäden gesucht werden. Z. B. muß das Arbeiten mit Permanganat als mindestens ebenso gefährlich bezüglich der allgemeinen Faserschwächung gelten. Beim Ausbleichen der Rohstoffe bringt die Chlorbleiche größere Gefahren mit sich als die Sauerstoffbleiche, was jedoch keineswegs besagt, daß mit dem Bleichen eine Faserschädigung verbunden sein muß.

Ein Faserabbau zufolge Oxy- und Hydrozellulosierung verrät sich auch durch eine verringerte Viskosität der Faserlösung in Kupferoxydammoniak. Zur Bewertung ist es nötig, die Viskosität der Rohfaserlösung zu kennen[2].

Säureflecke, Hydrozellulose. Schon Spuren von Mineralsäuren können die Fasern beim Eintrocknen schwächen, da sie die Zellulose hydrolysieren. Essigsäure, Ameisensäure beeinflussen die Fasern nicht, wohl aber dürfen Oxalsäure, Weinsäure u. dgl. als nicht ganz ungefährlich gelten. Im Betriebe ist deshalb z. B. ein Antrocknen der auf Haufen abgelegten Ware nach dem Säuren zu vermeiden, das Gut soll nicht dem direkten Sonnenlicht ausgesetzt werden, es sind nötigenfalls angefeuchtete Schutztücher aufzulegen. Mit geeigneten Farbstoffindikatoren hat der Bleicher zu überwachen, daß das gesäuerte Gut vor dem Trocknen gründlich ausgewaschen wird. Säure wirkt je nach den Einwirkungsbedingungen ungünstig. Wenn 0,01% freie Salzsäure als zulässiger Höchstgehalt bezeichnet wurde, so erscheint eine Begrenzung wenig angebracht, denn es wirken sich Spuren vielleicht bei fortgesetzter Lagerzeit, insbesondere bei heißem Lagern aus, sofern nicht eine Neutralisation durch Appreturmittel, Kalkniederschläge aus dem Wasser oder sonstwie eintritt. So war z. B. ein nicht genügend ausgewässertes Leinengarn zunächst nur wegen schlechten Spulens aufgefallen, beim Aufbewahren ging die Festigkeit mehr und mehr zurück, das Garn staubte nach einem Jahre schon beim Anfassen und zerfiel zufolge der Schwefelsäurewirkung. Ebensowenig ist eine Säureschädigung an eine bestimmte Temperatur gebunden, wenn schon kalte, verdünnte Lösungen bei üblicher Anwendung als unbedenklich zu gelten haben. Über die etwaige Gefährdung von Textilien kann ein heißes, trocknes

---

[1] Holden: Journ. Soc. Dyers Colourists 1929. — Vgl. Spinner u. Weber 1929 Nr. 38.

[2] Vgl. Baur, E.: Die Viskosität von Zelluloselösungen in Kupferoxydammoniak. Ein neues Verfahren zur Prüfung auf Säure- und Oxydationsschäden. Textilber. 1930 S. 861.

Bügeln von 2—3 Minuten Aufschluß geben, besser ein ein- oder mehr-stündiges Trocknen bei 100—110° C.

Bei Textilien, welche lange an der Luft lagerten, soll nach Budde[1] eine Ver-unreinigung durch Schwefelsäure möglich werden, da die Luft aus der Verbrennung von Kohlen schweflige Säure und Schwefelsäure enthält, welche bei Aufnahme von Feuchtigkeit aus der Luft mit in die Fasern geraten. Asker berechnete, daß in einer Industriestadt wie Duisburg sich monatlich auf 1 m² bis 20 g Säure niederschlagen können[2].

Beim Abbau der Zellulose entsteht vermutlich eine Reihe von gleich-zeitig auftretenden Zwischenstufen mit dem Endprodukt Glukose. Neben unveränderter Zellulose, welche die Struktur der Faser bei-behält, sind Hydrozellulose und Zellulose-Dextrine vorhanden, zucker-artige Abbauprodukte mit Reduktionsvermögen. Nach den jeweiligen Entstehungsbedingungen ist das Verhalten der hydrozellulosierten Faser ein verschiedenes. C. G. Schwalbe[3] rechnet mit Quellungsvorgängen. J. Bartsch[4] berichtet, daß er in durch Hydrozellulosebildungen zer-mürbtem Baumwolltrockenfilz auffallende und charakteristische Spalt-risse in der Fasermembran erkennen konnte, welche Beobachtung früher schon A. Köhler[5] gemacht haben wollte. Siehe auch die ange-gebene Literatur S. 77.

Freie Säure läßt sich mit den bekannten Indikatorfarbstoffen, Lackmus, Methylorange nachweisen, indem man von den nicht zu starken Lösungen auf die Fasern aufträufelt oder Proben mit angefeuch-tetem Reagenzpapier zwischen zwei Platten im Kopierbuch unter der Presse oder zwischen beschwerten Glasplatten einige Zeit einlegt. Es bleibt zu beachten, daß Oxy- und Hydrozellulose als solche schwach sauer reagieren. Gebleichtes Leinen reagiert meist schwach sauer, die Reaktion tritt sogar nach früherem Einlegen in verdünnte, kalte Ammo-niaklösung ein. Ebenso aus Appreturmitteln mag freie Säure stammen, organische Säuren werden vielfach zum Krachendmachen von merzeri-sierter Baumwolle verwendet. Kleine Mengen von Säure können die Festigkeit der Fasern zunächst scheinbar erhöhen, sie härten vermutlich die Zellulose, bei stärkerem Erhitzen oder nach längerer Einwirkungs-zeit ist jedoch ein Faserangriff zu befürchten. Kürzeres Erhitzen auf 120° C, besser während einer halben bis 1 Stunde auf 100—110°, mit folgender Festigkeitsprüfung bringt Aufschluß, ob mit einer Hydro-zellulosierung zu rechnen sein wird, oder ob eine organische, nicht be-denkliche Säure vorliegt. Schon Zänker und Schnabel[6] wiesen darauf hin, daß die Fasern die Eigenschaft besitzen, kleine Mengen von Säure hartnäckig zurückzuhalten. Möglicherweise ist in den Fasern noch freie Säure vorhanden, selbst wenn ein wässeriger Auszug keine Säure-

---

[1] Budde: Die Wasseraufnahmefähigkeit der Garne und Gewebe und ihre Folgen. Ztschr. f. ges. Textilind. 1914 S. 353.

[2] Vgl. Ztschr. f. angew. Ch. 1924 S. 6. — Vgl. auch S. 156.

[3] Schwalbe: Die Hydrolyse der Zellulose und des Holzes vermittels Säure als ein Quellungs- und Oberflächenproblem. Ztschr. f. angew. Ch. 1924 S. 218.

[4] Bartsch: Über Zerstörungsformen von Wollhaaren und Baumwollfasern. Textilber. 1929 S. 859.

[5] Köhler: Dresden 1908, Dissertation.

[6] Zänker u. Schnabel: Färber-Ztg. 1913 S. 260.

reaktion mehr zeigt. Um Säure restlos auszuwaschen, wäre wiederholt mit warmem Wasser auszuziehen. Wesentlich ist für die Technik die etwaige Karbonathärte des Wassers, vorhandenes Bikarbonat ist ein Sicherheitsfaktor gegenüber Säureresten, erweist sich auch als Schutz gegen HCl-Abspaltung aus Chloreiweiß (vgl. S. 251).

Zur Prüfung auf Säure sind nach Zänker und Schnabel 2—3 g Baumwolle in einer Schale stark anzufeuchten und auf etwa 50% Feuchtigkeit einzudampfen, so daß unter der Presse auf einem violetten Lackmuspapier gerade noch ein feuchter Rand entsteht. Unter dem Druck teilt sich die geringe Menge saurer Flüssigkeit dem Papier mit. Um nicht durch ein verschiedenes Auslaufen des Lackmusfarbstoffes getäuscht zu werden, ist ein blinder Versuch mit destilliertem Wasser anzustellen. 0,01% Schwefelsäure gab noch einen deutlichen Umschlag.

Lackmus erscheint für die Prüfung gegebenenfalls zu empfindlich. Neben dem bekannten Methylorange kann Methylrot als Indikator dienen. Ersteres hat den p_H-Wert von 3,1—4,4 und das Rot von 4,2—6,3, ist also gleich dem Lackmusfarbstoff gegen Säure wie z. B. gegen Kohlensäure empfindlicher. Methylrot in Alkohol 0,5:100 gelöst, wäre zunächst vorsichtig mit $^1/_{10}$ NaOH zu neutralisieren. Das Rot schlägt in alkalischer Form nach Hellgelb um. Wegen leichter erkennbaren Farbumschlages empfiehlt sich für Prüfungen von Bleichware ein Arbeiten mit Bromphenolblau, 0,5:100 gelöst. Der Übergang des Blaus in Gelb bei saurer Reaktion gestattet den Umschlagspunkt leichter zu erkennen. Bei seiner geringeren Empfindlichkeit p_H 3—4,6 gegen Säure deutet ein Umschlag die Anwesenheit von „gefährlichen?" Säureresten an.

Als Reagens für die unmittelbare Neutralitätsprüfung im Bleichgut empfahl J. F. Briggs[1] eine Lösung von jodsaurem Kali und Jodkali mit Stärke: $KJO_3 + 5 KJ + 6 HCl = 6 KCl + 3 H_2O + 6 J$. Die Verwendung geeigneter Indikatorlösungen scheint jedoch einfacher, da das vorstehende Reagens möglichst frisch hergestellt sein muß.

Ist der Nachweis freier Säure auf der Faser nicht allzu schwer zu führen, so macht hingegen die Feststellung, ob eine unbefriedigende Haltbarkeit auf Hydrozellulosebildung beruht, Schwierigkeiten, wenn die Ware nachträglich säurefrei ausgewaschen oder inzwischen mit Alkali behandelt wurde, da Hydrozellulose in ihren Reaktionen der Oxyzellulose ähnelt. Gleich dieser besitzt sie, wenn schon in schwächerem Maße, reduzierende Eigenschaften. Es hängt von den jeweiligen Umständen ab, ob nicht die auf die eine oder andere Art zu Schaden gekommene Ware stärker reagiert. Mit am geeignetsten für die Unterscheidung von Oxy- und Hydrozellulose erweist sich Nesslerreagenz, das mit Hydrozellulose eine schwächere, bräunlichgelbe Färbung liefert, die erst bei starker Hydrozellulosebildung schwachgrau wird. Oxyzellulose reagiert mit dieser Lösung auffallender. Von anderer Seite wird die Prüfung mit schwach ammoniakalischer Silberlösung bevorzugt. Gleich der Oxyzellulose kann eine durch Säure geschädigte Faser auf basische Farbstoffe anziehend und auf substantive Farbstoffe abstoßend wirken. Auch hier ist das Verhalten der durch Sauerstoff geschädigten Fasern im allgemeinen, nicht immer, ein auffälligeres. Die Ähnlichkeit ist weiter dadurch gegeben, daß heißes Trocknen und Dämpfen meist zu einer — stärkeren? — Bräunung führt und beim Kochen mit alkalischen Flüssigkeiten Fasersubstanz sich unter gelber Verfärbung löst. Ein hydrozellulosierter Stoff fällt vielleicht durch schlechtere Netzfähigkeit auf, sofern es sich um eine oberflächlichere

---

[1] Briggs, J. F.: Journ. Soc. Chem. Ind. Bd. 16 S. 77.

Wirkung handelt. Bei stärkerem Abbau wird sich die Faser sogar schneller netzen. Chlorzinkjod verfärbt Hydrozellulose zumeist stärker, die Faser pflegt beim Auswaschen die blaue Verfärbung auffallender zu behalten. Als scharfe Unterscheidung nannte R. Haller das Verhalten gegenüber Zinnchlorür-Goldchlorid (vgl. S. 301).

Bei Hydrozelluloseschäden ist mit der Möglichkeit zu rechnen, daß einzelne Stellen mit dem Entfernen von Flecken unter Verwendung von Säure zusammenhängen. Weiterhin bleibt zu erwägen, ob sich Säure erst aus Chloriden, wie Magnesium- und Zinkchlorid, welche als hygroskopische bzw. antiseptische Zusätze zur Schlichtmasse gegeben wurden, abspaltete. Ein Abspalten freier Säure aus genannten Salzen wird bei heißem Trocknen, z. B. beim Sengen stark geschlichteter Stückware oder bei zu langsamem Lauf appretierter Ware über die Trockenzylinder, befürchtet.

Wenn der analytische Befund die Anwesenheit jener Chloride in größeren Mengen ergab, wäre derartige Rohware vor dem Sengen zu entschlichten. Eine Schädigung durch Zinkchlorid wird wohl seltener vorkommen, sofern von diesem Salz nur wenige Gramm auf 1 kg Appreturmasse kamen. Die Hydrolyse des Magnesiumchlorids wächst erst bei Temperaturen über 100° in bedenklichem Grade an, es ist wieder eine Zeitreaktion. Vermutlich hängt die Zersetzlichkeit mit von der Gegenwart anderer — oxydierender? — Salze ab. Neueren Versuchen zufolge vermögen organische Säuren, die an sich als ungefährlicher zu gelten haben, die Fasergefährdung durch Magnesiumchlorid zu steigern. Das Auftreten von Sengschäden dürfte mitunter überschätzt worden sein. So fand J. Auerbach[1] bei seinen Versuchen mit stark magnesiumchloridhaltigen Garnen nicht die befürchtete Festigkeitsabnahme, doch waren hier gröbere Garne imprägniert worden. Gefährlicher erscheint das Sengen von feinfädigen Waren, weil die Gasflamme leichter durchschlägt und der Stoff beim Durchlaufen durch die Flamme an sich heißer wird. Wenn angeblich Schäden sogar bei einer mit Bittersalz appretierten Ware beobachtet wurden, so ist eine Gefährdung doch wohl durch reines Salz kaum zu befürchten.

---

[1] Auerbach: Magnesiumchlorid als Schlicht- und Appreturmittel. Spinner u. Weber 1927 Nr. 44. — Kind: Spinner u. Weber 1931 Heft 17.

Die Beurteilung der Bleichware.

Normen für die Prüfung kann es kaum geben, da das Bleichen den verschiedenen Anforderungen entsprechend nicht immer vollständig durchgeführt wird, indem man mit Absicht nicht auf reine Zellulose hinarbeitet, z. B. nicht kocht, um mit einem geringen Gewichtsrückgang rechnen zu dürfen. Es macht im übrigen schon gewisse Schwierigkeiten, zu entscheiden, ob ein Gespinst oder Gewebe im Rohzustande vorliegt oder etwa gebleicht und hinterher überfärbt wurde.

Der Anleitung für die Zollabfertigung zufolge soll aus der Anfärbbarkeit mit Benzopurpurin sowie aus dem Saugvermögen und der Netzbarkeit ein Schluß auf ein vorangegangenes Bleichen gezogen werden können. Ein ähnliches Verhalten zeigt jedoch auch gebeuchte und merzerisierte, d. h. noch nicht gebleichte Ware, so daß diese Unterscheidung nicht einwandfrei erscheint. Besser dürfte es sein in fraglichen Fällen, wenn ein nachträgliches Anfärben, z. B. ein Cremieren zum Nachahmen des Makotones auf minderwertiger Baumwolle in Betracht kommt, noch eine Prüfung des Verhaltens gegen kalte 50%ige Schwefelsäure vorzunehmen. Mit Teerfarbstoffen cremierte Ware wird durch H_2SO_4 in auffallender Weise verändert, mit Eisen gegilbte Bleichware wird farblos, während nicht gebleichte, rohe oder gekochte Baumwolle sich im Farbton zunächst nur unbedeutend verändert. Die Probe auf Netzbarkeit kann unter Umständen versagen, da die Produkte der Kaltbleiche sich mitunter kaum von dem Rohmateriale unterscheiden. Meist wird das etwaige Vorhandensein von Baumwollsamenschalen-Resten als Beweis gelten, daß Rohware vorliegt. Um schalenfreie Ware zu erhalten, wie sie die gut ausgearbeitete ägyptische Baumwolle zeigt, wären andere Gespinste zu bleichen. Rohgeweben haftet ein eigentümlicher, von der Schlichte herrührender Geruch an. Betupfen mit Jod läßt bei Rohgeweben nur auf der Kette Stärke finden[1].

Auch die Unterscheidung von gebeuchtem und viertelgebleichtem Leinengespinst — mit Bleichmitteln behandelte Fasern haben einen anderen Zollsatz — mag oft schwerer halten, wenn die Garne cremiert werden. Hier wären vergleichende Chlorungen am Platze.

Des weiteren soll die Glimmprobe gebleichte und ebenso merzerisierte Baumwollgespinste gegenüber Rohgarnen kennzeichnen. Während Rohgarn unter Aufflammen entzündbar und nach dem Auslöschen der Flamme unter Zurücklassen einer Asche luntenartig weiterglimmt, brennt gebleichtes Garn nicht weiter und gibt keine Asche. Für diese Probe nimmt man ein Fadenstück von etwa 20 cm Länge, feines Gespinst zur Stärke einer Stecknadel zwirnend; sie ist bei gewisser Übung brauchbar, jedoch wieder nicht ganz zuverlässig, da z. B. eine nach dem Bleichen mit Salzen beschwerte Baumwolle Asche geben muß.

Den erzielten Bleichgrad, den Grad des „Weiß" pflegt der Bleicher unter Benutzung von Vergleichsmustern zu schätzen. Handelsübliche Bezeichnungen für die Bleichstufen des Leinens sind $^1/_1$, $^1/_2$,

---

[1] In einem Einzelfall entstand ein großer Schaden, weil ein Halbleinen, dessen Baumwollkette mit substantiven Farbstoffen auf den Ton von Rohflachs gefärbt war, der Bleiche als Reinleinen zugesandt und dann mit anderer reinleinerer Ware gekocht wurde. Die ganze Partie verfärbte sich und war nicht mehr weiß zu bleichen. Ebenso kann imitierte Makoware Anlaß zu Schwierigkeiten geben, wenn der zum Färben verwendete gelbe Farbstoff unvollständig, ungleich abgezogen und durch das weitere Chloren echt fixiert wird.

$^3/_4$, $^4/_4$ Weiß und gegebenenfalls andere Zwischenwerte. Die im Laufe der Jahre gestiegenen Anforderungen an „Vollweiß" ließen auch die Ansprüche an Viertelweiß, Halbweiß usw. wachsen, man findet nicht überall eine einheitliche Bewertung. Erklärlicherweise ist die Abschätzung des Weiß bei den in Frage kommenden feineren Unterschieden leicht persönlichen Irrtümern unterworfen. Derartige Bleichgradbezeichnungen bringen mehr zum Ausdruck, wieviel Rundgänge die Garne durchmachten. Vollweiß wurde bei mittleren und feinen Garnen üblicherweise mit vier Rundgängen erzielt. (Rundgang: je ein Kochen, Chloren, Säuern mit eingeschalteter Rasenbleiche beim dritten und vierten Rundgang) $^3/_4$ Weiß hatte also drei Rundgänge mit einer Rasenbleiche erhalten. Grobe Garne (8—22) benötigen unter Umständen einen Rundgang mehr, um dem Begriff $^3/_4$ Weiß zu entsprechen. Die Aufstellung von Zahlenwerten für den Bleichgrad ist in Anbetracht der oft sehr geringen Unterschiede unsicher, zumal weil die Muster keinen reinweißen Ton zu zeigen pflegen, sondern einmal mehr rot oder blaugrau ausfallen und der Ton meist durch das zuletzt gegebene Blaubad beeinflußt ist. Bei Baumwolle soll z. B. das Weiß der Natronbleiche einen mehr rötlichen Ton gegenüber dem grünlicheren Weiß der Kalkbleiche besitzen. Ein gelbliches Weiß gewinnt durch Bläuen bedeutend an Schönheit und Frische für das Auge, weshalb man das Gelb durch einen rotstichigen blauen Farbstoff (Komplementärfarbe) aufzuheben sucht, in ein schwaches Grau verwandelt, welch letzteres die weiße Farbe der Zellulose in wenig merklicher Weise abdunkelt, selbst bei überschüssigem Blau sieht die Faser frischer aus (vgl. S. 192).

Ein geschultes Auge erkennt geringe Unterschiede im Weiß. Die Proben sind in nicht zu grellem, am besten in seitlich auffallendem Lichte gegen dunklen Untergrund abzumustern. Das im Chlorbade oder nach dem Säuern erzielte Weiß geht oft während des Auswaschens und beim Trocknen bedeutend zurück, übertrocknete, noch heiße Textilien sehen gelber aus, was bei abzumusternder Fertigware zu beachten bleibt. Trockengut ist nicht einwandfrei vergleichbar mit einer älteren abgelegten Probe! Dünne Stückware faltet man in mehrfacher Lage zusammen und achtet auf gleiche Seite sowie auf gleichen Drallverlauf der Garne. Größte Bedeutung hat die Oberfläche der abzumusternden Textilien. Eine glatte Faser oder ein gepreßtes (kalandertes) Gewebe reflektiert das Licht in anderer Weise wie ein rauhes Material, weshalb auch Vergleiche mit weißen oder getonten Tonplatten, Papieren, weißen bzw. farbigen Porzellanpulvern, nicht einwandfrei erscheinen. Ein Vergleich des erzielten Bleichgrades mit Typmustern kann fehlerhaft werden, weil das Weiß der Typmuster vielleicht in nicht vorauszusehendem Maße mit der Zeit zurückgeht und so keine Sicherheit vorliegt, wie lange solche Muster brauchbar sind. Zum Vergleich das photographische Bild heranzuziehen — gleichzeitige Aufnahme zweier Ausfallmuster — würde für die Praxis ein zu weitläufiges Verfahren sein.

Wertvolle Dienste kann beim Abmustern die Ultralampe leisten, da meist geringere Abweichungen auffallen, abgesehen von der Erkennung von Öl- und Schmutzflecken. Geblaute Stoffe sehen im

Ultralicht dunkler aus, fluoreszierende Substanzen leuchten stark auf. H. Sommer[1] machte darauf aufmerksam, daß unter der Ultralampe kalt gebleichte Waren wohl zufolge der weniger vollständigen Entfernung der Faserverunreinigungen einen mehr gelben Ton zeigen. Eine längere Zeit in der Sonne belichtete Faser weist eine mehr dunkelviolette Färbung auf. (Oxyzellulose zeigt diese Eigentümlichkeit nicht.)

Für genauere Feststellungen wären Messungen nach Ostwalds Farbenlehre[2] vorzunehmen, nach welcher die Farbe im Farbton, Weiß und Schwarz zerlegt, ziffernmäßig festgelegt wird. Reinstes Normalweiß soll alles auffallende Licht reflektieren. Als weißestes Pigment erkannte Ostwald Bariumsulfat. Eine aus besonderem Ruß hergestellte Schwärze dient zur Herstellung einer Grauleiter. Ostwald bestimmte z. B., daß gewöhnliches Schreibpapier nur 80% Weiß hat, weißer Seidensamt sogar nur 60%, baumwollener Waschstoff gewaschen ergab 79%, ungewaschen, appretiert 86%. R. Haller[3] veröffentlichte Versuchsergebnisse, die er bei Probebleichen fand. E. Ristenpart benutzte den Hasch unter anderem zum Messen der Methylenblauzahl (siehe S. 295). Eine weitere Ausgestaltung der Meßtechnik brachte das Stufenphotometer. Über Weißmessungen berichtete E. Zieger[4]. So wünschenswert ziffernmäßige Angaben sind, da die Abschätzung nach dem Auge unsicher ist, obschon ein geschultes Auge kleine Unterschiede erkennt, so bringt doch das Arbeiten mit dem „Stufot" Schwierigkeiten mit sich, die abgesehen von den hohen Anschaffungskosten einer allgemeinen Verwendung entgegenstehen. Eine besondere Lampe erweist sich als zweckmäßig, denn ein schwach farbiges Weiß ändert leicht sein Aussehen je nach der Zusammensetzung der angewandten Lichtquelle. Es macht sich weiter die Beschaffenheit der Oberfläche stark geltend, bei Geweben spricht die Bindung mit, bei Garnen ist die gleichmäßige Wicklung wesentlich. Die Proben sind in verschiedenen Richtungen mit der Kette oder mit dem Schuß laufend zu messen. Glanzreiche Textilien lassen bei geeigneter Betrachtung weit über 100% Weiß finden. Fluoreszierende Färbungen reflektieren mehr sichtbares Licht, als sie aus dem unsichtbaren Teil des Spektrums aufnehmen. Nach P. Krais[5] genügt eine Lösung von 0,25 g Äsculin im Liter, um damit getränkter Viskoseseide ihren gelbbräunlichen Ton zu nehmen. Mit stärkeren Lösungen läßt sich $1/_2$ gebleichtes Leinen weiß färben. Es kommt jedoch solches Verfahren technisch nicht in Frage, da zu teuer und die „Färbung" unecht.

Bei Messungen eines 25er Leinengarnes $^4/_4$ Weiß nach 8 Richtungen, d. h. unter Drehen um je 45° erhielt Zieger als Ablesungszahlen: 57,1—61,9—78,8—60,8—58,4—58,7—79,8—60,5 = Mittel 65,9%. Bei nur zwei Messungen, parallel und senkrecht, waren zunächst 80,4 und 58,4 = Mittel 69,4% zur Beobachtung gelangt. Wird die optimale Querlage der Fäden zum Licht nur wenig verschoben, so sinkt der Weißwert erheblich. Als Beispiele für handelsübliche Bleichgarne waren genannt: 14er Werg $^1/_2$ Weiß 65,2; 22er Werg $^3/_4$ Weiß 68,8; 25er Werg $^4/_4$ Weiß 69,7; 25er Trockenflachs $^4/_4$ Weiß 63,8; 30er Flachs $^3/_4$ Weiß 70,5; 35er Flachs $^1/_2$ Weiß 70,5; 45er Flachs $^7/_8$ Weiß 69,4. Beachtenswerterweise lieferten die geblauten Garne niedrigere Werte.

A. Klughardt[6] hat mit dem Stufenphotometer 30er Flachsgarne und 20er Werggarne in verschiedenen Bleichgraden gemessen. Es ergaben sich bei ersteren Unterschiede und auch Unstimmigkeiten, insofern als bei höherem Bleichgrad die Werte der Bezugshelligkeit und des Weißgehaltes nicht immer entsprechend höher

---

[1] Sommer: Textilber. 1928 S. 755.

[2] Es muß auf die umfangreiche Originalliteratur verwiesen werden. Man vergleiche die Zusammenfassung in Heermanns Enzyklopädie oder in der Technologie der Textilveredlung. — W. Douglas empfahl in den Textilber. 1921 S. 411 das Messen von Weiß mit dem Halbschattenphotometer.

[3] Haller: Textilber. 1924 S. 30.   [4] Zieger: Textilber. 1928 S. 917.

[5] Krais: Ein neues Weiß. Textilber. 1929 S. 468.

[6] Klughardt: Zur Festlegung der Bleichgrade von Flachs und Werg. Leipzig. Mschr. Textil-Ind. 1931 S. 24.

sind. Die Einzelheiten bleiben nachzulesen. Die Meßwerte fielen sehr verschieden aus, je nachdem die Fäden senkrecht oder parallel zum Licht geordnet sind. Die Beeinflussung durch Bläue blieb unberücksichtigt.

Wie Fr. C. Jacoby betont, genügt es jedoch nicht, eine weiße Probe gegenüber einer anderen mit dem Hasch usw. zu vergleichen, sondern es ist nötig, die prozentualen Anteile der Grundfarben des neutralen Weiß, also Rot, Grün und Blau, zu ermitteln, da sonst abweichende Tönungen leicht zu Fehlschlüssen führen. Es sind in den Strahlengang des Photometers farbige, normierte Filter einzuschalten, die den drei Grundfarben entsprechen. Es wären also jeweilig die Kennzahlen unter Nennen des Farbmeßfilters anzugeben.

Einfachere Vergleiche ermöglicht nach M. Freiberger[1] eine unter Verwendung von Beuchlaugen auf rein weiß gebleichten Lappen hergestellte Skala. Die mit der gleichen Gewichtsmenge verschieden stark verdünnter Lauge getränkten und bei Zimmertemperatur getrockneten Abschnitte erhalten Nummern, welche den Verdünnungsgrad anzeigen. Also z. B. Nr. 10 ist mit einer Verdünnung 1 + 9, Nr. 150 mit einer Flüssigkeit von einem Teil Beuchlauge + 149 Wasser erhalten. Es soll die Lauge — mit 2 g Holzgummi im Liter, vgl. S. 317 — zuvor mit Salzsäure gegen Phenolphthalein neutral eingestellt sein. Für verschiedenartige Gewebe genügt nach einiger Übung eine Skala auf mitteldickem Stoff, für Sonderzwecke wären aus den fraglichen Geweben Muster herzurichten, nachdem man ein Stück voll ausbleichte. Was die Technik des Abmusterns anbelangt, so sind von den Proben gleichviele Stofflagen in gleichstarker Pressung auf weißem Papier zu vergleichen.

Einwänden gegenüber[2], daß das Ausgangs-Weiß der „reinen“ mit den Beuchlaugen zu präparierenden Ware von der Art des Rohgewebes, von der Kochung und Bleiche sehr abhängt und somit der Ausgangspunkt für die Skala schwanke, die Zusammensetzung der Kochlauge auch wieder von der Arbeitsweise und der Art des Gutes, z. B. vom Schlichtegehalt beeinflußt sei, weist Freiberger darauf hin, daß ein sehr reines, lagerbeständiges Weiß bei sachgemäßer Bleiche zu erhalten und überdies mit dem Hasch überprüfbar sei und die Zusammensetzung der Beuchlauge sogar beim Kochen verschiedenartiger Waren in mehreren Betrieben wenig voneinander abweiche. Wenn ein Nachgilben der Bleichware bei den helleren Tönen von fraglichem Einfluß erscheint, so wären diese nach Bedarf neu anzufertigen. (Namentlich alkalische Laugen könnten das Weiß beeinflussen.) Es bietet sich jedenfalls für den Betrieb die Möglichkeit, Skalen anzufertigen, um die Lieferungen abzumustern. Für den allgemeinen Verkehr sollten derartige Vergleichsmuster an einer Zentralstelle angefertigt werden, um die Einheitlichkeit gewahrt zu wissen. An sich wäre es wünschenswert, einen geeigneten braungelben Beizenfarbstoff für Ausfärbungen zu haben.

Chemische Prüfung der Reinheit von Bleichware.

Ob eine $^4/_4$ gebleichte Faser nur aus reiner Zellulose bestehen sollte, erscheint dem Textiltechniker fraglich. Es sei daran erinnert, daß schon die Appretur erneut Fremdstoffe mit sich bringt. (Über die Herstellung „reiner“ Baumwolle für analytische Zwecke siehe C. G. Schwalbe.) Nach Erfordernis bleibt zu untersuchen, wie weit Reste der natürlichen Verunreinigungen wie Wachs, Eiweiß zurückblieben, oder ob von den beim Bleichen verwendeten Chemikalien Rückstände zu finden sind und nicht etwa Zellulose eine Umwandlung in Oxyzellulose oder Hydrozellulose erfahren hat. Daneben hätten Prüfungen die physikalische Beeinflussung festzustellen, wie Veränderungen der Festigkeit, der Dehnbarkeit, des Benetzungsvermögens. Der chemische Befund gestattet Rückschlüsse auf die Lagerbeständigkeit der Bleichware, auf das Vergilben, doch bleiben besondere Versuche angezeigt. Die Ursachen und die Erkennung von Flecken wurde in dem Abschnitt „Fehler in der Bleicherei“ besprochen.

Über die chemische Untersuchung von Bleichware machte G. Ambühl[3] folgende Angaben:

[1] Freiberger: Färber-Ztg. 1915 S. 319 u. 1916 S. 66. — Textilber. 1919 S. 89 u. 1924 S. 30. — Ztschr. f. angew. Ch. 1916 S. 397.

[2] Haller: Färber-Ztg. 1916 S. 6. — Textilber. 1924 S. 30.

[3] Ambühl, G.: Chem. Ztg. 1903 S. 792.

Um Aufschluß zu erhalten, ob die in der Ostschweiz bestickten Baumwollgewebe nicht vergilben, sind die noch im Gewebe zurückgebliebenen ätherlöslichen Stoffe, wie Baumwollwachs, Fette und Fettsäuren zu bestimmen. Eine Gewebeprobe von 15—18 g wird mit reinem Äther $2^{1}/_{2}$ Stunden im Soxhlet-Apparat extrahiert. Der Fettgehalt geht bei tadellos gebleichten dünnen Baumwollgeweben von 1—1,5% der rohen Ware auf 0,01 und selbst auf 0,008% herunter. In erstklassig gebleichten Geweben macht der Fettgehalt nicht mehr als 0,025% des Stoffgewichtes aus. Gebleichte Ware mit mehr als 0,04% ätherlöslicher Stoffe darf als nicht genügend gebleicht angesehen werden.

Ein zweites Merkmal bildet die Bestimmung der Kalkseifen. Das entfettete Muster wird während einer $^{1}/_{2}$ Stunde in 5%ige Salzsäure gelegt, nachher gut ausgewaschen, getrocknet und wiederum mit Äther extrahiert. Die erhaltene Fettsäure wird in Alkohol gelöst und mit $^{1}/_{20}$ n Lauge titriert; 1 cm³ Lauge = 0,0142 g Stearinsäure. Tadellos ausgewaschene, von Seifenrückständen befreite gebleichte Textilstoffe liefern 0,03—0,04% Fettsäuren. Als ungenügend ausgewaschen gilt Ware mit mehr als 0,08% Fettsäure, als mangelhaft die mit 0,12% und mehr.

Eine dritte Bestimmung ist die des Aschengehaltes. Die bestgebleichte Ware liefert etwa 0,03—0,05% einer weißen, aus Kalziumkarbonat und Silikaten bestehenden Asche.

Ein Stickereikupon zeigte folgende Werte:

	Freies Fett	Fettsäure	Asche
Ganz roh.	1,0448	0,1359	1,6294
Vorgekocht (Kalkmilch, Säure). . .	0,1761	0,4923	0,2230
Fertig gekocht (Soda, Ätznatron). .	0,0528	0,0632	0,3429
Halb gebleicht	0,0168	0,0452	0,0520
Fertig gebleicht.	0,0210	0,0433	0,0571

Aus diesen Daten wäre der Schluß zu ziehen, die Ware durch Kochen und Seifen so vollkommen wie möglich zu entfetten und vorzureinigen. Beispiele für die Beurteilung:

Freies Fett	Fettsäuren durch Wägung	Fettsäuren durch Titration	Asche	Beurteilung
0,049	0,226	0,210	0,117	ordentlich gebleicht, schlecht ausgewaschen
0,201	0,096	0,093	0,219	schlecht gebleicht, ungenügend ausgewaschen
0,172	0,758	0,737	0,213	schlecht gebleicht und ausgewaschen
0,043	0,074	0,066	0,074	ordentlich gebleicht, gut ausgewaschen
0,108	0,045	0,045	0,061	ungenügend gebleicht, gut ausgewaschen
0,018	0,069	0,074	0,076	prima gebleicht, gut ausgewaschen
0,009	0,062	0,058	0,062	prima gebleicht und ausgewaschen
0,013	0,081	0,083	0,049	prima gebleicht, ordentlich ausgewaschen

So aufschlußreich solche Analysen sind, so besitzen derartige Werte doch nur bedingten Beweiswert. Es ist nicht gesagt, daß Bleichware soweit entfettet werden muß, gewisse anorganische Rückstände mögen aus Bestandteilen der Schwerschlichte herrühren, ohne die Lagerbeständigkeit zu beeinträchtigen.

Über die Menge der Faserbegleitstoffe und ihre Entfernbarkeit beim Einweichen und Beuchen sind schon S. 94 Angaben gemacht worden. Je nach der Art der Baumwolle und der Untersuchungsverfahren schwanken die Literaturangaben über ausgeführte Prüfungen nicht unerheblich. Als mittlere Anhaltswerte mögen gelten[1]:

---

[1] Vgl. Schwalbe: Chemie der Zellulose; auch Textilber. 1925 S. 517. — Viktoroff: Textilber. 1931 S. 638.

	Amerikanische	Ägyptische	Indische
Zellulose.	91,0	90,8	91,35
Asche.	0,12	0,25	0,22
Protoplasma und Pektosen	0,53	0,68	0,53
Wachs- und Fettstoffe . .	0,35	0,42	0,40
Wasser	8,0	7,85	7,50

Dabei wechselt die Zusammensetzung mit der Art der Reife und dem Jahrgang der Faser. Im allgemeinen nimmt man an, daß die beim Bleichen entfernbaren Verunreinigungen der Baumwolle etwa 5% ausmachen, doch hat die Art der Untersuchung bzw. des Bleichverfahrens wesentliche Bedeutung.

Der Aschenrückstand in gebleichter Faser hängt naturgemäß stark von dem Anfangsgehalt ab, weil vielleicht mit sandigen Verunreinigungen zu rechnen ist. Nach P. Krais[1] sind in den gelben Flocken und den Baumwollschalen recht wesentliche Eisenmengen angehäuft. Weiße Fasern wiesen im Mittel 0,007%, gelbe 0,0083 und Schalen 0,152% Eisen auf. Nach Chlorkalkbleiche erwartet der Techniker einen höheren Aschengehalt des Gutes, mit der Inkrustierung soll auch der härtere Griff in Beziehung stehen. Die Zahlen sind jedoch meist wider Erwarten gering, sofern ein Absäuern folgte. So lieferte ein 14er Werggarn, also eine an sich stärker verunreinigte Faser: roh 0,8%, gekocht 1,2%, gechlort aber nicht gesäuert 1—1,8%, gesäuert 0,36%, wieder gekocht 0,7%, gechlort 0,9%, gesäuert 0,32%. Ein Flachsgarn gab bei vollständiger Durchführung des Bleichens roh 0,96 mit 0,015% Eisen, $^1/_4$ Weiß 0,91 mit 0,010% Eisen, $^1/_2$ Weiß 0,31 und 0,0029%, $^3/_4$ Weiß 0,31 und 0,0016, $^4/_4$ Weiß 0,24 und 0,0019% Eisen.

Wenn sich bei mit Sauerstoff gebleichten Textilien ein etwas höherer Aschengehalt findet, so kann es sich um Abscheidungen von Kieselsäure handeln. Man hat zu vermeiden, daß zufolge unsachgemäßem Arbeiten, ungenügendem Auswaschen der wasserglashaltigen Lauge beim folgenden Säuern sich Kieselsäure niederschlägt, die den Griff der Faser rauh macht oder sogar die Fäden verklebt. Solcher Betriebsfehler kann selbstredend kein Kennzeichen der Sauerstoffbleiche sein (vgl. S. 229). Bei Geweben ist eine Erhöhung durch Schlicht- und Appreturmassen in Betracht zu ziehen. Schwerschlichte bringt große Mengen von Kaolin, Talkum mit, welche das Bleichen nur unvollkommen beseitigt. Das Deutsche Arzneibuch begrenzt den Aschengehalt in reiner Verbandwatte, = gebleichter Baumwolle, auf 0,3%. Etwaige Kalk- und Eisenverunreinigungen lassen sich durch Ausfärben mit Beizenfarbstoffen, wie Blauholz und Alizarin (= Rosafärbung), nachweisen.

Der Proteingehalt ist technisch von Belang, da die eiweißreichen Baumwollen dunklere Farben zeigen bzw. beim Kochen und Dämpfen stärker dunkeln sowie auch wegen Bildung beständiger Chlorverbindungen mitunter bedeutungsvoll sein können. Aus dem Prozentgehalt an Stickstoff ist auf Eiweiß zu schließen. (Kjedahlbestimmung: 5 g Baumwolle + 20 cm³ konzentrierte Schwefelsäure + 30 cm³ rauchende Schwefelsäure, 1 Tropfen Quecksilber.) Nach A. Herzog[2] schwankt der Stickstoffgehalt bei den einzelnen Sorten zwischen 0,2 und 0,56%. Die Eiweißstoffe haben ihren Sitz fast ausschließlich im Kanal der Fasern und sind durch Farbstoffe gelb bis gelbbraun gefärbt, in den Bastfasern der Schalen häufen sich Eiweiß (und Fettstoffe) sehr an. Um das Verhalten der Proteine beim Bleichen zu verfolgen, destillierte S. H. Higgins[3] je 30 g Garn mit 300 cm³ $^1/_{10}$ n NaOH. In 200 cm³ erhaltenem Destillat wurden titrimetrisch festgestellt: ägyptische Baumwolle 9,79 mg, amerikanische Baumwolle 5,46 mg, Leinen 14 mg Stickstoff. Demnach ist nicht der ganze Stickstoffgehalt in Form von Protein vorhanden. Behandeln mit Salzlösung bei 60° löste etwa $^1/_3$ des Proteins, durch Kochen mit Soda oder Ätznatron war praktisch alles Protein nach und nach

---

[1] Krais: Über den Eisengehalt der rohen Baumwolle. Leipzig. Mschr. Textil-Ind. 1927 S. 34.

[2] Herzog: Chem.-Ztg. 1914 S. 1097.

[3] Higgins: Entfernung des Stickstoffs aus pflanzlichen Fasern beim Bleichen. Journ. Soc. Dyers Colourists 1919 S. 165.

entfernbar, es bilden sich wasserlösliche Amidosäuren. Kalk wirkte wie Natron hydrolysierend. Ein Teil der stickstoffhaltigen Bestandteile wird jedoch von den Fasern zurückgehalten. Zwei Kalkkochungen mit zwischengeschaltetem gutem Waschen setzten den Proteingehalt beträchtlich herab. Bei Leinen konnte Natronlauge alles Protein entfernen. Kalkbeuchen, Säuern mit folgender Sodakochung hatte auch gute Wirkung. Soda allein wirkte weniger gut. Baumwolle oder Leinen, das mit Ätznatron oder Kalk gekocht, weiter gesäuert und mit Soda behandelt ist, bildet kaum noch Chloramine.

Die Bedeutung des Eiweißgehaltes ist in den letzten Jahren wiederholt erörtert worden, um die Frage zu klären, wie weit die etwaige Bildung von Chloreiweiß für die Technik belangreich ist. Freiberger[1] fand bei seinen Versuchen als Stickstoffwerte: 1. Köper, mitteldick, merzerisiert 0,338% N, 2. Kattun, entschlichtet 0,227, 3. Nr. 1 nach Ätznatronbeuche für die Färberei 0,110, 4. Nessel, erst Ätznatron, dann Soda gebeucht 0,067, 5. Nessel, nach Kalk, Soda, Säure 0,061, 6. Kattun Nr. 2, Ätznatronbeuche für Druckware 0,060, 7. Kattun Nr. 6, chloriert, gesäuert 0,052, 8. Nessel, fertige Weißware 0,044, 9. Kattun, zweimal gebeucht, zweimal chloriert, Spuren, 10. Kattun, gut gebeucht, chloriert, superoxydiert, Spuren. Bei diesen Werten bleibt zu berücksichtigen, daß Eiweißverbindungen aus Schlichtemitteln hinzutreten können. Über „Stickstoff in Baumwolle und Leinen" veröffentlichte M. M. Tschilikin eine größere Arbeit unter Angabe der bekannten Literatur[2]. H. Bauch ermittelte bei offen abgekochten Leinengeweben nur geringe Unterschiede im restlichen Stickstoffgehalt bei Verwendung von Kalk, Soda usw. (Vgl. S. 243, die Angaben über Leinenbleiche, W. Frenzel und J. W. Porter.) Der Proteingehalt geht jedenfalls bei den abwechselnden Behandlungen mit alkalischen Laugen und Bleichflotten auf geringe Reste zurück. Die Prüfung auf Eiweißsubstanzen kann mit Millons Reagens (zart rötlich) und mit frisch bereiteter Paulyscher Lösung erfolgen. Auch Betupfen mit Salpetersäure deutet durch Vergilben — Xanthoproteinreaktion — das Vorhandensein von Eiweiß an.

Einen wesentlichen Anteil an den Verunreinigungen haben weiter die Pektine[3]. Das in vielen Pflanzenteilen vorhandene „Pektin" ist ein Gemisch einer ursprünglichen Substanz mit verschiedenen Abbauprodukten, die sich infolge von Fermentwirkungen aus ersterer gebildet haben. Protopektinase löst scheinbar das Pektin der Mittellamelle von Pflanzengeweben auf, Pektinase baut lösliches Pektin zu einfacheren reduzierenden Substanzen ab, die Pektase hingegen führt lösliche Pektinstoffe in unlösliche Verbindungen über, die sich in Gelform abscheiden. Das ursprünglich vorhandene, in kaltem Wasser unlösliche „Pektin" geht beim Kochen zum Teil in Lösung. Letztere gibt neben dem durch Alkohol und Bleiessig fällbaren Pektin noch zu einem erheblichen Teil lösliches Hydropektin, das aus Araban und aus dem Kalzium-Magnesiumsalz der Pektinsäure besteht. Die als Gallerte ausfällbare Pektinsäure (das Wort Pektin soll auf Gallerte hinweisen) leitet sich von der Polygalakturonsäure ab (eine stickstofffreie Verbindung, die demnach auch kein „Chloramin-Pektin" zu bilden vermag). Diastatische Malzauszüge besitzen nach Ehrlich ein gewisses Abbauvermögen gegenüber Pektin. Nach Honeyman[4] verklebt Pektin als Hemizellulose in der Mittellamelle die Elementarzellen (vgl. S. 243). Als Hemizellulose sind auch Pentosan und Lignin zu nennen, die chemisch durch ihre leichtere Hydrolysierbarkeit durch Mineralsäuren gekennzeichnet sind, gegen verdünnte Bleichlaugen aber recht widerstandsfähig sein können, soweit sie nicht die Fasern nur inkrustieren. Lignin — aus bzw. über Pektin entstanden? — findet sich in größeren Mengen nur in der Jute, dann noch in den verholzten Teilen des Flachses und Hanfes, den Scheben. Nach

---

[1] Freiberger: Beiträge über Theorie und Technik des Bleichens der Baumwolle. Textilber. 1929 S. 124.

[2] Tschilikin: Stickstoff in Baumwolle und Leinen. Textilber. 1929 S. 883.

[3] Ehrlich: Über die Chemie des Pektins. Chem.-Ztg. 1929 S. 420. — Textilber. 1925 S. 577. — Ztschr. f. angew. Ch. 1930 S. 1072.

[4] Vgl. Kind: Der Gehalt der Pflanzenfaser an Pektinstoffen. Spinner u. Weber 1926 Heft 17.

C. G. Schwalbe[1] enthält Jute 10—15% Pentosan und 9% Lignin, Röstflachs 8% Pentosan bei fraglichen Ligninmengen[2]. Pektinstoffe verfärben sich durch Alkali nach gelb. Durch ihr Aufnahmevermögen gegenüber Metallösungen wirken sie gewissermaßen als Beize, so ist durch Einlegen von Proben in 10%ige Kupfersulfatlösungen unter Nachbehandeln der gut ausgewaschenen Muster mit Ferrozyankali ein Rückschluß auf den Pektingehalt zu ziehen. Diese Probe gestattet nach A. Herzog die Unterscheidung von Baumwolle und Leinen, weil sich letzteres durch Ferrozyankupfer auffallender kupferrot verfärbt, doch sind hierbei der Reinheitsgrad des Leinens, die Art der Baumwolle, etwaige Oxyzellulose, Appretur, nicht ohne Belang[3].

Über den Wachs-Fettgehalt der Fasern, den man für die Bleichbarkeit und für die Weiterverarbeitung des Bleichgutes für wesentlich hält, gehen die Angaben auseinander, da die Art der Extraktion den Befund beeinflußt. Wie im englischen Institut ausgeführte Untersuchungen ergaben, wäre es zur Erfassung des Gesamtfettgehaltes notwendig, die Baumwolle durch Salzsäure aufzuschließen, so weit zu hydrolysieren, daß die Faser beim Auswaschen zu Pulver zerfällt (Verwendung 2 n HCl mit 15% NaCl bei 70°, 3 Stunden), um mit Chloroform mehrere Stunden auszuziehen. Andernfalls fallen die Zahlen etwas zu niedrig aus, weil Magnesiaseifen (?) sich nicht unmittelbar lösen[4]. Der Gehalt an Wachs geht übrigens beim Verarbeiten in der Spinnerei etwas zurück, so zeigte Sea-Island-Baumwolle nach dem Kardieren den Wert 0,47 bei einer Anfangszahl von 0,51%. Als Mittelwerte seien genannt: Amerikanische Baumwolle 0,35—0,51%, ägyptische Baumwolle 0,35—0,43, Sea-Island 0,29—0,54%, indische Baumwolle 0,30—0,42%. Der Schmelzpunkt liegt je nach der Faserart bei 68—75°. Die Säurezahl beträgt 16—41, der Gehalt an Unverseifbarem 40—77%. Neben freien Fettsäuren nimmt man Neutralfette, Wachse, polymerisierte Verbindungen usw. an. Der Schmelzpunkt der in Betracht kommenden Körper soll zwischen —18° (Linolsäure) und etwa 142° C (Dioxystearinsäure) schwanken. Über das Verhalten des Baumwollwachses beim Bleichen siehe S. 93. Die Flachsfaser enthält weit mehr Wachs, 1,5% und darüber. Nähere Angaben finden sich S. 243. Nach E. Knecht, der mit seinen Mitarbeitern die Bestandteile der rohen Baumwolle unter Verwendung von je 4 kg ägyptischer Baumwollgarne untersuchte, läßt sich mit Benzol erhaltenes Rohwachs durch Behandeln mit Petroläther in einen größeren unlöslichen, in etwa hellem Bienenwachs gleichenden Anteil von 70% und einen löslichen Anteil zerlegen, der eine dunkelgrüne, körnige Masse vorstellt, die Ähnlichkeit mit eintrocknendem Öl hat. Das entfettete Garn hatte eine größere Festigkeit, hingegen eine geringere Dehnbarkeit ergeben. Bei anderen Versuchen kam jedoch Knecht zu der Folgerung, daß ein völliges Entfetten ungünstig auf die Spinnbarkeit einwirkt, sich siebenmal soviel Fadenbrüche einstellen, die Festigkeit mit 25% hinter dem aus roher Baumwolle erhaltenen Gespinst zurückblieb. (Nach dem Kaltbleichverfahren gewonnenes Gut ist spinnfähiger, da geschmeidiger.) Sicherlich hat neben der etwaigen chemischen Beeinflussung die mechanische Aufbereitung einen großen Einfluß.

Bei Geweben kommt zu den Fettstoffen der Rohfasern noch das Fett der Schlichtmasse hinzu. M. Freiberger[5] fand bei seinen ausführlichen Studien über die Bedeutung und das Verhalten der Fette beim Bleichen als fettreichstes Gewebe einen aus grauem Abfallgarn hergestellten Köper mit 6,22 Gewichtsprozenten an alkohollöslichem Fett von dunkelgelber Farbe, Schmp. 38—40°, und weiter 0,11% petrolätherlöslichem Fett, Schmp. 50—51°. Ein dicker Nesselstoff hatte

---

[1] Schwalbe: Die chemische Aufschließung pflanzlicher Rohfaserstoffe. Ztschr. f. angew. Ch. 1923 S. 173.

[2] Ligninliteratur: Riefenstahl: Gegenwärtiger Stand der Ligninchemie. Ztschr. f. angew. Ch. 1924 S. 169.

[3] Vgl. auch Haller: Verhalten von Baumwolle verschiedener Reinigungsgrade zu Lösungen von Metallsalzen. Chem.-Ztg. 1918 S. 597 u. 1919 S. 195.

[4] Vgl. Spinner u. Weber 1928 Heft 2.

[5] Freiberger: Einiges über die Rolle der Fette in den Reinigungsprozessen der rohen Baumwolle. Färber-Ztg. 1915 S. 285. — Untersuchung von halbgebleichten zum Rauhen bestimmten Geweben. Färber-Ztg. 1916 S. 193, 259.

1,02% mit Tetrachlorkohlenstoff ausziehbares bzw. 1,11% petrolätherlösliches
Fett. In einem anderen Falle enthielt der 8er Schuß 0,9%, die zugehörige Kette
1,34% CCl$_4$ lösliches Fett. Der Fettgehalt ist nach Freiberger vor allem für die
Weiterverarbeitung von Rauhwaren von Belang, die Verunreinigungen sollten
hier nur teilweise entfernt werden (siehe S. 226). Laut seinen Untersuchungen fiel
z. B. der Fettgehalt der Rohware von 0,98% je nach dem Bleichgrade bis auf
0,2%, wobei schon ein Rückgang auf 0,65% die Rauhfähigkeit verschlechterte.
Die nach verschiedenen Arbeitsgängen extrahierten Fette zeigten Unterschiede
im Schmelzpunkt, denn die leichter schmelzenden Fette werden beim Bleichen
schneller herausgelöst.

In vollgebleichten Baumwollwaren hat man etwa 0,1% Fett anzunehmen,
doch weisen manche Stoffe auch höhere Werte auf, ohne daß die Verwendbarkeit
für Farb- und Druckware darunter leidet. Neueren Anschauungen zufolge ist es
nicht erforderlich, alle Stoffe weitgehend zu entfetten, zumal wenn es sich um
zu appretierende Weißwaren handelt, denn die Lagerbeständigkeit des Weiß hängt
nicht vorwiegend von dem restlichen Fettgehalt ab. Beträgt doch der Wachsgehalt in gebleichten Leinengarnen mitunter noch 1% (vgl. S. 244 und 330).

Die beim Bleichen besondere Schwierigkeiten machenden Baumwollschalen
— mit einem rotbraunen Farbstoff Gossypol? — enthalten eine Zellulose, welche
sich mit Säuren leichter hydrolysieren lassen soll. Die Zusammensetzung der
Schalen[1] kann erheblich schwanken: Rohprotein 2,78—6,71%, Rohfett 0,75 bis
3,04%, stickstofffreier Extrakt 14,41—74,71%, Rohfaser 65,59—33,22%, Asche
2,73—3,01%. Vermutlich enthalten die Schalen viel Lignin. Wennschon der
Theorie zufolge die Schalen durch Säure leichter hydrolysierbar als die Zellulose
erscheinen, so sind doch Vorschläge, die Bleichware zunächst mit Mineralsäure-
lösungen zwecks „Karbonisation" der Schalen zu dämpfen oder zu trocknen,
technisch nicht durchführbar, die Zellulose selbst wird hierbei zu sehr gefährdet,
(vgl. S. 78). Abkochen unter Druck bleibt der gegebene Weg, um die Schalen gut
zu erweichen. Die Zugabe von Netzmitteln beim Kochen war eigenen Versuchen
zufolge von fraglichem Nutzen.

An Farbstoffen sollen zwei braungelbe, von denen der eine leicht, der andere
schwerer löslich in Alkohol, vorhanden sein. Die braune Färbung ägyptischer und
indischer Fasern läßt sich bei anderen Arten durch Dämpfen nachahmen oder
doch verstärken, wobei anscheinend die vorhandenen Eiweißstoffe von Belang
sind. Ein etwaiger Eisengehalt — beim Merzerisieren kann Baumwolle Eisen
aufnehmen? — hat für die Färbung sekundäre Bedeutung. Wie A. Oparin
und S. Rogowin[2] hervorheben, ist die Untersuchungstechnik bei derartigen For-
schungsarbeiten sehr wichtig, da die natürlichen Pigmente beim Auskochen usw.
eine nicht leicht erkennbare Veränderung erleiden können. Oparin und Rogowin
nehmen an, daß die Rohbaumwolle eine kleine Menge Chlorogensäure enthält.
Aus ihr bilden sich durch Oxydationswirkung der Luft die gelbbraunen Pigmente,
welche von der Faser fest adsorbiert werden.

Unter Holzgummi will Freiberger[3] die Substanzen verstanden wissen, welche
sich mit Alkalilauge ausziehen und durch Neutralisieren bzw. Ansäuern mit Salzsäure ausfällen lassen. Unter „gesamter Holzgummi ohne anorganische Substanz
und Fett" versteht Freiberger die Summe aus dem kalt extrahierbaren Holzgummi ohne anorganische Substanz plus „Gewichtsverlust der Baumwolle nach
der heißen Extraktion abzüglich der gelösten Zellulose und der Fette". Die
Analysenergebnisse können Anhaltspunkte für die Beurteilung einzelner Arbeits-
vorgänge geben. Wegen Einzelheiten ist die Originalarbeit nachzulesen. Es sei
darauf hingewiesen, daß die Bestrebungen der Kaltbleiche darauf hinausgehen,
das heiße Auslaugen, also das Kochen einzuschränken, um den Gewichtsverlust
niedrig zu halten. (Vgl. auch die Prüfungsergebnisse der nach Verfahren Mohr
erhaltenen Bleichwaren, S. 229.)

---

[1] Vgl. Schwalbes Handbuch.

[2] Oparin u. Rogowin: Zur Kenntnis der Natur der Baumwollpigmente.
Textilber. 1930 S. 944.

[3] Freiberger: Beispiele für die Bestimmung des Holzgummis. Färber-Ztg.
1917 S. 81.

Ob eine Stückware etwa noch Schlichte enthält, wäre mit Jod zu prüfen (vgl. S. 32).

Die „Reinheit“ der Baumwolle ist um so besser, je geringer die Verfärbung von Faser und alkalischer Lauge beim Abkochen, je niedriger die Permanganatzahl (vgl. S. 297).

Reine Baumwollzellulose für Versuchszwecke soll nach Schwalbe und Robinoff folgendermaßen zu erhalten sein: schalenfreie Rohbaumwolle, wie Kardenband wird 4 Stunden mit 10 g Ätznatron und 5 g/l Harz gekocht (Mitverwendung eines Fettlösers?), mehrmals mit kochendheißer Natronlösung 1/1000 ausgewaschen, dann mit Natriumhypochlorit 0,2 g/l Cl 1$^{1}/_{2}$ Stunden gechlort, gespült, gesäuert, gespült, mit Bisulfit nachbehandelt und ausgewaschen.

Reaktion. Bleichware sollte neutral reagieren. Keinesfalls darf freie Mineralsäure vorhanden sein. Von einer stärkeren Alkalität ist eine ungünstige Beeinflussung des Weiß zu befürchten. Für die Reaktionsprüfung ist die Art des Indikators wesentlich. Oxyzellulosierte Faser pflegt gegen empfindliche Indikatoren schwach sauer zu reagieren, so daß z. B. gebleichtes Leinen gegenüber Lackmus meist „sauer“ reagiert, selbst nach kaltem Behandeln mit verdünntem Ammoniak. Bei appretierten Stoffen wäre mit einer schwachen Alkalität des Apprets zu rechnen, die von Seife oder Aufschließungsmitteln der Stärke herrührt, doch kann Dextrin auch Säure mit sich bringen. Aufträufeln der Indikatorlösung oder Einlegen von Reagenspapier gibt Aufschluß über die Reaktion, weiter ist nach den S. 306 gegebenen Vorschriften zu verfahren.

Bleichmittelreste. Schon wegen des unerwünschten Geruches darf fertige Ware kein freies Chlor mehr enthalten, eine Probe soll sich mit schwach angesäuerter Jodkalistärkelösung nicht blau verfärben. Über Einzelheiten siehe S. 51. Daß Chlorreste eine Fasergefährdung bedeuten, Abspaltung von Säure?, trifft nur sehr bedingt zu. Zu beachten bleibt, daß auch Wasserstoffsuperoxyd mit Jodkalistärke reagiert, vgl. S. 35.

Oxyzellulose. Die Ausführungen des vorhergegangenen Abschnittes sind einzusehen. Vielfach werden nur Festigkeitsprüfungen die Faserbeeinflussung erkennen lassen.

Festigkeit. Baumwollgespinst verliert bei vorsichtiger Bleiche meist nicht an Reißfestigkeit, sondern zeigt mitunter sogar eine nicht unerhebliche Zunahme, welche sich durch das beim Kochen usw. eintretende bessere Verfilzen der Fasern oder durch ein Rauherwerden der letzteren und hierdurch bedingtes besseres Aneinanderhaften erklärt. Wenn es im allgemeinen auch nur wenige Prozent sind, so kann doch ein lose gesponnenes Garn wie Strickgarn um 100 und mehr Prozent gewinnen. Nach Versuchen von E. Knecht, vgl. S. 316, gab ein entfettetes Gespinst eine bessere Festigkeitszahl. Knecht fand aber andererseits, daß ein gleichmäßiges Einfetten des Garnes mit 2% Paraffin nicht zu einer Verbesserung führte, sondern die Zahl um 33% sinken ließ. Große Bedeutung hat stets die Art des Spinngutes. Garne aus kurzfaseriger Baumwolle mögen eher einen Rückgang aufweisen als Fäden aus langstapeligen Fasern, der jeweilige Drall ist von Belang. An einwandfreien Vergleichszahlen über die in Großbetrieben bei verschiedenartigen Bleichverfahren auftretenden Festigkeitsänderungen mangelt es. Angaben über bessere Faserschonung bei Verwendung irgendwelcher Bleichmittel fordern vielfach die Kritik heraus, denn die Untersuchungen stützen sich häufig auf eine viel zu geringe Zahl von Prüfungen. Es ist schlechterdings nicht einzusehen, daß z. B. ein geringer Zusatz von Seife die Fasern schützen kann, zumal nicht jedes Bleichen mit einer Faserschwächung verbunden sein muß. Bei Baumwollgeweben verhalten sich möglicherweise Kette und Schuß nicht einheitlich, so besitzen die durch Schlichte verklebten, gestärkten Garne im Rohgewebe eine bessere Anfangsfestigkeit. Die mechanische Bearbeitung ist zudem in den Bleichereien verschieden, es wird sich beim Gesamturteil nicht immer ausschließlich um chemische Beeinflussungen handeln. Z. B. erscheint es fraglich, wieweit ein schnelles, heißes Trocknen eine ungünstigere Festigkeit finden läßt als ein Trocknen auf dem Hängeboden.

Technikerkreise neigen dazu, ein heißes Trocknen für schädlich anzusehen. Selbstverständlich ist es falsch, ausgedörrte Fasern zum Vergleich heranzuziehen. Erhalten die Textilien aber Gelegenheit, wieder ihre normale Feuchtigkeit aufzunehmen, so sind die Unterschiede nach heißem Trocknen gering und vielleicht belanglos.

Als Mittelwerte des Festigkeitsverlustes errechnete eine große ausländische Stückbleicherei für Dutzende von Bleichpartien für die Kette 1,5%, für den Schuß 2%. Hierbei waren aber einzelne Posten, deren Mittelwerte für die Kette bis zu 12% Abnahme und bis zu 12% Zunahme ergaben, für den Schuß schwankten die Zahlen nach unten wie nach oben bis zu 18%. Meist gilt die Festigkeit der Kettfäden als ausschlaggebend. Daß nicht etwa Bleichware nach dem Appretieren zu untersuchen ist, versteht sich. Bei der in den Stückbleichen üblichen Prüfung von Gewebestreifen werden die eingetretenen Veränderungen in der Länge und Breite nicht immer berücksichtigt. Die Ware pflegt aber in der Breite eingelaufen zu sein, die Zahl der Fäden würde deshalb in gleichbreiten Versuchsstreifen eine höhere sein. Die Reißprobe von Gewebestreifen liefert wegen der Verflechtung der Fasern und Fäden untereinander oft andere Vergleichswerte als die Prüfung einzelner Fäden.

Vermutungen, daß längeres Lagern von gebleichten Textilien die Haltbarkeit ungünstig beeinflußt, treffen zufolge Untersuchungen des amerikanischen Amtes für Normen nicht zu, sofern eine Chemikalienwirkung ausgeschlossen ist[1]. Nach englischen Untersuchungsergebnissen soll eine durch Säure oder Oxydationsmittel geschwächte Faser auch als solche nicht empfindlicher geworden sein (?).

Festigkeitsprüfungen.

Festigkeitsuntersuchungen haben unter Verwendung zuverlässiger Einrichtungen und unter Einhalten gewisser Bedingungen zu erfolgen. Der Praktiker macht vielfach nur Handproben, er achtet auf den hellen Ton beim Reißen, doch kann er hierbei nicht zu sicheren, ziffernmäßigen Werten gelangen, besser ist es, Dynamometer zu benutzen. Stets sind Luftfeuchtigkeit bzw. Feuchtigkeitszustand der Fasern, Einspannlänge und gleichmäßige Reißgeschwindigkeit von Belang. Trocknere Textilien geben niedrigere Werte. Nach G. Herzog[2] ermöglicht die nachstehende Tabelle annähernd die vermutliche Größe der gegenüber 65% Luftfeuchtigkeit zu erwartenden Festigkeitsänderungen zu bestimmen. Die Festigkeitswerte sind mit den Umrechnungsfaktoren zu vervielfachen. Immerhin haben jeweilig Feinheit, Drehungsgrad, Dicke des Gewebes usw. Bedeutung.

---

[1] Vgl. Spinner u. Weber 1927, Nr. 15.
[2] Mitt. Materialprüfungs-Amt Groß-Lichterfelde-West 1929 Sonderheft 6.

Luftfeuchtigkeit	Baumwolle	Flachs	Jute	Viskose
40%	1,123	1,157	1,120	0,831
45%	1,098	1,122	1,087	0,865
50%	1,071	1,088	1,063	0,890
55%	1,047	1,058	1,042	0,916
60%	1,022	1,030	1,020	0,969
65%	1,000	1,000	1,000	1,000
70%	0,978	0,974	0,988	1,048
75%	0,957	0,948	0,976	1,101

Als normale Luftfeuchtigkeit gelten 65%, die Versuchsproben sollen wenigstens 24 Stunden im Prüfraum gelagert haben. Selbst dann ist mitunter fraglich, ob übertrocknete oder mit Laugen behandelte Fasern bereits ihr normales Verhalten zeigen. Erklärlicherweise kann es längere Zeit dauern, bis z. B. eine Kreuzspule sich der Luftfeuchtigkeit anpaßte. Wie die Ergebnisse schwanken können, mögen die vom Materialprüfamt z. B. bei 5 cm breiten Streifen aus Makozwirnstoffen mit 36 cm Einspannlänge erhaltenen Werte zeigen:

Relative Feuchtigkeit	15—20%	65%	85—90%
Kettrichtung	218 kg	244 kg	269 kg
Schußrichtung	233 kg	280 kg	286 kg

Wie wesentlich die Einspannlänge ist, zeigen die nachstehenden Reißlängen für vollweiß gebleichtes 60er Flachsgarn nach H. Schneider.

0	10	20	30	50	100	200	330	500	mm Einspannlänge
41,4	37,8	34,6	32,3	29,3	25,3	22,1	19,8	18,9	km Reißlänge

Auch ungleiche Reißgeschwindigkeit kann zu ungleichen Werten führen. Es darf der Antrieb des Dynamometers nicht stoßweise erfolgen, so bei Schwankungen des Wasserdrucks in der Leitung, falls mit Wasserantrieb gearbeitet wird. Vor allem ist nur von einer genügenden Zahl von Einzelversuchen ein brauchbarer Mittelwert zu erwarten. Dies erklärt sich schon durch das Schwanken der Produkte der einzelnen Spindeln. Nach Schneider schwankte das Trockengewicht von je 200 m langen Fäden 16er Flachsgarnes zwischen verschiedenen Spindeln bis um 17% und das Produkt derselben Spindeln um 0,5—3,5%. Die Gespinste weisen mitunter im Fadenverlauf ganz erhebliche Abweichungen auf, und Schwankungen machen sich bei Verwendung kleinerer Garnstrecken noch auffälliger bemerkbar. Ob bei Garnen, welche man mit einer Einspannlänge von 200—500 mm zu prüfen pflegt, 20—30 Reißproben ausreichen, ist sehr fraglich. Es sind bei ungleichen Gespinsten, so namentlich bei Flachs oft Hunderte von Versuchen erforderlich, um ein annehmbares Mittel zu finden. Deshalb sind möglichst Proben von verschiedenen Strähnen oder doch von mehreren Gebinden zu verwenden, von Stückware Abschnitte aus verschiedenen Zonen zu prüfen. Für den Bleicher handelt es sich zumeist nur darum, aufzuklären, wieweit eine Änderung der Garnfestigkeit durch das Bleichen eintrat, es sind also nur Vergleiche anzustellen. Wenn angängig, unter Bezugnahme auf das zugehörige Rohgespinst, sonst unter Beziehung auf normale Muster. In Anbetracht der Tatsache, daß die an mehreren Prüforten — verschiedenartige Prüfapparate, ungleiche Bedingungen? — gefundenen Werte nicht absolut übereinzustimmen pflegen, empfiehlt es sich, die Roh- und Bleichware jeweilig zusammen zu prüfen. Um nach Möglichkeit zufällige Schwankungen der Textilien auszuschalten, wären für Probebleichen einzelne Strähne zu halbieren, damit die eine Hälfte zur Ermittlung der Anfangsfestigkeit, die andere nach dem Bleichen zur Prüfung dient.

Für Baumwollgarne haben wir gewisse Qualitätszahlen, denen zufolge die verschiedenen Garnnummern eine bestimmte Reißfestigkeit aufweisen sollen, allgemein anerkannte Normen für Flachsgarne gibt es noch nicht.

Statt der absoluten Bruchbelastung, welche nur bei Kenntnis der Garnnummer etwas besagt, tut man besser, die Reißlänge in Kilometer anzugeben, um einen von der Nummer und dem Querschnitt unabhängigen Wert zu haben. (Die Reiß-

Bruchbelastung einfacher Baumwollgarne.

	schwach (Schuß)	mittel (Mulezettel)	stark (Water)	sehr stark (Hartwater)
Nr. 4 engl.	880	1000	1250	—
Nr. 8 engl.	500	690	810	1000
Nr. 16 engl.	250	340	400	500
Nr. 20 engl.	200	280	320	400
Nr. 24 engl.	170	230	270	330
Nr. 30 engl.	130	180	215	260
Nr. 40 engl.	100	135	160	190
Nr. 60 engl.	—	90	110	125

länge gibt an, bei welcher Länge in Kilometern ein frei hängender Faden durch sein eigenes Gewicht reißen würde.) Man erhält die Reißlänge durch Multiplikation der Bruchbelastung in Kilogramm mit der metrischen Garnnummer, welch letztere durch Auswiegen einer Anzahl von Metern Garn bei Verrechnung auf 1000 m gefunden wird. Es ist also zu ermitteln, wieviel 1000 m Garn auf 1 kg gehen. Wiegen z. B. 20 m = 0,5 g, so macht das Gewicht von 1000 m hier 25 g aus, und die metrische Nummer beträgt 40. Würde die gefundene Bruchbelastung dieses Gespinstes 230 g sein, so beträgt die Reißlänge 9,2 km. (Da die Spannungsverteilung über den Querschnitt beim Zerreißen nicht gleichmäßig erfolgt, die äußeren Fasern mehr angespannt werden und zuerst reißen, stellen sich zwischen feineren und gröberen Garnen Unterschiede heraus, eine gröbere Nummer ist relativ weniger fest. Ein Zwirn aus zwei Fäden ist fester als ein einfacher Faden doppelter Garnstärke.)

Die handelsübliche englische Baumwollgarnnummer ist zur Umrechnung in die metrische Nummer mit 1,69 zu multiplizieren, umgekehrt ergibt die metrische Nummer mit 0,59 multipliziert die englische Bezeichnung. Aus der englischen Leinennummer errechnet sich durch Multiplikation mit 0,606 der metrische Wert und umgekehrt beträgt der Umrechnungsfaktor für die Verwandlung der Meternummer in die englische 1,65. Zum Beispiel Leinengarn 30er englisch = 18er metrisch.

Normen für die Festigkeitsverschiedenheiten roher und gebleichter Garne gibt es nicht, dieselben hängen von der Art des Gespinstes ab. Wenn bei Baumwolle meist mit gewissen Zunahmen, von 5—15%, zu rechnen ist, so zeigt unter Umständen ein lose gesponnenes Baumwollstrickgarn Zunahmen von 100—200%.

Mehr wie bei Baumwollgespinst erweckt die Festigkeitsbeeinflussung bei der Leinenbleiche die Aufmerksamkeit, da hier mit den wiederholten Rundgängen ein verstärkter Faserangriff in Betracht kommt. Allgemein anerkannte Grundzahlen für die Garnqualitäten gibt es nicht. K. Martini[1] forderte folgende Reißlängen (R):

	Flachsgarn		Flachs-Werggarn	
	für Nr. 22 m und darüber R km	unter Nr. 22 m R km	für Nr. 12 und darüber R km	unter Nr. 12 R km
Extra Ia mech. Kette (schwere Kette) . . .	24,0	22,0	16,5	15,5
Ia mech. Kette. . . .	21,5	19,5	14,5	13,5
Mech. Kette	19,5	17,7	13,5	12,5
Ia Schuß	18,5	16,7	12,5	11,5
IIa Schuß	—	—	11,9	10,9

---

[1] Martini: Reißkraft und Reißlänge für mittlere Leinengarne. Leipzig. Mschr. Textil-Ind. 1926 S. 405.

Als absolute Festigkeit (in Gramm bei 50 cm Einspannlänge) kommen in Betracht:

| Nr. | Linegarne | | | | Towgarne | | | |
	Extra Ia Kette	Ia mech. Kette	Mech. Kette	Ia Schuß	Extra Ia Kette	Ia. mech. Kette	Ia Schuß	IIa Schuß
12	—	—	—	—	2270	2000	1720	1510
16	2270	2010	1820	1740	1700	1500	1290	1130
20	1820	1710	1460	1390	1360	1200	1030	910
30	1330	1180	1070	1020	—	—	—	—
40	1000	890	800	765	—	—	—	—
60	665	590	535	510	—	—	—	—

Nur in sicherer Kenntnis des anfänglichen Festigkeitsmittels läßt sich der Rückgang wieder an Hand ausreichender Einzelprüfungen errechnen. Da bei Leinengespinsten unvorher zu sehende Schwankungen der Festigkeit einzelner Gebinde oder auch kürzerer Fadenstrecken unterlaufen können, haftet den Berechnungen oft eine große Unsicherheit an. So wurden bei fortlaufenden Prüfungen von 24 Spulen eines 25er Rohgarnes durch Reißen von je 50 Einzelfäden bei 80 cm Einspannlänge als Gesamtmittel 1489 gefunden. Die Werte für die einzelnen Spulen mit 1521 anfangend, gingen maximal bis 1654 und fielen bis 1274. Weit größere Schwankungen haben wir, wenn man die Mittelwerte aus nur wenigen Einzelversuchen errechnet. An sich mindert heißes Trocknen in Apparaten die Festigkeit unwesentlich, übertrocknete, spröde Gespinste liefern jedoch zunächst schlechte Zahlen, sie bedürfen einer längeren Lagerzeit, um Normalfeuchtigkeit und normale Festigkeit wieder anzunehmen.

Daß Mittel aus einer nicht ausreichenden Anzahl von Einzelprüfungen gefolgert wurden, läßt mitunter vermeintliche Unregelmäßigkeiten erklären. Denn wenn für das Rohgarn zufällig ein zu hoher Wert gefunden wurde, liegt die Möglichkeit vor, daß vom Fertiggarn eine den tatsächlichen Verhältnissen besser entsprechende Fadenstrecke zur Prüfung kommt. Andererseits wird ein zufällig unter der durchschnittlichen Festigkeit liegender Anfangswert später vielleicht einen geringen Bleichverlust finden lassen, falls hier jetzt eine normal gute Fadenstrecke zum Vergleich kommt. So hegte eine Leinenbleiche die Befürchtung, es werde trotz sorgfältiger Betriebsüberwachung die eine oder andere Partie beim Kochen oder Chloren zu sehr mitgenommen, da sich zuweilen recht ungünstige Festigkeitseinbußen herausstellten, während wieder andere auffallend niedrige Abnahmen zeigten — bei je 50 Reißversuchen. Zum Beispiel lieferten Partien eines 45er Flachsgarnes die nachstehenden Werte:

roh	gekocht	%	gebleicht	%
809	817	+ 1,0	661	— 17,3
842	863	+ 2,5	662	— 21,8
769	737	— 4,2	732	— 4,8
827	805	— 2,7	?	?

Der Anfangswert 769 lag verhältnismäßig tief, daher der so erfreulich (?) geringe Bleichverlust. Bei der Ausgangszahl 827 stand zunächst das Endergebnis noch nicht fest, doch ließ sich erwarten, daß das Garn ähnlich der Probe 809 ausfallen würde, zumal mehrfach andere fertige Bleichposten ähnliche Werte gezeigt hatten. Die später zur Beobachtung gelangten Zahlen waren 707 g und 14,5% [1].

Bei Festigkeitsprüfungen bleibt weiter fraglich, ob nicht eine etwaige Faserschädigung sich erst nach einem weiteren alkalischen Abkochen voll herausstellen wird, da die Abbauprodukte die Fasern zunächst noch verkitten. Mit dem Herauslösen der „Oxyzellulose" fällt unter Umständen die Festigkeit erheblich weiter, während die chemische Reinheit ansteigt, so daß die Permanganatzahl günstiger werden kann.

---

[1] Kind: Die Auslegung von Festigkeitsprüfungen. Dtsch. Färber-Ztg. 1929 S. 703.

Über die beim Bleichen von Leinengarn eintretenden Festigkeitsverluste unterrichtete weitgehend die Promotionsarbeit von H. Schneider[1]. Nach diesem Autor sollte bei richtiger Anwendung aller Bäder die Festigkeit nur etwa soviel abnehmen, als dem Feinerwerden der Nummer entspricht, d. h. die Reißlänge sollte durch das Bleichen nicht kleiner werden, eher sogar bei günstig gewählter Behandlung etwas ansteigen. Von nur ein wenig stärkeren Bädern sei aber ein Mindern der Festigkeit zu erwarten, ohne daß sich gleichzeitig der Gewichtsverlust entsprechend erhöhe, so daß die Reißlänge sehr schnell falle. Dabei gab gleiche Behandlung derselben Nummern von Flachs- und Werggarn für erstere etwas schlechtere Werte.

Änderungen bei ³/₄ Bleiche von naß gesponnenen Garnen. Werte auf Rohgarnzustand = 100 bezogen, ohne Berücksichtigung der Längenänderung.

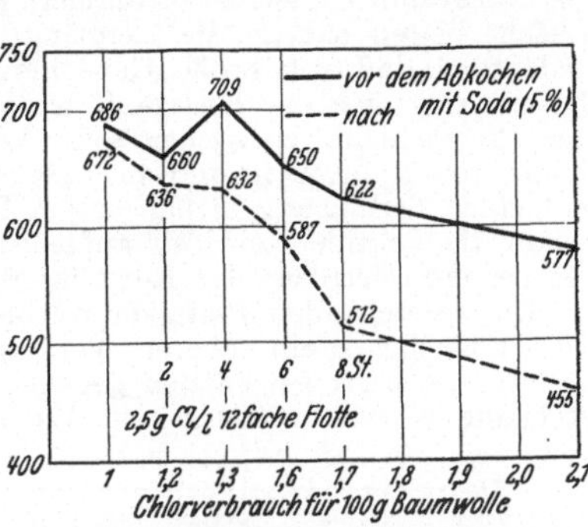

Abb. 82. Festigkeitskurven von gebleichten Baumwollgarnen vor und nach einem Abkochen mit Soda.

	5er Hede	16er Flachs	20er Hede	30er Flachs	30er Hede	60er Flachs
1. in der Nummer	132,4	129,8	135,2	117,2	118,4	121,9
2. in der Reißlast P	76,0	61,5	01,7	81,8	87,2	83,3
3. in der Reißlänge	100,9	80,5	83,1	96,3	103,3	101,0
6. also Festigkeitsverlust in %	24,0	38,5	38,3	18,2	12,8	16,7

In welchem Umfange sich die Festigkeit mit dem fortschreitenden Bleichen änderte, zeigen die von Schneider für 30er Flachs und Werg und Trockengespinst Nr. 18 als Mittelwerte berechneten Zahlen, Reißbelastung in Kilogramm.

	P-kg	%	R-km	%
Flachs Nr. 30				
Rohgarn	1,080	100,0	19,63	100,0
1. Kochen	1,072	99,3	20,65	105,2
1. Chlor- und Säurebad	1,051	97,3	21,32	108,6
2. Kochen	1,030	95,4	21,34	108,7
2. Chlor und Schwefelsäure	0,985	91,2	20,70	105,5
3. Kochen	0,950	88,0	20,27	103,3
1. Auslegen	0,922	85,4	19,68	100,3
3. Chlor und Schwefelsäure	0,859	79,5	18,50	94,2
4. Kochen	0,831	76,9	18,20	92,7
2. Auslegen	0,825	76,4	17,90	81,2
4. Chlor und Schwefelsäure	0,804	74,4	17,60	89,7
Trockengespinst Nr. 18				
Rohgarn	1,190	100,0	13,20	100,0
1. Kochen	1,430	120,2	17,09	129,5
1. Chlor- und Säurebad	1,508	126,7	19,29	146,1
2. Kochen	1,485	124,8	19,43	147,6
2. Chlor und Schwefelsäure	1,483	120,4	18,89	143,1
3. Kochen	1,373	115,4	18,48	140,0
3. Chlor und Schwefelsäure	1,269	106,6	17,31	131,1
4. Kochen	1,220	102,5	16,95	126,9
1. Auslegen	1,178	99,0	16,20	122,7
4. Chlor und Schwefelsäure	1,105	92,9	15,39	116,2

---

[1] Schneider: Leipzig. Mschr. Textil-Ind. 1909.

21*

Trockengespinste zeigen ein anderes Verhalten wie naß gesponnene Garne. Trockengarn, das zunächst im allgemeinen schwächer als Naßgespinst gleicher Nummer ist, erreicht gegebenenfalls nach wenigen Bleicharbeiten nahezu die Reißlänge des letzteren, und dieses Ansteigen ist so bedeutend, daß trotz großen Gewichtsverlustes die Fadenfestigkeit sogar anwächst. Dieses Ansteigen der Festigkeit wird in der Verleimung durch die Pektinstoffe, den Pflanzenleim, zu suchen sein. Während bei Naßgespinst der Leim schon im Spinnprozeß aufweicht und die Faserbündel verkleben kann, ist bei Trockengarn mit einer Verklebung in den ersten Koch- und Bleichbädern zu rechnen, wennschon die Pektine zum Teil aufgelöst werden. Nicht zuletzt wird hier auch an ein besseres Verfilzen der Einzelfasern zu denken sein.

Die vorstehenden Festigkeitsverluste sind als günstig zu bezeichnen, vielfach ist der Rückgang ein höherer. Verfasser erhielt bei Versuchen mit Garnen, welche 4 Betriebe zu großen Partien gegeben hatten, Werte, deren Gesamtmittel nachstehende Kurven wiedergeben. Wegen der neueren Kortebleiche siehe S. 258.

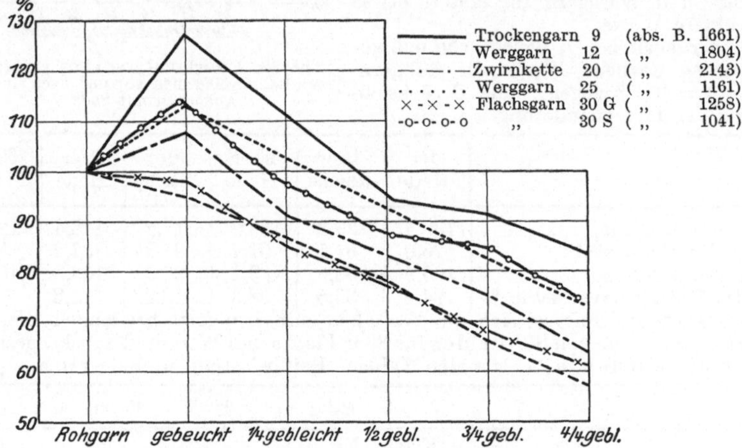

Abb. 83. Mittlere Festigkeitswerte von gebleichten Leinengarnen.

Wie die Betriebe ungleich arbeiten, erläutert die Zusammenstellung der Werte für das Werggarn Nr. 25.

Werggarn Nr. 25 (bei 30 cm Einspannlänge).

	Festigkeit		Reißlänge		Gewichts-verlust
	g	%	km	%	%
Rohgarn	1161	100,0	17,2	100,0	—
gekocht Bleiche A . . .	1420	122,3	22,7	132,1	7,8
Bleiche B . . .	1162	100,0	18,9	110,1	9,5
Bleiche C . . .	1363	117,4	22,1	128,4	8,9
Bleiche D . . .	1280	110,3	21,0	122,0	10,1
4/4 Weiß Bleiche A . . .	911	78,5	15,4	89,5	13,0
Bleiche B . . .	838	72,2	14,8	85,8	16,1
Bleiche C . . .	738	63,6	13,1	76,4	17,1
Bleiche D . . .	906	78,0	16,0	93,3	16,8

Mit entsprechend großen Verlusten ist beim Bleichen von Leinenstückwaren zu rechnen. Vielleicht wäre es mitunter vorteilhafter für den Verbraucher, weniger auf ein Hochweiß zu sehen, um eine längere Gebrauchsdauer von Wäsche zu erhoffen. Sehr zweckdienlich ist für Stoffuntersuchungen das Punktierdynamo.

meter nach Schubert[1]. Es ist hiermit möglich, auch örtliche Abweichungen zu erkennen, da die Prüfung auf dem Messen der notwendigen Kraft zum Durchdrücken eines Bolzens von 5 mm beruht.

Das Bleichen scheint die Ungleichheit in der Festigkeit etwas verbessern zu können, falls sich keine mechanischen Beanspruchungen, wie starkes Ausschlagen, nachteilig geltend machen. Dünne Stellen leiden nicht prozentual stärker, sondern es wurde eine kleinere Verbesserung der Gleichmäßigkeit beobachtet, die vielleicht auf einem besseren Verteilen des Dralles beruht. (Untersuchungen von Kind und Weindel sowie von Schneider.) Erklärlicherweise machen sich spitze Garnstellen in einem Bleichgarn für den Weber noch mehr bemerkbar, wenn die Festigkeit allgemein zurückging. Es fragt sich bei solchem Gespinst dann, ob die in der Weberei minimal zu verlangende Festigkeit noch vorhanden ist, etwaige Schwierigkeiten bei der Weiterverarbeitung werden dem Bleicher mitunter zu Unrecht zur Last gelegt. Über die Art der prozentualen Berechnung der Ungleichmäßigkeit von Gespinsten gehen die Meinungen auseinander. Um die spitzen Stellen, welche technisch die Verarbeitbarkeit mitbedingen, für den Praktiker zu kennzeichnen, empfiehlt es sich, jeweilig $^1/_{10}$ der niedrigsten und der höchsten Einzelfestigkeitszahlen der Roh- und Bleichgarne herauszuschreiben und den berechneten Mittelwerten gegenüberzustellen, um dem Weber die spitzen Stellen des Rohgarnes vorzuhalten. Das Vorkommen von spitzen Stellen pflegt sich zu häufen, wenn die Flachsernte weniger gut ausgefallen ist und der Spinner somit eine minder gute Faser zu verarbeiten hat. Schwierigkeiten beim Spulen beruhen gegebenenfalls darauf, daß die Garne durch abstehende Fasern oder durch Abscheidungen verklebt sind. So lösen sich aus dem Holz der Bleichbottiche Zelluloseflocken ab und verfilzen das Garn. Jedes Aufrauhen des Gespinstes bleibt zu vermeiden. (Über die Ermittlung und Bewertung spitzer Stellen in Leinengarnen, die Bestimmung mit fortlaufender Garnprüfung, sind die Aufsätze von H. Schirdewan[2], W. Müller und H. Dietz einzusehen.)

Änderungen der Dehnbarkeit von Baumwoll- und Flachsgespinst werden von der vorgenommenen mechanischen Bearbeitung der Fasern abhängen. Gekochte und gebleichte Garne dürften allgemein dehnbarer sein, da sie durch Auflösen von Substanz gewissermaßen schwammiger wurden[3].

Untersuchungen über die Beeinflussung des Dralles von Leinengarnen finden sich gleichfalls in der Arbeit von Schneider. Mit der Annahme, daß sich die Fadenlänge nicht ändert, ergab sich keine nennenswerte Änderung der Drehungszahl. Wegen des Feinerwerdens in der Nummer berechnet sich eine neue Drehungskonstante.

Gewichtsverlust. Der Bleichverlust schwankt bei Vollbleiche je nach Herkunft und Verarbeitung der Baumwolle. C. F. Theis nahm bei Vollbleiche als mittleren Bleichverlust an: lose Baumwolle 4—6%, Baumwollgarn bis 5%, gestrickter oder gewebter Stoff 6—8%. Höhere Zahlen kommen bei stärkeren Verunreinigungen durch Faserstaub usw. vor. Der Gewichtsrückgang von Geweben hängt mit von der Schlichtung der Kette ab. Theis hatte bei russischem Nessel im Durchschnitt jahrelanger Feststellungen 16% gefunden. Der zur Hauptsache durch das Auskochen bedingte Verlust vermag bei stark geschlichteter Ware erheblich über diesen Wert zu gehen, doch wird Bleichware nicht mehr so stark geschlichtet wie früher, weshalb mit einem geringeren Gewichtsrückgang, durchschnittlich etwa mit 10% zu rechnen ist.

Der Bleichverlust hängt in zweiter Linie von der Art des Beuchens

---

[1] Vgl. Schubert: Chem.-Ztg. 1928 S. 913. — Textilber. 1930 S. 100.

[2] Schirdewan, H.: Spinner u. Weber 1930 Nr. 5. — Müller, W.: Spinner u. Weber Nr. 16. — Dietz, H.: Spinner u. Weber 1931 Nr. 45.

[3] Vgl. Spinner u. Weber 1927 Nr. 24, Referat über Arbeiten des Englischen Textil-Instituts.

und Chlorens ab. Im Bestreben, einen möglichst geringen Gewichtsrückgang zu erzielen, sucht der Bleicher oft die Fasern nur zu entfärben, ohne die Fremdstoffe alle auszulaugen. Den Kaltbleichen schreibt man als besonderen Vorzug einen geringen Bleichverlust zu. Die Sauerstoffbleiche schneidet gegenüber einer Druckbeuche-Chlorbleiche günstiger ab. Die jeweilige Technik spricht mit, immerhin dürfte bei Kaltbleiche und Sauerstoffbleiche der Rückgang einige Prozent hinter der Kochbleiche stehen, also erscheinen die älteren Werte der Literatur vielfach überholt. Es mag auch das eine oder andere Oxydationsmittel geringe Unterschiede zeitigen und die Mitverwendung von Hilfsmitteln beim Beuchen zufolge Abschwächens der Laugenstärke und der Kochdauer den Gewichtsverlust etwas mindern, doch sind dahingehende Reklamebehauptungen kritisch zu bewerten. Die genaue Feststellung des Bleichverlustes ist gar nicht so einfach, denn abgesehen von Zufälligkeitsverlusten durch verlorengehende Fasern können die Textilien beim Liegen an der Luft zufolge Hygroskopizität ungleiche Wassermengen aufnehmen. Namentlich bei Kleinversuchen ist daran zu denken, daß die Flottenlänge von Bedeutung sein kann. Je konzentrierter das Alkali einwirkt, um so mehr wird die Faser beeinflußt und um so mehr Fasersubstanz in Lösung überführt. Dies zeigt sich namentlich bei alkaliempfindlicheren Fasern wie Flachs, vgl. die Zusammenstellung S. 255.

Der Feuchtigkeitsgehalt ist im allgemeinen um so höher, je unreiner und verholzter die Faser ist, gebleichte Zellulose zieht demnach weniger Wasser an. Im Handel ist für Rohbaumwolle ein Zuschlag von 8,5% vom Trockengewicht zulässig, während gebleichte Baumwolle durchschnittlich 6% Feuchtigkeit aufweist (Schwalbe). Die Reprise beträgt für Rohflachs und Hanf 12%, gebleichtes Leinengarn hat etwa 8% Feuchtigkeit, für Jute beträgt der Zuschlag 14%, für Kunstseide 13%. Um den Bleichverlust zu ermitteln, wäre eine genügend große Durchschnittsprobe vor und nach dem Bleichen auszutrocknen, zu konditionieren, mangels geeigneter Einrichtungen jedenfalls unter gleichen Bedingungen zur Wägung zu bringen. Als Wassergehalt der Baumwolle bei verschiedenen Luftfeuchtigkeitsgraden wurde gefunden:

Relative Luftfeuchtigkeit Temperatur 20° %	Wassergehalt der amerik. Baumwolle vom Trockengewicht %
30	4,5
40	5,25
50	6
60	7
70	8,5
80	10,25

Eine lose Probe ausgetrockneter Fasern vermag zwar in angemessener Zeit das der jeweiligen Luftfeuchtigkeit entsprechende Wasser in etwa aufzunehmen, fraglich ist dies aber bei einer größeren Menge zusammengepreßter Fasern. Wenn z. B. bei 100 kg Trockengewicht Baumwolle zunächst 5 kg Feuchtigkeit errechnet sind, aber die Feuchtigkeit auf 8,5 kg zu bringen wäre und bei einer Temperatur von 18° C der maximale Wassergehalt der Luft in Kubikmeter rund 15,25 g beträgt, so würde bei einer relativen Luftfeuchtigkeit des Lagerraumes von 65% die benötigte Wassermenge von 3,5 kg erst in rund 340 m³ Luft enthalten sein. Von diesem Wasser wird jedoch nur ein kleinerer Teil an die trockene Baumwolle abgegeben, es erklärt sich deshalb, daß der Ausgleich längere Zeit beansprucht,

besonders wenn es sich um festliegendes Gut oder um Spulen u. dgl. handelt, so
daß die feuchte Luft nur wenig Zutritt hat. Nach A. Rosenzweig[1] vermögen
die Textilien der relativen Luftfeuchtigkeit nur äußerst langsam zu folgen und
erreichen das angestrebte Gleichgewicht nur in jenen seltenen Fällen, wenn die
konstanten Veränderungen der Luftfeuchtigkeit über die täglichen Schwankungen
hinaus monatelang dieselbe Richtung einhalten.

Zur genaueren Prüfung ist es nicht angängig, einen beliebigen Strähn oder ein
Bündel vor und nach dem Bleichen zu wiegen, da die einzelnen Packungen erhebliche Abweichungen untereinander aufweisen. Beim Bleichen von Garnen auf
Hülsen ist die Gegenwart und das Verhalten dieser Hülsen zu berücksichtigen,
das Garn ist ohne Hülsen zu konditionieren.

Daß mit der Größe des Verlustes die Garnnummer feiner wird, darf bei späteren
Prüfungen gebleichter Textilien nicht vergessen werden. Ein gebleichtes Garn Nr. 42
entspricht etwa einem Rohgarn Nr. 40. Größere Änderungen in der Nummer ergeben
sich bei Leinengarnen. Wenn hier z. B. ein Gewichtsverlust von 20% eintrat, so
bedeutet dies, daß ein Rohgarn Nr. 20 nach dem Bleichen die Nr. 25 aufweist.

Der Gewichtsrückgang bei Leinen ist von der Garnsorte und in zweiter Linie
von der Art des Bleichens abhängig. Ledebur und Trebbe veröffentlichten
1883 folgende Tabelle:

Garnnummer	6 %	10 %	20 %	30 %	40 %	60 %
$^1/_4$ Bleiche . .	25,0	23,0	21,5	20,0	19,0	18,0
$^1/_2$ Bleiche . .	27,0	25,0	23,0	21,5	20,5	19,5
$^3/_4$ Bleiche . .	29,0	26,5	24,5	23,0	22,0	21,0
Voll $^4/_4$ Bleiche	31,0	28,0	26,0	24,5	23,0	22,0

Solche Verluste erscheinen heute zu hoch. Neuere Vergleichszahlen
verdanken wir A. Schneider, dessen im Laboratorium mit kleinen
Strähnen ausgeführte Probebleichen mit den im Großbetriebe der
Spinnerei Ravensberg ermittelten Werten genügend übereinstimmten.

	5er Hede	16er Flachs	20er Hede	30er Flachs	30er Hede	60er Flachs
Bleichverlust in %	22,0	25,0	25,0	15,5	16,0	13,0
Unter Vernachlässigung etwaiger Längenänderung berechnet sich als Nummer des gebleichten Garnes .	6,4	20,8	26,7	35,6	35,7	69,0

Dabei ergaben sich z. B. für ein 30er Flachsgarn bei $^4/_4$ Bleiche die
nachstehenden Einzelwerte:

		Gesamtverlust in %	Verlust für die einzelne Arbeit
I.	Beuchen	5,6	5,6
	Chloren und Säuern	10,4	4,8 $^1/_4$-Bleiche
II.	Beuchen	12,7	2,3
	Chloren und Säuern	13,5	0,8 $^1/_2$-Bleiche
III.	Beuchen	14,8	1,3
	Rasen	14,8	—
	Chloren und Säuern	15,6	0,8 $^3/_4$-Bleiche
IV.	Beuchen	16,2	0,6
	Rasen	16,2	—
	Chloren und Säuern	17,0	0,8 $^4/_4$-Bleiche

[1] Rosenzweig: Der Wassergehalt der Textilien. Textilber. 1929 S. 365.

Als Mittelwerte der Versuchsgarne, die in 4 Betrieben mit gebleicht waren, erhielt Verfasser nachstehende Werte. Die Einzelzahlen schwankten in den Betrieben teilweise um einige Prozent, da vermutlich das Kochen zu einem ungleichen Auflösen von Fasersubstanz geführt hatte (vgl. auch S. 254).

Mittlere Gewichtsverluste in Prozenten.

	gekocht	$^1/_4$ weiß	$^1/_2$ weiß	$^3/_4$ weiß	$^4/_4$ weiß
Trockengarn 9	16,0	21,1	23,5	26,4	27,2
Werggarn 12	14,0	18,9	22,8	24,2	25,0
Zwirnkette 20	10,8	13,0	15,2	16,4	17,1
Werggarn 25	9,1	11,6	13,8	15,1	15,7
Flachsgarn 30 G	11,4	13,2	16,2	17,4	17,8
Flachsgarn 30 S	9,6	.12,6	14,0	15,0	15,9

Der Rückgang ist bei Leinengeweben noch höher, wenn hier das Entfernen der Schlichte viel ausmacht. Bei Waren aus vorgebleichten Garnen wird naturgemäß der Bleichverlust entsprechend kleiner. Sonst kann mit einem Rückgang bis zu 40% bei stark geschlichteter Leinwand zu rechnen bleiben. Der Verlust fällt weniger auf, wenn die Bleichware appretiert, gestärkt zur Ablieferung gelangt. Eine umfassende Untersuchung über Festigkeits- und Gewichtsänderungen, Aschengehalt usw. eines Versuchsstoffes aus 30er Flachsgarn veröffentlichte H. Sommer[1].

Einlaufen. Ein Zusammenschrumpfen der Bleichgarne ist zu erwarten. Der Längenverlust wird jedoch vom Drall und bei Kopsen und Spulen von der losen oder festen Aufwicklung abhängen und auch etwas von der Bleichtechnik. Kochen mit Soda soll weniger schrumpfend wirken wie das Beuchen mit Ätznatron (?). Durch die Zugwirkung werden Gewebe meist länger und dafür etwas schmaler, hier ist nicht zuletzt die Art des Trocknens ausschlaggebend. Auf dem Spannrahmen wird ein eingelaufenes Gewebe wieder „verbessert". C. F. Theis fand bei im festen Strang gebleichtem und auf Trockenzylinder getrocknetem Nessel eine Längenzunahme von $+ 2,5\%$, bei einer Abnahme der Breite um $—6,3\%$. W. Elbers[2] rechnet hingegen bei Druckware mit einer Zunahme in der Länge bis zu 6%, bei einer Abnahme in der Breite bis zu 12%.

R. Haller gibt in der „Chemischen Technologie der Baumwolle" eine Zusammenstellung der Längen-, Breiten- und Gewichtsänderungen, wobei für die Trocknung eine Zylindertrockenmaschine mit vorgebautem Einlaßfeld gedient hatte, siehe S. 229. Appretiert wurde auf dem Foulard einer Kluppenmaschine.

Manche Artikel, wie durchbrochene Stoffe, verlieren übrigens in Länge und Breite. Übermäßiges Einlaufen der Gewebeleisten erklärt sich durch Verwendung zu scharf gedrehter Kantengarne oder durch unrichtige Bindungen. Derartige Ware leidet beim Kalandern leicht, die Kanten platzen ab. Ein Verzerren der Schußfäden kann hingegen durch einen zu straffen Warenlauf in der Bleiche und Appretur verursacht sein.

Für Leinengarne ist nach den Untersuchungen von Schneider eine Längenzunahme von 1—2% anzunehmen, weil durch das Ausschlagen

---

[1] Sommer: Der Einfluß des Bleichprozesses auf die technologischen Eigenschaften eines Leinengewebes. Spinner u. Weber 1926 Heft 37—49.

[2] Elbers: Bedienung der Arbeitsmaschinen zur Herstellung bedruckter Baumwollstoffe.

	Länge m	Breite cm	Gewicht kg
Nessel $^{16}/_{16}$. $^{20}/_{20}$.			
Rohware	121,0	78	13,1
gebeucht	123,15	68	12,2
gefärbt	124,65	67	12,2
appretiert	127,3	71	13,1
Kretonne $^{14}/_{14}$. $^{20}/_{20}$.			
Rohware	124,1	86	13,7
gebleicht	127,5	75	11,4
gewaschen	127,5	72	11,4
appretiert	129,0	80	12,9

der nassen Garne eine gewisse Streckung erfolgt, doch ist die Arbeitstechnik wesentlich, gleichwie bei Leinewand. Die Länge kann beim Arbeiten ohne jedes Ausspannen um einige Prozente abnehmen, sie wird hingegen eine größere, wenn beim Auslegen und Trocknen ein Anziehen erfolgt. Da die Gewebebindung mitspricht, lassen sich Grenzwerte kaum vorschreiben. Als Mittel aus vielen Partien stellte eine große Bleiche Längenzunahmen von 1—4% fest.

Netzbarkeit, Saugfähigkeit[1]. Reine Zellulose netzt sich schon in kaltem Wasser schnell und sinkt unter. Zeigt gebleichte Stückware beim Eintauchen einer größeren flach ausgebreiteten Probe schlechter netzende Stellen, so deutet dies auf unregelmäßige Bleiche, auf ein unvollkommenes Entfernen von Fetten oder von Schlichte usw. Kaltgebleichte Baumwolle besitzt mitunter wegen der ungenügenden Auslaugung der Fremdstoffe eine schlechtere Netzbarkeit. Die Ursache des schlechten Netzens von Rohbaumwolle ist nicht deren Kutikula, sondern es sind die in der Faser vorhandenen Fettsubstanzen, welche das Eindringen des Wassers verhindern. Aus einem guten Netzvermögen oder aus guter Kapillarität ist aber nicht ohne weiteres ein Rückschluß auf fehlerfreie Bleiche zu ziehen, denn Oxy- oder Hydrozellulosebildung steigern die Kapillarität und ebenso ein gewisses Seifen oder ein Tränken mit Netzmitteln. (Eingetrocknete Oxy- und Hydrozelluloseschleime netzen nach Schwalbe schlecht.) Verbandwatte, sogenannte hydrophile Watte, ist vielfach überbleicht, da weniger auf die Festigkeit der Faser geachtet wird.

Die Netzbarkeit wird durch Beobachten der zum Untersinken im Wasser benötigten Zeit ermittelt. Es sind mehrere Versuche anzustellen, um zu Mittelwerten zu gelangen. Wenn das Untersinken zu schnell vor sich geht, sollen Flüssigkeiten mit höherem spezifischen Gewicht, Salzlösungen zu verwenden sein. Der Feuchtigkeitszustand der Fasern beeinflußt ihre Netzfähigkeit sehr wesentlich. Durch hygroskopische Apprete u. dgl. läßt sich die Wasseranziehung beeinflussen. Die Beschaffenheit der Ware als solcher ist auch von Belang, Wasser dringt z. B. in weniger dichte Stellen leichter ein. M. Freiberger fand bei seinen Versuchen mit halbgebleichten Rauhwaren, daß bei niedriger Temperatur getrocknete Stoffe leichter netzbar waren als auf Zylinder getrocknete Stücke. Weiter ergaben sich Verschlechterungen in der Netzbarkeit bei längerer Zeit gelagerter Ware, weil die zurückgebliebenen Faserverunreinigungen und Abbauprodukte eine Veränderung erleiden (?). Freiberger schlug vor, neben der Netzfähigkeit noch die Filtrier-

---

[1] Köhler: Über den Einfluß der Beuche und Bleiche auf die Kapillarität der Baumwolle. Dissertation Dresden 1908. — Freiberger: Ergebnisse von Untersuchungen über Netz-Filtrierfähigkeit und Durchlässigkeitsvermögen verschiedenartig gereinigter Baumwollwaren. Färber-Ztg. 1916. — Beiträge über Theorie und Praxis des Bleichens. Textilber. 1929 S. 124. — Pomeranz: Über Netzbarkeit und Unnetzbarkeit der Gespinstfasern. Färber-Ztg. 1916 S. 97.

fähigkeit und das Durchlässigkeitsvermögen zu bestimmen, um ein besseres Urteil darüber zu erhalten, wie Farben und Apprete in die Stoffe eindringen: Aufbringen einzelner Wassertropfen aus einer Bürette auf einen trockenen Lappen bei 4 cm Fallhöhe unter Beobachten der zum Aufsaugen des Tropfens erforderlichen Zeit. Wenigstens 10 Versuche sind zu machen. Später fand Freiberger als Netzzeiten: gebleichte Druckware = 1,5 Sekunden; +0,05% Wachs = 5 Sek.; +0,1% Wachs = 25 Sek.; +0,2% = 60 Sek.; +0,4% = 800 Sek. Fertig gebleichter Kattun netzte in 1,25 Sek., nach Imprägnieren mit „Holzgummi" erst in 5 Sekunden. Durch das nachträgliche Tränken des zunächst 0,22% an alkohol-ätherlöslichen Bestandteilen aufweisenden Stoffes mit Baumwollwachs in Alkoholäther stieg also die Netzdauer an. Die Netzfähigkeit läßt sich nicht ohne weiteres aus dem Gehalt an Wachs-Fettstoffen folgern. Rohleinen besitzt selbst bei einem Gehalt von 1% Wachs ein verhältnismäßig gutes Netzvermögen. Ein Leinen mit 1,12% Wachs sank in 3 Minuten unter, nach dem Extrahieren in 8 Sek. Wurde auf dem entfetteten Stoff die ätherische Lösung des Wachses wieder eingedunstet, so stieg die Netzzeit auf über 7 Minuten. Es kommt demnach auf die Verteilung des Wachses in der Faser an. Ein Baumwollstoff mit dem restlichen Gehalt von 0,18% nach Abkochen mit Soda hatte eine Sinkzeit von 2 Minuten, nach weiterem Extrahieren von 42 Sekunden, aber nach erneutem Eintrocknen des extrahierten Fettes stieg die Netzzeit auf 6 Stunden[1].

Filtrierfähigkeit. Aufgießen von 5 cm³ Wasser auf einen leicht in einen Trichter von 7 cm Durchmesser eingelegten Stoff und Ermitteln der zum Durchlaufen des Wassers benötigten Zeit.

Durchlässigkeitsvermögen. Auf einen beiderseitig gut genetzten Stoff werden in ähnlicher Weise 5 cm³ Wasser aufgegossen. Eine gewisse Anzahl von Wiederholungen führt zu Mittelwerten.

Griff und Glanz. Mit Chlorkalk gebleichte Zellulose pflegt härter, rauher im Griff zu sein als die mit kalkfreien Laugen fertiggestellte Bleichware. Ob die geringen Reste von Kalkverbindungen die Sprödigkeit bedingen, mag nur zum Teil zutreffen, denn die Kalkniederschläge beim Arbeiten mit Chlorkalk sind nach dem folgenden Säuern an sich gering. Den bei merzerisierten Baumwollgarnen und bei Verbandwatte beliebten stark knirschenden Griff erzielt der Bleicher durch Behandeln des gebleichten Gutes mit Säuren, wie Essigsäure oder Milchsäure, ohne folgendes Auswaschen. In ähnlicher Weise dürfte stärkeres Absäuern nach dem Chloren den Griff beeinflussen, die Fasern härten. Doch machen sich Abscheidungen von Kalk, aus hartem Wasser, von Kieselsäure, aus Wasserglas, geltend. Etwaige Anhäufungen von Kieselsäure verraten sich durch einen sandigen Griff. Wünscht man einen weicheren Griff, so ist nach dem Chloren nicht abzusäuern, sondern mit Antichlor zu behandeln und vor allem zu seifen. Die I.G. Farbenindustrie empfiehlt Soromin A in das Bläuebad von Indanthrenblau RZ zu geben, vgl. S. 192. Die alkalisch durchgeführte Sauerstoffbleiche liefert weiche Ware. Auch übermäßiges Trocknen kann einen härteren Griff geben, der sich jedoch bei längerem Liegen wieder zum größten Teil verliert, für die Prüfung auf Griffigkeit darf deshalb nicht die heiße Ware dienen. Verlangt die Konfektionierung weiche Ware, so brüht man gern zuletzt unter Verwendung von reichlich Seife ab. Eine zahlenmäßige Einstufung des Griffes ist mangels geeigneter Messung nicht möglich, bei der subjektiven Bewertung unterlaufen erklärlicherweise leicht Irrtümer.

Der Glanz ist vorwiegend schon durch die Beschaffenheit der Roh-

---

[1] Kind: Der Wachsgehalt des Bleichgutes. Dtsch. Leinen-Ind. 1929 S. 245.

ware bedingt. Aufrauhen durch vieles Hantieren, Verkleben, Verfilzen der Fasern mindert den Glanz. Ebenso können Niederschläge von kohlensaurem Kalk u. dgl. — aus hartem Wasser — von Einfluß sein, mattiert man ja Kunstseide absichtlich durch gewisse Niederschläge. Ein Einfetten und Appretieren steigert hingegen den Glanz, gleichwie ein Glätten der Faseroberfläche durch Kalandern, Plätten usw. Der Glanz kann mittels Stufenphotometers usw. zwar ziffernmäßig festgelegt werden, derartige Messungen sind jedoch noch ungebräuchlich und nicht ganz einfach. Bei vergleichenden Abmusterungen bleibt darauf zu achten, daß man Garne und Gewebe bei gleichem Drallverlauf, bei gleichem Bindungseffekt betrachtet.

Das Vergilben von Bleichware.

Verschiedene Ursachen sind beim Rückgang des Bleichgrades in Betracht zu ziehen, eine Aufklärung hält mitunter schwer, wenn nicht alle Einzelheiten bekannt sind oder untersucht werden können. Während reine Zellulose beim Lagern und Belichten ihren weißen Farbton sehr langsam verliert, genügt jedoch das Vorhandensein von Spuren gewisser Fremdstoffe, um das Vergilben zu beschleunigen. So beeinflussen Alkali, Eisen, gegebenenfalls Fette und Harze, die Lagerbeständigkeit. Eine von den Verunreinigungen nicht gut ausgelaugte Zellulose neigt im allgemeinen stärker zum Vergilben. Deshalb versagten einzelne Produkte der „Kaltbleiche“ und „Schnellbleiche“, bei denen nur ein Weißen, aber kein Auslaugen der entfärbten Faserbegleitstoffe stattfand. Die zunächst entfärbten Fremdstoffe gingen (durch Oxydation?) wieder in farbige Verbindungen über. Vielleicht sind gewisse entfärbte Verunreinigungen in Form freier Säuren ohne Tönung, hingegen als Salze gefärbt. Sie gleichen in ihrem Verhalten Indikatoren wie Phenolphthalein. Es mag sich um gerbsäureähnliche Stoffe handeln, doch auch Pektin u. dgl. kann sich verfärben. Nicht voll gebleichte Zellulose vergilbt durch freies Alkali, Bleichware verliert mitunter schon durch alkalisches Appretieren wieder den rein weißen Ton. Bekannt ist das Verfärben von Weißwaren bei stark alkalischem Waschen. Das Vergilben macht sich noch mehr bei heißem Trocknen oder Dämpfen geltend. Oft geht das Weiß schon beim Spülen der gechlorten und abgesäuerten Waren zurück, namentlich bei sauer gebleichten Fasern, weil die Karbonathärte beim Wässern saure, farblose Abbauprodukte abstumpft. Da alkalische Flotten auf die Fremdstoffe besser auslaugend wirken, steht das erzielte Weiß besser, sofern keine Überoxydation statthatte. Um jedoch keine Mißverständnisse aufkommen zu lassen, sei betont, daß sich sauer gebleichte Textilien durch ein alkalisches Nachbleichen sehr wohl verbessern lassen. Die Kombinationsbleichen, bei denen zum Schluß ein Behandeln mit alkalischen Sauerstoffflotten stattfindet, sind durch gute Lagerbeständigkeit ausgezeichnet. Je weniger eine Bleichprobe sich beim Abkochen mit verdünnter Natronlauge verfärbt, je heller die Lauge trotz längeren Kochens — etwa bis $1/2$ Stunde — bleibt, um so reiner, lagerbeständiger ist das Weiß. Ein Betupfen mit

Ammoniaklösung oder mit verdünnter Natronlauge gibt einen Anhalt über den Bleichgrad: je unvollständiger die Bleiche ist, desto stärker pflegt der gelbe Fleck auszufallen.

Nach M. Freiberger[1] sind Entstehen eines guten Weiß und dessen Vergilben davon abhängig, ob die gebeuchten Stoffe zu wenig oder zu stark gechlort werden, wobei die Vorreinigung eine große Rolle spielt. Die Entfärbung der Verunreinigungen setzt bald nach Beginn des Chlorens stark ein und nimmt dann nach und nach ab, während es zu einer zunehmenden Faseroxydation kommt, wodurch die Vergilbbarkeit wieder ansteigt. Es gibt für jedes Chlorierverfahren einen Wendepunkt für den höchst erreichbaren Grad des Weiß, ein Überschreiten desselben läßt zufolge Oxyzellulosebildung das Bleichgut wieder zum Vergilben neigen, falls die entstehenden Abbauprodukte sich nicht gleich in der Bleichflotte lösen oder bei einem weiteren Laugen gelöst werden. Die Bewertung des Bleichgrades und des Verlustes beim Vergilben durch prozentuale Angabe des Weiß-, Schwarzgehaltes und Farbtones nach Ostwald hat für die Bleichereipraxis einstweilen mehr theoretischen Wert. Die benötigte, nicht billige Apparatur — Stufenphotometer — ist in Betrieben nur ausnahmsweise vorhanden und die Durchführung des Messens nicht einfach genug. Mit Fortschritten dürfen wir jedoch hier rechnen, so daß die prozentualen Messungen gebräuchlicher werden können. Ein geschultes Auge ist überdies für Unterschiede recht empfindlich, der Bleicher vermag geringe Unterschiede abzumustern, wenn es sich um die Bewertung gleichartiger Ware handelt. Unsicher sind die Urteile bei etwaigen Verschiedenheiten im Farbton und bei ungleichem Glanz. Es sollen nach Möglichkeit nur gleichartige Qualitäten verglichen werden, die Vergilbungsprobe ist mit dem Originalmuster zu vergleichen. Die Bräunung rührt von den Resten des Pektins (Holzgummi) und von Abbauprodukten, Oxyzellulose, sowie von Farbstoffanteilen her. Nach Freiberger neigt „Betaoxyzellulose", das ist der in kalter, 0,25%iger Natronlauge lösliche Bestandteil, 100mal mehr zum Dunkeln als reine Zellulose. Die Lagerbeständigkeit läßt sich bis zu einer gewissen Grenze an Genauigkeit durch Dämpfen ermitteln, wobei neben der Zeit und dem Druck der Gehalt an Luft und an Feuchtigkeit im Dämpfer mitspricht. Um die Versuchsreihen ziffernmäßig zu verwerten, benutzte Freiberger Weißskalen von Baumwollabschnitten, die mittels alter Beuchlaugen verschieden stark braungelblich angefärbt waren. Zur Verschärfung der Dämpfproben wären die Abschnitte mit einer Türkischrotöllösung 15:1000 zu imprägnieren, das Vergilben soll dann dem Verhalten beim Lagern am nächsten kommen. Ein Dämpfen vermag allerdings jedes Weiß etwas zu beeinflussen, und zwar um so mehr, je länger die Dämpfdauer und je höher der Druck ist; 1 Stunde bei 1 at kann auf alle Fälle genügen. Letzten Endes handelt es sich um Vergleichswerte.

Methylenblauanfärbungen zur Kontrolle der Faserreinheit geben

---

[1] Freiberger: Versuche über das Vergilben von Weiß. Färber-Ztg. 1917 S. 1. — Das Weißbleichen. Textilber. 1924 S. 545.

keinen sicheren Anhalt für etwaiges Vergilben, da die physikalische Beschaffenheit der Zellulose und neben der Oxyzellulose andere Faserverunreinigungen das Anfärben beeinflussen.

Die Annahme, es sei für ein lagerbeständiges Weiß erforderlich, die Faser völlig zu entfetten und vom Baumwollwachs, vom „Kutin", das in der Oberschicht der Faser, in der Kutikula seinen Sitz haben sollte, zu befreien, trifft nach Untersuchungen von F. Erban[1] nur bedingt zu. Kalt gebleichte, d. h. unvollkommen entfettete Baumwolle kann sehr wohl eine gute Lagerbeständigkeit besitzen. Das Wachs, welches nicht ausschließlich in der obersten Faserschicht abgelagert ist, wirkt nach Versuchen von Higgins mit Flachswachs, welch letzteres in seinen Eigenschaften dem Baumwollwachs entspricht, zwar schwach vergilbend. Verfasser beobachtete bei seinen Arbeiten jedoch nur eine geringe Beeinflussung. In Anbetracht der unbedeutenden Spuren von Wachs in vollgebleichter Baumwolle dürfte dieser Faktor jedenfalls hinter anderen Einflüssen zurücktreten. Wenn seifenhaltige Wäschestücke oft unansehnlich werden, so ist die Art der Fette dabei nicht ohne Einfluß. Manche Fette — unvollkommen gebleicht? — neigen stark zu Verfärbungen. Namentlich Ölsäure soll vergilben, Seifen aus gesättigten Fettsäuren, wie Stearinsäure besitzen ein besseres Verhalten. Rizinus- und Kokosölseifen gelten als gut, Marseiller-Seifen dunkeln nach, wenn kein gutes Olivenöl die Grundlage bildete. Maisölseife eignet sich nicht für Weißappreturen. Mißfärbungen sind vor allem zu erwarten, wenn sich die Seifen mit Kalk umsetzen können, ein Kalkgehalt der Fasern trägt unter Umständen durch die Bildungsmöglichkeit von Kalkseifen zum Vergilben bei. Ungleiche Anhäufungen von fettigen Verunreinigungen zufolge schlechten Flottenumlaufs beim Beuchen geben vergilbende Flecken. Betrachten der Ware unter der Ultralampe läßt die Ursachen erkennen. Nicht jede kalkhaltige Ware muß jedoch an Weiß verlieren. Niederschläge von reinweißen, etwa aus hartem Wasser stammenden Kalkteilchen, verleihen mitunter der Ware sogar einen hochweißen Ton. Bei größeren Mengen ist das Aussehen allerdings zu kreidig. Es sei daran erinnert, daß man durch Appreturmassen mit hohem Gehalt an Kaolin und Talkum einen schlechteren Grund zu übertünchen versteht.

Mitunter ist Eisen die Ursache eines gelbstichigen Weiß. In Wasser gelöste Eisenspuren können sich auf dem Bleichgut anreichern, die Fasern wirken absorbierend. Sind die Eisenspuren vielleicht anfänglich in Form wenig gefärbter Oxydulsalze vorhanden, so machen sie sich erst nach Übergang in farbige, basische Ferrisalze oder als Eisenoxyd geltend. Namentlich Eisenseife kann Anlaß zu dunklen und gelben Flecken geben. Harzsaures Eisen, das bei Papier das Vergilben sehr beeinflussen sollte, hat anderen Untersuchungen zufolge untergeordnete Bedeutung[2]. Vergilbte Stellen rühren vielfach von Mineralölresten her, Schmierölflecke sind bekanntlich sehr schwer vollkommen zu entfernen.

---

[1] Erban: Untersuchungen über die Versuche des Nachgilbens beim Lagern und Dämpfen. Färber-Ztg. 1912 S. 370.

[2] Zschokke, Chem.-techn. Repert. 1914 S. 242.

Die zunächst aufgehellten und nicht beachteten Ölreste neigen vielfach stark zum Vergilben und dies namentlich bei gleichzeitiger Gegenwart von Metallverbindungen, so daß eine eisenhaltige Ölschmiere Anlaß zu dunklen Flecken gibt. Prüfung mit der Ultralampe bringt hier
Aufschluß, doch zeigen metallhaltige Ölreste keine Fluoreszenz. Dem
Eisen sind Verunreinigungen durch Mangan- oder Nickel- und andere
Metallsalze — aus der Apparatur — gleichzustellen.

Die analytische Kontrolle der „Reinheit“ von Bleichwaren durch
Bestimmen des restlichen Fettgehaltes, der Aschenbestandteile usw.
hat deshalb nur bedingten Wert. Bei derartigen Untersuchungen darf
nicht übersehen werden, daß Seifen und Aschenbestandteile wieder beim
Appretieren der Waren auf das Bleichgut gebracht sein können.

Reste von Mineralsäuren, welche vorwiegend wegen Gefährdung
der Festigkeit zu befürchten sind, vermögen das Weiß ebenfalls zu beeinflussen. Sogar schwach saure Flüssigkeiten, wie eine saure Schlichte,
können eine Zersetzung des Bläuemittels herbeiführen, denn das gebräuchliche Ultramarin ist säureempfindlich. Saures Dextrin und ranziger Talg zersetzen die Bläue unter Schwefelwasserstoffentwicklung.
Der durch die Bläue verdeckt gewesene, unansehnlichere gelbe Ton
stellt sich auf dem Bleichgut wieder ein. (Das Bläuen bezweckt, den
etwaigen restlichen, gelbbräunlichen, daher nicht frisch erscheinenden
Ton in ein neutrales Grau zu verwandeln, meist unter Verwendung von
Blau im Überschuß. Ob ein neutrales, ein blaustichiges, grünstichiges
Weiß den Vorzug findet, ist vielfach Sache des persönlichen Geschmackes.)
Andererseits könnte freies Alkali das Vergilben herbeiführen, falls etwa
der Bleicher bei Wasserknappheit zum Spülen Säurereste durch ein
schwach alkalisches Schlußbad unschädlich zu machen suchte. Es
würde sich hier ein Arbeiten mit essigsaurem Ammon empfehlen, wie
dem Gelbwerden durch Alkalireste sich durch Aufstellen einer flachen
Schale mit Essigsäure in der Trockenkammer begegnen ließe(?). Alkali-
und Säurereste beeinflussen das Aufziehen von löslichen Bläuen oder
lassen den Farbton umschlagen. Schwierigkeiten entstanden schon,
wenn das zu bläuende Gut in Holzgefäßen lagerte und Reste von Chemikalien aus dem Holz austraten. Ein Vergilben der Fasern kann im
übrigen bei Verwendung wenig lichtechter Bläuefarbstoffe sozusagen
vorgetäuscht werden, wenn die Außenteile von Stücken dem Licht
ausgesetzt sind. Man hat angeblich auch schon ein Abdunklen durch
schwefelwasserstoffhaltige Abgase beobachtet, weil in der Ware vorhandene weiße Bleiverbindungen — von Maschinenteilen herrührend? —
in schwarzes Bleisulfid übergingen.

Das Vergilben wird im allgemeinen durch Erhitzen, heißes Kalandern, Bügeln beschleunigt. Selbst Rohbaumwolle vergilbt je nach
ihrer Herkunft ungleich stark beim Dämpfen. Wenn man amerikanischer
Baumwolle durch Dämpfen den Makoton zu geben sucht, so hängt
dieses Vergilben angeblich mit dem Gehalt an Eiweißverbindungen zusammen. Die an Eiweiß reiche ägyptische Baumwolle ist an sich schon
dunkler, stark vergilbend erweist sich ostindische Rohfaser. Auffallenderweise geht die nach heißem Trocknen stärkere Bräunung beim

Erkalten zum Teil wieder zurück, was bei Abmusterungen als sehr wesentlich zu beachten bleibt. Wenn sich bei scharfem Trocknen gebleichter Spulen und loser Baumwolle ein Vergilben der äußeren Lagen bemerkbar macht, so rührt dies von einem Diffundieren und Anreichern der nicht ausgewaschenen Fremdstoffe bzw. ihrer Lösung auf den Außenflächen des Bleichgutes her.

Das Vergilben von Stückware sowie von geschlichteten Garnen kann in erheblichem Umfange von der Zusammensetzung der Appreturmasse beeinflußt sein, da Alkali und Seifen mit vorhandener Oxyzellulose und mit anderen Faserfremdstoffen, wie bereits ausgeführt, zu reagieren vermögen. Fraglicherweise neigt das Appret als solches unter dem Einfluß von Licht und Luft zu Verfärbungen. Um das Vergilben seifenhaltiger Wäschestücke zu vermeiden, empfahl R.Weiß, DRP. 284852, die Waren mit technisch reinem Ammonstearat bzw. Palmitat zu appretieren und bei niedrigen Temperaturen zu trocknen, damit sich zufolge Flüchtigkeit des Ammoniaks gegensätzlich zur Verwendung von Natronseifen saure Seifen auf der Faser bilden sollten. Ammonseifen mit Zusatz von hellem Paraffin zu verwenden, mag theoretisch richtig sein, der Preis reiner Fettsäuren wirkt aber verteuernd, und es wäre wohl einfacher, Stearin usw. unter Mitverwendung von weißen Textilseifen zu emulgieren, um eine „saure" Appreturseife zu haben. Wieso die Zugabe von gallensauren Salzen — Curacit — zu Türkischrotölappreten, DRP. 325470, nach C. K. Boehringer, ein Vergilben hintanhalten könnte, ist nicht verständlich. Nur die gegenüber anderen Zusätzen geringere Alkalität mag bei Vergleichsversuchen mitgesprochen haben.

Außergewöhnliche Verfärbungen von Bleichware sind in ihren Ursachen nicht immer leicht aufzuklären. So kann eine Verfärbung nach Rosa durch Anilindämpfe verursacht sein. In der Nähe einer Anilinschwarzfärberei gelagerte Ware nimmt einen rötlichen Ton an, insbesondere leicht bei schwach saurer Reaktion der Fasern. Merzerisierte und griffig gemachte Baumwolle ist deshalb empfindlicher. Es kann sogar eine Verfärbung eintreten, wenn Wäschestücke mit Anilinschwarztinte gezeichnet werden. Die rötliche Tönung ist im übrigen wenig echt. Tetralinhaltiger Farblack gab gleichfalls schon Anlaß zu ähnlichen Verfärbungen. Gelbliche Verfärbungen rührten von substantiven, zum Cremieren verwendeten Farbstoffen her, vgl. S. 309. Ausnahmsweise mögen Verunreinigungen des Wassers beim Fertigspülen der Waren zeitweise Verfärbungen und Flecke verschulden. Es bedarf einer genauen analytischen Prüfung, um die jeweilige Ursache zu finden.

Um Aufschluß über die Lagerbeständigkeit der Weißwaren zu erhalten, hat der Bleicher ein Muster $^1/_2$ bis 1 Stunde auf 105—110° zu erhitzen oder eine gewisse Zeit bei 1 at zu dämpfen. Einfacher ist noch ein heißes Plätten. Die Prüfung wird sehr verschärft durch ein vorheriges Tränken mit einer Lösung von 5—10 g Seife oder Türkischrotöl $+5$ bis 10 g Soda im Liter, wie das Betupfen mit Alkali oder ein Aufkochen mit verdünnter Natronlauge die Neigung zum Vergilben kenntlich macht. Wenn angängig, ist entsprechend getränkte Stückware über Zylindertrockenmaschinen zu leiten, um aus dem Auftreten und der Anordnung der gelben Verfärbungen Rückschlüsse auf die Entstehungsursache zu ziehen. Ist der Anlaß des Vergilbens eine Oxyzellulosierung, so dürften die stärker vergilbten Teile gleichzeitig eine geringere Festigkeit aufweisen. Bei etwaigen Anständen wolle man jedoch stets erwägen, ob das Vergilben nicht mit der Zusammensetzung des Apprets zusammenhängt. Die Proben sind sofort heiß abzumustern, denn eine beim Plätten, heißem Kalandern oder beim Dämpfen eintretende Verfärbung pflegt beim Erkalten wieder etwas zurückzugehen.

Sachverzeichnis.

Buchdruckerei Otto Regel G. m. b. H., Leipzig.

***Der Flachs.** 1. Abteilung: **Botanik, Kultur, Aufbereitung, Bleicherei und Wirtschaft des Flachses.** Mit einer Einführung in den Feinbau der Zellulosefasern. Bearbeitet von **W. Kind, P. Koenig, W. Müller, E. Schilling, C. Steinbrinck.** („Technologie der Textilfasern", Band V, 1. Teil.) Mit 167 Textabbildungen. IX, 427 Seiten. 1930.   Gebunden RM 54.—

Enthält u. a.: **Die Aufbereitung des Flachses.** Von Dr. Willy Müller, Vorsteher der Technologischen Abteilung am Forschungs-Institut Sorau (N.-L.). 1. Vor der Röste. 2. Die Röste. A. Röstorganismen. B. Der Verlauf der Röste. C. Wasser. D. Die verschiedenen Röstverfahren. 3. Nach der Röste. A. Quetschen, Pressen und Zentrifugieren. B. Trocknung. C. Knikken. D. Schwingen. E. Wergreinigung. F. Scheben. G. Lagern. 4. Bewertung der Faser. Literatur. — **Das Bleichen und Merzerisieren von Flachs.** Von Dr. W. Kind, Sorau. Das Bleichen von Flachs. Die Begleitstoffe der Flachsfaser. Das Bleichen von Leinengarn. Neuere Bleichverfahren. Beurteilung der Bleichgarne. Das Bleichen von Leinengeweben. Das Merzerisieren von Flachs.

***Kenntnis der Wasch-, Bleich- und Appreturmittel.** Ein Lehr- und Hilfsbuch für technische Lehranstalten und die Praxis. Von Ing.-Chemiker **Heinrich Walland,** Professor an der Technisch-gewerblichen Bundeslehranstalt Wien I. Zweite, verbesserte Auflage. Mit 59 Textabbildungen. X, 337 Seiten. 1925.   Gebunden RM 18.—

***Deutsche Waschmittelfabrikation.** Übersicht und Bewertung der gebräuchlichen Waschmittel. Unter Mitwirkung von Dr. J. Davidsohn, F. Eichbaum und Max Warkus herausgegeben von Dr. **C. Deite.** Mit 21 Textfiguren. VI, 167 Seiten. 1920.   RM 4.—

***Handbuch der Seifenfabrikation.** Von Dr. **Walther Schrauth,** a. o. Professor an der Universität Berlin. Sechste, verbesserte Auflage. Mit 183 Abbildungen. IX, 771 Seiten. 1927.   Gebunden RM 39.—

Die chemische Betriebskontrolle in der Zellstoff- und Papier-Industrie und anderen Zellstoff verarbeitenden Industrien. Von Prof. Dr. phil. **Carl G. Schwalbe** und Dr.-Ing. **Rudolf Sieber.** Dritte, vollständig umgearbeitete Auflage. Mit 71 Textabbildungen. XIV, 547 Seiten. 1931.   Gebunden RM 33.—

***Waeser-Dierbach, Der Betriebs-Chemiker.** Ein Hilfsbuch für die Praxis des chemischen Fabrikbetriebes. Von Dr.-Ing. **Bruno Waeser,** Chemiker. Vierte, ergänzte Auflage. Mit 119 Textabbildungen und zahlreichen Tabellen. XI, 340 Seiten. 1929.   Gebunden RM 19.50

***Enzyklopädie der textilchemischen Technologie.** Bearbeitet in Gemeinschaft mit zahlreichen Fachleuten und herausgegeben von Professor Dr. **Paul Heermann,** früher Abteilungsvorsteher der Textilabteilung am Staatlichen Materialprüfungsamt Berlin-Dahlem. Mit 372 Textabbildungen. X, 970 Seiten. 1930. Gebunden RM 78.—

***Färberei- und textilchemische Untersuchungen.** Anleitung zur chemischen und koloristischen Untersuchung und Bewertung der Rohstoffe, Hilfsmittel und Erzeugnisse der Textilveredelungsindustrie. Von Professor Dr. **Paul Heermann,** früher Abteilungsvorsteher der Textilabteilung am Staatlichen Materialprüfungsamt Berlin-Dahlem. Fünfte, ergänzte und erweiterte Auflage der „Färbereichemischen Untersuchungen" und der „Koloristischen und textilchemischen Untersuchungen". Mit 14 Textabbildungen. VIII, 435 Seiten. 1929. Gebunden RM 25.50

***Mikroskopische und mechanisch-technische Textiluntersuchungen.** Von Professor Dr. **Paul Heermann,** früher Abteilungsvorsteher der Textilabteilung am Staatlichen Materialprüfungsamt Berlin-Dahlem, und Dr. **Alois Herzog,** ord. Professor für Textil- und Papier-Technologie an der Technischen Hochschule in Dresden. Dritte, vollständig neubearbeitete und erweiterte Auflage des Buches „Mechanisch- und physikalisch-technische Textiluntersuchungen" von Dr. Paul Heermann. Mit 314 Textabbildungen. VIII, 451 Seiten. 1931. Gebunden RM 32.—

***Technologie der Textilveredelung.** Von Professor Dr. **Paul Heermann,** früher Abteilungsvorsteher der Textilabteilung am Staatlichen Materialprüfungsamt Berlin-Dahlem. Zweite, erweiterte Auflage. Mit 204 Textabbildungen und einer Farbentafel. XII, 656 Seiten. 1926. Gebunden RM 33.—

***Betriebseinrichtungen der Textilveredelung.** Von Professor Dr. **Paul Heermann,** früher Abteilungsvorsteher der Textilabteilung am Staatlichen Materialprüfungsamt Berlin-Dahlem, und Ingenieur **Gustav Durst,** Fabrikdirektor, Konstanz a. B. Zweite Auflage von „Anlage, Ausbau und Einrichtungen von Färberei-, Bleicherei- und Appretur-Betrieben" von Professor Dr. Paul Heermann. Mit 91 Textabbildungen. VI, 164 Seiten. 1922. Gebunden RM 7.50

***Die Textilfasern.** Ihre physikalischen, chemischen und mikroskopischen Eigenschaften. Von **J. Merritt Matthews,** Ph. D., ehem. Vorstand der Abteilung Chemie und Färberei an der Textilschule in Philadelphia, Herausgeber des „Colour Trade Journal and Textile Chemist". Nach der vierten amerikanischen Auflage ins Deutsche übertragen von Dr. **Walter Anderau,** Ingenieur-Chemiker, Basel. Mit einer Einführung von Professor Dr. H. E. Fierz-David. Mit 387 Textabbildungen. XII, 847 Seiten. 1928. Gebunden RM 56.—

Physikalisch-technisches Faserstoff-Praktikum. (Übungsaufgaben, Tabellen, graphische Darstellungen.) Zum Gebrauche an Hochschulen, Textillehranstalten, Warenprüfungs- und Zollämtern, Industrielaboratorien und zum Selbststudium. Von Professor Dr. **Alois Herzog,** Dresden, und Dr. **Erich Wagner,** Hannover. Mit 2 Abbildungen im Text und 21 graphischen Darstellungen. VIII, 145 Seiten. 1931. Gebunden RM 15.—

** Auf alle vor dem 1. Juli 1931 erschienenen Bücher wird ein Notnachlaß von 10% gewährt.*